*2021 · 최신 개정판*

표 준

# 기계설비공사품셈

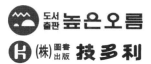

도서출판 높은오름

(株)圖書出版 技多利

그동안 저희 기계설비공사 품셈을 구독하여 주신 애독자 여러분께 감사드립니다.

본 품셈을 발행한 지 39년 가까운 세월이 흘러가면서 지속적인 지도와 질책을 해주신 독자 여러분의 성원에 부응하여 2021년판은 개정되거나 신설된 내용을 새롭게 조판하고 참고 부록을 보완하면서 오차없는 내용으로 출판하여 내놓게 되었습니다.

본 품셈의 내용은 재료의 양과 노무공량과 단가를 적산하는데 가장 표준이 될 것으로 확신하며 관련업무에 지침서가 될 것입니다.

2021년 금년 한 해에도 이 책이 실무자 여러분의 필수도서로 많은 참고가 되시길 바라며 건승하심을 충심으로 빌겠습니다.

2021년 1월

도서출판 **높은 오름**
도서출판 **기 다 리**
**발행인 올림**

# 차례

## 제1편 공통부문

## 제1장 적용 기준 / 19

# 제2장  가설 공사 / 59

## 제 2 편    기계설비부문

### 제1장    배관 공사 / 91

### 제2장    덕트공사 / 106

## 제3장   보온공사 / 114

## 제4장   펌프 및 공기설비공사 / 121

## 第8장  공기조화설비공사 / 138

## 제9장  기타공사 / 153

# 제10장　소방설비공사 / 161

# 제13장   플랜트설비공사 / 183

# 기계설비공사 품셈 참고자료

# 기계설비공사 품셈 부록

2021
標準

機械設備工事 품셈

제 1 편 공통부문

# 제1장 적용 기준

## 1-1. 일반사항

### 1-1-1. 목 적

정부 등 공공기관에서 시행하는 건설공사의 적정한 예정가격을 산정하기 위한 일반적인 기준을 제공하는데 있다.

### 1-1-2. 적용범위 ('12년 보완)

국가, 지방자치단체, 공기업·준정부기관, 기타공공기관 및 위 기관의 감독과 승인을 요하는 기관에서는 본 표준품셈을 건설공사 예정가격 산정의 기초로 활용한다.

### 1-1-3. 적용방법 ('05년, '08년, '09년, '12년, '14년 보완)

1. 공사의 예정가격 산정은 본 표준품셈을 활용한다.
2. 본 표준품셈에서 제시된 품은 일일 작업시간 8시간을 기준한 것이다.
3. 본 표준품셈은 건설공사중 대표적이고 보편적이며 일반화된 공종, 공법을 기준한 것이며 현장여건, 기후의 특성 및 기타조건에 따라 조정하여 적용하되, 예정가격작성기준 제2조에 의거 부당하게 감액하거나 과잉 계산되지 않도록 한다.
4. 본 표준품셈에 명시되지 않은 사항은 각종 사업을 시행하는 국가기관, 지방자치단체, 정부투자기관 등의 장의 책임하에 적정한 예정가격 산정기준을 적의 결정하여 적용한다.
5. 건설공사의 예정가격 산정시 공사규모, 공사기간 및 현장조건 등을 감안하여 가장 합리적인 공법을 채택 적용한다.
6. 본 표준품셈에서 "시공량/일"으로 명시된 항목중 총 시공량이 본 품(시공 량/일)의 기준 미만일 경우에는 현장여건 등을 고려하여 별도 계상한다.

7. 본 표준품셈에 명시되지 않은 품으로서 타부문(전기, 통신, 문화재 등)의 표준품셈에 명시된 품은 그 부문의 품을 적용하고, 타부문과 유사한 공종의 품은 본 표준품셈을 우선하여 적용한다.

8. 소방법, 총포·도검·화약류단속법, 산업안전보건법, 산업재해보상보험법, 건설기술관리법, 대기환경보전법, 소음·진동규제법 등 관계법령이나 계약조건에 따라 소요되는 비용은 별도로 계상한다.

9. 각 발주기관에서 4항에 의하여 별도로 결정하여 적용한 품셈이 표준품셈 보완에 반영할 필요가 있다고 인정된 경우에는 그 자료를 표준품셈 관리단체(한국건설기술연구원)에 제출한다.

# 1-2. 설계 및 수량의 계산

## 1-2-1. 수량의 계산 ('05년 보완)

1. 수량의 단위 및 소수위는 표준품셈 단위표준에 의한다.

2. 수량의 계산은 지정 소수위 이하 1위까지 구하고, 끝수는 4사5입한다.

3. 계산에 쓰이는 분도(分度)는 분까지, 원둘레율(圓周率), 삼각함수(三角函數) 및 호도(弧度)의 유효숫자는 3자리(3位)로 한다.

4. 곱하거나 나눗셈에 있어서는 기재된 순서에 의하여 계산하고, 분수는 약분법을 쓰지 않으며, 각 분수마다 그의 값을 구한 다음 전부의 계산을 한다.

5. 면적의 계산은 보통 수학공식에 의하는 외에 삼사법(三斜法)이나 또는 구적기(planimeter)로 한다. 다만, 구적기(planimeter)를 사용할 경우에는 3회 이상 측정하여 그 중 정확하다고 생각되는 평균값으로 한다.

6. 체적계산은 의사공식(擬似公式)에 의함을 원칙으로 하나, 토사의 체적은 양단면적을 평균한 값에 그 단면간의 거리를 곱하여 산출하는 것을 원칙으로 한다. 다만, 거리평균법으로 고쳐서 산출할 수도 있다.

7. 다음에 열거하는 체적과 면적은 구조물의 수량에서 공제하지 아니한다.

　가. 콘크리트 구조물 중의 말뚝머리

　나. 볼트의 구멍

다. 모따기 또는 물구멍(水切)

라. 이음줄눈의 간격

마. 포장공종의 1개소당 0.1㎡ 이하의 구조물 자리

바. 강(鋼) 구조물의 리벳 구멍

사. 철근 콘크리트 중의 철근

아. 조약돌 중의 말뚝 제적 및 책동목(柵胴木)

자. 기타 전항에 준하는 것

8. 성토 및 사석공의 준공토량은 성토 및 사석공 설계도의 양으로 한다. 그러나 지반침하량은 지반성질에 따라 가산할 수 있다.

9. 절토(切土)량은 자연상태의 설계도의 양으로 한다.

## 1-2-2. 설계서의 단위 및 소수의 표준 ('12년 보완)

| 종 목 | 규 격 | | 단위수량 | | 비 고 |
|---|---|---|---|---|---|
| | 단위 | 소수 | 단위 | 소수 | |
| 공 사 연 장 | m | 2위 | m | 단위한 | 대가표에서는 2위 까지 이하 버림 |
| 공 사 폭 원 | | | m | 1 위 | |
| 직 공 인 부 | | | 인 | 2 위 | |
| 공 사 면 적 | | | ㎡ | 1 위 | |
| 용 지 면 적 | | | ㎡ | 단위한 | |
| 토 적(높이, 나비 ) | | | m | 2 위 | |
| 토 적(단 면 적) | | | ㎡ | 1 위 | 단 면 적 |
| 토 적(체 적) | | | ㎥ | 2 위 | 체 적 |
| 토 적(체적합계) | | | ㎥ | 단위한 | 집 계 체 적 |
| 때 | cm | 단위한 | ㎡ | 1 위 | |

| 종 목 | 규 격 | | 단위수량 | | 비 고 |
|---|---|---|---|---|---|
| | 단위 | 소수 | 단위 | 소수 | |
| 모 래, 자 갈 | ㎝ | 단위한 | ㎥ | 2 위 | |
| 조 약 돌 | ㎝ | 단위한 | ㎥ | 2 위 | |
| 견 치 돌, 깬 돌 | ㎝ | 단위한 | ㎡ | 1 위 | |
| 견 치 돌, 깬 돌 | ㎝ | 단위한 | 개 | 단위한 | |
| 야 면 석(野面石) | ㎝ | 단위한 | 개 | 단위한 | |
| 야 면 석(野面石) | ㎝ | 단위한 | ㎥ | 1 위 | |
| 야 면 석(野面石) | ㎝ | 단위한 | ㎡ | 1 위 | |
| 돌쌓기 및 돌붙임 | ㎝ | 단위한 | ㎥ | 1 위 | |
| 돌쌓기 및 돌붙임 | ㎝ | 단위한 | ㎡ | 1 위 | |
| 사 석(捨 石) | ㎝ | 단위한 | ㎥ | 1 위 | |
| 다듬돌(切石, 板石) | ㎝ | 단위한 | 개 | 2 위 | |
| 벽 돌 | ㎜ | 단위한 | 개 | 단위한 | |
| 블 록 | ㎜ | 단위한 | 개 | 단위한 | |
| 시 멘 트 | | | kg | 단위한 | |
| 모 르 타 르 | | | ㎥ | 2 위 | 대가표에서는 3위까지 이하 버림 |
| 콘 크 리 트 | | | ㎥ | 2 위 | |
| 석 분 | | | kg | 단위한 | |
| 석 회 | | | kg | 단위한 | |
| 화 산 회 | | | kg | 단위한 | |
| 아 스 팔 트 | | | kg | 단위한 | |
| 목 재(판재) | 길이m | 1 위 | ㎡ | 2 위 | |
| 목 재(판재) | 폭, 두께 | 1 위 | ㎡ | 3 위 | |
| 목 재(판재) | ㎝ | 1 위 | ㎡ | 3 위 | |

| 종 목 | 규 격 | | 단위수량 | | 비 고 |
|---|---|---|---|---|---|
| | 단위 | 소수 | 단위 | 소수 | |
| 합 판 | ㎜ | 단위한 | 장 | 1 위 | |
| 말 뚝 | 길이m | 1 위 | 개 | 단위한 | |
| 철 강 재 | 지름㎜ ㎜ | 단위한 | kg | 3 위 | 총량표시는 ton으로 하고 단위는 3위까지 이하 버림 |
| 용 접 봉 | ㎜ | | kg | 1 위 | |
| 구 리 판 , 함 석 류 | | | ㎡ | 2 위 | |
| 철 근 | ㎜ | 단위한 | kg | 단위한 | |
| 볼 트 , 너 트 | ㎜ | 단위한 | 개 | 단위한 | |
| 꺽 쇠 | ㎜ | 단위한 | 개 | 단위한 | |
| 철 선 류 | ㎜ | 1 위 | kg | 2 위 | |
| P C 강 선 | ㎜ | 1 위 | kg | 2 위 | |
| 돌 망 태 | 길이 m | 1 위 | m | 1 위 | |
| | 지름 }m 높이 | 단위한 | 개 | 단위한 | 망눈(網目)㎝ |
| 로 프 류 | ㎜ | | m | 1 위 | |
| 못 | 길이㎝ | 1위 | kg | 2 위 | |
| 석 유 , 휘 발 유 , 모 빌 유 | | | ℓ | 2 위 | 대가표에서는 3위까지 이하버림 |
| 구 리 스 | | | kg | 2 위 | |
| 넝 마 | | | kg | 2 위 | |
| 화 약 류 | | | kg | 3 위 | |

| 종        목 | 규 격 | | 단위수량 | | 비        고 |
|---|---|---|---|---|---|
| | 단위 | 소수 | 단위 | 소수 | |
| 뇌        관 | | | 개 | 단위한 | 대가표에서는 1위 까지 이하 버림 |
| 도    화    선 | | | m | 1    위 | |
| 석탄, 목탄, 코크스 | | | kg | 2    위 | 대가표에서는 2위 까지 이하 버림 |
| 산        소 | | | ℓ | 단위한 | |
| 카    바    이    트 | | | kg | 1    위 | |
| 도    료(塗    料) | | | ℓ 또는kg | 2    위 | |
| 도    장(塗    裝) | | | m² | 1    위 | |
| 관    류(管    類) | 길이m 지름 두께 }mm | 2    위 단위한 | 개 | 단위한 | |
| 수    로    연    장 | | | m | 1    위 | |
| 옹        벽 | | | m² | 1    위 | |
| 승강장옹벽및울타리 | | | m | 1    위 | |
| 궤    도    부    설 | | | km | 3    위 | |
| 시    험    하    중 | | | ton | 단위한 | |
| 보    오    링(試    錐) | | | m | 1    위 | |
| 방    수    면    적 | | | m² | 1    위 | |
| 건    물(면    적) | | | m² | 2    위 | |
| 건물(지붕,벽붙이기) | | | m² | 1    위 | |
| 우        물 | 깊이 | | m | 1    위 | |
| 마        대 | | | 매 | 단위한 | |

**[주]** ① 설계서 수량의 단위와 소수위 표시는 본 표에 따르고, 본 표에서 지정한 소수위 미만은 버리는 것으로 한다.

② 일위대가표 또는 설계기초 계산과정에서는 표준품셈의 내용에 따른 것

으로 한다.

③ 본 표에 없는 품종에 대하여는 C.G.S 단위로 하는 것을 원칙으로 하며 단위는 그 가격에 따라 의사(擬似) 품종의 소수위의 정도를 채용토록 한다.

## 1-2-3. 금액의 단위표준

| 종        목 | 단위 | 지위(止位) | 비            고 |
|---|---|---|---|
| 설계서의 총액 | 원 | 1,000 | 이하 버림(단, 10,000원 이하의 공사는 100원 이하버림) |
| 설계서의 소계 | 원 | 1 | 미만 버림 |
| 설계서의 금액란 | 원 | 1 | 미만 버림 |
| 일위대가표의 계금 | 원 | 1 | 미만 버림 |
| 일위대가표의 금액란 | 원 | 0.1 | 미만 버림 |

[주] 일위대가표 금액란 또는 기초계산금액에서 소액이 산출되어 공종이 없어질 우려가 있어 소수위 1위 이하의 산출이 불가피할 경우에는 소수위의 정도를 조정 계산할 수 있다.

# 1-3. 자재

## 1-3-1. 재료 및 자재의 단가 ('12년 보완)

1. 건설재료 및 자재의 단가는 거래실제가격 또는 통계법 제15조의 규정에 의한 지정기관이 조사하여 공표한 가격, 감정가격, 유사한 거래실례가격, 견적가격을 기준하며, 적용순서는 국가를 당사자로 하는 계약에 관한 법률 시행규칙 제7조의 규정에 따른다.

2. 재료 및 자재단가에 운반비가 포함되어 있지 않은 경우 구입 장소로부터 현장까지의 운반비를 계상할 수 있다.

## 1-3-2. 주요자재 ('05, '06, '14년 보완)

1. 공사에 대한 주요자재의 관급은 "국가를 당사자로 하는 계약에 관한
   법률 시행규칙" 및 기획재정부 회계예규 등 관계규정이나 계약조건에
   따른다.
2. 자재구입은 필요에 따라 시방서를 작성하고 그 물건의 기능, 특징, 용
   량, 제작방법, 성능, 시험방법, 부속품 등에 관하여 명시하여야 한다.
3. 국내에서 생산되는 자재를 우선적으로 사용함을 원칙으로 하고 그중에서
   도 한국산업규격표시품(KS), 우수재활용제품(GR) 또는 건설기술관리법
   제60조제1항의 규정에 의한 국·공립시험기관의 시험결과 한국산업규격
   표시품과 동등이상의 성능이 있다고 확인된 자재를 우선한다.
4. 한국산업규격에 없는 제품 사용시 공사조건에 맞는 관련규격 및 시방
   (외국규격 등) 등을 검토하여 사용토록 한다.

## 1-3-3. 재료의 단위 중량

재료의 단위중량은 입경, 습윤도 등에 따라 달라지므로 시험에 의하여 결정
하여야 하며, 일반적인 추정 단위중량은 다음과 같다.

| 종 별 | | 형 상 | | 단위 | 중량(kg) | 비 고 |
|---|---|---|---|---|---|---|
| 암 | 석 | 화 강 | 암 | m³ | 2,600~2,700 | 자연상태 |
| | | 안 산 | 암 | 〃 | 2,300~2,710 | 〃 |
| | | 사 산 | 암 | 〃 | 2,400~2,790 | 〃 |
| | | 현 무 | 암 | 〃 | 2,700~3,200 | 자연상태 |
| 자 | 갈 | 건 | 조 | m³ | 1,600~1,800 | 자연상태 |
| | | 습 | 기 | 〃 | 1,700~1,800 | 〃 |
| | | 포 | 화 | 〃 | 1,800~1,900 | 〃 |
| 모 | 래 | 건 | 조 | m³ | 1,500~1,700 | 자연상태 |
| | | 습 | 기 | 〃 | 1,700~1,800 | 〃 |
| | | 포 | 화 | 〃 | 1,800~2,000 | 〃 |
| 점 | 토 | 건 | 조 | m³ | 1,200~1,700 | 자연상태 |
| | | 습 | 기 | 〃 | 1,700~1,800 | 〃 |
| | | 포 | 화 | 〃 | 1,800~1,900 | 〃 |

| | | | | |
|---|---|---|---|---|
| 점 질 토 | 보 통 의 것 | m³ | 1,500~1,700 | 자연상태 |
| | 역 이 섞 인 것 | 〃 | 1,600~1,800 | 〃 |
| | 역섞이고 습한 것 | 〃 | 1,900~2,100 | 〃 |
| 모 래 질 흙 | | m³ | 1,700~1,900 | 자연상태 |
| 자 갈 섞 인 토 사 | | 〃 | 1,700~2,000 | 〃 |
| 자 갈 섞 인 모 래 | | m³ | 1,900~2,100 | 자연상태 |
| 호 박 돌 | | 〃 | 1,800~2,000 | 〃 |
| 사 석 | | m³ | 2,000 | 자연상태 |
| 조 약 돌 | | 〃 | 1,700 | |
| 주 철 | | m³ | 7,250 | |
| 강, 주강, 단철 | | 〃 | 7,850 | |
| 스 테 인 리 스 | STS 304 | 〃 | 7,930 | |
| | STS 430 | 〃 | 7,700 | KSD 3695 |
| 연 철 | | 〃 | 7,800 | ('93신설) |
| 놋 쇠 | | 〃 | 8,400 | |
| 구 리 | | 〃 | 8,900 | |
| 납 (鉛) | | 〃 | 11,400 | |
| 목 재 | 생송재(生松材) | m³ | 800 | |
| 소 나 무 | 건 재(乾 材) | m³ | 580 | |
| 소 나 무(적 송) | 건 재 | 〃 | 590 | |
| 미 송 | 〃 | 〃 | 420~700 | |
| 시 멘 트 | | m³ | 3,150 | |
| 〃 | | 〃 | 1,500 | 자연상태 |
| 철 근 콘 크 리 트 | | m³ | 2,400 | |
| 콘 크 리 트 | | 〃 | 2,300 | |
| 시 멘 트 모 르 터 | | 〃 | 2,100 | |
| 역 청 포 장 | | 〃 | 2,350 | 2001 개정 |
| 역 청 재 ( 방 수 용 ) | | 〃 | 1,100 | |
| 물 | | 〃 | 1,000 | |
| 해 수 | | 〃 | 1,030 | |
| 눈 { | 분말상(粉末狀) | 〃 | 160 | |
| | 동 결(凍結) | 〃 | 480 | |
| | 수분포화(水分飽和) | 〃 | 800 | |
| 고로슬래그부순돌 | | 〃 | 1,650~1,850 | 자연상태 |

[주] ① 부순돌 및 조약돌 등은 모암의 암질(岩質)에 따라 결정해야 한다.
   ② 본 표에 없는 품종에 대하여는 단위 비중시험에 의한 측정결과치에 따르거나 문헌에 의한다.

## 1-3-4. 재료시험 결과 이용

설계는 재료시험에 의하여 재원을 결정함을 원칙으로 한다.

## 1-3-5. 공구 손료 및 잡재료 등 ('93년 보완)

1. 표준품셈에 명시되어 있는 공구손료, 잡재료에 대해서는 이를 계상한다.
2. 표준품셈에 명시되어 있지 않은 공구손료, 잡재료, 경장비손료 등을 계상하고자 할 때에는 다음에 따라 별도 계상하되, 산정 근거를 명시하여야 한다.

가. 공구손료 및 잡재료 손료

   (1) 공구손료 : 공구손료는 일반공구 및 시험용 계측기구류의 손료로서 공사중 상시 일반적으로 사용하는 것을 말하며 인력품(노임할증과 작업시간 증가에 의하지 않은 품할증 제외)의 3%까지 계상하며, 특수공구(철골공사, 석공사, 설비공사 등) 및 검사용 특수계측기류의 손료는 별도 계상한다.

   (2) 잡재료 및 소모재료 : 잡재료 및 소모재료는 설계내역에 표시하여 계상하되 주 재료비의 2~5%까지 계상한다.

〈참고〉 **일반공구 및 일반시험용 계측기구**

스패너류, 렌치류, 턴버클, 샤클, 스프레이건, 바이스, 클립 또는 클램프류, 용접봉건조통, 게이지류, V블럭, 마이크로메타, 버니어캘리퍼스 및 이와 유사한 것으로 공사중 상시 일반적으로 사용하는 것으로서 별도의 동력을 필요로 하지 않는 것.

나. 경장비 등의 손료

   (1) 전기용접기, 그라인더, 윈치 등 중장비에 속하지 않는 동력장치에 의해 구동되는 장비류의 손료를 말하며 별도 계상한다.

⑵ 경장비의 시간당 손료에 대하여는 기계경비산정표에 명시된 가장 유사한 장비의 제수치(내용시간, 연간표준 가동시간, 상각비율, 정비비율, 연간관리비율 등)를 참조하여 계상한다.

〈참고〉　경장비

> 휴대용 전기드릴, 휴대용 전기그라인더, 체인블록, 콘크리트브레이커(기초수정용), 임팩트렌치, 세어링머신, 벤딩롤러, 수압펌프(수압시험용) 및 이와 유사한 것, 주로 동력에 의하여 구동되는 장비류로서 기계경비산정표에 명시되지 아니한 소규모의 것

## 1-3-6. 발생재의 처리

사용고재 및 발생재의 처리는 다음 표에 의하여 그 대금을 설계 당시 미리 공제한다.

| 품　　　　　명 | 공　제　율 |
|---|---|
| 사용고재(시멘트공대 및 공드럼 제외　　　　　) | 90% |
| 강　재　스　크　랩(Scrap) | 70% |
| 기　타　발　생　재 | 발　생　량 |

[주] 공제금액 계산 : 발생량 × 공제율 × 고재단가

## 1-3-7. 체적환산계수 ('99년 보완)

1. 토공에 있어 토질 시험하여 적용하는 것을 원칙으로 하나 소량의 토량인 경우에는 표준품셈의 체적환산계수표에 따를 수도 있다.

2. 체적의 변화

$$L = \frac{흐트러진상태의체적(㎥)}{자연상태의체적(㎥)} \quad C = \frac{다져진상태의체적(㎥)}{자연상태의체적(㎥)}$$

### 3. 체적의 변화율

| 종           별 | L | C |
|---|---|---|
| 경 암 ( 硬岩 ) | 1.70~2.00 | 1.30~1.50 |
| 보 통 경 암 ( 普通硬岩 ) | 1.55~1.70 | 1.20~1.40 |
| 연 암 ( 軟岩 ) | 1.30~1.50 | 1.00~1.30 |
| 풍 화 암 ( 風化岩 ) | 1.30~1.35 | 1.00~1.15 |
| 폐 콘 크 리 트 | 1.40~1.60 | 별도설계 |
| 호 박 돌 ( 玉石 ) | 1.10~1.15 | 0.95~1.05 |
| 역 ( 礫 ) | 1.10~1.20 | 1.05~1.10 |
| 역 질 토 ( 礫質土 ) | 1.15~1.20 | 0.90~1.00 |
| 고 결 ( 固結 ) 된 역 질 토 ( 礫質土 ) | 1.25~1.45 | 1.10~1.30 |
| 모 래 ( 砂 ) | 1.10~1.20 | 0.85~0.95 |
| 암괴(岩塊)나 호박돌이 섞인 모래 | 1.15~~1.20 | 0.90~1.00 |
| 모 래 질 흙 | 1.20~1.30 | 0.85~0.90 |
| 암괴(岩塊)나 호박돌이 섞인 모래질흙 | 1.40~1.45 | 0.90~0.95 |
| 점 질 토 | 1.25~1.35 | 0.85~0.95 |
| 역 ( 礫 ) 이 섞인 점질토 ( 粘質土 ) | 1.35~1.40 | 0.90~1.00 |
| 암괴(岩塊)나 호박돌이 섞인 점질토 | 1.40~1.45 | 0.90~0.95 |
| 점 토 ( 粘土 ) | 1.20~1.45 | 0.85~0.95 |
| 역 이 섞 인 점 질 토 | 1.30~1.40 | 0.90~0.95 |
| 암괴(岩塊)나 호박돌이 섞인 점토 | 1.40~1.45 | 0.90~0.95 |

[주] 암(경암·보통암·연암)을 토사와 혼합성토할 때는 공극채움으로 인한 토사
량을 계상할 수 있다.

4. 체적환산계수(f)표

| 기준이 되는 q \ 구하는 Q | 자연상태의 체적 | 흐트러진상태의 체적 | 다져진후의 체적 |
|---|---|---|---|
| 자 연 상 태 의 체 적 | 1 | L | C |
| 흐 트 러 진 상 태 의 체 적 | 1/L | 1 | C/L |

## I-3-8. 강판배관의 부자재 산정요율

1. 일반 업무용 건물

(강관금액에 대한 %)

| 시공부위별 \ 항목 / 건물규모별 | 관 이 음 부 속 | | | 관 지 지 물 | | |
|---|---|---|---|---|---|---|
| | 소 | 중 | 대 | 소 | 중 | 대 |
| 가. 냉 온 수 배 관 | | | | | | |
| ∘ 기 계 실 | 75 | 70 | 65 | 30 | 15 | 15 |
| ∘ 옥 내 일 반 | 45 | 45 | 45 | 40 | 25 | 25 |
| 나. 냉 각 수 배 관 | | | | | | |
| ∘ 기 계 실 | 75 | 75 | 75 | 7 | 7 | 7 |
| ∘ 옥 내 일 반 | 70 | 55 | 40 | 9 | 9 | 9 |
| 다. 증 기 배 관 | | | | | | |
| ∘ 기 계 실 | 75 | 65 | 50 | 30 | 30 | 30 |
| ∘ 옥 내 일 반 | 45 | 45 | 45 | 30 | 30 | 30 |
| 라. 급수·급탕배관 | | | | | | |
| ∘ 기 계 실 | 80 | 80 | 80 | 15 | 15 | 15 |
| ∘ 옥 내 일 반 | 60 | 60 | 60 | 15 | 15 | 15 |
| 마. 보일러급유배관 | 50 | 50 | 50 | 15 | 15 | 15 |
| 바. 통 기 배 관 | 30 | 30 | 30 | 10 | 10 | 10 |
| 사. 소 화 배 관 | | | | | | |
| ∘ 옥 내 소 화 전 | 65 | 55 | 50 | 10 | 10 | 10 |
| ∘ 스 프 링 클 러 | 70 | 70 | 70 | 15 | 15 | 15 |

[주] ① 상기요율은 일반 업무용 건물의 배관재로 사용하는 일반탄소강관 금액에 대한 관이음부속 및 관지지물의 금액비율이다.

② 건물규모별 소, 중, 대는 다음과 같다.

　　소 : 연면적 5,000㎡ 이하의 건물

　　중 : 연면적 5,000㎡ 초과 30,000㎡ 미만의 건물

　　대 : 연면적 30,000㎡ 이상의 건물

③ 관이음부속류는 엘보, 티, 리듀서, 유니온, 소켓, 캡, 플러그, 니플, 부싱, 플랜지 등을 말한다.

④ 관이음부속류에는 각종 밸브장치, 증기트랩장치, By Pass관 장치 및 계량기 장치의 관이음부속과 각종 펌프토출측의 연결용 플랜지는 제외되었다.

⑤ 관지지물류는 클레비스행거, 보온용 클레비스행거, 파이프 클램프, 롤러행거, 행거볼트, U-볼트, 파이프 앵커, 턴버클, 나비밴드 등을 말한다.

⑥ 관지지물에는 단열지지대 및 관지지가대가 제외되어 있으므로 별도 계상한다.

⑦ 증기배관의 관지지물에는 ⑥항 및 롤러, 새들, 보온재 보호판이 제외되어 있으므로 별도 계상한다.

⑧ 통기배관의 요율은 환상통기식이므로 각개 통기방식일 때는 별도 계상할 수 있다.

⑨ 상기부자재 산정요율 계산방식과 도면에 의한 물량산출 방식을 병행사용할 수 있다.

〈**참고**〉    강관배관에 대한 주요 관이음 부속의 소요금액 비율가중치

(단위 : %)

| 시공부위별 | 건 물 규모별 | 일반강관 구성비율 | | 관이음 부속 합계 | 관이음 부속 구성비율 | | | |
|---|---|---|---|---|---|---|---|---|
| | | 구경50 이하 | 구경50 초과 | | 나사식 | 용접식 | 플랜지 | 접 합 용 볼트,너트 |
| 가. 냉·온수배관 | | | | | | | | |
| ∘기계실 | 소 | 30 | 70 | 77.4 | 9.29 | 23.03 | 36.22 | 8.86 |
| | 중 | 10 | 90 | 73.0 | 3.75 | 29.74 | 31.97 | 7.54 |
| | 대 | 3 | 97 | 63.0 | 1.55 | 29.66 | 27.10 | 6.24 |
| ∘옥내일반 | 소 | 90 | 10 | 46.1 | 41.6 | 2.2 | 2.0 | 0.3 |
| | 중 | 70 | 30 | 46.1 | 37.1 | 3.2 | 4.8 | 1.0 |
| | 대 | 60 | 40 | 46.1 | 31.6 | 5.5 | 7.4 | 1.6 |
| 나. 냉각수배관 | | | | | | | | |
| ∘기계실 | 소 | 1.5 | 98.5 | 76.9 | 2.4 | 24.3 | 43.0 | 7.2 |
| | 중 | 1.0 | 99.0 | 76.9 | 2.0 | 32.4 | 36.0 | 6.5 |
| | 대 | 0.5 | 99.5 | 76.9 | 1.5 | 40.4 | 30.0 | 5.0 |
| ∘옥내일반 | 소 | - | 100 | 68.5 | 1.6 | 23.5 | 36.9 | 6.5 |
| | 중 | - | 100 | 54.0 | 1.08 | 18.42 | 29.7 | 4.8 |
| | 대 | - | 100 | 38.6 | 0.46 | 13.38 | 22.54 | 2.22 |
| 다. 증기배관 | | | | | | | | |
| ∘기계실 | 소 | 50 | 50 | 73.6 | 19.54 | 10.88 | 36.51 | 6.67 |
| | 중 | 45 | 55 | 62.6 | 14.90 | 10.20 | 30.5 | 7.0 |
| | 대 | 40 | 60 | 51.6 | 10.87 | 9.13 | 24.1 | 7.5 |
| ∘옥내일반 | 소 | 90 | 10 | 43.1 | 37.25 | 1.85 | 3.30 | 0.7 |
| | 중 | 80 | 20 | 43.1 | 30.70 | 4.30 | 6.60 | 1.5 |
| | 대 | 70 | 30 | 43.1 | 25.80 | 5.10 | 10.0 | 2.2 |
| 라. 급수,급탕배관 | | | | | | | | |
| ∘기계실 | 소 | 55 | 45 | 79.5 | 46.0 | - | 30.0 | 3.5 |
| | 중 | 35 | 65 | 79.5 | 41.0 | - | 35.0 | 3.5 |
| | 대 | 20 | 80 | 79.5 | 36.0 | - | 40.0 | 3.5 |

| 시공부위별 | 건물<br>규모별 | 일반강관구성비율 | | 관이음<br>부속<br>합계 | 관이음부속구성비율 | | | |
|---|---|---|---|---|---|---|---|---|
| | | 구경50<br>이하 | 구경50<br>초과 | | 나사식 | 용접식 | 플랜지 | 접 합 용<br>볼트,너트 |
| ◦옥내일반 | 소 | 85 | 15 | 60.0 | 48.8 | - | 10.0 | 1.20 |
| | 중 | 60 | 40 | 60.0 | 48.8 | - | 10.0 | 1.20 |
| | 대 | 50 | 50 | 60.0 | 48.8 | - | 10.0 | 1.20 |
| 마. 보일러급유배관 | | | | | | | | |
| | 소 | 65 | 35 | 51.0 | 38.6 | 12.4 | - | - |
| | 중 | 65 | 35 | 51.0 | 38.6 | 12.4 | - | - |
| | 대 | 65 | 35 | 51.0 | 38.6 | 12.4 | - | - |
| 바. 통기배관 | | | | | | | | |
| | 소 | 76 | 30 | 32.4 | 17.0 | 15.4 | - | - |
| | 중 | 60 | 40 | 32.4 | 17.0 | 15.4 | - | - |
| | 대 | 50 | 50 | 32.4 | 17.0 | 15.4 | - | - |
| 사. 소화배전 | | | | | | | | |
| ◦옥내소화전 | 소 | 45 | 55 | 63.8 | 20.9 | 18.9 | 20.0 | 4.0 |
| | 중 | 30 | 70 | 55.8 | 13.97 | 17.23 | 21.0 | 3.6 |
| | 대 | 15 | 85 | 47.8 | 6.53 | 15.72 | 22.29 | 3.26 |
| ◦스프링클러 | 소 | 60 | 40 | 69.7 | 43.2 | 19.6 | 5.8 | 1.10 |
| | 중 | 60 | 40 | 69.7 | 43.2 | 19.6 | 5.8 | 1.10 |
| | 대 | 60 | 40 | 69.7 | 43.2 | 19.6 | 5.8 | 1.10 |

[주] 상기 금액비율은 강관과 강관이음 부속류의 가격구성비로서 앞으로 이들
품목간의 가격변동이 클 경우 이를 조정하는데 참고하기 위한 것이며 품
목별 단가는 물가자료 '87. 8월호를 기준으로 한 것임

2. 병원건물

(강관금액에 대한 %)

| 시 공 부 위 별 | 관 이 음 부 속 | 관 지 지 물 |
|---|---|---|
| 가. 냉·온수 배관 | | |
| 　◦기　계　실 | 80 | 50 |
| 　◦옥 내 일 반 | 40 | 30 |
| 나. 증 기 배 관 | | |
| 　◦기　계　실 | 55 | 20 |
| 다.급수·급탕배관 | | |
| 　◦기　계　실 | 70 | 15 |
| 　◦옥 내 일 반 | 50 | 40 |
| 라. 통 기 관 | 30 | 8 |
| 마. 소 화 배 관 | | |
| 　◦옥내소화전 | 45 | 10 |
| 　◦스프링클러 | 75 | 20 |

[주] ① 상기 요율은 병원건물의 배관재로 사용하는 일반 탄소 강관금액에 대한
관이음부속 및 관 지지물의 금액비율이다.

② 관이음 부속류에는 엘보, 티, 리듀서, 유니온, 소켓, 캡, 플러그, 니
플, 부싱, 플랜지 등을 말한다.

③ 관이음 부속류에는 각종 밸브장치, 증기트랩장치, By pass관 장치 및
계량기 장치의 관이음부속과 각종 펌프, 토출측의 연결용 플랜지는
제외되어 있다.

④ 관지지물에는 단열 지지대 및 공동구내 관지지대, 롤러스탠드 새들,
보온재보호관 등은 제외되어 있다.

⑤ 소화배관 요율에는 소화펌프의 토출측 밸브류 방진이음용 플랜지 유니
온은 제외되어 있다.

⑥ 수직관은 2개층마다 플랜지 또는 유니온을 적용하였다.

〈참고〉 강관금액에 대한 주요 관이음부속의 소요금액 비율 가중

(단위 : %)

| 시 공 부 위 별 | 일반강관구성비율 | | 관이음 부속 합계 | 관이음부속구성비율 | | | |
|---|---|---|---|---|---|---|---|
| | 구경50 이하 | 구경50 초과 | | 나사식 | 용접식 | 플랜지 | 접 합 용 볼트,너트 |
| 가. 냉·온수 배관 | | | | | | | |
| ∘기 계 실 | 9 | 91 | 81.8 | 3.07 | 45.71 | 28.14 | 4.94 |
| ∘옥 내 일 반 | 100 | - | 39.5 | 39.5 | - | - | - |
| 나. 증 기 배 관 | | | | | | | |
| ∘기 계 실 | 48 | 52 | 53.1 | 17.69 | 13.14 | 19.14 | 3.15 |
| 다. 급수·급탕배관 | | | | | | | |
| ∘기 계 실 | 36 | 64 | 71.1 | 14.10 | 21.50 | 30.73 | 4.81 |
| ∘옥 내 일 반 | 100 | - | 49.5 | 47.19 | - | 1.97 | 0.38 |
| 라. 통 기 배 관 | 100 | - | 27.7 | 27.71 | - | - | - |
| 마. 소 화 배 관 | | | | | | | |
| ∘옥내소화전 | 53 | 43 | 43.4 | 20.33 | 23.11 | - | - |
| ∘스프링클러 | 53 | 47 | 73.8 | 36.93 | 32.74 | 3.55 | 0.61 |

[주] 상기 금액비율은 강관과 강관이음 부속류의 가격구성비로서 앞으로 이들 품목간의 가격변동이 클 경우 이를 조정하는데 참고하기 위한 것이며 품목별 단가는 물가자료 '87년 8월호를 기준으로 한 것임.

# 1-4. 할증

## 1-4-1. 재료의 할증 ('11, '12, '19년 보완)

공사용 재료의 할증률은 일반적으로 다음 표의 값 이내로 한다. 다만, 품셈의 각 항목에 할증률이 포함 또는 표시되어 있는 것에 대하여는 본 할증률을 적용하지 아니한다.

1. 콘크리트 및 포장용 재료

| 종 류 | 정 치 식 (%) | 기 타 (%) |
|---|---|---|
| 시 멘 트 | 2 | 3 |
| 잔 골 재 · 채 움 재 | 10 | 12 |
| 굵 은 골 재 | 3 | 5 |
| 아 스 팔 트 | 2 | 3 |
| 석 분 | 2 | 3 |
| 혼 화 재 | 2 | – |

[주] 속채움 재료의 경우에도 이값을 준용한다.

2. 노상 및 노반재료 (선택층, 보조기층, 기층 등)

| 종 류 | 할 증 률(%) |
|---|---|
| 모 래 | 6 |
| 부 순 돌 · 자 갈 · 막 자 갈 | 4 |
| 점 질 토 | 6 |

3. 관 및 구조물기초 부설재료 ( '06년 신설)

| 종 류 | 할 증 률(%) |
|---|---|
| 모 래 | 4 |

4. 해상작업의 경우는 다음 표의 값 이내를 적용할 수 있다.

가. 토 사

| 종 류 | 할 증 률(%) | 비 고 |
|---|---|---|
| 치 환 모 래 ( 置換砂 ) | 20 | 표면건조포화상태의 모래에 대한 할증률 |
| 깔 모 래 ( 敷砂 ) | 30 | |
| 사 항 용 모 래 ( 砂抗用砂 ) | 20 | |
| 압 입 모 래 ( 壓入砂 ) | 40 | |

나. 사석(捨石)

| 지반<br>사석두께<br>종류 | 보통지반 | | 모래치환지반 | | 연약지반 | |
|---|---|---|---|---|---|---|
| | 2m 미만 | 2m 이상 | 2m 미만 | 2m 이상 | 2m 미만 | 2m 이상 |
| 기 초 사 석 | 25% | 20% | 30% | 25% | 50% | 40% |
| 피 복 석 (被覆石) | 15% | 15% | 15% | 15% | 20% | 20% |
| 뒤 채 움 사 석 | 20% | 20% | 20% | 20% | 25% | 25% |

[주] 사석의 재료할증률은 공사의 위치, 자연조건(수심, 조류, 파랑, 조위, 해저지질 등) 과 제체의 규모 및 공사의 종류 등 현장조건에 적합하게 적용할 수 있다.

다. 속채움

| 종          류 | 할 증 률(%) | 비          고 |
|---|---|---|
| 모          래 | 10 | 케이슨 또는 세라 블록 등의 속채움시<br>단, 블록 또는 콘크리트의 속채움재는<br>제외 |
| 사          석 | 10 | |

5. 강재류

| 종                          류 | 할 증 률(%) |
|---|---|
| 원     형     철     근 | 5 |
| 이     형     철     근 | 3 |
| 이형철근(교량 · 지하철 및 이와 복<br>잡 한 구 조 물 의 주 철 근 ) | 6~7 |
| 일     반     볼     트 | 5 |
| 고 장 력 볼 트 (H.T.B) | 3 |
| 강                 판(板) | 10 |
| 강     관(옥외수도용강관 제외) | 5 |
| 대 형 형 강 (刑 鋼) | 7 |
| 소     형     형     강 | 5 |
| 봉     강     (棒     鋼) | 5 |
| 평     강     대     강 | 5 |
| 경 량 형 강 , 각 파 이 프 | 5 |
| 리          벳 ( 제          품 ) | 5 |

| | 할증률(%) |
|---|---|
| 스 테 인 리 스 강 판 | 10 |
| 스 테 인 리 스 강 관 | 5 |
| 동 판 | 10 |
| 동 관 | 5 |
| 덕 트 용 금 속 관 | 28 |
| 프 레 스 접 합 식 스 테 인 리 스 | 5 |
| 이 음 부 속 류 | 5 |

[주] ① 이형철근의 경우 해당공사 또는 구조물의 시공실적에 따라 조정하여 적용할 수 있다.

② 강관·스테인리스 강관의 할증률(%)은 옥외공사를 기준한 것이며, 옥내공사용 재료의 할증률은 10% 이내로 한다

③ 형강(形鋼)의 대형구분은 100㎜ 이상을 말한다

6. 기타재료

| 재 료 별 | | 할 증 률(%) |
|---|---|---|
| 목재 | 각 재 | 5 |
| | 판 재 | 10 |
| 합판 | 일 반 용 합 판 | 3 |
| | 수 장 용 합 판 | 5 |
| 쉬 즈 관 | | 8 |
| 쉬 즈 관 | | 8 |
| 원 심 력 철 근 콘 크 리 트 관 | | 3 |
| 조 립 식 구 조 물 ( U 형 플 룸 관 등 ) | | 3 ('92 신설) |
| 도 료 | | 2 |
| 벽돌 | 붉 은 벽 돌 | 3 |
| | 시 멘 트 벽 돌 | 5 |
| | 내 화 벽 돌 | 3 |
| | 경 계 블 록 | 3 |
| | 콘 크 리 트 블 록 | 4 |
| | 호 안 블 록 | 5 |
| 원 석 ( 마 름 돌 용 ) | | 30 |
| 석 재 판 붙 임 용 재 | 정 형 돌 | 10 |
| | 부 정 형 돌 | 30 |
| 조 경 용 수 목 | | 10 |
| 잔 디 및 초 화 류 | | 10 |

| | | |
|---|---|---|
| 래디믹스트 콘크리트 타설(현장플랜트포함) | 무 근 구 조 물 | 2 |
| | 철 근 구 조 물 | 1 |
| | 철 골 구 조 물 | 1 |
| 현장 혼합 콘크리트 타설(인력 및 믹서) | 무 근 구 조 물 | 3 |
| | 철 근 구 조 물 | 2 |
| | 소 형 구 조 물 | 5 |
| 콘 크 리 트 포 장 혼 합 물 의 포 설 | | 4 |
| 아 스 팔 트 콘 크 리 트 포 설 ( 현 장 플 랜 트 포 함 ) | | 2 |
| 졸 | 대 | 20 |
| 텍 | 스 | 5 |
| 석 고 판 ( 못 붙 임 용 ) | | 5 |
| 석 고 판 ( 본 드 붙 임 용 ) | | 8 |
| 콜 크 | 판 | 5 |
| 단 열 | 재 | 10 |
| 유 | 리 | 1 |
| 테 라 콧 | 타 | 3 |
| 블 | 록 | 4 |
| 기 | 와 | 5 |
| 슬 레 이 | 트 | 3 |
| 타 일 | 모 자 이 크 | 3 |
| | 도 기 | 3 |
| | 자 기 | 3 |
| | 아 스 팔 트 | 5 |
| | 리 노 륨 | 5 |
| | 비 닐 | 5 |
| | 비 닐 렉 스 | 5 |
| | 크 링 카 | 3 |
| 테 라 죠 판 | | 6 ( '18신설) |
| 위 생 기 구 ( 도 기 , 자 기 류 ) | | 2 |

**[주]** 거푸집 및 동바리공이나 가건축물 또는 품셈에 할증률이 포함 또는 표시 되어 있는 것에 대하여는 본 할증률을 적용하지 아니한다.

## 1-4-2. 노임의 할증

1. 노임은 관계법령의 규정에 따른다.
2. 근로시간을 벗어난 시간외, 야간 및 휴일의 근무가 불가피한 경우에는 근로기준법 제50조, 제56조, 유해 위험작업인 경우 산업안전보건법 제46조에 정하는 바에 따른다.

**1-4-3. 품의 할증** ('97, '01, '03, '11, '14년, '15, '16, '17년 보완)

품의 할증은 필요한 경우 다음의 기준 이내에서 적정공사비 산정을 위하여 공사규모, 현장조건 등을 감안하여 적용하고, 품셈 각 항목별 할증이 명시된 경우에는 각 항목별 할증을 우선 적용한다.

품의 할증은 인력품 적용이 원칙이나 작업능률 저하로 인해 건설기계의 사용시간이 늘어나는 경우, 기계품에도 적용 가능하다.

1. 군작전 지구내에서 작업능률에 현저한 저하를 가져올 때는 작업할증률을 20%까지 가산할 수 있다.

2. 도서지구(본토에서 인력동원파견시), 공항(김포, 김해, 제주공항 등에서 1일 비행기 이착륙횟수 20회 이상) 및 도로개설이 불가능한 산악지역에서는 작업할증(인력품)을 50%까지 가산할 수 있다.

3. 열차빈도별 일반 할증률

   가. 본선 상에서 작업시 열차통과에 따라 작업이 중단되는 경우 열차회수별 지장할증을 적용한다.

| 열차회수(8시간) | 13회 미만 | 14~18회 | 19회 이상 |
|---|---|---|---|
| 할증률(%) | 14 | 25 | 37 |

   나. 열차운행선 인접공사시(선로와의 이격거리 10m 이내) 열차통과에 따라 작업이 중단되어 작업능률이 저하되는 경우 대피 할증률을 적용한다.

| 열차회수(8시간) | 13회 미만 | 14~18회 | 19회 이상 |
|---|---|---|---|
| 할증률(%) | 3 | 5 | 7 |

**[주]** 선로와의 이격거리 : 건축한계(2.1m) + 굴삭기(0.4㎥)

회전반경(약 7.7m) ≒ 10m

4. 야간작업

   PERT/CPM공정계획에 의한 공기산출결과 정상작업(정상공기)으로는 불가능하여 야간작업을 할 경우나 공사성질상 부득이 야간작업을 하여야 할 경우에는 품을 25%까지 가산한다.

5. 10㎥이하 기타 이에 준하는 소단위 건축공사에서는 각 공종별 할증이 감안되지 않은 사항에 대하여 품을 50%까지 가산할 수 있다.

6. 지세별 할증률

    가. 평탄지                             0% (지세구분내역참조)

    나. 야산지                         25% (지세구분내역참조)

    다. 물이 있는 논                20%

    라. 소택지 또는 깊은 논   50%

    마. 변화가

| | | |
|---|---|---|
| 2차선도로 | 30% |
| 4차선도로 | 25% |
| 6차선도로 | 20% |

    바. 주택가                       15%

7. 지형별 할증률

    가. 강건너기                    50% (강폭 150m 이상)

    나. 계곡건너기                 30% (긍장 150m 이상)

8. 위험할증률

    가. 교량상작업

| | |
|---|---|
| 인 도 교 | 15% |
| 철 교 | 30% |
| 공중작업 | 70% |

    나. 고소작업 지상

       (비계틀 불사용)

| | |
|---|---|
| 5m미만 | 0% |
| 5~10m | 20%증 |
| 10~15m | 30%증 |
| 15~20m | 40%증 |
| 20~30m | 50%증 |
| 30~40m | 60%증 |
| 40~50m | 70%증 |
| 50~60m | 80%증 |

    60m 이상의 경우 매 10m 증가마다 10%씩 가산한다.

    다. 고소작업 지상

       (비계틀 사용)

| | |
|---|---|
| 10m 이상 | 10% 증 |
| 20m 이상 | 20% 증 |
| 30m 이상 | 30% 증 |
| 50m 이상 | 40% 증 |

70m 이상의 경우 매 20m 증가마다 10%씩 가산한다.

| | | | |
|---|---|---|---|
| 라. 지하작업 | 지하 | 4m 이하 | 10% |
| 마. 활선근접작업 | | AC140kV급 이상(4m이내) | 30% |
| | | 60kV급 이상(3m이내) | 30% |
| | | 7kV급 이상(2m이내) | 30% |
| | | 600V이상 (1m이내) | 30% |
| 바. 터널내작업 | | 인도 | 15% |
| | | 철도 | 30% |

※ 터널내 작업 할증률은 완공되어 운영중인 터널의 입구에서 25m이상 진입하여 보수 및 보강, 유지보수 등의 작업시에 적용한다. 또한, 터널내 사다리작업으로 작업능률이 현저하게 저하될 시는 위 할증률에 10%까지 가산할 수 있다.

9. 건물 층수별 할증률

　　가. 지상층 할증

| | |
|---|---|
| 2층~5층 이하 | 1% |
| 10층 이하 | 3% |
| 15층 이하 | 4% |
| 20층 이하 | 5% |
| 25층 이하 | 6% |
| 30층 이하 | 7% |

　　　　30층을 초과하는 경우 매 5층 이내 증가마다 1%씩 가산

　　나. 지하층 할증

| | |
|---|---|
| 지하 1층 | 1% |
| 지하 2~5층 | 2% |

　　　　지하 6층 이하는 상황에 따라 별도 계상한다.

10. 유해별 할증률

| | |
|---|---|
| 가. 고온·고압기기 접근작업 | 30% |
| 나. 고열·미탄실·위험물·극독물의 보관실내 작업 | 20% |

다. 정화조, 축전지실, 제빙실내 등 유해가스 발생장소  10%

11. 특수작업 할증률

　가. 작업의 중요성 또는 특별한 시방에 따라 특수한 기술과 안전 관리 등
　　을 위하여 기술원(기술사 및 기사, 특수자격자, 특수기능사, 안전관
　　리자 등) 및 감독원이 투입될 때는 필요에 따라 본 작업에 대하여 5
　　~ 10%까지 가산할 수 있다.

　　⑴ 중요기기 및 설비의 분해, 가공 또는 조립작업

　　⑵ 특별한 사양 및 공법에 의한 작업

　　⑶ 기타 중요한 기기 및 설비를 취급하는 작업

　나. 작업조건이 특별한 작업조를 편성하여 작업하여야 할 시는 각 작업조
　　에 따라 기술원 또는 감독원 1인을 계상할 수 있다.

12. 작업시간제한 할증률

| 작 업 시 간 | 할 증 률 |
|:---:|:---:|
| 2시간 | 35% |
| 3시간 | 30% |
| 4시간 | 25% |
| 5시간 | 20% |
| 6시간 | 10% |
| 8시간 | 0% |

**[주]** 휴전이 필요한 공사, 운행선 상의 선로일시 사용중지를 필요로 하는 궤도
　공사 등 이와 유사하게 작업시간에 제한을 받는 성격의 공사인 경우 작업
　시간별로 할증률을 적용한다.

13. 기타 할증률

　가. 아래와 같은 이유로 작업 능력저하가 현저할 때 50%까지 가산할 수
　　있다.

　　◦ 동일 장소에 수종의 장비가동　　　◦ 작업장소의 협소

　　◦ 소음　　　◦ 진동　　　◦ 위험

　나. 기타 작업조건이 특수하여 작업시간 및 통행제한으로 작업능률저
　　하가 현저할 경우는 별도 가산할 수 있다.

14. 원거리작업, 계속이동작업, 분산작업시는 집합장소로부터 작업장소까지 도달하기 위하여 상당한 왕복시간(열차, 차량, 도보)이 요하거나 또는 작업장소가 분산되어 있어 이동에 상당한 기간을 요하여 실작업시간이 현저하게 감소될 경우 50%까지 가산할 수 있다. 단, 상기 도달시간(왕복) 또는 이동시간이 1시간 이내의 경우는 특별한 경우를 제외하고는 적용하지 않는다.

15. 원자력 발전소 공사의 품 할증
    원자력 발전소 공사에서 작업단계별 품질 및 안전도 검사 등이 엄격히 적용되는 공정의 경우에는 각 공정에 따라 품 할증을 별도 가산한다.

16. 할증의 중복가산 요령

    $$W = 기본품 \times (1 + a_1 + a_2 + a_3 \cdots\cdots\cdots\cdots + a_n)$$

    단, 동일 성격의 품할증요소의 이중 적용은 불가함.

    여기서, W : 할증이 포함된 품

    기본품 : 각 항[주]란의 필요한 할증·감 요소가 감안된 품

    $a_1 \sim a_n$ : 품 할증요소

17. 지세 구분 내역

| 구분＼지구 | 평 탄 지 | 야 산 지 | 산 악 지 |
|---|---|---|---|
| 지 형 | 평지 또는 보통 야산으로서 교통이 편리한 곳 | 험한 야산지대 및 수목이 우거진 보통 산악지대로서 교통이 불편한 곳 | 산림이 우거진 험준한 산악지대로서 교통이 극히 불편한 곳 |
| 지 세 | 평지 또는 보통 야산 | 험한 야산 또는 보통산악 | 험 한 산 악 |
| 높이 기준 해발 표고 | 100m 미만 50m 미만 | 300m 미만 150m 미만 | 400m 미만 200m 미만 |
| 통행 조건 도로 구배 통행 | 대 소 로 (유) 완　만 양　호 | 대　로(무) 완　급 불　편 | 대 소 로 (무) 극　급 극 히 불 량 |
| 자연 지세 | 양　호 | 불　편 | 불　량 |

| 환 경 | 수 목 기 상 | 소주 또는 소목 보 통 | 보통 또는 약간 울창 불 편 | 울 창 불 편 |
|---|---|---|---|---|
| 기 타 조 건 | 교통편 | 차도에서 500m 이내 편 리 | 차도에서 1km 이내 불 편 | 차도에서 1km 이상 극 히 불 가 |
| | 숙 소 | 〃 | 〃 | 불 가 |
| | 통 신 | 〃 | 〃 | |
| | 인력동원 | 〃 | 〃 | 〃 |

[주] ① 교통
  - 차 도 : 대형차(6톤 트럭 정도)의 통행 가능 도로
  - 편 리 : 대형차의 통행 가능
  - 불 편 : 소형차 또는 리어카 정도의 통행 가능
  - 극히 불편 : 사람 이외의 통행 불가
② 표 고 : 활동 중심구역에서의 거리 300m 기준
③ 구 배
  완 만 : 사거리 100m 미만으로 수평각 15도 미만 정도
  완 급 : 사거리 100m 이상의 수평각 30도 미만 정도
  극 급 : 사거리 100m 이상으로 수평각 30도 이상 정도
④ 지구선정기준 : 상기 지구별 내역의 2/3이상 해당되는 대상을 선정함


# 1-5. 운반

## 1-5-1. 소운반 및 인력운반 ('16년 보완)

  1. 소운반의 운반거리
     품에서 포함된 것으로 규정된 소운반 거리는 20m 이내의 거리를 말하
     므로 소운반이 포함된 품에 있어서 소운반 거리가 20m를 초과할 경우
     에는 초과분에 대하여 이를 별도 계상하며 경사면의 소운반 거리는 직
     고 1m를 수평거리 6m의 비율로 본다.
  2. 인력운반 기본공식 ('08년 보완)
     $$Q = N \times q$$

     $$N = \frac{T}{\dfrac{60 \times L \times 2}{V}} = \frac{VT}{120L + Vt}$$

여기서 Q : 1일 운반량($m^3$ 또는 kg)

　　　N : 1일 운반횟수

　　　q : 1회 운반량($m^3$ 또는 kg)

　　　T : 1일 실작업시간(480분-30분)

　　　L : 운반거리(m)

　　　t : 적재적하 시간(분)

　　　V : 평균왕복속도(m / hr)

[주] 삽으로 적재할 수 없는 자재(시멘트·목재·철근·말뚝·전주·관·큰석재 등)의 인력적사는 기본공식을 적용하되 25kg을 1인의 비율로 계산하고 t 및 v는 자재 및 현장여건을 감안하여 계상한다.

3. 지게운반 ('10년 보완)

| 종류 \ 구분 | 적재적하 시간(t) | 평균왕복속도(m/hr) | | |
|---|---|---|---|---|
| | | 양호 | 보통 | 불량 |
| 토 사 류<br>석 재 류 | 1.5분<br>2분 | 3,000 | 2,500 | 2,000 |

[주] ① 절취는 별도 계상한다.

② 양호 : 운반로가 평탄하며 보행이 자유롭고 운반상 장애물이 없는 경우

보통 : 운반로가 평탄하지만 다소 운반에 지장이 있는 경우

불량 : 보행에 지장이 있는 운반로의 경우, 습지, 모래질, 자갈질, 암반 등 지장이 있는 운반로의 경우

③ 1회 운반량은 보통토사 25kg으로 하고, 삽작업이 가능한 토석재를 기준으로 한다.

④ 석재류라 함은 자갈, 부순돌 및 조약돌 등을 말한다.

⑤ 고갯길인 경우에는 직고(直高) 1m를 수평거리 6m의 비율로 본다.

⑥ 적재운반 적하는 1인을 기준으로 한다.

4. 벽돌운반 (1,000매당)

| 구 분 | 단 위 | 층 수 | | | | |
|---|---|---|---|---|---|---|
| | | 1층 | 2층 | 3층 | 4층 | 5층 |
| 보통인부 | 인 | 0.44 | 0.56 | 0.74 | 0.96 | 1.19 |
| 비 고 | - 리프트를 사용할 경우 보통인부 0.31인을 적용한다. | | | | | |

[주] 본 품은 기본벽돌(19×9×5.7㎝)을 인력으로 층별(층고 3.6m) 운반하는 기준이다.

5. 인력운반(기계설비)

장대물, 중량물 등 인력운반비 산출공식

가. 기본공식

$$운반비 = \frac{M}{T} \times A \left( \frac{60 \times 2 \times L}{V} + t \right)$$

여기에서, A : 인력운반공의 노임

M : 필요한 인력운반공의 수(총운반량/1인당 1회운반량)

L : 운반거리(km)    V : 왕복평균속도(km/hr)

T : 1일 실작업시간    t : 준비작업시간(2분)

인력운반공의 1회 운반량(25kg)

왕복평균속도 : 도로상태 양호 : 2km/hr

도로상태 보통 : 1.5km/hr

도로상태 불량 : 1km/hr

도로상태 물논 : 0.5km/hr

※ 도로상태 구분은 토목부분 참조

나. 경사지 운반 환산계수($\alpha$)

| 경사도 | % | 10 | 20 | 30 | 40 | 50 | 60 | 70 | 80 | 90 | 100 |
|---|---|---|---|---|---|---|---|---|---|---|---|
| | 각도 | 6 | 11 | 17 | 22 | 27 | 31 | 35 | 39 | 42 | 45 |
| 환산계수($\alpha$) | | 2 | 3 | 4 | 2 | 6 | 7 | 8 | 9 | 10 | 11 |

경사지 환산거리 a× L

## I-5-2. 토취장 및 골재원

1. 토취장 및 골재원(석산, 콘크리트 및 포장용 재료, 기타)을 필요로 하는 공사에는 설계서에 그 위치를 명시할 수 있다.

2. 토취장은 품질과 양 및 거리 등을 감안하고 경제성을 고려하여 설계하여야 하며 가급적 취토 보상가격만을 지불토록 하여, 후일 필요치 않은 토지의 매입은 피하여야 한다.

3. 석산 및 골재원은 품질과 양 및 거리 등을 감안하고 경제성을 고려하여 설계하여야 하며, 기계채집, 인력채집, 거래가격(상차도 실례가격) 중에서 현장여건에 맞추어 설계하여야 한다.

4. 모암을 발파하여 깬돌 등 규격품을 채취할 경우 규격품으로 사용할 수 없는 파쇄된 돌의 발생량은 10~40%를 표준으로 하며, 이때 파쇄된 돌의 유용이 가능하여 유용할 경우 이에 따른 경비는 별도 계상하고, 그 발생량에 대해서는 무대(無代)로 한다.

5. 잡석을 부순 돌(碎石)로 사용하려 할 때에는 채집비를 계상할 수 있다.

6. 원석대와 채취장 및 기타 보상비는 실정에 따라 별도 계상할 수 있다.

7. 국유지인 경우에는 필요한 조치를 취하여 사용토록 한다.

8. 토취장, 석산, 골재원 등은 사용후 정리하여 사방을 하거나 조경을 하여야 하며 정리비, 사방비 및 조경비는 별도 계상한다.

## I-5-3. 운반로의 개설 및 유지보수

운반로의 신설 또는 유지보수는 작업량을 감안하여 작업속도가 증가됨으로써 신설 또는 유지 보수하지 않을 때보다 경제적일 경우에만 계상해야 한다.

## I-5-4. 화물자동차의 적재량

1. 중량으로 적재할 수 있는 품종에 대하여는 중량적재를 원칙으로 한다.

2. 중량적재가 곤란한 것에 대하여는 적재할 수 있는 실측치에 의한다.

3. 화물자동차의 적재량은 중량적재, 용량적재 그 어느 쪽의 제한 범위도 벗어나지 않도록 해야 하며 운반로의 종별(공도, 사도) 및 상태에 따라서도 달라질 수 있다.

4. 화물자동차의 표준 적재량은 중량으로 적재하거나, 특수한 품목을 제외하고는 일반적으로 다음의 값을 기준으로 한다.

| 종 별 | 규 격 | 단위 | 적 재 량 | | | | 비 고 |
|---|---|---|---|---|---|---|---|
| | | | 6톤 차량 | 8톤 차량 | 11톤 차량 | 20톤 트레일러 | |
| 목 재 (원목) | 길이가 긴 것은 낱개 | m³ | 7.7 | 10 | 13 | − | |
| 목재(제재목) | 〃 | 〃 | 9.0 | 12 | 16 | − | |
| 경유·휘발유 | 200 ℓ | 드럼 | 30 | 40 | 55 | − | |
| 아 스 팔 트 | 〃 | 〃 | 24 | 35 | 50 | − | |
| 새 끼 | 12mm, 9.4kg | 다발 | 480 | 640 | − | − | |
| 벽 돌 | 19cm×9cm×5.7cm (표준형) | 개 | 2,930 | 3,900 | 5,300 | | |
| 기 와 | 34cm×30cm×1.5cm | 매 | 1,860 | 2,480 | 3,400 | | |
| 보 도 블 록 | 30cm×45cm×6cm | 개 | 490 | 650 | 890 | − | |
| 견 치 돌 | 뒷길이45cm | 개 | 100 | 135 | 180 | − | |
| 블 록 | 두께 10cm | 〃 | 650 | 860 | 1,180 | − | |
| 〃 | 두께 15cm | 〃 | 450 | 600 | 820 | | |
| 〃 | 두께 20cm | 〃 | 350 | 460 | 630 | − | |
| 타 일 | 두께 6mm (8mm) | m² | 500 (350) | 660 (460) | − | − | 모자이크 포함 |
| 크링커 타일 | 두께 24mm | m² | 150 | 200 | − | − | |
| 합 판 | 12mm×900mm×1,800mm | 매 | 450 | 600 | 820 | − | |
| 유 리 | 두께 3mm | m² | 700 | 930 | − | − | |
| 페 인 트 | 4ℓ(18ℓ)/통 | 통 | 1,300 (300) | 1,720 (400) | 2,365 (550) | − | |
| 아 스 타 일 | 3mm×30cm×30cm | 매 | 9,600 | 12,800 | 17,600 | | |
| 흄 관 | ø 300mmL=2.5m | 본 | 27 | 36 | 52 | − | |
| 〃 | 450 〃 | 〃 | 15 | 20 | 27 | − | |
| 〃 | 600 〃 | 〃 | 8 | 12 | 15 | − | |
| 〃 | 800 〃 | 〃 | 4 | 6 | 9 | − | |
| 〃 | 900 〃 | 〃 | 4 | 5 | 7 | − | |

| 종   별 | 규   격 | 단위 | 적 재 량 | | | | 비 고 |
|---|---|---|---|---|---|---|---|
| | | | 6톤<br>차량 | 8톤<br>차량 | 11톤<br>차량 | 20톤<br>트레일<br>러 | |
| 흄     관 | 1,000   〃 | 〃 | 3 | 4 | 5 | 10 | |
| 〃 | 1,200   〃 | 〃 | 2 | 3 | 4 | 7 | |
| 〃 | 1,500   〃 | 〃 | 1 | 2 | 2 | 5 | |
| 콘크리트 관 | ø 250㎜ L=1m | 본 | 60 | 80 | 110 | – | |
| 〃 | 300   〃 | 〃 | 52 | 70 | 96 | – | |
| 〃 | 350   〃 | 〃 | 42 | 60 | 82 | – | |
| 〃 | 450   〃 | 〃 | 25 | 30 | 41 | – | |
| 〃 | 600   〃 | 〃 | 16 | 20 | 27 | – | |
| 〃 | 900   〃 | 〃 | 9 | 12 | 16 | – | |
| 〃 | 1,000~1,500 〃 | 〃 | 3~6 | 4~8 | 5~10 | 12 | |
| 주  철  관 | ø 80㎜~ø 150㎜L=6.0m | 본 | 42~111 | 46~123 | – | – | |
| 〃 | 200~450   〃 | 본 | 9~30 | 10~34 | – | – | – |
| 〃 | 500~600   〃 | 〃 | 6 | 6~9 | – | – | – |
| 〃 | 700~900   〃 | 〃 | 3 | 3~5 | – | – | |
| 〃 | 1,000   〃 | 〃 | 2 | 2 | – | – | |
| 도복장 강관 | ø 300㎜~ø 450㎜<br>L=6.0m | 본 | 10~18 | 14~22 | – | – | |
| 〃 | 500~700   〃 | 〃 | 3~9 | 6~10 | – | – | |
| 〃 | 800~1,000   〃 | 〃 | 1~3 | 3 | – | – | |
| 〃 | 1,200~2,100   〃 | 〃 | 1 | 1 | – | – | |
| 〃 | 2,200~2,300   〃 | 〃 | – | 1 | – | – | |
| P・C파일 | ø 300㎜~ø 400㎜<br>L=9.0m | 〃 | – | – | 6~10 | 11~18 | |
| | 450~500   〃 | 〃 | – | – | 4~5 | 8~9 | |
| 시  멘  트 | 40kg | 대 | 150 | 200 | 275 | 637 | |
| | | | | | | (25.5톤<br>풀카고<br>기준) | |
| 전     주 | 10m(일반용) | 본 | – | – | 12 | 23 | |
| 〃 | 체신주 8m | 〃 | – | 17 | 23 | 43 | |

## 1-6. 토질

### 1-6-1. 지하지반의 추정

지하지반은 토질조사시험에 따라 설계하는 것을 원칙으로 한다. 다만, 공사량이 소규모인 경우에는 지형 또는 표면상태에 의하여 추정설계할 수 있다.

### 1-6-2. 우물통 기초공사

우물통 기초굴착시 굴착토량은 외토 침입률을 감안하여 산정한다

### 1-6-3. 토질 및 암의 분류 ('14년 보완)

1. 보통토사 : 보통 상태의 실트 및 점토 모래질 흙 및 이들의 혼합물로서 삽이나 괭이를 사용할 정도의 토질(삽작업을 하기 위하여 상체를 약간 구부릴 정도)
2. 경질토사 : 견고한 모래질 흙이나 점토로서 괭이나 곡괭이를 사용할 정도의 토질(체중을 이용하여 2~3회 동작을 요할 정도)
3. 고사 점토 및 자갈섞인 토사 : 자갈질 흙 또는 견고한 실트, 점토 및 이들의 혼합물로서 곡괭이를 사용하여 파낼 수 있는 단단한 토질
4. 호박돌 섞인 토사 : 호박돌 크기의 돌이 섞이고 굴착에 약간의 화약을 사용해야 할 정도로 단단한 토질
5. 풍화암 : 일부는 곡괭이를 사용할 수 있으나 암질(岩質)이 부식되고 균열이 1~10㎝로서 굴착 또는 절취에는 약간의 화약을 사용해야할 암질
6. 연암 : 혈암, 사암 등으로서 균열이 10~30㎝ 정도로서 굴착 또는 절취에는 화약을 사용해야 하나 석축용으로는 부적합한 암질
7. 보통암 : 풍화상태는 엿볼 수 없으나 굴착 또는 절취에는 화약을 사용해야 하며 균열이 30~50㎝정도의 암질
8. 경암 : 화강암, 안산암 등으로서 굴착 또는 절취에 화약을 사용해야 하며 균열상태가 1m이내로서 석축용으로 쓸 수 있는 암질
9. 극경암 : 암질이 아주 밀착된 단단한 암질

[주] 표준 품셈에 표시되는 돌재료의 분류는 다음을 기준으로 한다.
① 모암(母岩) : 석산에 자연상태로 있는 암을 모암이라 한다.
② 원석(原石) : 모암에서 1차 파쇄된 암석을 원석이라 한다.

③ 건설공사용 석재 : 석재의 품질은 그 용도에 적합한 강도를 갖고 균열이나 결점이 없고 질이 좋은 치밀한 것이며 풍화나 동결의 해를 받지 않는 것이라야 한다.

④ 다듬돌(切石) : 각석(角石) 또는 주석(柱石)과 같이 일정한 규격으로 다듬어진 것으로서 건축이나 또는 포장 등에 쓰이는 돌

⑤ 막다듬돌(荒切石) : 다듬돌을 만들기 위하여 다듬돌의 규격 치수의 가공에 필요한 여분의 치수를 가진 돌

⑥ 견치돌(間知石) : 형상은 재두각추체(裁頭角錐體)에 가깝고 전면은 거의 평면을 이루며 대략 정사각형으로서 뒷길이(控長), 접촉면의 폭(合端), 뒷면(後面)등이 규격화 된 돌로서 4방락(四方落) 또는 2방락(二方落)의 것이 있으며 접촉면의 폭은 전면 1변의 길이의 1/10이상이라야 하고 접촉면의 길이는 1변의평균 길이의 1/2이상인 돌

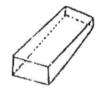

4방락견치돌(四方落間知石)　　　　2방락견치돌(二方落間知石)

⑦ 깬돌(割石) : 견치돌에 준한 재두방추형(裁頭方錐形)으로서 견치돌보다 치수가 불규칙하고 일반적으로 뒷면(後面)이 없는 돌로서 접촉면의 폭(合端)과 길이는 각각 전면의 일변의 평균길이의 약 1/20과 1/3이 되는 돌

⑧ 깬 잡석(雜割石) : 모암에서 일차 폭파한 원석을 깬 돌로서, 깬돌(割石)보다도 형상이 고르지 못한 돌로서 전면의 변의 평균 길이는 뒷길이의 약 2/3되는 돌

⑨ 사석(捨石) : 막 깬돌 중에서 유수에 견딜 수 있는 중량을 가진 큰 돌

⑩ 잡석(雜石) : 크기가 지름 10~30㎝ 정도의 것이 크고 작은 알로 고루고루 섞여져 있으며 형상이 고르지 못한 큰 돌

⑪ 전석(轉石) : 1개의 크기가 0.5㎥ 내·외의 정형화 되지 않은 석괴

⑫ 야면석(野面石) : 천연석으로 표면을 가공하지 않은 것으로서 운반이 가능하고 공사용으로 사용될 수 있는 비교적 큰 석괴

⑬ 호박돌(玉石) : 호박형의 천연석으로서 가공하지 않은 지름 18㎝이상 의 크기의 돌

⑭ 조약돌(栗石) : 가공하지 않은 천연석으로서 지름 10~20㎝ 정도의 계 란형의 돌

⑮ 부순돌(碎石) : 잡석을 지름 0.5~10㎝ 정도의 자갈 크기로 작게 깬 돌

⑯ 굵은 자갈(大砂利) : 가공하지 않은 천연석으로서 지름 7.5~20㎝ 정 도의 돌

⑰ 자갈(砂利) : 천연석으로서 자갈보다 알이 작고 지름 0.5~7.5㎝정도 의 둥근 돌

⑱ 역(礫) : 천연석이 굵은 자갈과 작은 자갈이 고루고루 섞여져 있는 상 태의 돌

⑲ 굵은 모래(粗砂) : 천연산으로서 지름 0.25~2㎜ 정도의 알맹이의 돌

⑳ 잔모래(細砂) : 천연산으로서 지름 0.05~0.25㎜ 정도의 알맹이의 돌

㉑ 돌가루(石紛) : 돌을 바수어 가루로 만든 것

㉒ 고로슬래그 부순돌 : 제철소의 선철(銑鐵) 제조 과정에서 생산되는 고 로슬래그를 0~40㎜로 파쇄 가공한 돌

## 1-7. 기타

### 1-7-1. 작업 반장

작업반장의 계상은 작업조건을 감안하여 다음의 기준으로 계상한다.

| 현장 작업 조건 | 작 업 반 장 수 |
|---|---|
| · 작업장이 광활하여 감독이 용이하고 고도의 기능이 필요치 않을 경우 | 보통인부 25 ~ 50인에 1인 |
| · 작업장이 협소하고 감독시야가 보통이며 약간의 기능을 요하는 경우 | 보통인부 15 ~ 25인에 1인 |
| · 고도의 기능과 철저한 감독이 요구되는 경우 | 보통인부 5 ~ 15인에 1인 |

[주] ① 기능공 및 특수인부에 대한 조력인부로서의 보통인부는 적용에서 제외
   한다.

  ② 기능공에 대한 조력인부라 함은 거푸집 비계 및 동바리 설치 해제품의
   보통인부를 말하며, 이와 유사한 공종의 보통인부를 말한다.

  ③ 작업조건에 따라 특이한 조로써 편성되어 작업할 때에는 각 작업조건
   에 따라 작업반장 1인을 계상할 수 있다. (예 : 잠수 작업조 등)

## 1-7-2. 표준품셈 보완실사

품을 신설 또는 개정하기 위하여 항목을 배정받은 실사기관에서는 대상공사
에 대하여 실사에 소요되는 인건비, 소모재료비 등 소요비용을 설계에 반영
할 수 있다.

## 1-7-3. 사용료

  1. 계약에 따른 특허료와 기술료 등에 대한 비용을 계상할 수 있다.

  2. 공사에 필요한 경비중 전력비·수도광열비·운반비·기계경비·가설·
   시험검사비 등을 계상할 수 있다.

  3. 공사 용수

| 구 분 | 단 위 | 수 량 |
|---|---|---|
| 거 푸 집 씻 기 | $m^3/m^2$ | 0.04 |
| 콘 크 리 트 혼합 및 양생 | $m^3/m^3$ | 0.27 |
| 경량콘크리트 혼합 및 양생 | $m^3/m^3$ | 0.24 |
| 보 통 벽 돌 쌓 기 | $m^3/1,000$매 | 0.18 |
| 돌 쌓 기 모 르 타 르 | $m^3/m^2$(표면적) | 0.06 |
| 돌 씻 기 | $m^3/m^2$( 〃 ) | 0.17 |
| 미 장 | $m^3/m^2$( 〃 ) | 0.02 |
| 타 일 붙 임 모 르 타 르 | $m^3/m^2$( 〃 ) | 0.01 |
| 타 일 씻 기 | $m^3/m^2$( 〃 ) | 0.013 |
| 잡 용 수 | $m^3$ | 사용량비의 40~50% |

[주] 본 표는 양생에 필요한 물의 양을 포함한 것이다.

## 1-7-4. 현장 시공상세도면의 작성 ('11, '14, '20, '21년 보완)

1. 공사의 시공을 위하여 시공상세도면(입체도면 포함)을 작성하는 경우에는 이에 필요한 인건비, 소모품비 등 소요비용을 별도 계상하며, 엔지니어링진흥법 제31조제2항에 따른 「엔지니어링사업대가의 기준」을 적용할 수 있다.
2. 공사진행단계별로 작성할 시공상세도면의 목록은 건설기술진흥법 시행규칙 제42조 규정에 의하여 발주청에서 공사시방서에 명시하여야한다.

## 1-7-5. 종합시운전 및 조정비

공사완공 후 각 기기의 단독시운전이 끝난 다음에 장치나 설비 전체의 종합적인 시운전 및 조정을 위하여 필요한 품은 계상할 수 있다.

## 1-7-6. 품질관리비 ('04, '06, '11, '14년 보완)

1. 건설공사의 품질관리에 필요한 비용은 건설기술진흥법 제56조제1항의 규정에 따라 공사금액에 계상하여야 한다.
2. 품질관리비는 동법시행규칙 제53조제1항에서 규정하고 있는바와 같이 품질관리계획 또는 품질시험계획에 따른 품질관리활동에 필요한 비용을 말한다.

### 〈참고〉

건설공사의 품질관리시험비 계상시 건설기술관리법 시행규칙에 명시되지 않은 것으로 고려할 사항은 시험시공비, 특수시험비(수압시험, X-Ray시험 등), 특수공종의 측량 및 규격 검측비 등이 있다.

## 1-7-7. 산업안전보건관리비 ('04, '06, '12, '20년 보완)

1. 건설공사현장에서 산업재해 예방에 필요한 비용인 산업안전보건관리비는 산업안전보건법 제72조제1항의 규정에 의거 공사금액에 계상하여야

한다.

2. 공사금액에 계상된 산업안전보건관리비는 고용노동부가 고시한 "건설업 산업안전보건관리비 계상 및 사용기준" 별표2의 사용내역 및 기준에 따라 사용하여야 한다.

3. 산업안전보건기준에관한규칙 제146조 및 제241조의2에서 정하고 있는 타워크레인 신호업무담당자, 화재감시자의 인건비는 공사도급 내역서에 반영할 수 있다.

## 1-7-8. 산업재해보상 보험료 및 기타

1. 공사원가계산에 있어 간접노무비, 기타 경비, 일반관리비, 이윤과 산업재해 보상보험료 및 기타 이와 유사한 사항은 기획재정부 회계예규와 산업재해 보상보험법 등 관계규정에 따른다.

2. 시공과정에서 필요로 하는 보상비(직접, 간접 및 일시보상 등)는 현장실정에 따라 별도 계상할 수 있다.

## 1-7-9. 환경관리비 ('02, '11, '14, '17, '20년 보완)

1. 건설공사에서 환경오염을 방지하고 폐기물을 적정하게 처리하기 위해 필요한 환경보전비·폐기물처리 및 재활용비 등 환경관리비는 「건설기술진흥법 시행규칙」 제61조의 규정을 따른다.

2. 공사현장에서 발생되는 건설폐기물의 일반적인 단위면적당 발생량의 산출은 다음을 참조할 수 있으며, 건축물 해체의 경우는 설계도서에 따라 산출함을 우선으로 한다.

(단위 : TON/㎡)

| 구 분 | | | 폐콘크리트류 | 폐금속류 | 폐보드류 | 폐목재류 | 폐합성수지류 | 혼합폐기물 | 총 계 |
|---|---|---|---|---|---|---|---|---|---|
| 신축 | 주거용 | 단 독 주 택 | 0.03200 | – | 0.00051 | 0.00300 | 0.00174 | 0.00653 | 0.04378 |
| | | 아 파 트 | 0.03561 | – | 0.00066 | 0.00416 | 0.00233 | 0.00874 | 0.05150 |
| | 비주거용 | 철근콘크리트조 | 0.04888 | – | 0.00117 | 0.00141 | 0.00445 | 0.00664 | 0.06255 |
| | | 철 골 조 | 0.02920 | – | 0.00117 | 0.00071 | 0.00167 | 0.00353 | 0.03628 |
| | | 철골철근콘크리트조 | 0.04087 | – | 0.00117 | 0.00128 | 0.00167 | 0.00418 | 0.04917 |

| | | | | | | | | | |
|---|---|---|---|---|---|---|---|---|---|
| 해체 | 주거용 | 단 독 주 택 | 1.3321 | 0.0010 | - | 0.0968 | 0.0263 | 0.2030 | 1.6792 |
| | | 아 파 트 | 1.4770 | 0.0655 | - | 0.0150 | 0.0261 | 0.1637 | 1.7993 |
| | 비주거용 | 철근콘크리트조 | 1.4028 | 0.0170 | - | 0.0638 | 0.0215 | 0.1348 | 1.6959 |
| | | 철 골 조 | 0.9167 | 0.0550 | - | 0.0194 | 0.0261 | 0.1348 | 1.1624 |
| | | 철골철근콘크리트조 | 1.5861 | 0.1220 | - | 0.0018 | 0.0245 | 0.1452 | 1.8796 |

**[주]** ① 폐콘크리트류에는 폐콘크리트, 폐아스팔트콘크리트, 폐벽돌, 폐기와 등이 포함되어 있다.

② 폐금속류는 구조물을 구성하는 철골량이 포함되어 있으며, 철골량은 실측에 의하여 별도 산정할 수 있다.

③ 지반 안정화를 위하여 파일 시공을 실시할 경우 (연면적/건축면적)이 20 미만일 경우 15%, 20을 초과할 경우 20%이내에서 폐 콘크리트 수량을 증가할 수 있다.

④ 폐기물관리법 및 건설기술진흥법에 따른 공사현장 환경시설 중 진출입로에 세륜 시설을 설치할 경우 개소당 3% 이내에서 폐콘크리트의 수량을 증가할 수 있다.

⑤ 건축물의 특성, 시공방법 및 공사현장의 여건에 따라 조정하여 사용한다.

## 1-7-10. 안전관리비 ('04, '06, '11, '14년 보완)

1. 건설기술진흥법 제62조의 규정에 따라 건설공사의 안전관리에 필요한 안전관리비를 공사금액에 계상하여야 하며, 이 비용에는 동법 시행규칙 제60조제1항의 규정에 따라 다음과 같은 항목이 포함되어야 한다

가. 안전관리계획의 작성 및 검토비용

나. 동법시행령 제100조제1항의 규정에 의한 안전점검비용

다. 발파·굴착 등의 건설공사로 인한 주변건축물 등의 피해방지대책비용

라. 공사장 주변의 통행안전관리대책 비용

2. 이 비용은 건설기술진흥법 시행규칙 제60조제2항에서 규정하고 있는 기준에 따라 공사금액에 계상하여야 한다.

# 제2장  가설 공사

## 2-1. 가설물의 한도

### 2-1-1. 현장사무소 등의 규모(토목) ('02년 보완)

### 2-1-2. 현장사무소 등의 규모(건축) ('02년 보완)

### 2-1-3. 현장사무소 등의 규모(기계설비) ('02년 보완)

| 본건물의 규모<br>종 별 | 단 위 | 200㎡<br>이하 | 1,000㎡<br>이하 | 3,000㎡<br>이하 | 6,000㎡<br>이하 | 6,000㎡<br>이상 |
|---|---|---|---|---|---|---|
| 감 독 사 무 소 | ㎡ | 6 | 12 | 25 | 30 | 50 |
| 도 급 자 사 무 소 | ㎡ | 12 | 24 | 50 | 60 | 100 |
| 기 타 자 재 창 고 | ㎡ | 10 | 20 | 30 | 40 | 60 |
| 작 업 헛 간 | ㎡ | – | 50 | 70 | 90 | 120 |

**[주]** ① 가설물 종류의 선택은 공사종류 및 규모에 따라 택한다.

② 가설물은 공사의 성질과 소요재료의 수급계획에 따라 증감할 수 있다.

③ 시멘트 창고 필요면적 산출

$$A = 0.4 \times \frac{N}{n} (㎡)$$

A : 저장면적(㎡)      N : 저장할 수 있는 시멘트량

n : 쌓기 단수(최고 13포대)

시멘트량이 600포대 이내일 때는 전량을 저장할 수 있는 창고를 가설하고 시멘트량이 600포대 이상일 때는 공기에 따라서 전량의 1/3을 저장할 수 있는 것을 기준으로 한다.

④ 동력소 및 변전소 필요면적 산출

$$A = \sqrt{W} \times 3.3 \qquad A : 면적(㎡) \qquad W : 전력용량 (kWh)$$

⑤ 위의 ③, ④항 이외의 가설건물 규모는 필요면적을 설계하여 산출하거나 본 표의 시설물 면적에 비례한 계산치를 적용할 수 있다.

⑥ 노무자를 위한 숙소, 식당, 휴게실, 화장실, 탈의실, 샤워장 등은 현장여건에 따라 다음의 가설물 기준면적에 의거 별도 계상할 수 있다.

⑦ 가설물 기준면적

| 종 별 | 용 도 | 기준면적 | 비 고 |
|---|---|---|---|
| 사 무 소 | | 3.3㎡ | 1인당 |
| 식 당 | 30인 이상일 때 | 1㎡ | 1인당 |
| 숙 소 | | 2.5㎡ | 1인당 |
| 휴 게 실 | 기거자 3명당 3㎡ | 1.0㎡ | 1인당 |
| 화 장 실 | 대변기 : 남자20명당 1기<br>　　　　여자15명당1기<br>소변기 : 남자30명당 1기 | 2.2㎡ | 1변기당(대·소변) |
| 탈의실·샤워장 | | 2.0㎡ | 1인당 |
| 창 고 | 시멘트용 | 1식 | 수급계획에 의한 순환<br>저장용량 비교 |
| 목 공 작 업 장 | 거푸집용 | 20㎡ | 거푸집 사용량 1,000㎡당 |
| 철 근 공 작 업 장 | 가공, 보관 | 30~60㎡ | 사용량 100ton당 |
| 철 골 공 작 업 장 | 공작도 작성 | 30㎡ | 사용량 100ton당(필요시) |
| | 현장가공 및 재료보관 | 200㎡ | 사용량 100ton당 |
| 석 공 작 업 장 | 가공 및 공작도 작성 | 70~100㎡ | 매월 가공량 10㎡당(필요시) |
| 콘 크 리 트 | 주위벽 막을 때 | 0.7㎡ | 골재 1㎡당 |
| 골 재 적 치 장 | 주위벽 안할 때 | 1.0㎡ | 골재 1㎡당 |

⑧ 자재창고 기준

(㎡당)

| 구 분 | 자재종류 | 규격 | 단위 | 수량 | 쌓기단수 |
|---|---|---|---|---|---|
| 미장재료창고 | 석 회 | 17kg들이 | 표 | 75~100 | 15~20 |
| 철물잡품창고 | 함 석 | #28.90cm×180cm | 매 | 100~300 | 200~600 |
| | 못 | 60kg/통, 직경48kg | 통 | 4~8 | 1~2 |
| | 철 선 | 50kg/권, #10경<br>100cm, 높이 17cm | 권 | 5~7 | 5~7 |
| | 루 핑 | 19.8㎡/권, 경21cm<br>길이 97cm | 권 | 23~46 | 1~2 |
| | 합 판 | 두께 6mm, 90cm×180cm | 매 | 50~100 | 100~200 |
| | 텍 스 | 두께 12mm, 90cm×180cm | 매 | 50~75 | 100~150 |
| 도 료 창 고 | 페인트 | 25kg, 22cm×40cm | 통 | 12~36 | 1~3 |

⑨ 가설전등 기준

(등/㎡당)

| 구 분 | 수 량 | 비 고 |
|---|---|---|
| 사 무 실 | 0.15 | 1. 등당 100W를 기준함. |
| 창 고 류 | 0.06 | 2. 전등설치에 필요한 재료 및 품은 별도 계상 |
| 작 업 장(일간) | 0.10 | |
| 숙 소 | 0.075 | |

⑩ 인공조명 또는 야간작업이 필요한 개소 및 장소에서의 가설전등은 별도 계상할 수 있다.

⑪ 위생시설(오폐수처리시설 등) 및 전기, 수도 인입시설은 현장여건에 따라 별도 계상할 수 있다.

### 2-1-4. 시험실의 규모 ('98, '06, '09, '12, '14 '16년 보완)

시험실의 규모는 건설기술진흥법 시행규칙 [별표5. 건설공사 품질관리를 위한 시설 및 건설기술자 배치기준]규정에 따른다.

## 2-2. 손율

### 2-2-1. 주요자재

| 구 분 | 사용기간별 | 3개월 (%) | 6개월 (%) | 1개년 (%) | 1개년 이상 (%) |
|---|---|---|---|---|---|
| 철 물 | | 30 | 45 | 60 | 75 |
| 창 호 | | 30 | 40 | 60 | 75 |
| 유 리 | | 60 | 65 | 75 | 100 |
| 흄 관 | | 80 | 100 | 100 | 100 |
| 강 재 류 | | 15 | 30 | 50 | 70 |
| 돌 망 태 | | 100 | 100 | 100 | 100 |

[주] ① 본 품에 있어서 재료의 길이가 2m이하인 것은 1회 사용 후 손율은 100%로 계상한다.

② 타이롯트는 전부 스크랩 공제한다.

③ 본 품에서 강재(강널말뚝, 강관파일, H파일, 복공판등)는 토류벽과 가교등의 재료로 사용할 때의 기준이다.

④ 강재의 손료 산정방법은 다음과 같다.

㉮ 강재를 절단하지 않고 사용하는 경우

손 료 = 강재수량 × (1 + 재료의 할증률) × 신재단가 × 손율

㉯ 강재를 절단하여 사용하는 경우(할증량이 스크랩으로 발생 되는 경우)

손 료 = 강재수량 × 신재단가 × 손율 + 할증량 × 신재단가
      - 할증량 × 공제율 × 고재단가

## 2-2-2. 가설시설물

1. 철제조립식 가설 건축물

| 구분 \ 기간 | 3개월 | 6개월 | 12개월 | 24개월 | 36개월 | 48개월 | 60개월 이상 |
|---|---|---|---|---|---|---|---|
| 손 율(%) | 12 | 16 | 25 | 38 | 53 | 70 | 100 |

**[주]** 운반·보관 등에 대한 손율은 포함된 것이다.

2. 가설울타리 및 가설방음벽

| 사용시간 \ 재료 | 손 율 (%) | | | |
|---|---|---|---|---|
| | 전기아연 도금강판 | 재생 플라스틱 방음판 | 스틸 방음판 | 기둥 및 띠장 |
| 3 개 월 | 16 | 6 | 16 | 6 |
| 6 개 월 | 25 | 12 | 25 | 10 |
| 12 개 월 | 38 | 24 | 38 | 19 |
| 24 개 월 | 53 | 48 | 53 | 37 |
| 36 개 월 | 70 | 72 | 70 | 55 |
| 48 개 월 | 100 | 100 | 100 | 73 |

## 2-2-3. 구조물 동바리

| 구분 \ 기간 | 3개월 | 6개월 | 12개월 |
|---|---|---|---|
| 손 율(%) | 6 | 10 | 10 |

**[주]** 강관 동바리, 시스템 동바리, 알루미늄폼 동바리 등에 적용한다.

## 2-2-4. 구조물 비계

| 재료<br>공기 | 강관, 비계기본틀,<br>비계장선틀, 가새 | 받침철물<br>조절받침철물 | 조임철물<br>이음철물 | 철 물<br>(앵커용) |
|---|---|---|---|---|
| | 손 | | 율 | |
| 3 개월 | 6 % | 9 % | 12 % | 100 % |
| 6 〃 | 10 〃 | 15 〃 | 20 〃 | 100 〃 |
| 12 〃 | 19 〃 | 29 〃 | 38 〃 | 100 〃 |
| 18 〃 | 28 〃 | 42 〃 | 56 〃 | 100 〃 |
| 24 〃 | 37 〃 | 56 〃 | 74 〃 | 100 〃 |
| 30 〃 | 46 〃 | 69 〃 | 92 〃 | 100 〃 |
| 36 〃 | 55 〃 | 83 〃 | 100 〃 | 100 〃 |
| 42 〃 | 64 〃 | 96 〃 | 100 〃 | 100 〃 |
| 48 〃 | 73 〃 | 100 〃 | 100 〃 | 100 〃 |
| 54 〃 | 84 〃 | 100 〃 | 100 〃 | 100 〃 |
| 60 〃 | 91 〃 | 100 〃 | 100 〃 | 100 〃 |
| 66 〃 | 100 〃 | 100 〃 | 100 〃 | 100 〃 |

**[주]** ① 강재비계 내구년한 5.5년을 기준한 것이다.

② 사용 조작 회수는 400회 기준이며 운반보관에 대한 손율은 1식으로 계
상된 것이다.

③ 일반적인 비계매기의 기준이다.

④ 간단한 공사 및 보수공사(도장, 청소 등)에는 그 공사성질에 따라 목
재 및 철재이동식 비계를 비교 설계하여 경제적인 것을 계상한다.

## 2-2-5. 축중계 ('09년 신설, '10년 보완)

| 기간<br>구분 | 3개월 | 6개월 | 9개월 | 12개월 | 24개월 | 36개월 | 48개월 | 60개월 | 120개월 |
|---|---|---|---|---|---|---|---|---|---|
| 손율(%) | 3 | 5 | 8 | 10 | 20 | 30 | 40 | 50 | 100 |

## 2-3. 가설건축물

### 2-3-1. 철제조립식 가설 건축물 설치 및 해체 ('92년 신설.'09년 보완)

(바닥면적 ㎡당)

| 구 분 | 사용기간 | 주자재<br>(식) | 부자재<br>(%) | 건축목공<br>(인) | 보통인부<br>(인) |
|---|---|---|---|---|---|
| 사 무 실 | 3 개 월 | 1 | 16.8 | 0.30 | 0.12 |
| | 6 개 월 | 〃 | 15.4 | | |
| | 1 년 | 〃 | 12.6 | | |
| | 1 년 이 상 | 〃 | 11.2 | | |
| 창 고 | 3 개 월 | 1 | 19.5 | 0.23 | 0.10 |
| | 6 개 월 | 〃 | 16.9 | | |
| | 1 년 | 〃 | 14.3 | | |
| | 1 년 이 상 | 〃 | 13.0 | | |

[주] ① 본 품은 샌드위치 판넬을 사용한 단층 조립식 가설건축물을 기준한 것
으로 조립 및 해체 품이 포함되어 있으며, 2층일 경우에는 본 품에 준
하여 적용할 수 있다.

② 주자재는 다음과 같다.

(바닥면적 ㎡당)

| 구 분 | 규 격 | 단 위 | 수 량 | |
|---|---|---|---|---|
| | | | 사무소 | 창 고 |
| Base Channel | 두께 : 2.0㎜ 이상 | m | 0.44 | 0.44 |
| Top Channel | 두께 : 2.0㎜ 이상 | 〃 | 0.44 | 0.44 |
| 외부 Panel(벽) | 1,200× 2,400㎜ | 매 | 0.20 | 0.23 |
| 〃 (창 문) | 〃 | 〃 | 0.12 | 0.08 |
| 〃 (철재문) | 〃 | 〃 | 0.03 | 0.04 |
| 내부 Panel(벽) | 〃 | 〃 | 0.15 | - |
| 〃 (목재문) | 〃 | 〃 | 0.05 | - |
| Panel Joint(AL-Bar) | L = 2,400㎜ | 조 | 0.31 | 0.31 |
| Canopy(출입구채양) | 600 × 1,200㎜ | 매 | 0.03 | 0.04 |
| 박공 Panel | | 〃 | 0.02 | 0.02 |
| Roof Sheet | 0.5㎜ Color Sheet | ㎡ | 1.23 | 1.23 |
| 트 러 스 | L = 7.2m | 개 | 0.07 | 0.07 |
| 중 도 리(Purin) | 두께:2.0이상 | 〃 | 1.52 | 1.52 |
| 천 장 판 | 미장합판 + 50㎜<br>Glass wool | 매 | 0.69 | - |
| T-Bar | | m | 1.53 | - |

③ 본 품은 지정 및 하부구조를 감안하지 아니한 가설 건축물을 기준한 것이며, 본 표에 계상되지 않은 재료 및 품(바닥의 마감재료와 유리 등)은 별도 계상한다.

④ 부자재는 주자재의 손료에 대한 구성비율이다.

⑤ 공구손료는 인력품의 2%로 한다.

⑥ 전기 및 위생설비 등은 설계에 따라 별도 계상할 수 있다.

⑦ 특수구조의 가설건축물이 필요한 경우에는 설계에 따라 별도 계상할 수 있다.

⑧ 창고의 경우 내부패널(벽·목재문), 천장판 및 T-Bar 등이 필요한 경우 설계에 따라 계상할 수 있다.

## 2-3-2. 콘테이너형 가설건축물 설치 및 해체 ('09년 보완, '19, '20년 개정)

(개소당)

| 길이<br>폭 | 3m | | 6m | | 9m | | 12m | | 비고 |
|---|---|---|---|---|---|---|---|---|---|
| | 비계공 | 특별<br>인부 | 비계공 | 특별<br>인부 | 비계공 | 특별<br>인부 | 비계공 | 특별<br>인부 | |
| 2.4 M | 0.17 | 0.08 | 0.28 | 0.15 | 0.35 | 0.17 | 0.36 | 0.18 | H=2.6m |
| 3.0 M | 0.20 | 0.09 | 0.29 | 0.17 | 0.39 | 0.19 | 0.40 | 0.20 | 기준용도: |
| 3.5 M | 0.20 | 0.13 | 0.31 | 0.17 | 0.42 | 0.21 | 0.50 | 0.25 | 사무실, 창고 |
| 4.8 M | 0.25 | 0.13 | 0.38 | 0.19 | 0.47 | 0.24 | 0.70 | 0.35 | |
| 6.0 M | 0.28 | 0.14 | 0.40 | 0.20 | 0.51 | 0.26 | 0.75 | 0.38 | |

[주] ① 본 품은 설치 또는 해체시에 각각 적용한다.

② 사용중기는 10ton 크레인(타이어)을 기준으로 하였으며, 현장여건에 따라 양중기계를 선정할 수 있으며, 기계경비 및 콘테이너형 가설건축물의 운반비는 별도 계상한다.

③ 크레인(타이어) 사용시간은 1개 설치당 1시간 기준이다. 두 개 이상을 연결해서 사용할 경우 트럭크레인 사용시간은 다음과 같이 계산한다 (예: 2개 연결시 2시간, 3개 연결시 3시간).

④ 콘테이너형 가설건축물의 손율은 조립식 가설건축물의 손율에 따른다.

⑤ 지정 및 하부구조 등은 별도 계상한다.

⑥ 복층으로 설치할 경우 계단, 난간, 캐노피 등은 별도 계상한다.

⑦ 전기, 위생설비 등은 설계에 따라 별도 계상한다.

⑧ 특수구조의 콘테이너형 가설건축이 필요한 때에는 설계에 따라 별도 계상한다.

## 2-4. 가설 울타리 및 가설방음벽 ('09, '10, '17년 보완)

### 2-4-1. 강관 지주 설치 및 해체

(10m당)

| 구 분 | 규 격 | 단 위 | 지주높이 3.5m 이하 | | 지주높이 6m 이하 | |
|---|---|---|---|---|---|---|
| | | | 설치 | 해체 | 설치 | 해체 |
| 비 계 공 | | 인 | 0.30 | 0.12 | 0.46 | 0.18 |
| 보 통 인 부 | | 인 | 0.11 | 0.04 | 0.16 | 0.06 |
| 굴 삭 기 | 0.2㎥ | hr | 0.35 | 0.14 | 0.35 | 0.14 |

[주] ① 본 품은 강관을 사용한 지주(지주간격 2.0m)의 설치 및 해체작업을 기준한 것이다.

② 본 품은 지반평탄작업, 강관매입, 보조기둥 설치 및 해체 작업을 포함한다.

③ 콘크리트 기초, 출입구문, 방진망 작업은 별도 계상한다.

④ 공구손료 및 경장비(전동드릴 등)의 기계경비는 인력품의 3%로 계상한다.

⑤ 재료량은 설계수량을 적용한다.

### 2-4-2. H형강 지주 설치 및 해체

(10m당)

| 구 분 | 규 격 | 단 위 | 지주높이 4m 이하 | | 지주높이 7m 이하 | |
|---|---|---|---|---|---|---|
| | | | 설치 | 해체 | 설치 | 해체 |
| 비 계 공 | | 인 | 0.49 | 0.20 | 0.99 | 0.40 |
| 보 통 인 부 | | 인 | 0.18 | 0.07 | 0.35 | 0.14 |
| 굴 삭 기 | 0.2㎥ | hr | 0.63 | 0.25 | 0.63 | 0.25 |
| 트럭탑재형크레인 | 5ton | hr | 0.73 | 0.29 | 1.09 | 0.44 |

[주] ① 본 품은 H형강을 사용한 지주(지주간격 2.0m)의 설치 및 해체작업을 기준한 것이다.
② 본 품은 지반평탄작업, 강관매입, H형강 근입 및 해체 작업을 포함하며, H형강 설치를 위한 천공 작업은 제외되어 있다.
③ 콘크리트 기초, 출입구문, 방진망 작업은 별도 계상한다.
④ 공구손료 및 경장비(전동드릴 등)의 기계경비는 인력품의 2%로 계상한다.
⑤ 재료량은 설계수량을 적용한다.

### 2-4-3. 가설울타리판 설치 및 해체

(10m당)

| 구 분 | 단 위 | 설치높이 3m 이하 | | 설치높이 6m 이하 | |
|---|---|---|---|---|---|
| | | 설치 | 해체 | 설치 | 해체 |
| 비 계 공 | 인 | 0.26 | 0.10 | 0.30 | 0.12 |
| 보 통 인 부 | 인 | 0.09 | 0.04 | 0.11 | 0.05 |

[주] ① 본 품은 후크볼트를 사용한 전기아연도금강판(EGI 휀스, 폭 550mm이하) 설치 및 해체작업을 기준한 것이다.
② 문양이나 도색 등이 필요한 경우에 별도 계상한다.
③ 공구손료 및 경장비(전동드릴 등)의 기계경비는 인력품의 3%로 계상한다.
④ 재료량은 설계수량을 적용한다.

### 2-4-4. 세로형 가설방음판 설치 및 해체

(10m당)

| 구 분 | 단 위 | 설치높이 3m 이하 | | 설치높이 6m 이하 | |
|---|---|---|---|---|---|
| | | 설치 | 해체 | 설치 | 해체 |
| 비 계 공 | 인 | 0.24 | 0.10 | 0.28 | 0.11 |
| 보 통 인 부 | 인 | 0.09 | 0.03 | 0.10 | 0.04 |

[주] ① 본 품은 조이너클립을 사용한 재생플라스틱 방음판(폭 650mm이하) 설치 및 해체작업을 기준한 것이다.
② 문양이나 도색 등이 필요한 경우에 별도 계상한다.
③ 공구손료 및 경장비(전동드릴 등)의 기계경비는 인력품의 3%로 계상한다.
④ 재료량은 설계수량을 적용한다.

### 2-4-5. 가로형 가설방음판 설치 및 해체

(10m당)

| 구 분 | 규 격 | 단 위 | 설치높이 3m 이하 | | 설치높이 6m 이하 | |
|---|---|---|---|---|---|---|
| | | | 설치 | 해체 | 설치 | 해체 |
| 비 계 공 | | 인 | 0.72 | 0.29 | 0.84 | 0.34 |
| 보 통 인 부 | | 인 | 0.26 | 0.10 | 0.30 | 0.12 |
| 트럭탑재형크레인 | 5ton | hr | 0.95 | 0.38 | 1.11 | 0.44 |

[주] ① 본 품은 H-bar를 사용한 스틸 방음판(500㎜× 30T× 1,980㎜) 설치 및 해체작업을 기준한 것이다.

② H-bar 설치 및 해체를 포함하며, 문양이나 도색 등이 필요한 경우에 별도 계상한다.

③ 공구손료 및 경장비(전동드릴 등)의 기계경비는 인력품의 2%로 계상한다.

④ 재료량은 설계수량을 적용한다.

## 2-5. 규준틀

### 2-5-1. 토공의 비탈 규준틀 설치 및 철거 ('09년 보완)

(개소당)

| 종 류 | 단 위 | 수 량 |
|---|---|---|
| 건축목공 | 인 | 0.16 |
| 보통인부 | 인 | 0.14 |

[주] ① 본 품은 높이 0.5m, 표지판 2개를 설치한 비탈규준틀의 제작, 도색, 가설, 철거를 포함한 것이다.

② 목재의 손율은 1개소 사용당 50%로 한다.

③ 재료량은 설계수량에 따른다.

표지판

지주말뚝

### 2-5-2. 도로용 목재 수평규준틀 설치 및 철거

(개소당)

| 구 분 | 단 위 | 수 량 |
|---|---|---|
| 건 축 목 공 | 인 | 0.21 |
| 보 통 인 부 | 인 | 0.19 |

[주] ① 본 품은 높이 2.4m, 표지판 8개를 설치한 수
평규준틀의 제작, 도색, 가설, 철거를 포함
한 것이다.

② 목재의 손율은 1개소 사용당 80%로 한다.

③ 재료량은 설계수량에 따른다.

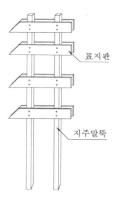

## 2-5-3. 도로용 철재 수평규준틀 설치 및 철거

(개소당)

| 구 분 | 단 위 | 규준틀 높이 | |
|---|---|---|---|
| | | 5m 이하 | 10m 이하 |
| 건 축 목 공 | 인 | 0.14 | 0.17 |
| 보 통 인 부 | 인 | 0.12 | 0.14 |

[주] ① 본 품은 제작된 수평규준틀을 기준한 것이며 조립, 설치 및 철거작업
을 포함한다.

② 재료량은 설계수량에 따른다.

③ 손율은 '[공통부문] 2-2-4 구조물비계'를 따른다.

## 2-5-4. 평· 귀규준틀 설치 및 철거

(개소당)

| 구 분 | 단 위 | 종별 | |
|---|---|---|---|
| | | 평규준틀 | 귀규준틀 |
| 목 재 | m² | 0.014 | 0.022 |
| 건 축 목 공 | 인 | 0.15 | 0.30 |
| 보 통 인 부 | 인 | 0.30 | 0.45 |

[주] ① 본 품은 제작, 도색, 가설, 철거를 포함한 것이다.

② 목재의 손율은 1개소 사용당 80%로 한다.

③ 재료량은 설계수량에 따른다.


## 2-6. 동바리

### 2-6-1. 강관 동바리 설치 및 해체(토목) ('09, '16년 보완)

### 2-6-2. 강관 동바리 설치 및 해체(건축,기계설비) ('16년 보완)

(㎥당)

| 구 분 | 단위 | 수 량 | |
|---|---|---|---|
| | | 3.5m 이하 | 3.5m 초과~4.2m 이하 |
| 형틀목공 | 인 | 0.05 | 0.06 |
| 보통인부 | 인 | 0.01 | 0.01 |

| 비 고 | ◦수평연결재가 필요한 경우는 다음과 같이 계상한다.<br>(1단설치일 때, ㎥당)<br><br>표1<br><br>※ 전체동바리 연결을 기준으로 산정된 것이다.<br><br>◦ 설치간격에 따른 요율은 다음 기준을 적용한다.<br><br>표2<br><br>※ 설치간격은 멍에간격을 기준한 것이다. |
|---|---|

표1:

| 구분 | 규격 | 단위 | 수량 |
|---|---|---|---|
| 형 틀 목 공 | 설치, 해체 | 인 | 0.02 |
| 보 통 인 부 | 설치, 해체 | 인 | 0.01 |

표2:

| 설치간격 | 0.6m 이하 | 0.6m 초과~<br>0.8m 이하 | 0.8m 초과 |
|---|---|---|---|
| 요율(%) | 120% | 100% | 90% |

[주] ① 본 품은 강관동바리(설치높이 4.2m까지) 설치 및 해체작업을 기준한 것이다.

② 본 품은 멍에의 설치, 해체 작업이 포함되어 있다.

③ 동바리를 지반에 설치할 경우에 지반고르기 및 콘크리트 타설 등은 별도 계상한다.

④ 재료량은 설계수량을 적용한다.

⑤ 잡재료 및 소모재료(고정못 등)는 주재료비의 5%로 계상한다.

## 2-6-3. 시스템동바리 설치 및 해체 ('01년 신설, '09, '16년 보완)

(10·공㎥당)

| 구 분 | 단 위 | 수 량 | | |
|---|---|---|---|---|
| | | 10m 이하 | 10m 초과~20m 이하 | 20m 초과~30m 이하 |
| 형틀목공 | 인 | 0.58 | 0.68 | 0.87 |
| 보통인부 | 인 | 0.18 | 0.21 | 0.27 |
| 크 레 인 | hr | 0.17 | 0.25 | 0.28 |
| 비 고 | ◦ 설치간격에 따라 다음 요율을 적용한다.<br><br>| 설치간격 | 0.6m 이하 | 0.6m 초과~1.2m 이하 | 1.2m 초과 |<br>|---|---|---|---|<br>| 요율(%) | 120% | 100% | 90% |<br><br>※설치간격은 멍에간격을 기준한다. | | | | |

[주] ① 본 품은 시스템동바리의 설치 및 해체작업을 기준한 것이다.

② 본 품은 멍에의 설치, 해체 작업이 포함되어 있다.

③ 동바리를 지반에 설치할 경우에 지반고르기 및 콘크리트 타설 등은 별도 계상한다.

④ 크레인 규격은 다음 기준을 적용하며, 작업여건에 따라 변경할 수 있다.

| 높 이 | 20m 이하 | 20m 초과~30m이하 |
|---|---|---|
| 크레인규격 | 15톤 | 20톤 |

⑤ 재료량은 설계수량을 적용한다.

## 2-6-4. 알루미늄 폼 동바리 설치 및 해체 ('09년 신설, '16년 보완)

(㎥당)

| 구 분 | 단 위 | 수 량 |
|---|---|---|
| 형 틀 목 공 | 인 | 0.03 |
| 보 통 인 부 | 인 | 0.01 |

[주] 본 품은 알루미늄 폼 동바리 설치 및 해체작업을 기준한 것이다.

## 2-7. 비계

### 2-7-1. 강관비계 설치 및 해체 ('09, '16년 보완)

(㎡당)

| 구    분 | 규    격 | 단 위 | 수    량 | | |
|---|---|---|---|---|---|
| | | | 10m 이하 | 10m 초과~<br>20m 이하 | 20m 초과~<br>30m 이하 |
| 비계공 | 설치, 해체 | 인 | 0.05 | 0.06 | 0.07 |
| 보통인부 | 설치, 해체 | 인 | 0.02 | 0.02 | 0.02 |

[주] ① 본 품은 쌍줄비계의 설치 및 해체작업을 기준한 것이다.

② 본 품은 비계(발판 및 이동용 내부계단) 설치, 해체 작업이 포함되어 있다.

③ 높이 30m 초과 시 비계설치, 해체 및 비계안전 보강재 설치 품은 별도 계상한다.

④ 가설 계단 및 방호 시설은 별도 계상한다.

⑤ 공구손료 및 경장비(전동드릴 등)의 기계경비는 인력품의 2%로 계상한다.

⑥ 재료량은 설계수량을 적용한다.

⑦ 손율은 '[공통부문] 2-2-4 구조물비계'를 따른다.

### 2-7-2. 시스템비계 설치 및 해체 ('16년 신설)

(㎡당)

| 구    분 | 규    격 | 단위 | 수    량 | | |
|---|---|---|---|---|---|
| | | | 10m 이하 | 10m 초과~<br>20m 이하 | 20m 초과~<br>30m 이하 |
| 비계공 | 설치, 해체 | 인 | 0.04 | 0.05 | 0.06 |
| 보통인부 | 설치, 해체 | 인 | 0.01 | 0.01 | 0.01 |

[주] ① 본 품은 시스템비계(연결핀 조립)의 설치 및 해체작업을 기준한 것이다.

② 본 품은 비계(발판 및 내부계단 포함) 설치, 해체 작업이 포함되어 있다.

③ 높이 30m 초과 시 비계설치, 해체 및 비계안전 보강재 설치 품은 별도 계상한다.

④ 가설 계단 및 방호시설은 별도 계상한다.

⑤ 재료량은 설계수량을 적용한다.

⑥ 손율은 '[공통부문] 2-2-4 구조물비계'를 따른다.

## 2-7-3. 강관틀 비계 설치 및 해체 ('16년 보완)

(㎡당)

| 구 분 | 규 격 | 단 위 | 수 량 | |
|---|---|---|---|---|
| | | | 10m 이하 | 10m 초과~20m 이하 |
| 비 계 공 | 설치,해체 | 인 | 0.02 | 0.03 |
| 보 통 인 부 | 설치,해체 | 인 | 0.01 | 0.01 |

[주] ① 본 품은 강관틀 비계 설치 및 해체작업을 기준한 것이다.
    ② 본 품은 비계(발판 및 이동용 내부계단) 설치, 해체 작업이 포함되어 있다.
    ③ 높이 20m 초과 시 비계설치, 해체 및 비계안전 보강재 설치 품은 별도 계상한다.
    ④ 가설 계단 및 방호시설은 별도 계상한다.
    ⑤ 재료량은 설계수량을 적용한다.
    ⑥ 손율은 '[공통부문] 2-2-4 구조물비계'를 따른다.

## 2-7-4. 강관 조립말비계(이동식)설치 및 해체 ('09, '16년 보완)

(1대당)

| 구 분 | 규 격 | 단 위 | 수 량 | |
|---|---|---|---|---|
| | | | 높이 2m | 높이 4m |
| 비 계 공 | 설치, 해체 | 인 | 0.25 | 0.41 |
| 보 통 인 부 | 설치, 해체 | 인 | 0.14 | 0.24 |

[주] ① 본 품은 강관 조립말비계(이동식) 1회 설치, 해체작업을 기준한 것이다.
    ② 재료량은 다음을 참고한다.

(1대당 높이 2m기준)

| 구 분 | 규 격 | 단 위 | 수 량 | 비 고 |
|---|---|---|---|---|
| 비계기본틀(기둥) | H1700× W1219 | 개 | 2 | |
| 가 새 | L1518-2개 | 조 | 2 | |
| 수 평 띠 장 | L1829 | 개 | 4 | |
| 손 잡 이 기 둥 | | 개 | 4 | |
| 손 잡 이 | L1219 | 개 | 2 | |
| | L1829 | 개 | 4 | |
| 바 퀴 | | 개 | 4 | |
| 자 키 | | 개 | 4 | |
| 발 판 | 45× 200× 2000 | 장 | 7 | |

③ 1대당 비계기본틀(기둥)높이가 증가할 때는 연결핀 및 암록을 별도 계상한다.

④ 손율은 '[공통부문] 2-2-4 구조물비계'를 따른다.

## 2-7-5. 경사형 가설 계단 설치 및 해체 ('09년 신설, '16년 보완)

(㎡당)

| 구 분 | 규 격 | 단 위 | 수 량 |
|---|---|---|---|
| 비 계 공 | 설치, 해체 | 인 | 0.27 |
| 보 통 인 부 | 설치, 해체 | 인 | 0.09 |

[주] ① 본 품은 높이 6m 이하에서 강관($\phi$ 48.6mm), 조립형 발판을 사용하여 가설 계단을 경사 형태로 조립·설치하는 기준이다.

② 가설계단 폭은 0.9m 이하, 면적은 디딤판의 면적(계단참 포함)을 기준한 것이다.

③ 본 품은 비계 및 발판 설치·해체 작업이 포함되어 있다.

④ 방호시설은 별도 계상한다.

⑤ 공구손료 및 경장비(전동드릴 등)의 기계경비는 인력품의 2%로 계상한다.

⑥ 재료량은 설계수량을 적용한다.

⑦ 손율은 '[공통부문] 2-2-4 구조물비계'를 따른다.

## 2-7-6. 타워형 가설 계단 설치 및 해체

(㎡당)

| 구 분 | 규 격 | 단 위 | 수 량 |
|---|---|---|---|
| 비 계 공 | 설치, 해체 | 인 | 0.20 |
| 보 통 인 부 | 설치, 해체 | 인 | 0.07 |
| 크 레 인 | 10ton | hr | 0.06 |

[주] ① 본 품은 일체형 발판을 사용하여 가설계단을 타워 형태로 설치하는 기준이다.

② 가설계단 폭은 0.9m 이하, 면적은 디딤판의 면적(계단참 포함)을 기준한 것이다.

③ 본 품은 비계 및 발판 설치·해체 작업이 포함되어 있다.

④ 방호시설은 별도 계상한다.

⑤ 크레인 규격은 현장여건을 고려하여 변경할 수 있다.

⑥ 재료량은 설계수량을 적용한다.

⑦ 손율은 '[공통부문] 2-2-4 구조물비계'를 따른다.

## 2-7-7. 비계용 브라켓 설치 및 해체 ('16년 보완)

(10개소당)

| 구 분 | 규 격 | 단위 | 수 량 | | | |
|---|---|---|---|---|---|---|
| | | | 벽용 | | 슬래브발코니, 난간용 | |
| | | | 설 치 | 해 체 | 설 치 | 해 체 |
| 비 계 공 | 설치, 해체 | 인 | 0.45 | 0.34 | 0.34 | 0.26 |

[주] ① 본 품은 벽, 슬래브, 난간에 비계용 브라켓의 설치 및 해체작업을 기준한 것이다.

② 손율은 '[공통부문] 2-2-4 구조물비계'를 따른다.

# 2-8. 방호시설

## 2-8-1. 낙하물 방지망 설치 및 해체 ('20년 보완)

(10㎡당)

| 구 분 | 규 격 | 단 위 | 수 량 |
|---|---|---|---|
| 비 계 공 | 설치, 해체 | 인 | 0.30 |
| 보 통 인 부 | 설치, 해체 | 인 | 0.10 |

[주] ① 본 품은 비계 외부에 강관을 사용한 낙하물방지망(수평방향 3m이하)을 설치 및 해체하는 기준이다.

② 본 품은 지지대, 연결재, 그물망 설치 및 해체 작업을 포함한다.

③ 타워크레인 또는 크레인이 필요한 경우 기계경비는 별도 계상한다.

④ 공구손료 및 경장비(전동드릴 등)의 기계경비는 인력품의 2%로 계상한다.

⑤ 재료량은 다음을 참고하며, 강관 및 부속철물의 손율은 '[공통부문] 2-2-4 구조물비계'를 따른다.

(㎡당)

| 구 분 | 규 격 | 단 위 | 수 량 |
|---|---|---|---|
| 강 관 | ∅48.6㎜× 2.4㎜ | m | 2.70 |
| 브 라 켓 | | 개 | 0.26 |
| 철 선 | | kg | 0.25 |
| 클 램 프 | | 개 | 0.27 |
| 그 물 망 | | ㎡ | 1.24 |

※ 위 재료량은 할증이 포함되어 있으며, 그물망의 손율은 1회 사용 후
100%로 한다.

### 2-8-2. 낙하물 방지망(플라잉넷) 설치 및 해체 ('09년 신설, '17, '20년 보완)

(10㎡당)

| 구 분 | 규 격 | 단 위 | 수 량 |
|---|---|---|---|
| 비 계 공 | 설치, 해체 | 인 | 0.20 |
| 보 통 인 부 | 설치, 해체 | 인 | 0.10 |

[주] ① 본 품은 구조체 외부에 사다리(플라잉넷)를 사용한 낙하물방지망(수평
방향 3m이하)을 설치 및 해체하는 기준이다.
② 본 품은 브라켓, 사다리, 와이어로프, 그물망 설치 및 해체 작업을 포
함한다.
③ 공구손료 및 경장비(전동드릴 등)의 기계경비는 인력품의 3%로 계상한다.
④ 재료량은 다음을 참고하며, 강관 및 부속철물의 손율은 '[공통부문]
2-2-4 구조물비계'를 따른다.

(㎡당)

| 구 분 | 규 격 | 단 위 | 수 량 |
|---|---|---|---|
| 강 관 | ∅48.6㎜× 2.4㎜ | m | 0.167 |
| 브 라 켓 | | 개 | 0.116 |
| 사 다 리 | 폭 30cm× 길이 3m 기준 | m | 0.111 |
| 와 이 어 로 프 | ∅6 | m | 0.764 |
| 클 램 프 | | 개 | 0.127 |
| 그 물 망 | | ㎡ | 1.390 |

※ 위 재료량은 할증이 포함되어 있으며, 그물망의 손율은 1회 사용 후
100%로 한다.

## 2-8-3. 낙하물 방지망(시스템방호) 설치 및 해체 ('20년 신설)

(10㎡당)

| 구 분 | | | 단 위 | 수 량 |
|---|---|---|---|---|
| 비 | 계 | 공 | 인 | 0.25 |
| 보 | 통 인 | 부 | 인 | 0.10 |

**[주]** ① 본 품은 구조체 외부에 강관을 사용한 낙하물방지망(수평방향 4m이하)
설치 및 해체하는 기준이다.

② 본 품은 지지대, 연결재, 그물망 설치 및 해체 작업을 포함한다.

③ 타워크레인 또는 크레인이 필요한 경우 기계경비는 별도 계상한다.

④ 공구손료 및 경장비(전동드릴 등)의 기계경비는 인력품의 2%로 계상한다.

## 2-8-4. 방호선반 설치 ('11년 신설)

(10㎡당)

| 구 분 | | | 규 격 | 단 위 | 수 량 |
|---|---|---|---|---|---|
| 비 | 계 | 공 | | 인 | 0.11 |
| 특 | 별 인 | 부 | | 인 | 0.12 |
| 보 | 통 인 | 부 | | 인 | 0.06 |
| 트 럭 탑 재 형 크 레 인 | | | 5ton | hr | 0.07 |

**[주]** ① 본 품은 브라켓 및 비계파이프 설치, 합판거치, 천막지설치, 안전난
간, 안전망 설치를 포함한다.

② 크레인 사용시간은 자재인양에 사용되는 시간이며, 크레인을 작업대로
사용하여 비계파이프를 설치할 경우 다음의 품을 증하여 계상한다.

| 규 격 | 트럭탑재형크레인 5ton(hr) |
|---|---|
| 1. 시종점부 3~5m까지 사용할 경우 | 0.06 |
| 2. 전체구간에서 사용할 경우 | 0.26 |

③ 강관파이프의 설치간격은 50㎝를 기준으로 한다.

④ 작업높이 10m 이하를 기준으로 한다.

⑤ 재료량은 설계수량에 따른다.

## 2-8-5. 철골 안전망 설치 및 해체 ('18년 보완)

(10㎡당)

| 구 분 | | | 단 위 | 수 량 |
|---|---|---|---|---|
| 비 | 계 | 공 | 인 | 0.17 |
| 보 | 통 인 | 부 | 인 | 0.05 |

[주] ① 본 품은 철골공사 시공 중 철골사이에 설치되는 안전망을 기준한 것이다.
② 본 품은 안전망, 보강재 및 결속선의 설치 및 해체 작업이 포함된 것이다.
③ 재료량은 다음을 참고하여 적용한다.

(10㎡당)

| 구 분 | 규 격 | 단 위 | 수 량 |
|---|---|---|---|
| 그 물 망 | | ㎡ | 12.4 |
| 보 강 재 | | m | 4.0 |
| 결 속 선 | # 10 | kg | 0.3~0.4 |

※ 재료량은 할증이 포함되어 있으며, 그물망의 손율은 1회 사용 후 100%로 한다.

## 2-8-6. 비계 주위 보호막 설치 및 해체 ('09, '17년 보완)

(10㎡당)

| 구 분 | | | 단 위 | 수 량 |
|---|---|---|---|---|
| 비 | 계 | 공 | 인 | 0.20 |

[주] ① 본 품은 시공안전, 미관, 외부차단 등을 목적으로 비계에 설치하는 보호막 설치 및 해체 작업을 기준한 것이다.
② 재료량은 다음을 참고하며, 설치에 필요한 부속재료는 별도 계상한다.

(㎡당)

| 구 분 | 단 위 | 수 량 |
|---|---|---|
| 보호막 | ㎡ | 1.05 |

※ 위 재료량은 할증이 포함되어 있으며, 보호막의 손율은 1회 사용 후 100%로 한다.

## 2-8-7. 비계주위 보호망 설치 및 해체 ('17년 신설)

(10㎡당)

| 구 분 | | | 단 위 | 수 량 |
|---|---|---|---|---|
| 비 | 계 | 공 | 인 | 0.10 |

[주] ① 본 품은 낙하물방지 등을 목적으로 비계주위에 설치하는 보호망(그물망 등) 설치 및 해체 작업을 기준한 것이다.

② 재료량은 다음을 참고하며, 설치에 필요한 부속재료는 별도 계상한다.

(㎡당)

| 구　분 | 단　위 | 수　량 |
|---|---|---|
| 보호망 | ㎡ | 1.05 |

※ 위 재료량은 할증이 포함되어 있으며, 보호망의 손율은 1회 사용 후 100%로 한다.

## 2-8-8. 갱폼주위 보호망 설치 및 해체 ('09년 신설, '17년 보완)

(10㎡당)

| 구　분 | 단　위 | 수　량 |
|---|---|---|
| 비　계　공 | 인 | 0.04 |

[주] ① 본 품은 낙하물방지 등을 목적으로 갱폼주위에 설치하는 보호망(그물망 등) 설치 및 해체 작업을 기준한 것이다.

② 재료량은 다음을 참고하며, 설치에 필요한 부속재료는 별도 계상한다.

(㎡당)

| 구　분 | 단　위 | 수　량 |
|---|---|---|
| 보호망 | ㎡ | 1.05 |

※ 위 재료량은 할증이 포함되어 있으며, 보호망의 손율은 1회 사용 후 100%로 한다.

## 2-8-9. 방진망 설치 및 해체 ('17년 보완)

(10㎡당)

| 구　분 | 단　위 | 수　량 |
|---|---|---|
| 비　계　공 | 인 | 0.16 |

[주] ① 본 품은 가설울타리 및 가설방음벽 상부에 설치하는 그물망 설치 및 해체 작업을 기준한 것이다.

② 비계 등의 가시설이 필요한 경우는 별도 계상한다.

③ 재료량은 다음을 참고한다.

(㎡당)

| 구 분 | 단 위 | 수 량 |
|--------|--------|--------|
| 방진망 | ㎡ | 1.06 |
| 철선 | kg | 0.115 |

※ 위 재료량은 할증이 포함되어 있으며, 방진망의 손율은 1회 사용 후 100%로 한다.

## 2-8-10. 수직형 추락방망 설치 및 해체 ('20년 신설)

(10개소당)

| 구 분 | 단위 | 개구부 면적 | | | | |
|--------|------|-------------|--|--|--|--|
| | | 1.0㎡이하 | 1.0~3.0㎡ 이하 | 3.0~6.0㎡ 이하 | 6.0~9.0㎡ 이하 | 9.0~12.0㎡ 이하 |
| 비 계 공 | 인 | 0.49 | 0.63 | 1.01 | 1.30 | 1.60 |

[주] ① 본 품은 창호, 발코니 등 개구부에 추락의 위험을 방지하기 위한 수직형 방망을 설치 및 해체하는 기준이다.

② 본 품은 앵커 구멍뚫기, 방망 설치 및 해체 작업을 포함한다.

③ 공구손료 및 경장비(전동드릴 등)의 기계경비는 인력품의 2%로 계상한다.

## 2-8-11. 안전난간대 설치 및 해체 ('20년 신설)

(10m당)

| 구 분 | 단위 | 브라켓형 | | 앵커형 | |
|--------|------|----------|--|--------|--|
| | | 2단 | 3단 | 2단 | 3단 |
| 비 계 공 | 인 | 0.56 | 0.62 | 0.64 | 0.70 |
| 비 고 | - 난간기둥 간격에 따라 다음 요율을 적용한다. | | | | |
| | 설치간격 | 1.0m이하 | 1.5m이하 | 1.5m초과 | |
| | 요율 | 110% | 100% | 90% | |

[주] ① 본 품은 발코니, 슬래브 등에 추락 등의 위험을 방지하기 위한 가설난간대를 설치 및 해체하는 기준이다.

② 2단은 상부난간대와 중앙에 중간난간대를 설치하는 기준이며, 3단은

상부난간대와 중간난간대 2개소 설치하는 기준이다.

③ 본 품은 난간 기둥, 상부난간대, 중간난간대 설치 및 해체 작업을 포함한다.

④ 발끝막이판 및 보호망의 설치 및 해체는 별도 계상한다.

⑤ 공구손료 및 경장비(전동드릴 등)의 기계경비는 인력품의 2%로 계상한다.

## 2-8-12. 계단난간대 설치 및 해체 ('20년 신설)

(10개소당)

| 구 분 | 단 위 | 브라켓형 | 앵커형 |
|---|---|---|---|
| 비 계 공 | 인 | 1.40 | 1.45 |

[주] ① 본 품은 계단구간에 추락 등의 위험을 방지하기 위한 가설난간대를 설치 및 해체하는 기준이다.

② 난간대 규격은 길이 2.5m이하, 난간대 2단 기준이다.

③ 본 품은 난간 기둥, 상부난간대, 중간난간대 설치 및 해체 작업을 포함한다.

④ 발끝막이판 및 보호망의 설치 및 해체는 별도 계상한다.

⑤ 공구손료 및 경장비(전동드릴 등)의 기계경비는 인력품의 2%로 계상한다.

## 2-8-13. 안전난간대 설치 및 해체(토목) ('21년 신설)

(10m당)

| 구 분 | 단위 | 2단 | 3단 |
|---|---|---|---|
| 비 계 공 | 인 | 0.62 | 0.67 |
| 비 고 | - 난간기둥 간격에 따라 다음 요율을 적용한다. | | |

| 설치간격 | 1.0m이하 | 1.5m이하 | 1.5m초과 |
|---|---|---|---|
| 요율 | 110% | 100% | 90% |

[주] ① 본 품은 토공구간에 지주를 박아서 매설하는 가설난간대의 설치 및 해체 기준이다.

② 2단은 상부난간대와 중앙에 중간난간대를 설치하는 기준이며, 3단은 상부난간대와 중간난간대 2개소 설치하는 기준이다.

③ 본 품은 난간 기둥, 상부난간대, 중간난간대 설치 및 해체 작업을 포
  함한다.
④ 보호망의 설치 및 해체는 별도 계상한다.
⑤ 공구손료 및 경장비(전동드릴 등)의 기계경비는 인력품의 2%로 계산한다.

## 2-8-14. 엘리베이터 난간틀 설치 및 해체 ('20년 신설)

(10개소당)

| 구 분 | 단 위 | 수 량 |
|---|---|---|
| 비 계 공 | 인 | 0.80 |

[주] ① 본 품은 엘리베이터 개구부에 추락 등의 위험을 방지하기 위한 가설난
    간틀을 설치 및 해체하는 기준이다.
  ② 난간틀 규격은 높이 1.4m이하, 길이 1.3m이하를 기준한다.
  ③ 본 품은 난간틀 설치 및 해체 작업을 포함한다.

## 2-8-15. 엘리베이터 추락방호망 설치 및 해체 ('20년 신설)

(10개소당)

| 구 분 | 단 위 | 수 량 |
|---|---|---|
| 비 계 공 | 인 | 1.50 |

[주] ① 본 품은 엘리베이터 통로 내 추락 등의 위험을 방지하기 위한 수평방
    향의 방호망을 설치 및 해체하는 기준이다.
  ② 추락방호망 규격은 5~9㎡이하를 기준한다.
  ③ 본 품은 방호망 설치 및 해체 작업을 포함한다.
  ④ 공구손료 및 경장비(전동드릴 등)의 기계경비는 인력품의 2%로 계산한다.

## 2-8-16. 터널방음문 설치 및 해체 ('19년 신설, '20년 보완)

(10m²당)

| 구 분 | | | 규 격 | 단 위 | 수 량 | |
|---|---|---|---|---|---|---|
| | | | | | 설치 | 해체 |
| 철 | | 공 | | 인 | 2.81 | 2.53 |
| 용 | 접 | 공 | | 인 | 1.13 | - |
| 보 | 통 인 | 부 | | 인 | 1.13 | 1.02 |
| 크 | 레 | 인 | 50ton | hr | 8.0 | 5.6 |
| 크 | 레 | 인 | 10ton | hr | 8.0 | 5.6 |

[주] ① 본 품은 타워크레인 주위에 방호울타리를 설치 및 해체하는 기준이다.
　② 본 품은 울타리 높이 2.0m 기준이다.
　③ 본 품은 앵커구멍 뚫기, 울타리 및 출입문 조립설치·해체 작업을 포함한다.
　④ 우수방지책를 설치 및 해체는 별도 계상한다.
　⑤ 공구손료 및 경장비(전동드릴 등)의 기계경비는 인력품의 2%로 계상한다.

## 2-8-17. 타워크레인 방호울타리 설치 및 해체 ('20년 신설)

(m당)

| 구 분 | 단 위 | 수 량 |
|---|---|---|
| 비 계 공 | 인 | 0.12 |

[주] ① 본 품은 타워크레인 주위에 방호울타리를 설치 및 해체하는 기준이다.
　② 본 품은 울타리 높이 2.0m 기준이다.
　③ 본 품은 앵커구멍 뚫기, 울타리 및 출입문 조립설치·해체 작업을 포함한다.
　④ 우수방지책를 설치 및 해체는 별도 계상한다.
　⑤ 공구손료 및 경장비(전동드릴 등)의 기계경비는 인력품의 2%로 계상한다.

## 2-8-18. 보행자 안전통로 설치 및 해체 ('21년 신설)

(통로길이 m당)

| 구 분 | 단 위 | 수 량 |
|---|---|---|
| 비 계 공 | 인 | 0.20 |

[주] ① 본 품은 강관파이프 및 발판을 조립하여 설치하는 보행자 안전통로의 설치 및 해체 기준이다.
② 본 품은 높이 3.0m이하, 폭 2.0m 기준이다.
③ 본 품은 통로틀, 바닥판 및 천장판, 보호망의 설치 및 해체 작업을 포함한다.
④ 안내판은 별도 계상한다.
⑤ 공구손료 및 경장비(전동드릴 등)의 기계경비는 인력품의 2%로 계상한다.

## 2-9. 현장관리

### 2-9-1. 건축물보양

(보양면적 ㎡당)

| 구분<br>보양 개소 | 종 류 | 단 위 | 수 량 | 품 (인) | |
|---|---|---|---|---|---|
| | | | | 구 분 | 수 량 |
| 콘 크 리 트 | 부 직 포 양 생 | ㎡ | 1.1 | 보통인부 | 0.002 |
| | 살 수 | | | 보통인부 | 0.004 |
| 석 재 면<br>테 라 조 면<br>타 일 | 하 드 롱 지 | ㎡ | 1.2 | 보통인부 | 0.01 |
| | 풀 | kg | 0.06 | | |
| | 톱 밥 | ℓ | 30 | 보통인부 | 0.002 |
| 기 타 부 분 | 목 재 | ㎥ | 0.007 | 건축목공 | 0.03 |
| | 못 | kg | 0.02 | | |

[주] ① 재료의 손율은 100%이다.
② 부직포는 신품을 기준으로 한 것이다.
③ 석재면 보양에 있어서 벽면은 잔다듬까지, 바닥면은 정다듬까지는 보양을 고려하지 않는다.
④ 바닥 석재면 보양시는 하드롱지 대신 톱밥으로 한다.
⑤ 보양이란 시공부분의 경화를 돕는 일과 파손이나 오염(汚染)을 방지하기 위하여 실시하는 일이며, 안전하다고 인정될 때 철거하는 것까지를 포함한다.
⑥ 보양법의 표준은 다음과 같다.

| 양 생 개 소 | 양 생 방 법 |
|---|---|
| 콘크리트 | 살수, 부직포 덮기 |
| 목공사, 치장재 | 하드롱지 바르기 또는 비닐씌우기 |
| 대리석, 테라조, 일반 석재 | 하드롱지 바르기, 판재·각재로 주위보호 |
| 타일, 테라코타 | 부직포 덮기, 톱밥 깔기 |
| 아스팔트 방수층 | 부직포 덮기 |

## 2-9-2. 건축물 현장정리

(연면적 ㎡)

| 구 분 | 철 근 콘크리트조 | 목 조 | 철 골 조 | 조 적 조 | 철골·철근 콘크리트조 |
|---|---|---|---|---|---|
| 보통인부(인) | 0.15 | 0.07 | 0.07 | 0.07 | 0.15 |

[주] ① 본 품은 공사 중 옥내외의 청소와 준공시 청소 및 뒷정리까지 포함된다.
② 청소용 소모품은 별도 계상할 수 있다.

## 2-9-3. 비산먼지 발생 억제를 위한 살수 ('02년 신설, '09년 보완)

(100㎡당)

| 구 분 | 규 격 | 단 위 | 수 량 |
|---|---|---|---|
| 물탱크(살수차) | 16,000ℓ | 시간 | 0.008 |

[주] ① 본 품은 공사현장의 비산먼지 발생억제를 위하여 물탱크(살수차)로 살수하는 품이다.
② 본 품의 살수두께는 1.5㎜/회를 기준한 것이며, 살수폭은 4.0m를 기준한 것이다.
③ 본 품은 1회당의 살수작업을 기준한 것이므로, 살수면적은 살수횟수를 감안하여 산출해야 하며, 살수횟수는 현장여건을 고려하여 정한다.

> <살수면적 계산예>
> ○ 폭이 6m이고 길이가 100m인 부지를 1일 5회 살수하며, 살수 일수가 10일인 경우
>  - 살수면적 = 6m × 100m × 5회/일 × 10일 = 30,000㎡

④ 살수에 필요한 물을 현장에서 구득하기 어려워 급수시설을 설치하거나 상수도 등을 이용해야 할 경우에는 그 비용을 별도 계상한다.

## 2-9-4. 자동세륜기 설치 및 해체 ('09, '12, '19년 보완)

(회당)

| 구　분 | 규　격 | 단　위 | 수　량 | |
|---|---|---|---|---|
| | | | 설치 | 해체 |
| 특 별 인 부 | | 인 | 1.59 | 2.44 |
| 크　레　인 | 10 ton | hr | 2.60 | 3.30 |

[주] ① 본 품은 자동세륜기 롤타입(8롤, 10롤) 설치 및 철거하는 기준이다.
　　② 설치는 수조함 설치, 세륜기 설치, 슬러지함 설치 작업을 포함한다.
　　③ 해체는 슬러지 청소, 퇴수, 슬러지함 철거, 세륜기 철거, 수조함 철거
　　　 작업을 포함한다.
　　④ 터파기, 골재포설, 콘크리트 타설 및 깨기 작업은 별도 계상한다.
　　⑤ 자동세륜기 가동을 위한 전기배선 및 급수 등에 소요되는 재료 및 품
　　　 은 별도 계상한다.
　　⑥ 공구손료 및 경장비(살수장비, 양수기 등)의 기계경비는 인력품의 2%
　　　 로 계상한다.

## 2-9-5. 슬러지 제거 ('19년 신설)

(회당)

| 구　분 | 규　격 | 단　위 | 수　량 |
|---|---|---|---|
| 특 별 인 부 | | 인 | 0.63 |
| 굴　삭　기 | 0.2 ㎥ | hr | 1.00 |

[주] ① 본 품은 자동세륜기(슬러지함 2.0x1,2x1,2m) 슬러지를 제거하는 기준이다.
　　② 세륜기 세척, 슬러지 제거, 공급수 교체 작업을 포함한다.
　　③ 공구손료 및 경장비(살수장비, 양수기 등)의 기계경비는 인력품의 7%
　　　 로 계상한다.

# 2-10. 공통장비

## 2-10-1. 엘리베이터형 자재운반용 타워(호이스트) 설치 ('09년 보완)

(m당)

| 구　분 | 단　위 | 설　치 | 해　체 | 비　고 |
|---|---|---|---|---|
| 특수비계공 | 인 | 0.26 | 0.13 | |

[주] ① 본 품은 EV형 자재운반용 타워설치 또는 해체시 적용한다.
　　② 설치시 사용건설기계는 5ton 지게차를 기준한 것으로 기계경비는 별도
　　　 계상한다.

③ 타워설치를 위한 기초콘크리트(6.4㎥) 및 전기 인입공사 비용은 별도 계상한다.

④ 공구손료는 인력품의 3%로 계상하며, 소운반품이 포함되어 있다.

⑤ 낙하물 방지를 위한 안전 및 보호시설 설치비용은 별도 계상한다.

## 2-10-2. 축중계 설치 및 해체 ('09년 신설, '10년 보완)

(회당)

| 구　　　분 | 단　　위 | 수　　량 |
|---|---|---|
| 특　　별　　인　　부 | 인 | 0.051 |

**[주]** 본 품은 이동식 축중계 및 계측기의 조립·설치·해체 기준이다.

## 2-10-3. 파이프 루프공 ('92년 신설)

### 1. 장비조립해체 ('09년 보완)

(회당)

| 구　분 | 명　　칭 | 규　격 | 단　위 | 수　량 | 비　고 |
|---|---|---|---|---|---|
| 편성인원 | 일반기계운전사 | | 인 | 1 | 파이프추진기 |
| | 기 계 설 비 공 | | 〃 | 1 | |
| | 보 통 인 부 | | 〃 | 2 | |
| 편성장비 | 크레인(타이어) | 20톤 | 대 | 1 | |
| 소요일수 | 조　　　　립 | | 일 | 3 | |
| | 해　　　　체 | | 일 | 2 | |

### 2. 작업편성인원

(일당)

| 명　　칭 | 단　위 | 추　진　관　경 | | |
|---|---|---|---|---|
| | | 300~600mm | 700~900mm | 1,000~1,200mm |
| 중 급 기 술 자 | 인 | 1 | 1 | 1 |
| 특 별 인 부 | 인 | 2 | 2 | 2 |
| 보 통 인 부 | 인 | 1 | 1 | 2 |
| 용 　 접 　 공 | 인 | 2 | 2 | 2 |

### 3. 작업편성장비

(일당)

| 장 비 명 | 규　격 | 단　위 | 수　량 | 비　고 |
|---|---|---|---|---|
| 파 이 프 추 진 기 | 140~300톤 | 대 | 1 | 강관추진 |

| 크 레 인 ( 타 이 어 ) | 20톤 | 대 | 1 | 강관거치, 오거연결 운반 |
|---|---|---|---|---|
| 발 전 기 | 50kW | 대 | 1 | |
| 용 접 기 | 200AMP | 대 | 2 | 강관 및 기타용접 |

### 4. 작업능력

(m/일)

| 토 질 별 | 관경(mm) | 추 진 장 | | | | |
|---|---|---|---|---|---|---|
| | | 0~10m | 0~20m | 0~30m | 0~40m | 0~50m |
| 점토·실트 | 300~500 | 13 | 12 | 11 | 10.5 | 10 |
| | 600~700 | 10.5 | 10 | 8.5 | 8 | 8 |
| | 800~1,000 | 7.5 | 7 | 6.5 | 6 | 6 |
| | 1,100~1,200 | 6.5 | 6 | 5 | 4.5 | 4.5 |
| 사 질 토 | 300~500 | 11.5 | 10.5 | 9.5 | 9 | 9 |
| | 600~700 | 9 | 8.5 | 7.5 | 7 | 7 |
| | 800~1,000 | 6.5 | 6 | 5.5 | 5 | 5 |
| | 1,100~1,200 | 5.5 | 5 | 4.5 | 4 | 4 |
| 자갈모래층<br>풍 화 암 | 300~500 | 8.5 | 7.5 | 7 | 6.5 | 6.5 |
| | 600~700 | 6.5 | 6 | 5.5 | 5 | 5 |
| | 800~1,000 | 4.5 | 4 | 4 | 4 | 3.5 |
| | 1,100~1,200 | 4 | 3.5 | 3 | 3 | 3 |
| 호박돌 섞인<br>자갈모래층 | 300~500 | – | – | – | – | – |
| | 600~700 | 5 | 4.5 | 4 | 4 | 4 |
| | 800~1,000 | 3.5 | 3 | 3 | 3 | 3 |
| | 1,100~1,200 | 3 | 2.5 | 2.5 | 2.5 | 2.5 |

### 5. 기계이동 설치

(회당)

| 이 동 구 분 | 이 동 용 장 비 | 소 요 시 간(분) | 비 고 |
|---|---|---|---|
| 수 평 이 동 | 크레인(20톤) | 90 | |
| 수 직 이 동 | 크레인(20톤)<br>잭 | 120<br>180 | |
| 경 사 이 동 | 크레인(20톤)<br>잭 | 150<br>240 | |

[주] ① 강관의 용접품은 포함되어 있으며 재료비는 별도 계상한다.

② 추진기의 이동설치에 필요한 인원편성은 강관추진공과 같다.

③ 강관SET, 추진, 오거인발 및 오거스크류의 소운반을 포함한다.

④ 본 품은 강관장 6.0m를 기준한 것이다.

2021
標準   機械設備工事 품셈

# 제2편 기계설비부문

# 제1장  배관공사

## 1-1. 강판

### 1-1-1. 용접접합 ('93, '13, '15, '19년 보완)

(용접개소당)

| 규 격(mm) | 용접공(인) | 규 격(mm) | 용접공(인) |
|---|---|---|---|
| ø 15 | 0.036 | 100 | 0.152 |
| 20 | 0.043 | 125 | 0.184 |
| 25 | 0.052 | 150 | 0.216 |
| 32 | 0.062 | 200 | 0.281 |
| 40 | 0.070 | 250 | 0.345 |
| 50 | 0.085 | 300 | 0.409 |
| 65 | 0.105 | 350 | 0.456 |
| 80 | 0.121 | 400 | 0.159 |
| 비 고 | - 자체 추진 고소작업대(시저형)시공의 경우 20%를 감한다. | | |

[주] ① 본 품은 아크용접으로 강관을 접합하는 기준이다.

② 공구손료 및 경장비(절단기, 자체 추진 고소작업대(시저형) 등) 기계
경비는 인력품의 3%(인력시공), 13%(자체 추진 고소작업대(시저형) 시
공)를 계상한다.

③ 용접접합에 필요한 부자재는 별도 계상한다.

④ 자체 추진 고소작업대(시저형)의 이동을 위한 크레인, 지게차 등의 비
용은 별도 계상한다.

## 1-1-2. 용접배관 ('93, '13, '15, '19년 보완)

(m당)

| 규격(mm) | 배관공(인) | 보통인부(인) | 규 격(mm) | 배관공(인) | 보통인부(인) |
|---|---|---|---|---|---|
| ø 15 | 0.029 | 0.022 | 100 | 0.155 | 0.065 |
| 20 | 0.033 | 0.023 | 125 | 0.200 | 0.081 |
| 25 | 0.043 | 0.026 | 150 | 0.236 | 0.093 |
| 32 | 0.051 | 0.029 | 200 | 0.365 | 0.138 |
| 40 | 0.057 | 0.031 | 250 | 0.489 | 0.181 |
| 50 | 0.074 | 0.037 | 300 | 0.634 | 0.232 |
| 65 | 0.088 | 0.042 | 350 | 0.765 | 0.277 |
| 80 | 0.113 | 0.051 | 400 | 0.907 | 0.327 |
| 비 고 | - 화장실 배관은 본 품에 20%, 기계실배관은 본 품의 30%를 가산한다.<br>- 옥외배관(암거내)은 본 품에 10% 감한다.<br>- 자체 추진 고소작업대(시저형)시공의 경우 20%를 감한다. | | | | |

[주] ① 본 품은 배관용 탄소 강관의 옥내일반배관 기준이다.

② 인서트(거푸집용), 지지철물설치, 절단, 배관(가용접), 배관시험을 포함한다.

③ 밸브류 설치품은 '[기계설비부문] 5-1-1 일반밸브 및 콕류 설치'를 적용하고, 관이음부속류의 설치품은 본 품에 포함되어 있으며, 용접접합품은 별도 계상한다.

④ 현장여건에 따라 콘크리트용 인서트를 사용할 경우 '[건축부문] 8-1-4 인서트(Insert) 설치'를 따른다.

⑤ 단열 지지대 및 관 지지대 설치 시에는 별도 계상한다.

⑥ 공구손료 및 경장비(절단기, 자체 추진 고소작업대(시저형) 등) 기계경비는 인력품의 2%(인력시공), 10%(자체 추진 고소작업대(시저형)시공)를 계상한다.

⑦ 자체 추진 고소작업대(시저형)의 이동을 위한 크레인, 지게차 등의 비용은 별도 계상한다.

## 1-1-3. 나사식 접합 및 배관 ('04, '13, '19년 보완)

(m당)

| 규 격(mm) | 배관공(인) | 보통인부(인) |
|---|---|---|
| ø 15 | 0.033 | 0.029 |
| 20 | 0.038 | 0.030 |
| 25 | 0.051 | 0.034 |
| 32 | 0.062 | 0.037 |
| 40 | 0.069 | 0.039 |
| 50 | 0.092 | 0.046 |
| 비 고 | - 화장실 배관은 본 품에 20%, 기계실배관은 본 품의 30%를 가산한다<br>- 옥외배관(암거내)은 본 품에 10% 감한다.<br>- 자체 추진 고소작업대(시저형)시공의 경우 20%를 감한다. | |

[주] ① 본 품은 배관용 탄소 강관의 옥내일반배관 기준이다.

② 인서트(거푸집용), 지지철물설치, 절단, 나사홈가공, 배관 및 나사접합, 배관시험을 포함한다.

③ 밸브류 설치품은 '[기계설비부문] 5-1-1 일반밸브 및 콕류 설치'를 적용하고, 관이음부속류의 설치품은 본 품에 포함되어 있다.

④ 현장여건에 따라 콘크리트용 인서트를 사용할 경우 '[건축부문] 8-1-4 인서트(Insert) 설치'를 따른다.

⑤ 단열 지지대 및 관 지지대 설치 시에는 별도 계상한다.

⑥ 공구손료 및 경장비(절단기, 자체 추진 고소작업대(시저형) 등) 기계경비는 인력품의 2%(인력시공), 10%(자체 추진 고소작업대(시저형) 시공)를 계상한다.

⑦ 자체 추진 고소작업대(시저형)의 이동을 위한 크레인, 지게차 등의 비용은 별도 계상한다.

## 1-1-4. 그루브조인트식 접합 및 배관(Groove Joint)

('00년 신설, '04, '13, '19년 보완)

(m당)

| 규 격(mm) | 배관공(인) | 보통인부(인) | 규 격(mm) | 배관공(인) | 보통인부(인) |
|---|---|---|---|---|---|
| ø 25 | 0.049 | 0.026 | 200 | 0.444 | 0.116 |
| 32 | 0.061 | 0.030 | 250 | 0.582 | 0.139 |
| 40 | 0.069 | 0.032 | 300 | 0.742 | 0.154 |
| 50 | 0.093 | 0.040 | 350 | 0.893 | 0.178 |
| 65 | 0.112 | 0.045 | 400 | 1.056 | 0.204 |
| 80 | 0.145 | 0.054 | 450 | 1.187 | 0.225 |
| 100 | 0.219 | 0.067 | 500 | 1.318 | 0.246 |
| 125 | 0.260 | 0.079 | 550 | 1.444 | 0.266 |
| 150 | 0.322 | 0.088 | 600 | 1.576 | 0.287 |
| 비 고 | - 화장실 배관은 본 품에 20%, 기계실배관은 본 품의 30%를 가산한다.<br>- 옥외배관(암거내)은 본 품에 10% 감한다.<br>- 자체 추진 고소작업대(시저형)시공의 경우 20%를 감한다. | | | | |

[주] ① 본 품은 배관용 탄소 강관 및 배관용 스테인리스 강관의 옥내일반배관 기준이다.

② 인서트(거푸집용), 지지철물설치, 절단, 그루브 홈가공, 배관 및 그루브 접합, 배관시험을 포함한다.

③ 밸브류 설치품은 '[기계설비부문] 5-1-1 일반밸브 및 콕류 설치'를 적용하고, 관이음부속류의 설치품은 본 품에 포함되어 있다.

④ 현장여건에 따라 콘크리트용 인서트를 사용할 경우 '[건축부문] 8-1-4 인서트(Insert) 설치'를 따른다.

⑤ 단열 지지대 및 관 지지대 설치 시에는 별도 계상한다.

⑥ 공구손료 및 경장비(절단기, 자체 추진 고소작업대(시저형) 등) 기계 경비는 인력품의 2%(인력시공), 10%(자체 추진 고소작업대(시저형) 시공)를 계상한다.

⑦ 자체 추진 고소작업대(시저형)의 이동을 위한 크레인, 지게차 등의 비용은 별도 계상한다.

# 1-2. 동판

## 1-2-1. 용접접합 ('93, '13, '15, '19년 보완)

(용접개소당)

| 규 격(mm) | 용접공(인) | 규 격(mm) | 용접공(인) |
|---|---|---|---|
| ø 8 | 0.014 | 65 | 0.089 |
| 10 | 0.018 | 80 | 0.105 |
| 15 | 0.022 | 100 | 0.137 |
| 20 | 0.030 | 125 | 0.169 |
| 25 | 0.038 | 150 | 0.201 |
| 32 | 0.045 | 200 | 0.265 |
| 40 | 0.053 | 250 | 0.329 |
| 50 | 0.067 | | |
| 비 고 | - 자체 추진 고소작업대(시저형)시공의 경우 20%를 감한다. | | |

[주] ① 본 품은 브레이징(Brazing)용접으로 동관을 접합하는 기준이다.
② 공구손료 및 경장비(절단기, 자체 추진 고소작업대(시저형) 등) 기계
경비는 인력품의 3%(인력시공), 13%(자체 추진 고소작업대(시저형) 시
공)를 계상한다.
③ 용접접합에 필요한 부자재는 별도 계상한다.
④ 자체 추진 고소작업대(시저형)의 이동을 위한 크레인, 지게차 등의
비용은 별도 계상한다.

[참고자료]
▶ Brazing 용접 소모재료

(용접개소당)

| 규 격(mm) | 용접봉(g) | 플러스(g) | 산소(L) | 아세틸렌(g) |
|---|---|---|---|---|
| ø 6 | 0.3 | 0.05 | 2.5 | 3.8 |
| 8 | 0.5 | 0.08 | 4.0 | 4.5 |
| 10 | 0.8 | 0.11 | 5.4 | 5.9 |
| 15 | 1.2 | 0.15 | 7.5 | 8.0 |
| 16 | 1.8 | 0.22 | 10.8 | 11.4 |
| 20 | 2.5 | 0.32 | 15.8 | 16.5 |
| 25 | 4.0 | 0.49 | 19.0 | 20.2 |

| 32 | 5.2 | 0.65 | 27.2 | 28.6 |
| 40 | 6.9 | 0.86 | 35.0 | 37.0 |
| 50 | 11.2 | 1.40 | 45.8 | 48.6 |
| 65 | 15.4 | 1.92 | 57.9 | 61.3 |
| 80 | 21.0 | 2.62 | 80.8 | 8.45 |
| 100 | 36.6 | 4.58 | 127.8 | 135.0 |
| 125 | 56.3 | 7.02 | 158.8 | 167.7 |
| 150 | 78.9 | 9.89 | 254.0 | 268.3 |
| 200 | 173.5 | 13.25 | 615.7 | 650.5 |

※ 산소량은 대기압상태의 기준량이며, 압축산소는 35℃에서 150기압으로 압축
용기에 넣어 사용하는 것을 기준한다.

## 1-2-2. 용접배관 ('93, '13, '15, '19년 보완)

(m당)

| 규 격(mm) | 배관공(인) | 보통인부(인) | 규 격(mm) | 배관공(인) | 보통인부(인) |
|---|---|---|---|---|---|
| ø8 | 0.021 | 0.010 | 65 | 0.083 | 0.047 |
| 10 | 0.023 | 0.013 | 80 | 0.104 | 0.059 |
| 15 | 0.026 | 0.016 | 100 | 0.143 | 0.077 |
| 20 | 0.030 | 0.020 | 125 | 0.180 | 0.093 |
| 25 | 0.036 | 0.025 | 150 | 0.218 | 0109 |
| 32 | 0.044 | 0.029 | 200 | 0.330 | 0.154 |
| 40 | 0.052 | 0.033 | 250 | 0.442 | 0.195 |
| 50 | 0.069 | 0.042 | | | |
| 비 고 | - 화장실 배관은 본 품에 20%, 기계실배관은 본 품의 30%를 가산한다.<br>- 옥외배관(암거내)은 본 품에 10% 감한다.<br>- 자체 추진 고소작업대(시저형)시공의 경우 20%를 감한다. | | | | |

[주] ① 본 품은 이음매 없는 구리합금관의 옥내일반배관 기준이다.

② 인서트(거푸집용), 지지철물설치, 절단, 배관(가용접), 배관시험을 포
함한다.

③ 밸브류 설치품은 '[기계설비부문] 5-1-1 일반밸브 및 콕류 설치'를
적용하고, 관이음부속류의 설치품은 본 품에 포함되어 있다.

④ 현장여건에 따라 콘크리트용 인서트를 사용할 경우 '[건축부문] 8-1-4
인서트(Insert) 설치'를 따른다.

⑤ 단열 지지대 및 관 지지대 설치 시에는 별도 계상한다.
⑥ 공구손료 및 경장비(절단기, 자체 추진 고소작업대(시저형) 등) 기계경비는 인력품의 2%(인력시공), 10%(자체 추진 고소작업대(시저형) 시공)를 계상한다.
⑦ 자체 추진 고소작업대(시저형)의 이동을 위한 크레인, 지게차 등의 비용은 별도 계상한다.

## 1-3. 스테인리스 강판

### 1-3-1. 용접접합 ('93, '13, '19년 보완)

(용접개소당)

| 규 격(mm) | 용접공(인) | 규 격(mm) | 용접공(인) |
|---|---|---|---|
| ø6 | 0.036 | 65 | 0.119 |
| 8 | 0.040 | 80 | 0.135 |
| 10 | 0.045 | 90 | 0.151 |
| 15 | 0.050 | 100 | 0.167 |
| 20 | 0.057 | 125 | 0.199 |
| 25 | 0.066 | 150 | 0.231 |
| 32 | 0.077 | 200 | 0.295 |
| 40 | 0.084 | 250 | 0.359 |
| 50 | 0.099 | 300 | 0.423 |
| 비 고 | - 자체 추진 고소작업대(시저형) 시공의 경우 20%를 감한다. | | |

[주] ① 본 품은 TIG용접으로 스테인리스 강관을 접합하는 기준이다.
② 공구손료 및 경장비(절단기, 자체 추진 고소작업대(시저형) 등) 기계경비는 인력품의 4%(인력시공), 13%(자체 추진 고소작업대(시저형) 시공)를 계상한다.
③ 용접접합에 필요한 부자재는 별도 계상한다.
④ 자체 추진 고소작업대(시저형)의 이동을 위한 크레인, 지게차 등의 비용은 별도 계상한다.

[참고자료]

▶ **TIG용접 소모재료**

(용접개소당)

| 규 격(mm) | 용접봉(kg) | Argon(L) |
|---|---|---|
| ø 15 | 0.007 | 64 |
| 20 | 0.013 | 95 |
| 25 | 0.020 | 129 |
| 40 | 0.040 | 191 |
| 50 | 0.055 | 265 |
| 65 | 0.168 | 343 |
| 80 | 0.213 | 430 |
| 90 | 0.257 | 565 |
| 100 | 0.313 | 699 |
| 125 | 0.443 | 1098 |
| 150 | 0.601 | 1.285 |
| 200 | 1.007 | 2.170 |
| 250 | 1.455 | 3.060 |
| 300 | 2.070 | 3.945 |

## 1-3-2. 용접배관 ('93, '13, '19년 보완)

(m당)

| 규 격(mm) | 배관공(인) | 보통인부(인) | 규 격(mm) | 배관공(인) | 보통인부(인) |
|---|---|---|---|---|---|
| ø 6 | 0.020 | 0.013 | 65 | 0.097 | 0.040 |
| 8 | 0.021 | 0.013 | 80 | 0.110 | 0.045 |
| 10 | 0.026 | 0.014 | 90 | 0.144 | 0.060 |
| 15 | 0.028 | 0.015 | 100 | 0.158 | 0.066 |
| 20 | 0.033 | 0.017 | 125 | 0.211 | 0.088 |
| 25 | 0.048 | 0.022 | 150 | 0.240 | 0.101 |
| 32 | 0.059 | 0.025 | 200 | 0.341 | 0.135 |
| 40 | 0.065 | 0.027 | 250 | 0.458 | 0.187 |
| 50 | 0.079 | 0.032 | 300 | 0.618 | 0.231 |
| 비 고 | | | | | |

비 고
- 화장실 배관은 본 품에 20%, 기계실배관은 본 품의 30%를 가산한다.
- 옥외배관(암거내)은 본 품에 10% 감한다.
- 자체 추진 고소작업대(시저형)시공의 경우 20%를 감한다.

[주] ① 본 품은 일반 배관용 스테인리스 강관의 옥내일반배관 기준이다.

② 인서트(거푸집용), 지지철물설치, 절단, 배관(가용접), 배관시험을 포함한다.

③ 밸브류 설치품은 '[기계설비부문] 5-1-1 일반밸브 및 콕류 설치'를 적용하고, 관이음부속류의 설치품은 본 품에 포함되어 있다.

④ 현장여건에 따라 콘크리트용 인서트를 사용할 경우 '[건축부문] 8-1-4 인서트(Insert) 설치'를 따른다.

⑤ 단열 지지대 및 관 지지대 설치 시에는 별도 계상한다.

⑥ Bending가공이 필요한 경우에는 별도 계상한다.

⑦ 공구손료 및 경장비(절단기, 자체 추진 고소작업대(시저형) 등) 기계경비는 인력품의 2%(인력시공), 10%(자체 추진 고소작업대(시저형) 시공)를 계상한다.

⑧ 자체 추진 고소작업대(시저형)의 이동을 위한 크레인, 지게차 등의 비용은 별도 계상한다.

## 1-3-3. 프레스식 적합 및 배관 ('92,'13,'15,'19년 보완)

(m당)

| 규 격(mm) | 배관공(인) | 보통인부(인) | 규 격(mm) | 배관공(인) | 보통인부(인) |
|---|---|---|---|---|---|
| 13SU | 0.034 | 0.017 | 50 | 0.084 | 0.043 |
| 20 | 0.045 | 0.023 | 60 | 0.109 | 0.057 |
| 25 | 0.053 | 0.027 | 75 | 0.126 | 0.066 |
| 30 | 0.067 | 0.034 | 80 | 0.165 | 0.087 |
| 40 | 0.078 | 0.040 | 100 | 0.192 | 0.102 |
| 비 고 | - 화장실 배관은 본 품에 20%, 기계실배관은 본 품의 30%를 가산한다.<br>- 옥외배관(암거내)은 본 품에 10% 감한다.<br>- 자체 추진 고소작업대(시저형)시공의 경우 20%를 감한다. | | | | |

[주] ① 본 품은 일반 배관용 스테인리스 강관의 옥내일반배관 기준이다.

② 인서트(거푸집용), 지지철물설치, 절단, 배관 및 프레스 접합, 배관시험을 포함한다.

③ 밸브류 설치품은 '[기계설비부문] 5-1-1 일반밸브 및 콕류 설치'를 적용하고, 관이음부속류의 설치품은 본 품에 포함되어 있다.

④ 현장여건에 따라 콘크리트용 인서트를 사용할 경우 '[건축부문] 8-1-4 인서트(Insert) 설치'를 따른다.

⑤ 단열 지지대 및 관 지지대 설치 시에는 별도 계상한다.

⑥ Bending가공이 필요한 경우에는 별도 계상한다.

⑦ 공구손료 및 경장비(절단기, 자체 추진 고소작업대(시저형) 등) 기계경비는 인력품의 2%(인력시공), 10%(자체 추진 고소작업대(시저형) 시공)를 계상한다.

⑧ 자체 추진 고소작업대(시저형)의 이동을 위한 크레인, 지게차 등의 비용은 별도 계상한다.

### 1-3-4. 주름관 접합 및 배관 ('92, '13, '19년 보완)

(m당)

| 규 격(mm) | 배관공(인) | 보통인부(인) |
|---|---|---|
| ø 15 | 0.034 | 0.027 |
| ø 20 | 0.039 | 0.031 |
| 비 고 | - 자체 추진 고소작업대(시저형)시공의 경우 20%를 감한다. | |

[주] ① 본 품은 스테인리스 주름관의 옥내일반배관 기준이다.

② 인서트(거푸집용), 지지철물설치, 절단, 배관 및 접합, 배관시험을 포함한다.

③ 현장여건에 따라 콘크리트용 인서트를 사용할 경우 '[건축부문] 8-1-4 인서트(Insert) 설치'를 따른다.

④ 단열 지지대 및 관 지지대 설치 시에는 별도 계상한다.

⑤ 공구손료 및 경장비(절단기, 자체 추진 고소작업대(시저형) 등) 기계경비는 인력품의 2%(인력시공), 10%(자체 추진 고소작업대(시저형) 시공)를 계상한다.

⑥ 자체 추진 고소작업대(시저형)의 이동을 위한 크레인, 지게차 등의 비용은 별도 계상한다.

## 1-4. 주철관

### 1-4-1. 기계식접합 및 배관(Mechanical Joint) ('96, '01,'13, '19년 보완)

(접합개소당)

| 규 격(mm) | 배관공(인) | 보통인부(인) |
|---|---|---|
| ø 50 | 0.152 | 0.081 |
| 65 | 0.193 | 0.089 |
| 75 | 0.219 | 0.094 |
| 100 | 0.287 | 0.107 |
| 125 | 0.352 | 0.120 |
| 150 | 0.399 | 0.130 |
| 200 | 0.523 | 0.154 |
| 비 고 | - 자체 추진 고소작업대(시저형)시공의 경우 20%를 감한다. | |

[주] ① 본 품은 배수용 주철관의 옥내일반배관 기준이다.

② 인서트(거푸집용), 지지철물설치, 절단, 배관 및 접합, 배관시험을 포함한다.

③ 현장여건에 따라 콘크리트용 인서트를 사용할 경우 '[건축부문] 8-1-4 인서트(Insert) 설치'를 따른다.

④ 단열 지지대 및 관 지지대 설치시에는 별도 계상한다.

⑤ 공구손료 및 경장비(절단기, 자체 추진 고소작업대(시저형) 등) 기계경비는 인력품의 2%(인력시공), 10%(자체 추진 고소작업대(시저형) 시공)를 계상한다.

⑥ 자체 추진 고소작업대(시저형)의 이동을 위한 크레인, 지게차 등의 비용은 별도 계상한다.

## 1-4-2. 수밀밴드 접합 및 배관 ('13신설 '19년 보완)

(접합개소당)

| 규 격(mm) | 배관공(인) | 보통인부(인) |
|---|---|---|
| ø 50 | 0.143 | 0.066 |
| 65 | 0.175 | 0.083 |
| 75 | 0.196 | 0.094 |
| 100 | 0.248 | 0.122 |
| 125 | 0.300 | 0.150 |
| 150 | 0.353 | 0.178 |
| 200 | 0.434 | 0.220 |
| 비 고 | - 자체 추진 고소작업대(시저형)시공의 경우 20%를 감한다. | |

**[주]** ① 본 품은 배수용 주철관의 노허브(no-hub)관을 접합하는 기준이다.

② 인서트(거푸집용), 지지철물설치, 절단, 배관 및 접합, 배관시험을 포함한다.

③ 현장여건에 따라 콘크리트용 인서트를 사용할 경우 '[건축부문] 8-1-4 인서트(Insert) 설치'를 따른다.

④ 단열 지지대 및 관 지지대 설치시에는 별도 계상한다.

⑤ 공구손료 및 경장비(절단기, 자체 추진 고소작업대(시저형) 등) 기계경비는 인력품의 2%(인력시공), 10%(자체 추진 고소작업대(시저형) 시공)를 계상한다.

⑥ 자체 추진 고소작업대(시저형)의 이동을 위한 크레인, 지게차 등의 비용은 별도 계상한다.

## 1-5. 경질관

### 1-5-1. 접착제 접합(T.S) 접합 및 배관 (13, 19년 보완)

(m당)

| 규 격(mm) | 배관공(인) | 보통인부(인) | 규 격(mm) | 배관공(인) | 보통인부(인) |
|---|---|---|---|---|---|
| ø25 | 0.047 | 0.037 | 75 | 0.117 | 0.063 |
| 30 | 0.054 | 0.040 | 100 | 0.147 | 0.074 |
| 35 | 0.060 | 0.041 | 125 | 0.178 | 0.085 |
| 40 | 0.067 | 0.043 | 150 | 0.207 | 0.093 |
| 50 | 0.086 | 0.047 | 200 | 0.266 | 0.112 |
| 65 | 0.104 | 0.059 | | | |
| 비 고 | - 자체 추진 고소작업대(시저형)시공의 경우 20%를 감한다. | | | | |

[주] ① 본 품은 일반용 경질 폴리염화 비닐관의 옥내일반배관 기준이다.

② 인서트(거푸집용), 지지물 설치, 절단, 배관 및 접합, 배관시험을 포함한다.

③ 현장여건에 따라 콘크리트용 인서트를 사용할 경우 '[건축부문] 8-1-4 인서트(Insert) 설치'를 따른다.

④ 단열 지지대 및 관 지지대 설치시에는 별도 계상한다.

⑤ 공구손료 및 경장비(절단기, 자체 추진 고소작업대(시저형) 등) 기계경비는 인력품의 2%(인력시공), 10%(자체 추진 고소작업대(시저형) 시공)를 계상한다.

⑥ 자체 추진 고소작업대(시저형)의 이동을 위한 크레인, 지게차 등의 비용은 별도 계상한다.

## 1-5-2. 소켓 접합 및 배관 (13년 신설, 19년 보완)

(m당)

| 규 격(mm) | 배관공(인) | 보통인부(인) | 규 격(mm) | 배관공(인) | 보통인부(인) |
|---|---|---|---|---|---|
| ø 10 | 0.021 | 0.011 | 50 | 0.034 | 0.018 |
| 13 | 0.021 | 0.012 | 65 | 0.038 | 0.021 |
| 16 | 0.022 | 0.012 | 75 | 0.049 | 0.026 |
| 20 | 0.023 | 0.013 | 100 | 0.064 | 0.034 |
| 25 | 0.025 | 0.014 | 125 | 0.075 | 0.041 |
| 30 | 0.026 | 0.014 | 150 | 0.094 | 0.051 |
| 35 | 0.027 | 0.015 | 200 | 0.118 | 0.064 |
| 40 | 0.029 | 0.016 | | | |
| 비 고 | - 자체 추진 고소작업대(시저형)시공의 경우 20%를 감한다. | | | | |

[주] ① 본 품은 일반용 경질 폴리염화 비닐관의 옥내일반배관 기준이다.

② 인서트(거푸집용), 지지물 설치, 절단, 배관 및 접합, 배관시험을 포함한다.

③ 현장여건에 따라 콘크리트용 인서트를 사용할 경우 '[건축부문] 8-1-4 인서트(Insert) 설치'를 따른다.

④ 단열 지지대 및 관 지지대 설치시에는 별도 계상한다.

⑤ 공구손료 및 경장비(절단기, 자체 추진 고소작업대(시저형) 등) 기계경비는 인력품의 2%(인력시공), 10%(자체 추진 고소작업대(시저형) 시공)를 계상한다.

⑥ 자체 추진 고소작업대(시저형)의 이동을 위한 크레인, 지게차 등의 비용은 별도 계상한다.

## 1-6. 연질관

### 1-6-1. 폴리부틸렌(PB)일반접합 및 배관 ('96년 신설, '13, 19년 보완)

(m당)

| 구 분 | 단 위 | 수 량(규격) | |
|---|---|---|---|
| | | ø 16mm | ø 20mm |
| 배 관 공 | 인 | 0.038 | 0.042 |
| 보 통 인 부 | 인 | 0.015 | 0.017 |

[주] ① 본 품은 폴리부틸렌(PB)관의 급수, 급탕용 배관 기준이다.

② 절단, 배관 및 고정철물 설치, 접합, 배관시험을 포함한다.

③ 공구손료 및 경장비의 기계경비는 인력품의 1%로 계상한다.

### 1-6-2. 폴리부틸렌(PB)이중관 접합 및 배관 ('13, 19년 보완)

(m당)

| 구 분 | 단 위 | 수 량(규격) | |
|---|---|---|---|
| | | ø 16mm | ø 20mm |
| 배 관 공 | 인 | 0.048 | 0.053 |
| 보 통 인 부 | 인 | 0.021 | 0.023 |

[주] ① 본 품은 합성수지제 휨(가요) 전선관 중 CD(Combine Duct)관 내에 폴리부틸렌(PB)관이 삽입된 이중관의 옥내바닥배관 기준이다.

② 절단, 배관 및 고정철물 설치, 접합, 배관시험을 포함한다.

③ 공구손료 및 경장비의 기계경비는 인력품의 1%로 계상한다.

### 1-6-3. 가교화 폴리에틸렌관 접합 및 배관 ('13, 19년 보완)

(m당)

| 구 분 | 단 위 | 수 량(규격) | |
|---|---|---|---|
| | | ø 16mm | ø 20mm |
| 배 관 공 | 인 | 0.029 | 0.036 |
| 보 통 인 부 | 인 | 0.014 | 0.018 |

[주] ① 본 품은 가교화 폴리에틸렌(PE-X)관의 옥내난방배관 기준이다.

② 절단, 배관 및 고정철물 설치, 접합, 배관시험을 포함한다.

③ 공구손료 및 경장비의 기계경비는 인력품의 1%로 계상한다.

# 제2장   덕트 공사

## 2-1. 덕트

### 2-1-1. 아연도금강판덕트(각형덕트) 설치 ('15, 16년, '21년 보완)

(㎡당)

| 구   분 | 규   격 | 덕 트 공(인) | 보통인부(인) |
|---|---|---|---|
| 호 칭 두 께 | 0.5㎜ | 0.182 | 0.031 |
| | 0.6㎜ | 0.171 | 0.029 |
| | 0.8㎜ | 0.179 | 0.030 |
| | 1.0㎜ | 0.219 | 0.037 |
| | 1.2㎜ | 0.252 | 0.043 |
| | 1.6㎜ | 0.317 | 0.054 |
| 비   고 | - 자체 추진 고소작업대(시저형) 시공의 경우 20%를 감한다. | | |

[주] ① 본 품은 제작이 완료된 상태의 덕트를 설치하는 기준이다.

② 본 품은 지지물 설치, 보강재 설치, 덕트의 접합 및 설치 작업이 포함된 것이다.

③ 덕트의 절단, 가공 및 보온은 별도 계상한다.

④ 공구손료 및 경장비(드릴 등)의 기계경비는 인력품의 2%를 계상한다.

⑤ 벽체통과 구간의 콘크리트 깨기(쪼아내기) 등이 필요한 경우에는 별도 계상한다.

⑥ 자체 추진 고소작업대(시저형)의 이동을 위한 크레인, 지게차 등의 비용은 별도 계상한다.

## 2-1-2. 아연도금강판덕트(스파이럴덕트) 설치 ('15, 16년, '21년 보완)

(m당)

| 철판두께 | 규 격(mm) | 덕 트 공(인) | 보통인부(인) |
|---|---|---|---|
| 0.5mm | ø 80~150 | 0.131 | 0.017 |
| | 160 | 0.137 | 0.018 |
| | 180 | 0.151 | 0.021 |
| | 200 | 0.164 | 0.023 |
| 0.6mm | 225 | 0.181 | 0.027 |
| | 250 | 0.198 | 0.030 |
| | 275 | 0.214 | 0.033 |
| | 300 | 0.031 | 0.036 |
| | 350 | 0.265 | 0.043 |
| | 400 | 0.298 | 0.050 |
| | 450 | 0.376 | 0.056 |
| | 500 | 0.410 | 0.063 |
| | 550 | 0.443 | 0.069 |
| | 600 | 0.476 | 0.076 |
| 0.8mm | 650 | 0.510 | 0.082 |
| | 700 | 0.543 | 0.089 |
| | 750 | 0.577 | 0.095 |
| | 800 | 0.610 | 0.102 |
| 1.0mm | 850 | 0.644 | 0.108 |
| | 900 | 0.677 | 0.115 |
| | 950 | 0.711 | 0.122 |
| | 1,000 | 0.744 | 0.128 |
| 비 고 | - 자체 추진 고소작업대(시저형) 시공의 경우 20%를 감한다. | | |

[주] ① 본 품은 제작이 완료된 상태의 스파이럴덕트를 설치하는 기준이다.

② 본 품은 지지물 설치, 보강재 설치, 덕트의 절단, 접합 및 설치 작업을 포함한다.

③ 공구손료 및 경장비(드릴, 자체 추진 고소작업대(시저형) 등) 기계경비는 인력품의 2%(인력시공), 10%(자체 추진 고소작업대(시저형) 시공)를 계상한다.

④ 벽체통과 구간의 콘크리트 깨기(쪼아내기) 등이 필요한 경우에는 별도 계상한다.

⑤ 자체 추진 고소작업대(시저형)의 이동을 위한 크레인, 지게차 등의 비용은 별도 계상한다.

### 2-1-3. 스테인리스덕트(각형덕트) 설치 ('21년 보완)

(㎡당)

| 구       분 | 규   격 | 덕트공(인) | 보통인부(인) |
|---|---|---|---|
| 호  칭  두  께 | 0.5mm | 0.238 | 0.041 |
| | 0.6mm | 0.224 | 0.038 |
| | 0.8mm | 0.244 | 0.042 |
| | 1.0mm | 0.300 | 0.051 |
| 비          고 | - 자체 추진 고소작업대(시저형) 시공의 경우 20%를 감한다. | | |

[주] ① 본 품은 제작이 완료된 상태의 덕트를 설치하는 기준이다.

② 본 품은 지지물 설치, 보강재 설치, 덕트의 접합 및 설치 작업을 포함한다.

③ 덕트의 절단 및 가공이 필요한 경우 별도 계상한다.

④ 공구손료 및 경장비(드릴, 자체 추진 고소작업대(시저형) 등) 기계경비는 인력품의 2%(인력시공), 10%(자체 추진 고소작업대(시저형) 시공)를 계상한다.

⑤ 벽체통과 구간의 콘크리트 깨기(쪼아내기) 등이 필요한 경우에는 별도 계상한다.

⑥ 자체 추진 고소작업대(시저형)의 이동을 위한 크레인, 지게차 등의 비용은 별도 계상한다.

### 2-1-4. PVC덕트 설치

(㎡당)

| 구  분 | 규   격 | 덕 트 공(인) | 보통인부(인) |
|---|---|---|---|
| 호  칭  두  께 | 3mm | 0.214 | 0.036 |

[주] ① 본 품은 제작이 완료된 상태의 PVC덕트를 설치하는 기준이다.

② 본 품은 지지물 설치, 보강재 설치, 덕트의 접합 및 설치 작업이 포함

된 것이다.

③ 덕트의 절단, 가공 및 보온은 별도 계상한다.

④ 공구손료 및 경장비(드릴 등)의 기계경비는 인력품의 2%를 계상한다.

⑤ 벽체통과 구간의 콘크리트 깨기(쪼아내기) 등이 필요한 경우에는 별도 계상한다.

## 2-1-5. 세대내 환기덕트 설치 ('21년 신설)

(m당)

| 구　　　　분 | 규　격 | 수　량 |
|---|---|---|
| 덕　　트　　공 | 인 | 0.020 |
| 보　통　인　부 | 인 | 0.010 |

[주] ① 본 품은 세대내 환기덕트(204×60㎜이하)를 설치하는 기준이다.

② 본 품은 덕트 절단, 덕트 조립 및 설치, 우레탄 충전 작업을 포함한다.

③ 플렉시블 덕트 및 취출구 설치는 별도 계상한다.

④ 공구손료 및 경장비(드릴 등)의 기계경비는 인력품의 2%를 계상한다.

⑤ 벽체통과 구간의 콘크리트 깨기(쪼아내기) 등이 필요한 경우에는 별도 계상한다.

## 2-1-6. 플렉시블덕트 설치

(개소당)

| 규　격(㎜) | 덕 트 공(인) | 규　격(㎜) | 덕 트 공(인) |
|---|---|---|---|
| ø 100 | 0.050 | 250 | 0.120 |
| 125 | 0.060 | 275 | 0.140 |
| 150 | 0.080 | 300 | 0.170 |
| 175 | 0.090 | 350 | 0.210 |
| 200 | 0.100 | 400 | 0.250 |
| 225 | 0.110 | | |

[주] ① 본 품은 플렉시블 덕트를 일반 덕트에 연결하여 설치하는 기준이다.

② 본 품은 덕트 타공 및 절단, 플렉시블 덕트 접합 및 설치 작업을 포함한다.

## 2-2. 덕트기구

### 2-2-1. 취출구 설치 ('21년 보완)

(개당)

| 구 분 | 규 격 | | 덕 트 공(인) |
|---|---|---|---|
| 아네모디퓨저 | 목지름<br>(mm) | 100mm이하 | 0.368 |
| | | 200mm이하 | 0.430 |
| | | 300mm이하 | 0.460 |
| | | 400mm이하 | 0.490 |
| | | 500mm이하 | 0.505 |
| | | 600mm이하 | 0.552 |
| 유니버설형 | 단면적<br>(m²) | 0.04m²이하 | 0.315 |
| | | 0.06 | 0.322 |
| | | 0.08 | 0.348 |
| | | 0.10 | 0.365 |
| | | 0.15 | 0.382 |
| | | 0.20 | 0.425 |
| | | 0.25 | 0.458 |
| | | 0.30 | 0.517 |
| | | 0.35 | 0.560 |
| | | 0.40 | 0.670 |
| 펀칭메탈형 | 길이<br>(m) | 1m 미만 | 0.255 |
| | | 1m 미만(셔터) | 0.356 |
| | | 1m 이상 | 0.721 |
| | | 1m 이상(셔터) | 1.010 |
| 슬릿형 | 변길이<br>(m) | 1m 미만 | 0.390 |
| | | 1m 이상 | 1.102 |

[주] ① 본 품은 덕트에 연결하여 설치하는 취출구 설치 기준이다.

② 본 품은 덕트 연결, 개스킷 설치, 취출구 설치 및 고정 작업을 포함한다.

③ 타공이 필요한 경우 별도 계상한다.

## 2-2-2. 흡입구 설치

(개당)

| 구 분 | 규 격 | | 덕 트 공(인) |
|---|---|---|---|
| 1) 그릴(도어그릴) | 흡입구 장변길이 | 1m 미만 | 0.525 |
| | | 1m 이상 | 0.840 |
| 2) 점검구 | 300mm × 300mm 이하 | | 0.355 |
| 3) Hood | 일반 | 투영면적 m³당 | 0.800 |
| | 2종 | 〃 m³당 | 0.960 |
| | 그리스필터 | 〃 m³당 | 0.860 |
| | 2중그리스필터 | 〃 m³당 | 1.000 |

[주] 본 품은 덕트 타공, 기기의 설치 및 고정 작업을 포함한다.

## 2-2-3. 덕트 플렉시블 조인트 설치

(개소당)

| 송풍기 규격 호칭 번호 | 덕트공(인) | 보통인부 (인) | 송풍기 규격 호칭 번호 | 덕트공(인) | 보통인부 (인) |
|---|---|---|---|---|---|
| 0.32(2) | 0.205 | 0.062 | 080(5⅓) | 0.577 | 0.176 |
| 0.36(2⅓) | 0.228 | 0.069 | 090(6) | 0.682 | 0.207 |
| 0.40(2⅔) | 0.252 | 0.077 | 100(6⅔) | 0.795 | 0.242 |
| 0.45(3) | 0.285 | 0.087 | 112(7½ ) | 0.944 | 0.287 |
| 0.50(3⅓) | 0.320 | 0.097 | 125(8⅓) | 1.119 | 0.341 |
| 0.56(3⅔) | 0.365 | 0.111 | 140(9⅓) | 1.341 | 0.408 |
| 0.63(4) | 0.421 | 0.128 | 160(10⅔) | 1.669 | 0.508 |
| 0.71(4⅔) | 0.492 | 0.150 | 180(12) | 2.034 | 0.619 |

[주] ① 본 품은 설치 완료된 상태의 송풍기와 덕트를 연결하는 플렉시블 조인
트 설치 기준이다.
② 플렉시블 조인트의 규격은 송풍기의 호칭번호 기준이다.
③ 본 품은 플렉시블 조인트 연결 및 고정 작업을 포함한다.

## 2-2-4. 일반댐퍼(사각) 설치

(개당)

| 구 분 | 단위 | 방화댐퍼 | 풍량조절댐퍼(수동식) |
|---|---|---|---|
| 덕 트 공 | 인 | 좌동 | |
| 비 고 | | - 댐퍼면적 0.1㎡이하 기준으로, 0.1㎡ 증마다 다음 품을 가산한다. | |

| 구 분 | 방화댐퍼 | 풍량조절댐퍼(수동식) |
|---|---|---|
| 덕 트 공 | 0.125 | 0.110 |

[주] 본 품은 덕트 타공, 기기의 설치 및 고정 작업을 포함한다.

## 2-2-5. 일반댐퍼(원형) 설치 ('21년 신설)

(개당)

| 구 분 | 규격 | 덕트공(인) |
|---|---|---|
| 방 화 댐 퍼 | ø 100mm이하 | 0.292 |
| | 200mm이하 | 0.346 |
| | 300mm이하 | 0.403 |
| 풍량조절댐퍼(수동식) | ø 100mm이하 | 0.264 |
| | 200mm이하 | 0.313 |
| | 300mm이하 | 0.364 |

[주] 본 품은 덕트 타공 및 연결, 댐퍼 설치 및 고정 작업을 포함한다.

## 2-2-6. 제연댐퍼 설치 ('21년 보완)

(㎡당)

| 구 분 | 단 위 | 수직덕트 연결방식 | 승강로 연결방식 |
|---|---|---|---|
| 덕 트 공 | 인 | 2.041 | 1.216 |
| 보 통 인 부 | 인 | 0.588 | 0.350 |

[주] ① 본 품은 입상덕트 타공 및 연결, 댐퍼 설치, 제어선 결선, 코킹마감 작업을 포함하고 있으며, 승강로 연결방식은 입상덕트 타공 및 연결 작업이 제외되어 있다.

② 전기배관 및 입선은 별도 계상한다.

③ 공구손료 및 경장비(절단기 등)의 기계경비는 인력품의 2%를 계상한다.

**〈참고〉** 　제연댐퍼 재료량

(㎡당)

| 구　　　분 | 규　격 | 단　위 | 수　량 |
|---|---|---|---|
| 앵　　　　　커 | 1/2 〃 | 개 | 20 |
| 불 라 인 드 리 벳 |  | 개 | 75 |
| 철　　　　　물 | D22철근 | kg | 12.5 |
| 실　　리　　콘 |  | kg | 1.25 |

# 제3장 보온공사

## 3-1. 배관보온

### 3-1-1. 일반마감 배관보온 ('92, '14, '20년 보완)

(m당)

| 구 분 | | 단 위 | 고무발포보온재 | | 발포폴리에틸렌보온재 | |
|---|---|---|---|---|---|---|
| 규격<br>(mm) | 보온두께<br>(mm) | | 보온공 | 보통인부 | 보온공 | 보통인부 |
| ø 15 | 25이하 | 인 | 0.034 | 0.003 | 0.024 | 0.002 |
| | 50이하 | 인 | 0.056 | 0.004 | 0.040 | 0.003 |
| 20 | 25이하 | 인 | 0.039 | 0.003 | 0.028 | 0.002 |
| | 50이하 | 인 | 0.064 | 0.004 | 0.046 | 0.003 |
| 25 | 25이하 | 인 | 0.043 | 0.003 | 0.031 | 0.002 |
| | 50이하 | 인 | 0.067 | 0.004 | 0.048 | 0.003 |
| 32 | 25이하 | 인 | 0.050 | 0.004 | 0.036 | 0.003 |
| | 50이하 | 인 | 0.077 | 0.007 | 0.055 | 0.005 |
| 40 | 25이하 | 인 | 0.059 | 0.004 | 0.042 | 0.003 |
| | 50이하 | 인 | 0.090 | 0.007 | 0.064 | 0.005 |
| 50 | 25이하 | 인 | 0.069 | 0.006 | 0.049 | 0.004 |
| | 50이하 | 인 | 0.105 | 0.008 | 0.075 | 0.006 |
| 65 | 25이하 | 인 | 0.083 | 0.007 | 0.059 | 0.005 |
| | 50이하 | 인 | 0.112 | 0.010 | 0.080 | 0.007 |
| 80 | 25이하 | 인 | 0.098 | 0.007 | 0.070 | 0.005 |
| | 50이하 | 인 | 0.129 | 0.010 | 0.092 | 0.007 |
| 100 | 25이하 | 인 | 0.118 | 0.008 | 0.084 | 0.006 |
| | 50이하 | 인 | 0.147 | 0.011 | 0.105 | 0.008 |
| 125 | 25이하 | 인 | 0.141 | 0.011 | 0.101 | 0.008 |
| | 50이하 | 인 | 0.176 | 0.014 | 0.126 | 0.010 |

| 구 분 | | 단 위 | 고무발포보온재 | | 발포폴리에틸렌보온재 | |
|---|---|---|---|---|---|---|
| 규격 (mm) | 보온두께 (mm) | | 보온공 | 보통인부 | 보온공 | 보통인부 |
| 150 | 25이하 | 인 | 0.167 | 0.013 | 0.119 | 0.009 |
| | 50이하 | 인 | 0.206 | 0.015 | 0.147 | 0.011 |
| 200 | 25이하 | 인 | 0.216 | 0.017 | 0.154 | 0.012 |
| | 50이하 | 인 | 0.245 | 0.020 | 0.175 | 0.014 |
| 250 | 25이하 | 인 | 0.260 | 0.020 | 0.186 | 0.014 |
| | 50이하 | 인 | 0.283 | 0.021 | 0.202 | 0.015 |
| 300 | 25이하 | 인 | 0.304 | 0.024 | 0.217 | 0.017 |
| | 50이하 | 인 | 0.319 | 0.025 | 0.228 | 0.018 |
| 비 고 | - 기계실은 본 품의 20%를 가산한다.<br>- 그루브조인트식 배관에 보온을 하는 경우 본 품의 10%를 가산한다.<br>- 유리면보온재(글라스울)로 보온하는 경우는 고무발포보온재 품에 90%를 적용한다.<br>- 결로방지를 위해 보온전 사전 비닐감기가 필요한 경우는 발포폴리 에틸렌보온재 설치 품의 15%를 적용한다.<br>- 다음의 경우에는 기준품을 할증하여 적용한다. | | | | | |

| 할 증 요 인 | 할증율 |
|---|---|
| - 마감재를 시공하지 않는 경우 | - 10% |
| - 마감재를 폴리프로필렌 sheet(APS 또는 TS커버)로 시공할 경우 | 15% |

[주] ① 본 품은 고무발포보온재, 발포폴리에틸렌보온재를 사용한 기계설비배관 보온 기준이다.

② 본 품은 보온재 절단 및 설치, PVC보온테이프(매직테이프) 및 알루미늄 밴드마감 작업을 포함한다.

## 3-1-2. 칼라함석마감 배관보온 ('14년, '20년 보완)

(m당)

| 구 분 | | 단 위 | 수 량 | |
|---|---|---|---|---|
| 규격(mm) | 보온두께(mm) | | 보온공 | 보통인부 |
| ∅ 15 | 25t | 인 | 0.075 | 0.012 |
| 20 | 25t | 인 | 0.079 | 0.013 |
| 25 | 25t | 인 | 0.083 | 0.013 |
| 32 | 25t | 인 | 0.089 | 0.014 |
| 40 | 25t | 인 | 0.093 | 0.015 |
| 50 | 25t | 인 | 0.101 | 0.016 |
| 65 | 40t | 인 | 0.133 | 0.021 |
| 80 | 40t | 인 | 0.142 | 0.023 |
| 100 | 40t | 인 | 0.159 | 0.026 |
| 125 | 40t | 인 | 0.177 | 0.028 |
| 150 | 40t | 인 | 0.194 | 0.031 |
| 200 | 50t | 인 | 0.243 | 0.039 |
| 250 | 50t | 인 | 0.278 | 0.045 |
| 300 | 50t | 인 | 0.314 | 0.051 |

[주] ① 본 품은 공장에서 가공된 상태의 칼라함석을 사용하여 배관을 보온하
      는 기준이다.
    ② 본 품은 보온재의 소운반, 보온재 설치, 마무리 작업을 포함한다.
    ③ 규격은 본관의 규격을 의미하며, 보온두께는 관보온재 설치두께를 의
      미한다.

## 3-2. 밸브보온

### 3-2-1. 일반마감 밸브보온 ('92, '14년, '20년 보완)

(개소당)

| 구　분 | | 단 위 | 고무발포보온재 | | 발포폴리에틸렌보온재 | |
|---|---|---|---|---|---|---|
| 규격<br>(mm) | 보온두께<br>(mm) | | 보온공 | 보통인부 | 보온공 | 보통인부 |
| ø　15 | 25이하<br>50이하 | 인<br>인 | 0.198<br>0.333 | 0.066<br>0.111 | 0.149<br>0.251 | 0.049<br>0.083 |
| 20 | 25이하<br>50이하 | 인<br>인 | 0.204<br>0.344 | 0.068<br>0.114 | 0.153<br>0.259 | 0.051<br>0.086 |
| 25 | 25이하<br>50이하 | 인<br>인 | 0.211<br>0.355 | 0.070<br>0.118 | 0.158<br>0.267 | 0.052<br>0.089 |
| 32 | 25이하<br>50이하 | 인<br>인 | 0.220<br>0.371 | 0.073<br>0.123 | 0.165<br>0.279 | 0.055<br>0.092 |
| 40 | 25이하<br>50이하 | 인<br>인 | 0.230<br>0.388 | 0.076<br>0.129 | 0.173<br>0.292 | 0.057<br>0.097 |
| 50 | 25이하<br>50이하 | 인<br>인 | 0.243<br>0.410 | 0.081<br>0.136 | 0.183<br>0.308 | 0.061<br>0.102 |
| 65 | 25이하<br>50이하 | 인<br>인 | 0.258<br>0.440 | 0.086<br>0.146 | 0.194<br>0.331 | 0.064<br>0.110 |
| 80 | 25이하<br>50이하 | 인<br>인 | 0.288<br>0.471 | 0.096<br>0.156 | 0.217<br>0.354 | 0.072<br>0.117 |
| 100 | 25이하<br>50이하 | 인<br>인 | 0.342<br>0.531 | 0.113<br>0.176 | 0.257<br>0.400 | 0.085<br>0.132 |
| 125 | 25이하<br>50이하 | 인<br>인 | 0.361<br>0.592 | 0.120<br>0.196 | 0.271<br>0.445 | 0.090<br>0.148 |
| 150 | 25이하<br>50이하 | 인<br>인 | 0.383<br>0.638 | 0.127<br>0.211 | 0.288<br>0.479 | 0.096<br>0.159 |
| 200 | 25이하<br>50이하 | 인<br>인 | 0.418<br>0.653 | 0.138<br>0.216 | 0.314<br>0.491 | 0.104<br>0.163 |
| 250 | 25이하<br>50이하 | 인<br>인 | 0.440<br>0.744 | 0.146<br>0.247 | 0.331<br>0.559 | 0.110<br>0.185 |
| 300 | 25이하<br>50이하 | 인<br>인 | 0.516<br>0.774 | 0.171<br>0.257 | 0.388<br>0.582 | 0.129<br>0.193 |
| 비고 | - 기계실은 본 품의 20%를 가산한다. | | | | | |

[주] ① 본 품은 고무발포보온재, 발포폴리에틸렌보온재를 사용한 기계설비밸브 보온 기준이다.
② 본 품은 보온재 절단 및 설치, PVC보온테이프(매직테이프) 및 알루미늄 밴드마감 작업을 포함한다.
③ 알람체크밸브, 준비작동식밸브 등 각종부속(자동경보장치, 배수밸브, 작동시험밸브, 압력스위치, 압력계 등)이 부착되어 있는 밸브에 보온하는 경우 25%까지 가산할 수 있다.

### 3-2-2. 함석마감 밸브보온 ('92년 신설, '15년, '20년 보완)

(개소당)

| 규 격(mm) | 단 위 | 보 온 공(인) | 보통인부(인) |
|---|---|---|---|
| ø 50 이하 | 인 | 0.206 | 0.033 |
| 65 | 인 | 0.231 | 0.036 |
| 80 | 인 | 0.255 | 0.040 |
| 100 | 인 | 0.288 | 0.046 |
| 125 | 인 | 0.329 | 0.052 |
| 150 | 인 | 0.370 | 0.058 |
| 200 | 인 | 0.452 | 0.071 |
| 250 | 인 | 0.534 | 0.084 |
| 300 | 인 | 0.616 | 0.097 |

[주] ① 본 품은 공장에서 가공된 상태의 함석을 사용하여 밸브를 보온하는 기준이다.
② 본 품은 보온재의 설치 및 마무리 작업을 포함한다.
③ 본 품은 개폐형을 기준으로 한 것이다.

## 3-3. 덕트보온

### 3-3-1. 각형덕트 보온 ('14, '20년 보완)

(㎡당)

| 구 분 | 단 위 | 고무발포보온재 발포폴리에틸렌보온재 | | 유리면보온재 (글라스울) | |
|---|---|---|---|---|---|
| | | 25mm 이하 | 50mm 이하 | 25mm 이하 | 50mm 이하 |
| 보 온 공 | 인 | 0.257 | 0.286 | 0.304 | 0.338 |
| 보통인부 | 인 | 0.046 | 0.051 | 0.054 | 0.060 |

[주] ① 본 품은 접착제가 부착된 고무발포 보온재, 발포 폴리에틸렌 보온재와 접착제가 부착되지 않은 유리면보온재(글라스울)를 사용한 각형덕트 보온 기준이다.

② 본 품은 보온재의 소운반, 보온재 재단, 보온재 및 알루미늄밴드 설치, 마무리 작업을 포함한다.

### 3-3-2. 원형덕트 보온 ('14년, 20년 보완)

(㎡당)

| 구 분 | 단 위 | 고무발포보온재 발포폴리에틸렌보온재 | | 유리면보온재 (글라스울) | |
|---|---|---|---|---|---|
| | | 25mm 이하 | 50mm 이하 | 25mm 이하 | 50mm 이하 |
| 보 온 공 | 인 | 0.261 | 0.290 | 0.308 | 0.343 |
| 보통인부 | 인 | 0.047 | 0.052 | 0.056 | 0.061 |

[주] ① 본 품은 접착제가 부착된 고무발포 보온재, 발포 폴리에틸렌 보온재와 접착제가 부착되지 않은 유리면보온재(글라스울)를 사용한 원형덕트 보온 기준이다.

② 본 품은 보온재의 소운반, 보온재 재단, 보온재 및 알루미늄밴드 설치, 마무리 작업을 포함한다.

## 3-4. 발열선

### 3-4-1. 발열선 설치 ('06년 신설, '14년, '20년 보완)

(m당)

| 구 분 | 단 위 | 수 량 | |
|---|---|---|---|
| | | 세대내 | 공용부위 |
| 기 계 실 비 공 | 인 | 0.015 | 0.017 |
| 보 통 인 부 | 인 | - | 0.006 |

[주] ① 본 품은 배관의 발열선 설치를 기준한 것이다.

② 본 품은 다음을 포함한다.

| 구 분 | 세대내 | 공용부위 |
|---|---|---|
| 발열선 설치 | · 발열선 설치 및 고정 (유리면 접착 테이프 사용) · 분기부 Tee Splice 설치 · 관말 End Seal 설치 · 온도센서 설치 · 발열선 경고판 부착 | · 발열선 설치 및 고정 (유리면 접착 테이프 사용) · 분기부 Tee Splice 설치 · 관말 End Seal 설치 · 온도센서 설치 · 발열선 경고판 부착 · 램프킷트 설치 및 연결 · 파워커넥션킷트 설치 및 연결 |

③ 강제전선관 배관, 전기배선 인입작업은 별도 계상한다.

### 3-4-2. 분전함 설치 ('06년 신설, '14년, '20년 보완)

(개소당)

| 구 분 | 단 위 | 수 량 |
|---|---|---|
| 기 계 설 비 공 | 인 | 0.271 |
| 보 통 인 부 인 | 인 | 0.135 |

[주] ① 본 품은 발열선의 작동을 위한 분전함(제어부) 설치 기준이다.

② 본 품은 분전함 설치 및 고정, 배선 인입부 가공, 분전함 내부 배선 및 결선, 작동시험 및 정리작업을 포함한다.

③ 강제전선관 배관, 통신·전기배선 인입 및 결선작업은 별도 계상한다.

# 제4장 펌프 및 공기설비공사

## 4-1. 펌프

### 4-1-1. 일반펌프 설치 ('14, '21년 보완)

(대당)

| 규 격 | 단 위 | 기계설비공 | 보통인부 |
|---|---|---|---|
| 0.75 kW 이하 | 인 | 0.766 | 0.254 |
| 1.5 kW 이하 | 인 | 0.848 | 0.281 |
| 2.2 kW 이하 | 인 | 0.977 | 0.324 |
| 3.7 kW 이하 | 인 | 1.122 | 0.372 |
| 5.5 kW 이하 | 인 | 1.352 | 0.448 |
| 7.5 kW 이하 | 인 | 1.706 | 0.565 |
| 11 kW 이하 | 인 | 2.144 | 0.710 |
| 15 kW 이하 | 인 | 2.276 | 0.754 |
| 22 kW 이하 | 인 | 3.677 | 1.218 |
| 37 kW 이하 | 인 | 4.748 | 1.572 |
| 55 kW 이하 | 인 | 7.638 | 2.530 |
| 75 kW 이하 | 인 | 9.357 | 3.099 |

[주] ① 본 품은 급수 및 소방펌프를 옥내에 인력으로 운반하여 설치하는 기준이다.

② 본 품은 펌프 설치, 자동제어설비와의 결선, 펌프 시운전 및 교정 작업을 포함한다.

③ 펌프 기초 및 방진가대, 전기배선 및 입선, 펌프주위 연결배관은 제외되어 있다.

④ 펌프 압력탱크, 펌프 운영을 위한 자동제어설비의 설치는 제외되어 있다.

⑤ 공구손료 및 경장비(윈치 등)의 기계경비는 인력품의 3%를 계상한다.

⑥ 펌프 설치를 위해 장비(지게차 등)를 사용할 경우 별도 계상한다.

## 4-1-2. **집수정 배수펌프 설치** ('15년 신설, '21년 보완)

(대당)

| 규 격 | 단 위 | 기계설비공 | 보통인부 |
|---|---|---|---|
| 0.75kW이하 | 인 | 1.325 | 0.471 |
| 1.5kW이하 | 인 | 1.498 | 0.533 |
| 2.2kW이하 | 인 | 1.660 | 0.590 |
| 3.7kW이하 | 인 | 2.005 | 0.713 |
| 5.5kW이하 | 인 | 2.420 | 0.861 |
| 7.5kw이하 | 인 | 2.881 | 1.025 |

[주] ① 본 품은 수중펌프를 집수정에 인력으로 설치하는 기준이다.

② 본 품은 지지대 및 가이드파이프 설치, 펌프 연결 및 고정, 자동제어
설비와 결선, 시운전 및 교정 작업을 포함한다.

③ 본 품에는 기초, 전기배선 및 입선, 펌프주위 연결배관, 자동제어설비
의 설치는 제외되어 있다.

④ 공구손료 및 경장비(용접기 등)의 기계경비는 인력품의 3%를 계상한다.

⑤ 본 품은 인력과 원치설치 기준이며, 펌프 설치를 위해 장비를 사용할
경우 별도 계상한다.

## 4-1-3. **펌프 방진가대 설치** ('14년 보완)

(대당)

| 규격 | 단위 | 기계설비공 | 보통인부 |
|---|---|---|---|
| 0.075kw 이하 | 인 | 0.650 | 0.207 |
| 1.5kw 이하 | 인 | 0.675 | 0.215 |
| 2.2 kw이하 | 인 | 0.715 | 0.228 |
| 3.7kw 이하 | 인 | 0.759 | 0.242 |
| 5.5kw 이하 | 인 | 0.830 | 0.265 |
| 7.5kw 이하 | 인 | 0.891 | 0.284 |
| 11kw 이하 | 인 | 0.987 | 0.315 |
| 15kw 이하 | 인 | 1.021 | 0.326 |
| 22kw 이하 | 인 | 1.349 | 0.430 |
| 37kw 이하 | 인 | 1.566 | 0.499 |
| 55kw 이하 | 인 | 1.988 | 0.634 |
| 75kw 이하 | 인 | 2.378 | 0.758 |

**[주]** ① 본 품은 일반펌프의 방진가대를 설치하는 품이다.

② 본 품은 방진가대 및 방진마운트 설치를 포함한다.

③ 방진가대 내에 콘크리트(모르타르) 충전이 필요한 경우 별도 계상한다.

# 4-2. 송풍기 및 환풍기

## 4-2-1. 송풍기 설치 ('15년 보완)

(대당)

| 송풍기규격 | 편 흡 입 | | 양 흡 입 | |
|---|---|---|---|---|
| 호칭 번호 | 기계설비공(인) | 보통인부(인) | 기계설비공(인) | 보통인부(인) |
| 032(2) | 1.042 | 0.309 | 1.377 | 0.409 |
| 036(2⅛) | 1.111 | 0.330 | 1.469 | 0.436 |
| 040(2⅔) | 1.200 | 0.356 | 1.586 | 0.471 |
| 045(3) | 1.313 | 0.390 | 1.735 | 0.515 |
| 050(3⅛) | 1.440 | 0.428 | 1.903 | 0.565 |
| 056(3⅔) | 1.613 | 0.479 | 2.132 | 0.633 |
| 063(4) | 1.843 | 0.547 | 2.435 | 0.723 |
| 071(4⅔) | 2.142 | 0.636 | 2.830 | 0.840 |
| 080(5⅓) | 2.526 | 0.750 | 3.338 | 0.991 |
| 090(6) | 3.014 | 0.895 | 3.982 | 1.183 |
| 100(6⅔) | 3.565 | 1.059 | 4.711 | 1.399 |
| 112(7½ ) | 4.177 | 1.240 | 5.519 | 1.639 |
| 125(8⅓) | 4.606 | 1.368 | 6.086 | 1.807 |
| 140(9⅓) | 5.165 | 1.534 | 6.824 | 2.027 |
| 160(10⅔) | 6.760 | 2.008 | 8.933 | 2.653 |
| 180(12) | 7.682 | 2.281 | 10.150 | 3.014 |
| 비 고 | - 천장(높이 3.5m)에 행거형으로 송풍기를 설치하는 경우, 본 품의 70%를 가산한다. | | | |

**[주]** ① 본 품은 다익형 송풍기를 인력으로 운반하여 설치하는 기준이다.

② 송풍기 호칭번호는 임펠러 깃 바깥 지름의 최대 치수(㎜)를 적용한다.

③ 본 품은 송풍기 설치, 자동제어설비와의 결선, 송풍기 시운전 및 교정 작업을 포함한다.

④ 송풍기 기초 및 방진가대, 전기배선 및 입선, 송풍기 주위 연결시설물

은 제외되어 있다.

⑤ 공구손료 및 경장비(윈치 등)의 기계경비는 인력품의 3%를 계상한다.

⑥ 산업용 송풍기 설치는 '[기계설비부문] 13-5-7 Fan 설치'를 적용한다.

⑦ 장비(지게차 등)를 사용할 경우 기계경비는 별도 계상한다.

### 4-2-2. 벽걸이 배기팬 설치 ('16, '21년 보완)

(개당)

| 구 분 | 단 위 | 200mm | 300mm | 400mm | 600mm |
|---|---|---|---|---|---|
| 기 계 설 비 공 | 인 | 0.30 | 0.40 | 0.50 | 0.80 |

[주] ① 본 품은 전동기 직결형 배기팬의 벽걸이형 설치작업을 기준한 것이다.

② 형틀 설치가 필요한 경우에는 별도 계상한다.

### 4-2-3. 욕실배기팬 설치 ('21년 신설)

(개당)

| 구 분 | 단 위 | Ø100mm이하 | Ø200mm이하 |
|---|---|---|---|
| 기 계 설 비 공 | 인 | 0.083 | 0.111 |
| 보 통 인 부 | 인 | 0.042 | 0.056 |

[주] ① 본 품은 욕실 천장에 설치하는 원심형 환풍기 기준이다.

② 본 품은 덕트 연결, 환풍기(프라켓 및 커버) 설치, 결선, 작동시험을 포함한다.

③ 플렉시블덕트 및 댐퍼 설치는 별도 계상한다.

### 4-2-4. 무덕트 유인팬 설치 ('01년 신설, '21년 보완)

(대당)

| 구 분 | 단 위 | 풍량 1,600㎥/h이하 | 풍량 2,400㎥/h이하 |
|---|---|---|---|
| 기 계 설 비 공 | 인 | 0.230 | 0.246 |
| 보 통 인 부 | 인 | 0.170 | 0.182 |

[주] ① 본 품은 천장에 무덕트 유인팬을 설치하는 기준이다.

② 본 품에는 앵커설치, 가대조립, 유인팬 설치, 작동시험을 포함한다.

### 4-2-5. 레인지후드 설치 ('96년 신설, '16년 보완)

(개당)

| 구 분 | 규격 | 단 위 | 수 량 | |
|---|---|---|---|---|
| | | | 700mm 이하 | 900mm 이하 |
| 기 계 설 비 공 | | 인 | 0.119 | 0.142 |
| 보 통 인 부 | | 인 | 0.038 | 0.046 |

[주] ① 본 품은 가정용 주방에 설치하는레인지후드 (최대 풍량 $6 \sim 12 \text{㎥}/\text{분}$) 기준이다.

② 본 품에는 플랙시블 덕트의 연결, 후드 설치, 시운전 및 검사를 포함한다.

# 제5장 밸브설비공사

## 5-1. 밸브

### 5-1-1. 일반밸브 및 콕류 설치 ('07, '13, 19년 보완)

(개당)

| 규격(mm) | 수량 | | 규격(mm) | 수량 | |
|---|---|---|---|---|---|
| | 배관공(인) | 보통인부(인) | | 배관공(인) | 보통인부(인) |
| ø 15 ~ 25 | 0.050 | - | 125 | 0.278 | 0.121 |
| 32 ~ 50 | 0.074 | - | 150 | 0.343 | 0.147 |
| 65 | 0.108 | 0.073 | 200 | 0.471 | 0.188 |
| 80 | 0.141 | 0.083 | 250 | 0.616 | 0.230 |
| 100 | 0.214 | 0.105 | 300 | 0.788 | 0.261 |

[주] ① 본 품은 설치위치 선정, 설치, 작동시험 및 마무리 작업을 포함한다.
② 공구손료 및 경장비(전기드릴 등)의 기계경비는 인력품의 2%로 계상한다.

### 5-1-2. 감압밸브장치 및 설치 ('04, '13, 19년 보완)

(조당)

| 규격(mm) | 수량 | | 규격(mm) | 수량 | |
|---|---|---|---|---|---|
| | 배관공(인) | 보통인부(인) | | 배관공(인) | 보통인부(인) |
| ø 15 | 2.084 | 0.212 | 65 | 5.477 | 1.047 |
| 20 | 2.527 | 0.295 | 80 | 6.224 | 1.297 |
| 25 | 2.934 | 0.379 | 100 | 7.220 | 1.631 |
| 32 | 3.462 | 0.496 | 125 | 8.465 | 2.049 |
| 40 | 4.020 | 0.629 | 150 | 9.710 | 2.466 |
| 50 | 4.668 | 0.796 | 200 | 11.815 | 3.301 |
| 비고 | - 밸런스 파이프를 필요로 할 경우에는 30% 가산한다. | | | | |

[주] ① 본 품은 밸런스 파이프를 필요로 하지 않는 기준이다.

② 감압밸브, 게이트밸브, 글로브밸브, 스트레이너, 압력계, 안전밸브 등 바이패스 배관조립 및 설치, 배관시험을 포함한다.

③ 온도조절장치의 경우 본 품을 준용하여 적용할 수 있다.

④ 공구손료 및 경장비(전기드릴 등)의 기계경비는 인력품의 2%로 계상한다.

## 5-2. 증기트랩

### 5-2-1. 스팀트랩 장치 설치 ('14, 19년 보완)

(조당)

| 구 분 | 단 위 | 수 량(규격) | | | | | |
|---|---|---|---|---|---|---|---|
| | | ø 15mm | ø 20mm | ø 25mm | ø 32mm | ø 40mm | ø 50mm |
| 배 관 공 | 인 | 0.632 | 0.856 | 1.081 | 1.396 | 1.756 | 2.206 |
| 보 통 인 부 | 인 | 0.235 | 0.319 | 0.402 | 0.519 | 0.653 | 0.820 |

[주] ① 본 품은 고압버킷 및 저압벨로스형 트랩을 포함한 기준이다.

② 트랩, 게이트밸브, 글로브밸브, 스트레이너, 바이패스 배관조립 및 설치, 배관시험을 포함한다.

③ 바이패스 구간에 기타 부속품이 추가되는 경우에는 별도 계상한다.

④ 스팀트랩 장치 설치를 위한 지지대 및 가대설치는 별도 계상한다.

⑤ 공구손료 및 경장비(전기드릴 등)의 기계경비는 인력품의 2%로 계상한다.

## 5-3. 플랙시블 이음 및 팽창이음

### 5-3-1. 익스팬션조인트 설치 ('07, 19년 보완)

(개당)

| 규격(mm) | 복식 | | 단식 | |
|---|---|---|---|---|
| | 배관공(인) | 보통인부(인) | 배관공(인) | 보통인부(인) |
| ø 20〜 25 | 0.219 | 0.142 | 0.195 | 0.122 |
| 32 | 0.344 | 0.198 | 0.306 | 0.169 |
| 40 | 0.459 | 0.244 | 0.408 | 0.209 |
| 50 | 0.611 | 0.301 | 0.544 | 0.258 |
| 65 | 0.857 | 0.385 | 0.762 | 0.330 |
| 80 | 1.119 | 0.468 | 0.995 | 0.401 |
| 100 | 1.490 | 0.577 | 1.320 | 0.494 |
| 125 | 1.985 | 0.711 | 1.766 | 0.609 |
| 150 | 2.510 | 0.844 | 2.232 | 0.723 |
| 200 | 3.633 | 1.107 | 3.231 | 0.948 |

[주] ① 본 품은 자재 및 공구 설치위치 재단, 플랜지 접합(강관) 또는 동관용접, 벽체 앵커설치, 고정바 취부, 수압시험, 고정바 및 고정핀 제거, 정리 및 마무리 작업을 포함한다.

② 지지대 설치가 필요한 경우 별도 계상한다.

③ 공구손료 및 경장비(용접기 등)의 기계경비는 인력품의 2%로 계상한다.

## 5-3-2. 플래시블커넥터 설치 ('07년 신설, '13, 19년 보완)

(개당)

| 규격 | 수량 | |
|---|---|---|
| | 배관공(인) | 보통인부(인) |
| ø 15 ~ 25 | 0.034 | 0.025 |
| 32 ~ 50 | 0.083 | 0.046 |
| 65 | 0.191 | 0.095 |
| 80 | 0.260 | 0.114 |
| 100 | 0.400 | 0.151 |
| 125 | 0.560 | 0.193 |
| 150 | 0.696 | 0.237 |
| 200 | 0.968 | 0.315 |
| 250 | 1.250 | 0.393 |
| 300 | 1.512 | 0.461 |

[주] ① 본 품은 진동을 흡수하는 플렉시블커넥터(커넥팅로드_플랜지접합형)를 설치하는 기준이다.
② 수평보기, 콘트롤로드설치, 배관시험을 포함한다.
③ 플랙시블조인트의 경우 본 품을 준용하여 적용할 수 있다.
④ 공구손료 및 경장비(용접기 등)의 기계경비는 인력품의 2%로 계상한다.

# 5-4. 수격방지기

## 5-4-1. 수격방지기 설치 ('02년 신설, 19년 보완)

(개당)

| 규격(mm) | 수량 | | 규격(mm) | 수량 | |
|---|---|---|---|---|---|
| | 배관공(인) | 보통인부(인) | | 배관공(인) | 보통인부(인) |
| ø 15~25 | 0.028 | - | 100 | 0.136 | 0.045 |
| 32~50 | 0.056 | - | 125 | 0.181 | 0.060 |
| 65 | 0.073 | 0.024 | 150 | 0.226 | 0.075 |
| 80 | 0.100 | 0.033 | 200 | 0.316 | 0.105 |

[주] ① 본 품은 나사(삽입)접합식(50mm이하)과 플랜지접합식(65mm이상)의 설치 기준이다.
② 설치위치 선정, 수격방지기 설치, 작동시험 및 마무리 작업을 포함한다.
③ 수격방지기를 설치하기 위하여 벽체 홈파내기가 필요한 경우 별도 계상한다.
④ 공구손료 및 경장비(전기드릴 등)의 기계경비는 인력품의 2%로 계상한다.

# 제6장   측정기기공사

## 6-1. 유량계

### 6-1-1. 직독식 설치 ('92년, '11, '14, 19년 보완)

(개당)

| 구 분 | | 단 위 | 수 량(규격mm) | | | | | |
|---|---|---|---|---|---|---|---|---|
| | | | ø13~15 | ø20~32 | ø40~50 | ø65~80 | ø100~150 | ø200~300 |
| 보호통 | 배관공 | 인 | 0.148 | 0.188 | 0.253 | | | |
| | 보통인부 | 인 | 0.148 | 0.188 | 0.253 | | | |
| 유량계 | 배관공 | 인 | 0.094 | 0.113 | 0.143 | 0.446 | 0.533 | 0.838 |
| | 보통인부 | 인 | 0.094 | 0.113 | 0.143 | 0.446 | 0.533 | 0.838 |
| 비고 | | - 건축물내의 유량계 설치위치·형태가 개소별로 상이하거나 연속작업이 불가능한 경우는 본 품의 20%를 가산한다.<br>- 동일장소에서 수도미터, 온수미터를 병행 설치시에는 단독 설치품에 30%를 가산한다. | | | | | | |

**[주]** ① 본 품은 수도미터(급수용), 온수미터(급탕용, 난방용)의 옥내배관 설치 기준이다.

② 가배관 철거, 유량계설치, 작동시험 및 마무리 작업을 포함한다.

③ 공구손료 및 경장비의 기계경비는 인력품의 1%로 계상한다.

### 6-1-2. 원격식 설치 ('14, 19년 보완)

(개당)

| 구 분 | 단 위 | 수 량(규격) | |
|---|---|---|---|
| | | ø13~15mm | ø20~32mm |
| 배 관 공 | 인 | 0.112 | 0.132 |
| 보 통 인 부 | 인 | 0.112 | 0.132 |

[주] ① 본 품은 원격식 냉수용 수도미터, 원격식 온수미터의 옥내배관 설치 기준이다.

② 가배관 철거, 유량계 설치, 전선관 결선, 시험·점검을 포함한다.

③ 밸브, 스트레이너 및 주위배관 설치는 별도 계상한다.

④ 전선관 배관 및 입선, 지시부 설치는 별도 계상한다.

⑤ 공구손료 및 경장비의 기계경비는 인력품의 1%로 계상한다.

## 6-2. 적산열량계

### 6-2-1. 세대용 설치 ('03, '04, 14년 보완)

(개당)

| 구 분 | 단 위 | 수 량(규격) | |
|---|---|---|---|
| | | ø 13~15mm | ø 20~32mm |
| 배 관 공 | 인 | 0.122 | 0.142 |
| 보 통 인 부 | 인 | 0.122 | 0.142 |

[주] ① 본 품은 적산열량계의 옥내배관 설치 기준이다.

② 가배관 철거, 적산열량계 및 감온부 설치, 전선관 결선, 시험·점검을 포함한다.

③ 밸브, 스트레이너 및 주위배관 설치 품은 별도 계상한다.

④ 전선관 배관 및 입선, 지시부 설치는 별도 계상한다.

⑤ 공구손료 및 경장비의 기계경비는 인력품의 1%로 계상한다.

### 6-2-2. 건물용 설치 ('14, 19년 보완)

(개당)

| 구 분 | 단 위 | 수 량 | | | | |
|---|---|---|---|---|---|---|
| | | ø50mm | ø65mm | ø80mm | ø125mm | ø150mm |
| 배 관 공 | 인 | 0.424 | 0.478 | 0.489 | 0.521 | 0.634 |
| 보 통 인 부 | 인 | 0.424 | 0.478 | 0.489 | 0.521 | 0.634 |

[주] ① 본 품은 가배관을 철거하고, 건물입구(지하층 또는 기계실)에 적산열
　　　량계를 설치하는 기준이다.
　　② 배관세정작업, 적산열량계 및 온도감지기 설치, 전선관 결선, 시험
　　　점검을 포함한다.
　　③ 밸브, 스트레이너 및 연결배관 조립 품은 별도 계상한다.
　　④ 전선관 배관 및 입선, 지시부 설치는 별도 계상한다.
　　⑤ 공구손료 및 경장비의 기계경비는 인력품의 1%로 계상한다.

### 6-2-3. 산업용 설치 ('19년 보완)

(대당)

| 구 분 | 단 위 | 수 량(규격) | | | |
|---|---|---|---|---|---|
| | | ø 32mm | ø 50mm | ø 100mm | ø 150mm |
| 플랜트배관공 | 인 | 0.71 | 0.75 | 0.85 | 0.95 |
| 특 별 인 부 | 인 | 0.71 | 0.75 | 0.85 | 0.95 |
| 계 장 공 | 인 | 0.71 | 0.75 | 0.85 | 0.95 |

[주] ① 본 품은 가배관을 철거하고, 지역난방공사와 같이 산업용으로 적산열
　　　량계를 설치하는 기준이다
　　② 배관세정작업, 유량계, 온도감지기, 열량지시계, 단자함 설치, 전기배
　　　선 및 결선, 시험을 포함한다.
　　③ 전선관, 밸브, 스트레이너 설치품은 별도 계상한다.
　　④ 열량지시계는 노출기준이며 매립 시는 별도 계상한다.
　　⑤ 공구손료 및 경장비의 기계경비는 인력품의 1%로 계상한다.

# 제7장  위생기구설비공사

## 7-1. 위생기구류

### 7-1-1. 소변기 설치 ('14년 보완)

(개당)

| 구 분 | 단 위 | 수 량(규격) | | | |
|---|---|---|---|---|---|
| | | 소변기 | | 소변기 세정용 전자감응기 | |
| | | 스톨 소변기 | 벽걸이 스톨 소변기 | 소변기 일체형 | 노출형 |
| 위 생 공 | 인 | 0.747 | 0.784 | 0.049 | 0.160 |
| 보 통 인 부 | 인 | 0.241 | 0.253 | | |

[주] ① 본 품은 소운반, 앙카 및 지지철물 설치, 플랜지 설치, 앵글밸브, 연결관 설치, 교정작업, 시멘트 충전 및 코킹작업, 통수시험 및 조정을 포함한다.

② 전자감응기 설치에는 결선작업이 포함되어 있다.

### 7-1-2. 양변기 설치 ('14년 보완)

(개당)

| 구 분 | 단 위 | 수 량 | | |
|---|---|---|---|---|
| | | 동양식대변기 | 양식대변기 | |
| | | F.V용 | 로탱크용 | F.V용 |
| 위 생 공 | 인 | 0.605 | 0.694 | 0.699 |
| 보 통 인 부 | 인 | 0.174 | 0.200 | 0.193 |

[주] 본 품은 소운반, 플랜지 설치, 앵글밸브, 연결관 및 탱크 설치, 교정 작업, 시멘트 충전, 통수시험 및 조정을 포함한다.

## 7-1-3. 도기세면기 설치 ('14년 보완)

(개당)

| 구 분 | 단 위 | 수 량 |
|---|---|---|
| 위  생  공 | 인 | 0.275 |
| 보 통 인 부 | 인 | 0.065 |

[주] 본 품은 소운반, 앙카설치, 배수구 연결, 세면기 설치, 폽업, 배관 커버 설치, 교정 및 코킹작업, 통수시험을 포함한다.

## 7-1-4. 카운터형 세면기 설치(세면기·세면대 일체형) ('14년 보완)

(개당)

| 구 분 | 단 위 | 수 량 |
|---|---|---|
| 위  생  공 | 인 | 0.240 |
| 보 통 인 부 | 인 | 0.094 |

[주] ① 본 품은 소운반, 앙카설치, 배수구 연결, 세면기 설치, 폽업, 교정 및 코킹작업, 통수시험을 포함한다.
② 세면기하부에 배관커버가 필요한 경우 별도 계상한다.

## 7-1-5. 카운터형 세면기 설치(세면기·세면대 분리형)

(개당)

| 구 분 | 단 위 | 수 량 |
|---|---|---|
| 위  생  공 | 인 | 0.285 |
| 보 통 인 부 | 인 | 0.112 |

[주] ① 본 품은 소운반, 앙카설치, 브라켓설치, 세면대, 세면기 설치, 배수구 연경, 폽업, 교정 및 코킹작업, 통수시험을 포함한다.
② 세면기하부에 배관커버가 필요한 경우 별도 계상한다.

## 7-1-6. 욕조 설치 ('14년 보완)

(개당)

| 구 분 | 단 위 | 수 량 |
|---|---|---|
| 위 생 공 | 인 | 0.634 |
| 보 통 인 부 | 인 | 0.203 |

[주] ① 본 품은 욕조(월풀욕조 제외)를 설치하는 품이다.

② 본 품은 소운반, 지지대, 배수구연결, 몰탈충전, 욕조설치, 에이프런 설치, 코킹작업, 욕조보양재 제거, 검사 및 조정 품을 포함한다.

## 7-1-7. 청소용 수채 설치 ('14년 신설)

(개당)

| 구 분 | 단 위 | 수 량 |
|---|---|---|
| 위 생 공 | 인 | 0.250 |
| 보 통 인 부 | 인 | 0.096 |

[주] 본 품은 소운반, 앙카설치, 배수구 연결, 교정 및 코킹작업, 통수 시험을 포함한다.

## 7-1-8. 바닥배수구 설치 ('93년 신설, '07, 14년 보완)

(개당)

| 구 분 | 단 위 | 수 량(규격) | | |
|---|---|---|---|---|
| | | ø 50mm | ø 75mm | ø 100mm |
| 배 관 공 | 인 | 0.115 | 0.151 | 0.164 |
| 보 통 인 부 | 인 | 0.039 | 0.051 | 0.055 |

[주] ① 본 품은 옥내 일반바닥배수구 설치기준으로 트랩이 포함된 것이다.

② 본 품은 하부성형슬리브, 소운반, 바닥배수구 설치 및 통수시험 등이 포함된 것이다.

## 7-1-9. 욕실 금구류 설치 ('07년 신설, 14년 보완)

(개당)

| 구 격 | | 단 위 | 위생공 |
|---|---|---|---|
| 화장경 | 0.5㎡ 미만 | 인 | 0.189 |
| | 0.5~1.0㎡ 미만 | 인 | 0.229 |
| | 1.0~1.5㎡ 미만 | 인 | 0.292 |
| 수건걸이 | BAR 형 | 인 | 0.099 |
| | 환형 | 인 | 0.071 |
| 휴지걸이 | | 인 | 0.071 |
| 비누대, 컵대 | | 인 | 0.071 |
| 옷걸이 | | 인 | 0.071 |

[주] ① 본 품은 소운반, 천공 및 브래킷 설치, 칼블러 설치, 금구류 설치를 포함한다.

② 화장경 설치는 거울주위 코킹을 포함한다.

# 7-2. 수전

## 7-2-1. 욕조수전설치 ('14년 보완)

(개당)

| 구 분 | 단 위 | 수 량 | | | |
|---|---|---|---|---|---|
| | | 욕조혼합수전 | | 샤워헤드걸이 | |
| | | 매립형 | 노출형 | 고정식 | 높이조절식 |
| 위 생 공 | 인 | 1.000 | 0.087 | 0.071 | 0.099 |
| 보 통 인 부 | 인 | 0.200 | 0.017 | - | - |

[주] ① 본 품은 소운반, 연결구 플러그 제거, 니플조정, 썰테이프감기, 활자금 설치, 천공 및 목심설치, 호스 및 헤드 연결, 작동시험을 포함한다.

② 욕조혼합수전(매립형)의 품은 매립 배관품이 포함되어 있다.

## 7-2-2. 세면기수전설치 ('14년 보완)

(개당)

| 구 분 | 단 위 | 수 량 |
|---|---|---|
| 위 생 공 | 인 | 0.139 |
| 보 통 인 부 | 인 | 0.028 |
| 비 고 | | - 냉수 또는 온수만 전용으로 하는 수전은 30% 감하여 적용한다 |

[주] ① 본 품은 세면기 혼합수전 설치 품이다.

② 본 품은 소운반, 연결구 플러그 제거, 실테이프 감기, 니플 및 앵글밸브 설치,연결관 설치, 활자금 설치, 작동시험을 포함한다.

③ 살수전 설치품은 동일하게 적용한다.

## 7-2-3. 씽크수전설치 ('14년 보완)

(개당)

| 구 분 | 단 위 | 수 량 |
|---|---|---|
| 위 생 공 | 인 | 0.164 |
| 보 통 인 부 | 인 | 0.033 |

[주] ① 본 품은 씽크 혼합수전(대붙이형) 설치 품이다.

② 본 품은 소운반, 연결구 플러그 제거, 니플 및 앵글밸브 설치, 씰테이프감기, 연결관 설치, 씽크대 하부 보강판 및 패킹 설치, 작동시험을 포함한다.

## 7-2-4. 손빨래수전설치 ('14년 보완)

(개당)

| 구 분 | 단 위 | 수 량 |
|---|---|---|
| 위 생 공 | 인 | 0.087 |
| 보 통 인 부 | 인 | 0.017 |
| 비 고 | 인 | - 냉수 또는 온수만 전용으로 하는 수전은 30% 감하여 적용한다 |

[주] ① 본 품은 발코니 벽체에 벽붙이형 손빨래 혼합수전 설치 품이다.

② 본 품은 소운반, 연결구 플러그 제거, 실테이프 감기, 니플 설치, 활자금 설치, 작동시험을 포함한다.

# 제8장   공기조화설비공사

## 8-1. 냉동기 및 냉각탑

### 8-1-1. 냉동기 반입

| 냉동<br>U.S.ton | 작업횟수 | | | | 1회 | | | |
|---|---|---|---|---|---|---|---|---|
| | 층별 | 지하 1층 | | 지하2층 | | 지하3층 | |
| | 공종 | 비계공 | 특별<br>인부 | 비계공 | 특별<br>인부 | 비계공 | 특별<br>인부 |
| 10 | | 3 | 1 | 3 | 2 | 3 | 2 |
| 20 | | 4 | 2 | 4 | 3 | 5 | 3 |
| 30 | | 5 | 3 | 5 | 4 | 7 | 4 |
| 50 | | 7 | 3 | 7 | 4 | 9 | 5 |
| 80 | | 10 | 5 | 12 | 7 | 15 | 7 |
| 100 | | 14 | 6 | 16 | 8 | 20 | 8 |
| 150 | | 20 | 11 | 24 | 14 | 31 | 14 |
| 200 | | 29 | 11 | 32 | 16 | 40 | 16 |
| 300 | | 40 | 20 | 44 | 28 | 56 | 28 |
| 400 | | 50 | 30 | 56 | 40 | 72 | 40 |
| 500 | | 60 | 40 | 70 | 50 | 90 | 50 |
| 600 | | 70 | 50 | 84 | 60 | 108 | 60 |

| 냉동<br>U.S.ton | 작업횟수 | | | 2회 | | 소운반 | | 가조립 | |
|---|---|---|---|---|---|---|---|---|---|
| | 층별 | 지하 2층 | | 지하3층 | | 10m 거리내 | | 설치 기초상 | |
| | 공종 | 비계공 | 특별<br>인부 | 비계공 | 특별<br>인부 | 비계공 | 특별<br>인부 | 비계공 | 특별<br>인부 |
| 10 | | 6 | 2 | 7 | 2 | 1 | - | 2 | - |
| 20 | | 7 | 4 | 10 | 4 | 2 | - | 3 | - |
| 30 | | 10 | 5 | 12 | 7 | 2 | - | 4 | 1 |
| 50 | | 14 | 6 | 16 | 8 | 2 | 1 | 4 | 2 |
| 80 | | 23 | 8 | 28 | 10 | 4 | 1 | 7 | 3 |
| 100 | | 30 | 10 | 36 | 12 | 4 | 2 | 7 | 4 |
| 150 | | 46 | 18 | 57 | 20 | 6 | 3 | 13 | 6 |
| 200 | | 60 | 20 | 72 | 24 | 7 | 4 | 16 | 8 |
| 300 | | 80 | 40 | 90 | 54 | 12 | 6 | 24 | 12 |
| 400 | | 100 | 60 | 112 | 80 | 16 | 8 | 34 | 14 |
| 500 | | 120 | 80 | 140 | 100 | 20 | 10 | 40 | 20 |
| 600 | | 140 | 100 | 169 | 120 | 24 | 12 | 48 | 24 |

## 8-1-2. 냉동기 설치

(대당)

| 규         격 | | 배 관 공 | 보 통 인 부 |
|---|---|---|---|
| 왕복동식냉동기 5 | 냉동톤 | 2.19 | 1.09 |
| 7.5 | | 2.80 | 1.27 |
| 15 | | 3.37 | 1.70 |
| 20 | | 3.93 | 1.98 |
| 30 | | 5.04 | 2.53 |
| 50 | | 5.91 | 3.80 |
| 80 | | 12.03 | 5.91 |

[주] ① 본 품은 현장 반입후 지하 1층 설치를 기준하였다.

② 본 품에는 시운전품이 포함되어 있다.

③ 기초 및 소운반은 제외되었다.

## 8-1-3. 냉각탑 설치

### 1. 2층건물

| 구 분 | | 1회 | | | 2회 | |
|---|---|---|---|---|---|---|
| | | 옥상 | 탑옥1층 | 탑옥3층 | 탑옥1층 | 탑옥3층 |
| 5 | 비 계 공 | 6 | 6 | 6 | 10 | 10 |
| | 특별인부 | 2 | 2 | 3 | 4 | 5 |
| 10 | 비 계 공 | 7 | 7 | 8 | 13 | 14 |
| | 특별인부 | 3 | 3 | 3 | 5 | 5 |
| 20 | 비 계 공 | 8 | 9 | 10 | 14 | 15 |
| | 특별인부 | 3 | 3 | 4 | 6 | 6 |
| 30 | 비 계 공 | 11 | 12 | 13 | 19 | 20 |
| | 특별인부 | 4 | 4 | 5 | 7 | 7 |
| 50 | 비 계 공 | 15 | 15 | 17 | 22 | 23 |
| | 특별인부 | 5 | 5 | 5 | 8 | 8 |
| 80 | 비 계 공 | 23 | 24 | 26 | 37 | 38 |
| | 특별인부 | 8 | 8 | 8 | 12 | 12 |
| 100 | 비 계 공 | 30 | 30 | 32 | 43 | 44 |
| | 특별인부 | 10 | 10 | 10 | 18 | 18 |
| 150 | 비 계 공 | 41 | 41 | 44 | 61 | 61 |
| | 특별인부 | 15 | 15 | 15 | 24 | 24 |
| 200 | 비 계 공 | 57 | 57 | 60 | 78 | 79 |
| | 특별인부 | 19 | 19 | 19 | 32 | 32 |
| 300 | 비 계 공 | 82 | 82 | 86 | 119 | 120 |
| | 특별인부 | 34 | 34 | 34 | 48 | 48 |
| 400 | 비 계 공 | 108 | 109 | 112 | 164 | 166 |
| | 특별인부 | 48 | 48 | 48 | 60 | 60 |
| 500 | 비 계 공 | 131 | 131 | 146 | 192 | 192 |
| | 특별인부 | 65 | 65 | 65 | 90 | 90 |
| 600 | 비 계 공 | 157 | 157 | 162 | 199 | 199 |
| | 특별인부 | 80 | 80 | 80 | 140 | 140 |

2. 5층건물

| 구　분 | | 1회 | | | 2회 | |
|---|---|---|---|---|---|---|
| | | 옥상 | 탑옥<br>1층 | 탑옥<br>3층 | 탑옥<br>1층 | 탑옥<br>3층 |
| 5 | 비 계 공 | 7 | 7 | 8 | 11 | 12 |
| | 특별인부 | 3 | 3 | 3 | 6 | 6 |
| 10 | 비 계 공 | 8 | 8 | 10 | 14 | 15 |
| | 특별인부 | 4 | 4 | 4 | 6 | 6 |
| 20 | 비 계 공 | 9 | 10 | 11 | 15 | 16 |
| | 특별인부 | 5 | 5 | 5 | 7 | 7 |
| 30 | 비 계 공 | 12 | 13 | 14 | 20 | 21 |
| | 특별인부 | 6 | 6 | 6 | 8 | 8 |
| 50 | 비 계 공 | 16 | 17 | 18 | 24 | 25 |
| | 특별인부 | 6 | 6 | 6 | 8 | 8 |
| 80 | 비 계 공 | 24 | 25 | 26 | 38 | 39 |
| | 특별인부 | 10 | 10 | 10 | 13 | 13 |
| 100 | 비 계 공 | 32 | 32 | 33 | 45 | 46 |
| | 특별인부 | 11 | 11 | 11 | 18 | 18 |
| 150 | 비 계 공 | 42 | 43 | 44 | 64 | 65 |
| | 특별인부 | 17 | 17 | 17 | 24 | 24 |
| 200 | 비 계 공 | 55 | 56 | 57 | 79 | 80 |
| | 특별인부 | 24 | 24 | 24 | 33 | 33 |
| 300 | 비 계 공 | 85 | 86 | 87 | 120 | 121 |
| | 특별인부 | 35 | 35 | 35 | 49 | 49 |
| 400 | 비 계 공 | 112 | 113 | 114 | 169 | 170 |
| | 특별인부 | 49 | 49 | 49 | 68 | 68 |
| 500 | 비 계 공 | 139 | 140 | 141 | 192 | 193 |
| | 특별인부 | 63 | 63 | 63 | 92 | 92 |
| 600 | 비 계 공 | 155 | 156 | 157 | 201 | 202 |
| | 특별인부 | 88 | 88 | 88 | 140 | 140 |

## 3. 9층건물

| 구 분 | | 1회 | | | 2회 | |
|---|---|---|---|---|---|---|
| | | 옥상 | 탑옥 1층 | 탑옥 3층 | 탑옥 1층 | 탑옥 3층 |
| 5ton | 비 계 공 | 8 | 8 | 10 | 12 | 13 |
| | 특별인부 | 4 | 4 | 4 | 6 | 6 |
| 10 | 비 계 공 | 10 | 11 | 12 | 14 | 15 |
| | 특별인부 | 4 | 4 | 4 | 8 | 8 |
| 20 | 비 계 공 | 11 | 12 | 13 | 15 | 16 |
| | 특별인부 | 5 | 5 | 5 | 9 | 9 |
| 30 | 비 계 공 | 14 | 15 | 16 | 21 | 23 |
| | 특별인부 | 6 | 6 | 6 | 9 | 9 |
| 50 | 비 계 공 | 17 | 18 | 19 | 23 | 24 |
| | 특별인부 | 7 | 7 | 7 | 10 | 10 |
| 80 | 비 계 공 | 28 | 29 | 30 | 38 | 39 |
| | 특별인부 | 8 | 8 | 8 | 15 | 15 |
| 100 | 비 계 공 | 35 | 35 | 36 | 47 | 48 |
| | 특별인부 | 10 | 10 | 10 | 18 | 18 |
| 150 | 비 계 공 | 43 | 44 | 45 | 65 | 66 |
| | 특별인부 | 18 | 18 | 18 | 25 | 25 |
| 200 | 비 계 공 | 57 | 58 | 59 | 81 | 81 |
| | 특별인부 | 24 | 24 | 24 | 34 | 34 |
| 300 | 비 계 공 | 86 | 87 | 88 | 121 | 122 |
| | 특별인부 | 36 | 36 | 36 | 50 | 50 |
| 400 | 비 계 공 | 113 | 114 | 115 | 161 | 162 |
| | 특별인부 | 50 | 50 | 50 | 68 | 68 |
| 500 | 비 계 공 | 142 | 143 | 144 | 193 | 194 |
| | 특별인부 | 62 | 62 | 62 | 93 | 93 |
| 600 | 비 계 공 | 163 | 163 | 164 | 201 | 202 |
| | 특별인부 | 82 | 82 | 82 | 142 | 142 |

**[주]** ① 탑본체, 수조 등 부속기기의 반입 및 설치를 포함한 것이다.
② 반입시 사용되는 장비의 사용료를 포함한 것이다.

## 8-2. 공기조화기

### 8-2-1. 공기가열기, 공기냉각기, 공기여과기 설치

(대당)

| 규 격 | 기계설비공(인) | 보통인부(인) |
|---|---|---|
| 유효길이 610 ㎜ | 2.0 | 0.60 |
| 762 〃 | 2.5 | 0.75 |
| 914 〃 | 3.0 | 0.90 |
| 1,067 〃 | 3.5 | 1.00 |
| 1,219 〃 | 4.0 | 1.20 |
| 1,372 〃 | 4.5 | 1.30 |
| 1,524 〃 | 5.0 | 1.50 |
| 1,676 〃 | 5.5 | 1.60 |
| 1,829 〃 | 6.0 | 1.80 |
| 1,981 〃 | 6.5 | 1.90 |
| 2,134 〃 | 7.0 | 2.10 |
| 2,286 〃 | 7.5 | 2.20 |
| 2,438 〃 | 8.0 | 2.40 |
| 2,591 〃 | 8.5 | 2.50 |
| 2,875 〃 | 10.0 | 3.00 |
| 3,048 〃 | 11.0 | 3.30 |

[주] ① 직접 팽창식(디스트리뷰터 포함)은 본 품에 30%를 가산한다.

② 헤더 분리형은 본 품에 50%를 가산한다.

③ 연결 케이싱은 납땜 시공한다.

④ 풍압이 특히 높을 경우에는 별도 계상한다.

⑤ 에로핀, 플레이트핀 및 핀피치에 상관없이 핀치수 18본 1~3열을 기준 (W 254㎜× H 737㎜)한 것이다.

⑥ 튜브의 본수에 의한 증감은 2본 감할 때마다 4% 감하고, 2본 증가할 마다 5%씩 가산한다.

## 8-2-2. 패키지형 공기조화기 설치

| 출력(kW) | 반입대수 | 1회 지하1층 비계공 | 특별인부 | 1회 지하2층 비계공 | 특별인부 | 1회 지하3층 비계공 | 특별인부 | 2회 지하2층 비계공 | 특별인부 | 2회 지하3층 비계공 | 특별인부 | 1회 2층 비계공 | 특별인부 | 1회 5층 비계공 | 특별인부 | 1회 9층 비계공 | 특별인부 |
|---|---|---|---|---|---|---|---|---|---|---|---|---|---|---|---|---|---|
| 0.75 이하 | 15대분 | 9.7 | 4.9 | 10.3 | 5.1 | 11.5 | 5.7 | 19.5 | 9.7 | 21.2 | 10.6 | 9.7 | 4.9 | 11.5 | 5.7 | 12.9 | 6.5 |
| 1.5 | 8 | 9.7 | 4.9 | 10.3 | 5.1 | 11.5 | 5.7 | 19.5 | 9.7 | 21.2 | 10.6 | 9.7 | 4.9 | 11.5 | 5.7 | 12.9 | 6.5 |
| 2.2 | 5 | 9.7 | 4.9 | 10.3 | 5.1 | 11.5 | 5.7 | 19.5 | 9.7 | 21.2 | 10.6 | 9.7 | 4.9 | 11.5 | 5.7 | 12.9 | 6.5 |
| 3.7 | 4 | 9.7 | 4.9 | 10.3 | 5.1 | 11.5 | 5.7 | 19.5 | 9.7 | 21.2 | 10.6 | 9.7 | 4.9 | 11.5 | 5.7 | 12.9 | 6.5 |
| 5.5 | 3 | 8.2 | 4.1 | 8.8 | 4.4 | 9.7 | 4.9 | 16.2 | 8.1 | 18.0 | 9.0 | 8.2 | 4.1 | 9.7 | 4.9 | 11.5 | 5.7 |
| 7.5 | 2 | 8.2 | 4.1 | 8.8 | 4.4 | 9.7 | 4.9 | 16.2 | 8.1 | 18.0 | 9.0 | 8.2 | 4.1 | 9.7 | 4.9 | 11.5 | 5.7 |
| 9.8 | 1 | 6.5 | 3.2 | 7.1 | 3.5 | 8.8 | 4.4 | 12.9 | 6.5 | 14.7 | 7.4 | 6.5 | 3.2 | 8.8 | 4.4 | 9.7 | 4.9 |
| 15.0 | 1 | 7.9 | 4.0 | 8.8 | 4.4 | 9.7 | 4.9 | 16.2 | 8.1 | 21.2 | 10.6 | 8.2 | 4.1 | 9.7 | 4.9 | 11.5 | 5.7 |
| 17.0 | 1 | 12.9 | 6.5 | 13.5 | 6.8 | 14.7 | 7.4 | 25.9 | 13.0 | 26.5 | 13.3 | 12.9 | 6.5 | 14.7 | 7.4 | 16.2 | 8.1 |
| 20.0 | 1 | 14.7 | 7.4 | 15.3 | 7.7 | 16.2 | 8.1 | 29.2 | 14.6 | 30.9 | 15.5 | 14.7 | 7.4 | 16.2 | 8.1 | 18.0 | 9.0 |
| 37.0 | 1 | 25.9 | 13.0 | 26.5 | 13.3 | 27.7 | 13.8 | 51.9 | 25.9 | 53.7 | 26.8 | 25.9 | 13.0 | 27.7 | 13.8 | 29.2 | 14.6 |

[주] ① 반입 및 설치품을 포함한 것이다.

② 반입시 사용되는 장비사용료를 포함한 것이다.

## 8-2-3. 공기조화기(Air Handling Unit) 설치

(대당)

| 규                         격 | 기계설치공(인) | 보통인부(인) |
|---|---|---|
| 1) 수냉식 패키지형 | | |
| 압축기 전동기 출력    0.75kW 이하 | 0.5 | 0.5 |
| 〃              1.1kW 이하 | 0.6 | 0.6 |
| 〃              1.5kW 이하 | 1.0 | 1.0 |
| 〃              2.2kW 이하 | 1.3 | 1.3 |
| 〃              3.7kW 이하 | 1.5 | 1.5 |
| 〃              10.8kW 이하 | 2.0 | 2.0 |
| 〃              30.0kW 이하 | 3.0 | 3.0 |
| 〃              37.0kW 이하 | 3.5 | 3.5 |
| 2) 공냉식 패키지형 | | |
| 압축기 전동기 출력 2.2kW 이하 | 1.0 | 1.0 |
| 〃         3.7kW 이하 | 1.3 | 1.3 |
| 〃         7.5kW 이하 | 1.5 | 1.5 |
| 3) 핸들링유닛 전동기 출력   7.5kW 이하 | 4.0 | 1.2 |
| 〃              15kW 이하 | 6.0 | 1.8 |
| 〃              15kW 이상 | 7.0 | 2.5 |
| 4) 팬코일유닛(床置형) 풍량 510㎥/hr 이하 | 1.0 | – |
| 〃       〃        680㎥/hr 이상 | 1.0 | 0.2 |
| 팬코일유닛(天井형)    510㎥/hr 이하 | 1.5 | 0.5 |
| 〃              680㎥/hr 이상 | 2.0 | 0.5 |
| 5) 윈도우 타입   0.4kW  이하 | 1.0 | 0.5 |
| 〃          0.55kW 이하 | 1.3 | 0.5 |
| 〃          0.75kW 이하 | 1.5 | 1.0 |

[주] ① 조립 및 부속품 설치품을 포함한다.

② 수배관 전기배관품은 포함하지 않았다.

③ 운반품 및 가대는 별도 계상한다.

④ 핸들링유닛 설치는 가열기 또는 냉각기 설치품이 제외되었다.

## 8-2-4. 천장형 에어컨 설치 ('20년 신설)

(대당)

| 규 격 | 단위 | 수량 (냉방능력 kW) | | |
|---|---|---|---|---|
| | | 실내기 | 실외기 | |
| | | 16 이하 | 6~12 이하 | 16 이하 |
| 기 계 설 비 공 | 인 | 0.45 | 1.00 | 1.33 |
| 보 통 인 부 | 인 | 0.22 | 0.50 | 0.67 |
| 비        고 | | - 본 품의 실외기는 실내기 1대 연결기준이며, 실내기 추가로 인해 실외기에 배관접합이 추가되는 경우, 실내기 대당 실외기 품의 15%를 가산한다. | | |

[주] ① 본 품은 천장에 설치하는 에어컨 실내기와 바닥에 상치하는 에어컨 실외기 설치 기준이다.

② 실내기는 위치선정, 앵커 및 달대 설치, 실내기 및 커버 설치, 제어부 결선, 배관접합 작업을 포함한다.

③ 실외기는 위치선정, 실외기 설치, 배관접합, 냉매진공 및 충전, 작동시험을 포함한다.

④ 배관 설치 및 보온, 전기·통신배선 작업은 별도 계상한다.

⑤ 장비(크레인, 냉매가스 충전기 등)는 별도 계상한다.

⑥ 공구손료 및 경장비(전동드릴 등) 기계경비는 인력품의 2%로 계상한다.

## 8-2-5. 전열교환기 설치 ('20년 신설)

(대당)

| 규 격 | 단위 | 수량 (풍량 ㎥/h) | | |
|---|---|---|---|---|
| | | 250 이하 | 500 이하 | 800 이하 |
| 기 계 설 비 공 | 인 | 0.21 | 0.28 | 0.36 |
| 보 통 인 부 | 인 | 0.12 | 0.16 | 0.20 |

[주] ① 본 품은 천장에 설치하여 덕트와 연결하는 환기시스템(전열교환기) 기준이다.

② 본 품은 앵커 및 달대 설치, 전열교환기 설치, 덕트연결(4구), 제어부 결선, 작동시험을 포함한다.

③ 덕트공사(덕트 설치, 취출구 등) 및 전기·통신배선 작업은 별도 계상

한다.

④ 공구손료 및 경장비(전동드릴 등)의 기계경비는 인력품의 2%로 계상한다.

## 8-3. 보일러 및 방열기

### 8-3-1. 보일러 설치

<table>
<tr><th colspan="2">규　　　　　　격</th><th>단위</th><th>보일러공(인)</th><th>특별인부(인)</th></tr>
<tr><td rowspan="6">주철제보일러</td><td>1호( 20~ 60 미만), 1,000Kcal/hr</td><td>인/절</td><td>0.90</td><td>0.30</td></tr>
<tr><td>2호( 60~135 〃 )　　〃</td><td>〃</td><td>1.10</td><td>0.30</td></tr>
<tr><td>3호(135~230 〃 )　　〃</td><td>〃</td><td>1.10</td><td>0.30</td></tr>
<tr><td>4호(230~330 〃 )　　〃</td><td>〃</td><td>2.10</td><td>0.50</td></tr>
<tr><td>5호(330~640 〃 )　　〃</td><td>〃</td><td>3.00</td><td>0.70</td></tr>
<tr><td>6호(640~1,180 〃 )　　〃</td><td>〃</td><td>4.50</td><td>0.70</td></tr>
<tr><td colspan="2">강　판　제　　보　일　러</td><td>인/중량톤</td><td>1.2</td><td>0.8</td></tr>
<tr><td colspan="2">패 키 지 형　수 관 식　보 일 러</td><td>인/중량톤</td><td>6.0</td><td>2.0</td></tr>
</table>

[주] ① 각 보일러 품은 지면과 동일한 평면에 설치하는 경우이며 운반 자동차
　　　가 설치위치까지 들어가지 못할 시는 하치장에서의 반입비는 별도 계
　　　상한다.

② 조립, 설치, 수압시험 및 시운전 등을 포함한다.

③ 강판제 및 패키지형 보일러는 내화시설품이 포함되었다.

④ 산업용 보일러 설치는 '[기계설비부문] 13-5-1 보일러 설치'를 적용
　　　한다.

### 8-3-2. 경유보일러 설치

(대당)

| 규　　격 | 배 관 공 | 보통인부 |
|---|---|---|
| 15,000 kcal/hr | 1.00 | 0.39 |

[주] ① 수압시험, 시운전품은 본 품에 포함되어 있다.

② 소운반은 별도 계상한다.

### 8-3-3. 가스보일러(가정용) 설치 ('92년 신설, '16년, '20년 보완)

(대당)

| 구 분 | 단위 | 수 량 | | | | |
|---|---|---|---|---|---|---|
| | | 13,000 Kcal/hr | 16,000 Kcal/hr | 20,000 Kcal/hr | 25,000 Kcal/hr | 30,000 Kcal/hr |
| 보일러공 | 인 | 0.845 | 0.952 | 1.028 | 1.123 | 1.218 |
| 보통인부 | 인 | 0.164 | 0.184 | 0.199 | 0.217 | 0.236 |
| 비 고 | - 바닥설치형은 본 품에 15%를 감한다. | | | | | |

[주] ① 본 품은 세대내 벽걸이형 가스보일러 설치 기준이다.
   ② 본 품은 보일러 설치, 연도용 슬리브, 배기팬 설치 및 접속부의 기밀 유지, 수압시험 및 시운전을 포함한다.
   ③ 보일러 하부 마감재(배관 커버 등)가 필요한 경우 별도 계상한다

### 8-3-4. 온수보일러 설치 ('98년 신설)

(대당)

| 규 격 | 보일러공(인) | 특별인부(인) |
|---|---|---|
| 70× 1,000 kcal/hr이하 | 1.46 | 0.58 |
| 120 〃 | 2.06 | 0.83 |
| 150 〃 | 2.47 | 0.99 |
| 240 〃 | 3.03 | 1.22 |
| 360 〃 | 3.85 | 1.54 |

[주] ① 본 품은 온수보일러를 조립 및 설치하는 품으로 수압시험이 포함되어 있다.
   ② 기초공사, 반입 및 시운전은 현장여건에 따라 필요시 별도 계상한다.

### 8-3-5. 전기보일러 설치 ('03년 신설)

(대당)

| 규 격 | 보일러공 | 비계공 |
|---|---|---|
| 135,000kcal (30kw) | 3.8 | 2.3 |

[주] ① 본 품은 축열식심야 전기보일러, 실내온도조절기 설치기준으로 시운전 및 소운반이 포함되어 있다.
   ② 본 품에는 팽창탱크, 안전핀, 순환펌프 설치가 포함되었으며, 기초공사, 전선관, 전기배선은 별도 계상한다.

③ 사용장비는 다음기준에 따라 적용한다.

| 장비명 | 규 격 | 사용시간 |
|---|---|---|
| 트럭탑재형 크레인 | 5톤 | 3hr |

## 8-3-6. 방열기 ('07년 보완)

| 규 격 | 단 위 | 배 관 공 | 보통인부 |
|---|---|---|---|
| 주철재 바닥설치 20절 이하 | 인/조 | 1.10 | 0.10 |
| 21절 이상 | 인/조 | 1.50 | 0.10 |
| 벽 걸 이 3절 | 인/조 | 1.60 | 0.20 |
| 천 장 달 기 3절 | 인/조 | 2.50 | 0.50 |
| 1 m 길 트 | 인/본 | 0.70 | 0.10 |
| 콘 백 터 길이 1m 미만 | 인/조 | 0.80 | 0.10 |
| 1m 이상 | 인/조 | 1.10 | 0.10 |
| 베이스보드 1단형길이 2m 미만 | 인/단 | 1.90 | 0.20 |
| 2m 이상 | 인/단 | 2.40 | 0.20 |
| 강판제 및 알루미늄제 방열기 1m 미만 | 인/조 | 0.44 | 0.06 |
| 1m 이상 | 인/조 | 0.60 | 0.06 |

[주] ① 본체, 밸브, 트랩류(강판제 및 알류미늄제 방열기 제외) 등 지지철물 설치, 소운반, 기밀시험 및 공기빼기 품이 포함되어 있다.

② 벽걸이 3절 초과하는 경우 매 1절 증가마다 15% 가산한다.

③ 콘백터 및 베이스 보드는 1단 증가마다 20%씩 가산한다.

④ 패널 라디에이터(panel radiator)는 콘백터 품을 적용한다.

## 8-3-7 전기콘벡터 설치 ('20년 신설)

(대당)

| 구 분 | 단위 | 수량 |
|---|---|---|
| 기 계 설 비 공 | 인 | 0.09 |

[주] ① 본 품은 벽걸이형 전기콘벡터(740x440x105mm) 설치 기준이다.

② 본 품에는 브라켓 설치, 콘벡터 설치 작업을 포함한다.

③ 공구손료 및 경장비(전동드릴 등)의 기계경비는 인력품의 3%로 계상한다.

# 8-4. 오수기 및 온수분배기

## 8-4-1. 전기온수기 설치 ('03년 신설)

(대당)

| 규 격 | 보일러공(인) | 비계공(인) |
|---|---|---|
| 350 ℓ | 2.0 | 0.3 |

[주] ① 본 품은 축열식심야 전기온수기 설치기준으로 시운전 및 소운반이 포함되어 있다.

② 본 품에는 안전핀, 감압밸브 설치가 포함되었으며 기초공사, 전선관, 전기배선은 별도 계상한다.

## 8-4-2. 전기온수기(벽걸이형) 설치 ('20년 신설)

(대당)

| 구 분 | 단 위 | 수량 | | |
|---|---|---|---|---|
| | | 15L | 30L | 50L |
| 보일러공 | 인 | 0.17 | 0.18 | 0.23 |
| 보통인부 | 인 | 0.07 | 0.08 | 0.09 |

[주] ① 본 품은 벽걸이형 전기온수기 설치 기준이다.

② 본 품에는 브라켓 설치, 전기온수기 설치, 시운전 작업을 포함한다.

③ 배관 및 밸브 등 부속 설치, 보온, 지지대 설치는 별도 계상한다.

④ 전선관, 전기배선은 별도 계상한다.

⑤ 공구손료 및 경장비(전동드릴 등)의 기계경비는 인력품의 2%로 계상한다.

## 8-4-3. 온수분배기 설치 ('13년 보완)

(개당)

| 구 분 | 단 위 | 수량(규격) | | | | | |
|---|---|---|---|---|---|---|---|
| | | 2구 | 3구 | 4구 | 5구 | 6구 | 7구 |
| 배 관 공 | 인 | 0.286 | 0.339 | 0.391 | 0.432 | 0.471 | 0.506 |
| 보통인부 | 인 | 0.150 | 0.173 | 0.194 | 0.211 | 0.226 | 0.239 |

[주] ① 본 품의 규격은 공급 및 환수 헤더 개수 기준이며 퇴수구는 제외한다.

② 온수분배기의 조립, 설치, 배관연결, 밸브 및 커넥터 설치, 배관시험을 포함한다.

③ 공구손료 및 경장비(전동드릴 등)의 기계경비는 인력품의 2%로 계상한다.

## 8-5. 탱커 및 헤더

### 8-5-1. 오일서비스탱크 설치

| 탱크용량(ℓ) | 배 관 공 | 보 통 인 부 |
|---|---|---|
| 100 | 0.75 | 0.90 |
| 200 | 0.98 | 1.05 |
| 300 | 1.13 | 1.28 |
| 400 | 1.50 | 1.50 |
| 500 | 1.50 | 1.50 |
| 750 | 2.10 | 2.10 |
| 1,000 | 2.63 | 2.63 |

[주] ① 본 품에는 가대설치품이 포함되어 있다.

## 8-6. 부수장치

### 8-6-1. 로터리 오일 버너

| 전동기 전 력 (kW) | 로터리오일버너 (수동식) | | 로터리오일버너 (반자동식) | | 로터리오일버너 (전자동식)(on off) | | 로터리오일버너 (전자동식)(비례) | |
|---|---|---|---|---|---|---|---|---|
| | 기계 설비공 (인) | 특별 인부 (인) | 기계 설비공 (인) | 특별 인부 (인) | 기계 설비공 (인) | 특별 인부 (인) | 기계 설비공 (인) | 특별 인부 (인) |
| 0.4이하 | 2.5 ~3.0 | 1.0 ~1.2 | 4.2 ~5.0 | 1.4 ~1.7 | 5.0 ~6.0 | 1.7 ~2.0 | 5.9 ~7.1 | 2.0 ~2.4 |
| 0.55이하 | 2.7 ~3.2 | 1.2 ~1.4 | 4.5 ~5.0 | 2.0 ~2.4 | 5.4 ~6.5 | 2.4 ~2.9 | 6.3 ~7.6 | 2.8 ~3.4 |
| 0.75이하 | 3.0 ~3.6 | 1.4 ~1.7 | 5.0 ~6.0 | 2.3 ~2.8 | 6.0 ~7.2 | 2.7 ~3.2 | 7.0 ~8.4 | 3.2 ~3.8 |
| 1.5이하 | 3.3 ~4.0 | 1.5 ~1.8 | 5.5 ~6.6 | 2.5 ~3.0 | 6.6 ~7.9 | 3.0 ~3.6 | 7.7 ~9.2 | 3.5 ~4.2 |

[주] ① 수동식에는 유량조절기, 오일프리히터, 2차공기주입구, 철물 등을 포함한다.
② 반자동식에는 수동의 부속품 조작기, 압력스위치 또는 광전관저수위스위치 등을 포함한다.
③ 전자동식 ON-OFF에는 반자동의 부속품, 착화장치, 댐퍼컨트롤러 등을 포함하고 비례제어에는 전자동 ON-OFF의 부속품의 모지트럴, 컨트롤, 오요터, 비례압력, 조절기품 등을 포함한다.

## 8-6-2. 건타입 오일 버너

(대당)

| 규      격 | 보일러공 | 특별인부 |
|---|---|---|
| 건타입 오일버너 0.75kW | 4.2 | 2.0 |
| 1.5 | 4.6 | 2.2 |
| (전자동방식)   2.2 | 5.0 | 2.5 |
| 3.7 | 6.0 | 3.0 |

[주] ① 조립, 설치, 수압시험 및 시운전등을 포함한다.

# 제9장 기타공사

## 9-1. 지지금구

### 9-1-1. 입상관 방진가대 설치 ('98년 신설, '19년 보완)

(조당)

| 규격(mm) | 배관공(인) | 용접공(인) |
|---|---|---|
| ø 50 | 0.093 | 0.093 |
| 65 | 0.093 | 0.093 |
| 80 | 0.109 | 0.109 |
| 100 | 0.125 | 0.125 |
| 125 | 0.125 | 0.125 |
| 150 | 0.140 | 0.140 |
| 200 | 0.156 | 0.156 |
| 250 | 0.197 | 0.197 |
| 300 | 0.239 | 0.239 |
| 350 | 0.281 | 0.281 |

[주] ① 본 품은 옥내기준의 입상관 방진가대를 설치하는 기준이다.

② 볼트체결, 클램프체결, 클램프와 강관이음매의 용접 및 조정작업을 포함한다.

③ 지지찬넬 가대설치는 별도 계상한다.

④ 공구손료 및 경장비(절단기, 용접기 등)의 기계경비는 인력품의 3%로 계상한다.

## 9-1-2. 잡철물 제작 설치 ('07년 보완)

(철물 ton당)

| 규격 | | 단위 | 소요량 | | | 비고 |
|---|---|---|---|---|---|---|
| | | | 철물제작 | 철물설치 | 제작설치 | |
| 재 료 | 용접봉 | kg | 15.71 | 2.77 | 18.48 | |
| | 산소 | L | 5.355 | 945 | 6.300 | 대기압상태 기준 |
| | 아세틸렌 | kg | 2.4 | 0.4 | 2.8 | |
| | 유지 | L | (0.17) | - | (0.17) | 필요할 때 계상 |
| | 볼트 | 개 | (0.46) | - | (0.46) | 필요할 때 계상 |
| 품 | 철공 | 인 | 21.80 | 5.85 | 27.65 | 사용소재에 따라 |
| | 비계공 | " | (4.0) | (0.71) | (4.71) | 철판공 |
| | 보통인부 | " | 0.56 | 0.10 | 0.66 | 필요할 때 계상 |
| | 용접공 | " | 2.21 | 0.39 | 2.60 | |
| | 특별인부 | " | 0.63 | 0.11 | 0.74 | |
| 기 타 | 용접기손료 | 시간 | 17.71 | 3.12 | 20.83 | |
| | 전력소요량 | kwH | 107.1 | 18.9 | 126 | |

[주] ① 본 품은 일반철재류의 잡철물 제작설치에 대한 일반적 기준이며 주앵글, 파이프 등)는 별도 계상한다.

② 본 품은 간단한 구조를 기준한 것이므로 용접개소, 형상, 경량철재 등에 따라 재료 및 품을 다음의 범위내에서 계상한다.

| 간단 | 보통 | 복잡 |
|---|---|---|
| 100% | 120% | 140% |

③ 본 품은 각종 잡철물을 제작할 때의 품으로서 특수철물, 조형물 제작 및 설치시는 별도 계상할 수 있다.

④ 철물제작 및 설치에 있어서 비계매기 또는 장애물처리에 필요한 비계공은 필요할 때만 계상하며, 강관의 가공설치에는 철공 대신 철판공을 적용한다.

⑤ 설치용 장비가 필요한 경우에는 별도 계상할 수 있다.

⑥ 철물설치는 제작된 철물을 반입현장에 설치하는 것으로 필요한 때 계상한다.

⑦ 본 품은 소운반이 포함된 것이며 기타 기계·공구손료는 인력품의 3%로 계상한다.

⑧ 잡철물의 구조별 구분은 다음과 같다.

㉮ 간단구조 : 자재수나 용접개소가 많지 않고 간단히 제작 설치되는 잡철물류

㉯ 보통구조 : 자재수나 용접개소가 보통이거나 경량 철재 또는 박판으로서 절단, 절곡, 용접 등 제작설치가 복잡하지 아니한 잡철물류

㉰ 복잡구조 : 자재수나 용접개소가 많고 형상이 복잡하거나 경량 철재 또는 박판으로 절단, 절곡, 용접 등 제작설치가 복잡한 잡철물류

⑨ 본 품에서 잡철물의 예를 들면 다음과 같다.

㉮ 피트 및 맨홀뚜껑류

㉯ 계단 및 난간철물류 등

㉰ P.D문, D.C문, 환기구 철물 등의 간이 창호류

㉱ Checked Plate, Expanded Metal류 등

㉲ 기타 철골공사에 해당되지 않는 철제품의 제작 및 설치

⑩ 산소량은 대기압상태의 기준량이며, 압축산소는 35℃에서 150기압으로 압축용기에 넣어 사용하는 것을 기준한다.

# 9-2. 도장

## 9-2-1. 바탕만들기

(㎡당)

| 구분 | 자재 | | | 인력 | |
|------|------|------|------|------|------|
| | 규격 | 단위 | 수량 | 도장공 | 보통인부 |
| Shot Blast | steel shot ø 1mm 기준 | kg | 0.125 | 0.0375 | 0.0125 |
| | | | 0.412 | | |
| Sand Blast | 규사함유량 80% | ㎥ | 0.0508 | 0.0329 (모래분사공) | 0.036 |
| Power Tool | 동력 Brush | 개 | 0.03 | 0.1 | – |
| Wire Brush | Gasolin Wire Brush | ℓ | 0.05 | – | 0.05 |
| | | 개 | 0.016 | | |

[주] ① 품에는 모래의 현장 소운반 shot의 소운반 및 회수가 포함되어 있다.
② 모래 및 shot의 수량은 녹의 정도 및 회수 조건에 따라 조정
　적용한다.
③ 모래의 채집, 적사, 운반, 굵기는 채집조건에 따라 별도 계상한다.
④ 장비 및 공구손료 소모재료는 별도 계상한다.
⑤ 소형 형강(100㎜ 미만) 구조일 경우 50% 가산한다.

### 9-2-2. 녹막이페인트 칠 ('15, '20년 보완)

(m당)

| 구분 | 단위 | ø50㎜ 이하 | ø100㎜ 이하 | ø200㎜ 이하 | ø300㎜ 이하 |
|------|------|-----------|------------|------------|------------|
| 도 장 공 인 | 인 | 0.010 | 0.015 | 0.024 | 0.034 |
| 보 통 인 부 | 인 | 0.002 | 0.003 | 0.004 | 0.006 |

[주] ① 본 품은 기계설비 배관에 방청 페인트를 붓으로 1회 칠하는 기준이다.
② 본 품은 붓칠 및 마무리 작업을 포함한다.
③ 재료량은 도료 종류에 따라 시방서 및 제조사에서 제시하고 있는 수량
　을 적용한다.
④ 비계사용시에는 높이 6~9m까지는 품을 15% 가산하고 높이 9m를 초과
　하는 경우 매 3m 증가마다 품을 5%씩 가산한다.
⑤ 공구손료 및 잡재료비는 인력품의 2%로 계상한다.

### 9-2-3. 유성페인트 칠 ('03, '15년 보완)

(m당)

| 구분 | 단위 | ø50㎜ 이하 | ø100㎜ 이하 | ø200㎜ 이하 | ø300㎜ 이하 |
|------|------|-----------|------------|------------|------------|
| 도 장 공 인 | 인 | 0.008 | 0.012 | 0.021 | 0.030 |
| 보 통 인 부 | 인 | 0.001 | 0.002 | 0.004 | 0.005 |

[주] ① 본 품은 기계설비 배관에 유성도료를 롤러로 1회 칠하는 기준이다.
② 본 품은 롤러칠, 보조붓칠 및 마무리 작업을 포함한다.
③ 재료량은 도료 종류에 따라 시방서 및 제조사에서 제시하고 있는 수량
　을 적용한다.

④ 비계사용시에는 높이 6~9m까지는 품을 15% 가산하고 높이 9m를 초과하는 경우 매 3m 증가마다 품을 5%씩 가산한다.

⑤ 공구손료 및 잡재료비는 인력품의 2%로 계상한다.

# 9-3. 슬리브

## 9-3-1. 슬리브 설치 ('13년 신설, '19년 보완)

(개소당)

| 구분 | | 단위 | 수량(슬리브규격mm) | | | | |
|---|---|---|---|---|---|---|---|
| | | | ø25~50mm | ø65~100mm | ø125~150mm | ø200~250mm | ø300~400mm |
| 바닥 | 배관공 | 인 | 0.043 | 0.055 | 0.066 | 0.077 | 0.089 |
| | 보통인부 | 인 | 0.022 | 0.029 | 0.035 | 0.041 | 0.047 |
| 벽제 | 배관공 | 인 | 0.060 | 0.069 | 0.085 | 0.104 | 0.124 |
| | 보통인부 | 인 | 0.012 | 0.018 | 0.029 | 0.047 | 0.072 |
| 비 고 | | - 단열재 설치구간에는 본 품의 20% 까지 가산하여 적용한다. | | | | | |

**[주]** ① 본 품은 배관 사전작업으로 제작이 완료된 슬리브의 설치 기준이다.

② 먹줄치기, 마킹, 슬리브 설치를 포함한다.

③ 공구손료 및 경장비의 기계경비는 인력품의 1%로 계상한다.

④ 방수층을 관통하는 지수판 부착형 슬리브는 별도 계상한다.

## 9-3-2. 배관을 위한 구멍뚫기 ('14, '21년 보완)

(개소당)

| 구분 | | 단위 | 콘크리트 두께 150mm | | 콘크리트 두께 300mm | |
|---|---|---|---|---|---|---|
| | | | 바닥 | 벽체 | 바닥 | 벽체 |
| 25mm | 착 암 공 | 인 | 0.096 | 0.123 | 0.169 | 0.216 |
| | 보통인부 | 〃 | 0.096 | 0.123 | 0.169 | 0.216 |
| 50mm | 착 암 공 | 〃 | 0.119 | 0.152 | 0.208 | 0.266 |
| | 보통인부 | 〃 | 0.119 | 0.152 | 0.208 | 0.266 |
| 75mm | 착 암 공 | 〃 | 0.142 | 0.181 | 0.248 | 0.317 |
| | 보통인부 | 〃 | 0.142 | 0.181 | 0.248 | 0.317 |
| 100mm | 착 암 공 | 〃 | 0.165 | 0.211 | 0.287 | 0.368 |
| | 보통인부 | 〃 | 0.165 | 0.211 | 0.287 | 0.368 |
| 150mm | 착 암 공 | 〃 | 0.210 | 0.268 | 0.367 | 0.469 |
| | 보통인부 | 〃 | 0.210 | 0.268 | 0.367 | 0.469 |
| 200mm | 착 암 공 | 〃 | 0.252 | 0.322 | 0.446 | 0.570 |
| | 보통인부 | 〃 | 0.252 | 0.322 | 0.446 | 0.570 |
| 250mm | 착 암 공 | 〃 | 0.295 | 0.377 | 0.525 | 0.671 |
| | 보통인부 | 〃 | 0.295 | 0.377 | 0.525 | 0.671 |
| 300mm | 착 암 공 | 〃 | 0.339 | 0.434 | 0.604 | 0.772 |
| | 보통인부 | 〃 | 0.339 | 0.434 | 0.604 | 0.772 |
| 350mm | 착 암 공 | 〃 | 0.384 | 0.491 | 0.683 | 0.874 |
| | 보통인부 | 〃 | 0.384 | 0.491 | 0.683 | 0.874 |
| 400mm | 착 암 공 | 〃 | 0.426 | 0.544 | 0.762 | 0.975 |
| | 보통인부 | 〃 | 0.426 | 0.544 | 0.762 | 0.975 |

[주] ① 본 품은 코아드릴을 사용하여 철근콘크리트 슬래브를 천공하는 기준이다.
② 본 품은 코아드릴 설치 및 해체, 천공 및 마무리 작업을 포함한다.
③ 부산물 처리 및 반출, 철근탐색 및 시험천공작업은 별도 계상한다.
④ 공구손료 및 경장비(코어드릴 등)의 기계경비는 인력품의 2%로 계상한다.
⑤ 재료비(다이아몬드 비트 등)는 별도 계상한다.

## 9-4. 배관관리 및 시험

### 9-4-1. 기밀시험 ('15, '19년 보완)

(회당)

| 구분 | 단위 | 수량 | |
|---|---|---|---|
| | | 지상노출관 | 지하매설관 |
| 배 관 공 | 인 | 0.14 | 0.19 |
| 보 통 인 부 | 인 | 0.14 | 0.19 |

[주] ① 본 품은 자기압력기록계와 공기를 시험재료로 사용한 저압 및 중압의
　　　기밀시험1회 기준이다.

　　② 시험준비 및 측정기 설치, 시험재료 투입(1㎥미만), 해체정리 작업과
　　　기밀유지시간(30분 미만)을 포함한다.

　　③ 시험재료 1㎥이상 투입시에는 별도 계상한다.

　　④ 기밀유지시간이 30분이상 소요되는 경우 시험관리 인력을 추가 계상한다.

　　⑤ 기밀시험에 맹관, 맹판 접합 및 해체가 필요한 경우 별도 계상한다.

　　⑥ 공구손료 및 경장비(콤프레셔, 압력계 등)의 기계경비는 인력품의 8%
　　　로 계상하며, 질소를 기밀시험 재료로 사용할 경우 재료비는 별도 계
　　　상한다.

### 9-4-2. 시험점화

(호당)

| 구분 | 배관공(인) | 보통인부(인) |
|---|---|---|
| 단 독 주 택 | 0.10 | 0.10 |
| 집 단 아 파 트 | 0.05 | 0.05 |

[주] ① 본 품은 단독주택 10호당 1조 및 집단아파트 20호당 1조를 기준한
　　　품이다.

　　② 본 품은 관 내부의 공기를 가스로 완전 치환하여 연소기구로서
　　　점화상태를 시험하는데 필요한 품이다.

　　③ 공구손료는 인력품의(연소기 및 호스) 2%로 계상한다.

## 9-5. 시운전 및 조정

### 9-5-1. 시운전

| 명칭 | 적용 | 단위 | 배관공 | 덕트공 | 비고 |
|---|---|---|---|---|---|
| 배관계통 | 배관, 밸브류의 조정 | m | 0.026 | | 주관연장 |
| 덕트계통 (공조,환기 배연) | 풍량조정댐퍼, 방화댐퍼의조정, 풍량, 풍속, 소음의 측정, | m² | | 0.021 | 각형덕트 스파이럴덕트 |
| | 필요개소의 온습도 측정 | m | | 0.012 | |
| 주기계 실내기기 | 보일러, 냉동기 등의 점검,조정 계기측정 기록 기타 건물 연면적 5,000㎡ 이하 | 1식 | 8.0(4.0) | | ( )는 온풍난방의 경우 |
| | 6,000~15,000㎡ | 1식 | 12.0(6.0) | | |
| | 16,000~30,000㎡ | 1식 | 16.0(8.0) | | |
| 각층기계 실내기기 | 에어헨들링 유닛의 조정 등 | 대 | 1.2 | | |
| 팬코일 유닛 | 조정 | 대 | 0.08 | | |

[주] ① 본 품은 난방 및 공조계통에 대한 각각의 설비를 완료하고 시운전 및 조정을 실시할 경우 적용한다.

② 배관계통에 있어서 주관이란 시운전 및 조정을 요하는 보일러 또는 냉동기와 에어핸들링 유닛 또는 냉각탑(공냉식 옥외기 포함)을 연결하는 증기, 냉온수 및 냉각수 배관을 말하며 방열기 또는 팬코일 유닛을 설치하는 경우에는 입상관에서의 분기관 또는 수평 주기관에서의 분기관을 제외한다.

### 9-5-2. 건물의 냉난방 및 공조설비 정밀진단(T.A.B) ('92년 보완)

정밀진단이 필요한 경우 전체시스템, 공기분배계통, 물분배계통, 소음 및 진동 등의 T.A.B(Testing, Adjusting and Balancing)에 필요한 비용은 별도 계상할 수 있다

# 제10장   소방설비공사

## 10-1. 소화함

### 10-1-1. 옥내소화전함 설치 ('07, '14년 보완)

(조당)

| 구분 | 규격 | 단위 | 수량 | |
|---|---|---|---|---|
| | | | 배관공(인) | 보통인부(인) |
| 옥내소화전함 | 매립형 | 인 | 0.906. | 0.375 |
| | 노출형 | 인 | 0.816 | 0.338 |

[주] ① 본 품은 소운반, 설비 설치품을 포함한다.

② 옥내소화전함 설치 품에는 호스걸이 및 기타장치 설치품이 포함되어 있다.

③ 소화전 내부 전기설비, 주위배관, 보온은 별도 계상한다.

### 10-1-2. 소화용구 격납상자 설치

(조당)

| 구분 | 단위 | 수량 | |
|---|---|---|---|
| | | 배관공(인) | 보통인부(인) |
| 소화용구격납상자 | 인 | 0.625 | 0.250 |

[주] ① 본 품은 소운반, 설비 설치품을 포함한다.

## 10-2. 소방밸브

### 10-2-1. 알람벨브 설치

(조당)

| 구분 | 규격 | 배관공(인) | 보통인부(인) |
|---|---|---|---|
| 알람벨브 | ø 65 | 1.230 | – |
| | 80 | 1.510 | – |
| | 100 | 1.660 | – |
| | 125 | 1.820 | 0.190 |
| | 150 | 2.020 | 0.190 |

[주] ① 본 품은 스프링클러 시스템의 설비별 설치 품 기준이다.

② 본 품에는 소운반, 설비별 설치품을 포함한다.

③ 경보밸브장치는 자동경종장치, 배수밸브 작동시험밸브,압력 스위치, 압력계부착 등을 포함한다.

④ 템퍼스위치결선, 종단저항설치, 주위배관 및 보온은 별도 계상한다.

## 10-2-2. 준비작동식밸브 설치

(조당)

| 구분 | 규격 | 배관공(인) | 보통인부(인) |
|------|------|------------|--------------|
| 준비작동식밸브 | ø 80 | 1.830 | - |
| | 100 | 2.010 | - |
| | 125 | 2.190 | 0.190 |
| | 150 | 2.440 | 0.190 |

[주] ① 본 품은 스프링클러 시스템의 설비별 설치 품 기준이다.

② 본 품에는 소운반, 설비별 설치품을 포함한다.

③ 경보밸브장치는 자동경종장치, 배수밸브 작동시험밸브,압력 스위치, 압력계부착 등을 포함한다.

④ 템퍼스위치결선, 종단저항설치, 주위배관 및 보온은 별도 계상한다.

## 10-2-3. 드라이밸브 설치

(조당)

| 구분 | 규격 | 배관공(인) | 보통인부(인) |
|------|------|------------|--------------|
| 드라이밸브 | ø 100 | 2.110 | - |
| | 150 | 2.560 | 0.190 |

[주] ① 본 품은 스프링클러 시스템의 설비별 설치 품 기준이다.

② 본 품에는 소운반, 설비별 설치품을 포함한다.

③ 경보밸브장치는 자동경종장치, 배수밸브 작동시험밸브,압력 스위치, 압력계부착 등을 포함한다.

④ 템퍼스위치결선, 종단저항설치, 주위배관 및 보온은 별도 계상한다.

## 10-2-4. 관말시험밸브 설치

(개당)

| 구분 | 배관공(인) | 보통인부(인) |
|------|-----------|-------------|
| 관말시험밸브 | 0.356 | 0.144 |

# 10-3. 옥외소화전

## 10-3-1. 지하식 설치

(조당)

| 구분 | 규격 | 배관공(인) | 보통인부(인) |
|------|------|-----------|-------------|
| 지하식 | 단구형 | 0.500 | - |
| | 쌍구형 | 0.600 | - |

[주] 본 품은 소운반, 설비 설치품을 포함한다.

## 10-3-2. 지상식 설치

(조당)

| 구분 | 규격 | 배관공(인) | 보통인부(인) |
|------|------|-----------|-------------|
| 지상식 | 단구형 | 0.620 | - |
| | 쌍구형 | 1.500 | - |

[주] 본 품은 소운반, 설비 설치품을 포함한다.

# 10-4. 송수구

## 10-4-1. 일반송수구 설치

(조당)

| 구분 | 규격 | 배관공(인) | 보통인부(인) |
|------|------|-----------|-------------|
| 일반송수구 | 단구형 | 0.400 | - |
| | 쌍구형 | 0.600 | - |
| | 단구스탠드형 | 0.800 | - |
| | 쌍구스탠드형 | 1.200 | - |

[주] 본 품은 소운반, 설비 설치품을 포함한다.

## 10-4-2. 방수구 설치

(조당)

| 구분 | 규격 | 배관공(인) | 보통인부(인) |
|------|------|-----------|-------------|
| 방수구 | 40 mm | 0.078 | - |
|  | 65 mm | 0.115 | - |

[주] 본 품은 소운반, 설비 설치품을 포함한다.

## 10-4-3. 연결송수구설치

(대당)

| 구분 | 배관공(인) | 보통인부(인) |
|------|-----------|-------------|
| 연결송수구 | 0.620 | - |

[주] ① 본 품은 스프링클러 시스템의 설비별 설치 품 기준이다.
② 본 품에는 소운반, 설비별 설치품을 포함한다.

# 10-5. 탱크

## 10-5-1. 압력공기탱크설치

(개당)

| 구분 | 배관공(인) | 보통인부(인) |
|------|-----------|-------------|
| 압력공기탱크 | 1.782 | 0.718 |

[주] ① 본 품은 스프링클러 시스템의 설비별 설치 품 기준이다.
② 본 품에는 소운반, 설비별 설치품을 포함한다.

## 10-5-2. 마중물탱크설치

(대당)

| 구분 | 규격 | 배관공(인) | 보통인부(인) |
|------|------|-----------|-------------|
| 마중물탱크 | 100~1501L | 2.060 | - |

[주] ① 본 품은 스프링클러 시스템의 설비별 설치 품 기준이다.
② 본 품에는 소운반, 설비별 설치품을 포함한다.

# 10-6. 소방용 유량계

## 10-6-1. 유량측정장치설치

(조당)

| 구분 | 배관공(인) | 보통인부(인) |
|------|------------|--------------|
| 유량측정장치 | 1.030 | - |

[주] ① 본 품은 스프링클러 시스템의 설비별 설치 품 기준이다.

② 본 품에는 소운반, 설비별 설치품을 포함한다.

# 10-7. 소화용 헤드

## 10-7-1. 스프링클러 헤드설치 ('19년 개정)

(개당)

| 구분 | 단위 | 배관공(인) | 보통인부(인) |
|------|------|------------|--------------|
| 스프링클러 헤드 | 인 | 0.092 | 0.037 |

[주] ① 본 품은 스프링클러 시스템의 설비별 설치 품 기준이다.

② 본 품에는 소운반, 설비별 설치품을 포함한다

## 10-7-2. 스프링클러 전기설비설치

| 구분 | 규격 | 단위 | 배관공 | 보통인부 |
|------|------|------|--------|----------|
| 펌프기동반 | 7.5km 이하 | 면 | 2.580 | - |
| | 11 ~ 19kw | 면 | 2.890 | - |
| | 22kw | 면 | 3.400 | - |
| 벨 | | 개 | 0.210 | - |

[주] ① 본 품은 스프링클러 시스템의 설비별 설치 품 기준이다.

② 본 품에는 소운반, 설비별 설치품을 포함한다.

③ 템퍼스위치결선, 종단저항설치, 주위배관 및 보온은 별도 계상한다

## 10-8. 소화기

### 10-8-1. 소화약제 소화설비설치 ('14년 보완)

| 구분 | | 규격 | 단위 | 배관공 |
|---|---|---|---|---|
| 기계설비 | 선택밸브 | ø 25 이하 | 인/개 | 0.52 |
| | | 32 이하 | 〃 | 0.82 |
| | | 40 이하 | 〃 | 0.82 |
| | | 50 이하 | 〃 | 0.82 |
| | | 65 이하 | 〃 | 1.03 |
| | | 80 이하 | 〃 | 1.24 |
| | | 100 이하 | 〃 | 2.06 |
| | | 125 이하 | 〃 | 2.06 |
| | | 150 이하 | 〃 | 2.06 |
| | 가스분사헤드 | 노출형 | 인/개 | 0.21 |
| | | 매입형 | 〃 | 0.41 |
| | 용기지지대 | 5본 이하 | 인/조 | 1.03 |
| | | 6 ~10본 | 〃 | 1.55 |
| | | 11~20본 | 〃 | 2.06 |
| | 용기집합함 | 5본 이하 | 인/조 | 0.42 |
| | | 6 ~10본 | 〃 | 0.72 |
| | 기동용기 | | 인조 | 0.62 |
| | 수동기동함 | | 인/개 | 0.41 |
| | 압력스위치 | | 인/개 | 0.31 |
| | 역지밸브 | | 인/개 | 0.10 |
| 전기설비 | 배전반 | 1 ~ 3실용 | 인/면 | 2.06 |
| | | 4 ~ 6실용 | 〃 | 3.09 |
| | 단자함 | 대  형 | 인/면 | 0.41 |
| | | 소  형 | 〃 | 0.21 |
| | 가스방출표시등함 | | 인/개 | 0.41 |
| | 모터사이렌 | | 인/개 | 0.31 |
| | 벨 | | 인/개 | 0.21 |

[주] ① 본 품은 소화약제 소화설비의 설비별 설치 품 기준이다.
　　② 본 품에는 소운반, 설비별 설치품이 포함되어 있다.
　　③ 소화약제 용기설치는 규격별, 약제별로 별도 계상한다.

## 10-8-2. 자동식소화기 설치 ('99년 신설, 14년 보완)

(개당)

| 구분 | 단위 | 수량 |
|---|---|---|
| 기 계 설 비 공 | 인 | 0.212 |
| 보 통 인 부 | 인 | 0.117 |

[주] ① 본 품은 세대내 레인지후드에 자동식 소화기를 설치하는 품이다.

② 본 품은 소운반, 구멍뚫기, 분사노즐, 탐지부, 조작부, 수신부, 자동식소화기 및 지지철물 설치를 포함한다.

③ 본 품은 제어배선의 결선은 포함되어 있으나, 제어배관 및 입선은 별도 계상한다.

④ 가스차단 밸브설치품은 별도 계상한다.

## 10-9. 피난기구

### 10-9-1. 완강기 설치 ('04년 신설, 09, '14년 보완)

(개당)

| 구분 | 단위 | 수량 |
|---|---|---|
| 기 계 설 비 공 | 인 | 0.094 |
| 보 통 인 부 | 인 | 0.046 |

[주] ① 본 품은 피난용 완강기를 설치하는 품이다.

② 본 품에는 소운반, 완강기 지지대, 보호함, 안전표시 설치를 포함한다.

# 제11장  가스설비공사

## 11-1. 강판

### 11-1-1. 용접접합 ('15년 보완)

(용접개소당)

| 규   격(mm) | 플랜트용접공(인) | 규   격(mm) | 플랜트용접공(인) |
|:---:|:---:|:---:|:---:|
| ø 15 | 0.044 | 100 | 0.159 |
| 20 | 0.049 | 125 | 0.191 |
| 25 | 0.058 | 150 | 0.223 |
| 32 | 0.069 | 200 | 0.287 |
| 40 | 0.076 | 250 | 0.351 |
| 50 | 0.091 | 300 | 0.415 |
| 65 | 0.111 | 350 | 0.462 |
| 80 | 0.127 | 400 | 0.526 |
| 비   고 | - 아크용접으로 가스용  강관을 접합하는 경우에는 본 품의 5%를 감한다. | | |

[주] ① 본 품은 알곤용접으로 가스용 강관을 접합하는 기준이다.

② 용접접합에 필요한 부자재는 별도 계상한다.

③ 공구손료 및 경장비(용접기 등)의 기계경비는 인력품의 3%를 계상한다.

## 11-1-2. 용접직 부설 ('15년 보완)

(m당)

| 규 격(mm) | 인력시공 | | 기계시공 | | |
|---|---|---|---|---|---|
| | 배관공(인) | 보통인부(인) | 배관공(인) | 보통인부(인) | 크레인(hr) |
| ø 15 | 0.022 | 0.005 | – | – | – |
| 20 | 0.024 | 0.006 | – | – | – |
| 25 | 0.032 | 0.007 | – | – | – |
| 32 | 0.037 | 0.008 | – | – | – |
| 40 | 0.043 | 0.010 | – | – | – |
| 50 | 0.052 | 0.012 | – | – | – |
| 65 | 0.060 | 0.014 | – | – | – |
| 80 | 0.072 | 0.017 | – | – | – |
| 100 | 0.094 | 0.022 | – | – | – |
| 125 | 0.117 | 0.027 | – | – | – |
| 150 | 0.136 | 0.031 | 0.051 | 0.012 | 0.04 |
| 200 | 0.202 | 0.047 | 0.075 | 0.018 | 0.06 |
| 250 | 0.266 | 0.061 | 0.100 | 0.023 | 0.07 |
| 300 | 0.333 | 0.077 | 0.126 | 0.029 | 0.09 |
| 350 | 0.409 | 0.094 | 0.154 | 0.035 | 0.11 |
| 400 | 0.482 | 0.111 | 0.182 | 0.042 | 0.13 |

[주] ① 본 품은 중압이하의 가스용 강관을 부설하는 기준이다.

② 절단 및 가공, 부설 및 표시용 비닐 깔기 작업을 포함한다.

③ 강관 부설시 터파기, 되메우기, 기초 및 흙막이, 잔토처리 및 물푸기, 기밀시험은 별도 계상한다.

④ 크레인의 규격은 10톤급 트럭탑제형 크레인을 기준으로 한다.

⑤ 공구손료 및 경정비(절단기 등)의 기계정비는 다음의 요율을 계상한다.

| 인력시공 | 기계시공 |
|---|---|
| 인력품의 1% | 인력품의 3% |

⑥ 지지철물을 설치하여 시공되는 경우에는 '[기계설비부문] "1-1-2 용접배관"을 참고하여 계상한다.

## 11-1-3. 나사식 접합 및 배관

(접합개소당)

| 규 격(mm) | 배관공(인) | 보통인부(인) |
|---|---|---|
| ø 20 | 0.061 | 0.017 |
| 25 | 0.087 | 0.024 |
| 32 | 0.109 | 0.030 |
| 40 | 0.123 | 0.034 |
| 50 | 0.168 | 0.046 |

[주] ① 본 품은 중압이하의 가스용 강관의 나사식 접합 및 배관 기준이다.

② 절단, 나사홀가공, 배관 및 나사접합 작업을 포함한다.

③ 공구손료 및 경장비(절단기, 나사홈가공기 등)의 기계경비는 인력품의 2%를 계상한다.

④ 재료량은 다음과 같다.

(개소당)

| 구 경(mm) | 스레트 실테이프(cm) | | 컴파운드(g) |
|---|---|---|---|
| ø 20 | 13mm | 34.3 | 3.0 |
| 25 | 〃 | 43.0 | 4.2 |
| 30 | 〃 | 53.8 | 5.8 |
| 40 | 〃 | 78.7 | 7.3 |
| 50 | 〃 | 95.1 | 10.6 |

# 11-2. PE관

## 11-2-1. 버트 융착식 접합 및 부설 ('15년 보완)

(개소당)

| 관 경(mm) | 배관공(인) | 보통인부(인) |
|---|---|---|
| ø 25 | 0.081 | 0.019 |
| 32 | 0.094 | 0.022 |
| 40 | 0.108 | 0.025 |
| 50 | 0.141 | 0.033 |
| 63 | 0.184 | 0.043 |
| 75 | 0.210 | 0.049 |
| 90 | 0.244 | 0.057 |

| | | |
|---|---|---|
| 110 | 0.288 | 0.067 |
| 125 | 0.322 | 0.075 |
| 140 | 0.355 | 0.083 |
| 160 | 0.400 | 0.094 |
| 180 | 0.444 | 0.104 |
| 200 | 0.489 | 0.114 |
| 225 | 0.545 | 0.127 |
| 250 | 0.601 | 0.140 |
| 280 | 0.667 | 0.156 |
| 315 | 0.745 | 0.174 |
| 355 | 0.835 | 0.195 |
| 400 | 0.935 | 0.219 |

[주] ① 본 품은 가스용 폴리에틸렌(PE)관을 버트융착식으로 접합 및 부설하는 기준이다.

② 전기융착기를 사용하여 전자소켓으로 폴리에틸렌관을 접합 및 부설하는 경우에도 본 품을 적용한다.

③ 절단, 부설 및 접합, 표시용 비닐 깔기 작업을 포함한다.

④ PE관 부설이 터파기, 되메우기, 기초 및 흙막이, 잔토처리 및 물푸기, 기밀시험은 별도 계상한다.

⑤ 공구손료 및 경장비(융착기, 절단기 등)의 기계경비는 인력품의 5%를 계상한다.

# 11-3. 부속기기

## 11-3-1. 분기공 설치 ('15년 보완)

(개당)

| 구 경(mm) | 배 관 공(인) | 보통인부(인) | 플랜트용접공(인) |
|---|---|---|---|
| ø 20~25 | 0.193 | 0.134 | 0.290 |
| 40~50 | 0.270 | 0.187 | 0.406 |
| 65 | 0.317 | 0.219 | 0.476 |
| 80 | 0.363 | 0.252 | 0.546 |
| 100 | 0.425 | 0.295 | 0.639 |

| 125 | 0.503 | 0.348 | 0.755 |
| 150 | 0.580 | 0.402 | 0.872 |
| 200 | 0.735 | 0.509 | 1.105 |
| 250 | 0.890 | 0.616 | 1.337 |
| 300 | 1.045 | 0.724 | 1.570 |
| 350 | 1.200 | 0.831 | 1.803 |
| 400 | 1.354 | 0.938 | 2.036 |

[주] ① 본 품은 기존관 절단 후 T형분기관(개)을 설치하여 분기하는 기준이다.

② 절단 및 가공, T형관 부설 및 접합 작업을 포함한다.

③ 분기공 시공시 터파기, 되메우기, 기초 및 흙막이, 잔토처리 및 물푸기, 기밀시험은 별도 계상한다.

④ 공구손료 및 경장비(절단기, 용접기 등)의 기계경비는 인력품의 1%를 계상한다.

## 11-3-2. 밸브 설치 ('15년 보완)

(개당)

| 명칭<br>구경 | 배관공 | 보통인부 | 명칭<br>구경 | 배관공 | 보통인부 |
|---|---|---|---|---|---|
| ø 15-25 | 0.197 | 0.064 | ø 150 | 0.754 | 0.244 |
| 32-50 | 0.308 | 0.100 | 200 | 0.976 | 0.316 |
| 65 | 0.375 | 0.121 | 250 | 1.199 | 0.389 |
| 80 | 0.442 | 0.143 | 300 | 1.422 | 0.461 |
| 100 | 0.531 | 0.172 | 350 | 1.645 | 0.533 |
| 125 | 0.642 | 0.208 | 400 | 1.868 | 0.605 |

[주] ① 설치위치 선정, 밸브 설치, 작동시험 및 마무리 작업을 포함한다.

② 공구손료 및 경장비(절단기 등)의 기계경비는 인력품의 2%를 계상한다.

## 11-3-3. 직독식 가스미터 설치 ('15년 보완)

(개소당)

| 구 분 | 단 위 | ø 15mm | ø 20~25mm |
|-------|-------|--------|-----------|
| 배 관 공 | 인 | 0.209 | 0.250 |
| 보통인부 | 인 | 0.052 | 0.063 |

**[주]** ① 본 품은 가스미터를 세대내에 설치하는 기준이다.

② 가스미터 설치 및 고정, 작동시험 및 마무리 작업을 포함한다.

③ 재료량은 다음과 같다.

(개소당)

| 구 경 | 스테트실테이프(cm) | 컴파운드(g) |
|-------|------------------|------------|
| ø 15 | 45.7cm | 4g |
| ø 20~25 | 68.6cm | 6g |

## 11-3-4. 원격식 가스미터 설치

(개소당)

| 구 분 | 단 위 | ø 15mm | ø 20~25mm |
|-------|-------|--------|-----------|
| 배 관 공 | 인 | 0.230 | 0.270 |
| 보통인부 | 인 | 0.057 | 0.068 |

**[주]** ① 본 품은 원격식 가스미터를 세대내에 설치하는 기준이다.

② 가스미터 설치 및 고정, 전선관 결선, 작동시험 및 마무리 작업을 포함한다.

③ 전선관 배관 및 입선, 지시부 설치는 별도 계상한다.

# 제12장  자동제어설비공사

## 12-1. 계기반 및 합류

### 12-1-1. 계기반 설치

| 명 칭 | 규 격 | 단위 | 계장공 | 보통인부 |
|---|---|---|---|---|
| 분 전 반 | W800× H500× D300이하 | 대 | 4.2 | 2.8 |
| 조 작 반 | W800× H500× D300 ″ | ″ | 4.2 | 2.8 |
| 계 기 반(자립개방) | W1200× H2100× D800 ″ | 면 | 6.72 | 4.48 |
| 계 기 반(자립밀폐) | W1200× H2100× D800 ″ | ″ | 8.4 | 5.6 |
| 계 기 반(현 장) | W900× H900× D600 ″ | ″ | 5.88 | 3.92 |
| ″ | W1000× H1800× D600 ″ | ″ | 8.82 | 5.88 |
| ″ | W1300× H2000× D700 ″ | ″ | 9.88 | 6.58 |
| ″ | W1400× H2000× D700 ″ | ″ | 10.64 | 7.09 |
| ″ (발신기수납상) | 1대용-W( 800× 1600× 900) | 대 | 2.0 | 1.33 |
| ″ | 2 ″ (1000× 1600× 900) | ″ | 2.4 | 1.60 |
| ″ | 3 ″ (1200× 1600× 900) | ″ | 2.8 | 1.86 |
| ″ | 4 ″ (1400× 1600× 900) | ″ | 3.2 | 2.13 |
| ″ | 5 ″ (1600× 1600× 900) | ″ | 3.6 | 2.39 |
| ″ | 6 ″ (1800× 1600× 900) | ″ | 4.0 | 2.65 |
| 비 고 | - 본품은 완제품 설치기준이며, 이면반이 있을 경우 본품의 150%를 계상한다.<br>- 완제품이이 아닐 경우는 본 품의 65%를 적용하고 계기설치는 별도 계상한다.<br>- 완제품인 경우 계기반에 취부된 계기의 시험조정시는 ‘[기계설비부문] 12-1-2 플랜트계기 설치 ‘품의 25%를 가산한다. | | | |

[주] ① 포장해체, 청소, 내부결선, 소운반 Channel Base 및 기초공사품이 포함되어 있다.
② 제어 Cable 배선 및 결선은 제외한다.

## 12-1-2. 플랜트 계기 설치

(단위당)

| 명 칭 | 규 격 | 단 위 | 계장공 | 비 고 |
|---|---|---|---|---|
| 파 이 프 스 텐 션 | 28×1,200~1,600 | 본 | 0.37 | 기초별도 |
| 계 기 | 일반각종 | 대 | 0.3 | |
| 발 신 기 | DPT, PT, TT, LT, FT | 〃 | 0.27 | |
| 수 신 기 | 일반각종 | 〃 | 0.22 | |
| Air Set | | 〃 | 0.22 | |
| 변 환 기 | J/P,A/D,P/P, MV/I | 〃 | 0.25 | |
| 수 동 조 작 기 | | 〃 | 0.2 | |
| 비 율 설 정 기 | | 〃 | 0.2 | |
| 기 록 계 | | 〃 | 0.75 | |
| 현 장 지 시 계 | LG | 〃 | 0.75 | |
| | LPG,VG | 〃 | 0.4 | |
| | PG | 〃 | 0.22 | |
| | TG | 〃 | 0.15 | |
| 후 로 드 식 액면계 | | 〃 | 1.8 | |
| 측 온 계 | | 〃 | 0.15 | |
| 분 석 계 | 적외선식, 자기식 | 〃 | 12.0 | |
| Mono Meter | | Set | 0.3 | |
| Thermocouple | | 대 | 0.37 | |
| Dispressor | 외 통 식 | 〃 | 3.0 | |
| 스 위 치 | 일반각종 | 〃 | 0.22 | |
| 전 자 Valve | 소 형 | 〃 | 0.1 | 2방변 |
| | 대 형 | 〃 | 0.3 | 3방변 4방변 |
| 강 압 Valve | 소 형 | 〃 | 0.1 | 단체용 |
| | 대 형 | 〃 | 0.3 | 대용량용 |
| 여 과 기 | 소 형 | 〃 | 0.1 | 단체용 |
| | 대 형 | 〃 | 0.3 | 대용량용 |

| 명     칭 | 규     격 | 단 위 | 계장공 | 비     고 |
|---|---|---|---|---|
| 조   절   Valve | 1B | 대 | 0.8 | |
| | 2B | 〃 | 1.0 | |
| | 3B | 〃 | 1.2 | |
| | 4B | 〃 | 1.5 | |
| Butterfly  Valve | 200 ø | 〃 | 1.2 | |
| | 300 ø | 〃 | 2.5 | |
| | 400 ø | 〃 | 3.7 | |
| | 500 ø | 〃 | 5.0 | |
| Orifice | 200 ø 이하 | 〃 | 0.5 | |
| | 201 ø ~500 ø | 〃 | 0.7 | |
| | 501 ø 이상 | 〃 | 1.0 | |
| 출   력   Gauge | 공기식 | 〃 | 0.22 | |
| Cylinder   Valve | | 〃 | 4.5 | |
| 탈   습   장   치 | | 〃 | 22.5 | after-cooler , separator포함 |
| 탁 도 검 출 기 | | 〃 | 0.4 | |
| P.H meter 검출기 | | 〃 | 0.4 | |
| X·Ray 발생장치 | | Set | 15 | |
| α·Ray 발생장치 | | 〃 | 15 | |
| Power Pack | | 〃 | 3 | |
| 현 장 조 절 계 | 일반각종 | 대 | 0.75 | |
| 중성자 발생장치 | 〃 | 〃 | 15 | |
| Flame  Detector | | Set | 0.25 | |
| 비     고 | - 방폭 공사시는 본 품의 20%를 가산한다.<br>- Loop 시험시는 본 품의 25%를 가산한다. | | | |

## 12-2. 자동제어기기

### 12-2-1. 자동제어기기 설치

| 구 분 | 규 격 | 단 위 | 계장공 |
|---|---|---|---|
| 실 내 온 도 조 절 기 | 전 기 전 자 식 | 개 | 0.22 |
| | 공 기 식 | 〃 | 0.29 |
| 삽 입 식 온 도 조 절 기 | 덕 트 용 | 개 | 0.43 |
| | 배 관 용 | 〃 | 0.90 |
| 습 도 조 절 기 | 전 기 전 자 식 | 개 | 0.22 |
| | 공 기 용 | 〃 | 0.29 |
| | 덕 트 용 | 〃 | 0.41 |
| 댐 퍼 용 모 터 | | 조 | 0.48 |
| 자 동 조 절 밸 브 용 모 터 | | 〃 | 0.22 |
| 압 력 조 정 기 | | 〃 | 0.10 |
| 스 탭 컨 트 롤 러 | | 〃 | 0.48 |
| 수 동 조 작 기 | | 개 | 0.38 |
| 온 습 도 지 시 계 | | 〃 | 1.90 |
| 기 록 계 | | 〃 | 1.90 |
| 액 면 지 시 계 류 | | 〃 | 1.90 |
| 전 자 식 패 널 | | 〃 | 0.95 |
| 릴 레 이 류 | | 〃 | 0.38 |
| 현 장 반 | 벽 붙 이 용 | 면 | 2.85 |
| | 스 탠 드 형 | 〃 | 6.65 |
| 공 업 용 압 력 발 신 기 | | 개 | 1.90 |
| 공 업 용 차 압 발 신 기 | | 〃 | 1.90 |

[주] 본 품에는 소운반이 포함되어 있다.

## 12-2-2. 계량기 설치

| 명        칭 | 규            격 | 단 위 | 계장공 | 보통인부 |
|---|---|---|---|---|
| Hopper Scale | 대 (30 Ton 이상) | 대 | 10.8 | 7.2 |
|  | 중 (15~29 Ton) | 〃 | 9.0 | 6.0 |
|  | 소 (14 Ton 이하) | 〃 | 7.2 | 4.8 |
| Conveyor Scale | 대 (500 T/H 이상) | 〃 | 12.0 | 8.0 |
|  | 중 (100~400 Ton) | 〃 | 9.0 | 6.0 |
|  | 소 (90 Ton 이하) | 〃 | 7.2 | 4.8 |
| 대형개량장치 | 대 (50 Ton 이상) | 〃 | 15.0 | 10.0 |
|  | 중 (10~40 Ton) | 〃 | 10.8 | 7.2 |
|  | 소 (9 Ton 이하) | 〃 | 7.2 | 4.8 |
| 비      고 | - 옥외노출 공사시 본 품의 10%를 가산한다.<br>- 시험조정(분동시험)시는 Hopper Scale 30%를 가산한다.<br> Conveyor Scale 20%를 가산한다.<br> 대형개량장치  25%를 가산한다. | | | |

[주] ① 기계설치는 제외되어 있다.

② 분동, TEST CHAIN 운반 및 사용료는 별도 계상한다.

③ 관청인가 검정료는  별도 계상한다.

## 12-2-3. 도압 배관

| 명        칭 | 규        격 | 단위 | 계장공 | 배관공 | 보통인부 | 비    고 |
|---|---|---|---|---|---|---|
| 유 량(액면) 계 | SGP STPG38 | m | 0.1 | 0.1 | 0.2 | SCH 80은 |
| 배            관 | (SCH40)1/2B |  |  |  |  | 10%가산 |
| 압 력 계 배 관 | SGP STPG38 | 〃 | 0.1 | 0.15 | 0.2 | SUS 27은 |
|  | (SCH40)1/2B |  |  |  |  | 30%가산 |
| Valve 조립 | 용      접 | 개 |  | 0.1 | 0.1 |  |
| Drain Pot | 1/2B | 〃 |  | 0.1 | 0.1 |  |

| 명    칭 | 규    격 | 단위 | 계장공 | 배관공 | 보통인부 | 비    고 |
|---|---|---|---|---|---|---|
| Seal Pot | 〃 | 〃 | | 0.1 | 0.1 | |
| Condenser Pot | 〃 | 〃 | 0.1 | | 0.1 | |
| 3-Way Valve | 〃 | 〃 | | 0.2 | 0.2 | |
| Steam Trap | 〃 | 〃 | | 0.1 | 0.1 | |
| 비    고 | - Loop 시험(Leak Test 포함)은 20%를 가산한다.<br>- 화기사용 금지구역은 본 품의 1.5배를 가산한다. | | | | | |

[주] ① 본 품에는 관의 절단, 나사내기, 체결, 용접, 구부림 등의 품이 포함되어 있다.

② Union, Elbow, Tee 부속품 취부품이 포함되어 있다.

## 12-2-4. Control Air 배관

(m당)

| 명    칭 | 규    격 | Screw형 | 용    접 |
|---|---|---|---|
| | | 계장공 | 계장공 |
| SGP 및 STPG 38(SCH 40) | 1/2 B | 0.18 | 0.21 |
| | 3/4 B | 0.21 | 0.26 |
| | 1B | 0.24 | 0.29 |
| | 1 1/2B | 0.36 | 0.43 |
| | 2B | 0.48 | 0.58 |
| Valve(개당) | 각    종 | 0.15 | 0.20 |
| 비    고 | - 화기사용 금지구역은 1.5배를 가산한다.<br>- Flange 접속, 고압 및 특수 강관은 20% 가산한다.<br>- Stainless관은 30% 가산한다.<br>- Loop 시험은 25%를 가산한다. | | |

[주] ① 도입배관 및 Process 배관에는 적용치 않는다.

② 배관지지물은 별도 계상한다.

③ 관의 절관, 나사내기, 구부림, Union, Elbow, Tee 부속품 설치품은 포함되어 있다.

## 12-2-5. 압축공기 발생장치 및 공기관 배관

| 명 칭 | 규 격 | 단위 | 계장공 | 보통인부 |
|---|---|---|---|---|
| 압축공기발생장치 | 5kg/cm² 이하 | 조당 | 1.40 | 0.40 |
| | 10kg/cm² 이하 | 〃 | 2.90 | 0.90 |
| | 30kg/cm² 이하 | 〃 | 8.50 | 2.50 |
| 주 공 기 Tank | 500 ℓ 이하 | 〃 | 2.60 | 0.80 |
| | 700 ℓ 이하 | 〃 | 3.0 | 1.5 |
| | 700 ℓ 이상 | 〃 | 4.5 | 2.5 |
| 유 니 온 엘 보 | 20~25mm | 개당 | 0.25 | 0.05 |
| 유 압 Cylinder | 60K | 대 | 0.7 | |
| | 90K | 〃 | 0.8 | |
| | 130K | 〃 | 1.0 | |
| Oil Pump | 0.75kW | 〃 | 1.5 | |
| | 1.50kW | 〃 | 1.6 | |
| | 2.25kW | 〃 | 1.7 | |
| | 3.00kW | 〃 | 1.8 | |
| Air Cylinder | 100 ø 이하 | 대 | 1.0 | |
| | 100 ø 이상 | 〃 | 1.2 | |
| Air Compressor | 소 형 | 〃 | 1.5 | |
| | 대 형 | 〃 | 2.0 | |
| 제 습 기 | | 〃 | 1.5 | |
| 공 기 압 축 기 시 험 | | 조당 | 1.0 | 1.0 |
| 조 작 함(설비물) | 분전반, 계기, 스위치 기타 | 〃 | 2.0 | 1.0 |
| 비 고 | - 시험시 기계 기술자 1인을 가산한다. | | | |

## 12-3. 전선배선

### 12-3-1. 중앙처리장치(CPN) 설치 ('03년 신설)

| 공정 | 단위 | 기사 | 계장공 |
|------|------|------|--------|
| 설  치 | 인/Point | 0.061 | 0.029 |
| 통신상태점검 | 인/DDC | - | 0.718 |
| 점검 · 시험 | 인/Point | 0.005 | 0.019 |

[주] ① 본 품에는 개발되어 있는 프로그램을 중앙처리장치에 설치하고 현장 특성에 맞추어 프로그램을 수정·보완하는 것으로 소운반이 포함되 있다.

② 본품은 프로그램으로 중앙처리장치와 DDC(Direct Digital Controller) 사이를 연결하는 것이다. 다만 Service Module이 설치된 통신상태점검 은 DDC에 포함된 것으로 본다.

③ 중앙처리장치와 DDC사이의 전선, 통신선 설치품은 별도 계상한다.

④ 본 품은 중앙처리장치에 Control 등록, 입·출력 Point 등록을 포함한다.

⑤ 그래픽작업은 장비별로, 보고서는 일간, 월간, 연간 각각 작성하는 것 을 기준한 것이다.

⑥ 시설물 준공후, 시스템 운영·관리에 지원이 필요한 경우 다음기준에 따라 별도 가산한다.

| 기        간 | 3개월 | 6개월 |
|-------------|-------|-------|
| 가  산  율 | 점검·시험품의 15% | 점검·시험품의 30% |

### 12-3-2. 입 · 출력장치(I/O Equipment) 설치 ('03년 신설)

| 공정 | 단위 | 기사 | 계장공 |
|------|------|------|--------|
| 설        치 | 인/Point | 0.008 | 0.042 |
| 점검 · 시험 | 인/Point | 0.046 | 0.080 |

[주] ① 본 품에는 DDC(단자함내의 결선포함)을 설치하고, 점검·시험 및 소운 반이 포함되어 있다.

② 본 품은 프로그램으로 DDC와 현장계기 사이를 연결하고, Hardware와

프로그램Setting 하는 것이다.

③ DDC와 현장계기 사이의 전선, 통신선 설치품과 DDC외함 설치품은 별도 계상한다.

④ 시설물 준공후, 시스템 운영·관리에 지원이 필요한 경우 다음기준에 따라 별도 가산한다.

| 기　　간 | 3개월 | 6개월 |
|---|---|---|
| 가　산　율 | 점검·시험품의 20% | 점검·시험품의 40% |

## 12-3-3. 콘솔(Consule)설치 ('03년 신설)

| 공정 | 단위 | 기사 | 계장공 |
|---|---|---|---|
| 조립 및 설치 | 인/대 | - | 6.8 |
| 시험 및 조정 | 인/대 | 1.9 | - |

[주] ① 본 품은 Desk를 현장에서 조립·설치하고 P.C, Keyboard, Monitor, Printer 를 설치하는 것으로 소운반이 포함되어 있다.

② 본 품은 P.C를 Hard Formatting하고 운영체계를 Hard에 Setup한다.

# 제13장  플랜트설비공사

## 13-1. 플랜트 배관

### 13-1-1. 플랜트 배관 설치 ('92년, '03년 보완)

| 구분 | 구격 | 외경 | 두께 | 단위 중량 | 배관구분 | | | |
|---|---|---|---|---|---|---|---|---|
| | | | | | 옥내배관 | | | |
| | | | | | 용접식 | | | 나사식 |
| | mm | mm | mm | kg/m | 플랜트 용접공 | 플랜트 배관공 | 특별 인부 | 플랜트 배관공 |
| 배 관 용 탄소강관 KDSD3507 | 6 | 10.5 | 2.0 | 0.419 | 92.0 | 46.0 | 46.0 | 92.0 |
| | 8 | 13.8 | 2.3 | 0.652 | 68.7 | 34.3 | 34.3 | 68.7 |
| | 10 | 17.3 | 2.3 | 0.851 | 59.8 | 30.0 | 30.0 | 59.8 |
| | 15 | 21.7 | 2.8 | 1.31 | 47.0 | 25.5 | 23.5 | 47.0 |
| | 20 | 27.2 | 2.8 | 1.68 | 42.9 | 21.4 | 21.4 | 42.9 |
| | 25 | 34.0 | 3.2 | 2.43 | 36.5 | 18.2 | 18.2 | 36.5 |
| | 32 | 42.7 | 3.5 | 3.38 | 32.4 | 16.2 | 16.2 | 32.4 |
| | 40 | 48.6 | 3.5 | 3.89 | 31.4 | 15.7 | 15.7 | 31.4 |
| | 50 | 60.5 | 3.8 | 5.31 | 28.9 | 14.4 | 14.4 | 28.9 |
| | 65 | 76.3 | 4.2 | 7.47 | 26.1 | 13.0 | 13.0 | 26.1 |
| | 80 | 89.1 | 4.2 | 8.79 | 25.5 | 12.8 | 12.8 | 25.5 |
| | 90 | 101.6 | 4.2 | 10.1 | 25.1 | 12.5 | 12.5 | 25.1 |
| | 100 | 114.3 | 4.5 | 12.2 | 23.9 | 11.9 | 11.9 | 23.9 |
| | 125 | 139.8 | 4.5 | 15.0 | 23.5 | 11.7 | 11.7 | 23.5 |
| | 150 | 165.2 | 5.0 | 19.8 | 21.9 | 11.0 | 11.0 | 21.9 |
| | 175 | 190.7 | 5.3 | 24.2 | 21.1 | 10.6 | 10.6 | 21.1 |
| | 200 | 216.3 | 5.8 | 30.1 | 20.1 | 10.0 | 10.0 | 20.1 |
| | 225 | 241.8 | 6.2 | 36.0 | 19.3 | 9.6 | 9.6 | 19.3 |
| | 250 | 267.4 | 6.6 | 42.4 | 18.6 | 9.3 | 9.3 | 18.6 |
| | 300 | 318.5 | 6.9 | 53.0 | 17.8 | 9.3 | 9.3 | 17.8 |

| 배관구분 | | | | | | | | | |
|---|---|---|---|---|---|---|---|---|---|
| 옥내배관 | | | 옥외배관 | | | | | | |
| 나사식 | | 인/ | 용접식 | | | 나사식 | | | 인/ |
| 플랜트 용접공 | 특별 인부 | ton | 플랜트 용접공 | 플랜트 배관공 | 특별 인부 | 플랜트 배관공 | 플랜트 용접공 | 특별 인부 | ton |
| 46.0 | 46.0 | 184.0 | 81.3 | 40.7 | 40.7 | 81.3 | 40.7 | 40.7 | 162.2 |
| 34.3 | 34.3 | 137.3 | 59.0 | 29.5 | 29.5 | 59.0 | 29.5 | 29.5 | 118.0 |
| 30.0 | 30.0 | 119.8 | 50.1 | 25.1 | 25.1 | 50.1 | 25.1 | 25.1 | 100.3 |
| 23.5 | 23.5 | 94.0 | 38.3 | 19.2 | 19.2 | 36.3 | 19.2 | 19.2 | 76.7 |
| 21.4 | 21.4 | 85.7 | 34.2 | 17.1 | 17.1 | 34.2 | 17.1 | 17.1 | 68.4 |
| 18.2 | 18.2 | 72.9 | 28.5 | 14.2 | 14.2 | 28.5 | 14.2 | 14.2 | 56.9 |
| 16.2 | 16.2 | 64.8 | 24.8 | 12.4 | 12.4 | 24.8 | 12.4 | 12.4 | 49.6 |
| 15.7 | 15.7 | 62.8 | 23.8 | 11.9 | 11.9 | 23.8 | 11.9 | 11.9 | 47.6 |
| 14.4 | 14.4 | 57.7 | 21.5 | 10.8 | 10.8 | 21.5 | 10.8 | 10.8 | 43.1 |
| 13.0 | 13.0 | 52.1 | 19.2 | 9.6 | 9.6 | 19.2 | 9.6 | 9.6 | 38.4 |
| 12.8 | 12.8 | 51.1 | 18.7 | 9.4 | 9.4 | 18.7 | 9.4 | 9.4 | 37.5 |
| 12.5 | 12.5 | 50.1 | 18.3 | 9.1 | 9.1 | 18.3 | 9.1 | 9.1 | 36.5 |
| 11.9 | 11.9 | 47.7 | 17.3 | 8.7 | 8.7 | 17.3 | 8.7 | 8.7 | 34.7 |
| 11.7 | 11.7 | 46.9 | 16.9 | 8.5 | 8.5 | 16.9 | 8.5 | 8.5 | 33.9 |
| 11.0 | 11.0 | 43.9 | 15.5 | 7.7 | 7.7 | 15.5 | 7.7 | 7.7 | 30.9 |
| 10.6 | 10.6 | 42.3 | 15.1 | 7.6 | 7.6 | 15.1 | 7.6 | 7.6 | 30.3 |
| 10.0 | 10.0 | 40.1 | 14.3 | 7.2 | 7.2 | 14.3 | 7.2 | 7.2 | 28.7 |
| 9.6 | 9.6 | 38.5 | 13.7 | 6.9 | 6.9 | 13.7 | 6.9 | 6.9 | 27.5 |
| 9.3 | 9.3 | 37.2 | 13.2 | 6.6 | 6.6 | 13.2 | 6.6 | 6.6 | 26.4 |
| 9.3 | 9.3 | 36.4 | 12.8 | 6.4 | 6.4 | 12.8 | 6.4 | 6.4 | 25.6 |

| 구분 | 구격 | 외경 | 두께 | 단위중량 | 배관구분 | | | |
|---|---|---|---|---|---|---|---|---|
| | | | | | 옥내배관 | | | 나사식 |
| | | | | | 용접식 | | | |
| | mm | mm | mm | kg/m | 플랜트용접공 | 플랜트배관공 | 특별인부 | 플랜트배관공 |
| 배관용탄소강관 KDSD3507 | 350 | 355.6 | 6.0 | 51.7 | 19.3 | 9.7 | 9.7 | 19.3 |
| | 〃 | 〃 | 6.4 | 55.1 | 18.7 | 9.3 | 9.3 | 18.7 |
| | 〃 | 〃 | 7.9 | 67.7 | 16.8 | 8.4 | 8.4 | 16.8 |
| | 400 | 406.4 | 6.0 | 59.2 | 19.5 | 9.3 | 9.3 | 19.5 |
| | 〃 | 〃 | 6.4 | 63.1 | 19.5 | 8.4 | 8.4 | 19.5 |
| | 〃 | 〃 | 7.9 | 77.6 | 16.7 | 8.4 | 8.4 | 16.7 |
| | 450 | 457.2 | 6.0 | 66.8 | 19.4 | 9.3 | 9.3 | 19.4 |
| | 〃 | 〃 | 6.4 | 71.1 | 19.5 | 8.3 | 8.3 | 19.5 |
| | 〃 | 〃 | 7.9 | 87.5 | 16.7 | 8.3 | 8.3 | 16.7 |
| | 500 | 508.0 | 6.0 | 74.3 | 19.5 | 9.2 | 9.2 | 19.5 |
| | 〃 | 〃 | 6.4 | 79.2 | 19.4 | 8.3 | 8.3 | 19.4 |
| | 〃 | 〃 | 7.9 | 97.4 | 16.6 | 8.3 | 8.3 | 16.6 |
| | 〃 | 〃 | 8.7 | 107 | 16.2 | 7.6 | 7.6 | 16.2 |
| | 〃 | 〃 | 9.5 | 117 | 13.3 | 9.5 | 9.5 | 13.3 |
| | 550 | 558.8 | 6.0 | 81.8 | 19.1 | 9.5 | 9.5 | 19.1 |
| | 〃 | 〃 | 6.4 | 87.2 | 18.5 | 9.2 | 9.2 | 18.5 |
| | 〃 | 〃 | 7.9 | 107 | 16.7 | 8.3 | 8.3 | 16.7 |
| | 〃 | 〃 | 9.5 | 129 | 15.1 | 7.6 | 7.6 | 15.1 |
| | 600 | 609.6 | 6.0 | 89.0 | 19.1 | 9.5 | 9.5 | 19.1 |
| | 〃 | 〃 | 6.4 | 95.2 | 18.4 | 9.2 | 9.2 | 18.4 |
| | 〃 | 〃 | 7.1 | 106 | 17.5 | 8.7 | 8.7 | 17.5 |
| | 〃 | 〃 | 7.9 | 117 | 16.6 | 8.3 | 8.3 | 16.6 |

| 배관구분 | | | | | | | | | |
|---|---|---|---|---|---|---|---|---|---|
| 옥내배관 | | | 옥외배관 | | | | | | |
| 나사식 | | 인/ton | 용접식 | | | 나사식 | | | 인/ton |
| 플랜트용접공 | 특별인부 | | 플랜트용접공 | 플랜트배관공 | 특별인부 | 플랜트배관공 | 플랜트용접공 | 특별인부 | |
| 9.7 | 9.7 | 38.7 | 13.7 | 6.8 | 6.8 | 13.7 | 6.8 | 6.8 | 27.3 |
| 9.3 | 9.3 | 37.3 | 13.2 | 6.6 | 6.6 | 13.2 | 6.6 | 6.6 | 26.4 |
| 8.4 | 8.4 | 33.6 | 11.9 | 6.0 | 6.0 | 11.9 | 6.0 | 6.0 | 23.9 |
| 9.3 | 9.3 | 38.1 | 13.6 | 6.8 | 6.8 | 13.6 | 6.8 | 6.8 | 27.2 |
| 8.4 | 8.4 | 36.3 | 13.1 | 6.6 | 6.6 | 13.1 | 6.6 | 6.6 | 26.3 |
| 8.4 | 8.4 | 33.5 | 11.9 | 5.9 | 5.9 | 11.9 | 5.9 | 5.9 | 23.7 |
| 9.3 | 9.3 | 38.0 | 13.5 | 6.8 | 6.8 | 13.5 | 6.8 | 6.8 | 27.1 |
| 8.3 | 8.3 | 36.1 | 13.1 | 6.6 | 6.6 | 13.1 | 6.6 | 6.6 | 26.3 |
| 8.3 | 8.3 | 33.3 | 11.8 | 5.9 | 5.9 | 11.8 | 5.9 | 5.9 | 23.6 |
| 9.2 | 9.2 | 37.9 | 13.5 | 6.7 | 6.7 | 13.5 | 6.7 | 6.7 | 26.9 |
| 8.3 | 8.3 | 36.0 | 13.1 | 6.5 | 6.5 | 13.1 | 6.5 | 6.5 | 26.1 |
| 8.3 | 8.3 | 33.2 | 11.7 | 5.9 | 5.9 | 11.7 | 5.9 | 5.9 | 23.5 |
| 7.6 | 7.6 | 31.4 | 11.2 | 5.6 | 5.6 | 11.2 | 5.6 | 5.6 | 22.4 |
| 9.5 | 9.5 | 32.3 | 10.7 | 5.4 | 5.4 | 10.7 | 5.4 | 5.4 | 21.5 |
| 9.5 | 9.5 | 38.1 | 13.5 | 6.7 | 6.7 | 13.5 | 6.7 | 6.7 | 26.9 |
| 9.2 | 9.2 | 36.9 | 13.0 | 6.5 | 6.5 | 13.0 | 6.5 | 6.5 | 26.0 |
| 8.3 | 8.3 | 33.3 | 11.7 | 5.9 | 5.9 | 11.7 | 5.9 | 5.9 | 23.5 |
| 7.6 | 7.6 | 30.3 | 10.7 | 5.3 | 5.3 | 10.7 | 5.3 | 5.3 | 21.3 |
| 9.5 | 9.5 | 38.1 | 13.5 | 6.7 | 6.7 | 13.5 | 6.7 | 6.7 | 26.9 |
| 9.2 | 9.2 | 36.8 | 13.0 | 6.5 | 6.5 | 13.0 | 6.5 | 6.5 | 26.0 |
| 8.7 | 8.7 | 34.9 | 12.3 | 6.2 | 6.2 | 12.3 | 6.2 | 6.2 | 24.7 |
| 8.3 | 8.3 | 33.2 | 11.7 | 5.9 | 5.9 | 11.7 | 5.9 | 5.9 | 23.5 |

| 구분 | 구격 | 외경 | 두께 | 단위 중량 | 배관구분 | | | |
|---|---|---|---|---|---|---|---|---|
| | | | | | 옥내배관 | | | |
| | | | | | 용접식 | | | 나사식 |
| | mm | mm | mm | kg/m | 플랜트 용접공 | 플랜트 배관공 | 특별 인부 | 플랜트배 관공 |
| 배 관 용 탄소강관 KDSD3507 | 600 | 609.6 | 9.5 | 141 | 15.1 | 7.6 | 7.6 | 15.1 |
| | 〃 | 〃 | 10.3 | 152 | 14.5 | 7.3 | 7.3 | 14.5 |
| | 650 | 660.4 | 6.0 | 96.8 | 19.0 | 9.5 | 9.5 | 19.0 |
| | 〃 | 〃 | 6.4 | 103 | 18.4 | 9.2 | 9.2 | 18.4 |
| | 〃 | 〃 | 7.1 | 114 | 17.5 | 8.8 | 8.8 | 17.5 |
| | 〃 | 〃 | 7.9 | 127 | 16.6 | 8.3 | 8.3 | 16.6 |
| | 〃 | 〃 | 11.1 | 178 | 14.0 | 7.0 | 7.0 | 14.0 |
| | 700 | 711.2 | 6.0 | 104 | 19.0 | 9.5 | 9.5 | 19.0 |
| | 〃 | 〃 | 6.4 | 111 | 18.4 | 9.2 | 9.2 | 18.4 |
| | 〃 | 〃 | 7.1 | 123 | 17.5 | 8.7 | 8.7 | 17.5 |
| | 〃 | 〃 | 7.9 | 137 | 16.5 | 8.3 | 8.3 | 16.5 |
| | 〃 | 〃 | 11.9 | 205 | 13.5 | 6.7 | 6.7 | 13.5 |
| | 750 | 762.0 | 6.4 | 119 | 18.4 | 9.2 | 9.2 | 18.4 |
| | 〃 | 〃 | 7.1 | 132 | 17.5 | 8.7 | 8.7 | 17.5 |
| | 〃 | 〃 | 7.9 | 147 | 16.5 | 8.3 | 8.3 | 16.5 |
| | 〃 | 〃 | 11.9 | 220 | 13.5 | 6.7 | 6.7 | 13.5 |
| | 800 | 812.8 | 6.4 | 127 | 18.3 | 9.2 | 9.2 | 18.3 |
| | 〃 | 〃 | 7.1 | 141 | 17.4 | 8.7 | 8.7 | 17.4 |
| | 〃 | 〃 | 7.9 | 157 | 16.5 | 8.2 | 8.2 | 16.5 |
| | 〃 | 〃 | 11.9 | 235 | 13.5 | 6.7 | 6.7 | 13.5 |
| | 850 | 863.6 | 6.4 | 135 | 18.3 | 9.2 | 9.2 | 18.3 |
| | 〃 | 〃 | 7.1 | 150 | 17.4 | 8.7 | 8.7 | 17.4 |

| 배관구분 | | | | | | | | | |
|---|---|---|---|---|---|---|---|---|---|
| 옥내배관 | | | 옥외배관 | | | | | | |
| 나사식 | | 인/ton | 용접식 | | | 나사식 | | | 인/ton |
| 플랜트 용접공 | 특별 인부 | | 플랜트 용접공 | 플랜트 배관공 | 특별 인부 | 플랜트 배관공 | 플랜트 용접공 | 특별 인부 | |
| 7.6 | 7.6 | 30.3 | 10.7 | 5.3 | 5.3 | 10.7 | 5.3 | 5.3 | 21.3 |
| 7.3 | 7.3 | 29.1 | 10.3 | 5.1 | 5.1 | 10.3 | 5.1 | 5.1 | 20.5 |
| 9.5 | 9.5 | 38.0 | 13.4 | 6.7 | 6.7 | 13.4 | 6.7 | 6.7 | 26.8 |
| 9.2 | 9.2 | 36.8 | 13.1 | 6.5 | 6.5 | 13.1 | 6.5 | 6.5 | 26.1 |
| 8.8 | 8.8 | 35.1 | 12.3 | 6.2 | 6.2 | 12.3 | 6.2 | 6.2 | 24.7 |
| 8.3 | 8.3 | 33.2 | 11.7 | 5.8 | 5.8 | 11.7 | 5.8 | 5.8 | 23.3 |
| 7.0 | 7.0 | 28.0 | 9.9 | 4.9 | 4.9 | 9.9 | 4.9 | 4.9 | 19.7 |
| 9.5 | 9.5 | 38.0 | 13.4 | 6.7 | 6.7 | 13.4 | 6.7 | 6.7 | 26.8 |
| 9.2 | 9.2 | 36.8 | 13.0 | 6.5 | 6.5 | 13.0 | 6.5 | 6.5 | 26.0 |
| 8.7 | 8.7 | 34.9 | 12.3 | 6.2 | 6.2 | 12.3 | 6.2 | 6.2 | 24.7 |
| 8.3 | 8.3 | 33.1 | 11.7 | 5.8 | 5.8 | 11.7 | 5.8 | 5.8 | 23.3 |
| 6.7 | 6.7 | 26.9 | 9.5 | 4.7 | 4.7 | 9.5 | 4.7 | 4.7 | 19.1 |
| 9.2 | 9.2 | 36.8 | 12.9 | 6.5 | 6.5 | 12.9 | 6.5 | 6.5 | 25.9 |
| 8.7 | 8.7 | 34.9 | 12.3 | 6.1 | 6.1 | 12.3 | 6.1 | 6.1 | 24.5 |
| 8.3 | 8.3 | 33.1 | 11.7 | 5.8 | 5.8 | 11.7 | 5.8 | 5.8 | 23.3 |
| 6.7 | 6.7 | 26.9 | 9.5 | 4.7 | 4.7 | 9.5 | 4.7 | 4.7 | 18.9 |
| 9.2 | 9.2 | 36.7 | 12.9 | 6.5 | 6.5 | 12.9 | 6.5 | 6.5 | 25.9 |
| 8.7 | 8.7 | 34.8 | 12.3 | 6.1 | 6.1 | 12.3 | 6.1 | 6.1 | 24.5 |
| 8.2 | 8.2 | 32.9 | 11.6 | 5.8 | 5.8 | 11.6 | 5.8 | 5.8 | 23.2 |
| 6.7 | 6.7 | 26.9 | 9.5 | 4.7 | 4.7 | 9.5 | 4.7 | 4.7 | 18.9 |
| 9.2 | 9.2 | 36.7 | 12.9 | 6.5 | 6.5 | 12.9 | 6.5 | 6.5 | 25.9 |
| 8.7 | 8.7 | 34.8 | 12.3 | 6.1 | 6.1 | 12.3 | 6.1 | 6.1 | 24.5 |

| 구분 | 구격 | 외경 | 두께 | 단위 중량 | 배관구분 | | | |
|---|---|---|---|---|---|---|---|---|
| | | | | | 옥내배관 | | | |
| | | | | | 용접식 | | | 나사식 |
| | mm | mm | mm | kg/m | 플랜트 용접공 | 플랜트 배관공 | 특별 인부 | 플랜트 배관공 |
| 배 관 용 탄소강관 KDSD3507 | 850 | 863.6 | 7.9 | 167 | 16.5 | 8.2 | 8.2 | 16.5 |
| | 〃 | 〃 | 9.5 | 200 | 15.1 | 7.5 | 7.5 | 15.1 |
| | 〃 | 〃 | 12.7 | 266 | 13.1 | 6.5 | 6.5 | 13.1 |
| | 900 | 914.4 | 6.4 | 143 | 18.3 | 9.2 | 9.2 | 18.3 |
| | 〃 | 〃 | 7.9 | 177 | 16.5 | 8.2 | 8.2 | 16.5 |
| | 〃 | 〃 | 8.7 | 194 | 15.7 | 7.9 | 7.9 | 15.7 |
| | 〃 | 〃 | 12.7 | 282 | 13.0 | 6.5 | 6.5 | 13.0 |
| | 1000 | 1016.0 | 8.7 | 216 | 15.7 | 7.8 | 7.8 | 15.7 |
| | 〃 | 〃 | 10.3 | 255 | 14.5 | 7.2 | 7.2 | 14.5 |
| | 1100 | 1117.6 | 10.3 | 281 | 14.4 | 7.2 | 7.2 | 14.4 |
| | 〃 | 〃 | 11.1 | 303 | 13.8 | 6.9 | 6.9 | 13.8 |
| | 1200 | 1219.2 | 11.1 | 331 | 13.9 | 6.9 | 6.9 | 13.9 |
| | 〃 | 〃 | 11.9 | 354 | 13.4 | 6.7 | 6.7 | 13.4 |
| | 1350 | 1371.6 | 11.9 | 399 | 13.4 | 6.7 | 6.7 | 13.4 |
| | 〃 | 〃 | 12.7 | 426 | 12.9 | 6.5 | 6.5 | 12.9 |
| | 〃 | 〃 | 13.1 | 439 | 12.7 | 6.4 | 6.4 | 12.7 |
| | 1500 | 1574 | 12.7 | 473 | 13.1 | 6.6 | 6.6 | 13.1 |
| | 〃 | 〃 | 13.1 | 488 | 12.9 | 6.5 | 6.5 | 12.9 |
| | 〃 | 〃 | 15.1 | 562 | 12.1 | 6.0 | 6.0 | 12.1 |
| 압력배관용 탄소강관 KDSD3562 SCH#40 | 6 | 10.5 | 1.7 | 0.369 | 101.3 | 50.7 | 50.7 | 101.3 |
| | 8 | 13.8 | 2.2 | 0.629 | 70.7 | 35.3 | 35.3 | 70.7 |
| | 10 | 17.3 | 2.3 | 0.851 | 59.9 | 29.9 | 29.9 | 59.9 |

| 배관구분 | | | | | | | | | |
| 옥내배관 | | | 옥외배관 | | | | | | |
| 나사식 | | 인/<br>ton | 용접식 | | | 나사식 | | | 인/<br>ton |
| 플랜트<br>용접공 | 특별<br>인부 | | 플랜트<br>용접공 | 플랜트<br>배관공 | 특별<br>인부 | 플랜트<br>배관공 | 플랜트<br>용접공 | 특별<br>인부 | |
| 8.2 | 8.2 | 32.9 | 11.6 | 5.8 | 5.8 | 11.6 | 5.8 | 5.8 | 23.2 |
| 7.5 | 7.5 | 30.1 | 10.6 | 5.3 | 5.3 | 10.6 | 5.3 | 5.3 | 21.2 |
| 6.5 | 6.5 | 26.1 | 9.2 | 4.6 | 4.6 | 9.2 | 4.6 | 4.6 | 18.4 |
| 9.2 | 9.2 | 36.7 | 12.9 | 6.5 | 6.5 | 12.9 | 6.5 | 6.5 | 25.9 |
| 8.2 | 8.2 | 32.9 | 11.6 | 5.8 | 5.8 | 11.6 | 5.8 | 5.8 | 23.2 |
| 7.9 | 7.9 | 31.5 | 11.1 | 5.5 | 5.5 | 11.1 | 5.5 | 5.5 | 22.1 |
| 6.5 | 6.5 | 26.0 | 9.1 | 4.6 | 4.6 | 9.1 | 4.6 | 4.6 | 18.3 |
| 7.8 | 7.8 | 31.3 | 11.1 | 5.5 | 5.5 | 11.1 | 5.5 | 5.5 | 22.1 |
| 7.2 | 7.2 | 28.9 | 10.1 | 5.1 | 5.1 | 10.1 | 5.1 | 5.1 | 20.3 |
| 7.2 | 7.2 | 28.8 | 10.1 | 5.1 | 5.1 | 10.1 | 5.1 | 5.1 | 20.3 |
| 6.9 | 6.9 | 27.6 | 9.7 | 4.9 | 4.9 | 9.7 | 4.9 | 4.9 | 19.5 |
| 6.9 | 6.9 | 27.7 | 9.7 | 4.9 | 4.9 | 9.7 | 4.9 | 4.9 | 19.5 |
| 6.7 | 6.7 | 26.8 | 9.4 | 4.7 | 4.7 | 9.4 | 4.7 | 4.7 | 18.8 |
| 6.7 | 6.7 | 26.8 | 9.3 | 4.8 | 4.8 | 9.3 | 4.8 | 4.8 | 18.9 |
| 6.5 | 6.5 | 25.9 | 9.1 | 4.6 | 4.6 | 9.1 | 4.6 | 4.6 | 18.3 |
| 6.4 | 6.4 | 25.5 | 8.9 | 4.5 | 4.5 | 8.9 | 4.5 | 4.5 | 17.9 |
| 6.6 | 6.6 | 26.3 | 9.3 | 4.6 | 4.6 | 9.3 | 4.6 | 4.6 | 18.5 |
| 6.5 | 6.5 | 25.9 | 9.1 | 4.6 | 4.6 | 9.1 | 4.6 | 4.6 | 18.3 |
| 6.0 | 6.0 | 24.1 | 8.5 | 4.2 | 4.2 | 8.5 | 4.2 | 4.2 | 16.9 |
| 50.7 | 50.7 | 202.7 | 90.0 | 45.0 | 45.0 | 90.0 | 45.0 | 45.0 | 180.0 |
| 35.3 | 35.3 | 141.3 | 60.7 | 30.3 | 30.3 | 60.7 | 30.3 | 30.3 | 121.3 |
| 29.9 | 29.9 | 119.7 | 50.1 | 25.1 | 25.1 | 50.1 | 25.1 | 25.1 | 100.3 |

| 구분 | 구격 | 외경 | 두께 | 단위 중량 | 배관구분 | | | |
|---|---|---|---|---|---|---|---|---|
| | | | | | 옥내배관 | | | |
| | | | | | 용접식 | | | 나사식 |
| | mm | mm | mm | kg/m | 플랜트 용접공 | 플랜트 배관공 | 특별 인부 | 플랜트배 관공 |
| 압력배관용 탄소강관 KDSD3562 SCH#40 | 15 | 21.7 | 2.8 | 1.31 | 47.0 | 23.5 | 23.5 | 47.0 |
| | 20 | 27.2 | 2.9 | 1.74 | 41.8 | 20.9 | 20.9 | 41.8 |
| | 25 | 34.0 | 3.4 | 2.57 | 35.2 | 17.6 | 17.6 | 35.2 |
| | 32 | 42.7 | 3.6 | 3.47 | 32.0 | 16.0 | 16.0 | 32.0 |
| | 40 | 48.6 | 3.7 | 4.10 | 30.4 | 15.2 | 15.2 | 30.4 |
| | 50 | 60.5 | 3.9 | 5.44 | 28.2 | 14.1 | 14.1 | 28.2 |
| | 65 | 76.3 | 5.2 | 9.12 | 23.4 | 11.7 | 11.7 | 23.4 |
| | 80 | 89.1 | 5.5 | 11.3 | 22.2 | 11.1 | 11.1 | 22.2 |
| | 90 | 101.6 | 5.7 | 13.5 | 21.5 | 10.7 | 10.7 | 21.5 |
| | 100 | 114.3 | 6.0 | 16.0 | 20.7 | 10.3 | 10.3 | 20.7 |
| | 125 | 139.8 | 6.6 | 21.7 | 19.3 | 9.7 | 9.7 | 19.3 |
| | 150 | 165.2 | 7.1 | 27.7 | 18.4 | 9.2 | 9.2 | 18.4 |
| | 200 | 216.3 | 8.2 | 42.1 | 16.0 | 8.0 | 8.0 | 16.0 |
| | 250 | 267.4 | 9.3 | 59.2 | 15.7 | 7.8 | 7.8 | 15.7 |
| | 300 | 318.5 | 10.3 | 78.3 | 14.8 | 7.4 | 7.4 | 14.8 |
| | 350 | 355.6 | 11.1 | 94.3 | 14.2 | 7.1 | 7.1 | 14.2 |
| | 400 | 406.4 | 12.7 | 123 | 13.3 | 6.6 | 6.6 | 13.3 |
| | 450 | 457.2 | 14.3 | 156 | 12.5 | 6.2 | 6.2 | 12.5 |
| | 500 | 508.0 | 15.1 | 184 | 12.1 | 6.0 | 6.0 | 12.1 |

| 배관구분 | | | | | | | | | |
|---|---|---|---|---|---|---|---|---|---|
| 옥내배관 | | | 옥외배관 | | | | | | |
| 나사식 | | 인/<br>ton | 용접식 | | | 나사식 | | | 인/<br>ton |
| 플랜트<br>용접공 | 특별<br>인부 | | 플랜트<br>용접공 | 플랜트<br>배관공 | 특별<br>인부 | 플랜트<br>배관공 | 플랜트<br>용접공 | 특별<br>인부 | |
| 23.5 | 23.5 | 94.0 | 38.3 | 19.2 | 19.2 | 38.3 | 19.2 | 19.2 | 76.7 |
| 20.9 | 20.9 | 83.6 | 33.3 | 16.7 | 16.7 | 33.3 | 16.7 | 16.7 | 66.7 |
| 17.6 | 17.6 | 70.4 | 27.4 | 13.7 | 13.7 | 27.4 | 13.7 | 13.7 | 54.8 |
| 16.0 | 16.0 | 64.0 | 24.4 | 12.2 | 12.2 | 24.4 | 12.2 | 12.2 | 48.8 |
| 15.2 | 15.2 | 60.8 | 23.0 | 11.5 | 11.5 | 23.0 | 11.5 | 11.5 | 46.0 |
| 14.1 | 14.1 | 56.4 | 21.1 | 10.5 | 10.5 | 21.1 | 10.5 | 10.5 | 42.1 |
| 11.7 | 11.7 | 46.8 | 17.1 | 8.6 | 8.6 | 17.1 | 8.6 | 8.6 | 34.3 |
| 11.1 | 11.1 | 44.4 | 16.2 | 8.1 | 8.1 | 16.2 | 8.1 | 8.1 | 32.4 |
| 10.7 | 10.7 | 42.9 | 15.5 | 7.8 | 7.8 | 15.5 | 7.8 | 7.8 | 31.1 |
| 10.3 | 10.3 | 41.3 | 14.9 | 7.5 | 7.5 | 14.9 | 7.5 | 7.5 | 29.9 |
| 9.7 | 9.7 | 38.7 | 13.9 | 6.9 | 6.9 | 13.9 | 6.9 | 6.9 | 27.7 |
| 9.2 | 9.2 | 36.8 | 13.2 | 6.6 | 6.6 | 13.2 | 6.6 | 6.6 | 26.4 |
| 8.0 | 8.0 | 32.0 | 11.4 | 5.7 | 5.7 | 11.4 | 5.7 | 5.7 | 22.8 |
| 7.8 | 7.8 | 31.3 | 11.1 | 5.6 | 5.6 | 11.1 | 5.6 | 5.6 | 22.3 |
| 7.4 | 7.4 | 29.6 | 10.5 | 5.2 | 5.2 | 10.5 | 5.2 | 5.2 | 20.9 |
| 7.1 | 7.1 | 28.4 | 10.0 | 5.0 | 5.0 | 10.0 | 5.0 | 5.0 | 20.0 |
| 6.6 | 6.6 | 26.5 | 9.3 | 4.7 | 4.7 | 9.3 | 4.7 | 4.7 | 18.7 |
| 6.2 | 6.2 | 24.9 | 8.8 | 4.4 | 4.4 | 8.8 | 4.4 | 4.4 | 17.6 |
| 6.0 | 6.0 | 24.1 | 8.5 | 4.2 | 4.2 | 8.5 | 4.2 | 4.2 | 16.9 |

**[주]**  ('93, '95, '96, '98년, '03년 보완)

① 본 품은 Raw Material 기준으로 한 것이며 소운반, 절단, Edge Cutting, 나사내기, 배열, Fitting재 취부, Valve류 취부, 용접, 나사접합, Hungering, Supporting, Flushing, 기밀시험(Leak Test) 및 내압시험(Air, gas, Water test) 등이 포함되어 있다.

② 본 품은 Fitting류, Bracket류, Support류(Hanger, Shoe, Guide, Clamp, U-Bolt 등) 및 Valve류 등의 중량을 전체배관 설치중량의 30%로 간주하여 배관하는 품으로 10% 증감할 때마다 상기 품에 10%씩 가감하고(단, 매설배관은 제외), Fitting류, Bracket, Support 및 밸브류 등이 공장에서 제작 조립된 경우에는 본 품에 30%까지 감하여 적용할 수 있다. 또한 설치중량에는 Fitting류, Bracket류, Support류 및 Valve류 등의 중량을 포함하여야 하며 현장에서 제작·설치되는 PIPE RACK은 SUPPORT류에서 제외하고 별도 계상한다

③ 배관설치 높이가 지상 4m 초과하는 경우 매 4m 증가마다 3%씩 가산한다.

④ 기계실 옥내 옥외매설의 구분이 명확하지 않은 경우에는 옥내를 적용한다.

⑤ 기계실배관은 옥내배관의 50% 가산, 옥외 매설관은 옥외배관의 30% 감한다. 여기서, 기계실배관이라 함은 보일러실, 터빈실, 펌프실 등과 같이 기계장치의 효율적인 운전 및 보수를 위하여 각종 기계장치를 집합적으로 일정한 장소에 모아놓은 곳의 배관중에서, 일반적인 옥내배관보다 단위 길이당 연결부위가 현저히 많고, 배관작업시 상호배관간의 간섭 또는 작업방해 등으로 옥내배관보다 작업내용이 복잡하여 단위 품이 현저히 증가되는 배관을 말한다.

⑥ 공구손료, 소모자재작업 및 정밀배관의 Oil Flushing의 품은 별도 계상한다.

⑦ 예열 및 응력제거가 필요한 경우는 별도 계상한다.

⑧ Alloy Steel(합금강)인 경우 용접식은 용접공(플랜트 용접공) 나사식은 배관공(플랜트 배관공)량에 별표의 할증률을 적용 가산한다.

⑨ 규격이 같고 두께가 다를 경우 단위 중량에 비례 계상한다.

⑩ 외경은 참고 치수이다.

⑪ 고소배관 작업시 중량물 상량을 위한 조치가 필요한 경우에는 특수 비계공을 별도 계상할 수 있다.

⑫ 비파괴검사시 KS 1급 기준인 경우는 본 품에 100%까지 가산할 수 있다.

⑬ 유해가스가 없는 설계압력 5kg/㎠ 미만의 배관공사에는 플랜트 용접공을 용접공으로, 플랜트 배관공을 배관공으로 적용한다.

---

**〈참고〉**　　**규격이 같고 두께가 다른 경우 비례 계산 방법**

$A_m$ : 탄소강관의 톤당 품

$A_w$ : 탄소강관의 단위 중량(ton/m)

$A_D$ : 탄소강관의 톤당 품($A_m \times A_w$)

$B_m$ : $Sch_{40}$의 톤당품

$B_w$ : $Sch_{40}$의 단위 중량(ton/m)

$B_D$ : $Sch_{40}$의 톤당 품($B_m \times B_w$)

$C_W$ : 구하고자 하는 두께 단위 중량(Ton/m)

$C_D$ : 구하고자 하는 두께의 m당 품

$$C_D = B_D + \frac{(B_D - A_D)}{(B_W - A_W)} \times (C_W - B_W)$$

$C_m$ : 구하고자 하는 두께의 톤당품($\frac{C_D}{C_W}$)

## [별표] 재질에 따른 배관용접품 할증률

(%)

| 구경(mm) 재질 (ASTM기준) | 50 이하 | 80 | 100 | 125 | 150 | 200 | 250 | 300 | 350 | 400 | 450 | 500 | 550 | 600 |
|---|---|---|---|---|---|---|---|---|---|---|---|---|---|---|
| Mo합금강 (A335-P1) Cr합금강 (A335-P2,P3, P11,P12) | 25.0 | 27.5 | 30.0 | 31.5 | 34.5 | 39.0 | 42.5 | 45.0 | 49.0 | 52.5 | 59.0 | 65.0 | 69.0 | 73.0 |
| Cr합금강 (A335-P3b, P21,22,P5bc) | 33.5 | 37.0 | 40.0 | 42.0 | 46.0 | 52.0 | 57.0 | 60.0 | 66.5 | 70.0 | 79.0 | 87.0 | 92.5 | 98.0 |
| Cr합금강 (A335-P7,P9) Ni합금강 (A333-Gr3) | 45.0 | 49.5 | 54.0 | 57.0 | 62.0 | 70.0 | 76.5 | 81.0 | 88.0 | 94.5 | 106.0 | 117.0 | 124.0 | 131.0 |
| 스테인리스강 (Type304,309, 310,316) (L&H Grade 포함) | 47.5 | 52.0 | 57.0 | 60.0 | 63.5 | 72.0 | 81.0 | 86.0 | 93.0 | 100.0 | 112.0 | 123.5 | 131.0 | 139.0 |
| 동.황동. Everdur | 20.0 | 23.0 | 25.0 | 27.5 | 30.0 | 50.0 | 75.0 | 80.0 | 100.0 | 110.0 | 115.0 | 125.0 | 133.0 | 140.0 |
| 저온용합금강 (A333-Gr1 Gr4,Gr9) | 58.0 | 61.0 | 68.0 | 73.0 | 75.0 | 87.5 | 95.0 | 104.0 | 117.0 | 128.0 | 138.0 | 149.0 | 154.5 | 160.0 |
| Hastelloy, Titanium Ni(99%) | 125.0 | 132.0 | 135.0 | – | 140.0 | 150.0 | 175.0 | 200.0 | – | – | – | – | – | – |
| 스테인리스강 (Type321& 347)Cu-Ni, Monel,Inconel , Incoloy, Alloy20 | 54.0 | 58.0 | 61.0 | 63.0 | 65.0 | 74.0 | 85.0 | 95.0 | 100.0 | 115.0 | 123.0 | 130.0 | 139.0 | 145.0 |
| 알루미늄 | 69.0 | 76.0 | 82.5 | 87.0 | 95.0 | 107.0 | 117.0 | 124.0 | 135.0 | 144.0 | 162.0 | 179.0 | 190.0 | 201.0 |

▶ 비고 : 탄소강관용접품에 본 비율을 가산한다.

## 13-1-2. 관만곡(Pipe Bending) 설치

| 구분 구경 mm | SCH NO 직종 | 90° 및 90° 이하의 곡관 | | | | 91° ~180° U-곡관 | | | | 편심곡관 | |
|---|---|---|---|---|---|---|---|---|---|---|---|
| | | 20~80 | | 100~160 | | 20~80 | | 100~160 | | 20~80 | |
| | | 플랜트 배관공 | 특별 인부 | 플랜트 배관공 | 특별 인부 | 플랜트 배관공 | 특별 인부 | 플랜트 배관공 | 특별 인부 | 플랜트 배관공 | 특별 인부 |
| ø 25 | | 0.035 | 0.015 | 0.040 | 0.020 | 0.040 | 0.020 | 0.050 | 0.020 | 0.055 | 0.020 |
| 32 | | 0.040 | 0.015 | 0.045 | 0.020 | 0.050 | 0.020 | 0.055 | 0.025 | 0.060 | 0.025 |
| 40 | | 0.045 | 0.020 | 0.055 | 0.020 | 0.060 | 0.025 | 0.065 | 0.030 | 0.065 | 0.030 |
| 50 | | 0.050 | 0.020 | 0.065 | 0.025 | 0.075 | 0.030 | 0.075 | 0.035 | 0.080 | 0.035 |
| 65 | | 0.060 | 0.025 | 0.075 | 0.030 | 0.090 | 0.035 | 0.100 | 0.045 | 0.100 | 0.040 |
| 80 | | 0.070 | 0.030 | 0.085 | 0.035 | 0.100 | 0.045 | 0.120 | 0.050 | 0.115 | 0.045 |
| 90 | | 0.085 | 0.035 | 0.110 | 0.045 | 0.110 | 0.050 | 0.135 | 0.060 | 0.130 | 0.055 |
| 100 | | 0.100 | 0.045 | 0.120 | 0.050 | 0.140 | 0.060 | 0.160 | 0.070 | 0.150 | 0.065 |
| 125 | | 0.130 | 0.055 | 0.130 | 0.060 | 0.170 | 0.075 | 0.200 | 0.085 | 0.200 | 0.080 |
| 150 | | 0.160 | 0.070 | 0.170 | 0.075 | 0.200 | 0.085 | 0.240 | 0.110 | 0.270 | 0.095 |
| 200 | | 0.20 | 0.09 | 0.25 | 0.11 | 0.28 | 0.12 | 0.32 | 0.14 | 0.28 | 0.12 |
| 250 | | 0.28 | 0.12 | 0.32 | 0.14 | 0.38 | 0.17 | 0.46 | 0.20 | 0.38 | 0.16 |
| 300 | | 0.38 | 0.16 | 0.45 | 0.19 | 0.53 | 0.23 | 0.63 | 0.27 | 0.52 | 0.22 |
| 350 | | 0.48 | 0.20 | 0.57 | 0.24 | 0.77 | 0.33 | 1.00 | 0.43 | 0.68 | 0.29 |
| 400 | | 0.63 | 0.27 | 0.76 | 0.32 | 1.10 | 0.51 | 1.40 | 0.60 | 0.90 | 0.38 |
| 450 | | 0.81 | 0.35 | 0.96 | 0.42 | 1.55 | 0.73 | 1.75 | 0.75 | 1.15 | 0.49 |
| 500 | | 1.00 | 0.45 | 1.19 | 0.52 | – | – | – | – | 1.46 | 0.62 |
| 600 | | 1.50 | 0.75 | 1.70 | 0.75 | – | – | – | – | 2.30 | 0.90 |

(개당)

| 편심곡관 | | 단편심 90°– 곡관 | | | | 단편심 U–곡관 | | | |
|---|---|---|---|---|---|---|---|---|---|
| 100~160 | | 20~80 | | 100~160 | | 20~80 | | 100~160 | |
| 플랜트배관공 | 특별인부 | 플랜트배관공 | 특별인부 | 플랜트배관공 | 특별인부 | 플랜트배관공 | 특별인부 | 플랜트배관공 | 특별인부 |
| 0.060 | 0.025 | 0.065 | 0.030 | 0.075 | 0.035 | 0.075 | 0.035 | 0.090 | 0.035 |
| 0.070 | 0.030 | 0.075 | 0.030 | 0.085 | 0.040 | 0.090 | 0.040 | 0.100 | 0.045 |
| 0.080 | 0.035 | 0.085 | 0.035 | 0.100 | 0.045 | 0.100 | 0.045 | 0.125 | 0.055 |
| 0.095 | 0.040 | 0.100 | 0.045 | 0.120 | 0.050 | 0.120 | 0.055 | 0.155 | 0.065 |
| 0.120 | 0.050 | 0.125 | 0.055 | 0.150 | 0.060 | 0.150 | 0.065 | 0.185 | 0.08 |
| 0.135 | 0.060 | 0.150 | 0.055 | 0.170 | 0.070 | 0.180 | 0.080 | 0.210 | 0.095 |
| 0.160 | 0.070 | 0.170 | 0.075 | 0.190 | 0.080 | 0.210 | 0.090 | 0.280 | 0.120 |
| 0.185 | 0.080 | 0.190 | 0.085 | 0.230 | 0.095 | 0.240 | 0.100 | 0.350 | 0.150 |
| 0.220 | 0.095 | 0.240 | 0.100 | 0.280 | 0.120 | 0.300 | 0.125 | 0.420 | 0.180 |
| 0.250 | 0.110 | 0.290 | 0.120 | 0.340 | 0.145 | 0.350 | 0.150 | 0.600 | 0.250 |
| 0.30 | 0.125 | 0.38 | 0.16 | 0.44 | 0.19 | 0.51 | 0.17 | 0.81 | 0.34 |
| 0.46 | 0.18 | 0.49 | 0.21 | 0.58 | 0.25 | 0.69 | 0.29 | 1.16 | 0.49 |
| 0.63 | 0.27 | 0.70 | 0.30 | 0.77 | 0.33 | 0.98 | 0.42 | 1.66 | 0.71 |
| 0.86 | 0.37 | 0.94 | 0.40 | 1.10 | 0.47 | 1.46 | 0.63 | 1.90 | 0.82 |
| 1.11 | 0.48 | 0.25 | 0.53 | 1.45 | 0.60 | 1.82 | 0.78 | – | – |
| 1.14 | 0.60 | – | – | – | – | – | – | – | – |

(개당)

| 구분 | | U곡관 및 팽창형 U곡관 | | | | 2편심 U-곡관 | | | |
|---|---|---|---|---|---|---|---|---|---|
| | Sch No | 20~80 | | 100~160 | | 20~80 | | 100~160 | |
| 구경 mm | 직종 | 플랜트 배관공 | 특별 인부 | 플랜트 배관공 | 특별 인부 | 플랜트 배관공 | 특별 인부 | 플랜트 배관공 | 특별 인부 |
| ø 25 | | 0.075 | 0.035 | 0.100 | 0.040 | 0.100 | 0.040 | 0.120 | 0.050 |
| 32 | | 0.090 | 0.040 | 0.120 | 0.050 | 0.110 | 0.050 | 0.140 | 0.060 |
| 40 | | 0.110 | 0.045 | 0.140 | 0.060 | 0.130 | 0.060 | 0.160 | 0.070 |
| 50 | | 0.130 | 0.055 | 0.170 | 0.070 | 0.150 | 0.070 | 0.190 | 0.080 |
| 65 | | 0.160 | 0.070 | 0.200 | 0.080 | 0.180 | 0.080 | 0.220 | 0.095 |
| 80 | | 0.190 | 0.080 | 0.230 | 0.095 | 0.220 | 0.095 | 0.250 | 0.110 |
| 90 | | 0.230 | 0.095 | 0.270 | 0.110 | 0.270 | 0.110 | 0.290 | 0.125 |
| 100 | | 0.260 | 0.110 | 0.310 | 0.130 | 0.320 | 0.125 | 0.330 | 0.145 |
| 125 | | 0.320 | 0.130 | 0.380 | 0.160 | 0.380 | 0.160 | 0.430 | 0.190 |
| 150 | | 0.380 | 0.160 | 0.440 | 0.190 | 0.480 | 0.200 | 0.540 | 0.230 |
| 200 | | 0.540 | 0.230 | 0.560 | 0.240 | 0.590 | 0.250 | 0.700 | 0.300 |
| 250 | | 0.740 | 0.310 | 0.860 | 0.360 | 0.840 | 0.360 | 0.990 | 0.420 |
| 300 | | 1.000 | 0.420 | 1.200 | 0.510 | 1.330 | 0.570 | 1.400 | 0.510 |
| 350 | | 1.450 | 0.620 | 1.660 | 0.710 | 1.830 | 0.830 | - | - |
| 400 | | 2.170 | 0.930 | 2.200 | 0.940 | - | - | - | - |
| 450 | | - | - | - | - | - | - | - | - |
| 500 | | - | - | - | - | - | - | - | - |
| 600 | | - | - | - | - | - | - | - | - |

[주] ① 본 품은 탄소강관을 기준으로 한 것이다.

② 본 품중에는 필요시의 Pipe절단 품이 포함되어 있다.

③ 현장 작업인 경우에는 본 품의 20%를 가산한다.

④ Stainless Steel, Aluminium, Brass 및 Copper의 합금 작업시에는 본 품에 다음표에 있는 할증률을 가산한다.

⑤ 공구손료 및 장비사용료는 별도 계상한다
- 할증율(%)

| 구분 \ 구경(mm) | 50 | 80 | 100 | 125 | 150 | 200 | 250 | 300 | 350 | 400 | 450 | 500 | 600 |
|---|---|---|---|---|---|---|---|---|---|---|---|---|---|
| Stainless, Al | 15 | 19 | 22 | 24 | 26 | 30 | 41 | 43 | 46 | 49 | 50 | 52 | 56 |
| Copper, Brass | 6 | 9 | 12 | – | 15 | 20 | 22 | 24 | – | – | – | – | – |

## 13-1-3. 밸브취부

1. Screwed Type

(개당)

| 구경(mm) \ 직종 | 사용압력(Valve) | | | | | | | | | |
|---|---|---|---|---|---|---|---|---|---|---|
| | 10.5kg/cm² | | 21.0~27.5kg/cm² | | 42~62kg/cm² | | 105kg/cm² | | 176kg/cm² | |
| | 플랜트배관공 | 특별인부 | 플랜트배관공 | 특별인부 | 플랜트배관공 | 특별인부 | 플랜트배관공 | 특별인부 | 플랜트배관공 | 특별인부 |
| ø 25 이하 | 0.066 | 0.033 | 0.066 | 0.033 | 0.093 | 0.046 | 0.093 | 0.046 | 0.10 | 0.05 |
| 32 | 0.066 | 0.033 | 0.066 | 0.033 | 0.100 | 0.050 | 0.11 | 0.055 | 0.14 | 0.07 |
| 40 | 0.086 | 0.043 | 0.086 | 0.043 | 0.140 | 0.070 | 0.15 | 0.075 | 0.17 | 0.085 |
| 50 | 0.093 | 0.046 | 0.12 | 0.06 | 0.160 | 0.080 | 0.17 | 0.085 | 0.21 | 0.105 |
| 65 | 0.133 | 0.066 | 0.16 | 0.08 | 0.187 | 0.093 | 0.23 | 0.110 | 0.24 | 0.12 |
| 80 | 0.166 | 0.083 | 0.19 | 0.095 | 0.233 | 0.116 | 0.27 | 0.130 | 0.29 | 0.14 |
| 90 | 0.187 | 0.093 | 0.21 | 0.105 | 0.260 | 0.130 | 0.29 | 0.140 | 0.31 | 0.15 |
| 100 | 0.220 | 0.110 | 0.25 | 0.125 | 0.300 | 0.150 | 0.34 | 0.170 | 0.37 | 0.18 |

## 2. Welded-Back Screwed Type

(개당)

| 구분 / 구경(mm) / 직종 | 사용압력(Valve) | | | | | | | | | |
|---|---|---|---|---|---|---|---|---|---|---|
| | 10.5kg/cm² | | 21~27kg/cm² | | 42~63kg/cm² | | 105kg/cm² | | 176kg/cm² | |
| | 플랜트배관공 | 특별인부 | 플랜트배관공 | 특별인부 | 플랜트배관공 | 특별인부 | 플랜트배관공 | 특별인부 | 플랜트배관공 | 특별인부 |
| ø 25 이하 | 0.107 | 0.053 | 0.107 | 0.053 | 0.133 | 0.066 | 0.134 | 0.067 | 0.140 | 0.066 |
| 32 | 0.133 | 0.066 | 0.133 | 0.066 | 0.166 | 0.083 | 0.180 | 0.090 | 0.206 | 0.103 |
| 40 | 0.153 | 0.076 | 0.154 | 0.077 | 0.206 | 0.103 | 0.220 | 0.110 | 0.240 | 0.120 |
| 50 | 0.186 | 0.093 | 0.220 | 0.110 | 0.253 | 0.126 | 0.266 | 0.133 | 0.300 | 0.150 |
| 65 | 0.240 | 0.120 | 0.266 | 0.133 | 0.293 | 0.146 | 0.333 | 0.166 | 0.346 | 0.173 |
| 80 | 0.300 | 0.150 | 0.326 | 0.163 | 0.366 | 0.183 | 0.400 | 0.200 | 0.42 | 0.21 |
| 90 | 0.360 | 0.180 | 0.380 | 0.190 | 0.434 | 0.217 | 0.466 | 0.233 | 0.48 | 0.24 |
| 100 | 0.406 | 0.203 | 0.406 | 0.203 | 0.486 | 0.243 | 0.526 | 0.263 | 0.55 | 0.27 |

## 3. Flange Type

(개당)

| 구분 / 구경(mm) / 직종 | 사용압력(Valve) | | | | | | | | | | | |
|---|---|---|---|---|---|---|---|---|---|---|---|---|
| | 10.5kg/cm² | | 21~27kg/cm² | | 42kg/cm² | | 63kg/cm² | | 105kg/cm² | | 176kg/cm² | |
| | 플랜트배관공 | 특별인부 | 플랜트배관공 | 특별인부 | 플랜트배관공 | 특별인부 | 플랜트배관공 | 특별인부 | 플랜트배관공 | 특별인부 | 플랜트배관공 | 특별인부 |
| ø 50 | 0.100 | 0.050 | 0.133 | 0.067 | 0.180 | 0.090 | 0.198 | 0.097 | 0.220 | 0.110 | 0.293 | 0.147 |
| 65 | 0.133 | 0.066 | 0.167 | 0.084 | 0.207 | 0.104 | 0.220 | 0.110 | 0.287 | 0.144 | 0.340 | 0.170 |
| 80 | 0.166 | 0.083 | 0.200 | 0.100 | 0.254 | 0.127 | 0.267 | 0.134 | 0.327 | 0.164 | 0.387 | 0.194 |
| 90 | 0.220 | 0.110 | 0.240 | 0.120 | 0.300 | 0.150 | 0.320 | 0.160 | 0.380 | 0.190 | 0.440 | 0.220 |
| 100 | 0.240 | 0.120 | 0.287 | 0.144 | 0.347 | 0.174 | 0.360 | 0.180 | 0.433 | 0.217 | 0.520 | 0.260 |
| 125 | 0.286 | 0.143 | 0.334 | 0.167 | 0.394 | 0.197 | 0.407 | 0.204 | 0.487 | 0.244 | 0.580 | 0.290 |
| 150 | 0.313 | 0.156 | 0.367 | 0.184 | 0.427 | 0.214 | 0.447 | 0.224 | 0.560 | 0.280 | 0.627 | 0.314 |

| 구분 | 사용압력(Valve) | | | | | | | | | | | |
|---|---|---|---|---|---|---|---|---|---|---|---|---|
| | 10.5kg/㎠ | | 21~27kg/㎠ | | 42kg/㎠ | | 63kg/㎠ | | 105kg/㎠ | | 176kg/㎠ | |
| 구경(mm) 직종 | 플랜트배관공 | 특별인부 | 플랜트배관공 | 특별인부 | 플랜트배관공 | 특별인부 | 플랜트배관공 | 특별인부 | 플랜트배관공 | 특별인부 | 플랜트배관공 | 특별인부 |
| 200 | 0.407 | 0.203 | 0.486 | 0.243 | 0.574 | 0.287 | 0.606 | 0.303 | 0.746 | 0.373 | 0.900 | 0.450 |
| 250 | 0.520 | 0.260 | 0.606 | 0.303 | 0.694 | 0.347 | 0.735 | 0.368 | 0.954 | 0.477 | 1.090 | 0.550 |
| 300 | 0.646 | 0.323 | 0.746 | 0.373 | 0.867 | 0.434 | 0.920 | 0.460 | 1.190 | 0.600 | 1.430 | 0.720 |
| 350 | 0.746 | 0.373 | 0.861 | 0.430 | 1.010 | 0.506 | 1.060 | 0.530 | 1.420 | 0.710 | – | – |
| 400 | 0.860 | 0.430 | 1.000 | 0.500 | 1.160 | 0.580 | 1.230 | 0.620 | 1.680 | 0.840 | – | – |
| 450 | 0.960 | 0.480 | 1.130 | 0.570 | 1.350 | 0.630 | 1.430 | 0.720 | 1.950 | 0.980 | – | – |
| 500 | 1.100 | 0.550 | 1.280 | 0.640 | 1.550 | 0.780 | 1.630 | 0.820 | 2.260 | 1.130 | – | – |
| 600 | 1.260 | 0.630 | 1.480 | 0.740 | 1.760 | 0.880 | 1.810 | 0.910 | 2.660 | 1.330 | – | – |

**[주]** ① 본 품은 Flange형 Valve의 운반조작(Handling) 및 Bolt 결합이 포함되어 있다.

② Valve 결합품에는 Gasket 및 Bolt Stud의 소운반이 포함되어 있다.

③ 공구손료 및 장비사용료는 별도 계상한다.

## 13-1-4. Fitting 취부

### 1. Screwed Type

(개당)

| Fitting 종류 | (2개소결합)Elbow | | (3개소결합)Tee | | (4개소결합)Cross | |
|---|---|---|---|---|---|---|
| 직종 구경 mm | 플랜트배관공 | 특별인부 | 플랜트배관공 | 특별인부 | 플랜트배관공 | 특별인부 |
| ø 25 이하 | 0.040 | 0.020 | 0.060 | 0.03 | 0.08 | 0.040 |
| 32 | 0.040 | 0.020 | 0.060 | 0.03 | 0.08 | 0.040 |
| 40 | 0.053 | 0.026 | 0.080 | 0.04 | 0.11 | 0.055 |
| 50 | 0.053 | 0.026 | 0.080 | 0.04 | 0.11 | 0.055 |
| 65 | 0.066 | 0.033 | 0.100 | 0.05 | 0.13 | 0.060 |
| 80 | 0.066 | 0.033 | 0.100 | 0.05 | 0.13 | 0.060 |
| 90 | 0.066 | 0.033 | 0.100 | 0.05 | 0.13 | 0.060 |
| 100 | 0.080 | 0.040 | 0.120 | 0.06 | 0.16 | 0.080 |

**[주]** ① 본 품은 조립품으로 절단 및 Threading 등 품은 별도 계상한다.

② 공구손료 및 장비사용료는 별도 계상한다.

## 2. Flange Type

(개당)

| 구분<br>구경<br>(mm) | 사용압력범위(Fitting) | | | | | | | | | | | |
|---|---|---|---|---|---|---|---|---|---|---|---|---|
| | 10.5kg/㎠ | | 21~27kg/㎠ | | 42kg/㎠ | | 63kg/㎠ | | 105kg/㎠ | | 176kg/㎠ | |
| 직종 | 플랜트<br>배관공 | 특별<br>인부 | 플랜트<br>배관공 | 특별<br>인부 | 플랜트<br>배관공 | 특별<br>인부 | 플랜트<br>배관공 | 특별<br>인부 | 플랜트<br>배관공 | 특별<br>인부 | 플랜트<br>배관공 | 특별<br>인부 |
| ø 50 | 0.060 | 0.030 | 0.060 | 0.030 | 0.073 | 0.036 | 0.087 | 0.043 | 0.10 | 0.05 | 0.13 | 0.06 |
| 65 | 0.066 | 0.033 | 0.066 | 0.033 | 0.086 | 0.043 | 0.100 | 0.050 | 0.13 | 0.06 | 0.17 | 0.08 |
| 80 | 0.066 | 0.033 | 0.066 | 0.033 | 0.086 | 0.043 | 0.100 | 0.050 | 0.13 | 0.06 | 0.17 | 0.08 |
| 90 | 0.087 | 0.043 | 0.087 | 0.043 | 0.110 | 0.055 | 0.130 | 0.060 | 0.15 | 0.07 | 0.20 | 0.10 |
| 100 | 0.100 | 0.050 | 0.120 | 0.060 | 0.130 | 0.060 | 0.140 | 0.070 | 0.17 | 0.08 | 0.23 | 0.11 |
| 150 | 0.130 | 0.060 | 0.140 | 0.070 | 0.150 | 0.070 | 0.170 | 0.080 | 0.22 | 0.11 | 0.29 | 0.14 |
| 200 | 0.170 | 0.080 | 0.200 | 0.100 | 0.220 | 0.110 | 0.250 | 0.140 | 0.31 | 0.15 | 0.41 | 0.20 |
| 250 | 0.230 | 0.110 | 0.250 | 0.120 | 0.270 | 0.130 | 0.310 | 0.150 | 0.39 | 0.19 | 0.51 | 0.25 |
| 300 | 0.290 | 0.140 | 0.320 | 0.160 | 0.340 | 0.170 | 0.370 | 0.190 | 0.49 | 0.24 | 0.64 | 0.32 |
| 350 | 0.320 | 0.160 | 0.360 | 0.180 | 0.390 | 0.190 | 0.440 | 0.220 | 0.54 | 0.27 | - | - |
| 400 | 0.370 | 0.180 | 0.410 | 0.200 | 0.430 | 0.210 | 0.500 | 0.250 | 0.62 | 0.31 | - | - |
| 450 | 0.400 | 0.200 | 0.450 | 0.220 | 0.490 | 0.240 | 0.560 | 0.280 | 0.69 | 0.34 | - | - |
| 500 | 0.460 | 0.230 | 0.520 | 0.260 | 0.550 | 0.270 | 0.630 | 0.310 | 0.77 | 0.38 | - | - |
| 600 | 0.550 | 0.270 | 0.520 | 0.310 | 0.660 | 0.330 | 0.760 | 0.380 | 0.93 | 0.46 | - | - |

**[주]** ① 본 품은 Flange로 된 Fitting 및 Spool의 결합에 필요한 품이다.

② 본 품에는 Bolt, Gasket 등의 소운반품이 포함되어 있다.

③ 공구손료 및 장비사용료는 별도 계상한다.

## 13-1-5. Flange 취부

### 1. Screwed Type

(조당)

| 구경(mm) \ 직종 | 사용압력범위(Flange) | | | |
|---|---|---|---|---|
| | 10.5kg/㎠ Steel 및 8.8kg/㎠ 주철 | | 21kg/㎠ Steel 및 17.5kg/㎠ 주철 | |
| | 플랜트배관공 | 특별인부 | 플랜트배관공 | 특별인부 |
| ø 50 | 0.100 | 0.050 | 0.120 | 0.060 |
| 65 | 0.106 | 0.053 | 0.126 | 0.063 |
| 80 | 0.120 | 0.060 | 0.133 | 0.066 |
| 90 | 0.133 | 0.066 | 0.153 | 0.076 |
| 100 | 0.140 | 0.070 | 0.166 | 0.083 |
| 125 | 0.153 | 0.076 | 0.186 | 0.093 |
| 150 | 0.173 | 0.086 | 0.193 | 0.096 |
| 200 | 0.206 | 0.103 | 0.233 | 0.116 |
| 250 | 0.260 | 0.130 | 0.286 | 0.143 |
| 300 | 0.306 | 0.153 | 0.340 | 0.170 |
| 350 | 0.373 | 0.186 | 0.427 | 0.213 |
| 400 | 0.453 | 0.226 | 0.506 | 0.253 |
| 450 | 0.540 | 0.270 | 0.606 | 0.303 |
| 500 | 0.640 | 0.320 | 0.727 | 0.363 |
| 600 | 0.920 | 0.460 | 1.040 | 0.520 |

[주] ① 본 품은 주철 및 탄소강을 기준으로 한 것이다.

② 본 품은 Pipe 절단, Threading 및 Flange 취부, 면사상(面仕上) 및 조정(Alignment)이 포함되어 있다.

③ 공구손료 및 장비사용료는 별도 계상한다.

## 2. Seal Welded Screwed Type

(조당)

| 구분<br>구경(mm) | 압 력 범 위 (Flange) | | | | | | | | | | | |
|---|---|---|---|---|---|---|---|---|---|---|---|---|
| | 10.5kg/cm² | | 21kg/cm² | | 28kg/cm² | | 42kg/cm² | | 63kg/cm² | | 105kg/cm² | |
| 직종 | 플랜트<br>배관공 | 특별<br>인부 | 플랜트<br>배관공 | 특별<br>인부 | 플랜트<br>배관공 | 특별<br>인부 | 플랜트<br>배관공 | 특별<br>인부 | 플랜트<br>배관공 | 특별<br>인부 | 플랜트<br>배관공 | 특별<br>인부 |
| ø 50 | 0.166 | 0.083 | 0.186 | 0.096 | 0.200 | 0.100 | 0.200 | 0.100 | 0.260 | 0.130 | 0.260 | 0.130 |
| 65 | 0.186 | 0.093 | 0.200 | 0.100 | 0.220 | 0.110 | 0.220 | 0.110 | 0.274 | 0.137 | 0.274 | 0.137 |
| 80 | 0.200 | 0.100 | 0.220 | 0.110 | 0.240 | 0.120 | 0.240 | 0.120 | 0.306 | 0.153 | 0.306 | 0.153 |
| 90 | 0.220 | 0.110 | 0.240 | 0.120 | 0.267 | 0.133 | 0.267 | 0.133 | 0.360 | 0.180 | 0.400 | 0.200 |
| 100 | 0.240 | 0.120 | 0.267 | 0.133 | 0.300 | 0.150 | 0.320 | 0.160 | 0.400 | 0.200 | 0.460 | 0.230 |
| 125 | 0.273 | 0.137 | 0.306 | 0.153 | 0.340 | 0.170 | 0.374 | 0.187 | 0.494 | 0.247 | 0.530 | 0.265 |
| 150 | 0.326 | 0.163 | 0.366 | 0.183 | 0.426 | 0.213 | 0.440 | 0.220 | 0.606 | 0.303 | 0.674 | 0.337 |
| 200 | 0.400 | 0.200 | 0.406 | 0.230 | 0.540 | 0.270 | 0.553 | 0.277 | - | - | - | - |
| 250 | 0.520 | 0.260 | 0.566 | 0.283 | 0.606 | 0.300 | 0.666 | 0.333 | - | - | - | - |
| 300 | 0.593 | 0.297 | 0.666 | 0.333 | 0.726 | 0.363 | 0.774 | 0.387 | - | - | - | - |
| 350 | 0.706 | 0.353 | 0.800 | 0.400 | - | - | - | - | - | - | - | - |
| 400 | 0.886 | 0.443 | 0.974 | 0.487 | - | - | - | - | - | - | - | - |
| 450 | 1.030 | 0.515 | 1.110 | 0.555 | - | - | - | - | - | - | - | - |
| 500 | 1.104 | 0.557 | 1.250 | 0.625 | - | - | - | - | - | - | - | - |
| 600 | 1.580 | 0.797 | 1.700 | 0.850 | - | - | - | - | - | - | - | - |

[주] ① 본 품은 탄소강을 기준으로 한 것이다.

② 본 품에는 Pipe 절단, Threading 및 Flange 취부 후 전배면 용접, 면사
상(面仕上) 및 조정(Alignment)이 포함되어 있다.

③ 공구손료 및 장비사용료는 별도 계상한다.

## 3. Slip-On Flange Welded Type

(조당)

| 구분\직종\구경(mm) | 사용 압력 범위(Flange) | | | | | | | | | |
|---|---|---|---|---|---|---|---|---|---|---|
| | 10.5kg/cm² | | 21kg/cm² | | 27kg/cm² | | 42kg/cm² | | 63kg/cm² | |
| | 플랜트 용접공 | 특별 인부 | 플랜트 용접공 | 특별 인부 | 플랜트 용접공 | 특별 인부 | 플랜트 용접공 | 특별 인부 | 플랜트 용접공 | 특별 인부 |
| ø 25 이하 | 0.066 | 0.033 | 0.087 | 0.044 | 0.120 | 0.060 | 0.120 | 0.060 | 0.133 | 0.067 |
| 32 | 0.087 | 0.043 | 0.100 | 0.050 | 0.120 | 0.060 | 0.120 | 0.060 | 0.153 | 0.077 |
| 40 | 0.087 | 0.043 | 0.107 | 0.054 | 0.120 | 0.060 | 0.120 | 0.060 | 0.153 | 0.077 |
| 50 | 0.107 | 0.053 | 0.120 | 0.060 | 0.153 | 0.077 | 0.156 | 0.078 | 0.200 | 0.100 |
| 65 | 0.126 | 0.063 | 0.140 | 0.070 | 0.193 | 0.097 | 0.183 | 0.092 | 0.254 | 0.127 |
| 80 | 0.153 | 0.076 | 0.173 | 0.087 | 0.240 | 0.120 | 0.240 | 0.120 | 0.300 | 0.150 |
| 90 | 0.186 | 0.093 | 0.200 | 0.100 | 0.274 | 0.137 | 0.274 | 0.137 | 0.342 | 0.171 |
| 100 | 0.200 | 0.100 | 0.220 | 0.110 | 0.293 | 0.147 | 0.320 | 0.160 | 0.400 | 0.200 |
| 125 | 0.253 | 0.127 | 0.273 | 0.137 | 0.373 | 0.187 | 0.400 | 0.200 | 0.506 | 0.253 |
| 150 | 0.300 | 0.150 | 0.326 | 0.163 | 0.433 | 0.217 | 0.483 | 0.287 | 0.600 | 0.300 |
| 200 | 0.426 | 0.213 | 0.453 | 0.237 | 0.607 | 0.304 | 0.666 | 0.333 | 0.660 | 0.330 |
| 250 | 0.526 | 0.263 | 0.566 | 0.283 | 0.754 | 0.377 | 0.926 | 0.463 | 0.960 | 0.480 |
| 300 | 0.640 | 0.320 | 0.694 | 0.347 | 0.920 | 0.460 | 1.140 | 0.570 | 1.270 | 0.640 |
| 350 | 0.754 | 0.377 | 0.834 | 0.417 | 1.090 | 0.550 | 1.350 | 0.670 | 1.470 | 0.740 |
| 400 | 0.874 | 0.437 | 0.940 | 0.470 | 1.250 | 0.630 | 1.530 | 0.770 | 1.670 | 0.840 |
| 450 | 1.020 | 0.510 | 1.130 | 0.570 | 1.460 | 0.730 | 1.690 | 0.850 | 1.970 | 0.980 |
| 500 | 1.220 | 0.610 | 1.330 | 0.670 | 1.750 | 0.830 | 1.970 | 0.980 | 2.290 | 1.150 |
| 600 | 1.530 | 0.770 | 1.670 | 0.840 | 2.140 | 1.070 | 2.600 | 1.300 | 2.900 | 1.450 |

[주] ① 본 품은 탄소강을 기준으로 한 것이다.

② 본 품은 Pipe를 절단하여 Flange 활입(滑入) 후 전배면을 용접하고 면사상 및 조정(Alignment)이 포함되어 있다.

③ 공구손료 및 장비사용료는 별도 계상한다.

## 13-1-6. Oil Flushing

(ton당)

| 규격<br>(mm) | 플랜트<br>배관공 | 보 통<br>인 부 | 계 | 구격 | 플랜트배<br>관공 | 보 통<br>인 부 | 계 |
|---|---|---|---|---|---|---|---|
| ø 8 | 7.43 | 141.19 | 148.62 | ø 65 | 1.05 | 19.89 | 20.94 |
| 10 | 6.32 | 120.00 | 120.32 | 80 | 0.85 | 16.05 | 16.90 |
| 15 | 4.94 | 93.89 | 98.83 | 100 | 0.60 | 11.33 | 11.93 |
| 20 | 4.38 | 83.30 | 87.68 | 125 | 0.44 | 8.31 | 8.75 |
| 25 | 3.72 | 70.59 | 74.31 | 150 | 0.34 | 6.55 | 6.89 |
| 32 | 2.75 | 52.29 | 55.04 | 200 | 0.23 | 4.30 | 4.53 |
| 40 | 2.33 | 44.25 | 46.58 | 250 | 0.16 | 3.06 | 3.22 |
| 50 | 1.76 | 33.35 | 35.11 | 300 | 0.12 | 2.31 | 2.43 |

[주] ① 본 품은 Scale의 조도가 50# 이상인 경우에 한하여 적용한다.

② 본 품은 Scale의 조도가 200#를 기준한 것으로 100#까지 10%, 50#까지 20%를 감한다.

③ 본 품에는 Flushing Oil의 Charging 및 Drain, Hammering, 금망의 설치 및 교환 Scale의 Sampling 및 판정이 포함되어 있다.

④ Flushing을 위한 가배관 및 철거품은 별도 계상한다.

⑤ 장비 및 공구손료는 별도 계상한다.

## 13-1-7. 장거리배관 ('93년 보완)

(Joint당)

| 규격 | 개당<br>중량(kg) | 보통<br>인부 | 플랜트<br>배관공 | 특별<br>인부 | 플랜트<br>용접공 | 크레인<br>(시간) | 비고 |
|---|---|---|---|---|---|---|---|
| ø 150 | 238 | 0.78 | 0.60 | 1.20 | 0.84 | 0.80 | |
| 175 | 290 | 0.82 | 0.63 | 1.26 | 0.89 | 0.84 | |
| 200 | 361 | 0.86 | 0.66 | 1.32 | 0.95 | 0.88 | |
| 225 | 432 | 0.90 | 0.69 | 1.38 | 1.00 | 0.92 | |
| 250 | 509 | 0.94 | 0.72 | 1.44 | 1.06 | 0.96 | |
| 300 | 636 | 1.01 | 0.78 | 1.56 | 1.17 | 1.04 | |
| 350 | 661 | 1.09 | 0.84 | 1.68 | 1.30 | 1.12 | |

| 400 | 710 | 1.17 | 0.90 | 1.80 | 1.44 | 1.20 |
| 450 | 802 | 1.25 | 0.96 | 1.92 | 1.60 | 1.28 |
| 500 | 892 | 1.33 | 1.02 | 2.04 | 1.71 | 1.34 |
| 550 | 982 | 1.40 | 1.08 | 2.16 | 1.83 | 1.42 |
| 600 | 1,068 | 1.48 | 1.14 | 2.28 | 1.94 | 1.50 |
| 650 | 1,152 | 1.56 | 1.20 | 2.40 | 2.05 | 1.58 |

[주] ① 본 품은 직관길이 12m를 기준한 것이며(수중, 터널내 등) 이형관 및 곡관부설은 별도 계상할 수 있다.

② 본 품은 비파괴검사 KS 2급 기준이며, KS 1급 적용시는 본 품에 100%까지 가산할 수 있다.

③ 본 품은 소운반, 조양, Hangering, Supporting, Alignment, 가접, 본용접 등의 작업이 포함되어 있다.

④ 본 품은 비파괴시험작업, 수압시험작업은 제외되었다.

⑤ 작업장소에 따른 할증률 및 지세별 할증률은 '[공통부문] 1-4-3 품의 할증'의 해당할증 항을 적용한다.

⑥ 폴리에틸렌 피복관 배관시는 상기품에 10% 가산한다.

⑦ 타공사와 병행작업시는 상기 본 품에 20% 가산한다.

⑧ 장비휴지 대기시간이 일일 1시간 이상 발생할 경우에는 인건비, 관리비를 별도 계상한다.

⑨ 배관작업구간내에 가설작업장을 건설하지 못할 경우 장비 및 인원이동을 위하여 본 품에 10% 가산한다.

⑩ 본 품은 배관 및 용접품이므로 별도의 기구 부착 등은 따로 계상한다.

⑪ 기계기구(용접기, 발전기, 지게차, 견인차, 공기압축기 등) 및 잡재료는 필요에 따라 계상한다.

⑫ 부설을 위한 터파기, 되메우기, 기초, 잔토처리, 물푸기 등은 별도 계상한다.

## 13-1-8. 이중보온관 설치

### 1. 이중보온관 부설

(m당 : 관길이 기준)

| 구분<br>관경<br>(외경)(mm) | 개당중량<br>(kg)<br>(12m기준) | 플랜트<br>배관공<br>(인) | 특별인부<br>(인) | 보통인부<br>(인) | 크레인<br>(시간) | 비 고 |
|---|---|---|---|---|---|---|
| ø  20(90) | 34(17) | 0.065 | 0.065 | 0.100 | | |
| 25(90) | 43(22) | 0.066 | 0.066 | 0.101 | | |
| 32(110) | 60(30) | 0.067 | 0.067 | 0.102 | | |
| 40(110) | 67(34) | 0.068 | 0.068 | 0.104 | | |
| 50(125) | 87(43) | 0.070 | 0.070 | 0.106 | | |
| 65(140) | 122(61) | 0.073 | 0.073 | 0.109 | | |
| 80(160) | 145(72) | 0.075 | 0.075 | 0.112 | | |
| 100(200) | 204(102) | 0.078 | 0.078 | 0.116 | 0.100 | |
| 125(225) | 259 | 0.082 | 0.082 | 0.125 | 0.105 | |
| 150(250) | 326 | 0.086 | 0.086 | 0.130 | 0.110 | |
| 200(315) | 500 | 0.095 | 0.095 | 0.142 | 0.121 | |
| 250(400) | 663 | 0.103 | 0.103 | 0.152 | 0.132 | |
| 300(450) | 797 | 0.105 | 0.105 | 0.155 | 0.134 | |
| 350(500) | 834 | 0.108 | 0.108 | 0.163 | 0.136 | |
| 400(560) | 1,072 | 0.111 | 0.111 | 0.167 | 0.138 | |
| 450(630) | 1,250 | 0.119 | 0.119 | 0.178 | 0.147 | |
| 500(710) | 1,459 | 0.124 | 0.124 | 0.185 | 0.149 | |
| 550(710) | 1,882 | 0.130 | 0.130 | 0.192 | 0.151 | |
| 600(800) | 2,161 | 0.136 | 0.136 | 0.203 | 0.153 | |
| 650(850) | 2,332 | 0.143 | 0.143 | 0.213 | 0.161 | |
| 700(900) | 2,559 | 0.150 | 0.150 | 0.222 | 0.169 | |
| 750(950) | 2,730 | 0.157 | 0.157 | 0.231 | 0.177 | |
| 800(1,000) | 2,970 | 0.164 | 0.164 | 0.240 | 0.185 | |
| 850(1,100) | 3,690 | 0.171 | 0.171 | 0.249 | 0.193 | |
| 900(1,100) | 3,775 | 0.178 | 0.178 | 0.263 | 0.201 | |
| 1,000(1,200) | 4,538 | 0.192 | 0.192 | 0.282 | 0.217 | |
| 1,100(1,300) | 5,098 | 0.206 | 0.206 | 0.301 | 0.233 | |
| 1,200(1,400) | 5,547 | 0.220 | 0.220 | 0.320 | 0.249 | |

[주] ① 본 품은 지역난방용 온수의 공급 및 회수를 위하여 선응력도입법(Prestress Method)을 이용하여 지중에 매설되는 이중보온관의 기계부설에 적용한다.

② 본 품은 직관길이 12m를 기준한 것으로 이형관 및 곡관 등의 부설품은 포함되었으며 접합품은 제외되었다.

③ 개당 중량의 (  ) 안은 6m 기준일 때의 중량이다.

④ 본 품에는 소운반 조양, Hangering, Supporting Alignment 등의 작업이 포함되었다.

⑤ 본 품에는 지장물통과, 도로 및 철도횡단, 수중, 터널내 등 특수 부설 구간은 별도 계상할 수 있다.

⑥ 본 품은 비파괴검사 수압시험이 제외되었다.

⑦ 본 품은 용접부 보온, Foam pad 설치 등은 제외되었다.

⑧ 본 품은 누수감지연결부 취급, 공급 및 회수관 동시배열, 폴리에틸렌 피복관 등 지역난방 열배관 특성이 고려되었다.

⑨ 타 공사와 병행작업시는 상기 본 품에 20%까지 계상할 수 있다.

⑩ 장비 휴지 대기시간이 일일 1시간 이상 발생할 경우에는 장비에 대한 노무비, 관리비를 별도 계상할 수 있다.

⑪ 배관작업 구간내에 가설작업장을 건설치 못할 경우 장비 및 인원이동을 위하여 본 품에 10% 계상할 수 있다.

⑫ 본 품은 관로유지 및 누수감지 연결부, 용접부위 유지관리품이 계상되었다.

⑬ 자재 적치장에서 현장간 이중보온관의 운반비는 별도 계상한다.

⑭ 부설을 위한 터파기, 되메우기, 기초, 잔토처리, 물푸기 등은 별도 계상한다.

⑮ 본 품의 부설장비의 규격은 다음을 기준으로 한다.

| 관경(mm)(내경기준) | 부 설 장 비 규 격 | 비        고 |
|---|---|---|
| 300A 이상 | 15ton급  크레인(타이어) | |
| 350~650A | 20ton급  크레인(타이어) | |
| 700A 이상 | 25ton급  크레인(타이어) | |

2. 이중보온관 용접

(joint당)

| 구분<br>관경<br>(외경)(mm) | 개당강관<br>중량(kg)<br>(12m기준) | 플랜트<br>용접공<br>(인) | 특별<br>인부<br>(인) | 발전기<br>(50kW)<br>(시간) | 용접기<br>(300Amp)<br>(시간) | 용접봉<br>(kg) |
|---|---|---|---|---|---|---|
| ø 20(90) | 21(10) | 0.695 | 0.557 | 1.112 | 2.224 | 0.006 |
| 25(90) | 31(15) | 0.708 | 0.564 | 1.132 | 2.265 | 0.012 |
| 32(110) | 42(21) | 0.727 | 0.574 | 1.163 | 2.326 | 0.018 |
| 40(110) | 49(25) | 0.749 | 0.586 | 1.198 | 2.396 | 0.036 |
| 50(125) | 65(33) | 0.776 | 0.601 | 1.241 | 2.483 | 0.049 |
| 65(140) | 96(48) | 0.816 | 0.622 | 1.305 | 2.611 | 0.130 |
| 80(160) | 113(56) | 0.857 | 0.644 | 1.371 | 2.742 | 0.155 |
| 100(200) | 159(79) | 0.911 | 0.674 | 1.457 | 2.915 | 0.230 |
| 125(225) | 203 | 0.978 | 0.710 | 1.564 | 3.129 | 0.310 |
| 150(250) | 260 | 1.046 | 0.747 | 1.673 | 3.347 | 0.420 |
| 200(315) | 397 | 1.187 | 0.824 | 1.899 | 3.798 | 0.600 |
| 250(400) | 494 | 1.256 | 0.853 | 2.009 | 4.019 | 0.750 |
| 300(450) | 591 | 1.362 | 0.908 | 2.179 | 4.358 | 0.880 |
| 350(500) | 661 | 1.560 | 1.008 | 2.496 | 4.992 | 1.126 |
| 400(560) | 757 | 1.775 | 1.109 | 2.840 | 5.680 | 1.296 |
| 450(630) | 853 | 1.970 | 1.182 | 3.152 | 6.304 | 1.458 |
| 500(710) | 950 | 2.107 | 1.257 | 3.371 | 6.742 | 1.620 |
| 550(710) | 1,416 | 2.600 | 1.534 | 4.160 | 8.320 | 2.078 |
| 600(800) | 1,547 | 2.763 | 1.623 | 4.420 | 8.841 | 2.235 |
| 650(850) | 1,677 | 2.927 | 1.713 | 4.683 | 9.366 | 2.420 |
| 700(900) | 1,808 | 3.081 | 1.797 | 4.929 | 9.859 | 2.606 |
| 750(950) | 1,938 | 3.235 | 1.951 | 5.176 | 10.352 | 2.793 |
| 800(1,000) | 2,070 | 3.389 | 2.105 | 5.422 | 10.844 | 2.979 |
| 850(1,100) | 2,600 | 3.543 | 2.259 | 5.668 | 11.337 | 3.747 |
| 900(1,100) | 2,755 | 3.697 | 2.413 | 5.915 | 11.830 | 3.968 |
| 1,000(1,200) | 3,300 | 4.005 | 2.721 | 6.408 | 12.816 | 4.751 |
| 1,100(1,300) | 3,634 | 4.313 | 3.029 | 6.900 | 13.801 | 5.226 |
| 1,200(1,400) | 3,968 | 4.621 | 3.337 | 7.393 | 14.787 | 5.701 |

**[주]** ① 본 품은 지역난방용 온수의 공급 및 회수를 위하여 선응력 도입법(Pestress Method)을 이용하여 지중에 매설되는 이중보온관의 용접에 적용한다.

② 본 품은 12m를 기준한 것이며 지장물 통과, 도로 및 철도 횡단, 수중, 터널내 등 특수구간은 별도 계상할 수 있다.

③ 개당 강관중량의 ( )안은 6m 기준일 때 중량이다.

④ 본 품은 비파괴시험 2급 기준이며 1급 적용시는 본 품에 100% 가산한다.

⑤ 본 품에는 가접, 본 용접 등의 작업이 포함되어 있다.

⑥ 본 품에는 비파괴시험작업, 수압시험작업이 제외되었다.

⑦ 본 품에는 용접부 보온, Foam pad 설치 등이 제외되었다.

⑧ 타 공사와 병행작업시에 본 품에 20%까지 계상할 수 있다.

⑨ 장비 휴지 대기시간이 1일 1시간 이상 발생할 경우에는 장비에 대한 노무비, 관리비는 별도 계상할 수 있다.

⑩ 기계·공구(지게차, 견인차, 공기압축기 등) 및 잡재료는 필요에 따라 별도 계상한다.

⑪ MITER용접시는 본 품에 50%까지 할증을 고려하여 가산할 수 있다.

⑫ MITER용접에 필요한 관절단시 피복관 폴리에틸렌 절단과 폴리우레탄의 제거비는 별도 계상한다.

⑬ 본 품은 공급 및 회수관 동시배열, 폴리에틸렌 피복관 등 지역난방 열배관 특성이 고려되었다.

## 13-2. 플랜트 용접

### 13-2-1. 강관절단 ('18년 보완)

(개소당)

| 구경<br>(mm) | SCH No<br>직종 | 20~40 | | 60~80 | | 100~160 | |
|---|---|---|---|---|---|---|---|
| | | 용접공<br>(인) | 특별인부<br>(인) | 용접공<br>(인) | 특별인부<br>(인) | 용접공<br>(인) | 특별인부<br>(인) |
| ø 25 | | 0.002 | 0.001 | 0.003 | 0.001 | 0.004 | 0.002 |
| 32 | | 0.002 | 0.001 | 0.003 | 0.001 | 0.005 | 0.002 |
| 40 | | 0.003 | 0.001 | 0.005 | 0.002 | 0.007 | 0.003 |
| 50 | | 0.003 | 0.001 | 0.007 | 0.003 | 0.008 | 0.004 |
| 65 | | 0.004 | 0.002 | 0.010 | 0.004 | 0.010 | 0.004 |
| 80 | | 0.005 | 0.002 | 0.012 | 0.005 | 0.012 | 0.005 |
| 95 | | 0.007 | 0.003 | 0.013 | 0.005 | 0.014 | 0.006 |
| 100 | | 0.009 | 0.004 | 0.014 | 0.006 | 0.017 | 0.007 |
| 125 | | 0.010 | 0.005 | 0.017 | 0.007 | 0.021 | 0.009 |
| 150 | | 0.014 | 0.006 | 0.021 | 0.009 | 0.024 | 0.010 |
| 200 | | 0.017 | 0.007 | 0.028 | 0.012 | 0.031 | 0.013 |
| 250 | | 0.021 | 0.009 | 0.031 | 0.013 | 0.035 | 0.015 |
| 300 | | 0.028 | 0.12 | 0.035 | 0.015 | 0.052 | 0.022 |
| 350 | | 0.0038 | 0.016 | 0.052 | 0.022 | 0.070 | 0.030 |
| 400 | | 0.0049 | 0.026 | 0.070 | 0.030 | 0.087 | 0.037 |
| 450 | | 0.0066 | 0.028 | 0.087 | 0.037 | 0.105 | 0.045 |
| 500 | | 0.0084 | 0.036 | 0.105 | 0.045 | 0.122 | 0.052 |
| 600 | | 0.105 | 0.045 | 0.122 | 0.052 | 0.135 | 0.060 |

[주] ① 본 품은 산소+LPG를 사용하여 탄소강관을 인력으로 절단하는 기준이다.

② 본 품은 절단위치 확인, 절단 및 절단면 가공(Beveling)작업이 포함된
것이다.

③ Pipe절단은 평면절단을 기준으로 한 품이며 사단일 경우에는 품을 30%
가산한다.

④ 공구손료 및 경장비(절단장비 등)의 기계경비는 인력품의 3%를 계상한다.

⑤ 재료량은 다음을 참고하여 적용한다.

(개소당)

| 구경<br>(mm) | SCH No<br>직종 | 20~40 | | 60~80 | | 100~160 | |
|---|---|---|---|---|---|---|---|
| | | 산소( ℓ ) | LPG(kg) | 산소( ℓ ) | LPG(kg) | 산소( ℓ ) | LPG(kg) |
| ø 25 | | 2.4 | 0.002 | 2.5 | 0.002 | 5.2 | 0.005 |
| 32 | | 2.7 | 0.003 | 2.9 | 0.003 | 6.6 | 0.006 |
| 40 | | 3.2 | 0.003 | 3.4 | 0.003 | 9.0 | 0.009 |
| 50 | | 3.8 | 0.004 | 5.2 | 0.005 | 17.2 | 0.017 |
| 65 | | 4.8 | 0.005 | 14.2 | 0.014 | 26.2 | 0.026 |
| 80 | | 6.2 | 0.006 | 19.5 | 0.019 | 37.8 | 0.037 |
| 95 | | 7.5 | 0.007 | 26.2 | 0.026 | 42.0 | 0.041 |
| 100 | | 12.0 | 0.012 | 32.2 | 0.031 | 56.5 | 0.055 |
| 125 | | 22.0 | 0.021 | 50.0 | 0.049 | 77.0 | 0.075 |
| 150 | | 34.0 | 0.033 | 71.5 | 0.070 | 119.0 | 0.116 |
| 200 | | 56.0 | 0.055 | 105.0 | 0.103 | 179.0 | 0.175 |
| 250 | | 99.0 | 0.097 | 149.0 | 0.146 | 344.0 | 0.336 |
| 300 | | 129.0 | 0.126 | 227.0 | 0.222 | 592.0 | 0.578 |
| 350 | | 152.0 | 0.149 | 270.0 | 0.264 | 740.0 | 0.713 |
| 400 | | 195.0 | 0.191 | 345.0 | 0.337 | 950.0 | 0.928 |
| 450 | | 242.0 | 0.236 | 418.0 | 0.408 | 1,060.0 | 1.036 |
| 500 | | 290.0 | 0.283 | 527.0 | 0.515 | 1,210.0 | 1.182 |
| 600 | | 332.0 | 0.324 | 880.0 | 0.860 | 1.650.0 | 1.612 |

## 13-2-2. 강판절단 ('18년 보완)

(m당)

| 철판두께<br>(mm) | 화구경<br>(mm) | 산소 압력<br>(kg/㎠) | 용접공<br>(인) | 특별인부<br>(인) |
|---|---|---|---|---|
| 3 | 0.5~1.0 | 1.0~2.2 | 0.0055~0.0037 | 0.0027~0.0019 |
| 6 | 0.8~1.5 | 1.1~1.4 | 0.0066~0.0042 | 0.0033~0.0021 |
| 9 | 0.8~1.5 | 1.2~2.1 | 0.0075~0.0046 | 0.0036~0.0023 |
| 12 | 1.0~1.5 | 1.4~2.2 | 0.0091~0.0050 | 0.0045~0.0025 |
| 19 | 1.2~1.5 | 1.7~2.5 | 0.0091~0.0054 | 0.0045~0.0027 |
| 25 | 1.2~1.5 | 2.0~2.8 | 0.0120~0.0060 | 0.0060~0.0030 |
| 38 | 1.5~2.0 | 2.1~3.2 | 0.0190~0.0076 | 0.0095~0.0039 |
| 50 | 1.7~2.0 | 1.6~3.5 | 0.0190~0.0084 | 0.0095~0.0042 |
| 75 | 1.7~2.0 | 2.3~3.9 | 0.0280~0.0110 | 0.0140~0.0060 |
| 100 | 2.1~2.2 | 3.0~4.0 | 0.0280~0.0130 | 0.0140~0.0070 |
| 125 | 2.1~2.2 | 3.9~4.9 | 0.0130~0.0170 | 0.0150~0.0090 |
| 150 | 2.5~2.8 | 4.5~5.6 | 0.0370~0.0200 | 0.0185~0.0100 |
| 200 | 2.5~2.8 | 4.0~5.4 | 0.0430~0.0250 | 0.0220~0.0130 |
| 250 | 2.5~2.8 | 4.6~6.8 | 0.0560~0.0350 | 0.0280~0.0170 |
| 300 | 2.8~3.1 | 4.1~6.0 | 0.0790~0.0430 | 0.0400~0.0220 |

[주] ① 본 품은 산소+LPG를 사용하여 강판을 인력으로 절단하는 기준이다.

② 본 품은 절단위치 확인, 절단 및 절단면 가공(Beveling)이 포함된 것이다.

③ 공구손료 및 경장비(절단기 등)의 기계경비는 인력품의 3%를 계상한다.

④ 재료량은 다음을 참고하여 적용한다.

(㎥당)

| 철판두께(mm) | 산소( ℓ ) | LPG(kg) |
|---|---|---|
| 3 | 16.5~25.1 | 0.016~0.025 |
| 6 | 39.6~103 | 0.039~0.101 |
| 9 | 56.9~144 | 0.056~0.141 |
| 12 | 104~197 | 0.102~0.192 |
| 19 | 180~244 | 0.176~0.238 |
| 25 | 266~324 | 0.260~0.317 |
| 38 | 479~730 | 0.468~0.713 |
| 50 | 593~743 | 0.579~0.726 |
| 75 | 971~1,380 | 0.949~1.348 |
| 100 | 1,113~1,860 | 1.087~1.817 |
| 125 | 1,469~2,280 | 1.435~2.228 |
| 150 | 2,507~3,580 | 2.449~3.498 |
| 200 | 3,689~4,560 | 3.604~4.455 |
| 250 | 5,813~7,103 | 5.679~6.940 |
| 300 | 9,670~12,410 | 9.448~12.125 |

## 13-2-3. 강관용접 ('18년 보완)

### 1. 전기아크용접

(개소당)

| SCH No.<br>구경 mm | 20<br>용접공<br>(인) | 30<br>용접공<br>(인) | 40<br>플랜트<br>용접공<br>(인) | 60<br>플랜트<br>용접공<br>(인) | 80<br>플랜트<br>용접공<br>(인) | 100<br>플랜트<br>용접공<br>(인) | 120<br>플랜트<br>용접공<br>(인) | 140<br>플랜트<br>용접공<br>(인) | 160<br>플랜트<br>용접공<br>(인) |
|---|---|---|---|---|---|---|---|---|---|
| ø 15 | | | 0.066 | | 0.075 | | | | 0.087 |
| 20 | | | 0.075 | | 0.083 | | | | 0.101 |
| 25 | | | 0.083 | | 0.094 | | | | 0.117 |
| 40 | | | 0.094 | | 0.116 | | | | 0.154 |
| 50 | | | 0.116 | | 0.138 | | | | 0.190 |
| 65 | | | 0.138 | | 0.150 | | | | 0.212 |
| 80 | | | 0.150 | | 0.162 | | | | 0.250 |
| 90 | | | 0.162 | | 0.175 | | | | 0.290 |
| 100 | | | 0.175 | | 0.200 | | 0.325 | | 0.350 |
| 125 | | | 0.187 | | 0.237 | | 0.337 | | 0.450 |
| 150 | | | 0.225 | | 0.275 | | 0.450 | | 0.590 |
| 200 | 0.287 | 0.287 | 0.287 | 0.325 | 0.362 | 0.525 | 0.700 | 0.800 | 0.940 |
| 250 | 0.337 | 0.337 | 0.337 | 0.435 | 0.575 | 0.790 | 0.900 | 1.000 | 1.160 |
| 300 | 0.387 | 0.387 | 0.450 | 0.575 | 0.750 | 0.900 | 1.090 | 1.350 | 1.680 |
| 350 | 0.442 | 0.462 | 0.537 | 0.760 | 0.940 | 1.100 | 1.360 | 1.740 | 2.170 |
| 400 | 0.540 | 0.540 | 0.725 | 0.950 | 1.220 | 1.660 | 1.830 | 2.360 | 2.710 |
| 450 | 0.640 | 0.750 | 0.960 | 1.290 | 1.600 | 1.990 | 2.300 | 2.840 | 3.220 |
| 500 | 0.690 | 0.940 | 1.050 | 1.460 | 1.820 | 2.360 | 2.930 | 3.560 | 4.050 |
| 600 | 0.800 | 1.100 | 1.230 | 1.790 | 2.280 | 3.180 | 4.200 | 5.000 | 5.560 |

[주] ① 본 품은 탄소강관의 현장 전기아크 용접을 기준한 것이다.

② 본 품은 접합면의 Beveling 및 손질이 되어 있는 상태에서 용접하는 품이다.

③ 수압시험 및 교정품은 본 품의 5%를 가산한다.

④ 합금강인 경우는 별표의 재질에 따른 배관 용접품 할증률을 가산한다.

[별표] '[기계설비부문] 13-1-1 플랜트 배관 설치 [별표]' 참조

⑤ 비파괴검사 KS 1급 적용시에는 본 품에 100%까지 가산할 수 있다.

⑥ 다음과 같은 용접작업인 경우는 본 품을 증감할 수 있다.

㉮ Back Mirror 용접(극히 협소한 장소) : 30%까지 가산

㉯ Back Ring 사용시 : 25%까지 가산

㉰ Nozzle 용접시 : 50%까지 가산

㉱ Sloping Line 용접시 : 100%까지 가산

㉲ Mitre 용접시 : 50%까지 가산

㉳ Socket 용접시 : 40%까지 감

⑦ 예열, 응력제거, Radiographic Test가 필요한 경우는 별도 계상한다.

⑧ Pipe내 Purge Gas(Argon, N2 등)를 사용하여 용접시는 Inert Gas Purge 용접 품을 본 품에 별도 계상한다.

⑨ 공구손료 및 경장비(용접기 등)의 기계경비는 인력품의 3%로 계상한다.

⑩ 재료량은 다음을 참고하여 적용한다.

(개소당)

| SCH No. 구경 mm | 20 용접봉 (kg) | 30 용접봉 (kg) | 40 용접봉 (kg) | 60 용접봉 (kg) | 80 용접봉 (kg) | 100 용접봉 (kg) | 120 용접봉 (kg) | 140 용접봉 (kg) | 160 용접봉 (kg) |
|---|---|---|---|---|---|---|---|---|---|
| ø 15 | | | 0.006 | | 0.015 | | | | 0.024 |
| 20 | | | 0.012 | | 0.021 | | | | 0.063 |
| 25 | | | 0.018 | | 0.036 | | | | 0.092 |
| 40 | | | 0.036 | | 0.090 | | | | 0.150 |
| 50 | | | 0.049 | | 0.130 | | | | 0.250 |
| 65 | | | 0.150 | | 0.240 | | | | 0.370 |
| 80 | | | 0.190 | | 0.320 | | | | 0.560 |
| 90 | | | 0.230 | | 0.410 | | | | 0.760 |
| 100 | | | 0.280 | | 0.480 | | 0.730 | | 1.010 |
| 125 | | | 0.400 | | 1.010 | | 1.130 | | 1.650 |
| 150 | | | 0.540 | | 1.060 | | 1.650 | | 2.490 |
| 200 | 0.600 | 0.710 | 0.900 | 1.310 | 1.780 | 2.360 | 2.380 | 2.800 | 3.200 |
| 250 | 0.750 | 1.050 | 1.300 | 2.200 | 2.980 | 4.140 | 4.200 | 4.900 | 5.300 |
| 300 | 0.880 | 1.310 | 1.850 | 3.240 | 4.700 | 4.800 | 5.900 | 6.400 | 6.400 |
| 350 | 1.390 | 1.780 | 2.210 | 4.000 | 6.000 | 5.700 | 8.000 | 10.200 | 12.500 |
| 400 | 1.600 | 2.060 | 3.390 | 5.470 | 6.800 | 8.100 | 10.600 | 14.800 | 17.600 |
| 450 | 1.800 | 3.020 | 4.700 | 7.750 | 8.400 | 13.700 | 15.600 | 18.020 | 23.600 |
| 500 | 2.100 | 4.300 | 5.750 | 9.250 | 10.100 | 15.300 | 16.500 | 25.700 | 30.600 |
| 600 | 2.440 | 6.010 | 7.710 | 12.100 | 13.600 | 20.500 | 23.600 | 36.200 | 42.100 |

## 2. TIG(Tungsten Inert Gas) 용접 ('18년 신설)

(개소당)

| SCH No. | 20 | | 30 | | 40 | | 60 | | 80 | |
|---|---|---|---|---|---|---|---|---|---|---|
| 직종<br>구경<br>mm | 플랜트<br>용접공<br>(인) | 특별<br>인부<br>(인) | 플랜트<br>용접공<br>(인) | 특별<br>인부<br>(인) | 플랜트<br>용접공<br>(인) | 특별<br>인부<br>(인) | 플랜트<br>용접공<br>(인) | 특별<br>인부<br>(인) | 플랜트<br>용접공<br>(인) | 특별<br>인부<br>(인) |
| 15 | | | | | 0.065 | 0.038 | | | 0.067 | 0.039 |
| 20 | | | | | 0.067 | 0.039 | | | 0.070 | 0.041 |
| 25 | | | | | 0.072 | 0.042 | | | 0.076 | 0.044 |
| 32 | | | | | 0.077 | 0.045 | | | 0.083 | 0.049 |
| 40 | | | | | 0.080 | 0.047 | | | 0.088 | 0.052 |
| 50 | 0.083 | 0.049 | | | 0.088 | 0.052 | | | 0.099 | 0.058 |
| 65 | 0.102 | 0.060 | | | 0.109 | 0.064 | | | 0.125 | 0.073 |
| 80 | 0.110 | 0.065 | | | 0.121 | 0.071 | | | 0.143 | 0.084 |
| 95 | 0.118 | 0.069 | | | 0.133 | 0.078 | | | 0.162 | 0.095 |
| 100 | 0.132 | 0.077 | | | 0.148 | 0.086 | | | 0.183 | 0.107 |
| 125 | 0.153 | 0.089 | | | 0.179 | 0.105 | | | 0.229 | 0.134 |
| 150 | 0.179 | 0.105 | | | 0.213 | 0.125 | | | 0.293 | 0.171 |
| 200 | 0.244 | 0.143 | 0.261 | 0.153 | 0.294 | 0.172 | 0.352 | 0.206 | 0.416 | 0.244 |
| 250 | 0.289 | 0.169 | 0.338 | 0.198 | 0.390 | 0.229 | 0.506 | 0.296 | 0.586 | 0.343 |
| 300 | 0.334 | 0.196 | 0.419 | 0.245 | 0.498 | 0.291 | 0.661 | 0.387 | 0.784 | 0.459 |
| 350 | 0.438 | 0.257 | 0.513 | 0.301 | 0.588 | 0.344 | 0.770 | 0.451 | 0.944 | 0.553 |
| 400 | 0.494 | 0.289 | 0.580 | 0.340 | 0.751 | 0.440 | 0.960 | 0.562 | 1.200 | 0.703 |
| 450 | 0.550 | 0.322 | 0.744 | 0.436 | 0.936 | 0.548 | 1.212 | 0.710 | 1.488 | 0.871 |
| 500 | 0.714 | 0.418 | 0.930 | 0.545 | 1.090 | 0.638 | 1.450 | 0.849 | 1.808 | 1.059 |
| 600 | 0.848 | 0.497 | 1.238 | 0.725 | 1.494 | 0.875 | 2.053 | 1.202 | 2.545 | 1.490 |

| SCH No. | 100 | | 120 | | 140 | | 160 | |
|---|---|---|---|---|---|---|---|---|
| 직종<br>구경<br>mm | 플랜트<br>용접공<br>(인) | 특별<br>인부<br>(인) | 플랜트<br>용접공<br>(인) | 특별<br>인부<br>(인) | 플랜트<br>용접공<br>(인) | 특별<br>인부<br>(인) | 플랜트<br>용접공<br>(인) | 특별<br>인부<br>(인) |
| 15 | | | | | | | 0.068 | 0.040 |
| 20 | | | | | | | 0.074 | 0.043 |
| 25 | | | | | | | 0.082 | 0.048 |
| 32 | | | | | | | 0.090 | 0.052 |
| 40 | | | | | | | 0.098 | 0.058 |
| 50 | | | | | | | 0.120 | 0.070 |
| 65 | | | | | | | 0.145 | 0.085 |
| 80 | | | | | | | 0.177 | 0.104 |
| 95 | | | | | | | 0.214 | 0.125 |
| 100 | | | 0.216 | 0.127 | | | 0.246 | 0.144 |
| 125 | | | 0.281 | 0.165 | | | 0.331 | 0.194 |
| 150 | | | 0.357 | 0.209 | | | 0.428 | 0.251 |
| 200 | 0.479 | 0.280 | 0.557 | 0.326 | 0.617 | 0.361 | 0.674 | 0.395 |
| 250 | 0.686 | 0.402 | 0.788 | 0.461 | 0.910 | 0.533 | 1.005 | 0.588 |
| 300 | 0.939 | 0.550 | 1.090 | 0.638 | 1.207 | 0.707 | 1.375 | 0.805 |
| 350 | 1.153 | 0.675 | 1.321 | 0.774 | 1.485 | 0.870 | 1.641 | 0.961 |
| 400 | 1.439 | 0.843 | 1.667 | 0.976 | 1.930 | 1.130 | 2.113 | 1.237 |
| 450 | 1.802 | 1.055 | 2.101 | 1.231 | 2.356 | 1.380 | 2.640 | 1.546 |
| 500 | 2.201 | 1.289 | 2.540 | 1.488 | 2.912 | 1.705 | 3.233 | 1.894 |
| 600 | 3.136 | 1.837 | 3.653 | 2.139 | 4.107 | 2.405 | 4.597 | 2.692 |

[주] ① 본 품은 탄소강관의 현장 TIG 용접을 기준한 것이다.

② 본 품은 접합면의 Beveling 및 손질이 되어 있는 상태에서 용접하는 기준이다.

③ 강관의 사용압력이 100kg/㎠ 이상인 배관 또는 압력용기를 용접하거나, 합금강을 용접하는 경우(난이도 특급수준)에는 플랜트특수용접공을 적용한다.

④ 공구손료 및 경장비(용접기 등)의 기계경비는 인력품의 3%로 계상한다.

⑤ 재료량(용접봉, 보호가스 등)은 별도 계상한다.

⑥ 다음과 같은 용접작업인 경우는 본 품을 증감할 수 있다.

   ㉮ Back Mirror 용접(극히 협소한 장소) : 30%까지 가산

   ㉯ Back Ring 사용시 : 25%까지 가산

   ㉰ Nozzle 용접시 : 50%까지 가산

   ㉱ Sloping Line 용접시 : 100%까지 가산

㉫ Mitre 용접시 : 50%까지 가산

㉮ Socket 용접시 : 40%까지 감

⑦ 예열, 응력제거, Radiographic Test가 필요한 경우는 별도 계상한다.

⑧ Pipe내 Purge Gas(Argon, N2 등)를 사용하여 용접시는 Inert Gas Purge 용접품을 본 품에 별도 계상한다.

## 13-2-4. 강판 전기아크용접

1. 전기아크용접(V형) ('93년 보완)

(m당)

| 구분<br>두께<br>(mm) | 자세<br>및<br>직종 | 용접봉사용량(kg) | | | 인 력 (인) | | | | | | 소요전력(kWh) | | |
|---|---|---|---|---|---|---|---|---|---|---|---|---|---|
| | | 하향 | 횡향 | 입향 | 하 향 | | 횡 향 | | 입 향 | | 하향 | 횡향 | 입향 |
| | | | | | 용접공 | 특별<br>인부 | 용접공 | 특별<br>인부 | 용접공 | 특별<br>인부 | | | |
| 3 | | 0.17 | 0.20 | 0.22 | 0.03 | 0.009 | 0.036 | 0.011 | 0.044 | 0.013 | 0.60 | 0.70 | 0.90 |
| 4 | | 0.28 | 0.30 | 0.33 | 0.033 | 0.010 | 0.041 | 0.012 | 0.050 | 0.015 | 1.00 | 1.20 | 1.45 |
| 5 | | 0.38 | 0.40 | 0.45 | 0.037 | 0.011 | 0.046 | 0.014 | 0.056 | 0.017 | 1.45 | 1.70 | 1.95 |
| 6 | | 0.58 | 0.60 | 0.66 | 0.042 | 0.012 | 0.052 | 0.016 | 0.063 | 0.019 | 1.85 | 2.50 | 2.75 |
| 7 | | 0.78 | 0.80 | 0.89 | 0.057 | 0.014 | 0.068 | 0.017 | 0.079 | 0.021 | 2.20 | 3.20 | 3.45 |
| 8 | | 0.98 | 1.00 | 1.08 | 0.071 | 0.016 | 0.084 | 0.020 | 0.098 | 0.023 | 3.15 | 4.00 | 4.40 |
| 9 | | 1.15 | 1.20 | 1.30 | 0.080 | 0.017 | 0.094 | 0.023 | 0.106 | 0.027 | 5.00 | 6.00 | 6.35 |
| 10 | | 1.33 | 1.40 | 1.50 | 0.087 | 0.020 | 0.106 | 0.025 | 0.121 | 0.030 | 7.00 | 8.00 | 8.40 |
| 11 | | 1.51 | 1.60 | 1.75 | 0.103 | 0.023 | 0.120 | 0.028 | 0.139 | 0.034 | 8.00 | 9.00 | 9.50 |
| 12 | | 1.71 | 1.80 | 1.96 | 0.116 | 0.026 | 0.134 | 0.032 | 0.157 | 0.039 | 9.00 | 10.0 | 10.50 |
| 13 | | 1.90 | 2.00 | 2.20 | 0.130 | 0.029 | 0.151 | 0.036 | 0.181 | 0.044 | 10.00 | 11.5 | 12.25 |
| 14 | | 2.08 | 2.20 | 2.43 | 0.146 | 0.033 | 0.169 | 0.040 | 0.198 | 0.049 | 11.10 | 13.0 | 13.75 |
| 15 | | 2.25 | 2.40 | 2.65 | 0.162 | 0.037 | 0.187 | 0.044 | 0.218 | 0.054 | 13.50 | 15.0 | 15.80 |

[주] ① 본 품은 철판두께에 따른 규정에 정해진 층수에 용접하는 품이다.

② 본 품은 Net Arc Time 기준이므로 본 품에 아래 작업 효율을 감안하여 계상한다.

수동용접 : 40%(공장가공) · 30%(현장가공)

자동용접 : 45%(공장가공) · 35%(현장가공)

③ 본 품에는 Beveling이 포함되어 있다.

④ 공구손료는 별도 계상한다.

⑤ 비파괴시험, Preheating 및 Annealing은 필요한 경우 별도로 계상한다.

⑥ 합금강에 대하여는 '[기계설비부문] 13-2-3 강관용접/1.전기아크 용접'과 같이 적용한다.

[계산예]

두께 3㎜의 강판을 하향자세에 의하여 수동용접으로 공장가공하는 경우의 용접공 품 : 0.03÷0.4=0.075 인/m

2. 전기아크용접(U형)

(m당)

| 두께<br>(mm) | 자세<br>및<br>직종 | 용접봉소비량(kg) | | 소요전력(kWh) | | 하향한면용접(인) | | 하향양면용접(인) | |
|---|---|---|---|---|---|---|---|---|---|
| | | 하향<br>한면<br>용접 | 하향<br>양면<br>용접 | 하향<br>한면<br>용접 | 하향<br>양면<br>용접 | 용접공 | 특별<br>인부 | 용접공 | 특별<br>인부 |
| 15 | | 2.05 | 2.4 | 8 | 9 | 0.250 | 0.075 | 0.275 | 0.083 |
| 20 | | 2.8 | 3.1 | 11 | 12 | 0.344 | 0.103 | 0.362 | 0.109 |
| 25 | | 3.7 | 4.0 | 15 | 16 | 0.488 | 0.146 | 0.525 | 0.158 |
| 30 | | 4.8 | 5.0 | 22 | 24 | 0.513 | 0.154 | 0.550 | 0.165 |
| 35 | | 6.0 | 6.4 | 31 | 34 | 0.600 | 0.180 | 0.638 | 0.191 |
| 40 | | 7.4 | 7.9 | 42 | 45 | 0.688 | 0.206 | 0.750 | 0.225 |
| 45 | | 8.9 | 9.40 | 53 | 57 | 0.788 | 0.236 | 0.844 | 0.253 |
| 50 | | 10.4 | 11.0 | 66 | 71 | 0.900 | 0.270 | 0.962 | 0.289 |
| 55 | | 12.0 | 12.7 | 80 | 86 | 1.038 | 0.311 | 1.060 | 0.318 |
| 60 | | 13.5 | 15.4 | 84 | 100 | 1.137 | 0.341 | 1.200 | 0.360 |
| 65 | | 15.1 | 16.1 | 109 | 116 | 1.250 | 0.365 | 1.310 | 0.390 |
| 70 | | 16.6 | 17.7 | 124 | 131 | 1.425 | 0.428 | 1.485 | 0.446 |

[주] ① 본 품은 하향식 용접을 기준으로 한 품이다.

② 본 품에는 Beveling 품이 포함되어 있다.

③ 공구손료는 별도 계상한다.

④ 비파괴시험 Preheating 및 Annealing은 필요한 경우 별도로 계상한다.

⑤ 작업효율을 "1. 전기아크용접(V형)"과 같이 적용한다.

## 3. 전기아크용접(H형)

(m당)

| 구분 / 자세 및 직종 / 두께(mm) | 용접봉소비량(kg) | | 소요전력(kWH) | | 하향한면용접(인) | | 하향양면용접(인) | |
|---|---|---|---|---|---|---|---|---|
| | 하향한면용접 | 하향양면용접 | 하향한면용접 | 하향양면용접 | 용접공 | 특별인부 | 용접공 | 특별인부 |
| 15 | 1.6 | 1.7 | 4 | 8 | 0.114 | 0.034 | 0.165 | 0.050 |
| 20 | 1.9 | 2.4 | 5 | 10 | 0.150 | 0.045 | 0.312 | 0.094 |
| 25 | 2.35 | 3.3 | 6 | 14 | 0.175 | 0.053 | 0.388 | 0.116 |
| 30 | 2.9 | 4.3 | 10 | 20 | 0.200 | 0.060 | 0.462 | 0.139 |
| 35 | 3.6 | 5.4 | 14 | 28 | 0.219 | 0.066 | 0.537 | 0.161 |
| 40 | 4.3 | 6.7 | 20 | 36 | 0.275 | 0.083 | 0.625 | 0.188 |
| 45 | 5.2 | 8.0 | 25 | 46 | 0.313 | 0.093 | 0.713 | 0.214 |
| 50 | 6.1 | 9.4 | 32 | 57 | 0.350 | 0.105 | 0.894 | 0.268 |
| 55 | 7.1 | 10.9 | 39 | 68 | 0.413 | 0.124 | 0.900 | 0.270 |
| 60 | 8.0 | 12.4 | 46 | 81 | 0.475 | 0.143 | 1.013 | 0.304 |
| 65 | 9.1 | 13.9 | 53 | 95 | 0.563 | 0.169 | 1.125 | 0.338 |
| 70 | 10.2 | 15.3 | 61 | 109 | 0.656 | 0.197 | 1.242 | 0.373 |

[주] ① 본 품은 하향식 용접을 기준으로 한 품이다.

② 본 품에는 Beveling 품이 포함되어 있다.

③ 공구손료는 별도 계상한다.

④ 비파괴시험, Preheating 및 Annealing은 필요한 경우 별도로 계상한다.

⑤ 작업효율은 "1. 전기아크용접(V형)"과 같이 적용한다.

4. 전기아크용접(X형)

(m당)

| 구분<br>자세 및 직종<br>두께(m) | 용접봉소비량 (kg) | | | 인 력 (인) | | | | | | 전력소비량 (kWh) | | |
|---|---|---|---|---|---|---|---|---|---|---|---|---|
| | | | | 하 향 | | 횡향 | | 입향 | | | | |
| | 하향 | 횡향 | 입향 | 용접공 | 특별인부 | 용접공 | 특별인부 | 용접공 | 특별인부 | 하향 | 횡향 | 입향 |
| 16 | 1.95 | 1.97 | 2.10 | 0.166 | 0.051 | 0.200 | 0.062 | 0.260 | 0.076 | 12.0 | 12.5 | 14.0 |
| 18 | 2.10 | 2.15 | 2.25 | 0.192 | 0.056 | 0.230 | 0.068 | 0.310 | 0.082 | 14.0 | 15.0 | 17.0 |
| 20 | 2.25 | 2.30 | 2.45 | 0.225 | 0.062 | 0.270 | 0.073 | 0.340 | 0.088 | 17.0 | 18.0 | 20.0 |
| 22 | 2.45 | 2.50 | 2.65 | 0.250 | 0.068 | 0.310 | 0.078 | 0.390 | 0.094 | 20.0 | 22.0 | 24.0 |
| 24 | 2.60 | 2.70 | 2.90 | 0.290 | 0.074 | 0.350 | 0.084 | 0.450 | 0.105 | 23.5 | 26.0 | 28.0 |
| 26 | 2.75 | 2.90 | 3.15 | 0.320 | 0.079 | 0.400 | 0.089 | 0.510 | 0.110 | 27.5 | 30.6 | 33.0 |
| 28 | 3.00 | 3.15 | 3.40 | 0.370 | 0.085 | 0.450 | 0.095 | 0.580 | 0.116 | 33.0 | 36.6 | 38.0 |
| 30 | 3.25 | 3.45 | 3.70 | 0.413 | 0.090 | 0.495 | 0.105 | 0.632 | 0.123 | 39.5 | 41.9 | 43.9 |

[주] ① 본 품에는 철판 두께에 따라 규정에 정해진 충수를 용접하는 품이다.
② 본 품에는 Beveling 품이 포함되어 있다.
③ 공구손료는 별도 계상한다.
④ 비파괴시험, Preheating 및 Annealing은 필요한 경우 별도로 계상한다.
⑤ 작업효율은 "1. 전기아크용접(V형)"과 같이 적용한다.

## 5. 전기아크용접(Fillet 용접)

(m당)

| 구분<br>자세및직종<br>두께(mm) | 용접봉소비량 (kg) | | | | 소요전력 (kWh) | | | |
|---|---|---|---|---|---|---|---|---|
| | 하 향 | 횡 향 | 상 향 | 입 향 | 하 향 | 횡 향 | 상 향 | 입 향 |
| 5 | 0.27 | 0.30 | 0.33 | 0.35 | 1.90 | 2.20 | 2.30 | 2.50 |
| 6 | 0.33 | 0.40 | 0.42 | 0.43 | 2.25 | 2.65 | 2.75 | 2.90 |
| 7 | 0.40 | 0.50 | 0.53 | 0.55 | 2.60 | 3.10 | 3.25 | 3.50 |
| 8 | 0.49 | 0.60 | 0.61 | 0.62 | 3.25 | 3.75 | 4.00 | 4.25 |
| 9 | 0.68 | 0.80 | 0.82 | 0.83 | 3.80 | 4.50 | 4.75 | 5.10 |
| 10 | 0.86 | 1.00 | 1.01 | 1.01 | 4.70 | 5.25 | 5.70 | 6.10 |
| 11 | 0.95 | 1.15 | 1.18 | 1.20 | 5.50 | 6.20 | 6.70 | 7.10 |
| 12 | 1.09 | 1.30 | 1.33 | 1.35 | 6.40 | 7.10 | 7.75 | 8.20 |
| 13 | 1.26 | 1.50 | 1.55 | 1.58 | 7.25 | 8.10 | 8.80 | 9.30 |
| 14 | 1.45 | 1.70 | 1.73 | 1.75 | 8.20 | 9.10 | 10.00 | 10.30 |
| 15 | 1.64 | 1.90 | 1.94 | 1.96 | 9.20 | 10.25 | 11.10 | 11.70 |
| 16 | 1.90 | 2.20 | 2.25 | 2.29 | 10.50 | 11.50 | 12.50 | 13.00 |
| 17 | 2.20 | 2.50 | 2.56 | 2.60 | 11.50 | 12.50 | 16.00 | 14.50 |
| 18 | 2.49 | 2.80 | 2.88 | 2.93 | 13.75 | 16.00 | 16.30 | 17.00 |
| 19 | 2.80 | 3.10 | 3.20 | 3.27 | 15.50 | 16.80 | 17.20 | 19.00 |

(m 당)

| 인  력 (인) | | | | | | | |
|---|---|---|---|---|---|---|---|
| 하  향 | | 횡  향 | | 상  향 | | 입  향 | |
| 용접공 | 특별인부 | 용접공 | 특별인부 | 용접공 | 특별인부 | 용접공 | 특별인부 |
| 0.010 | 0.002 | 0.020 | 0.006 | 0.027 | 0.008 | 0.031 | 0.009 |
| 0.014 | 0.004 | 0.026 | 0.008 | 0.032 | 0.009 | 0.036 | 0.011 |
| 0.021 | 0.006 | 0.031 | 0.009 | 0.038 | 0.011 | 0.042 | 0.013 |
| 0.027 | 0.008 | 0.040 | 0.012 | 0.048 | 0.012 | 0.052 | 0.016 |
| 0.033 | 0.010 | 0.052 | 0.015 | 0.056 | 0.017 | 0.063 | 0..019 |
| 0.048 | 0.013 | 0.062 | 0.017 | 0.069 | 0.021 | 0.073 | 0.022 |
| 0.057 | 0.015 | 0.071 | 0.021 | 0.079 | 0.024 | 0.083 | 0.025 |
| 0.066 | 0.017 | 0.081 | 0.024 | 0.092 | 0.028 | 0.096 | 0.029 |
| 0.075 | 0.020 | 0.092 | 0.028 | 0.104 | 0.031 | 0.110 | 0.033 |
| 0.083 | 0.023 | 0.110 | 0.031 | 0.119 | 0.034 | 0.125 | 0.038 |
| 0.089 | 0.026 | 0.128 | 0.036 | 0.135 | 0.041 | 0.142 | 0.043 |
| 0.096 | 0.029 | 0.138 | 0.039 | 0.150 | 0.045 | 0.160 | 0.048 |
| 0.108 | 0.032 | 0.150 | 0.044 | 0.160 | 0.051 | 0.175 | 0.053 |
| 0.110 | 0.035 | 0.163 | 0.049 | 0.190 | 0.057 | 0.196 | 0.059 |
| 0.129 | 0.039 | 0.175 | 0.053 | 0.204 | 0.061 | 0.216 | 0.069 |

[주] ① 본 품에는 Gouging는 제외되어 있다.

　② 공구손료는 별도 계상한다.

　③ 작업효율은 "1. 전기아크용접(V형)"과 같이 적용한다.

## Arc Air Gouging

| Carbon Rod | 구 분 | Gouging량 (m/본) | 작업속도 (m/h) | Gouging 형상 | | 사용전류 (A) | 전 압 (V) |
|---|---|---|---|---|---|---|---|
| | | | | Depth | Width | | |
| 6.5ø × 305m/m | AC | 1.8 | 36 | 3(m/m) | 8(m/m) | 290 | 35 |
| | DC | 2.2 | 45 | 3 | 8 | 240 | 40 |
| 8.0ø ×305m/m | AC | 2.1 | 39 | 4 | 9 | 360 | 35 |
| | DC | 2.6 | 52 | 4 | 9 | 300 | 40 |
| 9.5ø ×305/mm | AC | 2.3 | 31 | 6 | 12 | 400 | 35 |
| | DC | 2.8 | 36 | 6 | 12 | 330 | 40 |

▶ 적용범위 : 강판, 주강, Stainless 철판, 경합금, 황동주철물 등의 Gouging 및 절단 등

## 13-2-5. 예열(Electric Resistance Heating) ('92년 보완)

(개소당 플랜트 용접공)

| Pipe Size (inch) | 두       께 (inch) | | | | | | | | | |
|---|---|---|---|---|---|---|---|---|---|---|
| | 0.75이하 | 1.00 | 1.25 | 1.50 | 1.75 | 2.00 | 2.25 | 2.50 | 2.75 | 3.00 |
| 3 이하 | 0.208 | 0.250 | | | | | | | | |
| 4 | 0.292 | 0.312 | 0.375 | 0.417 | | | | | | |
| 5 | | 0.396 | 0.437 | 0.500 | 0.521 | 0.583 | | | | |
| 6 | | 0.437 | 0.521 | 0.562 | 0.625 | 0.667 | 0.708 | | | |
| 8 | | 0.625 | 0.708 | 0.771 | 0.771 | 0.917 | 0.937 | 1.000 | | |
| 10 | | | 0.854 | 0.917 | 0.979 | 1.125 | 1.208 | 1.312 | 1.479 | 1.583 |
| 12 | | | | 1.271 | 1.375 | 1.458 | 1.542 | 1.667 | 1.792 | 1.896 |
| 14 | | | | 1.521 | 1.646 | 1.750 | 1.896 | 2.000 | 2.146 | 2.271 |
| 16 | | | | | 1.958 | 2.083 | 2.187 | 2.417 | 2.562 | 2.708 |
| 18 | | | | | | 2.562 | 2.708 | 2.854 | 3.083 | 3.292 |
| 20 | | | | | | 2.917 | 3.146 | 3.312 | 3.542 | 3.792 |
| 22 | | | | | | | | 3.583 | 3.833 | 4.125 |
| 24 | | | | | | | | 3.875 | 4.125 | 4.417 |

[주] ① 본 품은 기구준비, 소정의 온도까지 가열, 가열 후 기구 철거에 필요한
   품이 포함되어 있다.

② 예열품은 합금강의 재질에 따른 할증을 하지 않는다.

③ 예열작업을 위한 비계설치비용 등은 별도 계상한다.

④ Gas Heating의 경우 개소당 0.125인을 적용한다

⑤ 예열온도는 다음과 같다.

(℃)

| P No. | 재  질 | 두  께 (inch) | | | |
|---|---|---|---|---|---|
| | | ½이하 | 1 | 1½ | 2이상 |
| 1 | 탄소강 | – | – | – | – |
| 2 | 단  철 | – | – | – | – |
| 3 | 합금강  Cr ¾ %이하<br>합계 2%이하 | 150 | 205 | 260 | 315 |
| 4 | 합금강  Cr ¾ %~2.0%이하<br>합계2¾ %이하 | 205 | 242 | 280 | 315 |
| 5 | 합금강  Cr 2~3%<br>합계 10%이하 | 205 | 242 | 280 | 315 |
| | 합금강  Cr 3~10%<br>합계 10%이하 | 260 | 278 | 296 | 315 |
| 6 | 합금강  Martensitic<br>Stainless | 260 | 295 | 333 | 370 |

∘ 탄소강관은 예열이 필요 없으나 외기온도가 5℃ 이하에서는 손으로 따뜻
  함을 느낄 정도로 예열해야 함

∘ 가열속도는 Pipe 내부와 외부의 온도차가 80℃를 초과하지 못하게 서서
  히 가열함

## 13-2-6. 응력제거

### 1. Induction Heating Device

(개소)

| P<br>No. | 재　질 | 두　께 (inch) | | | | | | |
|:---:|:---:|:---:|:---:|:---:|:---:|:---:|:---:|:---:|
| | | ½이하 | ¾ | 1 | 1½ | 2 | 2½ | 3 |
| 1 | 탄소강 | – | 0.72 | 0.72 | 0.78 | 1.03 | 1.15 | 1.22 |
| 2 | 단　철 | – | – | – | – | – | – | – |
| 3 | 합금강 Cr ¾ %이하<br>합계 2%이하 | 0.72 | 0.72 | 0.72 | 0.78 | 1.22 | 1.28 | 1.34 |
| 4 | 합금강 Cr 3/4%~2.0%<br>합계2¾ %이하 | 0.72 | 0.72 | 0.72 | 0.78 | 1.22 | 1.28 | 1.34 |
| 5 | 합금강 Cr 2~3%<br>합계 10%이하 | 0.72 | 0.72 | 0.72 | 0.78 | 1.22 | 1.28 | 1.34 |
| | 합금강 Cr 3~10%<br>합계 10%이하 | 0.85 | 0.85 | 0.85 | 0.97 | 1.47 | 1.59 | 1.72 |
| 6 | 합금강 Martensitic<br>Stainless | 0.85 | 0.85 | 0.85 | 0.97 | 1.47 | 1.59 | 1.72 |

[주] ① 두께 1½ " 까지는 시간상 550℃의 가열속도로 가열한다.

② 두께 1½ " 이상은 60 Cycle로는 시간당 280℃의 가열속도로, 400 Cycle
로는 시간당 220℃의 가열속도로 가열한다.

③ 소정의 온도를 유지 후 냉각속도는 가열시의 속도와 같다.

④ Cr 함량 3%이하의 Low Alloy Steel로서 외경 4 " 이하의 Pipe중 두께
1/2 " 이하는 특별지시가 없는 한 응력제거를 시행하지 않아도 좋다.

⑤ 기타 상세한 것은 해당 Instruction에 의한다.

⑥ 열처리 온도 및 유지시간은 다음과 같다.

| P No. | 재 질 | 유지온도 ℃ | 유지시간두께 inch 당 | 최소유지 시간 |
|---|---|---|---|---|
| 1 | 탄소강 | 600~650 | 1 | 1 |
| 2 | 단 철 | – | – | – |
| 3 | 합금강 Cr ¾ %이하 합계 2%이하 | 690~735 | 1 | 1 |
| 4 | 합금강 Cr ¾ %~2.0% 합계2¾ %이하 | 700~760 | 1 | 1 |
| 5 | 합금강 Cr 2~3% 합계 10%이하 | 700~790 | 1 | 1 |
| | 합금강 Cr 3~10% 합계 10%이하 | 700~770 | 2 | 2 |
| 6 | 합금강 Martensitic Stainless | 760~815 | 2 | 2 |

## 2. Ring Burner, Electric Resistance Heating Device ('92년 보완)

(개소당 플랜트 용접공)

| 파이프 규 격 (inch) | 파 이 프 벽 두 께 (inch) | | | | | | | | | |
|---|---|---|---|---|---|---|---|---|---|---|
| | 0.75 이하 | 1.00 | 1.25 | 1.50 | 1.75 | 2.00 | 2.25 | 2.50 | 2.75 | 3.00 |
| 3 이하 | 0.64 | 0.68 | | | | | | | | |
| 4 | 0.68 | 0.74 | 0.80 | 0.85 | | | | | | |
| 5 | | 0.79 | 0.84 | 0.90 | 0.95 | 1.03 | | | | |
| 6 | | 0.84 | 0.90 | 0.98 | 1.03 | 1.13 | 1.21 | | | |
| 8 | | 0.93 | 0.98 | 1.05 | 1.11 | 1.19 | 1.26 | 1.35 | | |
| 10 | | | 1.01 | 1.10 | 1.15 | 1.23 | 1.29 | 1.40 | 1.49 | 1.56 |
| 12 | | | | 1.13 | 1.20 | 1.29 | 1.35 | 1.44 | 1.54 | 1.65 |
| 14 | | | | 1.20 | 1.29 | 1.40 | 1.45 | 1.54 | 1.65 | 1.76 |
| 16 | | | | | 1.35 | 1.45 | 1.54 | 1.64 | 1.75 | 1.88 |
| 18 | | | | | | 1.54 | 1.64 | 1.75 | 1.88 | 2.00 |
| 20 | | | | | | 1.66 | 1.79 | 1.90 | 2.03 | 2.18 |
| 22 | | | | | | | | 2.05 | 2.18 | 2.40 |
| 24 | | | | | | | | 2.21 | 2.36 | 2.51 |

[주] ① 가열시에는 Pipe의 내부와 외부의 온도차가 80℃를 초과하지 않게 서서히 가열한다.

② Pipe를 300℃ 이상에서 가열할 때의 가열속도는 두께 2 " 까지는 시간당 200℃의 가열속도로, 두께 2 " 이상은 200℃ × 2/T의 가열속도로 가열한다.

③ 소정의 온도를 유지 후 냉각시킬 때 300℃까지의 냉각속도는 가열속도와 같다.

④ Cr 함량 3% 이하의 Low Alloy Steel로서 외경 4 " 이하의 Pipe 중 두께 ½ " 이하는 특별지시가 없는 한 응력제거를 시행하지 않아도 좋다.

⑤ 기타 상세한 것은 해당 Instruction에 의한다.

⑥ 열처리 온도 및 유지시간은 '[기계설비부문] 13-2-6 1. [주]⑥' 을 적용한다.

⑦ 본 품은 탄소강관의 기준이며, 합금의 경우는 별표의 할증률을 적용한다.

## [별표] 재질에 따른 응력제거품 할증률

(%)

| 재질<br>(ASTM기준) \ 파이프규격(inch) | 3<br>이<br>하 | 4 | 5 | 6 | 8 | 10 | 12 | 14 | 16 | 18 | 20 | 22 | 24 |
|---|---|---|---|---|---|---|---|---|---|---|---|---|---|
| MO합금강<br>(A335-P1)<br>Cr합금강<br>(A335-P2,P3, P11,P12) | 18.5 | 20 | 21 | 23 | 26 | 28.5 | 30 | 33 | 35 | 39.5 | 43.5 | 46 | 49 |
| Cr합금강<br>(A335-P3b,P21,22,P5bc) | 25 | 27 | 28 | 31 | 35 | 38 | 40 | 44 | 47 | 53 | 58 | 62 | 66 |
| Cr합금강<br>(A335-P7,P9)<br>Ni합금강<br>(A333-Gr3) | 33 | 36 | 38 | 41.5 | 47 | 51 | 54 | 59 | 63 | 71 | 78 | 83 | 88 |
| 스테인리스강<br>(Type304,309,310,316)<br>(L&H Grade 포함) | 35 | 38 | 40 | 42.5 | 48 | 54 | 58 | 62 | 67 | 75 | 83 | 88 | 93 |
| 동, 황동, Everdur | 15 | 17 | 18 | 20 | 33.5 | 50 | 54 | 67 | 74 | 77 | 84 | 89 | 94 |
| 저온용합금강<br>(A333-Gr1, Gr4, Gr9) | 41 | 45.5 | 49 | 50 | 59 | 64 | 70 | 78 | 86 | 92 | 100 | 103 | 107 |
| Hastelloy, Tit<br>anium Ni(99%) | 88 | 90.5 | | 94 | 100.5 | 117 | 134 | | | | | | |
| 스테인리스강<br>(Type 321&347)Cu-Ni,<br>Monel, Inconel, Incoloy,<br>Alloy 20 | 39 | 41 | 42 | 43.5 | 49.5 | 57 | 64 | 67 | 77 | 82 | 87 | 93 | 97 |
| 알루미늄 | 51 | 55 | 58 | 64 | 72 | 78 | 83 | 90 | 96 | 108.5 | 120 | 127 | 135 |

▶ 비 고 : 탄소강관용접품에 본 비율을 가산한다.

## 13-2-7. 플랜트 용접개소 비파괴시험

### 1. 방사선 투과 시험

| 작업 구분 | 직 종 | 단 위 | 수량 | 소 모 자 재 | | |
|---|---|---|---|---|---|---|
| | | | | 재 료 명 | 단위 | 수량 |
| 기술안전관리 및 필름판독 방사선 투과 시험기간중 | 기 사 | 매당 | 0.096 | 필 름 | 매 | 1 |
| | | | | 연중감지 | 조 | 손율적용 |
| | | | | 필 름 카 세 트 | 매 | 〃 |
| 보조가설물 설 치 | 비 계 공 | 개 소 당 | 0.096 | 현 상 액 | ℓ | 0.102 |
| | 특별인부 | 개 소 당 | 0.096 | 정 착 액 | ℓ | 0.102 |
| 전 선 가 설 | 플랜트전공 | 개 소 당 | 0.096 | 정지액 | kg | 0.006 |
| 촬영 작업 | 비파괴시험공 | 매 당 | 0.192 | 마 킹 펜 | 개 | 0.063 |
| | 특별인부 | 매 당 | 0.192 | 마그네트 쵸 크 | 개 | 손율적용 |
| 현상 및 정리 | 현 상 원 | 매 당 | 0.064 | 마스킹테이프 | m | 0.254 |

[주] ① 본 품은 동위원소 Iridium 192.10~2.5 Curies로 촬영방법은 외부선원법을 기준한 것이며, 촬영작업은 Curies량과 촬영방법(내부선원법, 외부선원법 등) 및 작업여건에 따라 다를 수 있으므로 촬영조건을 감안별도 적용할 수 있다.

② Film Density는 1.5~2.0을 기준으로 하였다.

③ 두께 15㎜이하를 기준으로한 품이므로 두께가 15㎜를 초과할 경우 본품에 다음 보정계수를 곱하여 계상한다.

    15㎜초과~25㎜=1.4       25㎜초과~40㎜=2.2

    40㎜초과~50㎜=3.8       50㎜초과~65㎜=7.3

    65㎜초과~80㎜=13.6

④ 본 품은 1개월(30일)당 201~300매인 때를 표준으로 한 것이며

    100매 이하 20% 증       101~200 10% 증

    301~400 10% 감       401~500 20% 감

    501 이상 30% 감

⑤ 본 품은 기자재의 소운반, 조양 및 뒷정리 작업이 포함되었다.
⑥ 본 품은 촬영된 Film의 판독보고서 작성 등이 포함되었다.
⑦ 보조비계틀 가설품이 포함되었다.
⑧ 동위원소, 공구 및 장비는 공사기간 손료를 계상한다.
⑨ 현장준비품중 비계공과 플랜트전공은 보조가설물과 전선가설이 필요한
  개소에 한하여 계상한다.

2. 액체침투탐상시험

(m당)

| 기 사 | 비파괴시험공 | 특별인부 |
|---|---|---|
| 0.096 | 0.13 | 0.32 |

| 소 모 자 재 명 | 단 위 | 수 량 |
|---|---|---|
| 침 투 제 | ℓ | 0.101 |
| 현 상 제 | ℓ | 0.202 |
| 세 척 제 | ℓ | 0.304 |
| 흡 수 지 [ 2 3 × 2 3 c m ] | 장 | 169.05 |
| Disc Brush Wheel [ø 4] | 개 | 0.75 |
| 작 업 용 비 닐 마 스 크 | 개 | 1.13 |
| 마 킹 펜 ( 메 탈 용 ) | 개 | 0.023 |

**[주]** ① 본 품은 용제 제거성 가시성 침투제 사용을 기준으로 하였으며 형광침
  투탐상시에는 보정계수 1.2를 곱하여 계상한다.
  ② 본 품은 직선용접길이 1m를 기준한 품이며, 배관검사는 다음 보정계수
  를 곱하여 계상한다.
    가. 호칭구경 50㎜이하      : 50% 증
    나. 초칭구경 50㎜초과~100㎜  : 45% 증
    다. 호칭구경 100㎜초과~200㎜  : 25% 증
    라. 호칭구경 200㎜초과~300㎜  : 10% 증
    마. 호칭구경 300㎜초과 : 검사부 길이대로

③ 본 품은 검사물량이 1개월(30일)당 100m 초과 200m 이하인 때를 기준으로 한 것이며 아래와 같이 물량에 따라 증감이 있다.

　가. 100m이하 　　　: 10% 증

　나. 200m초과~400m : 10% 감

　다. 400m초과~600m : 20% 감

　라. 600m초과 　　　: 30% 감

④ 본 품은 기술관리, 표면처리, 본작업, 보고서 작성 및 정리가 포함된 품이다.

⑤ 용접부 이외의 면적을 검사할 경우에는 ㎡당 본 품에 3배하여 계상한다.

⑥ 기타 일반적인 사항은 "1. 방사선 투과시험"의 **[주]**와 같이 적용한다

[계산 예]

> ㉮ 검사부위가 직선인 경우
>
> 　본품× 검사길이(m)
>
> ㉯ 검사부위가 배관인 경우
>
> 　본품× 파이프호칭구경(m)× 3.14× (1＋구경에 따른 보정률)

## 3. 자분탐상시험

(m당)

| 기　사 | 비파괴시험공 | 플랜트전공 | 특별인부 |
|---|---|---|---|
| 0.096 | 0.55 | 0.096 | 0.3 |

| 소　모　자　재　명 | 단　　위 | 수　　량 |
|---|---|---|
| 형　광　습　식　자　분 | ℓ | 0.095 |
| 세　　　척　　　제 | g | 120.32 |
| 청　　테　　이　　프 | R/L | 0.133 |
| 소　　　창　　　직 | m | 0.69 |
| 건　　전　　지　[CM] | 개 | 0.159 |
| 마　　킹　　펜 | 개 | 0.115 |

**[주]** ① 본 품은 요크가시성 건식 또는 습식법을 기준한 것이며, 형광자분 사용시는 본 품에 1.2를 곱하여 계상한다.

　② 본 품은 기술관리, 표면처리, 본작업, 전선가설, 보고서 작성 및 작업

정리가 포함된 품이다.

③ "2. 액체침투탐상시험"의**[주]** ②, ③, ⑤, ⑥항 [계산예]를 적용한다.

4. 초음파 탐상 시험

(m당)

| 기사 | 비파괴시험공 | 특별인부 |
|---|---|---|
| 0.096 | 0.36 | 0.36 |

| 소 모 자 재 명 | 단 위 | 수 량 |
|---|---|---|
| 엔 진 오 일 | ℓ | 0.212 |
| 세 척 제 | g | 96.25 |
| 크 레 용 | 개 | 0.53 |
| 청 테 이 프 | R/L | 0.265 |
| 소 창 직 | m | 0.69 |
| 건 전 지 [CM] | 개 | 0.159 |

**[주]** ① 본 품은 수직탐상검사(0°)를 기준으로 하였으며 사각탐사검사 추가시 1개 사각에 대하여 1배씩 가산한다.

② 본 품은 기술관리, 전처리작업, 본작업, 보고서작성 및 작업정리가 포함된 품이다.

③ 검사부위 두께의 증가에 따라 아래의 보정계수를 곱하여 계상한다.

(단, 배관 및 수직탐상검사는 제외한다 )

가. 15㎜초과~ 50㎜ : 1.2

나. 50㎜초과~100㎜ : 1.4

다. 100㎜초과~150㎜ : 1.7

라. 150㎜초과 : 2.0

④ "2. 액체침투탐상시험" **[주]** ②, ③, ⑤, ⑥항 [계산예]를 적용한다.

### 13-2-8. 아세틸렌량의 환산

일반적으로 아세틸렌의 부피단위( ℓ )를 중량단위(kg)로의 환산식은 다음과 같다.

$$아세틸렌(kg) = 아세틸렌( ℓ ) \times \frac{26g}{22.4\,ℓ} \div 1,000$$

26g    : 아세틸렌의 1 mol당 분자량
22.4 ℓ : 표준상태에서 1 mol당량

## 13-3. 배관 및 기기보온

### 13-3-1. pipe보온 ('04년 보완)

1. 보온두께 30mm 이하

| Pipe Size mm | 관(m당) | | Fitting(개당) | | Hanger |
|---|---|---|---|---|---|
| | 보온공 | 특별인부 | 보온공 | 특별인부 | 보온공 |
| ø 50이하 | 0.039 | 0.057 | 0.032 | 0.034 | 0.009 |
| 65 | 0.048 | 0.072 | 0.043 | 0.047 | 0.012 |
| 80 | 0.052 | 0.078 | 0.056 | 0.061 | 0.015 |
| 90 | 0.054 | 0.080 | 0.066 | 0.072 | 0.015 |
| 100 | 0.063 | 0.093 | 0.088 | 0.096 | 0.015 |
| 125 | 0.070 | 0.104 | 0.126 | 0.136 | 0.018 |
| 150 | 0.074 | 0.112 | 0.161 | 0.174 | 0.018 |
| 200 | 0.091 | 0.136 | 0.255 | 0.285 | 0.021 |
| 250 | 0.108 | 0.161 | 0.382 | 0.413 | 0.027 |
| 300 | 0.125 | 0.186 | 0.530 | 0.575 | 0.030 |
| 350 | 0.141 | 0.212 | 0.700 | 0.760 | 0.033 |
| 400 | 0.156 | 0.233 | 0.882 | 0.958 | 0.036 |
| 450 | 0.173 | 0.258 | 1.095 | 1.185 | 0.039 |
| 500 | 0.189 | 0.284 | 1.345 | 1.455 | 0.045 |
| 600 | 0.223 | 0.332 | 1.900 | 2.060 | 0.051 |
| 650 | 0.236 | 0.356 | 2.075 | 2.265 | 0.056 |
| 750 | 0.271 | 0.450 | 2.305 | 2.495 | 0.061 |

| (개당) | Valve 및 Flange(개당) | | 직 관 의 물 량 | | | |
|---|---|---|---|---|---|---|
| 특별인부 | 보온공 | 특별인부 | 성형물(m) | 철선(m) | Lagging Sheet(㎡) | Sheet Metal Screw(개) |
| 0.009 | 0.160 | 0.160 | 1 | 2.240 | 0.358 | 10 |
| 0.012 | 0.170 | 0.175 | 1 | 3.420 | 0.446 | 10 |
| 0.015 | 0.190 | 0.190 | 1 | 3.740 | 0.488 | 10 |
| 0.015 | 0.200 | 0.200 | 1 | 4.050 | 0.525 | 10 |
| 0.015 | 0.225 | 0.225 | 1 | 4.360 | 0.567 | 10 |
| 0.018 | 0.245 | 0.245 | 1 | 5.000 | 0.648 | 10 |
| 0.018 | 0.245 | 0.245 | 1 | 5.640 | 0.729 | 10 |
| 0.021 | 0.275 | 0.275 | 1 | 6.950 | 0.894 | 10 |
| 0.027 | 0.290 | 0.290 | 1 | 8.210 | 1.053 | 10 |
| 0.030 | 0.340 | 0.340 | 1 | 9.500 | 1.215 | 10 |
| 0.033 | 0.405 | 0.405 | 1 | 10.480 | 1.335 | 10 |
| 0.036 | 0.450 | 0.450 | 1 | 11.710 | 1.525 | 10 |
| 0.039 | 0.510 | 0.510 | 1 | 13.000 | 1.655 | 10 |
| 0.045 | 0.565 | 0.565 | 1 | 14.290 | 1.816 | 10 |
| 0.051 | 0.635 | 0.635 | 1 | 16.900 | 2.143 | 10 |
| 0.056 | 0.650 | 0.650 | 1 | 18.100 | 2.301 | 10 |
| 0.061 | 0.770 | 0.770 | 1 | 20.670 | 2.624 | 10 |

▶ 비고 :

- Prefabricated Sheet로 Lagging할 때는 본 품에 50%를 가산한다. 2매이상 겹쳐 보온하는 경우에는 전체 두께를 1회 보온하는 품에 50%를 가산한다.
- 컬러 강판, 아연도 강판, 스테인리스 강판, 알루미늄판 등 원자재(Rawmaterial)로 시공할 때는 본 품에 100%를 가산한다. 2매이상 겹쳐 보온하는 경우에는 전체 두께를 1회 보온하는 품의 100%를 가산한다.

## 2. 보온두께 31㎜~40㎜

| Pipe Size mm | 관(m당) | | Fitting(개당) | | Hanger |
|---|---|---|---|---|---|
| | 보온공 | 특별인부 | 보온공 | 특별인부 | 보온공 |
| ø 50 이하 | 0.048 | 0.072 | 0.038 | 0.040 | 0.012 |
| 65 | 0.058 | 0.086 | 0.052 | 0.056 | 0.018 |
| 80 | 0.067 | 0.101 | 0.072 | 0.079 | 0.018 |
| 90 | 0.074 | 0.112 | 0.094 | 0.101 | 0.018 |
| 100 | 0.074 | 0.112 | 0.106 | 0.114 | 0.021 |
| 125 | 0.082 | 0.123 | 0.148 | 0.160 | 0.021 |
| 150 | 0.087 | 0.129 | 0.187 | 0.202 | 0.021 |
| 200 | 0.098 | 0.148 | 0.280 | 0.303 | 0.024 |
| 250 | 0.120 | 0.180 | 0.424 | 0.460 | 0.027 |
| 300 | 0.143 | 0.193 | 0.571 | 0.619 | 0.033 |
| 350 | 0.151 | 0.227 | 0.747 | 0.810 | 0.039 |
| 400 | 0.168 | 0.252 | 0.953 | 1.032 | 0.042 |
| 450 | 0.197 | 0.295 | 1.280 | 1.327 | 0.048 |
| 500 | 0.206 | 0.310 | 1.460 | 1.584 | 0.051 |
| 600 | 0.240 | 0.360 | 1.920 | 2.079 | 0.060 |
| 650 | 0.265 | 0.397 | 2.110 | 2.290 | 0.066 |
| 750 | 0.326 | 0.490 | 2.310 | 2.510 | 0.070 |

| (개당) | Valve 및 Flange(개당) | | 직 관 의 물 량 | | | |
|---|---|---|---|---|---|---|
| 특별인부 | 보온공 | 특별인부 | 성형물 (m) | 철선 (m) | Lagging Sheet (㎡) | Sheet Metal Screw(개) |
| 0.012 | 0.175 | 0.175 | 1 | 3.230 | 0.424 | 10 |
| 0.018 | 0.200 | 0.200 | 1 | 3.930 | 0.511 | 10 |
| 0.018 | 0.225 | 0.225 | 1 | 4.250 | 0.552 | 10 |
| 0.018 | 0.250 | 0.250 | 1 | 4.540 | 0.589 | 10 |
| 0.021 | 0.260 | 0.260 | 1 | 4.870 | 0.631 | 10 |
| 0.021 | 0.275 | 0.275 | 1 | 5.510 | 0.711 | 10 |
| 0.021 | 0.290 | 0.290 | 1 | 6.150 | 0.792 | 10 |
| 0.024 | 0.340 | 0.340 | 1 | 7.450 | 0.958 | 10 |
| 0.027 | 0.405 | 0.405 | 1 | 8.720 | 1.116 | 10 |
| 0.033 | 0.450 | 0.450 | 1 | 10.000 | 1.279 | 10 |
| 0.039 | 0.510 | 0.510 | 1 | 10.950 | 1.398 | 10 |
| 0.042 | 0.570 | 0.570 | 1 | 12.200 | 1.559 | 10 |
| 0.048 | 0.640 | 0.640 | 1 | 13.510 | 1.723 | 10 |
| 0.051 | 0.700 | 0.700 | 1 | 14.780 | 1.880 | 10 |
| 0.060 | 0.810 | 0.810 | 1 | 17.400 | 2.206 | 10 |
| 0.066 | 0.890 | 0.890 | 1 | 18.600 | 2.365 | 10 |
| 0.070 | 0.980 | 0.980 | 1 | 21.900 | 2.688 | 10 |

▶ 비고 :

- Prefabricated Sheet로 Lagging할 때는 본 품에 50%를 가산한다. 2매이상 겹쳐 보온하는 경우에는 전체 두께를 1회 보온하는 품에 50%를 가산한다.
- 컬러 강판, 아연도 강판, 스테인리스 강판, 알루미늄판 등 원자재(Rawmaterial)로 시공할 때는 본 품에 100%를 가산한다. 2매이상 겹쳐 보온하는 경우에는 전체 두께를 1회 보온하는 품의 100%를 가산한다.

3. 보온두께 41㎜~60㎜

| Pipe Size mm | 관(m당) | | Fitting(개당) | | Hanger |
|---|---|---|---|---|---|
| | 보온공 | 특별인부 | 보온공 | 특별인부 | 보온공 |
| ø 50이하 | 0.074 | 0.112 | 0.063 | 0.067 | 0.015 |
| 65 | 0.086 | 0.130 | 0.078 | 0.084 | 0.018 |
| 80 | 0.094 | 0.140 | 0.101 | 0.111 | 0.021 |
| 90 | 0.104 | 0.158 | 0.138 | 0.144 | 0.024 |
| 100 | 0.104 | 0.158 | 0.149 | 0.162 | 0.024 |
| 125 | 0.115 | 0.173 | 0.207 | 0.225 | 0.027 |
| 150 | 0.120 | 0.180 | 0.259 | 0.287 | 0.030 |
| 200 | 0.143 | 0.212 | 0.400 | 0.435 | 0.033 |
| 250 | 0.160 | 0.242 | 0.518 | 0.562 | 0.039 |
| 300 | 0.210 | 0.300 | 0.870 | 0.940 | 0.045 |
| 350 | 0.210 | 0.300 | 1.010 | 1.090 | 0.051 |
| 400 | 0.214 | 0.320 | 1.210 | 1.310 | 0.054 |
| 450 | 0.220 | 0.346 | 1.470 | 1.590 | 0.060 |
| 500 | 0.264 | 0.396 | 1.870 | 2.020 | 0.066 |
| 600 | 0.305 | 0.458 | 2.600 | 2.820 | 0.075 |
| 650 | 0.324 | 0.486 | 2.840 | 3.070 | 0.083 |
| 750 | 0.357 | 0.537 | 3.120 | 3.380 | 0.091 |

| (개당) | Valve 및 Flange(개당) | | 직관의 물량 | | | |
|---|---|---|---|---|---|---|
| 특별인부 | 보온공 | 특별인부 | 성형물<br>(m) | 철선<br>(m) | Lagging<br>Sheet<br>(㎡) | Sheet<br>Metal<br>Screw(개) |
| 0.015 | 0.270 | 0.270 | 1 | 4.240 | 0.551 | 10 |
| 0.018 | 0.290 | 0.290 | 1 | 4.940 | 0.637 | 10 |
| 0.021 | 0.310 | 0.310 | 1 | 5.250 | 0.679 | 10 |
| 0.024 | 0.330 | 0.330 | 1 | 5.550 | 0.716 | 10 |
| 0.024 | 0.350 | 0.350 | 1 | 5.870 | 0.758 | 10 |
| 0.027 | 0.390 | 0.390 | 1 | 6.500 | 0.839 | 10 |
| 0.030 | 0.420 | 0.420 | 1 | 7.150 | 0.919 | 10 |
| 0.033 | 0.430 | 0.430 | 1 | 8.460 | 1.085 | 10 |
| 0.039 | 0.490 | 0.490 | 1 | 9.740 | 1.244 | 10 |
| 0.045 | 0.510 | 0.510 | 1 | 11.000 | 1.406 | 10 |
| 0.051 | 0.550 | 0.550 | 1 | 11.950 | 1.525 | 10 |
| 0.054 | 0.560 | 0.560 | 1 | 13.200 | 1.684 | 10 |
| 0.060 | 0.590 | 0.590 | 1 | 14.500 | 1.941 | 10 |
| 0.066 | 0.610 | 0.610 | 1 | 15.800 | 2.102 | 10 |
| 0.075 | 0.620 | 0.620 | 1 | 18.400 | 2.333 | 10 |
| 0.083 | 0.680 | 0.680 | 1 | 19.600 | 2.492 | 10 |
| 0.091 | 0.740 | 0.740 | 1 | 22.200 | 2.940 | 10 |

▶ 비고 :
- Prefabricated Sheet로 Lagging할 때는 본 품에 50%를 가산한다. 2매이상 겹쳐 보온하는 경우에는 전체 두께를 1회 보온하는 품에 50%를 가산한다.
- 컬러 강판, 아연도 강판, 스테인리스 강판, 알루미늄판 등 원자재(Rawmaterial)로 시공할 때는 본 품에 100%를 가산한다. 2매이상 겹쳐 보온하는 경우에는 전체 두께를 1회 보온하는 품의 100%를 가산한다.

## 4. 두께 61㎜~75㎜

| Pipe Size | 관(m당) | | Fitting(개당) | | Hanger |
|---|---|---|---|---|---|
| ㎜ | 보온공 | 특별인부 | 보온공 | 특별인부 | 보온공 |
| ø 50 이하 | 0.096 | 0.154 | 0.087 | 0.089 | 0.024 |
| 65 | 0.113 | 0.169 | 0.102 | 0.110 | 0.027 |
| 80 | 0.120 | 0.180 | 0.130 | 0.140 | 0.030 |
| 90 | 0.120 | 0.180 | 0.151 | 0.164 | 0.032 |
| 100 | 0.135 | 0.201 | 0.190 | 0.206 | 0.036 |
| 125 | 0.142 | 0.212 | 0.255 | 0.277 | 0.036 |
| 150 | 0.149 | 0.223 | 0.325 | 0.649 | 0.039 |
| 200 | 0.182 | 0.272 | 0.512 | 0.556 | 0.042 |
| 250 | 0.206 | 0.310 | 0.728 | 0.788 | 0.046 |
| 300 | 0.226 | 0.338 | 0.955 | 1.035 | 0.051 |
| 350 | 0.250 | 0.374 | 1.270 | 1.300 | 0.054 |
| 400 | 0.274 | 0.410 | 1.550 | 1.670 | 0.063 |
| 450 | 0.298 | 0.446 | 1.890 | 2.050 | 0.069 |
| 500 | 0.332 | 0.482 | 2.280 | 2.470 | 0.075 |
| 600 | 0.370 | 0.554 | 3.140 | 3.400 | 0.087 |
| 650 | 0.393 | 0.591 | 3.460 | 3.740 | 0.095 |
| 750 | 0.444 | 0.666 | 3.820 | 4.130 | 0.125 |

| (개당) | Valve 및 Flange(개당) | | 직 관 의 물 량 | | | |
|---|---|---|---|---|---|---|
| 특별인부 | 보온공 | 특별인부 | 성형물 (m) | 철선 (m) | Lagging Sheet (㎡) | Sheet Metal Screw(개) |
| 0.024 | 0.425 | 0.425 | 1 | 4.990 | 0.646 | 10 |
| 0.027 | 0.475 | 0.475 | 1 | 5.690 | 0.734 | 10 |
| 0.030 | 0.510 | 0.510 | 1 | 6.000 | 0.774 | 10 |
| 0.032 | 0.540 | 0.540 | 1 | 6.310 | 0.811 | 10 |
| 0.036 | 0.560 | 0.560 | 1 | 6.640 | 0.853 | 10 |
| 0.036 | 0.590 | 0.590 | 1 | 7.270 | 0.934 | 10 |
| 0.039 | 0.615 | 0.615 | 1 | 7.910 | 1.014 | 10 |
| 0.042 | 0.625 | 0.625 | 1 | 9.240 | 1.180 | 10 |
| 0.046 | 0.695 | 0.695 | 1 | 10.500 | 1.339 | 10 |
| 0.051 | 0.770 | 0.770 | 1 | 11.800 | 1.501 | 10 |
| 0.054 | 0.840 | 0.840 | 1 | 12.700 | 1.620 | 10 |
| 0.063 | 0.925 | 0.925 | 1 | 13.950 | 1.779 | 10 |
| 0.069 | 1.010 | 1.010 | 1 | 15.250 | 1.941 | 10 |
| 0.075 | 1.115 | 1.115 | 1 | 16.600 | 2.102 | 10 |
| 0.087 | 1.230 | 1.230 | 1 | 18.350 | 2.429 | 10 |
| 0.095 | 1.350 | 1.350 | 1 | 20.400 | 2.587 | 10 |
| 0.125 | 1.480 | 1.480 | 1 | 23.000 | 2.910 | 10 |

▶ 비고 :

- Prefabricated Sheet로 Lagging할 때는 본 품에 50%를 가산한다. 2매이상 겹쳐 보온하는 경우에는 전체 두께를 1회 보온하는 품에 50%를 가산한다.
- 컬러 강판, 아연도 강판, 스테인리스 강판, 알루미늄판 등 원자재(Rawmaterial)로 시공할 때는 본 품에 100%를 가산한다. 2매이상 겹쳐 보온하는 경우에는 전체 두께를 1회 보온하는 품의 100%를 가산한다.

## 5. 보온두께 76㎜~90㎜

| Pipe Size mm | 관(m당) | | Fitting(개당) | | Hanger |
|---|---|---|---|---|---|
| | 보 온 공 | 특별인부 | 보 온 공 | 특별인부 | 보온공 |
| ø 50 이하 | 0.114 | 0.171 | 0.097 | 0.102 | 0.029 |
| 65 | 0.134 | 0.196 | 0.119 | 0.129 | 0.032 |
| 80 | 0.151 | 0.227 | 0.162 | 0.176 | 0.036 |
| 90 | 0.158 | 0.238 | 0.196 | 0.212 | 0.039 |
| 100 | 0.166 | 0.248 | 0.234 | 0.254 | 0.042 |
| 125 | 0.173 | 0.260 | 0.313 | 0.339 | 0.045 |
| 150 | 0.181 | 0.271 | 0.392 | 0.424 | 0.048 |
| 200 | 0.214 | 0.320 | 0.631 | 0.683 | 0.057 |
| 250 | 0.240 | 0.360 | 0.869 | 0.941 | 0.063 |
| 300 | 0.259 | 0.387 | 1.130 | 1.230 | 0.071 |
| 350 | 0.282 | 0.425 | 1.390 | 1.510 | 0.077 |
| 400 | 0.307 | 0.461 | 1.740 | 1.880 | 0.083 |
| 450 | 0.331 | 0.499 | 2.090 | 2.160 | 0.089 |
| 500 | 0.357 | 0.536 | 2.870 | 3.110 | 0.102 |
| 600 | 0.431 | 0.665 | 3.655 | 3.965 | 0.108 |
| 650 | 0.448 | 0.672 | 3.890 | 4.230 | 0.135 |
| 750 | 0.476 | 0.714 | 4.140 | 4.480 | 0.170 |

| (개당) | Valve 및 Flange(개당) | | 직 관 의 물 량 | | | |
|---|---|---|---|---|---|---|
| 특별인부 | 보온공 | 특별인부 | 성형물 (m) | 철선 (m) | Lagging Sheet (㎡) | Sheet Metal Screw(개) |
| 0.029 | 0.510 | 0.510 | 1 | 5.740 | 0.741 | 10 |
| 0.032 | 0.574 | 0.574 | 1 | 6.450 | 0.829 | 10 |
| 0.036 | 0.633 | 0.633 | 1 | 6.760 | 0.869 | 10 |
| 0.039 | 0.644 | 0.644 | 1 | 7.060 | 0.906 | 10 |
| 0.042 | 0.680 | 0.680 | 1 | 7.400 | 0.948 | 10 |
| 0.045 | 0.700 | 0.700 | 1 | 8.030 | 1.023 | 10 |
| 0.048 | 0.762 | 0.762 | 1 | 8.650 | 1.108 | 10 |
| 0.057 | 0.820 | 0.820 | 1 | 11.250 | 1.275 | 10 |
| 0.063 | 0.940 | 0.940 | 1 | 12.500 | 1.434 | 10 |
| 0.071 | 1.105 | 1.105 | 1 | 12.550 | 1.596 | 10 |
| 0.077 | 1.130 | 1.130 | 1 | 13.500 | 1.715 | 10 |
| 0.083 | 1.160 | 1.160 | 1 | 14.780 | 1.874 | 10 |
| 0.089 | 1.300 | 1.300 | 1 | 16.000 | 2.035 | 10 |
| 0.102 | 1.440 | 1.440 | 1 | 17.300 | 2.197 | 10 |
| 0.108 | 1.520 | 1.520 | 1 | 19.900 | 2.523 | 10 |
| 0.135 | 1.600 | 1.600 | 1 | 21.190 | 2.682 | 10 |
| 0.170 | 1.720 | 1.720 | 1 | 23.700 | 3.005 | 10 |

▶ 비고 :
- Prefabricated Sheet로 Lagging할 때는 본 품에 50%를 가산한다. 2매이상 겹쳐 보온하는 경우에는 전체 두께를 1회 보온하는 품에 50%를 가산한다.
- 컬러 강판, 아연도 강판, 스테인리스 강판, 알루미늄판 등 원자재(Rawmaterial) 로 시공할 때는 본 품에 100%를 가산한다. 2매이상 겹쳐 보온하는 경우에는 전체 두께를 1회 보온하는 품의 100%를 가산한다.

**[주]** ① 본 품은 플랜트 배관보온에 적용하는 것으로서 성형물로 보온하는 품이며 물량은 정미 수량이다.

② 엘보, 밸브 등은 보온재를 절단 가공해서 보온하는 품이다.

③ 본 품은 보온재 소운반이 포함되어 있다.

④ 2매 이상 겹쳐 보온하는 경우는 각각의 품을 합산한다.

  (예) 파이프 ø 100에 보온두께 90㎜를 50㎜+40㎜로 2회 보온하는 경우 아래의 ㉮+㉯로 한다.

    ㉮ 파이프 ø 100에 보온두께 50㎜ 보온품

    ㉯ 파이프 ø 200에 보온두께 40㎜ 보온품

⑤ 본 품의 Lagging Sheet 물량을 3′ × 6′ Sheet로 환산시는 3′ × 6′ Sheet 1매를 1.35㎡로 보고 환산한다.

⑥ 철선은 Pipe길이 1m에 5회 감는 것으로 한다.

⑦ Cold 보온시공은 Hot 보온품에 적량 할증 가산할 수 있다.

⑧ 본 품은 보온 기본사양(Pipe+성형보온재+철선 + Piece 연결)을 기준으로 한 것이므로 이외의 사양에 대하여는 별도 계산할 수 있다.

⑨ 두께 91㎜ 이상 보온은 본 품에 비례하여 적의 적용하되, 관(m당)의 보온공과 특별인부 품은 다음 공식에 의하여 품을 산출 적용한다.

○보온공 품 = $(\dfrac{12,000}{X^k} + 200) \times \dfrac{V}{C}$

○특별인부 품 = 보온공 품 × 1.5

  여기서 X : 보온두께(㎜)

        K : 상수

        C : 구경별 상수

        V : $\dfrac{\pi}{4}(d_1{}^2 - do^2)$ (㎥) : 파이프 1m의 보온부피

        do : 파이프의 외경(m)

        $d_1$ : 파이프보온의 외경(m)

## 〈구경별 상수〉

| Pipe Size(mm) | C | K |
|---|---|---|
| ø 50이하 | 102 | 1.13 |
| 65 | 92 | |
| 80 | 90 | |
| 90 | 90 | |
| 100 | 95 | 1.17 |
| 125 | 99 | |
| 150 | 107 | |
| 200 | 104 | |
| 250 | 110 | 1.21 |
| 300 | 112 | |
| 350 | 106 | |
| 400 | 109 | |
| 450 | 111 | |
| 500 | 107 | 1.28 |
| 600 | 109 | |
| 650 | 113 | |
| 700 | 114 | |

## 13-3-2. 기기보온

### 1. Boiler 본체보온 ('92년 보완)

(㎡당)

| 두께(mm)＼직종＼구분 | Attachment 취부<br>용접공 | 보온재취부<br>보온공 | Lagging<br>함석공 | 소운반<br>특별인부 | 계 |
|---|---|---|---|---|---|
| 60이하 | 0.01 | 0.104 | 0.173 | 0.02 | 0.307 |
| 50 + 60 | 0.01 | 0.208 | 0.173 | 0.03 | 0.421 |
| 50 + 75 | 0.01 | 0.229 | 0.173 | 0.035 | 0.447 |
| 75 + 75 | 0.01 | 0.266 | 0.173 | 0.04 | 0.489 |
| 100 + 100 | 0.01 | 0.397 | 0.173 | 0.05 | 0.630 |
| 240 | 0.01 | 0.453 | 0.173 | 0.06 | 0.696 |
| 300 | 0.01 | 0.567 | 0.173 | 0.07 | 0.820 |
| 350 | 0.01 | 0.652 | 0.173 | 0.072 | 0.907 |
| 비 고 | \- 본 보온품은 Blanket을 사용하는 품이므로 블록을 사용할 때에는 본 품에 40% 가산한다.<br>\- 일반기기 보온은 Duct 보온품에 100% 가산한다.<br>\- 원자재(Raw Material)로 Lagging Sheet를 제작하여 시공할 때에는 본품 함석공과 특별인부품의 50% 가산한다.<br>\- 보일러 본체 보온증 Lagging Sheet를 사용하지 않는 경우 함석공 0.173인, 특별인부 0.008인을 감한다.<br>\- 본 품은 보온 기본사양{모재 + Pin용접 + 보온재 + Lagging Sheet(Pipe 연결)}을 기준한 것이므로 마감작업(Seal Gasket 취부, Hard Cement 충진) 필요시는 특별인부 품의 50%를 가산한다.<br>\- 3겹 이상 보온작업시는 보온공 품은 0.04인씩 가산한다 | | | | |

[주] ① 보온재는 Blanket 형태를 사용하여 보온하는 품이다.

② 옥외형 보일러 외벽 보온작업시 위험할증을 적용한다.

2. Duct 보온 ('92년 보완)

(㎡당)

| 구분<br>직종<br>두께<br>(mm) | Attachment<br>취 부<br>용 접 공 | 보온재취부<br>보온공 | Lagging<br>함석공 | 소 운 반<br>특별인부 | 계 |
|---|---|---|---|---|---|
| 35 이하 | 0.007 | 0.104 | 0.116 | 0.012 | 0.239 |
| 60 | 0.007 | 0.104 | 0.116 | 0.020 | 0.247 |
| 50 + 60 | 0.007 | 0.208 | 0.116 | 0.030 | 0.361 |
| 40 + 75 | 0.007 | 0.215 | 0.116 | 0.031 | 0.369 |
| 70 + 70 | 0.007 | 0.216 | 0.116 | 0.033 | 0.372 |
| 75 + 75 | 0.007 | 0.266 | 0.116 | 0.034 | 0.423 |

[주] ① "1. Boiler 본채 보온 "의 [주]와 같이 적용한다.

# 13-4. 강재제작 설치

## 13-4-1. 보통 철골재

1. 철골재의 무게산출 표준

(m당)

| 건 물 종 별 | | 철 골 무 게<br>(ton) |
|---|---|---|
| 종 별 | 구 조 물 | |
| 철 골 조 건 물 | 연면적에 대하여<br>목재중도리 | 0.10~0.15<br>0.04~0.06 |
| 철 골 조 지 붕 틀 | 철골중도리<br>철근을 구조계산에<br>가산할 경우 | 0.06~0.08<br>0.08~0.10 |
| 철골철근콘크리트조 | 철근을 구조계산에<br>가산하지 않을 경우 | 0.10~0.15 |

[주] 본 표는 주재의 개산치이며 주재란 구조의 주요재 즉, 기둥보, 지붕틀, 계단, 도리 중도리 등을 말한다.

2. 부속재의 비율 ('18년 보완)

| 주          재 | 부 속 재(%) |
|---|---|
| 작        은        보 | 15~20 |
| 지        붕        틀 | 10 |
| 큰                보 | 10~15 |
| 격      자      기      둥 | 10~15 |
| 강      관      기      둥 | 10 |
| 벽                보 | 10 |

[주] ① 본 표는 주재의 중량에 대한 부속재의 개산 비율이며 부속재란 접합강
판(Gusset p.Spacer, Splice, p.Cover p) 등 볼트 등을 말한다.

② 강재의 중량산출은 KS D 3502에 따른다.

## 13-4-2. 철골 가공조립 ('18년 보완)

1. 강판 구멍뚫기

(1일작업량)

| 방  법 | 강판두께 (mm) | 구멍지름 (mm) | 철골공 (인) | 1일작업량 (개소) |
|---|---|---|---|---|
| 펀 치 뚫 기 | 9 | 21 | 2 | 250 |
| 송 곳 뚫 기 | 9 | 21 | 1~2 | 100 |

[주] ① 본 품은 현장에서 인력으로 강판에 구멍을 뚫는 기준이다.

② 송곳뚫기에서 인력인 경우 구멍지름이 21mm이하일 때는 철골공 1인, 22mm
이상일 때는 2인(1조)을 기준으로 한다.

③ 기름소모량은 100개소당 0.05ℓ이다.

④ 기계손료, 운전경비 및 소모재료는 별도 계상한다.

2. 앵커 볼트 설치

(개당)

| 구  분 | 단위 | 수  량 | | | | | |
|---|---|---|---|---|---|---|---|
| | | ø16이하 | ø20이하 | ø24이하 | ø28이하 | ø32이하 | ø40이하 |
| 철 골 공 | 인 | 0.05 | 0.08 | 0.12 | 0.16 | 0.20 | 0.23 |
| 특별인부 | 인 | 0.02 | 0.03 | 0.05 | 0.06 | 0.07 | 0.09 |

**[주]** ① 본 품은 철골세우기를 위해 앵커볼트 설치를 기준한 것이다.

② 본 품은 설치위치 확인, 앵커볼트 및 틀 설치가 포함된 것이다.

③ 별도의 철제틀이 필요한 경우에는 철물 제작품을 적용한다.

④ 일반철골공사에 적용하고 기계설치에는 적용하지 않는다.

⑤ 공구손료 및 경장비(용접기 등)의 기계경비는 인력품의 2%로 계상한다.

⑥ 콘크리트 독립주 위에서나 기타 비계가 양호치 못한 장소에서는 본 품의 20%까지 가산한다.

## 13-4-3. Storage Tank

1. 탱크제작

가. Rolling 및 Edge 가공

(매당)

| 철판규격＼직종 | 일반기계운전사<br>(원치운전) | 플랜트<br>제관공 | 특별인부 | 계 |
|---|---|---|---|---|
| 8t× 5ft× 20ft 이하 | 0.087 | 0.328 | 0.131 | 0.546 |
| 12t× 5ft× 20ft 〃 | 0.177 | 0.477 | 0.191 | 0.795 |
| 16t× 5ft× 20ft 〃 | 0.211 | 0.790 | 0.315 | 1.316 |
| 20t× 5ft× 20ft 〃 | 0.252 | 0.972 | 0.378 | 1.602 |
| 24t× 5ft× 20ft 〃 | 0.307 | 1.184 | 0.461 | 1.952 |
| 28t× 5ft× 20ft 〃 | 0.361 | 1.392 | 0.542 | 2.295 |
| 32t× 5ft× 20ft 〃 | 0.415 | 1.602 | 0.624 | 2.641 |
| 36t× 5ft× 20ft 〃 | 0.470 | 1.813 | 0.706 | 2.989 |
| 40t× 5ft× 20ft 〃 | 0.524 | 2.023 | 0.787 | 3.334 |

나. 금긋기 및 절단가공

(ton당)

| 작업구분 | 현　도 | 괘　서 | 절　단 | 계 |
|---|---|---|---|---|
| 직　종 | 플랜트제관공 | 플랜트제관공 | 플랜트제관공 | |
| 공　량 | 0.437 | 1.161 | 0.318 | 19.16 |

다. 운반조작
(ton당)

| 직 종 | 비 계 공 | 건설기계운전(조/대) | 특별인부 | 계 |
|---|---|---|---|---|
| 공 량 | 0.073 | 0.037 | 0.073 | 0.183 |
| 비 고 | - 스테인리스 등 특수재질의 제작인 경우에는 40~50% 가산한다. | | | |

[주] ① 본 품은 Tank 조립용 철판을 가공하는 품이다.
　　② 본 품은 철판의 Rolling접합부의 Edge Cutting작업이 포함되어 있다.
　　③ 본 품은 기기운전 품이 포함되어 있다.

2. 탱크조립설치
(ton당/인)

| 용량(㎥) 직종별 | 50 이하 | 100 이하 | 300 이하 | 500 이하 | 1,500 이하 | 3,000 이하 | 5,000 이하 | 10,000 이하 | 10,000 이상 |
|---|---|---|---|---|---|---|---|---|---|
| 건설기계운전공 | 1.922 | 1.576 | 1.476 | 1.321 | 1.093 | 0.911 | 0.856 | 0.799 | 0.702 |
| 비 계 공 | 0.928 | 0.759 | 0.711 | 0.637 | 0.527 | 0.439 | 0.399 | 0.378 | 0.357 |
| 특 별 인 부 | 8.475 | 6.908 | 6.469 | 5.790 | 4.792 | 3.993 | 2.499 | 2.163 | 2.163 |
| (플랜트제관공) | 3.522 | 2.889 | 2.705 | 2.422 | 2.004 | 1.670 | 1.447 | 1.040 | 0.983 |
| (플랜트용접공) | 3.081 | 2.519 | 2.359 | 2.111 | 1.747 | 1.456 | 1.456 | 1.899 | 2.041 |
| 인 력 운 반 공 | 0.160 | 0.131 | 0.123 | 0.110 | 0.091 | 0.076 | 0.076 | 0.076 | 0.076 |
| 보 통 인 부 | 4.950 | 4.048 | 3.791 | 3.393 | 2.808 | 2.340 | 2.010 | 1.860 | 1.720 |
| 배 관 공 | 0.145 | 0.119 | 0.118 | 0.100 | 0.083 | 0.069 | 0.047 | 0.029 | 0.025 |

[주] ① 본 품은 가공된 철판으로 Tank를 조립 설치하는 품이다.
　　② 본 품은 소재운반, 배열, 가접, 본 용접이 포함되어 있다.
　　③ 본 품은 소정의 외관검사, Leak Test 및 교정작업이 포함되어 있다.
　　④ 본 품은 탱크외부에 실시하는 Sand Blasting 작업은 포함되었으나, Painting작업은 별도 계상한다.
　　⑤ 본 품은 열교환기 제작설치, 계단 및 난간설치 작업이 제외되어 있다.
　　⑥ 본 품은 소화시설, 부대배관 작업이 제외되어 있다.
　　⑦ 용접공은 용접장의 증감에 따라 조정한다.
　　⑧ "냉난방 위생설비 공사용 탱크제작"도 본 품을 적용한다.

〈참고〉 **탱크의 소요재료**

## 1. 물량 계산치

(대당)

| 품명 | 규격 | 단위 | 용량별(㎥) | | | |
|---|---|---|---|---|---|---|
| | | | 3,000 | 5,000 | 7,000 | 10,000 |
| Steel plate | 4.5t × 4´ × 8´ | 매 | 103 | 147 | 220 | 295 |
| | 6t × 5´ × 20´ | 〃 | 94 | 97 | 115 | 149 |
| | 16t × 5´ × 20´ | 〃 | – | – | 15 | 17 |
| | 14t × 5´ × 20´ | 〃 | – | – | 15 | 17 |
| | 12t × 5´ × 20´ | 〃 | – | – | 15 | 17 |
| Steel plate | 10t × 5´ × 20´ | 매 | – | 12 | 15 | 17 |
| | 8t × 5´ × 20´ | 〃 | 10 | – | 15 | 17 |
| | 11t × 5´ × 20´ | 〃 | – | 12 | – | – |
| | 9t × 5´ × 20´ | 〃 | – | 12 | – | – |
| | 7t × 5´ × 20´ | 〃 | 10 | 12 | – | – |
| pipe | ø 12 " | kg | | 4,250 | 11,280 | 11,280 |
| | ø 10 " | 〃 | 2,920 | – | – | – |
| Channel | 125 × 65 × 6 | 〃 | 6,040 | 8,780 | 14,620 | 14,620 |
| | 200 × 90 × 5 | 〃 | 2,360 | 2,580 | 2,350 | 2,350 |
| Angle | 75 × 75 × 9 | 〃 | 610 | 740 | 1,040 | 1,040 |
| 전기 용접봉 | ø 4× 440 | 개 | 4,450 | 8,359 | 11,201 | 12,834 |
| | ø 3.2 × 350 | 〃 | 6,790 | 9,960 | 12,989 | 18,176 |
| | ø 2.5 × 330 | 〃 | 1,705 | 2,660 | 3,647 | 4,826 |
| 모      래 | | ㎥ | 48 | 128 | 170 | 206 |
| 화      목 | | kg | 50 | 100 | 150 | 200 |
| 광 명 단 | 외  부(1회) | ℓ | 109 | 140 | 186 | 225 |
| 페 인 트 | 외  부(2회) | 〃 | 134 | 160 | 213 | 258 |
| 보 일 유 | | 〃 | 37 | 45 | 60 | 73 |
| 산      소 | | 〃 | 28,728 | 43,092 | 67,830 | 80,997 |
| 아 세 틸 렌 | | 〃 | 15,048 | 22,572 | 35,530 | 42,427 |
| 시      너 | | 〃 | 37 | 45 | 60 | 73 |

※ 산소량은 대기압상태의 기준량이며, 압축산소는 35℃에서 150기압으로 압축
   용기에 넣어 사용하는 것을 기준한다.

## 2. 용접장 계산치

(m/ton)

| 구분　　　두께(mm)　　용량(㎥) | | 1,501~ 3,000이하 | 5,000 | 10,000 | 10,000 이상 |
|---|---|---|---|---|---|
| Roof | 4.5 | 35 | 35 | 35 | 35 |
| Wall | 6 | 19 | 19 | 25 | 27 |
| Bottom | 6 | 16 | 16 | 16 | 16 |

[주] Wall의 용접장은 두께 6mm 철판으로 환산하여 산출한 것이다.

▶ 환산기준

| | | |
|---|---|---|
| 6mm : 1 | 7mm : 1.30 | 8mm : 1.62 |
| 9 : 1.81 | 10 : 2.04 | 11 : 2.31 |
| 12 : 3.10 | 14 : 3.25 | 16 : 5.71 |
| 18 : 6.07 | 22 : 8.00 | |

## 3. 사용장비

| 장　비　명 | 규　격 | 단　위 | 수　량 |
|---|---|---|---|
| Truck Crane | 20ton | 대 | 1 |
| Truck | 4ton | 〃 | 1 |
| Winch | 25kW | 〃 | 1 |
| Derrick | 20ton | 〃 | 1 |
| A.C.Welder | 15kVA | 〃 | 4 |
| Air Compressor | 1.5㎥/min | 〃 | 1 |
| Rolling Machine | ø 10 " × 2m ø | 〃 | 1 |
| Chipping Gun | | 〃 | 1 |

4. 탱크설치용 JIG 손료기준

(개/Shell Plate 용접장 m)

| 종　　　류 | 방　향 | 수　량 | 손　율 (%/회) |
|---|---|---|---|
| Scaffolding Bracket | 원　주 | 1.67 | 10 |
| Channel Strong Back(Bend Type) | 수　직 | 2.00 | |
| Channel Strong Back(Straight Type) | 원　주 | 1.00 | |
| Wadeg Pin | 원　주 | 2.00 | |
| | 수　직 | 4.00 | |
| Taper Pin | 원　주 | 1.00 | |
| | 수　직 | 2.00 | |
| Piece | 원　주 | 1.67 | |
| Bracket Holder | 원　주 | 1.67 | 30 |
| Horse Holder | 원　주 | 2.00 | |
| | 수　직 | 4.00 | |
| Block | 원　주 | 2.00 | |
| | 수　직 | 4.00 | |

[주] ① Fabrication된 철판의 용접 m당 소요수량을 산출한 것이므로 수직방향과 원주방향을 구분하였다.

② 원주방향의 용접장은 다음과 같이 계산한다.

π × Tank 직경 × (Tank 철판단수 - 1)

## 13-4-4. 강재류 조립설치

(ton당)

| 직　　　　종 | 수량 |
|---|---|
| 기　계　산　업　기　사 | 0.30 |
| 철　　　　골　　　　공 | 4.98 |
| 비　　　　계　　　　공 | 3.27 |
| 기　계　설　치　공 | 0.82 |
| 용　　　접　　　공 | 0.80 |
| 비　　　　　　고 | - 본 품은 설치단위 1개의 중량이 1~5ton인 경우를 기준한 것이며 설치단위 1개의 중량에 따라 다음과 같이 증감한다.<br>0.5ton 미만은　30% 가산<br>0.5~1ton 미만은 15% 가산<br>5ton 이상은 20% 감<br>- 검사 및 교정이 필요한 경우에 기술관리를 제외한 상기품의 10%를 가산한다.<br>- Steel Stack 등 ton당 용접상(6㎜ Fillet 환산)이 30m를 초과하는 경우 20% 가산한다. |

[주] ① 본 품은 플랜트용 철구조물에 적용한다.(발전, 화학, 제철, 보일러용 철구조물 등)

② 본 품은 Angle, Channel, H-Beam, T형강 등의 소재로 제작된 Deck, Frame가대, Hand Rail 및 기타 가공된 철물철골을 조립 설치하는 품이다.

③ 본 품은 기초 Chipping, Grouting은 포함되어 있다.


## 13-4-5. 도장 및 방청공사

‘[기계설비부문] 9-2 도장’의 품 적용


## 13-4-6. 기계설비 철거 및 이설공사

‘[기계설비부문] 14-1-1 기계설비 철거 및 이설’의 품 적용

## 13-4-7. 탱크청소

(단위 : 바닥면적 ㎡당))

| 구 분 | | 중유(B.C) | 휘발유,경유 | 물 |
|---|---|---|---|---|
| 보 통<br>인 부 | 떠 내 기 | 0.25 | 0.13 | 0.03 |
| | 오 물 제 거 | 0.25 | 0.13 | 0.07 |
| | 녹 제 거 | 0.02 | 0.02 | 0.02 |
| | 되 붓 기 | 0.1 | 0.07 | - |
| | 드 럼 운 반 | 0.1 | 0.07 | - |
| | 닦 아 내 기 | 0.05 | 0.03 | 0.01 |
| | 계 | 0.77(인) | 0.45(인) | 0.13(인) |
| 비 고 | - 녹제거는 [주]①항 작업부분에 대해 심한 녹을 제거하는 품(도장등을<br>위한 바탕 처리와는 다름)이고, 추가작업 부분(Shell, Roof 등)에 대<br>해서는 ㎡당 녹제거 품의 80%를 별도 계상한다.<br>- Clean Out Door가 없는 탱크는 떠내기 및 오물제거에 각각 20%씩<br>가산한다. | | | |

[주] ① 본 품은 펌프 등을 사용하여 가능한 만큼 유체를 이송 후 작업하는 품
이므로 가설펌프 및 가설자재에 관한 비용은 별도 계산한다.

② 닦아내기품은 용접 등을 위하여 표면을 깨끗하게 할 필요가 있을
때만 적용하며 닦아내기용 소모자재는 별도 계상한다.

③ 잡재료비는 인력품의 3%로 계상한다.

④ 오물제거 및 녹제거작업시 유해가스가 발생할 경우에는 유해가스
할증율도 가산한다.

# 13-5. 화력발전 기계설비공사

## 13-5-1. 보일러 설치

(기당)

| 작 업 구 분 | 직 종 | 단 위 | 수 량 |
|---|---|---|---|
| 기술관리 Boiler 본체 설비공사 기간중 | 기 계 기 사 | 인/일 | 2.0 |
| 포장해체 수송을 위해 포장된 목재를 해체하고 목재를 소정위치에 정리함 | 목 공 특 별 인 부 | 인/㎥ ″ | 0.02 0.02 |
| 표면손실 | 특 별 인 부 | 인/㎡ | 0.1 |
| 용접면손실 용착 효율을 높이기 위하여 용접 전에 Grinder 혹은 Sand Paper로 깨끗이 손질하는 작업 Joint당 면적은 2× 3.63t(D - t) | 특 별 인 부 | 인/㎡ | 0.39 |
| 소운반 Boiler Tube용 자재 기타 작업에 필요한 자재를 조양위치까지 운반 | 비 계 공 건설기계운전조 | 인/ton ″ | 0.445 0.124 |
| Scaffolder조립설치 및 철거 용접, 검사, 위치조정 등에 필요한 Scaffolder 조립설치 (1.5× 2.0× 1.6m Unit 기준) | 일반기계운전사 (윈치운전공) 비 계 공 특 별 인 부 | 인/㎡ ″ ″ | 0.0083 0.0083 0.0063 |
| Chain Block설치 및 철거 Tube Panel조립시는 6개설치기준 Header, Buck stay 조립시는 4개 설치기준 | 용 접 공 비 계 공 일반기계운전사 (윈치운전공) | 인/개 ″ ″ | 0.021 0.028 0.028 |
| 윈치설치 및 철거 조양을 위한 윈치 풀리 로프 등의 설치와 사용 후 철거까지 포함됨 | 기 계 설 치 공 비 계 공 용 접 공 특 별 인 부 건설기계운전조 | 인/대 ″ ″ ″ 조/대 | 3.3 11.0 3.3 4.95 4.3 |

| 작 업 구 분 | 직 종 | 단 위 | 수 량 |
|---|---|---|---|
| 조 양<br>Tube 및 Header류, 기타 자재 등을<br>설치 위치까지 조양해서 가고정<br>하는 작업 | 플랜트기계설치공<br>비 계 공<br>플랜트용접공<br>건설기계 운전조 | 인/ton<br>〃<br>〃<br>조/ton | 0.63<br>0.84<br>0.42<br>0.56 |
| Tube Panel 조립조정<br>조양된 Panel을 Alignment하고<br>Hangering 혹은 Supporting 후<br>가고정 해체함 | 플랜트기계설치공<br>특 별 인 부<br>플랜트용접공 | 인/개<br>〃<br>〃 | 2.0<br>2.0<br>2.0 |
| Header류 조립조정<br>Header 및 그에 준하는 것으로서<br>조양된 것을 Alignment하고<br>Hangering 혹은 Supporting 후<br>가고정 해체함 | 플랜트기계설치공<br>특 별 인 부<br>플랜트용접공 | 인/개<br>〃<br>〃 | 1.5<br>1.5<br>1.5 |
| Buckstay 조립조정<br>조양된 Duckstay를 Alignment하고<br>Tiebar 취급함. | 플랜트기계설치공<br>특 별 인 부<br>플랜트용접공 | 인/개<br>〃<br>〃 | 1.5<br>1.5<br>1.5 |
| Tube Piece 조립조정<br>낱개로 되어 있는 Tube 및 7개<br>미만의 Tube Set로 된 것으로서<br>Alignment Hangering 부착물 취부함 | 플랜트기계설치공<br>특 별 인 부<br>플랜트용접공 | 인/개<br>〃<br>〃 | 0.4<br>0.4<br>0.2 |
| Casing 조립<br>조작으로 분리된 Casing의 소재를<br>성형 용접함 | 플 랜 트 제 관 공<br>플 랜 트 용 접 공<br>특 별 인 부<br>건 설 기 계 운 전 조 | 인/ton<br>〃<br>〃<br>조/ton | 0.82<br>0.22<br>0.92<br>0.61 |
| Casing 설치<br>성형된 Casing을 운반, 조양<br>Alignment 후 설치 | 윈 치 운 전 조<br>비 계 공<br>특 별 인 부 | 〃<br>인/ton<br>〃 | 1.01<br>2.87<br>1.33 |
| 본용접<br>Preheating,본용접,Annealing작업 | ※ 각 Tube Size에 대하여 용접항을<br> 참조 산출 | | |
| 검사 및 교정<br>외관검사, 수압시험후 Casing Leak<br>Test 교정작업(비파괴 시험은 제외) | 기술관리, 포장해체를 제외한 모든 품의<br>10% | | |

[주] 50만 kW 이상 보일러설치에 있어서 Tube Panel, Header류 및 Buckstay 조립
조정은 다음을 참고하여 적용할 수 있다.

〈참고〉

(기당)

| 작 업 구 분 | 직 종 | 단 위 | 공 량 |
|---|---|---|---|
| Tube Pannel 조립조정<br>조양된 Pannel을 Alignment하고<br>Hangering 혹은 Supporting 후 가<br>고정 해체함 | 플랜트기계설치공<br>특 별 인 부<br>플 랜 트 용 접 공 | 인/ton<br>〃<br>〃 | 1.38<br>1.45<br>1.16 |
| Header류 조립조정<br>Header 및 그에 준하는 것으로 조양<br>된 것을 Alignment하고 Hangering<br>혹은 Supporting 후 가고정 해체함 | 플랜트기계설치공<br>특 별 인 부<br>플 랜 트 용 접 공 | 인/ton<br>〃<br>〃 | 0.90<br>1.02<br>0.78 |
| Buckstay 조립조정<br>조양된 Buckstay를 Alignment하고<br>Tie Bar 취급함. | 플랜트기계설치공<br>특 별 인 부<br>플 랜 트 용 접 공 | 인/ton<br>〃<br>〃 | 1.61<br>1.81<br>1.41 |

〈참고〉

| 장 비 명 | 규 격 | 단 위 | 수 량 |
|---|---|---|---|
| Truck crane | 20ton | 대 | 1 |
| 〃 | 40ton | 대 | 1 |
| Winch | 25 kW | 대 | 4 |
| Truck | 4ton | 대 | 2 |
| A.C.Welder | 15 kVA | 대 | 10 |
| Trailer | 30ton | 대 | 1 |
| 아르곤, 용접기 | | 대 | 4 |

## 13-5-2. 보일러 드럼 설치

(대당)

| 작 업 구 분 | 직 종 | 단위 | 중 량 별 수 량 (ton) | | | | | |
|---|---|---|---|---|---|---|---|---|
| | | | 50이하 | 100 | 150 | 200 | 250 | 300 |
| 기술관리<br>Drum설치공사기간중 | 기 계 기 사 | 인/일 | 2.0 | 2.0 | 2.0 | 2.0 | 2.0 | 2.0 |
| 포장해체<br>수송을 위해 포장된<br>목재를 해체하고<br>목재를 소정 위치에<br>정리함 | 목 공 | 인/㎥ | 0.02 | 0.02 | 0.02 | 0.02 | 0.02 | 0.02 |
| | 특 별 인 부 | 〃 | 0.02 | 0.02 | 0.02 | 0.02 | 0.02 | 0.02 |
| 표면 및 내부손질 | 특 별 인 부 | 인/㎡ | 0.1 | 0.1 | 0.1 | 0.1 | 0.1 | 0.1 |
| 작업토의<br>중량물이므로 작업반에<br>대하여 검토하고<br>인원배치 등을 토의함 | 비 계 공 | 인/대 | 0.05 | 0.05 | 0.05 | 0.05 | 0.05 | 0.05 |
| | 플 랜 트<br>기 계 설 비 공 | 〃 | 0.05 | 0.05 | 0.05 | 0.05 | 0.05 | 0.05 |
| 보조윈치 설치 및 철거<br>윈치 풀리설치 로프<br>걸기 및 가설구조<br>설치와 사용 후<br>철거까지 포함됨 | 기 계 설 비 공 | 인/윈치1대 | 0.9 | 0.9 | 0.9 | 0.9 | 0.9 | 0.9 |
| | 비 계 공 | 〃 | 2.4 | 2.4 | 2.4 | 2.4 | 2.4 | 2.4 |
| | 용 접 공 | 〃 | 0.9 | 0.9 | 0.9 | 0.9 | 0.9 | 0.9 |
| | 건설기계운전조 | 조/윈치1대 | 2.4 | 2.4 | 2.4 | 2.4 | 2.4 | 2.4 |
| | 특 별 인 부 | 인/윈치1대 | 1.8 | 1.8 | 1.8 | 1.8 | 1.8 | 1.8 |
| 주윈치설치 및 철거<br>윈치 풀리서리 로프<br>걸기 및 가설구조를<br>설치와 사용 후<br>철거까지 포함됨 | 기 계 설 비 공 | 인/윈치1대 | 3.3 | 3.3 | 3.3 | 3.3 | 3.3 | 3.3 |
| | 비 계 공 | 〃 | 26.0 | 26.0 | 26.0 | 26.0 | 26.0 | 26.0 |
| | 용 접 공 | 〃 | 12.3 | 12.3 | 12.3 | 12.3 | 12.3 | 12.3 |
| | 건설기계운전조 | 〃 | 7.4 | 7.4 | 7.4 | 7.4 | 7.4 | 7.4 |
| | 특 별 인 부 | 〃 | 11.8 | 11.8 | 11.8 | 11.8 | 11.8 | 11.8 |
| 소운반<br>Drum본체를 제외한<br>Internal<br>Scaffolder, Hanger<br>등 잡자재 운반 | 비 계 공 | 인/ton | 0.445 | 0.445 | 0.445 | 0.445 | 0.445 | 0.445 |
| | 건설기계운전조 | 조/ton | 0.124 | 0.124 | 0.124 | 0.124 | 0.124 | 0.124 |

| 작 업 구 분 | 직 종 | 단위 | 중 량 별 공 량 (ton) | | | | | |
|---|---|---|---|---|---|---|---|---|
| | | | 500이하 | 100 | 150 | 200 | 250 | 300 |
| Drum 굴림운반 적치장으로부터 설치 장소까지 굴림운반 | 비 계 공 | 인/대 | 38.5 | 61.6 | 84.7 | 107.2 | 127.2 | 145.3 |
| | 건설기계운전조 | 조/대 | 3.8 | 6.0 | 8.1 | 10.3 | 12.4 | 14.0 |
| Hanger, Support설치 Hanger, Band, Pin, Shim, Plate, Setting Plate, Support 등을 조양 설치함 | 플 랜 트 기 계 설 비 공 | 인/대 | 0.8 | 1.2 | 1.6 | 2.0 | 2.4 | 2.7 |
| | 비 계 공 | 〃 | 0.5 | 0.8 | 1.1 | 1.3 | 1.6 | 1.9 |
| | 특 별 인 부 | 〃 | 0.8 | 1.2 | 1.6 | 2.0 | 2.4 | 2.7 |
| | 플랜트용접공 | 〃 | 0.4 | 0.6 | 0.8 | 1.0 | 1.2 | 1.4 |
| | 일반기계운전사 ( 원 치 운 전 ) | 〃 | 0.5 | 0.8 | 1.1 | 1.3 | 1.6 | 1.9 |
| 조양 Drum에 Wire를 걸고 준비를 마치 후 조양 Test하고 정위치까지 올리는 작업 | 일반기계운전사 ( 원 치 운 전 ) | 인/대 | 4.3 | 6.9 | 9.4 | 12.0 | 14.2 | 16.2 |
| | 비 계 공 | 〃 | 5.7 | 8.7 | 11.9 | 14.9 | 17.7 | 20.3 |
| | 플 랜 트 기 계 설 비 공 | 〃 | 1.2 | 1.9 | 2.5 | 3.2 | 3.8 | 4.4 |
| | 특 별 인 부 | 〃 | 4.1 | 6.5 | 8.9 | 11.2 | 13.3 | 15.2 |
| Scaffolder설치 및 철거 1.5× 2.0× 6m 폭 2m, 높이 1.6m 규격기준 | 비 계 공 | 인/㎡ | 0.0083 | 0.0083 | 0.0083 | 0.0083 | 0.0083 | 0.0083 |
| | 특 별 인 부 | 〃 | 0.0063 | 0.0063 | 0.0063 | 0.0063 | 0.0063 | 0.0063 |
| | 일반기계운전사 ( 원 치 운 전 ) | 〃 | 0.0083 | 0.0083 | 0.0083 | 0.0083 | 0.0083 | 0.0083 |
| Chain Block설치 및 철거 Drum위치 조정을 위해서 필요한 Chain Block 설치작업 | 용 접 공 | 인/개 | 0.021 | 0.021 | 0.021 | 0.021 | 0.021 | 0.021 |
| | 비 계 공 | 〃 | 0.028 | 0.028 | 0.028 | 0.028 | 0.028 | 0.028 |
| | 일반기계운전사 ( 원 치 운 전 ) | 〃 | 0.028 | 0.028 | 0.028 | 0.028 | 0.028 | 0.028 |

| 작 업 구 분 | 직 종 | 단위 | 중 량 별 공 량 (ton) | | | | | |
|---|---|---|---|---|---|---|---|---|
| | | | 50이하 | 100 | 150 | 200 | 250 | 300 |
| Drum위치조정<br>올려진 Drum을 Hanger<br>Band로 걸고 상하 좌<br>우 조정하는 작업 | 플 랜 트<br>기계설비공 | 인/대 | 1.4 | 2.3 | 3.2 | 4.0 | 4.8 | 5.4 |
| | 비 계 공 | 〃 | 1.9 | 3.1 | 4.3 | 5.3 | 6.3 | 7.2 |
| | 일반기계운전사<br>(윈치운전) | 〃 | 4.8 | 7.7 | 10.5 | 13.4 | 15.4 | 18.1 |
| | 측 량 사 | 〃 | 0.8 | 1.2 | 1.6 | 2.0 | 2.4 | 2.7 |
| Drum Internal 조양<br>및 조립설치(Internal<br>무게 ton당) | 플 랜 트<br>기계설비공 | 인/ton | 1.8 | 1.8 | 1.8 | 1.8 | 1.8 | 1.8 |
| | 특 별 인 부 | 〃 | 1.8 | 1.8 | 1.8 | 1.8 | 1.8 | 1.8 |
| | 용 접 공 | 〃 | 0.9 | 0.9 | 0.9 | 0.9 | 0.9 | 0.9 |
| | 일반기계운전사<br>(윈치운전) | 〃 | 0.8 | 0.8 | 0.8 | 0.8 | 0.8 | 0.8 |
| | 비 계 공 | 〃 | 1.6 | 1.6 | 1.6 | 1.6 | 1.6 | 1.6 |
| | 도 장 공 | 〃 | 1.2 | 1.2 | 1.2 | 1.2 | 1.2 | 1.2 |
| 검사 및 교정 | 기술관리, 포장해체, 작업토의를 제외한 10% | | | | | | | |

### 〈참고〉 사용장비

| 장 비 명 | 규 격 | 단 위 | 수 량 |
|---|---|---|---|
| Truck Crane | 20ton | 대 | 1 |
| 〃 | 40ton | 〃 | 1 |
| Winch | 20kW | 〃 | 1 |
| Winch | 50ton | 〃 | 3 |
| Truck | 4ton | 〃 | 1 |
| 전기용접기 | 15kVA | 〃 | 2 |

## 13-5-3. 덕트 제작(Air, Gas)

(ton당)

| 작 업 구 분 | 직 종 | 수 량 |
|---|---|---|
| 본 뜨 기 | 플 랜 트 제 관 공 | 0.523 |
| 금 긋 기 | | 1.390 |
| 절 단 | | 0.380 |
| 구 멍 뚫 기 | | 0.475 |
| 용 접 | 플 랜 트 용 접 공 | 2.550 |
| 교 정 | 플 랜 트 제 관 공 | 1.660 |
| 도 장 | 도 장 공 | 1.895 |
| | 비 계 공 | 0.073 |
| 운 반 조 작 | 중 기 운 전 (조) | 0.037 |
| | 특 별 인 부 | 0.073 |
| 계 | | 9.056 |

[주] ① 본 품은 Raw-Material을 가공 제작하는 품이다.

② 본 품은 소운반이 포함되어 있다.

③ 본 품은 Sand Blasting 및 Painting 공량이 포함되어 있다.

④ 본 품에는 조립 및 설치 품은 제외되었다.

## 13-5-4. 덕트 설치

| 작 업 구 분 | 직 종 | 단 위 | 수 량 |
|---|---|---|---|
| 기술관리<br>공사기간중 | 기 계 산 업 기 사 | 인/일 | 1.0 |
| 표면손질 | 특 별 인 부 | 인/m² | 0.1 |
| 포장해체<br>수송을 위해 포장된 목재를 해체하고<br>해체된 목재를 소정의 위치에 정돈함. | 목 공<br>특 별 인 부 | 인/m³<br>〃 | 0.02<br>0.02 |
| 현장교정<br>수송도중 변경된 것을 바로 잡기 | 제 관 공<br>특 별 인 부 | 인/ton<br>〃 | 0.25<br>0.25 |
| Duct 조립<br>조각으로 분리된 Duct의 소재를<br>성형 용접함 | 플 랜 트 제 관 공<br>플 랜 트 용 접 공<br>특 별 인 부<br>건 설 기 계 운 전 조 | 〃<br>〃<br>〃<br>조/ton | 0.818<br>1.22<br>0.92<br>0.61 |
| Duct 설치<br>성형된 Duct를 운반 조양<br>Alignment 후 Bolting 및<br>Hangering | 일 반 기 계 운 전 사<br>( 윈 치 운 전 )<br>비 계 공<br>특 별 인 부<br>플 랜 트 용 접 공<br>플 랜 트 제 관 공 | 인/ton<br>〃<br>〃<br>〃<br>〃 | 1.01<br>2.87<br>1.33<br>0.66<br>0.56 |
| 검사 및 교정<br>외관검사 및 Leak Test | 기술관리, 포장해체를 제외한 전 품의 10% | | |

### 〈참고〉 사용장비

| 장 비 명 | 규 격 | 단 위 | 수 량 |
|---|---|---|---|
| Truck Crane | 20ton | 대 | 1 |
| A.C. Welder | 15kVA | 〃 | 4 |
| Winck | 25kW | 〃 | 4 |

## 13-5-5. 공기예열기(Preheater) 설치

| 작 업 구 분 | 직 종 | 단 위 | 수 량 |
|---|---|---|---|
| 기술관리<br>공사기간중 | 기 계 산 업 기 사 | 인/일 | 1.0 |
| 포장해체<br>수송을 위해 포장된 목재를<br>해체하고 정 위치에 정리 | 목 공 | 인/㎥ | 0.02 |
| | 특 별 인 부 | 〃 | 0.02 |
| 소운반 및 조양<br>적재장에서부터 설치장소까지<br>운반, 조양함 | 건 설 기 계 운 전 조 | 인/ton | 0.395 |
| | 비 계 공 | 〃 | 0.915 |
| | 특 별 인 부 | 〃 | 0.270 |
| 표면 손질 | 특 별 인 부 | 인/㎡ | 0.1 |
| Casing 조립설치<br>Support Structure, Rotor<br>Inner Casing, Outer Casing 등<br>Heating Element를 제외한<br>모든 부문의 조립 설치 | 플랜트 기계설치공 | 인/ton | 1.54 |
| | 플 랜 트 용 접 공 | 〃 | 0.324 |
| | 플 랜 트 제 관 공 | 〃 | 0.648 |
| | 특 별 인 부 | 〃 | 1.54 |
| | 비 계 공 | 〃 | 1.13 |
| | C r a n e 운 전 조 | 조/ton | 0.35 |
| Heating Element 삽입<br>Hot Busket, Interbusket,<br>Cold Busket의 삽입 | 플랜트 기계설치공 | 인/ton | 0.84 |
| | 특 별 인 부 | 〃 | 0.84 |
| Sealing Plate 및 Packing<br>Ring 조립설치 | 플랜트 기계설치공 | 인/ton | 13.6 |
| | 특 별 인 부 | 〃 | 2.9 |
| 검사 및 교정 | 기술관리, 포장해체를 제외한 전 품의 10% | | |

〈참고〉　　사용장비

| 장　비　명 | 규　격 | 단　위 | 수　량 |
|---|---|---|---|
| Truck Crane | 20ton | 대 | 1 |
| 〃 | 40ton | 〃 | 1 |
| Winch | 25kW | 〃 | 2 |
| Truck | 4ton | 〃 | 1 |
| A.C. Welder | 18kVA | 〃 | 3 |
| Trailer | 30ton | 〃 | 1 |
| Derrick | 20ton | 〃 | 1 |

## 13-5-6. Soot Blower

(대당)

| 작 업 구 분 | 직　종 | 수 량(인) |
|---|---|---|
| Rotary Soot Blower 설치<br>포장해체, 운반, 조양, 설치, 시운전 및<br>교정작업 | 목　　　공 | 0.04 |
| | 플랜트기계설치공 | 1.40 |
| | 비　계　공 | 0.68 |
| | 특 별 인 부 | 1.85 |
| | 건설기계 운전(조) | 0.27 |
| | 플 랜 트 용 접 공 | 0.50 |
| 계 | | 4.74 |
| Retractable Soot Blower 설치<br>포장해체, 운반, 조양, 설치 시운전 및<br>교정작업 | 목　　　공 | 0.12 |
| | 플랜트기계설치공 | 1.4 |
| | 비　계　공 | 0.87 |
| | 건설기계운전 (조) | 0.34 |
| | 특 별 인 부 | 3.16 |
| | 플 랜 트 용 접 공 | 0.5 |
| 계 | | 6.39 |

[주] ① 본 품은 Motor와 Blower가 Assembly로 된 것을 설치하는 품이다.
  ② Steam Line, Drain Line의 배관공은 별도 계상한다.
  ③ 전기배선 품은 포함되지 않았다.

## 13-5-7. Fan 설치

(대당)

| 용량(㎥/min) | 직종(인) | 목 공 | 플 랜 트 기계설치공 | 건설기계 운 전 공 | 비 계 공 | 특별인부 | 계 |
|---|---|---|---|---|---|---|---|
| 200이하 | | 0.34 | 9.6 | 3.9 | 3.6 | 15.0 | 32.44 |
| 201~ | 300 | 0.43 | 12.1 | 4.9 | 4.5 | 18.9 | 40.83 |
| 301~ | 400 | 0.53 | 14.2 | 5.7 | 5.4 | 22.3 | 48.13 |
| 401~ | 500 | 0.58 | 16.4 | 6.6 | 6.1 | 25.7 | 55.38 |
| 501~ | 600 | 0.65 | 18.2 | 7.3 | 6.8 | 28.4 | 61.35 |
| 601~ | 700 | 0.71 | 19.9 | 7.9 | 7.5 | 31.2 | 67.21 |
| 701~ | 800 | 0.76 | 21.3 | 8.6 | 8.0 | 33.4 | 72.06 |
| 801~ | 900 | 0.81 | 23.1 | 9.3 | 8.7 | 36.2 | 78.11 |
| 901~ | 1,000 | 0.86 | 24.5 | 9.9 | 9.2 | 38.5 | 82.96 |
| 1,001~ | 2,000 | 1.27 | 36.2 | 14.6 | 13.7 | 56.9 | 122.67 |
| 2,001~ | 3,000 | 1.55 | 46.1 | 18.6 | 17.3 | 72.5 | 156.05 |
| 3,001~ | 4,000 | 1.85 | 55.0 | 22.2 | 20.6 | 86.5 | 186.15 |
| 4,001~ | 5,000 | 2.32 | 64.3 | 25.9 | 23.8 | 98.8 | 215.12 |
| 5,001~ | 6,000 | 2.58 | 71.6 | 28.7 | 26.6 | 109.5 | 238.96 |
| 6,001~ | 7,000 | 2.84 | 78.7 | 31.6 | 29.3 | 122.3 | 264.74 |
| 7,001~ | 8,000 | 3.07 | 85.2 | 34.2 | 31.8 | 131.1 | 285.37 |
| 8,001~ | 9,000 | 3.29 | 91.0 | 36.9 | 34.0 | 140.2 | 305.39 |
| 9,001~ | 10,000 | 3.50 | 96.4 | 39.1 | 36.0 | 150.1 | 325.10 |
| 10,001~ | 12,000 | 3.89 | 106.8 | 43.4 | 40.0 | 165.0 | 359.09 |

[주] ① 본 품은 1,000mmAq 이하의 Centrifugal Fan을 기준으로 하였다.
  ② 본 품에는 포장해체 소운반이 포함되어 있다.

③ 본 품에는 Foundation Chipping 및 Grousing 작업이 포함되어 있다.
④ 본 품에는 Motor 설치 및 Coupling Alignment의 품이 포함되어 있다.
⑤ 본 품에는 시운전 및 교정작업이 표시되어 있다.
⑥ 본 품에는 전기배선, 계장공사가 포함되어 있다.
⑦ 설비용, 송풍기 설치는 '[기계설비부문] 4-2-1 송풍기 설치"의 품을 적용한다.

## 13-5-8. 터빈 설치

(기당)

| 작 업 구 분 | 직  종 | 단위 | 용 량 별 (MW) | | | | | | | |
|---|---|---|---|---|---|---|---|---|---|---|
| | | | 50 이하 | 100 | 150 | 200 | 250 | 300 | 350 | 500 |
| 기술관리<br>공사기간중 | 기 계 기 사 | 인/일 | 2.0 | 2.0 | 2.0 | 2.0 | 2.0 | 2.0 | 2.0 | 2.0 |
| 포장해체<br>수송을 위해 포장된<br>목재를 해체하고<br>목재를 정돈함. | 목  공 | 인/m³ | 0.02 | 0.02 | 0.02 | 0.02 | 0.02 | 0.02 | 0.02 | 0.02 |
| | 특 별 인 부 | 〃 | 0.02 | 0.02 | 0.02 | 0.02 | 0.02 | 0.02 | 0.02 | 0.02 |
| Foundation<br>Chipping<br>양질의 Concrete<br>표면이 나올때까지<br>2 두께 정도 까냄 | 특 별 인 부 | 인/m³ | 0.335 | 0.335 | 0.335 | 0.335 | 0.335 | 0.335 | 0.335 | 0.335 |
| Foundation<br>Marking Anchor<br>Bolt위치<br>Sole Plate 위치를<br>결정표시함.<br>(Turbine Shaft<br>토막당) | 플 랜 트 기<br>기계설치공 | 인/<br>Shaft | 5.0 | 5.0 | 5.0 | 5.0 | 5.0 | 5.0 | 5.0 | 5.0 |
| | 특 별 인 부 | 〃 | 2.0 | 2.0 | 2.0 | 2.0 | 2.0 | 2.0 | 2.0 | 2.0 |

| 작 업 구 분 | 직 종 | 단위 | 용 량 별 (MW) | | | | | | | |
|---|---|---|---|---|---|---|---|---|---|---|
| | | | 500이하 | 100 | 150 | 200 | 250 | 300 | 350 | 500 |
| Sole Plate 설치 Sub-Sole Plate 또는 Ram Pad 설치 후 Level 조정하고 Sole Plate 설치함 | 플 랜 트 기계설치공 | 인/매 | 0.96 | 0.96 | 0.96 | 0.96 | 0.96 | 0.96 | 0.96 | 0.96 |
| | 비 계 공 | 〃 | 0.18 | 0.18 | 0.18 | 0.18 | 0.18 | 0.18 | 0.18 | 0.18 |
| | 건 설 기 계 운 전 조 | 조/매 | 0.18 | 0.18 | 0.18 | 0.18 | 0.18 | 0.18 | 0.18 | 0.18 |
| | 특 별 인 부 | 인/매 | 0.61 | 0.61 | 0.61 | 0.61 | 0.61 | 0.61 | 0.61 | 0.61 |
| Grouting | 플 랜 트 기계설치공 | 인/m³ | 0.41 | 0.41 | 0.41 | 0.41 | 0.41 | 0.41 | 0.41 | 0.41 |
| | 특 별 인 부 | 〃 | 0.26 | 0.26 | 0.26 | 0.26 | 0.26 | 0.26 | 0.26 | 0.26 |
| 표면손질 Rotor & Nozzle Plate는 별도 | 특 별 인 부 | 인/m³ | 0.2 | 0.2 | 0.2 | 0.2 | 0.2 | 0.2 | 0.2 | 0.2 |
| Lower Outer Casing 설치,운반,조양 설치하고 Leveling & centering (1회설치 기준) | 플 랜 트 기계설치공 | 인/개 | 12.4 | 15.3 | 18.5 | 21.0 | 24.5 | 27.8 | 31.0 | 41.0 |
| | 비 계 공 | 〃 | 22.4 | 28.6 | 34.8 | 40.0 | 46.6 | 53.2 | 59.1 | 78.0 |
| | 건 설 기 계 운 전 조 | 조/개 | 3.7 | 4.7 | 5.7 | 6.7 | 7.7 | 8.8 | 9.9 | 13.1 |
| | 특 별 인 부 | 인/개 | 4.6 | 5.8 | 7.0 | 8.0 | 9.4 | 10.6 | 11.8 | 15.6 |
| Lower Inner Casing 설치운반,조양, 설치하고 Leveling & Centering (1회설치기준) | 플 랜 트 기계설치공 | 인/개 | 1.8 | 2.2 | 2.6 | 3.0 | 3.5 | 4.0 | 4.4 | 5.8 |
| | 비 계 공 | 〃 | 1.5 | 1.9 | 2.3 | 2.7 | 3.2 | 3.6 | 4.0 | 5.3 |
| | 건 설 기 계 운 전 조 | 조/개 | 0.8 | 1.0 | 1.2 | 1.4 | 1.6 | 1.8 | 2.0 | 2.7 |
| | 특 별 인 부 | 인/개 | 0.7 | 0.8 | 0.9 | 1.0 | 1.2 | 1.3 | 1.5 | 2.0 |
| 점검 및 조정 (Lower casing) Leveling, Centering Top-on, Top-off 측정 | 플 랜 트 기계설치공 | 인/개 | 10.3 | 12.6 | 14.9 | 16.0 | 18.6 | 21.2 | 23.6 | 31.1 |
| | 건 설 기 계 운 전 조 | 조/개 | 3.1 | 4.0 | 4.7 | 5.3 | 6.3 | 7.1 | 7.9 | 10.4 |
| | 특 별 인 부 | 인/개 | 10.3 | 12.6 | 14.9 | 16.0 | 18.6 | 21.2 | 23.6 | 31.1 |

| 작 업 구 분 | 직 종 | 단위 | 용 량 별 (MW) | | | | | | | |
|---|---|---|---|---|---|---|---|---|---|---|
| | | | 50이하 | 100 | 150 | 200 | 250 | 300 | 350 | 500 |
| Rotor 표면손질<br>(Moving Blade One<br>Circle 당)<br>(1회손질기준) | 특 별 인 부 | 인/단 | 0.96 | 0.96 | 0.96 | 0.96 | 0.96 | 0.96 | 0.96 | 0.96 |
| Nozzle Plate 표면손질<br>(한개는 반원<br>1회 손질 기준) | 특 별 인 부 | 인/개 | 0.96 | 0.96 | 0.96 | 0.96 | 0.96 | 0.96 | 0.96 | 0.96 |
| Nozle Plate 설치<br>Labirth Seal조립<br>포함<br>(한개는 반원) | 플 랜 트<br>기계설치공 | 인/개 | 1.0 | 1.0 | 1.0 | 1.0 | 1.0 | 1.0 | 1.0 | 1.0 |
| | 비 계 공 | 〃 | 0.6 | 0.6 | 0.6 | 0.6 | 0.6 | 0.6 | 0.6 | 0.6 |
| | 특 별 인 부 | 〃 | 0.1 | 0.1 | 0.1 | 0.1 | 0.1 | 0.1 | 0.1 | 0.1 |
| | 건 설 기 계<br>운 전 조 | 조/개 | 0.7 | 0.7 | 0.7 | 0.7 | 0.7 | 0.7 | 0.7 | 0.7 |
| Rotor설치<br>운반, 조양, 설치<br>(2회 기준) | 플 랜 트<br>기계설치공 | 인/개 | 2.3 | 2.9 | 3.5 | 4.0 | 4.7 | 5.3 | 5.9 | 7.8 |
| | 비 계 공 | 〃 | 0.8 | 1.0 | 1.2 | 1.4 | 1.6 | 1.8 | 2.0 | 2.7 |
| | 특 별 인 부 | 〃 | 1.1 | 1.4 | 1.7 | 2.0 | 2.3 | 2.7 | 3.0 | 4.0 |
| | 건 설 기 계<br>운 전 조 | 조/개 | 1.5 | 1.9 | 2.3 | 2.7 | 3.1 | 3.6 | 4.0 | 5.3 |
| Rotor Clearance<br><br>측정 및 교정 | 플 랜 트<br>기계설치공 | 인/개 | 12.4 | 15.8 | 19.2 | 22.0 | 25.6 | 29.9 | 32.4 | 42.6 |
| | 건 설 기 계<br>운 전 조 | 조/개 | 4.5 | 5.7 | 6.9 | 8.0 | 9.3 | 10.6 | 11.9 | 15.7 |
| | 특 별 인 부 | 인/개 | 9.1 | 11.5 | 13.9 | 16.0 | 18.7 | 21.2 | 23.6 | 31.1 |
| Upper Inner<br>Casing설치<br>운반, 조양, 설치<br>3회설치기준) | 플 랜 트<br>기계설치공 | 인/개 | 35.4 | 43.8 | 52.2 | 60.0 | 69.8 | 79.5 | 88.5 | 117.0 |
| | 비 계 공 | 〃 | 5.1 | 6.6 | 8.1 | 9.3 | 10.9 | 12.4 | 14.2 | 18.7 |
| | 건 설 기 계<br>운 전 조 | 조/개 | 4.2 | 4.4 | 4.7 | 5.3 | 6.2 | 7.1 | 7.9 | 9.8 |
| | 특 별 인 부 | 인/개 | 14.2 | 18.0 | 21.8 | 25.0 | 29.1 | 33.2 | 36.9 | 48.7 |

| 작 업 구 분 | 직 종 | 단위 | 용 량 별 (MW) | | | | | | | |
|---|---|---|---|---|---|---|---|---|---|---|
| | | | 500이하 | 100 | 150 | 200 | 250 | 300 | 350 | 500 |
| Upper Outer Casing 설치<br>운반, 조양, 설치<br>(2회 설치기준) | 플 랜 트<br>기계설치공 | 인/개 | 21.4 | 27.2 | 33.0 | 38.0 | 44.3 | 50.5 | 56.0 | 73.9 |
| | 비 계 공 | 〃 | 3.1 | 3.9 | 4.7 | 5.3 | 6.2 | 7.1 | 7.9 | 9.8 |
| | 건 설 기 계<br>운 전 조 | 조/개 | 3.1 | 3.9 | 4.7 | 5.3 | 6.2 | 7.1 | 7.9 | 9.8 |
| | 특 별 인 부 | 인/개 | 9.1 | 11.5 | 13.9 | 16.0 | 18.6 | 21.2 | 23.6 | 31.1 |
| Upper Casing Clearance<br>측정 및 교정 | 플 랜 트<br>기계설치공 | 인/개 | 15.3 | 18.6 | 21.9 | 24.0 | 27.9 | 31.9 | 35.4 | 46.7 |
| | 건 설 기 계<br>운 전 조 | 조/개 | 4.7 | 5.7 | 6.9 | 8.0 | 9.3 | 10.6 | 11.9 | 15.7 |
| | 특 별 인 부 | 인/개 | 11.2 | 14.3 | 17.4 | 20.0 | 23.3 | 26.6 | 29.5 | 38.9 |
| Bearing 설치<br>운반, 조양, 설치 | 플 랜 트<br>기계설치공 | 인/개 | 6.0 | 6.0 | 6.0 | 6.0 | 6.0 | 6.0 | 6.0 | 6.0 |
| | 건 설 기 계<br>운 전 조 | 조/개 | 1.4 | 1.4 | 1.4 | 1.4 | 1.4 | 1.4 | 1.4 | 1.4 |
| | 특 별 인 부 | 인/개 | 4.0 | 4.0 | 4.0 | 4.0 | 4.0 | 4.0 | 4.0 | 4.0 |
| Turning Gear 설치<br>운반, 조양, 설치 | 플 랜 트<br>기계설치공 | 인/개 | 8.0 | 8.0 | 8.0 | 8.0 | 8.0 | 8.0 | 8.0 | 8.0 |
| | 건 설 기 계<br>운 전 조 | 조/개 | 1.4 | 1.4 | 1.4 | 1.4 | 1.4 | 1.4 | 1.4 | 1.4 |
| | 비 계 공 | 인/개 | 4.0 | 4.0 | 4.0 | 4.0 | 4.0 | 4.0 | 4.0 | 4.0 |
| | 특 별 인 부 | 〃 | 3.0 | 3.0 | 3.0 | 3.0 | 3.0 | 3.0 | 3.0 | 3.0 |
| Front Pedestal 설치<br>Lower Part 운반설치<br>Main Oil Pump 및<br>Thrust Bearing 조립<br>Upper Casing조립 등<br>을 포함한 작업 | 플랜트기계<br>설 치 공 | 인/개 | 8.0 | 10.1 | 12.2 | 14.0 | 16.3 | 18.6 | 20.6 | 27.2 |
| | 비 계 공 | 〃 | 2.7 | 3.4 | 4.1 | 4.8 | 5.5 | 6.3 | 7.0 | 9.3 |
| | 건 설 기 계<br>운 전 조 | 조/개 | 2.7 | 3.4 | 4.1 | 4.8 | 5.5 | 6.3 | 7.6 | 9.3 |
| | 특 별 인 부 | 인/개 | 3.7 | 4.5 | 5.3 | 6.0 | 7.0 | 7.9 | 8.9 | 11.8 |
| Steam Chest &<br>Governing Valve<br>조립 설치 | 플랜트기계<br>설 치 공 | 인/개 | 28.1 | 35.8 | 43.5 | 50.0 | 58.2 | 66.3 | 73.8 | 97.5 |
| | 비 계 공 | 〃 | 4.5 | 5.7 | 6.9 | 8.0 | 9.3 | 10.6 | 11.9 | 15.7 |
| | 건 설 기 계<br>운 전 조 | 조/개 | 3.1 | 3.9 | 4.7 | 5.3 | 6.2 | 7.1 | 7.9 | 10.4 |
| | 특 별 인 부 | 인/개 | 14.2 | 18.0 | 21.8 | 25.0 | 29.1 | 33.2 | 36.9 | 48.7 |

| 작업구분 | 직 종 | 단위 | 용 량 별 (MW) | | | | | | | |
|---|---|---|---|---|---|---|---|---|---|---|
| | | | 500이하 | 100 | 150 | 200 | 250 | 300 | 350 | 500 |
| Coupling조정 및 조립 | 플 랜 트 기계설치공 | 인/개소 | 5.7 | 7.2 | 8.7 | 10.0 | 11.7 | 13.3 | 14.8 | 19.6 |
| | 건 설 기 계 운 전 조 | 조/대 | 1.5 | 1.9 | 2.3 | 27 | 3.1 | 3.6 | 4.0 | 5.3 |
| | 특 별 인 부 | 인/개소 | 5.7 | 7.2 | 8.7 | 10.0 | 11.7 | 13.3 | 14.8 | 19.6 |
| Bolt Beating | 플 랜 트 기계설치공 | 인/개 | 0.0975 | 0.0975 | 0.0975 | 0.0975 | 0.0975 | 0.0975 | 0.0975 | 0.0975 |
| | 특 별 인 부 | 〃 | 0.0975 | 0.0975 | 0.0975 | 0.0975 | 0.0975 | 0.0975 | 0.0975 | 0.0975 |
| Foundation 침하측정 (공사기간중) | 측 량 사 | 인/일 | 0.25 | 0.25 | 0.25 | 0.25 | 0.25 | 0.25 | 0.25 | 0.25 |
| 검사 및 교정 | 포장해체, 기술관리를 제외한 모든 품의 10% | | | | | | | | | |

[주] ① Turbine 부대기기, Oil Tank, Cooler, 윤활유 정화장치 등의 설치품
은 일반 보조기기 품을 적용하여 별도 계상한다.

② Turbine 부대배관 설치품은 일반배관 품 산출 기준을 별도 계상한다.

〈참고〉　　사용장비

| 장 비 명 | 규 격 | 단 위 | 수 량 |
|---|---|---|---|
| Over Head Crane | | 대 | 2 |
| Trailer | 30ton | 〃 | 1 |
| Truck Crane | 60ton | 〃 | 1 |
| 〃 | 40ton | 〃 | 1 |
| Winch | 25kW | 〃 | 1 |
| Truck | 4ton | 〃 | 1 |
| Fork Lift | | 〃 | 1 |

## 13-5-9. 발전기 설치

(기당)

| 작 업 구 분 | 직 종 | 단위 | 용 량 별 (MW) | | | | | | | |
|---|---|---|---|---|---|---|---|---|---|---|
| | | | 500이하 | 100 | 150 | 200 | 250 | 300 | 350 | 500 |
| 기술관리 | 기 계 기 사 | 인/일 | 2.0 | 2.0 | 2.0 | 2.0 | 2.0 | 2.0 | 2.0 | 2.0 |
| 포장해체 | 목 공 | 인/㎥ | 0.02 | 0.02 | 0.02 | 0.02 | 0.02 | 0.02 | 0.02 | 0.02 |
| 수송을 위해 포장된 목재를 해체하여 해 체된 목재를 정돈함 | 특 별 인 부 | 〃 | 0.02 | 0.02 | 0.02 | 0.02 | 0.02 | 0.02 | 0.02 | 0.02 |
| 표면손질 | 특 별 인 부 | 인/㎥ | 0.1 | 0.1 | 0.1 | 0.1 | 0.1 | 0.1 | 0.1 | 0.1 |
| Foundation Chipping Concrete 표면을 양질 의 Concrete가 나올때 까지 꺼냄. | 특 별 인 부 | 〃 | 0.335 | 0.335 | 0.335 | 0.335 | 0.335 | 0.335 | 0.335 | 0.335 |
| Sole Plate 설치 | 플 랜 트 기 계 설 치 공 | 인/대 | 9.86 | 10.9 | 13.2 | 15.4 | 17.9 | 20.2 | 23.1 | 31.1 |
| Sub-Sole Plate 또는 Ram Pad 설치 sole | 특 별 인 부 | 〃 | 9.91 | 11.5 | 13.9 | 16.2 | 19.0 | 21.3 | 24.3 | 32.7 |
| Plate Leveling & Centering | 건설기계운전조 | 조/대 | 0.4 | 0.5 | 0.6 | 0.7 | 0.8 | 0.9 | 1.0 | 1.4 |
| Grouting | 플 랜 트 기 계 설 치 공 | 인/㎥ | 0.41 | 0.41 | 0.41 | 0.41 | 0.41 | 0.41 | 0.41 | 0.41 |
| | 특 별 인 부 | 〃 | 0.26 | 0.26 | 0.26 | 0.26 | 0.26 | 0.26 | 0.26 | 0.26 |
| | 플 랜 트 기 계 설 치 공 | 인/대 | 80.5 | 80.5 | 80.5 | 80.5 | 80.5 | 80.5 | 80.5 | 80.5 |
| Liffting Device | 건설기계운전조 | 조/대 | 14.4 | 14.4 | 14.4 | 14.4 | 14.4 | 14.4 | 14.4 | 14.4 |
| 설치 Generator 조양 | 용 접 공 | 인/대 | 4.0 | 4.0 | 4.0 | 4.0 | 4.0 | 4.0 | 4.0 | 4.0 |
| 설치를 위해 설치하 | 비 계 공 | 〃 | 121.0 | 121.0 | 121.0 | 121.0 | 121.0 | 121.0 | 121.0 | 121.0 |
| 고 완료 후 철거함 | 특 별 인 부 | 〃 | 95.5 | 95.5 | 95.5 | 95.5 | 95.5 | 95.5 | 95.5 | 95.5 |
| Stator 설치 | 플 랜 트 기 계 설 치 공 | 인/대 | 4.1 | 5.2 | 6.3 | 7.3 | 8.5 | 9.6 | 10.9 | 14.7 |
| 적재장소부터 운반 | 비 계 공 | 〃 | 36.1 | 46.2 | 56.3 | 65.7 | 75.8 | 85.0 | 98.5 | 133.0 |

| 작업구분 | 직종 | 단위 | 용량별 (MW) | | | | | | | |
|---|---|---|---|---|---|---|---|---|---|---|
| | | | 500이하 | 100 | 150 | 200 | 250 | 300 | 350 | 500 |
| 조양설치<br>Leveling & Centering | 플랜트기계설치공 | 인/대 | 1.0 | 1.2 | 1.4 | 1.6 | 1.9 | 2.1 | 2.4 | 3.3 |
| | 건설기계운전조 | 조/대 | 5.5 | 7.1 | 8.7 | 10.0 | 11.7 | 13.1 | 15.1 | 20.3 |
| | 특별인부 | 인/대 | 4.0 | 5.2 | 6.4 | 7.5 | 8.8 | 9.9 | 11.3 | 15.2 |
| Rotor 삽입설치<br>적재장소부터 운반·<br>조양·삽입함 | 플랜트기계설치공 | 인/대 | 3.4 | 4.4 | 5.4 | 6.3 | 7.4 | 8.3 | 9.4 | 12.7 |
| | 비계공 | " | 12.4 | 16.5 | 20.6 | 24.0 | 28.0 | 31.5 | 37.0 | 50.0 |
| | 건설기계운전조 | 조/대 | 2.9 | 3.7 | 4.5 | 5.3 | 6.2 | 6.9 | 7.8 | 10.5 |
| Shaft End 조립<br>Fan,Fan Nozzle설치<br>Sealing Plate 조립<br>Sealing Case 조립<br>Bearing Case 조립<br>Side Plate 조립 | 플랜트기계설치공 | 인/대 | 7.7 | 9.6 | 11.5 | 13.4 | 15.7 | 17.6 | 20.1 | 27.1 |
| | 특별인부 | " | 1.9 | 2.4 | 2.9 | 3.4 | 4.0 | 4.5 | 5.1 | 6.9 |
| | 비계공 | " | 2.5 | 3.3 | 4.1 | 4.8 | 5.6 | 6.4 | 7.2 | 9.7 |
| | 건설기계운전조 | 조/대 | 2.5 | 3.3 | 4.1 | 4.8 | 5.6 | 6.4 | 7.2 | 9.7 |
| Coupling 조립<br>Coupling Alignment<br>하고 Bolt 조립 | 플랜트기계설치공 | 인/대 | 15.0 | 19.5 | 24.0 | 28.0 | 32.7 | 36.8 | 42.0 | 56.6 |
| | 건설기계운전조 | 조/대 | 2.9 | 3.7 | 4.5 | 5.3 | 6.2 | 7.1 | 8.0 | 10.8 |
| | 특별인부 | 인/대 | 9.2 | 11.9 | 14.6 | 17.0 | 19.8 | 22.4 | 25.5 | 34.4 |
| Exciter 설치<br>Exciter 운반설치<br>Coupling 조립<br>전기공사 제외 | 플랜트기계설치공 | 인/대 | 7.4 | 9.7 | 12.0 | 14.0 | 16.4 | 18.4 | 21.0 | 28.8 |
| | 건설기계운전조 | 조/대 | 0.5 | 0.6 | 0.7 | 0.8 | 0.9 | 1.1 | 1.2 | 1.6 |
| | 비계공 | 인/대 | 1.4 | 1.7 | 2.0 | 2.3 | 2.7 | 2.9 | 3.5 | 4.7 |
| | 특별인부 | " | 7.8 | 10.1 | 12.4 | 14.5 | 16.9 | 19.1 | 21.8 | 29.5 |
| Hydrogen Cooler<br>설치 | 플랜트기계설치공 | 인/대 | 2.6 | 3.3 | 4.0 | 4.7 | 5.5 | 6.2 | 7.1 | 9.6 |
| | 비계공 | " | 2.2 | 2.8 | 3.4 | 3.9 | 4.6 | 5.1 | 5.9 | 8.0 |
| | 특별인부 | " | 2.9 | 3.7 | 4.5 | 5.3 | 6.2 | 7.0 | 8.0 | 10.8 |
| | 건설기계운전조 | 조/대 | 2.0 | 2.6 | 3.2 | 3.7 | 4.3 | 4.9 | 5.6 | 7.6 |
| 검사 및 교정 Gas Leak Test 포함 | | | 기술관리, 포장해체를 제외한 품의 10% | | | | | | | |

[주] 부대 기기 및 부대 배관작업의 품은 별도 계상한다.

〈참고〉　사용장비

| 장　비　명 | 규　격 | 단　위 | 수　량 |
|---|---|---|---|
| Over Head Crane | | 대 | 1 |
| Truck Crane | 60ton | 〃 | 1 |
| 〃　　〃 | 20ton | 〃 | 1 |
| Truck | 4ton | 〃 | 1 |
| Air Compressor | 15㎥/min | 〃 | 1 |
| Winch | 50kW | 〃 | 1 |

[주] 본 품은 Lifting Device로 설치할 때의 품이다.

## 13-5-10. 복수기 설치

| 작 업 구 분 | 직　　　종 | 단 위 | 수　량 |
|---|---|---|---|
| 기술관리<br>공사기간중 | 기　계　기　사 | 인/일 | 1.0 |
| 포장해체<br>수송을 위해 포장된 목재를<br>해체하고 목재를 정리함 | 목　　　　　공<br>특　별　인　부 | 인/㎥<br>〃 | 0.02<br>0.02 |
| 표면손질 | 특　별　인　부 | 〃 | 0.1 |
| Foundation chipping &<br>Grouting | 플 랜 트 기 계<br>설　　치　　공<br>특　별　인　부 | 인/㎥<br><br>〃 | 0.41<br><br>0.595 |
| 소운반<br>Shell의 소재, Tube, Tube Sheet,<br>Tube Suppoting Plate, Expansion<br>Joint, Water Box 등의 운반 | 건 설 기 계 운 전 조<br>비　　계　　공<br>특　별　인　부 | 조/ton<br>인/ton<br>〃 | 0.373<br>0.138<br>0.288 |

| 작 업 구 분 | 직 종 | 단 위 | 공 량 |
|---|---|---|---|
| Body 조립 설치 | | | |
| Body Plate 설치 | 플 랜 트 제 관 공 | 인/ton | 0.78 |
| Lower Shell, Upper shell 조립설치 | 플 랜 트 용 접 공 | 〃 | 1.04 |
| Turbine Exhaust Hood 용접 | 비 계 공 | 〃 | 2.05 |
| Expansion Joint 설치 | 특 별 인 부 | 〃 | 1.54 |
| Front & Rear Water box 설치 | Crane 운 전 조 | 조/대 | 0.346 |
| Tube 삽입설치 | 플 랜 트 기 계 설 치 공 | 인/개 | 0.0332 |
| Tube Sheet Support Plate 소재 | 특 별 인 부 | 〃 | 0.0629 |
| Tube 삽입, Tupe Expanding 작업 | Crane 운 전 조 | 조/개 | 0.0029 |
| Condenser 내부소재 | 기술관리 포장해체를 제외한 품의 15% | | |
| Leak Test 교정 | | | |

## 〈참고〉 사용장비

| 장 비 명 | 규 격 | 단 위 | 수 량 |
|---|---|---|---|
| Over Head Crane | | 대 | 1 |
| Truck Crane | 20ton | 〃 | 1 |
| Winch | 25kW | 〃 | 1 |
| A.C Welder | 15kVA | 〃 | 4 |
| Truck | 4ton | 〃 | 1 |

## 13-5-11. 왕복 압축기 설치

(대당)

| 용량(㎥/hr) \ 직종(인) | 목 공 | 플랜트기계 설치공 | 플랜트 용접공 | 비계공 | 플랜트 배관공 | 특별인부 | 계 |
|---|---|---|---|---|---|---|---|
| 50 이하 | 0.13 | 2.74 | 0.23 | 3.96 | 0.31 | 8.68 | 16.05 |
| 51 ~ 100 | 0.17 | 3.63 | 0.31 | 5.25 | 0.41 | 11.49 | 21.26 |
| 101 ~ 200 | 0.22 | 4.81 | 0.41 | 6.97 | 0.54 | 15.23 | 18.18 |
| 201 ~ 300 | 0.26 | 5.67 | 0.48 | 8.20 | 0.64 | 17.90 | 33.15 |
| 301 ~ 400 | 0.28 | 6.25 | 0.53 | 9.12 | 0.71 | 19.77 | 36.66 |
| 401 ~ 500 | 0.31 | 6.85 | 0.58 | 9.94 | 0.78 | 21.57 | 40.03 |
| 501 ~ 600 | 0.33 | 7.35 | 0.62 | 10.67 | 0.84 | 23.09 | 42.90 |
| 601 ~ 700 | 0.35 | 7.86 | 0.66 | 11.50 | 0.90 | 24.65 | 45.92 |
| 701 ~ 800 | 0.37 | 8.21 | 0.69 | 12.10 | 0.94 | 25.78 | 48.09 |
| 801 ~ 900 | 0.38 | 8.53 | 0.72 | 12.40 | 0.97 | 26.86 | 49.86 |
| 901 ~ 1,000 | 0.40 | 8.96 | 0.75 | 13.05 | 1.02 | 28.14 | 52.32 |
| 1,001 ~ 1,500 | 0.47 | 10.43 | 0.88 | 15.24 | 1.19 | 32.88 | 61.09 |
| 1,501 ~ 2,000 | 0.52 | 11.56 | 0.98 | 16.88 | 1.32 | 36.63 | 67.89 |
| 2,001 ~ 2,500 | 0.56 | 12.58 | 1.06 | 18.35 | 1.44 | 39.73 | 73.92 |
| 2,501 ~ 3,000 | 0.61 | 13.57 | 1.14 | 19.70 | 1.55 | 43.05 | 79.62 |

**[주]** ① 본 품은 조립된 압축기를 설치하는 것을 기준하였다.

② 본 품은 포장해체 및 소운반이 포함되어 있다.

③ 본 품은 Foundation Chipping 및 Grouting 작업이 포함되어 있다.

④ 본 품은 Motor 설치 Coupling Alignment 작업이 포함되어 있다.

⑤ 본 품은 Cooler 및 Receiver Tank 설치품이 포함되어 있다.

⑥ 본 품은 시운전 및 교정작업이 포함되어 있다.

⑦ 본 품은 Air Dryer 및 부대 배관작업이 제외되어 있다.

⑧ 본 품은 전기배선, 계장공사가 제외되어 있다.

## 13-5-12. 펌프 설치

### 1. 원심펌프 (2단)

(대당)

| 용량(㎥/hr) | 직종(인) 목 공 | 플랜트기계 설 치 공 | 인력운반공 | 특별인부 | 계 |
|---|---|---|---|---|---|
| 50 이 하 | 0.03 | 0.63 | 3.66 | 2.89 | 7.21 |
| 51 ~ 100 | 0.04 | 0.78 | 4.67 | 3.49 | 8.98 |
| 101 ~ 200 | 0.06 | 1.04 | 5.80 | 5.53 | 12.43 |
| 201 ~ 300 | 0.09 | 1.45 | 7.66 | 6.50 | 15.70 |
| 301 ~ 400 | 0.13 | 1.92 | 9.08 | 8.92 | 20.05 |
| 401 ~ 500 | 0.16 | 2.76 | 10.50 | 11.08 | 24.50 |
| 501 ~ 600 | 0.19 | 3.19 | 13.74 | 12.75 | 29.87 |
| 601 ~ 700 | 0.21 | 3.52 | 15.02 | 14.18 | 32.93 |
| 701 ~ 800 | 0.23 | 3.92 | 16.62 | 15.78 | 36.55 |
| 801 ~ 900 | 0.26 | 4.35 | 18.50 | 17.45 | 40.56 |
| 901 ~ 1,000 | 0.28 | 4.72 | 20.00 | 18.82 | 43.82 |

### 2. 원심펌프(2단 대용량)

(대당)

| 용량(㎥/hr) | 직종(인) 목 공 | 플랜트기계 설 치 공 | 특별인부 | 비 계 공 | 건설기계 운전 | 계 |
|---|---|---|---|---|---|---|
| 1,001 ~ 2,000 | 0.4 | 12.6 | 21.3 | 12.3 | 3.1 | 49.7 |
| 2,001 ~ 3,000 | 0.5 | 14.6 | 24.1 | 14.0 | 3.5 | 56.1 |
| 3,001 ~ 4,000 | 0.5 | 16.3 | 26.2 | 15.4 | 3.9 | 62.6 |
| 4,001 ~ 5,000 | 0.6 | 17.4 | 28.5 | 16.5 | 4.2 | 67.2 |
| 5,001 ~ 6,000 | 0.6 | 18.4 | 30.2 | 17.6 | 4.4 | 71.2 |
| 6,001 ~ 7,000 | 0.6 | 19.1 | 31.3 | 18.3 | 4.7 | 74.0 |
| 7,001 ~ 8,000 | 0.7 | 19.9 | 32.7 | 19.1 | 5.0 | 77.4 |
| 8,001 ~ 9,000 | 0.7 | 20.7 | 34.0 | 19.8 | 5.1 | 80.3 |
| 9,001 ~ 10,000 | 0.7 | 21.3 | 35.0 | 20.2 | 5.2 | 82.4 |
| 10,001 ~ 12,000 | 0.7 | 23.2 | 37.6 | 21.9 | 5.5 | 88.9 |
| 12,001 ~ 14,000 | 0.8 | 24.1 | 39.5 | 23.1 | 5.7 | 93.2 |
| 14,001 ~ 16,000 | 0.8 | 25.2 | 41.4 | 24.0 | 6.1 | 97.5 |
| 16,001 ~ 18,000 | 0.9 | 26.6 | 43.3 | 25.2 | 6.4 | 102.4 |
| 18,001 ~ 20,000 | 0.9 | 27.9 | 45.4 | 26.3 | 6.8 | 107.3 |

3. Rotary Pump, Centrifugal Pump(3,4 stage)

(대당)

| 직종(인)<br>용량(㎥/hr) | 목 공 | 플랜트기계<br>설 치 공 | 인력운반공 | 특별인부 | 계 |
|---|---|---|---|---|---|
| 50 이 하 | 0.04 | 0.89 | 5.16 | 3.86 | 9.95 |
| 51 ～ 100 | 0.06 | 1.10 | 6.04 | 5.73 | 12.93 |
| 101 ～ 200 | 0.10 | 1.62 | 8.47 | 7.19 | 17.38 |
| 201 ～ 300 | 0.15 | 2.67 | 10.13 | 10.69 | 23.64 |
| 301 ～ 400 | 0.19 | 3.19 | 13.6 | 12.75 | 29.73 |
| 401 ～ 500 | 0.22 | 3.87 | 16.5 | 15.56 | 36.15 |
| 501 ～ 600 | 0.27 | 4.66 | 19.3 | 18.27 | 42.50 |
| 601 ～ 700 | 0.31 | 6.55 | 20.0 | 20.72 | 47.58 |
| 701 ～ 800 | 0.34 | 8.56 | 20.6 | 22.95 | 52.45 |
| 801 ～ 900 | 0.37 | 10.53 | 20.9 | 25.10 | 56.90 |
| 901 ～ 1,000 | 0.39 | 11.94 | 21.5 | 26.72 | 60.55 |
| 1,001 ～ 2,000 | 0.56 | 18.64 | 22.3 | 42.0 | 83.50 |

[주] ① 본 품은 조립된 Pump를 설치하는 품이다.

② 본 품은 포장해체 및 소운반이 포함되어 있다.

③ 본 품은 Foundation Chipping 및 Grouting이 포함되어 있다.

④ 본 품은 Motor 설치, Coupling Alignment 작업이 포함되어 있다.

⑤ 본 품은 시운전 및 교정작업이 포함되어 있다.

⑥ 본 품은 전기배선, 계장공사가 제외되어 있다.

⑦ 본 품은 부대배관작업이 제외되어 있다.

⑧ 각종 설비용 펌프설치는 '[기계설비부문] 4-1 펌프'의 품을 적용한다.

## 13-5-13. Boiler Feed Pump 설치

### 1. Turbine driven type

(대당)

| 직종＼용량(ton/hr) | 300이하 | 400 | 500 | 600 | 700 |
|---|---|---|---|---|---|
| 목　　　　　　　공 | 1.9 | 2.2 | 2.5 | 2.8 | 3.1 |
| 플 랜 트 기 계 설 치 공 | 62.8 | 71.4 | 81.6 | 91.5 | 98.6 |
| 비　　　계　　　공 | 23.2 | 26.4 | 30.4 | 34.4 | 37.3 |
| 건 설 기 계 운 전 （조 / 대） | 13.2 | 14.7 | 16.4 | 18.0 | 19.2 |
| 특　　별　　인　　부 | 67.5 | 77.6 | 89.4 | 101.1 | 109.2 |
| 계 | 168.6 | 192.3 | 220.3 | 247.8 | 267.4 |

[주] ① 본 품은 조립된 Pump와 조립된 Turbine을 설치하는 품이다.

② 본 품은 Pump의 토출압력 200kg/㎠ 이내를 기준하였다.

③ 본 품은 포장해체 및 소운반이 포함되어 있다.

④ 본 품은 Foundation Chipping 및 Grouting 작업이 포함되어 있다.

⑤ 본 품은 Turning Gear 설치 및 Coupling Alignment 작업이 포함되어 있다.

⑥ 본 품은 시운전 및 교정작업이 포함되어 있다.

⑦ 본 품은 Oil Tank, Oil Pump, Oil Cooler등의 부대기기와 부대배관 공사가 제외되어 있다.

### 2. Motor driven type

(대당)

| 직종＼용량(ton/hr) | 300이하 | 400 | 500 | 600 | 700 |
|---|---|---|---|---|---|
| 목　　　　　　　　공 | 1.3 | 1.5 | 1.7 | 2.0 | 2.2 |
| 플 랜 트 기 계 설 치 공 | 43.0 | 49.6 | 57.6 | 65.2 | 71.0 |
| 비　　　　계　　　　공 | 26.3 | 30.1 | 34.9 | 40.0 | 43.1 |
| 건 설 기 계 운 전 （조 / 대） | 5.3 | 6.1 | 7.1 | 8.0 | 8.8 |
| 특　　　별　　　인　　　부 | 50.2 | 57.9 | 67.1 | 76.3 | 82.6 |
| 계 | 126.1 | 145.2 | 168.4 | 191.5 | 207.7 |

[주] ① 본 품은 조립된 Pump의 본체를 설치하는 품이다.

② Pump의 토출압력은 200kg/㎠이내를 기준으로 하였다.

③ 본 품은 포장해체 및 소운반이 포함되어 있다.

④ 본 품은 Foundation Chipping 및 Grouting 작업이 포함되어 있다.

⑤ 본 품은 Motor 및 증속기설치, Coupling Alignment 작업이 포함되어 있다.

⑥ 본 품은 윤활유 탱크 및 윤활유 펌프설치 작업이 포함되어 있다.

⑦ 본 품은 시운전 및 교정작업이 포함되어 있다.

⑧ 본 품은 부대배관 작업이 제외되어 있다.

⑨ 본 품은 전기배선, 계장공사가 제외되어 있다.

〈참고〉 **사용장비**

| 장 비 명 | 규 격 | 단 위 | 수 량 |
|---|---|---|---|
| Over Head Crane | | 대 | 1 |
| Truck Crane | 60ton | 〃 | 1 |
| Trailor | 30ton | 〃 | 1 |
| Air Compressor | 1.5㎥/min | 〃 | 1 |

## 13-5-14. Heater 및 Tank 설치

### 1. 건설기계가 닿는 장소

(대당)

| 직종(인)<br>무게(ton) | 목공 | 플랜트기계<br>설 치 공 | 비계공 | 건설기계<br>운전<br>(조/대) | 특별인부 | 계 |
|---|---|---|---|---|---|---|
| 0.5 이하 | 0.03 | 0.52 | 0.06 | 0.19 | 2.12 | 2.92 |
| 0.51 ~ 1.0 | 0.05 | 0.78 | 0.08 | 0.28 | 3.16 | 4.35 |
| 1.01 ~ 2.0 | 0.08 | 1.04 | 0.11 | 0.38 | 4.92 | 6.53 |
| 2.01 ~ 3.0 | 0.10 | 1.41 | 0.15 | 0.51 | 6.08 | 8.25 |
| 3.01 ~ 4.0 | 0.12 | 1.78 | 0.19 | 0.64 | 8.33 | 11.06 |
| 4.01 ~ 5.0 | 0.13 | 2.13 | 0.23 | 0.78 | 9.91 | 13.00 |
| 5.01 ~ 6.0 | 0.15 | 2.46 | 0.27 | 0.89 | 11.52 | 15.29 |
| 6.01 ~ 7.0 | 0.17 | 2.76 | 0.31 | 1.00 | 12.86 | 17.10 |
| 7.01 ~ 8.0 | 0.19 | 3.08 | 0.60 | 1.13 | 14.15 | 19.15 |
| 8.01 ~ 9.0 | 0.21 | 3.18 | 1.15 | 1.24 | 15.39 | 21.17 |
| 9.01 ~10.0 | 0.23 | 3.28 | 1.65 | 1.35 | 16.65 | 23.16 |
| 10.1 ~15.0 | 0.45 | 3.45 | 8.62 | 2.19 | 17.41 | 30.12 |
| 15.1 ~20.0 | 0.56 | 4.27 | 10.70 | 2.71 | 19.21 | 37.45 |
| 20.1 ~25.0 | 0.65 | 4.98 | 12.50 | 3.16 | 22.65 | 43.94 |
| 25.1 ~30.0 | 0.73 | 5.62 | 14.15 | 3.52 | 25.31 | 49.33 |
| 30.1 ~35.0 | 0.82 | 6.35 | 15.52 | 3.95 | 28.62 | 55.26 |
| 35.1 ~40.0 | 0.89 | 6.95 | 17.00 | 4.31 | 31.17 | 60.32 |
| 40.1 ~45.0 | 0.97 | 7.58 | 18.50 | 4.75 | 33.95 | 65.75 |
| 45.1 ~50.0 | 1.06 | 8.05 | 19.62 | 5.03 | 36.23 | 69.99 |

[주] ① 본 품은 조립된 Heater 또는 Cooler, 완전히 제작된 Tank 또는 Vessel 을 기초 위에 설치하는 품이다.

② 본 품은 건설기계를 사용 설치하는 것으로 보았다.

③ 본 품은 포장해체 소운반이 포함되어 있다.

④ 본 품은 Foundation Chipping, Grouting이 포함되어 있다.

2. 건설기계가 닿지 않는 장소

| 직종(인)<br>무게(ton) | 목공 | 플랜트기계<br>설 치 공 | 비계공 | 건설기계<br>운전<br>(조/대) | 특별인부 | 계 |
|---|---|---|---|---|---|---|
| 0.5  이하 | 0.03 | 2.22 | 5.4 | 0.11 | 2.36 | 10.12 |
| 0.51 ~ 1.0 | 0.05 | 3.23 | 7.83 | 0.16 | 3.56 | 14.83 |
| 1.01 ~ 2.0 | 0.08 | 4.59 | 11.12 | 0.22 | 5.46 | 21.47 |
| 2.01 ~ 3.0 | 0.10 | 5.77 | 13.5 | 0.29 | 6.63 | 26.29 |
| 3.01 ~ 4.0 | 0.12 | 6.67 | 15.55 | 0.38 | 8.86 | 31.58 |
| 4.01 ~ 5.0 | 0.13 | 7.39 | 17.27 | 0.45 | 10.39 | 35.63 |
| 5.01 ~ 6.0 | 0.15 | 8.03 | 18.7 | 0.53 | 11.92 | 39.33 |
| 6.01 ~ 7.0 | 0.17 | 8.61 | 20.02 | 0.61 | 13.22 | 42.63 |
| 7.01 ~ 8.0 | 0.19 | 8.61 | 23.0 | 1.73 | 13.59 | 46.62 |
| 8.01 ~ 9.0 | 0.21 | 8.61 | 24.2 | 1.81 | 14.94 | 49.77 |
| 9.01 ~10.0 | 0.23 | 8.90 | 25.23 | 1.88 | 16.22 | 52.46 |
| 10.1 ~15.0 | 0.45 | 11.38 | 32.38 | 2.49 | 17.47 | 62.17 |
| 15.1 ~20.0 | 0.56 | 12.95 | 36.6 | 2.85 | 19.08 | 72.04 |
| 20.1 ~25.0 | 0.65 | 14.45 | 40.9 | 3.19 | 22.37 | 81.56 |
| 25.1 ~30.0 | 0.73 | 15.93 | 44.9 | 3.51 | 24.94 | 90.01 |
| 30.1 ~35.0 | 0.82 | 17.19 | 48.5 | 3.77 | 28.07 | 98.35 |
| 35.1 ~40.0 | 0.89 | 18.09 | 51.1 | 3.97 | 30.44 | 104.49 |
| 40.1 ~45.0 | 0.97 | 19.13 | 54.1 | 4.22 | 33.04 | 111.46 |
| 45.1 ~50.0 | 1.06 | 20.03 | 56.6 | 4.52 | 35.29 | 117.50 |

[주] ① 본 품은 조립된 Heater 또는 Cooler, 완전히 제작된 Tank 또는 Vessel 을 기초 위에 설치하는 품이다.

② 본 품은 건설기계를 사용해서 운반할 수 있는 곳까지 운반하고 다음은 굴림 운반으로 해서 설치하는 것으로 보았다.

③ 본 품은 포장해체 소운반이 포함되어 있다.

④ 본 품은 Foundation Chipping, Grouting이 포함되어 있다.

# 13-6. 수력발전 기계설비

## 13-6-1. 수차 설치

### 1. 직종별 설치품

(ton당)

| 직　　　종 | 수 량(인) | 직　　　종 | 수 량(인) |
|---|---|---|---|
| 기 계 관 련 기 사 | 0.500 | 측　　　　　량　　　　　사 | 0.140 |
| 목　　　　　　　　　공 | 0.041 | 공 작 기 계 공 | 0.496 |
| 비　　　계　　　공 | 1.433 | 도　　　　　장　　　　　공 | 0.044 |
| 플 랜 트 기 계 설 치 공 | 1.540 | 특　　별　　인　　부 | 1.313 |
| 플 랜 트 제 관 공 | 0.486 | 시 험 및 조 정 | 0.649 |
| 플 랜 트 용 접 공 | 1.119 | 계 | 7.751 |

### 2. 공정별 설치수량

(ton당)

| 공　　　정　　　별 | 직　　　종 | 수 량(인) |
|---|---|---|
| 기술지도(종합공정관리포함) | 기 계 기 사 | 0.50 |
| 포 장 해 체 | 목　　　　　　　공 | 0.041 |
| | 특　　별　　인　　부 | 0.034 |
| 소 운 반 | 비　　　계　　　공 | 0.385 |
| Draft Tube 설치 | 플 랜 트 기 계 설 치 공 | 0.051 |
| 가설된 Concrete Tube에 이어서 | 플 랜 트 제 관 공 | 0.195 |
| Leveling & Centering해서 연결 | 플 랜 트 용 접 공 | 0.037 |
| | 측　　　　　량　　　　　사 | 0.035 |
| | 비　　　계　　　공 | 0.035 |
| | 특　　별　　인　　부 | 0.042 |
| Speed Ring 조립설치 | 플 랜 트 기 계 설 치 공 | 0.117 |
| Speed Ring의 위치 결정해서 조립 | 플 랜 트 제 관 공 | 0.195 |
| 설치하고 Leveling & Centering 후 | 플 랜 트 용 접 공 | 0.085 |
| Draft Tube와 연결 | 측　　　　　량　　　　　사 | 0.021 |
| | 비　　　계　　　공 | 0.080 |
| | 특　　별　　인　　부 | 0.109 |

(ton당)

| 공      정      별 | 직      종 | 수 량(인) |
|---|---|---|
| Casing & Cover 조립설치 | 플 랜 트 기계설치공 | 0.479 |
| Casing 용접조립후 X-Ray Test, | 플 랜 트 용 접 공 | 0.347 |
| Inner Head Cover 및 Outer | 비      계      공 | 0.326 |
| Head Cover 조립설치 | 플 랜 트   제 관 공 | 0.048 |
|  | 특    별    인    부 | 0.394 |
| 수차 Centering | 플 랜 트 기계설치공 | 0.174 |
| Concrete 타설전에 Casing | 플 랜 트 용 접 공 | 0.127 |
| Centering 하고 타설도중 움직이지 | 비      계      공 | 0.119 |
| 않게 고정함 | 측      량      사 | 0.056 |
|  | 특    별    인    부 | 0.143 |
| Guide Vane 조립조정 | 플 랜 트 기계설치공 | 0.172 |
| Stay Vane 및 Guide Vane 조립설치 | 비      계      공 | 0.117 |
|  | 플 랜 트 용 접 공 | 0.125 |
|  | 특    별    인    부 | 0.142 |
| Guide Ring & Sever-Moter 조립설치 | 플 랜 트 기계설치공 | 0.093 |
| Guide Ring, Operating Rod, | 비      계      공 | 0.063 |
| Serve Motor 등 조립설치 | 플 랜 트 용 접 공 | 0.068 |
|  | 특    별    인    부 | 0.077 |
| Pit, Liner 교정 | 플 랜 트 기계설치공 | 0.008 |
| Liner 취부 Joint 부분 용접보강함. | 플 랜 트   제 관 공 | 0.048 |
|  | 비      계      공 | 0.006 |
|  | 플 랜 트 용 접 공 | 0.006 |
|  | 특    별    인    부 | 0.006 |
| Runner 조립 및 삽입 | 플 랜 트 기계설치공 | 0.299 |
|  | 비      계      공 | 0.203 |
|  | 플 랜 트 용 접 공 | 0.218 |
|  | 특    별    인    부 | 0.246 |

(ton당)

| 공        정        별 | 직        종 | 수 량(인) |
|---|---|---|
| 수차본체조립<br>수차본체 종합조립하고 각 부의<br>간격 조정하여 Shop Data와<br>일치시킴 | 플 랜 트 기계설치공 | 0.116 |
| | 비        계        공 | 0.078 |
| | 플 랜 트  용 접 공 | 0.084 |
| | 측        량        사 | 0.028 |
| | 특  별  인  부 | 0.095 |
| Governor 조립설치 | 플 랜 트 기계설치공 | 0.031 |
| | 플 랜 트  용 접 공 | 0.022 |
| | 비        계        공 | 0.021 |
| | 특  별  인  부 | 0.025 |
| 수리공장 운영 | 공  작  기 계 공 | 0.496 |
| 도장 | 도        장        공 | 0.044 |
| 시험 및 조정<br>(기술관리 포장해체, 도장을 제외한<br>전 품의 10%) | | 0.649 |
| 비고 | - 단 Kaplan 수차의 경우는 본 품중 공정별 구분에서 runner 조립 및 삽입과 수차본체조립의 품을 20% 가산한다. | |

[주] 본 품은 Kaplan 수차, franses 수차 및 Propeller 수차 설치에 필요한 품이다.

〈참고〉  사용장비

| 장        비        명 | 규      격 | 단   위 | 수   량 |
|---|---|---|---|
| Over Head Crane | 150ton | 대 | 1 |
| Truck Crane | 20ton | 〃 | 1 |
| Trailer | 20ton | 〃 | 1 |
| Unloading Hoist | 40ton/50ton | 〃 | 1 |
| Lathe | 182.88cm | 〃 | 1 |
| Driling Machine | 2.24kW | 〃 | 1 |
| Shaper | 17.90kW | 〃 | 1 |
| Miling Machine | 17.90kW | 〃 | 1 |
| Grinder | 1.12kW | 〃 | 1 |
| Blower | 1.12kW | 〃 | 1 |
| AC Welder | 30kVA | 〃 | 4 |
| DC Welder | 500A | 〃 | 2 |
| Gas Cutting Machine | 중    형 | 조 | 3 |
| Air Compressor | 5~7kg/cm² <br> 5.9m³/min | 대 | 1 |
| Winch | 22.38kW | 〃 | 1 |
| Gouging Machine | 중    형 | 〃 | 1 |
| Pump | 5.1m³/min | 〃 | 2 |

〈참고〉    소모자재

(ton당)

| 물               품 | 규        격 | 단  위 | 수  량 |
|---|---|---|---|
| 산                           소 | 6,000ℓ 입 | Bt | 0.360 |
| 아     세     틸     렌 | 4,500ℓ 입 | 〃 | 0.242 |
| 용           접           공 | 4ø ~5ø | kg | 2.0 |
| 코          크          스 | | 〃 | 9.0 |
| Sand Paper | 각         종 | Sh | 3.125 |
| 여           과           기 | 14 " × 14 " | 〃 | 3.0 |
| 걸                          레 | 특  상  품 | kg | 2.50 |
| 세                          유 | C - 3 | ℓ | 2.20 |
| Grease | | kg | 0.20 |
| Machine Oil | | ℓ | 0.70 |
| Gasoline | | 〃 | 0.240 |
| Galvanized Wire | #8 ~ #16 | kg | 0.50 |
| Grinding Wheel | 8 " ø × 25m/m t | EA | 0.375 |
| 비      닐      세      트 | 0.1t× 2m | m | 1.0 |
| 소           창           직 | | 〃 | 0.860 |
| 보           일           유 | | ℓ | 0.008 |
| 시                          너 | | 〃 | 0.012 |
| 광       명       단 | | 〃 | 0.062 |
| 조     합     페     인     트 | | 〃 | 0.062 |

※ 산소량 규격은 대기압상태를 기준하며, 단위 '병'은 35℃에서 150기압으로 압축용기에 넣어 사용하는 것을 기준한다

## 13-6-2. 발전기 설치

### 1. 직종별 설치품

(ton당)

| 직 종 | 수 량 |
|---|---|
| 기 계 기 사 | 0.500 |
| 목 공 | 0.399 |
| 인 력 운 반 공 | 0.111 |
| 비 계 공 | 0.432 |
| 플 랜 트 전 공 | 1.379 |
| 플 랜 트 기 계 설 치 공 | 2.244 |
| 플 랜 트 용 접 공 | 0.142 |
| 측 량 사 | 0.015 |
| 공 작 기 계 공 | 0.006 |
| 플 랜 트 배 관 공 | 0.017 |
| 특 별 인 부 | 2.118 |
| 시 험 및 조 정 | 0.679 |
| 계 | 8.042 |

### 2. 공정별 설치품

(ton당)

| 공 정 별 | 직 종 | 수 량(인) |
|---|---|---|
| 기 술 지 도 (종합공정관리포함) | 기 계 기 사 | 0.500 |
| 포 장 해 체 | 목 공 | 0.034 |
| | 특 별 인 부 | 0.033 |
| 소 운 반 | 비 계 공 | 0.262 |
| Stator 조립<br>Frame 조립, Coil 삽입<br>Call Binding 건조 및 Varnish 처리 | 플 랜 트 전 공 | 0.490 |
| | 비 계 공 | 0.014 |
| | 플랜트 기계 설치공 | 0.311 |
| | 플 랜 트 용 접 공 | 0.022 |
| | 인 력 운 반 공 | 0.087 |
| | 목 공 | 0.125 |
| | 특 별 인 부 | 0.268 |

(ton당)

| 공      정      별 | 직      종 | 수  량(인) |
|---|---|---|
| Rotor 조립<br>York & Spider 조립<br>Rim Lamination 자극 및 Rotor 부품<br>취부, 건조 및 Varnish 처리 | 플 랜 트 전 공 | 0.544 |
| | 플랜트 기계 설치공 | 0.587 |
| | 플 랜 트 용 접 공 | 0.049 |
| | 인 력 운 반 공 | 0.013 |
| | 목           공 | 0.179 |
| | 특 별 인 부 | 0.788 |
| | 비      계      공 | 0.033 |
| 기초 Chipping 및 Concrete 타설<br>Barrel 기초점검, Chipping Out<br>Concrete 타설 | 플 랜 트 전 공 | 0.024 |
| | 플랜트 기계 설치공 | 0.282 |
| | 비      계      공 | 0.019 |
| | 목           공 | 0.033 |
| | 플 랜 트 용 접 공 | 0.011 |
| | 특 별 인 부 | 0.106 |
| | 측      량      사 | 0.006 |
| Stator 설치<br>Base Block 설치, Stator 안치,<br>Concrete 타설 전의 Centering<br>Concrete 타설 후의 Recentering<br>Knock 치기 | 플 랜 트 전 공 | 0.141 |
| | 비      계      공 | 0.011 |
| | 플랜트 기계 설치공 | 0.227 |
| | 특 별 인 부 | 0.179 |
| | 측      량      사 | 0.009 |
| | 플 랜 트 용 접 공 | 0.011 |
| | 공 작 기 계 공 | 0.006 |
| | 목           공 | 0.008 |
| Stator Low End 조립설치<br>Lower Bracket 조립<br>Stator Centering을 위한 가조립<br>설치 및 철거<br>Lower Bracket 재설치<br>Lower Fan Shield, Lower Cover<br>Space Heater 등 설치 | 플 랜 트 전 공 | 0.044 |
| | 비      계      공 | 0.022 |
| | 플랜트 기계 설치공 | 0.179 |
| | 목           공 | 0.006 |
| | 특 별 인 부 | 0.131 |
| | 플 랜 트 용 접 공 | 0.011 |
| | 플 랜 트 배 관 공 | 0.017 |

(ton당)

| 공 정 별 | 직 종 | 수 량(인) |
|---|---|---|
| Stator Upper End 조립<br>Upper Bracket 조립<br>Centering을 위한 가설치 및 철거<br>Rotor 삽입후의 재설치<br>Air Housing Upper Fan<br>Shield Upper Cover등 설치 | 플 랜 트 전 공 | 0.065 |
| | 비 계 공 | 0.030 |
| | 플랜트 기계 설치공 | 0.179 |
| | 목 공 | 0.006 |
| | 플 랜 트 용 접 공 | 0.027 |
| | 특 별 인 부 | 0.210 |
| Thrust Bearing 조립설치<br>Bearing 조립설치<br>Thrust Tank Cover 조립설치<br>Thrust Cooler 수압시험 및 설치<br>윤활유여과 및 주입 | 플 랜 트 전 공 | 0.027 |
| | 비 계 공 | 0.030 |
| | 플랜트 기계 설치공 | 0.283 |
| | 플 랜 트 용 접 공 | 0.011 |
| | 목 공 | 0.008 |
| | 인 력 운 반 공 | 0.011 |
| | 특 별 인 부 | 0.176 |
| Rotor 삽입 Coupling 조립<br>Shaft Deflection 조정<br>Rotor 삽입, Coupling 조립<br>Key Setting, Upper Lower<br>Bearing 조립조정<br>Shost Deflection Check 및 조정 | 플 랜 트 전 공 | 0.044 |
| | 비 계 공 | 0.011 |
| | 플랜트 기계 설치공 | 0.196 |
| | 특 별 인 부 | 0.227 |
| 시험 및 조정<br>(기술관리 포장해체를 제외한 품의 10%) | | 0.679 |

⟨**참고**⟩　사용장비

| 장　비　명 | 규　격 | 단　가 | 수　량 |
|---|---|---|---|
| Over Head Crane | 150ton | 대 | 1 |
| 〃 | 30ton | 〃 | 1 |
| Winch | 5ton 7.46kW | 〃 | 1 |
| Air Compressor | 15kw 8.5㎥/min | 〃 | 1 |
| Portable Drill | 1.12kW | 〃 | 3 |
| Portable Grinder | 1.12kW | 〃 | 2 |
| A.C Welder | 30 kVA | 〃 | 1 |
| Gas Welder | 중　형 | 조 | 4 |
| Gas Cutting Machine | 〃 | 〃 | 2 |
| Truck Crane | 30ton | 대 | 1 |
| Trailor | 50ton | 〃 | 1 |
| D.C Welder | 500A | 〃 | 2 |
| Gouging Machine | 중　형 | 〃 | 1 |

⟨**참고**⟩　소모자재

(ton)

| 품　명 | 규　격 | 단　위 | 수　량 |
|---|---|---|---|
| 세　유 | 0~3 | ℓ | 0.730 |
| Gasoline | | 〃 | 0.730 |
| 보　일　유 | | 〃 | 0.069 |
| Machine Oil | | 〃 | 0.365 |
| Grease | | kg | 0.175 |
| 시　너 | 에나멜용 | ℓ | 0.138 |
| Galvanized Wire | #8 ~ #16 | kg | 0.730 |
| Wire Brush | 각종 3/8~1.6 " | EA | 0.292 |
| Hack Saw Blade | 30.48cm(12 " ) | 〃 | 0.438 |
| Drill | 1.6ø ~3.8ø | kg | 0.018 |
| Grinder Wheel | 8 " ø × 25m/m t | 〃 | 0.022 |
| File | 각　종 | kg | 0.218 |
| Oil stone | 각종(황,중,세) | Sh | 0.055 |
| 코　크　스 | | kg | 0.328 |

| 품 명 | 규 격 | 단 위 | 수 량 |
|---|---|---|---|
| 목 탄 | 6,000 ℓ | kg | 0.820 |
| 산 소 | 4,500 ℓ | 병 | 0.109 |
| 아 세 틸 렌 | 4ø ~ 5ø | 병 | 0.084 |
| 전 기 용 접 봉 | 3.2ø | kg | 0.365 |
| 가 스 용 접 봉 | 2ø | 〃 | 0.146 |
| 신 주 용 접 공 | 각 종 | 〃 | 0.073 |
| Sand Paper | | Sh | 0.110 |
| 광 목 | | m | 0.402 |
| 소 창 직 | | 〃 | 0.134 |
| 걸 레 | 특 상 품 | kg | 0.730 |
| 비 닐 시 트 | 3m × 3m | Sh | 0.037 |
| 방 청 페 인 트 | DR - 80 | ℓ | 0.069 |
| 페 인 트 | KS제품 | 〃 | 0.040 |
| 땜 납 | 50 : 50 | kg | 0.055 |
| 봉 사 | | 〃 | 0.016 |
| Compound | 절 연 용 | 〃 | 0.073 |
| 3-Bond | 밀착제 No.2 | 〃 | 0.007 |

※ 산소량 규격은 대기압상태를 기준하며, 단위 '병'은 35℃에서 150
   기압으로 압축용기에 넣어 사용하는 것을 기준한다.

### 13-6-3. 수문제작

1. Tainter Gate 제작

  가. 직종별 제작품

(ton당)

| 직 종 | 수 량 |
|---|---|
| 기 계 기 사 | 0.500 |
| 플 랜 트 제 관 공 | 6.474 |
| 플 랜 트 용 접 공 | 3.570 |
| 비 계 공 | 3.318 |
| 플 랜 트 기 계 설 치 공 | 1.925 |

| | | |
|---|---|---|
| 도　　　　　　장　　　　공 | | 1.895 |
| 측　　　　　　량　　　　사 | | 0.172 |
| 특　　별　　　인　　부 | | 0.372 |
| 검　사　　및　교　정 | | 1.583 |
| 계 | | 19.809 |

## 나. 공정별 제작품

(ton당)

| 공　　　정　　　별 | 직　　　종 | 수　량 |
|---|---|---|
| 기　술　관　리 | 기　계　기　사 | 0.500 |
| 본　　뜨　　기 | 플 랜 트 제 관 공 | 0.523 |
| 금　　굿　　기 | 〃 | 1.390 |
| 절　　　단 | 〃 | 0.380 |
| 가　　　공 | 〃 | 1.590 |
| 구　명　뚫　기 | 〃 | 0.475 |
| 용　　　접 | 플 랜 트 용 접 공 | 2.550 |
| 부　품　조　립 | 비　계　공 | 1.305 |
| | 플 랜 트 기 계 설 치 공 | 1.305 |
| 도　　　장 | 도　장　공 | 1.895 |
| 소 운 반 조 작 | 비　계　공 | 0.980 |
| 가　조　립 | 비　계　공 | 1.033 |
| | 플 랜 트 제 관 공 | 2.116 |
| | 플 랜 트 용 접 공 | 1.020 |
| | 측　량　사 | 0.172 |
| | 플 랜 트 기 계 설 치 공 | 0.620 |
| | 특　별　인　부 | 0.372 |
| 검　사　및　교　정<br>(기술관리 및 도장을 제외한 전<br>품의10%) | | 1.583 |

〈참고〉 장비사용기간

| 장 비 명 | 규 격 | 시 간(hr/ton) |
|---|---|---|
| Lathe | 365.76cm × 5.60kW | 0.64 |
| Planer | 121.92cm × 243.84kW | 0.72 |
| Boring Machine | Horizontal Type 2.24kW | 1.72 |
| Union Melt Welder | 5.5kVA | 2.856 |
| A.C Welder | 10 〃 | 8.568 |
| Gouging Machine | 중형 | 3.06 |
| Gas Cutting Machine | Auto형 | 1.24 |
| Gas Cutting Machine | Mannual | 1.8 |
| Gas Heating Touch | 중형 | 3.984 |
| Over Head Crane | 30ton | 0.759 |
| 〃 | 20ton | 0.759 |
| Hydro Press | 300ton | 1.771 |
| Bending Roller | 701.04cm | 1.48 |
| Edge Bending Roller | 701.04cm | 1.38 |
| Shearing Machine | | 0.64 |
| Drilling Machine | 2.24kW | 0.368 |
| 〃 | Radial 3.73kW | 0.184 |
| Compressor | 5.9㎥/min | 3.790 |
| Portable Drill | 0.73kW | 1.532 |
| Tuck Crane | 30ton | 0.506 |
| Trailer | 30ton | 0.506 |
| Fork Lift | 5ton | 0.506 |

[주] 본 장비사용기간은 공작공장에서만 적용한다.

## 2. Roller Gate 제작

### 가. 직종별 제작품

(ton당)

| 직　　　　종 | 수 량 | 직　　　　종 | 수 량 |
|---|---|---|---|
| 기 계 기 사 | 0.50 | 도　　　　　장　　　공 | 1.584 |
| 플 랜 트 제 관 공 | 5.438 | 측　　　　　량　　　사 | 0.143 |
| 플 랜 트 용 접 공 | 2.978 | 특　　　별　　　인　　　부 | 0.245 |
| 비　　　계　　　공 | 2.772 | 시 험 및 조 정 | 1.318 |
| 플 랜 트 기 계 설 치 공 | 1.608 | 계 | 16.586 |

### 나. 공정별 제작품

(ton당)

| 공　　정　　별 | 직　　　　종 | 수 량 |
|---|---|---|
| 기　　술　　관　　리 | 기 계 기 사 | 0.500 |
| 본　　　　뜨　　　　기 | 플 랜 트 제 관 공 | 0.437 |
| 금　　　　긋　　　　기 | 〃 | 1.161 |
| 절　　　　　　　　단 | 〃 | 0.318 |
| 가　　　　　　　　공 | 〃 | 1.359 |
| 구　　　멍　　뚫　　기 | 〃 | 0.397 |
| 용　　　　　　　　접 | 플 랜 트 용 접 공 | 2.125 |
| 부　　　품　　조　　립 | 비　　계　　공 | 1.090 |
| | 플 랜 트 기 계 설 치 공 | 1.090 |
| 도　　　　　　　　장 | 도　　　장　　　공 | 1.584 |
| 소 운 반 조 작 | 비　　계　　공 | 0.818 |
| 가　　　　조　　　　립 | 비　　계　　공 | 0.864 |
| | 플 랜 트 제 관 공 | 1.766 |
| | 플 랜 트 용 접 공 | 0.853 |
| | 측　　　량　　　사 | 0.143 |
| | 플 랜 트 기 계 설 치 공 | 0.518 |
| | 특　　별　　인　　부 | 0.245 |
| 검 사 및 교 정 (기계관리 및 도장을 제외 한 전 품의10%) | | 1.318 |

〈참고〉 **장비사용시간**

| 장 비 명 | 규 격 | 시 간(hr/ton) |
|---|---|---|
| Lathe | 365.76cm × 5.60kW | 0.536 |
| Planer | 121.92cm × 243.84cm | 0.076 |
| Boring Machine | Horizontal Type 2.24kW | 1.436 |
| Union Melt Welder | 5.5kVA | 2.72 |
| A.C Welder | 10kVA | 8.16 |
| Gouging Machine | 중형 | 1.7 |
| Gas Cutting Machine | Auto 중형 | 1.016 |
| 〃 | Mannual | 1.016 |
| Gas Heating Touch | 중형 | 3.328 |
| Over Head Crane | 30ton | 1.269 |
| Hydro Press | 100ton | 1.48 |
| Bending Roller | 701.04cm | 1.088 |
| Shearing Machine | | 0.256 |
| Drilling Machine | 2.24kW | 1.632 |
| 〃 | Radial 3.73kW | 0.816 |
| Compressor | 5.9㎥/min | 3.17 |
| Portable Drill | 0.373kW | 1.221 |
| Truck Crane | 30ton | 0.423 |
| Trailor | 30ton | 0.423 |
| Fork Lift | 5ton | 0.423 |

**[주]** 본 장비사용시간은 공작공장에서만 적용한다.

〈참고〉 **소모자재(Tainter Gate, Roller Gate)** (ton당)

| 품 명 | 규 격 | 단 위 | 수 문 Taintor | 수 문 Roller |
|---|---|---|---|---|
| 산 소 | 6,000ℓ입 | 병 | 3.76 | 3.0 |
| 아 세 틸 렌 | 4,500ℓ입 | 병 | 3.23 | 2.58 |
| 함 석 | #31 × 3′ × 6′ | 매 | 0.71 | 0.62 |
| 용 접 봉 | 4ø × 350ℓ | kg | 24.99 | 20.0 |
| 모 래 | | ㎥ | 0.262 | 0.242 |
| Nozzle | | 개 | 0.5 | 0.5 |
| 광 명 단 | | ℓ | 2.5 | 2.2 |
| 전 력 | | kWh | 370 | 310 |

※ 산소량 규격은 대기압상태를 기준하며, 단위 '병'은 35℃에서 150기압으로
압축용기에 넣어 사용하는 것을 기준한다.

## 13-6-4. 수문 설치

### 1. Tainter Gate설치

#### 가. 직종별 설치품

(ton당)

| 직　　　　　　종 | 수　　　　량 |
|---|---|
| 기　　계　　기　　사 | 0.500 |
| 플　랜　트　제　관　공 | 6.169 |
| 비　　　계　　　공 | 4.277 |
| 플　랜　트　기　계　설　치　공 | 0.910 |
| 측　　　　　량　　　　　사 | 0.410 |
| 플　랜　트　용　접　공 | 0.810 |
| 도　　　　장　　　　공 | 0.635 |
| 플　　랜　　트　　전　　공 | 0.310 |
| 시　험　및　조　정 | 1.257 |
| 계 | 15.278 |

#### 나. 공정별 설치품

(ton당)

| 공　　정　　별 | 직　　　　종 | 수　　량 |
|---|---|---|
| 기　　술　　관　　리 | 기　　계　　기　　사 | 0.500 |
| 현　　장　　교　　정 | 플　랜　트　제　관　공 | 1.034 |
| | 비　　　계　　　공 | 0.517 |
| 소　　　　　　　　업 | 비　　　계　　　공 | 2.3 |
| | 플　랜　트　기　계　설　치　공 | 0.91 |
| 조　　립　　조　　정 | 비　　　계　　　공 | 1.46 |
| | 플　랜　트　제　관　공 | 4.92 |
| | 측　　　　　량　　　　　사 | 0.41 |
| 용　　　　　　　　접 | 플　랜　트　용　접　공 | 0.81 |
| | 플　랜　트　제　관　공 | 0.215 |
| 도　　　　　　　　장 | 도　　　　장　　　　공 | 0.635 |
| 전　　원　　배　　선 | 플　　랜　　트　　전　　공 | 0.31 |
| 검　사　및　교　정<br>(기술관리,도장,전원배선을<br>제외한 전 품의10%) | | 1.257 |

〈참고〉 장비사용명

(ton당)

| 장비명 | 규격 | 수량(대/일) |
|---|---|---|
| A.C Welder | 10 kVA | 1 |
| D.C Welder | 300A 5.5kW | 5 |
| Gas Cutting Machine | 중 형 | 6 |
| Gas Welder | 대 형 | 3 |
| Portable Drill | 1.12kW | 2 |
| Portable Grinder | 0.37kW | 6 |
| Air Compressor | 5.9㎥/min | 2 |
| Winch | 37.30kW | 2 |
| Truck Crane | 50ton | 2 |
| Floating Crane | 75ton | 1 |
| Derrick Crane | 30ton | 1 |
| Cable Crane | 10ton | 1 |
| Tow Crane | 186.50kW | 1 |
| Truck | 5ton | 4 |
| Trailer | 20ton | 1 |
| Fork Lift | 5ton | 1 |

2. Roller Gate

가. 직종별 설치품

(ton당)

| 직 종 | 수 량 | 직 종 | 수 량 |
|---|---|---|---|
| 기 계 기 사 | 0.500 | 플 랜 트 용 접 공 | 0.705 |
| 플 랜 트 제 관 공 | 3.038 | 도 장 공 | 0.552 |
| 비 계 공 | 4.568 | 플 랜 트 전 공 | 0.187 |
| 플 랜 트 기 계 설 치 공 | 1.318 | 검 사 및 교 정 | 1.188 |
| 측 량 사 | 0.812 | | |
| 리 베 팅 공 | 1.447 | 계 | 14.315 |

나. 공정별 설치품

(ton당)

| 공 정 별 | 직 종 | 수 량 |
|---|---|---|
| 기 술 관 리 | 기 계 기 사 | 0.500 |
| 현 장 교 정 | 플 랜 트 제 관 공 | 0.816 |
| | 비 계 공 | 0.146 |
| 소 운 반 조 작 | 비 계 공 | 1.992 |
| | 플 랜 트 기 계 설 치 공 | 0.791 |
| 조 립 조 정 | 비 계 공 | 2.430 |
| | 플 랜 트 제 관 공 | 2.035 |
| | 측 량 사 | 0.812 |
| 리 베 팅 | 리 베 팅 공 | 1.447 |
| | 플 랜 트 기 계 설 치 공 | 0.527 |
| 용 접 | 플 랜 트 용 접 공 | 0.705 |
| | 플 랜 트 제 관 공 | 0.187 |
| 도 장 | 도 장 공 | 0.552 |
| 전 원 배 선 | 플 랜 트 전 공 | 0.187 |
| 검 사 및 교 정 (기술관리, 도장, 전원배선을 제외한 모든 품의 10%) | | 1.188 |

〈**참고**〉  **사용장비**

(ton당)

| 장 비 명 | 규 격 | 수량(대/일) |
|---|---|---|
| A.C Welder | 10 kVA | 1 |
| D.C 〃 | 300A, 5.5kW | 4 |
| Gas Cutting Machine | 중 형 | 4 |
| Gas Welder | 중 형 | 3 |
| Portable Drill | 1.12kW | 2 |
| Portable Grinder | 0.37kW | 4 |
| Air Compressor | 8.9㎥/min | 1 |
| Winch | 7.46kW | 2 |
| Guy Derrick | 10ton | 1 |
| Fork Lift | 7ton | 1 |
| Truck Crane | 30ton | 2 |
| 〃 | 40ton | 1 |
| Trailer | 30ton | 1 |
| Truck | 5ton | 4 |
| Riveting Hammer | | 2 |

〈참고〉 소모자재

(ton당)

| 품 명 | 규 격 | 단 위 | Tainter | Roller |
|---|---|---|---|---|
| 산 소 | 6,000 ℓ 입 | 병 | 0.53 | 0.46 |
| 아 세 틸 렌 | 4,500 ℓ 입 | 병 | 0.45 | 0.39 |
| 용 접 봉 | 4 ø × 350 ℓ | kg | 6.2 | 5.4 |
| 코 크 스 | | kg | - | 27 |
| 광 명 당 | | L | 2.5 | 2.2 |
| 페 인 트 | 에 나 멜 | L | 5.0 | 4.4 |

※ 산소량 규격은 대기압상태를 기준하며, 단위 '병'은 35℃에서 150기압으로 압축용기에 넣어 사용하는 것을 기준한다.

## 13-6-5. Stop-Log 제작

### 1. 직종별 제작품

(ton당)

| 직 종 | 수 량 |
|---|---|
| 기 계 산 업 기 사 | 0.500 |
| 플 랜 트 제 관 공 | 3.564 |
| 플 랜 트 용 접 공 | 2.968 |
| 비 계 공 | 2.295 |
| 플 랜 트 기 계 설 치 공 | 1.325 |
| 도 장 공 | 1.639 |
| 시 험 및 조 정 | 1.015 |
| 계 | 13.306 |

## 2. 공정별 제작품

(ton당)

| 공 정 별 | 직 종 | 수 량 |
|---|---|---|
| 기 술 관 리 | 기 계 산 업 기 사 | 0.500 |
| 본 뜨 기 | 플 랜 트 제 관 공 | 0.523 |
| 금 긋 기 | 〃 | 1.514 |
| 절 단 | 〃 | 0.414 |
| 가 공 | 〃 | 0.500 |
| 구 멍 뚫 기 | 〃 | 0.613 |
| 용 접 | 플 랜 트 용 접 공 | 2.968 |
| 부 품 조 립 | 비 계 공 | 1.325 |
| | 플 랜 트 기 계 설 치 공 | 1.325 |
| 도 장 | 도 장 공 | 1.639 |
| 소 운 반 조 작 | 비 계 공 | 0.970 |
| 검 사 및 교 정 | | 1.015 |
| (기술관리, 도장을 제외한 전 품의 10%) | | |

### 〈참고〉  장비사용시간

※ 1HP=0.746kW

| 장 비 명 | 규 격 | 시간(hr/ton) |
|---|---|---|
| Lathe | 365.76cm× 5.60kW | 0.416 |
| Planer | 121.92cm× 243.84cm | 0.076 |
| Boring Machine | Horizontal Type 2.24kW | 0.248 |
| Union Melt Welder | 5.5kVA | 3.224 |
| A.C Welder | 10 〃 | 9.976 |
| Gouging Machine | 중형 | 3.56 |
| Gas Cutting Machine | Auto 중형 | 1.328 |
| 〃 | Manual 중형 | 1.984 |

| | | |
|---|---|---|
| Gas Heating Touch | 중형 | 3.872 |
| Over Head Crane | 30ton | 0.88 |
| Over Head Crane | 20ton | 0.88 |
| Hydro Press | 10ton | 1.72 |
| Shearing Machine | | 2.0 |
| Dilling Machine | Radial 3.73kW | 0.488 |
| 〃 | 2.24kW | 0.488 |
| Compressor | 5.9㎥/min | 3.32 |
| Portable Drill | 0.37kW | 1.564 |
| Truck Crane | 30ton | 0.65 |
| Trailer | 30ton | 0.65 |
| Fork Lift | 5ton | 0.65 |

[주] 본 장비사용시간은 공작공장에서만 적용한다.

〈참고〉　소모자재

(ton당)

| 품　　　　　명 | 규　　격 | 단　　위 | 수량 |
|---|---|---|---|
| 산　　　　　　　소 | 6,000ℓ 입 | 병 | 0.38 |
| 아　세　틸　렌 | 4,500ℓ 입 | 병 | 0.33 |
| 용　　접　　봉 | 4ø × 350ℓ | kg | 3.0 |
| 코　　크　　스 | | kg | - |
| 광　　명　　당 | | kg | 2.2 |
| 페　　인　　트 | 에　나　멜 | kg | 4.4 |

※ 산소량 규격은 대기압상태를 기준하며, 단위 '병'은 35℃에서 150기압으로
　압축용기에 넣어 사용하는 것을 기준한다.

# 13-6-6. Stop-Log 설치

## 1. 직종별 설치품

(ton당)

| 직          종 | 수      량 | 직       종 | 수     량 |
|---|---|---|---|
| 기 계 산 업 기 사 | 0.500 | 도    장    공 | 0.550 |
| 비          계          공 | 3.350 | 플 랜 트 전 공 | 0.063 |
| 플 랜 트 제 관 공 | 1.190 | 시 험 및 조 정 | 0.601 |
| 측                  량                  사 | 0.122 | | |
| 플 랜 트 기 계 설 치 공 | 1.300 | 계 | 7.726 |

## 2. 공정별 설치품

(ton당)

| 공          정          별 | 직          종 | 수      량 |
|---|---|---|
| 기     술     관     리 | 기 계 산 업 기 사 | 0.50 |
| 운     반     조     작 | 비          계          공 | 0.97 |
| 조     립     조     정 | 비          계          공 | 2.02 |
| | 플 랜 트 제 관 공 | 1.19 |
| | 측               량               사 | 0.122 |
| | 플 랜 트 기 계 설 치 공 | 1.17 |
| 설                      치 | 비          계          공 | 0.36 |
| | 플 랜 트 기 계 설 치 공 | 0.13 |
| 도                      장 | 도    장    공 | 0.55 |
| 전     원     배     선 | 플 랜 트 전 공 | 0.063 |
| 검 사 및 교 정 | | 0.601 |
| (기술관리, 도장, 전원배선을 제외한 전 품의 10%) | | |

〈참고〉　사용장비

| 장　비　명 | 규　격 | 수량(대/일) |
|---|---|---|
| A.C Welder | 10 kVA | 1 |
| D.C 〃 | 300 A 5.5kW | 4 |
| Gas Cutting Machine | 중　형 | 4 |
| Gas Welder | 중　형 | 3 |
| Portable Drill | 1.12kW | 2 |
| Portable Grinder | 0.37kW | 2 |
| Air Compressor | 5.9㎥/min | 1 |
| Winch | 7.46kW | 1 |
| Guy Derrick | 10ton | 1 |
| Fork Lift | 3ton | 1 |
| Truck Crane | 20ton | 1 |
| 〃 | 40ton | 1 |
| Trailer | 30ton | 1 |
| Truck | 5ton | 2 |
| Angle Griner | 0.37kW | 2 |

〈참고〉　소모자재

| 품　명 | 규　격 | 단　위 | 수　량 |
|---|---|---|---|
| 산　　　소 | 6,000ℓ입 | 병 | 2.3 |
| 아　세　틸　렌 | 4,500ℓ입 | 병 | 1.98 |
| 함　　　석 | #31×3'×6' | 대 | 0.53 |
| 용　접　봉 | 4ø×350ℓ | kg | 14.35 |
| 모　　　래 | | ㎥ | 0.242 |
| Nozzle | | 개 | 0.5 |
| 광　명　단 | | ℓ | 2.2 |
| 전　　　력 | | kWh | 306 |

※ 산소량 규격은 대기압상태를 기준하며, 단위 '병'은 35℃에서 150기압
으로 압축용기에 넣어 사용하는 것을 기준한다.

## 13-6-7. 수문 Hoist 설치

### 1. 직종별 설치품

(ton당)

| 직 종 | 수 량 | 직 종 | 수 량 |
|---|---|---|---|
| 기 계 산 업 기 사 | 0.500 | 플 랜 트 용 접 공 | 1.030 |
| 비 계 공 | 3.933 | 플 랜 트 전 공 | 0.413 |
| 측 량 사 | 0.268 | 검 사 및 교 정 | 0.644 |
| 플 랜 트 기 계 설 치 공 | 2.475 | 계 | 9.263 |

### 2. 공정별 설치품

(ton당)

| 공 장 별 | 직 종 | 수 량 |
|---|---|---|
| 기 술 관 리 | 기 계 산 업 기 사 | 0.50 |
| 소 운 반 조 작 | 비 계 공 | 1.105 |
| 조 립 조 정 | 비 계 공 | 1.928 |
| | 측 량 사 | 0.268 |
| | 플 랜 트 기 계 설 치 공 | 2.115 |
| 용 접 | 플 랜 트 용 접 공 | 1.03 |
| 시 운 전 및 조 작 | 플 랜 트 기 계 설 치 공 | 0.36 |
| | 플 랜 트 전 공 | 0.413 |
| | 비 계 공 | 0.9 |
| 검 사 및 교 정 | | 0.644 |
| (기술관리, 시운전 및 조작 을 제외한 전 품의 10%) | | |

〈참고〉 **사용장비**

| 장 비 명 | 규 격 | 수량(대/일) |
|---|---|---|
| A.C Welder | 10kVA | 1 |
| D.C 〃 | 300A 5.5kW | 1 |
| Gas Cutting Machine | 중형 | 2 |
| Portable Drill | 1.12kW | 1 |
| Portable Grinder | 0.37kW | 2 |
| Winch | 7.46kW | 2 |
| Guy Derrick | 10ton | 1 |
| Truck Crane | 30ton | 1 |
| Trailler | 30ton | 1 |
| Truck | 5ton | 1 |

〈참고〉 **소모자재** (ton당)

| 품 명 | 규 격 | 단 위 | 수 량 |
|---|---|---|---|
| 산 소 | 6,000ℓ입 | 병 | 0.38 |
| 아 세 틸 렌 | 4,500ℓ입 | 병 | 0.33 |
| 용 접 봉 | 4ø × 350ℓ | kg | 3.0 |
| 세 유 | | ℓ | 3.0 |
| 기 타 | 10% | | |

※ 산소량 규격은 대기압상태를 기준하며, 단위 '병'은 35℃에서 150기압으로 압축용기에 넣어 사용하는 것을 기준한다.

## 13-6-8. Spiral Casing 설치

### 1. 공정별 제작품

(ton당)

| 공 정 별 | 직 종 | 수 량(인) |
|---|---|---|
| 기 술 관 리 | 기 계 기 사 | 3.33 |
| 기 초 정 리 | 특 별 인 부 | 0.098 |
| Centering | 측 량 사 | 0.038 |
| Marking | 마 킹 공 | 0.077 |
|  | 석 공 | 0.047 |
| 포 장 해 체 정 리 | 형 틀 목 공 | 0.1 |
| 청 소 | 특 별 인 부 | 0.1 |
|  | 플 랜 트 기 계 설 치 공 | 0.2 |
|  | 특 별 인 부 | 0.1 |
| 진 형 보 완 | 산 소 절 단 공 | 0.12 |
|  | 플 랜 트 기 계 설 치 공 | 0.12 |
|  | 특 수 비 계 공 | 0.335 |
|  | 특 별 인 부 | 0.258 |
| Stay Ring 조 립 설 치 | 인 력 운 반 공 | 0.154 |
| 침 목 서 포 트 조작 설 치 | 형 틀 목 공 | 0.058 |
|  | 특 별 인 부 | 0.058 |
| 마 킹 센 터 링 조 립 | 특 수 비 계 공 | 0.167 |
|  | 플 랜 트 기 계 설 치 공 | 0.25 |
|  | 특 별 인 부 | 0.25 |
| 위 치 결 정 | 측 량 기 사 | 0.038 |
|  | 플 랜 트 기 계 설 치 공 | 0.077 |
|  | 마 킹 공 | 0.038 |
|  | 특 별 인 부 | 0.078 |

| 공 정 별 | 직 종 | 수 량(인) |
|---|---|---|
| Bolt Joint Spider | 특 수 비 계 공 | 0.167 |
|  | 측 량 사 | 0.064 |
|  | 플 랜 트 기 계 설 치 공 | 0.258 |
|  | 특 별 인 부 | 0.258 |
| Casing 조 립, 케 이 싱 | 특 수 비 계 공 | 0.67 |
| 정 치 및 가 조 립 작 업 | 측 량 사 | 0.064 |
|  | 플 랜 트 기 계 설 치 공 | 0.516 |
|  | 특 별 인 부 | 0.327 |
| Centering하여 최종으로 | 측 량 사 | 0.051 |
| 부착조립고정후 Brace | 특 수 비 계 공 | 0.267 |
| 절 단 철 거 | 플 랜 트 기 계 설 치 공 | 0.206 |
|  | 마 킹 공 | 0.103 |
|  | 특 별 인 부 | 0.154 |
| Casing 원주방향 용접 | 플 랜 트 기 계 설 치 공 | 0.038 |
| ( 용 접 별 도 계 상 ) | 특 별 인 부 | 0.019 |
| Casing Inlet Secting부 센터 | 플 랜 트 기 계 설 치 공 | 0.285 |
| 링 부착 조정 후 교정하여 | 특 별 인 부 | 0.193 |
| 용접작업(용접 별도계상) | 특 수 비 계 공 | 0.035 |
|  | 측 량 사 | 0.032 |
|  | 마 킹 공 | 0.129 |
| Main Shell 용접전장을 | 플 랜 트 제 관 공 | 0.47 |
| Griding하는 작업 | 특 별 인 부 | 0.23 |
| X - R a y 촬 영 | 시 험 사 1 급 | 1.24 |
|  | 특 별 인 부 | 1.24 |
| Pitline 및 Scaffold 조립철거 | 측 량 사 | 0.04 |
|  | 특 수 비 계 공 | 0.47 |
|  | 플 랜 트 기 계 설 치 공 | 0.36 |
|  | 마 킹 공 | 0.18 |
|  | 특 별 인 부 | 0.27 |

| 공　정　별 | 직　종 | 수　량(인) |
|---|---|---|
| Spider 철거 및 Stay Ring Check | 특　수　비　계　공 | 0.1 |
| | 플 랜 트 기 계 설 치 공 | 0.077 |
| | 측　　　량　　　사 | 0.038 |
| | 마　　　킹　　　공 | 0.038 |
| | 특　별　인　부 | 0.21 |
| 수　압　시　험 | 플 랜 트 기 계 설 치 공 | 0.140 |
| Bulkhead 부착 및 가압해체 | 특　수　운　전　공 | 0.073 |
| | 특　별　인　부 | 0.19 |
| Bottom Ring 조 립 설 치(용접별도계상) | 특　수　비　계　공 | 0.335 |
| | 측　　　량　　　사 | 0.032 |
| | 마　　　킹　　　공 | 0.129 |
| | 플 랜 트 기 계 설 치 공 | 0.258 |
| | 특　별　인　부 | 0.193 |
| 콘 크 리 트 타 설 준 비 (배 관 별 도)(완충제별도) | 특　수　비　계　공 | 0.267 |
| | 플 랜 트 기 계 설 치 공 | 0.206 |
| | 특　별　인　부 | 0.206 |
| 콘 크 리 트 타 설 (2 차)(토 목 시 공) | 특　수　비　계　공 | 1.167 |
| 철 거 및 Finish | 플 랜 트 제 관 공 | 0.129 |
| | 특　별　인　부 | 0.5 |
| 도　　　　장 | 도　　　장　　　공 | 1.029 |
| 절　　　　단 | 산 소 절 단 공 | 0.16 |
| | 특　별　인　부 | 0.08 |
| 용　　　　접 | 플 랜 트 용 접 공 | 6.355 |
| | 특　별　인　부 | 3.177 |
| 전 원 및 유 지 관 리 | 플 랜 트 전 공 | 0.66 |
| | 특　별　인　부 | 0.66 |
| 검　사　시　험 | 인 력 품 의　7% | |

**〈참고〉** 2. 소모자재 (ton당)

| 공 정 별 | 품 명 | 규 격 | 수 량(인) |
|---|---|---|---|
| 용 접 | 전 기 용 접 봉 | | 9.77kg |
| | 탄 소 봉 | | 3.67본 |
| 절 단 및 진 형 가 공 | 산 소 | 6,000ℓ입 | 0.45병 |
| | 아 세 틸 렌 | 2,100ℓ입 | 0.32병 |
| Grinding | Grinder | 12"∅ | 0.815개 |
| X-Ray | 돌 | 65× 305 | 4.9매 |
| 도 장 | Film | 2회 | 405kg |
| 동 력 | Tar Epoxy | | |

※ 산소량 규격은 대기압상태를 기준하며, 단위 '병'은 35℃에서 150기압으로
압축용기에 넣어 사용하는 것을 기준한다.

## 13-6-9. Steel Penstock 제작

1. Steel Penstock 공장제관

가. 공정별 제작품

(ton당)

| 공 정 별 | 직 종 | 수 량(인) |
|---|---|---|
| 기 술 관 리 | 기 계 기 사 | 1.4 |
| 현 도 | 플 랜 트 제 관 공 | 0.25 |
| 괘 서 | 〃 | 0.86 |
| 절 단 | 산 소 절 단 공 | 0.4 |
| | 플 랜 트 제 관 공 | 0.08 |
| Edge Bending | 특 수 운 전 공 | 0.4 |
| | 플 랜 트 제 관 공 | 0.4 |
| Rolling | 플 랜 트 기 계 설 치 공 | 0.4 |
| | 특 수 운 전 공 | 0.4 |
| | 플 랜 트 제 관 공 | 0.4 |

| 공 정 별 | 직 종 | 수 량(인) |
|---|---|---|
| 기 계 가 공 | 플 랜 트 제 관 공 | 0.95 |
| | 비 계 공 | 0.95 |
| | 플 랜 트 용 접 공 | 0.47 |
| | 특 수 운 전 공 | 0.23 |
| 수 정 | 산 소 절 단 공 | 0.79 |
| | 플 랜 트 제 관 공 | 0.52 |
| 분 해 준 비 | 플 랜 트 제 관 공 | 0.66 |
| 운 반 용 Jig 용 접 | 플 랜 트 용 접 공 | 0.2 |
| 분 해 | 특 수 비 계 공 | 0.26 |
| | 플 랜 트 제 관 공 | 0.52 |
| | 산 소 절 단 공 | 0.26 |
| | 특 수 운 전 공 | 0.13 |
| 소 운 반 | 특 수 운 전 공 | 0.2 |
| | 특 수 비 계 공 | 0.8 |
| 동 력 조 작 | 플 랜 트 전 공 | 0.4 |
| 보 조 | 특 별 인 부 | 6.0 |
| 검 사 시 험 | 상 기 인 력 품 의 7% | |

〈**참고**〉  나. 소모자재

(ton당)

| 공 정 별 | 품 명 | 규 격 | 수 량(인) |
|---|---|---|---|
| 절 단 수 정 | 산 소 | 6,000ℓ입 | 1.89병 |
| | 아 세 틸 렌 | 3,500ℓ입 | 0.8병 |
| 용 접 | 용 접 봉 | | 8kg |
| 현 도 | 함 석 | 31×3× 6 | 0.71매 |

※ 산소량 규격은 대기압상태를 기준하며, 단위 '병' 은 35℃에서 150기압으로
압축용기에 넣어 사용하는 것을 기준한다.

## 2. Steel Penstock 현장제관

### 가. 공정별 제작품

(ton당)

| 공  정  별 | 직  종 | 수  량 |
|---|---|---|
| 기  술  관  리 | 기  계  기  사 | 1.2 |
| 조  정 | 특  수  비  계  공 | 0.95 |
|  | 플  랜  트  제  관  공 | 0.95 |
|  | 산  소  절  단  공 | 0.23 |
|  | 특  수  운  전  공 | 0.23 |
| 전  원  가  공 | 플 랜 트 기 계 설 치 공 | 1.57 |
|  | 플  랜  트  제  관  공 | 1.05 |
| 용  접 | 플  랜  트  용  접  공 | 7.98 |
| 가  용  접 | 〃 | 1.22 |
| 가  조  립 | 특  수  비  계  공 | 0.22 |
|  | 플  랜  트  제  관  공 | 0.44 |
| 가  조  립  마  킹 | 마  킹  공 | 0.11 |
| 분  해 | 특  수  비  계  공 | 0.16 |
|  | 플  랜  트  제  관  공 | 0.33 |
| 도  장  준  비 | 〃 | 1.93 |
| 도  장 | 도  장  공 | 0.42 |
| 소  운  반 | 특  수  비  계  공 | 0.8 |
| 동  력  조  작 | 플  랜  트  전  공 | 0.4 |
| X-Ray  촬  영 | 시  험  사  1 급 | 1.66 |
| 보  조 | 특  별  인  부 | 9.53 |
| 검  사  시  험 | 상 기 인 력 품 의 7% |  |

〈참고〉   나. 소요자재

(ton당)

| 공 정 별 | 품 명 | 규 격 | 수 량 |
|---|---|---|---|
| 진 원 가공 및 가설물 | 산 소 | 6,000ℓ 입 | 1.35병 |
| 절 단 | 아 세 틸 렌 | 2,500ℓ 입 | 0.57병 |
| 용 접 | 전 기 용 접 봉 | | 1.16kg |
| | 탄 소 봉 | 8 ø × 350mm | 6 본 |
| 도 장 | 규 사 | | 0.23㎥ |
| | 중 유 | | 0.023ℓ |
| | 노 즐 | | 0.38개 |
| | 징 크 프 라 이 머 | | 0.246ℓ |
| | 시 너 | | 0.055ℓ |
| | 탈 에 폭 시 레 시 | | 2.05ℓ |
| | 시 너 | | 0.45ℓ |
| 동 력 | | | |

※ 산소량 규격은 대기압상태를 기준하며, 단위 '병' 은 35℃에서 150기압으로
   압축용기에 넣어 사용하는 것을 기준한다.


## 13-6-10. Steel Penstock 현장설치

1. 공정별 제작품

(ton당)

| 공 정 별 | 직 종 | 수 량 |
|---|---|---|
| 기 술 관 리 | 기 계 기 사 | 1.5 |
| 기 준 센 터 및 기 준 | 측 량 사 | 0.056 |
| 레 벨 표 시 작 업 | 마 킹 공 | 0.056 |
| | 특 별 인 부 | 0.035 |
| 앵 커 및 Jig 설 치 | 특 수 비 계 공 | 0.37 |
| | 플 랜 트 제 관 공 | 0.28 |
| | 특 별 인 부 | 0.28 |
| 정 치 | 특 수 비 계 공 | 2.6 |
| | 플 랜 트 기 계 설 치 공 | 2.0 |
| | 특 별 인 부 | 2.5 |

| 공　정　별 | 직　　종 | 수　량 |
|---|---|---|
| 1　차　센　터　링 | 측　　량　　사 | 0.25 |
| | 특　수　비　계　공 | 0.65 |
| | 플 랜 트 기 계 설 치 공 | 0.25 |
| | 특　별　인　부 | 0.6 |
| 가　　조　　립 | 특　수　비　계　공 | 0.65 |
| | 플 랜 트 기 계 설 치 공 | 0.5 |
| | 특　별　인　부 | 0.5 |
| 2　차　센　터　링 | 측　　량　　사 | 0.25 |
| | 특　수　비　계　공 | 0.32 |
| | 플 랜 트 기 계 설 치 공 | 0.25 |
| | 특　별　인　부 | 0.37 |
| 용　　접 | 플 랜 트 용 접 공 | 4.61 |
| | 특　별　인　부 | 4.61 |
| 절　　단 | 산　소　절　단　공 | 0.17 |
| | 특　별　인　부 | 0.17 |
| 진　원　가　공 | 플 랜 트 용 접 공 | 0.25 |
| | 플 랜 트 기 계 설 치 공 | 0.25 |
| | 특　별　인　부 | 0.37 |
| 사　상　및　Grinding | 플 랜 트 제 관 공 | 2.0 |
| | 특　별　인　부 | 1.0 |
| | 도　　장　　공 | 1.782 |
| 도　장　공 | 플 랜 트 전 공 | 0.25 |
| 동　력　배　선 | 특　별　인　부 | 0.25 |
| | 시　험　사　1　급 | 1.88 |
| X-Ray　촬　영 | 특　별　인　부 | 1.88 |
| 검　사　시　험 | 상 기 인 력 품 의 　7% | |

〈참고〉　2. 소모자재

(ton당)

| 공　정　별 | 품　　명 | 규　　격 | 수　량 |
|---|---|---|---|
| 용　　　　접 | 전 기 용 접 봉 | | 9.81kg |
| | 탄　소　봉 | 8ø × 350mm | 3.53본 |
| 절 단 및 진 원 가 공 | 산　　　소 | 6,000ℓ 입 | 0.55병 |
| | 아 세 틸 렌 | 2,100ℓ 입 | 0.39병 |
| Finshing | 그 라 인 더 돌 | 12″ ø | 0.5개 |
| X-Ray | Film | 65× 305 | 4.8매 |
| 도　　　　장 | Tar Epoxy | | 1.81ℓ |
| | 머린B/T(선박도료용) | | 0.96ℓ |
| 동　　　　력 | | | |

※ 산소량 규격은 대기압상태를 기준하며, 단위 '병' 은 35℃에서 150기압으로
　압축용기에 넣어 사용하는 것을 기준한다.

## 13-6-11. Roller Gate Guide Metal 제작

### 1. 공정별 설치품

(ton당)

| 공　정　별 | 직　종 | 수　량 |
|---|---|---|
| 기　술　관　리 | 기 계 기 사 | 2.5 |
| 사　　　　도 | 제　도　공 | 1.0 |
| 재 료 절 단 현 도 | 현　도　공 | 0.63 |
| 괘　　　　서 | 마　킹　공 | 1.26 |
| 절　　　　단 | 절　단　공 | 0.33 |
| 교　　　　정 | 플 랜 트 제 관 공 | 0.6 |
| 단 재 가 공 괘 서 | 마　킹　공 | 1.26 |
| 절　　　　단 | 절　단　공 | 0.16 |
| Edge 가공 | 산 소 절 단 공 | 0.17 |
| 용　　　　접 | 플 랜 트 용 접 공 | 1.3 |
| 교　　　　정 | 플 랜 트 제 관 공 | 0.75 |
| Holing | 〃 | 0.15 |
| 부 분 조 립, 취 부 조 정 | 플 랜 트 기 계 설 치 공 | 3.7 |
| 용　　　　접 | 플 랜 트 기 계 용 접 공 | 8.4 |

| 공      정      별 | 직      종 | 수 량 |
|---|---|---|
| 절        단 | 절    단    공 | 0.1 |
| 교        정 | 플 랜 트 제 관 공 | 1.75 |
| 기    계    가    공 | 기      계      공 | 1.26 |
|  | 기 계 연 마 공 | 0.126 |
| 가   조   립   조   립 | 플 랜 트 기 계 설 치 공 | 2.0 |
| 가   조   립   해   체 | 〃 | 1.0 |
| 도    장    준    비 | 플 랜 트 제 관 공 | 0.124 |
| 도        장 | 도      장      공 | 0.098 |
| 운    반    조    작 | 특   수   비   계   공 | 5.0 |
| 동    력    조    작 | 플 랜 트 전 공 | 1.0 |
| 보        조 | 특    별    인    부 | 14.4 |
| 검        사 | 인 력 품 의 7% |  |

**〈참고〉 2. 소모자재**

(ton당)

| 공      정      별 | 품      명 | 규      격 | 수      량 |
|---|---|---|---|
| 절 단 및 수 정 | 산      소 | 6,000ℓ 입 | 2.3 병 |
|  | 아 세 틸 렌 | 2,100ℓ 입 | 1.6 〃 |
| 현        도 | 함      석 | #32×3'×6' | 1.9 매 |
| 용        접 | 용    접    봉 |  | 54.6kg |
| 도        장 | 규      사 |  | 0.018㎥ |
|  | 중      유 |  | 0.0018$_{D/M}$ |
|  | 노      즐 |  | 0.037개 |
| (하도 1회) | Zinc Primer | 15μ | 0.14kg |
| (상도 3회) | Tar Epoxy | 125μ | 0.75ℓ |
| 전        기 |  |  | 550kWH |
| 그   라   인   딩 | 그 라 인 더 돌 | 12″ ∅ | 0.3개 |

※ 산소량 규격은 대기압상태를 기준하며, 단위 병'은 35℃에서 150기압으로
    압축용기에 넣어 사용하는 것을 기준한다.

## 13-6-12. Roller Gate Guide Metal 설치

1. 공정별 설치품

(ton당)

| 공　　정　　별 | 직　　종 | 수　량(인) |
|---|---|---|
| 기　술　지　도 | 기　계　기　사 | 5.33 |
| 박　스　해　체 | 목　　　　공 | 0.34 |
| | 특　별　인　부 | 0.34 |
| 검　　　　측 | 플 랜 트 기 계 설 치 공 | 0.17 |
| | 특　별　인　부 | 0.17 |
| 수　정　및　교　정 | 플 랜 트 기 계 설 치 공 | 0.34 |
| | 특　별　인　부 | 0.17 |
| 설 치 준 비 Chipping | 석　　　　공 | 1.15 |
| | 특　별　인　부 | 0.86 |
| 가　설　장　비　설　치 | 플 랜 트 기 계 설 치 공 | 0.19 |
| | 플　랜　트　배　관　공 | 0.19 |
| | 산　소　절　단　공 | 0.12 |
| 가　설　장　비　설　치 | 플　랜　트　용　접　공 | 0.12 |
| | 특　별　인　부 | 0.51 |
| 앵　커　바　정　리　작　업 | 산　소　절　단　공 | 0.56 |
| | 플 랜 트 기 계 설 치 공 | 0.56 |
| | 특　별　인　부 | 1.12 |
| 조　　　　립 | 특　수　비　계　공 | 0.79 |
| | 플 랜 트 기 계 설 치 공 | 0.59 |
| | 산　소　절　단　공 | 0.29 |
| | 플 랜 트 기 계 설 치 공 | 0.29 |
| | 플　랜　트　용　접　공 | 1.6 |
| | 특　별　인　부 | 2.77 |
| 센　　터　　링 | 특　수　비　계　공 | 0.79 |

| 공    정    별 | 직       종 | 수  량(인) |
|---|---|---|
| 센         터         링 | 플 랜 트 용 접 공 | 4.9 |
| | 측           량           사 | 0.59 |
| | 측    량    조    수 | 0.59 |
| | 산  소  절  단  공 | 0.59 |
| | 플 랜 트 기 계 설 치 공 | 1.48 |
| | 특    별    인    부 | 7.76 |
| 거 푸 집 하 부 용 | | |
| 앵      커      설      치 | 산  소  절  단  공 | 0.21 |
| | 플 랜 트 용 접 공 | 1.6 |
| | 특    별    인    부 | 1.81 |
| 검    사    기    록 | 측           량           사 | 0.29 |
| | 측    량    조    수 | 0.29 |
| | 플 랜 트 기 계 설 치 공 | 0.73 |
| | 특    별    인    부 | 2.29 |
| 도 장 준 비 도 장 | 도           장           공 | 0.067 |
| | 특    별    인    부 | 0.033 |
| 뒷         정         리 | 특  수  비  계  공 | 0.22 |
| | 플 랜 트 기 계 설 치 공 | 0.34 |
| | 산  소  절  단  공 | 0.22 |
| | 특    별    인    부 | 0.56 |
| 전 기 설 비 , 설 치  유 지 비 | 플 랜 트 전 공 | 4.25 |
| 철                      거 | 특    별    인    부 | 4.25 |

〈참고〉  2. 소모자재

(ton당)

| 공      정      별 | 품      명 | 규      격 | 수      량 |
|---|---|---|---|
| 절 단 및 수 정 | 산            소 | 6,000 ℓ 입 | 0.69병 |
| | 아  세  틸  렌 | 2,100 ℓ 입 | 0.2병 |
| 전  기  용  접 | 용    접    봉 | | 31.05kg |
| 도            장 | Tar Epoxy | 2회 | 0.536 ℓ |

※ 산소량 규격은 대기압상태를 기준하며, 단위 '병'은 35℃에서 150기압으로
  압축용기에 넣어 사용하는 것을 기준한다.

## 13-6-13. Tainter Gate Guide Metal 제작

### 1. 공정별 제작품

(ton당)

| 공　정　별 | 직　　종 | 수　량(인) |
|---|---|---|
| 기　술　관　리 | 기　계　기　사 | 8.0 |
| 재　료　절　단　사　도 | 제　　도　　공 | 2.0 |
| 현　　　　도 | 현　　도　　사 | 1.4 |
| 괘　　　　서 | 마　　킹　　공 | 2.8 |
| 재　료　절　단 | 절　　단　　공 | 0.52 |
| 단　재　가　공　괘　서 | 마　　킹　　공 | 2.8 |
| 절　　　　단 | 산　소　절　단　공 | 0.26 |
|  | 플 랜 트 기 계 설 치 공 | 2.3 |
| Edge | 산　소　절　단　공 | 1.1 |
| 용　　　　접 | 플　랜　트　용　접　공 | 0.78 |
| 교　　　　정 | 플　랜　트　제　관　공 | 0.75 |
| Holing | 〃 | 0.62 |
| 부　분　조　립　취　부　조　정 | 플 랜 트 기 계 설 치 공 | 6.2 |
| 용　　　　접 | 플 랜 트 기 계 용 접 공 | 3.9 |
| 교　　　　정 | 플　랜　트　제　관　공 | 1.75 |
| 기　계　가　공 | 기　　계　　공 | 10 |
| 가　조　립　조　립 | 플 랜 트 기 계 설 치 공 | 2.0 |
| 해　　　　체 | 〃 | 1.0 |
| 운　반　조　작 | 특　수　비　계　공 | 5.0 |
| 동　력　조　작 | 플　랜　트　전　공 | 2.0 |
| 보　　　　조 | 특　별　인　부 | 2.5 |
| 검　　　　사 | 인　력　품　의　7% |  |

〈참고〉  2. 소모자재

(ton당)

| 공 정 별 | 품 명 | 규 격 | 수 량 |
|---|---|---|---|
| 절 단 및 수 정 | 산 소 | 6,000ℓ입 | 2.2병 |
| | 아 세 틸 렌 | 2,100ℓ입 | 1.6병 |
| 현 도 | 함 석 | #32× 3′× 6′ | 1.7매 |
| 용 접 | 전 기 용 접 봉 | | 22.5kg |
| 전 력 | | | 595kWh |

※ 산소량 규격은 대기압상태를 기준하며, 단위 '병'은 35℃에서 150기압으로
압축용기에 넣어 사용하는 것을 기준한다.

## 13-6-14. Tainter Gate Guide Metal 설치

1. 공정별 설치품

(ton당)

| 공 정 별 | 직 종 | 수 량(인) |
|---|---|---|
| 기 술 관 리 | 기 계 기 사 | 12.882 |
| Box 해 체 검 수 | (해 체) 목 공 | 4.706 |
| 검 수 | 플 랜 트 기 계 설 치 공 | 4.706 |
| 보 조 | 특 별 인 부 | 4.706 |
| 설 치 준 비 Chipping | 석 공 | 3.294 |
| | 특 별 인 부 | 2.470 |
| 가설비 Jig 및 Support 설치 | 플 랜 트 기 계 설 치 공 | 1.176 |
| 배 관 | 플 랜 트 배 관 공 | 1.176 |
| 절 단 | 산 소 절 단 공 | 0.941 |
| 용 접 | 플 랜 트 용 접 공 | 0.588 |
| 보 조 | 특 별 인 부 | 4.706 |
| 조 립 조 작 | 특 수 비 계 공 | 4.706 |
| 조 립 | 플 랜 트 기 계 설 치 공 | 4.706 |
| 교 정 | 플 랜 트 제 관 공 | 2.353 |
| 측 량 | 시 공 측 량 기 사 | 9.412 |
| 측 량 조 수 | 시 공 측 량 조 수 | 9.412 |

| 공　정　별 | 직　종 | 수　량(인) |
|---|---|---|
| 조　　　　정 | 플 랜 트 기 계 설 치 공 | 9.412 |
| 검　　　　측 | 〃 | 9.412 |
| 기　　　　록 | 플 랜 트 기 계 설 치 공 | 4.706 |
| 용　　　　접 | 플 랜 트 용 접 공 | 4.706 |
| 보　　　　조 | 특 별 인 부 | 14.118 |
| 검 사 및 기 록 | | |
| 측　　　　량 | 시 공 측 량 기 사 | 2.353 |
| 측 량 조 수 | 시 공 측 량 조 수 | 2.353 |
| 검　　　　측 | 플 랜 트 기 계 설 치 공 | 2.353 |
| 도 면 대 조 및 기 록 | 플 랜 트 기 계 설 치 공 | 2.353 |
| 보　　　　조 | 특 별 인 부 | 2.353 |
| 뒷　　　정　　　리 | | |
| 조　　　　작 | 특 수 비 계 공 | 0.624 |
| 철　　　　거 | 플 랜 트 기 계 설 치 공 | 1.412 |
| 절　　　　단 | 산 소 절 단 공 | 0.948 |
| 보　　　　조 | 특 별 인 부 | 2.353 |
| 전 기 설 비 설 치 유 지 | | |
| 철　　　　거 | 플 랜 트 전 공 | 3.529 |
| 보　　　　조 | 특 별 인 부 | 3.529 |

〈참고〉　2. 소모자재

(ton당)

| 공　정　별 | 품　명 | 규　격 | 수　량 |
|---|---|---|---|
| 수 정 및 교 정 | 산　　　　소 | 6,000ℓ입 | 0.5병 |
| | 아 세 틸 렌 | 2,100ℓ입 | 0.05병 |
| 용　　　　접 | 용 접 봉 | KSE 4301 | 7kg |

※ 산소량 규격은 대기압상태를 기준하며, 단위 '병'은 35℃에서 150기압으로 압축용기에 넣어 사용하는 것을 기준한다.

## 13-6-15. Trash Rack 제작

### 1. 공정별 제작품

(ton당)

| 공 정 별 | 직 종 | 수 량 |
|---|---|---|
| Holing | 플 랜 트 제 관 공 | 3.22 |
| Threading | 플 랜 트 제 관 공 | 4.3 |
| | 기 계 연 마 공 | 18.66 |
| 사 도 | 제 도 공 | 0.3 |
| 현 도 | 현 도 공 | 0.086 |
| 괘 서 | 마 킹 공 | 2 |
| 교 정 | 플 랜 트 제 관 공 | 0.5 |
| 절 단 | 산 소 절 단 공 | 0.656 |
| 절 단 | 플 랜 트 제 관 공 | 36.903 |
| 기 술 관 리 | 기 계 기 사 | 5.2 |
| 제 작 정 리 | 플 랜 트 제 관 공 | 1.25 |
| 용 접 | 플 랜 트 용 접 공 | 4.46 |
| 교 정 | 플 랜 트 제 관 공 | 0.75 |
| 조 작 | 특 수 비 계 공 | 3.3 |
| 소 운 반 | 인 부 | 1 |
| 보 조(기 능) | 특 별 인 부 | 37.68 |

〈참고〉  **2. 소모자재**

(ton당)

| 공 정 별 | 품 명 | 규 격 | 수 량 |
|---|---|---|---|
| 절 단 및 교 정 | 산 소 | 6,000ℓ입 | 1.805병 |
| | 아 세 틸 렌 | 2,100ℓ입 | 1.275병 |
| 용 접 | 용 접 봉 | | 20.7kg |
| 현 도 | 함석(Template) | #32″× 3 ' × 6 ' | 0.53 매 |
| Grinding | 연 마 석 | 12″ ø | 1.55 개 |
| Holing | drill | 1/4 ″ | 0.96 개 |
| | 〃 | 11/15″ | 0.96 개 |
| Threading | Bite | | 2.5 개 |
| 기 계 톱 절 단 | 톱날 | | 2.5 개 |
| 선 반 절 단 | Bite | | 3.2 개 |
| 동 력 | | | |

※ 산소량 규격은 대기압상태를 기준하며, 단위 '병'은 35℃에서 150기압
으로 압축용기에 넣어 사용하는 것을 기준한다.

## 13-6-16. Trash Rack 설치

### 1. 공정별 제작품

(ton당)

| 공 정 별 | 직 종 | 수 량(인) |
|---|---|---|
| 기 술 관 리 | 기 계 기 사 | 1.66 |
| 운 반 검 측 | 플 랜 트 기 계 설 치 공 | 0.05 |
| | 특 별 인 부 | 0.05 |
| 수 정 | 산 소 절 단 동 | 0.05 |
| | 플 랜 트 기 계 설 치 공 | 0.05 |
| | 특 별 인 부 | 0.10 |
| 설 치 준 비 철 근 정 리 | 산 소 절 단 공 | 0.047 |
| | 특 별 인 부 | 0.047 |
| Chipping | 석 공 | 0.1 |
| | 특 별 인 부 | 0.05 |
| Beam 설 치 | 특 별 인 부 | 0.175 |
| Crane 작 업 | 특 수 비 계 공 | 0.18 |
| Beam 설 치 Crane 작 업 | 측 량 사 | 0.14 |
| 1 차 센 터 링 | 측 량 조 수 | 0.14 |
| | 특 수 비 계 공 | 0.14 |
| | 특 수 인 부 | 0.28 |
| | 플 랜 트 기 계 설 치 공 | 0.14 |
| 턴 버 클 용 접 | 플 랜 트 용 접 공 | 0.21 |
| | 특 별 인 부 | 0.21 |
| Beam 완 전 고 정 | 산 소 절 단 공 | 0.015 |
| | 플 랜 트 용 접 공 | 2.7 |
| | 특 별 인 부 | 2.7 |
| Trash Rack 설 치 | 특 별 인 부 | 0.67 |
| 1 차 조 립 | 특 수 비 계 공 | 0.59 |
| | 플 랜 트 기 계 설 치 공 | 0.45 |

| 공 정 별 | 직 종 | 수 량 |
|---|---|---|
| 2 차 센 터 링 | 측 량 사 | 0.087 |
| | 측 량 조 수 | 0.087 |
| | 플 랜 트 기 계 설 치 공 | 0.087 |
| | 특 별 인 부 | 0.166 |
| | 플 랜 트 용 접 공 | 0.79 |
| 검 사 | 플 랜 트 기 계 설 치 공 | 0.035 |
| | 특 별 인 부 | 0.035 |
| 도 장 준 비 | 플 랜 트 제 관 공 | 2.98 |
| 도 장 | 도 장 공 | 2.98 |
| 강 재 거 푸 집 철 거 | 플 랜 트 용 접 공 | 0.017 |
| | 특 별 인 부 | 0.017 |
| 뒷 정 리 | 플 랜 트 기 계 설 치 공 | 0.035 |
| | 산 소 절 단 공 | 0.017 |
| | 특 별 인 부 | 0.035 |
| 전 원 조 작 | 플 랜 트 전 공 | 0.52 |
| | 특 별 인 부 | 0.52 |

〈참고〉 2. 소모자재

(ton당)

| 공 정 별 | 품 명 | 규 격 | 수 량 |
|---|---|---|---|
| 수 정·절 단 | 산 소 | 6,000 ℓ 입 | 0.029병 |
| | 아 세 틸 렌 | 2,100 ℓ 입 | 0.012병 |
| 용 접 | 용 접 봉 | | 5.95kg |
| 도 장 | Tar Epoxy | 1회 도장 | 7.06 ℓ |
| | 시 너 | | 1.58 ℓ |
| 동 력 | | | |

※ 산소량 규격은 대기압상태를 기준하며, 단위 '병' 은 35℃에서 150기압으로 압축용기에 넣어 사용하는 것을 기준한다.

## 13-6-17. Tainter Gate Anchorage 제관

1. 공정별 제작품

(ton당)

| 공 정 별 | 직 종 | 수 량 |
|---|---|---|
| 기 술 관 리 | 기 계 기 사 | 1.6 |
| 재 료 절 단 사 도 | 제 도 사 | 0.5 |
| 현 도 | 현 도 사 | 0.2 |
| 패 서 | 마 킹 공 | 1.3 |
| 절 단 | 절 단 공 | 0.28 |
| 교 정 | 플 랜 트 제 관 공 | 0.5 |
| 단 재 가 공 패 서 | 마 킹 공 | 1.3 |
| 절 단 | 절 단 공 | 0.14 |
| Edge 가 공 | 산 소 절 단 공 | 0.14 |
| 용 접 | 플 랜 트 용 접 공 | 1.0 |
| 교 정 | 플 랜 트 제 관 공 | 0.75 |
| Holing | 〃 | 0.37 |
| 부 분 조 립 취 부 조 정 | 플 랜 트 기 계 설 치 공 | 2.5 |
| 용 접 | 플 랜 트 용 접 공 | 6.8 |
| 절 단 | 산 소 절 단 공 | 0.08 |
| 부 분 조 립 수 정 | 플 랜 트 제 관 공 | 1.75 |
| Grinding | 〃 | 1.5 |
| | 연 마 공 (기 계) | 0.13 |
| 가 조 립 조 립 | 플 랜 트 기 계 설 치 공 | 2.0 |
| 해 체 | 〃 | 1.0 |
| 도 장 준 비 | 플 랜 트 제 관 공 | 2.26 |
| 도 장 | 도 장 공 | 0.49 |
| 운 반 조 작 | 특 수 비 계 공 | 3.3 |
| 동 력 조 작 | 플 랜 트 전 공 | 0.66 |
| 보 조 | 특 별 인 부 | 14.3 |
| 검 사 | 인 력 품 의 7% | |

<참고>    2. 소모자재

(ton당)

| 공   정   별 | 품   명 | 규   격 | 수   량 |
|---|---|---|---|
| 절 단 및 수 정 | 산       소 | 6,000ℓ 입 | 2.2병 |
|  | 아 세 틸 렌 | 2,100ℓ 입 | 1.5병 |
| 현         도 | 함       석 | #32 × 3′ × 6′ | 1.2매 |
| 용         접 | 용   접   봉 |  | 30.5kg |
| 도         장 | 규       사 |  | 0.19㎥ |
|  | 증       유 |  | 0.019D/M |
|  | 노       즐 |  | 0.4개 |
|  | Zinc Primer | 15μ | 0.36ℓ |
|  | Tar Epoxy | 125μ | 3.0ℓ |
| 전         력 |  |  | 420kWh |
| Grinding | 그 라 인 더 돌 | 12″ ø | 0.33개 |

※ 산소량 규격은 대기압상태를 기준하며, 단위 '병'은 35℃에서 150기압으로
압축용기에 넣어 사용하는 것을 기준한다.

# 13-7. 제철 기계설비공사

## 13-7-1. 고로본체 및 부속기기 설치

(ton당)

| 직                         종 | 수     량 |
|---|---|
| 기     계     기     사 | 0.58 |
| 플 랜 트 기 계 설 치 공 | 2.33 |
| 플 랜 트 체 관 공 | 1.58 |
| 플 랜 트 용 접 공 | 2.14 |
| 측           량           사 | 0.11 |
| 철           골           공 | 0.05 |
| 비           계           공 | 1.78 |
| 특     별     인     부 | 3.67 |

[주] ① 본 품은 로저관 설치부터 Large Bell 설치 가설 Deck까지의 설치품이

며 아래 작업내용이 포함된 품이다.

㉮ 로저관 설치

㉯ 로저 Ring 조립설치

㉰ 각 Mantel 조립설치 및 Double Ring Girder 조립설치

㉱ 바람구멍(羽口) Mantel 사상, 송풍지관 Setting 및 조립

㉲ 연와 반입용으로 뚫기 및 복구작업

㉳ Large Bell 설치용 Deck 설치 해체 및 철거

㉴ 건조용 풍관설치 및 철거

㉵ Blow Pipe, Tuyere Nozzle Elbow 조립설치

㉶ 광석 수급물 및 환성관 조립설치

㉷ 출선구 출제구 및 로저 점검 Deck 설치

㉮ 기타 냉각판 Flange 부착 볼트조임 및 기타 부속기기 설치 일체(점
화장치, 산수장치, 가스 Sampler 등)

② 본 품은 기기본체 및 부속기기에 붙은 Flange까지의 설치 품이며 본
기기설치중 Tank, Pump, Heater, Fan, Blower 및 배관공사는 제외되
어 있다.

③ 용접작업중 Gouging 및 예열 응력제거 Radiographic Test가 필요한 경
우에는 별도 계상한다.

④ 본 품중 로제 내외부의 용접용 가설 Deck 설치품은 제외되어 있다.

⑤ 본 품은 소운반 및 도장품이 제외되어 있다.

⑥ 본 품은 기초공사인 Foundation Chipping, Pad 설치 및 기기 설치의
Alignment에 필요한 품이 포함되어 있다.

⑦ 본 품은 시운전 및 고장작업에 필요한 품이 포함되어 있다.

## 13-7-2. 노정장입 장치 기기 설치

(ton당)

| 직                          종 | 수      량 (인) |
|---------------------------------|-----------------|
| 기      계      기      사 | 0.47 |
| 플   랜   트  기  계  설  치  공 | 3.14 |
| 플    랜    트    제    관    공 | 0.54 |
| 플    랜    트    용    접    공 | 1.10 |
| 측              량              사 | 0.02 |
| 철              골              공 | 0.47 |
| 비              계              공 | 1.26 |
| 특      별      인      부 | 2.96 |
| 계 | 9.96 |

[주] ① 본 품은 아래 작업내용이 포함된 설치 품이다.

㉮ 장입장치(Large 및 Small Bell 선회장치 고정롤러) 조립설치

㉯ 장입장치용 구동장치(Large 및 Samll Bell Rod 유압펌프, Cylinder, Lever Deck) 조립설치

㉰ 배압기기 및 구동장치 조립설치

㉱ 기타 장입장치에 부수된 계단 Deck 등의 철골류 조립설치

② 본 품에는 유압배관 및 노정에 속하는 부분은 제외되어 있다.

③ 본 품에는 소운반 및 도장품이 제외되어 있다.

④ 본 품에는 기기설치에 Alignment에 필요한 품이 포함되어 있다.

⑤ 본 품에는 시운전 및 고정작업에 필요한 품이 포함되어 있다.

## 13-7-3. 노체 4본주 및 DECK 설치

(ton당)

| 직 종 | 수 량 (인) |
|---|---|
| 기 계 산 업 기 사 | 0.42 |
| 플 랜 트 기 계 설 치 공 | 1.50 |
| 플 랜 트 제 관 공 | 1.43 |
| 플 랜 트 용 접 공 | 0.64 |
| 철 골 공 | 0.74 |
| 비 계 공 | 1.78 |
| 특 별 인 부 | 2.13 |
| 계 | 8.64 |

[주] ① 본 품은 노체 4본주(성하부 및 7상 Deck)및 각 상의 Main Beam, Floor Deck 보조 Beam 등의 조립설치 품이다.
② 본 품은 노체 4본주 및 Deck 설치시 부속되는 계단 손잡이 등의 철골류 설치도 본품에 포함되어 있다.
③ 본 품은 소운반 및 도장품이 제외되어 있다.
④ 본 품은 설치물의 Alignment 및 고정작업품이 포함되어 있다.

## 13-7-4. 열풍로 본체 및 부속설비 설치

| 직 종 | 수 량 (인) |
|---|---|
| 기 계 기 사 | 0.55 |
| 플 랜 트 기 계 설 치 공 | 1.62 |
| 플 랜 트 제 관 공 | 1.43 |
| 플 랜 트 용 접 공 | 2.22 |
| 측 량 사 | 1.18 |
| 철 골 공 | 0.61 |
| 비 계 공 | 1.84 |
| 특 별 인 부 | 0.21 |
| 계 | 9.66 |

[주] ① 본 품은 아래 작업내용이 포함된 설치품이다.

    ㉮ 열풍로, 철괴, Dome, 배관용 Bracket 등 조립 설치

    ㉯ 연화 수공 Checker, Support 조립 설치

    ㉰ 송풍관, 연도관, 열풍관, Burner, 출입구 조립 설치

    ㉱ 열풍로, 건조장지 조립 설치

② 본 품에는 Burner 설치 및 Air Blower, Motor 설치 품이 포함되어 있다.

③ 본 품에는 기밀시험에 필요한 품이 포함되어 있다.

④ 본 품에는 소운반 및 도장품이 제외되어 있다.

⑤ 본 품에는 기기설치의 Alignment에 필요한 품이 포함되어 있다.

⑥ 본 품에는 시운전 및 고정작업이 필요한 품이 포함되어 있다.

⑦ 본 품은 기기에 붙은 Flange까지의 설치품이며 배관공사는 제외되어 있다.

⑧ 용접작업 중 Gouging 및 예열, 응력제거 Radiographic Test가 필요한 경우에는 별도 계상한다.

### 13-7-5. 열풍로 DECK 설치

(ton당)

| 직　　　　　　　　　종 | 수　　량 (인) |
|---|---|
| 기　계　산　업　기　사 | 0.38 |
| 플 랜 트 기 계 설 치 공 | 1.80 |
| 플　랜　트　제　관　공 | 1.73 |
| 플　랜　트　용　접　공 | 0.54 |
| 비　　　계　　　공 | 1.63 |
| 특　별　인　부 | 1.90 |
| 계 | 7.98 |

[주] ① 본 품에는 각 Deck, 계단, Hand Rail, 연락고 및 Elevetor 철골 등의 설치품이다.

② 본 품에는 고정작업에 필요한 품이 포함되어 있다.

③ 본 품에는 소운반 및 도장품이 제외되어 있다.

## 13-7-6. 주선기 본체 및 부속기기 설치

(ton당)

| 직                종 | 수      량 (인) |
|---|---|
| 기 계 산 업 기 사 | 0.55 |
| 플 랜 트 기 계 설 치 공 | 4.11 |
| 플 랜 트 제 관 공 | 0.29 |
| 플 랜 트 용 접 공 | 1.14 |
| 철            골            공 | 1.40 |
| 비         계         공 | 1.74 |
| 특    별    인    부 | 2.48 |
| 계 | 11.71 |

[주] ① 본 품은 아래 작업 내용이 포함된 설치품이다.

㉮ 주선기 본체 및 구동장치 조립설치

㉯ 냉각수 펌프 및 석회유 장치조립설치

㉰ Hoist 및 철골 Support, 계단, Hand Rail 등 조립설치

㉱ Mauld 취부 및 기타 본체에 부수된 기기일체 조립설치

② 본 품에는 기기본체 및 부속기기에 붙은 곳까지의 설치 배관 공사는 제외되어 있다.

③ 본 품에는 소운반 및 도장품이 제외되어 있다.

④ 본 품에는 기초공사인 Foundation Chipping, Gouging 및 기기설치의 Alignment에 필요한 품이 포함되어 있다.

⑤ 본 품에는 시운전 및 고정작업에 필요한 품이 포함되어 있다.

## 13-7-7. Edge Mill 설치

| 직                종 | 수      량 |
|---|---|
| 기 계 산 업 기 사 | 0.62 |
| 플 랜 트 기 계 설 치 공 | 4.71 |
| 플 랜 트 제 관 공 | 0.38 |
| 플 랜 트 용 접 공 | 1.20 |
| 철            골            공 | 0.89 |
| 비         계         공 | 1.58 |
| 특    별    인    부 | 3.51 |
| 계 | 12.89 |

[주] ① 본 품은 Fret Mill, Impeller, Breaker, Baby Conveyer, Tar 저장탱크 및 부속장치 등의 설치 품임.

② 본 품에는 소운반 및 도장품이 제외되어 있다.

③ 본 품에는 기초공사인 Foundation Chipping, Gouging 및 기기 설치의 Alignment에 필요한 품이 포함되어 있다.

④ 본 품에는 시운전 및 고정작업에 필요한 품이 포함되어 있다.

⑤ 본 품에는 기기에 붙은 Flange까지의 설치 품이며 배관공사는 제외되어 있다.

### 13-7-8. 제진기 본체 및 부속설비 설치

| 직                종 | 수        량 |
|------------------------|--------------|
| 기 계 기 사            | 0.53         |
| 플 랜 트 기 계 설 치 공 | 0.27         |
| 플 랜 트 제 관 공      | 4.4          |
| 플 랜 트 용 접 공      | 1.4          |
| 철 골 공               | 0.52         |
| 비 계 공               | 1.14         |
| 특 별 인 부            | 2.06         |
| 계                     | 10.32        |

[주] ① 본 품은 본체 및 본체에 부수되는 하부지지용 Structure Deck, 계단 및 본체의 상하부 Cone, 직동부, 내부, 나팔관, Pug Mill, Slide Gate, Dumper Gate, Bleeder Valve 등의 조립설치 품이다.

② 본 품에는 소운반 및 도장품이 제외되어 있다.

③ 본 품에는 기기설치의 Alignment에 필요한 품이 포함되어 있다.

④ 본 품에는 시운전 및 고정작업에 필요한 품이 포함되어 있다.

⑤ 본 품에는 기기 본체에 붙은 Flange까지의 설치품이며 배관공사는 제외되어 있다.

## 13-7-9. Ventri Scrubber 본체 및 부속설비 설치

(ton당)

| 직 종 | 수 량 (인) |
|---|---|
| 기 계 기 사 | 0.50 |
| 플 랜 트 기 계 설 치 공 | 0.06 |
| 플 랜 트 제 관 공 | 3.67 |
| 플 랜 트 용 접 공 | 1.35 |
| 철 골 공 | 1.19 |
| 비 계 공 | 1.98 |
| 특 별 인 부 | 1.64 |
| 계 | 10.39 |

[주] ① 본 품은 본체 및 부속설비 일체의 설치품이며 아래 작업 내용이 포함된 품이다.

㉮ 철피 지상 조립설치

㉯ Steel Structure, support 및 Deck, 계단 등 조립설치

㉰ Throat, Mist Separator, 비상배출 Valve 설치

㉱ Throat 및 Sus 철편 조립설치

㉲ 본체에 부수되는 펌프 및 모터 조립설치

② 본 품에는 내압시험에 필요한 품이 포함되어 있다.

③ 본 품에는 기기본체 및 부속설비 기기에 붙은 Flange까지의 설치 품이며 배관공사는 제외되어 있다.

④ 본 품에는 소운반 및 도장품이 제외되어 있다.

⑤ 본 품에는 시운전 및 고정작업에 필요한 품이 포함되어 있다.

## 13-7-10. 전동 Mud Gun 설치

(ton당)

| 직 종 | 수 량 (인) |
|---|---|
| 기 계 기 사 | 0.58 |
| 플 랜 트 기 계 설 치 공 | 5.46 |
| 플 랜 트 제 관 공 | 0.44 |
| 플 랜 트 용 접 공 | 1.06 |
| 비 계 공 | 0.63 |
| 특 별 인 부 | 3.18 |

[주] ① 본 품에는 기초공사인 Founation Chipping, Pad 설치 및 Gouging 품이 포함되어 있다.

② 본 품에는 시운전 및 교정작업에 필요한 품이 포함되어 있다.

③ 본 품에는 기기설치의 Alignment에 필요한 품이 포함되어 있다.

④ 본 품에는 소운반 및 도장품이 제외되어 있다.

⑤ 본 품에는 배관공사는 제외되어 있다.

## 13-7-11. 내화물(제철축로) 쌓기

(톤당)

| 노별 직종 | 제 철 축로공 | 특별 인부 | 보통 인부 | 비고 |
|---|---|---|---|---|
| 고 로 | 1.17 | 1.32 | 0.35 | 관류주선기포함 |
| 열 풍 로 | 1.28 | 1.23 | 0.56 | 연도포함 |
| 코 크 스 로 | 1.28 | 1.16 | 0.93 | 연도포함,열간작업제외 |
| 후 판 가 열 로 | 1.68 | 1.25 | 1.51 | |
| 후 판 소 열 로 | 1.87 | 0.91 | 1.82 | |
| 열 연 가 열 로 | 1.69 | 1.61 | 2.23 | |
| 문 균 피 열 로 | 1.58 | 1.26 | 1.52 | Recuperator |
| 강 편 가 열 로 | 1.57 | 1.21 | 0.98 | 하부연와석 포함 |
| 혼 선 로 | 2.01 | 1.34 | 0.49 | |
| 전 로 | 0.73 | 0.63 | 0.97 | |
| L a d d l e | 0.76 | 0.62 | 0.95 | 더밍 Laddle, Charging Laddle포함 |
| 제 강 | 1.24 | 1.08 | 2.15 | 평대차, 평량기방열관 포함 |
| 석 회 소 성 로 | 1.62 | 0.93 | 1.87 | Preheater Cooler 포함 |
| 용 선 와 | 1.03 | 0.40 | 0.79 | |
| 부 정 형 내 화 물 | 3.24 | 2.35 | 1.08 | 플라스틱, 캐스터블 충전제 |
| 소 결 점 화 로 | 1.38 | 1.56 | 0.93 | |
| 비 고 | - 각종 로의 철거품은 설치품의 50%를 적용한다. 단, 전로 및 Laddle 25% | | | |

[주] ① 본 품의 기준은 설치총정미 중량이며 연와 가공 품은 제외되어 있다.

② 본 품에는 소운반은 제외되어 있다.

③ 본 품에는 가설공사가 제외되어 있다.

④ 본 품에는 연도공사는 포함되고 연돌공사는 제외되어 있다.

⑤ 본 품에는 형틀제작은 제외되어 있다.

⑥ 본 품에는 노축조에 부수되는 철물제작 설치는 제외되어 있다.

⑦ 각종 로의 플라스틱, 케스터블, 충전재 시공은 부정형내화물의 품을 적용한다.

## 13-7-12. Craft 및 Tomlex Spray 공사

(인/㎡)

| 직종＼두께(mm) | 15 | 25 | 40 | 50 | 65 | 80 | 100 |
|---|---|---|---|---|---|---|---|
| 보 온 공 | 0.06 | 0.082 | 0.112 | 0.132 | 0.16 | 0.192 | 0.232 |
| 특 별 인 부 | 0.12 | 0.016 | 0.224 | 0.264 | 0.32 | 0.384 | 0.464 |

## 13-7-13. Castable Spray 공사

(인/㎡)

| 직종＼두께(mm) | 15 | 25 | 40 | 50 | 65 | 80 | 100 |
|---|---|---|---|---|---|---|---|
| 보 온 공 | 0.18 | 0.245 | 0.336 | 0.396 | 0.48 | 0.576 | 0.656 |
| 특 별 인 부 | 0.36 | 0.490 | 0.672 | 0.632 | 0.96 | 1.152 | 1.312 |
| 비 고 | - 벽, 천정 Spray시는 본 품의 15% 가산한다.<br>- 비계사용시 높이 6~9m까지 15% 가산하고, 9m 초과하는 경우 매 3m 증가마다 품의 5%씩 가산한다. | | | | | | |

[주] ① 본품은 기계로 Spray하는 것을 기준한 품이다.

② 공구손료 및 경비는 별도 계상한다.

## 13-7-14. 혼선로 및 전로 본체 조립 설치

(기당)

| 작 업 구 분 | 직　　　　종 | 단 위 | 수 량 | 비 고 |
|---|---|---|---|---|
| 기 술 관 리 | 기 　계 　기 　사 | 인/일 | 0.8 | |
| 표 면 손 질 | 특 　별 　인 　부 | 인/㎡ | 0.1 | |
| 작 업 토 의 | 비 　　계 　　공 | 인/기 | 1.6 | |
| | 플 랜 트 기 계 설 치 공 | 〃 | 1.6 | |
| 운 반 조 작 | 플 랜 트 기 계 설 치 공 | 〃 | 2.6 | Wing 설치 및 철거 |
| | 비 　　계 　　공 | 인/대 | 8.8 | |
| | 플 　랜 　트 　용 　접 　공 | 〃 | 2.6 | |
| | 특 　별 　인 　부 | 〃 | 3.96 | |
| | 비 　　계 　　공 | 인/ton | 0.422 | 굴림운반 |
| | 비 　　계 　　공 | 〃 | 0.095 | 조양 및 Setting |
| | 플 　랜 　트 　설 　치 　공 | 〃 | 0.021 | |
| | 특 　별 　인 　부 | 〃 | 0.071 | |

[주] ① 본 품은 아래 작업내용이 포함된 설치 품임.

　㉮ Shell의 조립설치

　㉯ Trunnion Ring 및 Shaft의 조립설치

② 본 품은 기초 Foundation이 되어있는 상태에서 조립설치하는 품이다.

③ 포장해체, 도장 품 및 기초작업은 제외되었다.

④ 시운전 품은 제외되었다.

⑤ 설치용 건설기계운전비는 제외되었다.

## 13-7-15. O₂ , N₂ Spherical Gas Holder 조립설치

(기당)

| 작 업 구 분 | 직 종 | 단 위 | 수 량 |
|---|---|---|---|
| 기 술 관 리 | 기 계 기 사 | 인/일 | 1.0 |
| 표 면 손 질 | 특 별 인 부 | m² | 0.2 |
| 용 접 면 손 질 | 특 별 인 부 | 〃 | 6.71 |
| Scaffolder | 비 계 공 | 〃 | 0.0066 |
| 조립설치 및 철거 | 특 별 인 부 | 〃 | 0.0066 |
| 용접 및 끝맺음 | 플 랜 트 기계 설치공 | 인/ton | 0.38 |
| | 특 별 인 부 | 〃 | 0.11 |
| 조양 및 위치조정 | 플 랜 트 기계 설치공 | 〃 | 0.80 |
| | 비 계 공 | 〃 | 0.54 |
| | 특 별 인 부 | 〃 | 1.34 |
| 검사시험 및 교정 | 외관검사, 수압시험, 기밀시험 및 기타 제반검사 시험 및 교정기술관리를 제외한 본품의 10% | | |

**[주]** ① 본 품은 Spherical gas holder를 조립설치에 필요한 품이다.

② 본 품은 Prefabrication된 가스 홀더를 설치하는 품이다.

③ 기초 Foundation이 되어 있는 상태에서 앵커볼트가 설치된 장소에서의 품이다.

④ 포장해체, 도장품은 제외되었다.

⑤ 약품세척 조품은 별도 계상한다.

⑥ 설치공 각종 Jig류 제작품은 본 품에서 제외되어 있다.

⑦ 설치용 중장비전공은 제외되었다.

⑧ 본 품 중 용접, 비파괴시험, 자분탐상 및 Color Check등의 시험은 별도 계상한다.

⑨ 현장가공 별도 계상한다.

## 13-7-16. 가열로 본체 및 Recuperator실 조립설치

(기당)

| 작 업 구 분 | 직 종 | 단 위 | 수 량 | 비 고 |
|---|---|---|---|---|
| 기 술 관 리 | 기 계 기 사 | 인/일 | 1.40 | |
| 조 립 설 치 | 플 랜 트 기 계 설 치 공 | 인/ton | 2.846 | 지하 10m 설치기준 |
| | 철 골 공 | 〃 | 2.846 | |
| | 비 계 공 | 〃 | 2.846 | |
| | 특 별 인 부 | 〃 | 2.846 | |
| 검 사 및 교 정 | 기술관리를 제외한 본 품의 10% | | | |

**[주]** ① 본 품은 아래 기기를 조립 설치하는 품이다.

㉮ 본체 철피          ㉯ Skid Pipe

㉰ Recuperator 철피

② 본 품에는 Foundation Chipping, Marking 및 Centering 작업이 제외되어 있다.

③ 본 품에는 포장해체 및 소운반이 제외되어 있다.

④ 본 품에는 시운전 및 교정작업이 포함되어 있다.

⑤ 본 품에는 전기, 계장 및 축로공사는 제외되어 있다.

⑥ 현장가공, 용접품은 별도 계상한다.

## 13-7-17. 균열로 본체 및 Recuperator실 조립설치

(기당)

| 작 업 구 분 | 직 종 | 단 위 | 수 량 | 비 고 |
|---|---|---|---|---|
| 기 술 관 리 | 기 계 기 사 | 인/일 | 0.70 | |
| 조 립 설 치 | 플 랜 트 기 계 설 치 공 | 인/ton | 2.587 | 지하 5m 설치기준 |
| | 철 골 공 | 〃 | 2.587 | |
| | 비 계 공 | 〃 | 2.587 | |
| | 특 별 인 부 | 〃 | 2.587 | |
| 검 사 및 교 정 | 기술관리를 제외한 본 품의 10% | | | |

**[주]** ① 본 품은 아래 기기를 조립 설치하는 품이다.

㉮ 본체 철피      ㉯ Down Take      ㉰ Recuperator 철피

② 본 품에는 포장해체 및 소운반이 제외되어 있다.
③ 본 품에는 Foundation Chipping, Marking 및 Centering 작업이 제외되어 있다.
④ 본 품에는 시운전 및 교정작업이 포함되어 있다.
⑤ 본 품에는 전기 및 계장 축로공사는 제외되어 있다.
⑥ 현장가공, 용접품은 별도 계상한다.

## 13-7-18. 가열로 및 균열로 부속기기 조립설치

(ton당)

| 작 업 구 분 | 직　　　종 | 단 위 | 수 량 | 비　　고 |
|---|---|---|---|---|
| 기 술 관 리 | 기 계 기 사 | 인/일 | 0.70 | |
| 표 면 손 실 | 특 별 인 부 | 인/㎡ | 0.10 | |
| 조 립 설 치 | 플 랜 트 기 계 설 치 공 | 인/톤 | 3.245 | |
| | 비 계 공 | 〃 | 1.622 | |
| | 플 랜 트 용 접 공 | 〃 | 0.541 | |
| | 특 별 인 부 | 〃 | 1.803 | |
| 검 사 및 교 정 | 기술관리를 제외한 본 품의 10% | | | |

[주] ① 본 품은 아래 기기를 조립 설치하는 품이다.
　㉮ Ingot Buggy　　　　㉯ Slag 대차 및 견인차
　㉰ Slag 및 로상재 Bucket　㉱ Bottom Making Tool
　㉲ Cover Crane　　　　㉳ Burner
　㉴ 장압 Skid Rail　　　㉵ 수정구 Slag Door
　㉶ 활대(滑臺)
② 본 품에는 포장해체 및 소운반이 제외되어 있다.
③ 본 품에는 시운전 및 교정작업이 포함되어 있다.
④ 본 품에는 전기 배선공사는 제외되어 있다.
⑤ 현장가공 품은 별도 계상한다.

## 13-7-19. Mill Line 기기류 조립설치

(ton당)

| 작 업 구 분 | 직 종 | 단 위 | 수 량 | 비 고 |
|---|---|---|---|---|
| 기 술 관 리 | 기 계 기 사 | 인/일 | 1.40 | |
| 표 면 손 실 | 특 별 인 부 | 인/㎡ | 0.10 | |
| 가조립 및 해체 | 플 랜 트 기 계 설치공 | 인/ton | 0.90 | |
| | 특 별 인 부 | 〃 | 0.324 | |
| 조 립 설 치 | 플 랜 트 기 계 설치공 | 〃 | 3.245 | |
| | 비 계 공 | 〃 | 1.622 | |
| | 플 랜 트 용 접 공 | 〃 | 0.541 | |
| | 특 별 인 부 | 〃 | 1.803 | |
| 시 험 및 교 정 | 기술관리를 제외한 본 품의 10% | | | |

[주] ① 본 품은 아래 기기를 조립 설치하는 품이다.

㉮ Slas Depiler

㉯ Depiler Pusher

㉰ Dumper

㉱ Reducer

㉲ Down Coiler

㉳ Down Ender

㉴ Ingot Scale

㉵ Finishing Mill, Roughing Mill

㉶ Coil Car

㉷ Crop Shear

② 본 품에는 포장해체 및 소운반이 제외되어 있다.

③ 본 품에는 Foundation Chipping, Marking 및 Centering 작업이 제외되어 있다.

④ 본 품에는 시운전 및 교정작업이 포함되어 있다.

⑤ 본 품에는 전기 배선공사는 제외되어 있다.

⑥ 현장가공 품은 별도 계상한다.

## 13-7-20. Roller Table조립 설치

(ton당)

| 작 업 구 분 | 직 종 | 단 위 | 수 량 |
|---|---|---|---|
| 기 술 관 리 | 기 계 기 사 | 인/일 | 0.20 |
| 표 면 손 실 | 특 별 인 부 | 인/m² | 0.10 |
| 가조립 및 해체 | 플 랜 트 기 계 설 치 공 | 인/ton | 0.79 |
|  | 특 별 인 부 | 〃 | 0.263 |
| 조 립 설 치 | 플 랜 트 기 계 설 치 공 | 〃 | 2.47 |
|  | 비 계 공 | 〃 | 1.05 |
|  | 특 별 인 부 | 〃 | 1.17 |
| 검 사 및 교 정 | 기술관리를 제외한 본 품의 10% | | |

[주] ① 본 품은 아래 기기를 조립 설치하는 품이다.

  ㉮ Depiler Table

  ㉯ Furnace Entry Table

  ㉰ Furance Delivery Table

  ㉱ Reheating Table

  ㉲ Delay Table

  ㉳ Drop Shear Approach Table

  ㉴ Hot Run Table

  ㉵ Roughing Mill Approach Table

  ㉶ Front Roughing Mill Table

  ㉷ Rear Roughing Mill Table

② 본 품에는 포장해체 및 소운반이 제외되어 있다.

③ 본 품에는 Foundation Chipping, Marking 및 Centering 작업이 제외되어 있다.

④ 본 품에는 시운전 및 교정작업이 포함되어 있다.

⑤ 본 품에는 전기 배선공사는 제외되어 있다.

⑥ 현장가공 품은 별도 계상한다.

## 13-7-21. 전기집진기 설치(Electric Precipitator)

| 작 업 구 분 | 직 종 | 단 위 | 수 량 | |
|---|---|---|---|---|
| 1. 기술관리(공사기간중) | 기 계 기 사 | 인/일 | 0.80 | |
| 2. 표면손질 | 특 별 인 부 | 인/㎡ | 0.16 | |
| 3. 본체 조립설치 | | | | |
| 　본체 Frame | 철 골 공 | 인/톤 | 4.98 | |
| 　Shell Plate | 비 계 공 | 〃 | 3.27 | |
| 　Hand Rail | 기 계 설 치 공 | 〃 | 0.82 | |
| 　Stair의 조립 | 용 접 공 | 〃 | 0.80 | |
| 4. 기계조립설치 | | | | |
| 　구동기기 Chain, | 기 계 설 치 공 | 인/톤 | 5.79 | |
| 　Conveyor 및 | 비 계 공 | 〃 | 2.29 | |
| 　Lapping Device 등의 | 용 접 공 | 인/톤 | 0.76 | |
| 　조립설치 | 특 별 인 부 | | 3.12 | |
| 5. 양극 Plate 설치 | | | | |
| 　지상교정, 조양, 기기설치, | 플 랜 트 제 관 공 | 인/㎡ | 0.0479 | |
| 　Leveling 재교정 후 | 비 계 공 | 〃 | 0.0198 | |
| 　Setting 함. | 특 별 인 부 | 〃 | 0.0646 | |
| | 용 접 공 | 〃 | 0.0101 | |
| 6. 음극 Plate 조립 설치, | 플 랜 트 제 관 공 | 인/㎡ | 0.0618 | |
| 　지상교정 및 | 비 계 공 | 〃 | 0.0315 | |
| 　조립조양, 가조립 | 용 접 공 | 〃 | 0.0045 | |
| | 특 별 인 부 | 〃 | 0.0794 | |
| 검 사 및 교 정 | 기술관리를 제외한 본 품의 10% | | | |

[주] ① 본 품은 본체조립 설치로 Duct Flange까지이며 Duct는 별도 계상한다.

　　② 본 품은 양극 Plate 2.25m × 14m를 기준으로 한 것이다.

　　③ 본 품은 기초 Check, Chipping, Grouting이 포함되어 있다.

　　④ 본 품은 현장 소운반이 포함되어 있다.

　　⑤ 장비 및 공구손료는 별도 계상한다.

⑥ 본 품은 전기공사는 제외되어 있다.

⑦ 양극의 열수는 (음극-1)열이다.

⑧ 음극 Plate의 단위품은 양극 Plate에 대응하는 부분에 대한 품이다.

⑨ 설치면적 산출은 유체진행 방향과 평행한 투영면적으로 한다.

⑩ 집진판의 배열이 벌집모양 등 공장조립후 현장반입될 경우에는 반입단
위를 1열로 본다.

## 13-7-22. 노 기밀 시험

(㎥당)

| 직 | | 종 | | 수 량(인) | 비 | 고 |
|---|---|---|---|---|---|---|
| 기 | 계 | 기 | 사 | 0.023 | | |
| 특 | 별 | 인 | 부 | 0.387 | | |

[주] ① 본 품은 Furnace 및 주변 Duct의 Leak Test 품으로 소재준비, Test 기
구설치, 비눗물 도포, 누설 Check, Joint부 수정 보완 그리고 정리작
업이 포함되었다.

② 가설비계틀은 별도 계상한다.

③ 장비 및 공구손료는 별도 계상한다.

④ 누설 Check용 가루비누는 ㎥당 0.04kg 계상한다.

## 13-8. 쓰레기소각 기계설비

◦ 본 처리공정은 STOKER식 소각로에 대한 기본적인 공정을 예시한 것으로 추가설비·소각로 형식이 다른 경우, 그 처리공정에 의한다.

| 처 리 공 정 | | 작 업 내 용 |
|---|---|---|
| 반입시설 | 쓰레기벙커 | 쓰레기 임시저장시설 |
| | 이동식크레인 | 쓰레기를 호퍼로 운반하기 위한 크레인 |
| 연소설비 (소각로) | 투입호퍼 | 쓰레기를 소각로에 반입하기 위한 시설 |
| | 급진기 | 쓰레기를 화격자에 밀어넣는 장치 |
| | 화격자 | 쓰레기를 소각시키는 곳 |
| | 재 축출기 | 소각재를 모으는 장치 |
| 폐열보일러 | Tube Panel | 보일러몸체 |
| | Buckstay | 열팽창으로부터 보일러를 보호하기 위하여 보일러 몸체에 H빔을 띠 형태로 설치 |
| | 보일러 드럼 | 증기를 저장하는 곳 |
| 환경설비 | 반건식 반응탑 | 소석회 슬러지를 분사하여 유해가스를 약품에 흡착시키는 장치 |
| | 여과집진기 (백필터) | 반응탑에서 흡착된 유해가스, 중금속을 여과포에 걸러 제거하는 장치 |
| | 탈질설비 | 촉매 또는 무촉매를 이용하여 질소산화물을 분해 정화하는 장치 |
| | 활성탄·반응 조제 공급설비 | 연도(반건식 반응탑과 여과집진기사이)에 활성탄 및 반응조제를 공급하거나 저장하는 시설 |
| | 소석회 공급설비 | 반건식 반응탑에 소석회를 공급하거나, 저장하는 시설 |

## 13-8-1. 소각로 설치 ('02년 신설, '03년, 05년 보완)

### 1. 공정별 설치

| 작 업 구 분 | 직 종 | 단 위 | 수 량 |
|---|---|---|---|
| ◦기술관리<br> - 소각로 본체 설치공사 | 기 계 기 사 | 인/일 | 1.45 |
| ◦포장해체<br> - 수송용 포장목재 해체 및 정리 | 목 공<br>특 별 인 부 | 인/㎥ | 0.07<br>0.33 |
| ◦표면손질 | 특 별 인 부 | 인/㎡ | 0.15 |
| ◦급진기(Fuel Feeder)설치<br> - 투입홉퍼, Flap Damper 및 Hanger설치 포함 | 플랜트기계설치공<br>비 계 공<br>특 별 인 부<br>플 랜 트 제 관 공<br>플 랜 트 용 접 공 | 인/ton | 4.45<br>3.35<br>3.73<br>4.75<br>2.96 |
| ◦소각로 모듈(Grate Module)설치<br> - 하부 홉퍼 설치 포함 | 플랜트기계설치공<br>비 계 공<br>플 랜 트 제 관 공<br>특 별 인 부<br>플 랜 트 용 접 공 | 인/ton | 3.61<br>3.05<br>4.70<br>3.12<br>2.38 |
| ◦화격자(Fire-Bar)설치 | 플랜트기계설치공<br>플 랜 트 제 관 공<br>플 랜 트 용 접 공<br>비 계 공<br>특 별 인 부 | 인/ton | 4.81<br>2.16<br>1.16<br>3.10<br>2.39 |
| ◦내화물 | 제 철 축 조 공<br>목 공<br>비 계 공<br>특 별 인 부<br>보 통 인 부 | 인/ton | 2.67<br>0.32<br>0.17<br>1.71<br>2.56 |
| ◦재 축출기 설치<br> - Wet Scrapper설치 포함 | 플랜트기계설치공<br>비 계 공<br>플 랜 트 제 관 공<br>특 별 인 부 | 인/ton | 5.47<br>4.36<br>3.44<br>3.37 |
| ◦원치 설치 및 철거<br> - 조양을 위한 원치플리·로프 등의 설치와<br> 사용 후 철거까지 포함 | 기 계 설 치 공<br>비 계 공<br>용 접 공<br>특 별 인 부 | 인/대 | 3.30<br>11.0<br>3.30<br>4.95 |
| ◦검사 및 교정<br> - 외관검사, 교정작업<br> (비파괴시험은 제외) | 기술관리, 포장해체를 제외한 전공량의<br>10% | | |

[주] ① 본 품은 급진기, 소각로모듈, 화격자, 내화물, 재 축출기 등 소각로
　　 설비의 조립·설치를 기준으로 소운반을 포함한다.

　　 ② 급진기, 소각로모듈, 화격자, 내화물, 재축출기 등에 대한 중량은 공

정별로 각각 조립·설치하는 중량을 기준으로 산출한다.

③ 보온이 필요한 경우 별도 계상한다.

2. 사용장비

| 장 비 명 | 규 격 | 단 위 | 수 량 |
|---|---|---|---|
| 지 게 차 | 5톤 | 대 | 1 |
| 크 레 인 | 30톤 | 대 | 1 |
| | 50톤 | 대 | 1 |
| | 150톤 | 대 | 1 |
| | 200톤 | 대 | 1 |
| 타워 크레인 | 32톤 | 대 | 1 |
| 윈 치 | 3톤 | 대 | 1 |
| 용 접 기 | 15kVA | 대 | 2 |

[주] ① 본 장비는 소각로 1대 설치를 기준한 것이다.

② 장비 사용시간은 작업조건, 작업량 등을 감안하여 산정한다.

③ 본 장비는 소각로 조립·설치에 대한 기본적인 장비를 나열한 것으로 현장여건 및 작업조건 등에 따라 필요한 장비를 선택하여 적용할 수 있으며, 본 장비 이외의 필요한 장비가 있을 경우 별도 계상한다.

## 13-8-2. 폐열보일러 설치 ('02년 신설, '03년, '05년 보완)

1. 공정별 설치

| 작 업 구 분 | 직 종 | 단 위 | 수 량 |
|---|---|---|---|
| ◦기술관리<br>-Boiler본체 설치공사 | 기 계 기 사 | 인/일 | 1.90 |
| ◦포장해체<br>-수송용 포장 목재 해체 및 정리 | 목 공<br>특 별 인 부 | 인/㎥ | 0.04<br>0.18 |
| ◦표면손질 | 특 별 인 부 | 인/㎡ | 0.15 |
| ◦용접면손질<br>-용접 Joint부위 Grinding | 특 별 인 부 | 인/㎡ | 0.04 |
| ◦보일러 드럼 설치<br>-Hanger 및 Support설치 포함 | 플랜트기계설치공<br>비 계 공<br>특 별 인 부<br>플 랜 트 용 접 공 | 인/ton | 1.86<br>0.92<br>1.21<br>1.55 |

| 작 업 구 분 | 직 종 | 단 위 | 수 량 |
|---|---|---|---|
| ∘Tube Panel 조립 및 설치<br> -절탄기 및 Header류 설치 포함<br> -Hanger 및 Support설치 포함 | 플랜트기계설치공<br>플 랜 트 제 관 공<br>플 랜 트 용 접 공<br>비　　계　　공<br>특 별 인 부 | 인/ton | 2.08<br>1.49<br>0.89<br>1.26<br>1.18 |
| ∘Buckstay 조립 및 설치<br> -Hanger 및 Support설치 포함 | 플랜트기계설치공<br>비　　계　　공<br>특 별 인 부<br>플 랜 트 용 접 공 | 인/ton | 3.01<br>1.70<br>2.47<br>1.39 |
| ∘본 용접 (Boiler Tube 용접부 전체)<br> -Tube용접용 Support 및 운반 포함 | 플 랜 트 용 접 공<br>플 랜 트 배 관 공<br>특 별 인 부 | 인/ton | 9.36<br>8.35<br>0.95 |
| ∘Sealing 용접 (Boiler 용접부 전체)<br> -용접용 Support설치 및 운반 포함 | 플 랜 트 용 접 공<br>플 랜 트 제 관 공<br>특 별 인 부 | 인/ton | 4.86<br>9.73<br>2.63 |
| ∘원치 설치 및 철거<br> -조양을 위한 원치플리·로프 등의<br>　설치와 사용후 철거까지 포함 | 기 계 설 치 공<br>비　　계　　공<br>용　　접　　공<br>특 별 인 부 | 인/대 | 3.3<br>11.0<br>3.3<br>4.95 |
| ∘검사 및 교정<br> -외관검사, 교정작업<br>　(비파괴시험은 제외) | 기술관리, 포장해체를 제외한<br>전공량의 10% | | |

[주] ① 본 품은 보일러 드럼, Tube Panel, Buckstay 등 폐열보일러의 조립·
　　설치 기준으로 소운반을 포함한다.

② 보일러 드럼, Tube Panel, Buckstay 등에 대한 중량은 공정별로 각각
　　조립·설치하는 중량을 기준으로 산출한다.

③ 보온이 필요한 경우 별도 계상한다.

2. 사용장비

| 장 비 명 | 규 격 | 단 위 | 수 량 |
|---|---|---|---|
| 지 게 차 | 5톤 | 대 | 1 |
| 크 레 인 | 150톤 | 대 | 1 |
| | 200톤 | 대 | 1 |
| | 300톤 | 대 | 1 |
| 타 워 크 레 인 | 30톤 | 대 | 1 |
| 윈 치 | 3톤 | 대 | 1 |
| 용 접 기 | 15kVA | 대 | 6 |

[주] ① 본 장비은 폐열보일러 1대 설치를 기준한 것이다.

② 장비 사용시간은 작업조건, 작업량 등을 감안하여 산정한다.

③ 본 장비는 폐열보일러 조립·설치에 대한 기본적인 장비를 나열한 것
으로 현장여건 및 작업조건 등에 따라 필요한 장비를 선택하여 적용할
수 있으며, 본 장비 이외에 필요한 장비가 있을 경우 별도 계상한다.

## 13-8-3. 덕트 제작 및 설치 ('02년 신설)

'[기계설비부문] 13-5-3 덕트제작 및 설치"의 품 적용

## 13-8-4. 반건식 반응탑 설치 ('03년 신설, '05년 보완)

1. 공정별 설치

| 작 업 구 분 | 직 종 | | | | 단 위 | 수 량 |
|---|---|---|---|---|---|---|
| ◦기술관리<br>-설치공사 기간중 | 기 | 계 | 기 | 사 | 인/일 | 1.03 |
| ◦포장해체<br>-수송을 위해 포장된 목재를 해체하고<br>목재를 정리함 | 목<br>특 | 별 | 인 | 공<br>부 | 인/㎥ | 0.12<br>0.12 |
| ◦표면손질 | 특 | 별 | 인 | 부 | 인/㎥ | 0.39 |
| ◦현장교정<br>-수송도중 변형된 것을 바로잡기 | 플 랜 트<br>특 | 별 | 제 관<br>인 | 공<br>부 | 인/ton | 0.64<br>0.29 |
| ◦기초작업<br>-Chipping 및 Grouting | 플 랜 트 기 계 설 치<br>특 | 별 | 인 | 공<br>부 | 인/ton | 0.03<br>0.04 |

| 작 업 구 분 | 직 종 | 단 위 | 수 량 |
|---|---|---|---|
| ◦소운반<br>-작업 위치까지 필요한 자재를 운반 | 특 별 인 부 | 인/ton | 0.62 |
| | 건 설 기 계 운 전 조 | 조/ton | 0.20 |
| ◦본체 조립<br>-분리 운반된 Body 조립 포함 | 플 랜 트 제 관 공 | 인/ton | 0.94 |
| | 플 랜 트 용 접 공 | " | 1.25 |
| | 특 별 인 부 | " | 1.01 |
| | 건 설 기 계 운 전 조 | 조/ton | 1.13 |
| ◦Inner Plate 및 Hanger 조립<br>-Suspention Device 조립 포함 | 플 랜 트 제 관 공 | | 1.49 |
| | 플 랜 트 용 접 공 | 인/ton | 2.18 |
| | 특 별 인 부 | | 2.16 |
| ◦본체 설치<br>-반응물 배출장치(Lump Crusher) 및<br>  Rotary Valve 설치 포함<br>  ※ 소석회 분무장치 제외 | 플 랜 트 기 계 설 치 공 | 인/ton | 1.78 |
| | 플 랜 트 제 관 공 | " | 0.54 |
| | 플 랜 트 용 접 공 | " | 0.92 |
| | 특 별 인 부 | " | 1.53 |
| | 비 계 공 | " | 1.85 |
| | 건 설 기 계 운 전 조 | 조/ton | 0.48 |
| ◦검사 및 교정<br>-Gas Leak Test 포함 | 기술관리, 포장해체를 제외한 전공량의<br>10% | | |

[주] ① 본품은 반응탑 본체, Rotary Valve 등 반건식 반응탑의 조립·설치기준
     으로 소운반이 포함되어 있다

② 공정별 중량은 공정별로 각 각 조립·설치하는 중량을 기준으로 산출한다.

③ 보온 및 도장작업이 필요한 경우 별도 계상한다.

④ 건설기계운전조는 작업조건 및 설치물량 등을 감안하여 편성한다.

2. 사용장비

| 장 비 명 | 규 격 | 단 위 | 수 량 |
|---|---|---|---|
| 크 레 인 | 250톤 | 대 | 1 |
| 타 워 크 레 인 | 30톤 | 대 | 1 |
| 지 게 차 | 7.5톤 | 대 | 1 |
| 용 접 기 | 15kVA | 대 | 2 |

[주] ① 본 장비는 반건식 반응탑 조립·설치에 대한 기본적인 장비를 나열한 것
     으로 현장여건 및 작업조건 등에 따라 필요한 장비를 선택하여 적용할
     수 있으며, 본 장비 이외에 필요한 장비가 있을 경우 별도 계상한다.

## 13-8-5. 탈질설비 설치 ('03년 신설, '05년 보완)

### 1. 공정별 설치

| 작 업 구 분 | 직 종 | 단 위 | 수 량 |
|---|---|---|---|
| ◦기술관리<br>-설치공사 기간중 | 기 계 기 사 | 인/일 | 0.96 |
| ◦포장해체<br>-수송을 위해 포장된 목재를 해체하고<br>목재를 정리함 | 목 공<br>특 별 인 부 | 인/㎥ | 0.06<br>0.14 |
| ◦표면손질 | 특 별 인 부 | 인/㎥ | 0.24 |
| ◦소운반<br>-작업 위치까지 필요한 자재를 운반 | 특 별 인 부<br>건 설 기 계 운 전 조 | 인/ton<br>조/ton | 0.66<br>0.21 |
| ◦기초작업<br>-Chipping 및 Grouting | 플랜트기계설치공<br>특 별 인 부 | 인/ton | 0.01<br>0.01 |
| ◦현장교정<br>-수송 도중 변형된 것을 바로 잡기 | 특 별 인 부<br>플랜트기계설치공 | 인/ton | 2.07<br>0.04 |
| ◦본체 조립<br>-분리 운반된 Body 조립 포함 | 플 랜 트 제 관 공<br>플 랜 트 용 접 공<br>특 별 인 부<br>건 설 기 계 운 전 조 | 인/ton<br>〃<br>〃<br>조/ton | 1.91<br>2.04<br>3.93<br>1.32 |
| ◦Inner Plate 및 Hanger 조립<br>-Suspention Device 조립 포함 | 플 랜 트 제 관 공<br>플 랜 트 용 접 공<br>특 별 인 부 | 인/ton | 1.14<br>3.36<br>3.37 |
| ◦용접손질<br>-용접 Joint부위 용접효율을 높이기 위함 | 플 랜 트 제 관 공<br>특 별 인 부 | 인/ton | 2.19<br>0.07 |
| ◦본체 설치<br>-Reactor 설치포함 | 플랜트기계설치공<br>플 랜 트 제 관 공<br>비 계 공<br>특 별 인 부<br>플 랜 트 용 접 공<br>건 설 기 계 운 전 조 | 인/ton<br>〃<br>〃<br>〃<br>〃<br>조/ton | 4.28<br>0.54<br>1.66<br>2.28<br>3.97<br>4.07 |
| ◦Sealing 용접<br>-용접용 Support설치 및 운반포함 | 플 랜 트 용 접 공<br>플 랜 트 제 관 공<br>특 별 인 부 | 인/ton | 14.74<br>4.99<br>1.07 |
| ◦검사 및 교정<br>-Gas Leak Test 포함 | 기술관리, 포장해체를 제외한<br>전공량의 10% | | |

[주] ① 본 품은 촉매를 이용하여 질소산화물을 분해 정화하는 장치로서 탈질설
　　　비의 조립·설치와 소운반이 포함되어 있다.
　　② 공정별 중량은 공정별로 각 각 조립·설치하는 중량을 기준으로 산출한다.
　　③ 보온 및 도장작업이 필요한 경우 별도 계상한다.
　　④ 건설기계운전조는 작업조건 및 설치물량 등을 감안하여 편성한다.

　2. 사용장비

| 장 비 명 | 규 격 | 단 위 | 수 량 |
|---|---|---|---|
| 크 레 인 | 200톤 | 대 | 1 |
| 지 게 차 | 5톤 | 대 | 1 |
| 용 접 기 | 15kVA | 대 | 2 |

[주] 본 장비는 탈질설비 조립·설치에 대한 기본적인 장비를 나열한 것으로 현
　　장여건 및 작업조건 등에 따라 필요한 장비를 선택하여 적용할 수 있으며,
　　본 장비 이외에 필요한 장비가 있을 경우 별도 계상한다.

## 13-8-6. 여과집진기 설치(Bag filter) ('04년 신설, '05년 보안)

　1. 공정별 설치

| 작업구분 | 직 종 | 단 위 | 수 량 |
|---|---|---|---|
| ○기술관리<br>- 설치공사 기간중 | 기 계 기 사 | 인/일 | 0.85 |
| ○포장해체 | 목　　　　공<br>특 별 인 부 | 인/m³<br>인/m³ | 0.12<br>0.12 |
| ○기초작업 및 표면손질<br>- Chipping 및 Groutiong 등 | 플랜트기계설치공<br>특 별 인 부 | 인/ton | 0.12<br>0.37 |
| ○본체조립·설치<br>- Frame, Shell Plate 등 설치포함<br>- 펄스유닛 조립·설치 | 철　골　공<br>비　계　공<br>플랜트기계설치공<br>플 랜 트 용 접 공<br>특 별 인 부<br>건 설 기 계 운 전 조 | 인/ton<br>〃<br>〃<br>〃<br>〃<br>조/ton | 3.39<br>1.89<br>3.28<br>2.43<br>4.02<br>0.81 |

| 작업구분 | 직 종 | 단 위 | 수 량 |
|---|---|---|---|
| ◦비산재 배출장치 조립·장치<br>- 비산재 사일로, 시멘트 사일로<br>　설치 포함 | 플랜트기계설치공<br>비　　계　　공<br>플 랜 트 용 접 공<br>특　별　인　부 | 인/ton | 4.61<br>1.95<br>1.66<br>3.34 |
| ◦휠터백 및 백케이지 조립·설치<br>- 지상교정, 조양·기기 설치포함<br>- Leveling 재교정후Setting 포함 | 플 랜 트 제 관 공<br>비　　계　　공<br>특　별　인　부<br>플 랜 트 용 접 공 | 인/휠터수 | 0.05<br>0.06<br>0.08<br>0.01 |
| ◦검사 및 교정<br>- Gas Leak Test 포함 | 기술관리, 포장해체를 제외한 공량의 10% | | |

[주] ① 본 품은 여과집진기 휠터백, 펄스유닛 등 여과집진기의 조립·설치 기준으로 소운반이 포함되어 있다.

② 보온 및 도장작업이 필요한 경우 별도 계상한다.

③ 건설기계운전조는 작업조건 및 설치물량 등을 감안하여 편성한다.

2. 사용장비

| 장 비 명 | 규 격 | 단 위 | 수 량 |
|---|---|---|---|
| 지　게　차 | 5톤 | 대 | 1 |
| 크　레　인 | 50톤 | 대 | 1 |
| 크　레　인 | 100톤 | 대 | 1 |
| 크　레　인 | 200톤 | 대 | 1 |
| 타 워 크 레 인 | 30톤 | 대 | 1 |
| 용　접　기 | 15kVA | 대 | 3 |

[주] 본 장비는 여과집진기 조립·설치에 대한 기본적인 장비를 나열한 것으로 현장여건 및 작업조건 등에 따라 필요한 장비를 선택하여 적용할 수 있으며, 본 장비 이외에 필요한 장비가 있을 경우 별도 계상한다.

### 13-8-7. 활성탄 · 반응조제 및 소석회 공급설비 설치 ('04년 신설, '05년 보완)

1. 공정별 설치

| 작 업 구 분 | 직 종 | 단 위 | 수 량 |
|---|---|---|---|
| ◦기술관리<br>- 설치공사 기간중 | 기 계 기 사 | 인/일 | 0.5 |
| ◦포장해체<br>- 수송을 위해 포장된 목재를<br>  해체하고 목재를 정리함 | 목 　 　 공<br>특 별 인 부 | 인/㎥ | 0.12<br>0.12 |
| ◦기초작업 및 표면손질<br>- Chipping 및 Groutiong 등 | 플랜트기계설치공<br>특 별 인 부 | 인/ton | 0.19<br>0.39 |
| ◦반응조제 및 탱크류 조립 · 설치 | 플 랜 트 제 관 공<br>플 랜 트 용 접 공<br>플랜트기계설치공<br>비 　 계 　 공<br>특 별 인 부<br>건 설 기 계 운 전 조 | 인/ton<br>〃<br>〃<br>〃<br>〃<br>조/ton | 1.93<br>1.93<br>0.96<br>0.96<br>1.93<br>0.96 |
| ◦소석회, 활성탄 공급설비<br>  조립 · 설치 | 플랜트기계설치공<br>비 　 계 　 공<br>플 랜 트 용 접 공<br>특 별 인 부<br>건 설 기 계 운 전 조 | 인/ton<br>〃<br>〃<br>〃<br>조/ton | 3.47<br>1.74<br>1.74<br>2.6<br>0.96 |
| ◦혼합기, 이젝터, 로타리밸브 설치 | 플랜트기계설치공<br>비 　 계 　 공<br>플 랜 트 용 접 공<br>특 별 인 부 | 인/ton | 2.31<br>0.57<br>0.57<br>1.16 |
| ◦검사 및 교정<br>- Gas Leak Test 포함 | 기술관리, 포장해체를 제외한 공량의 10% | | |

[주] ① 본 품은 활성탄 · 반응조제 및 소석회 공급설비의 조립 · 설치기준으로
　　　소운반이 포함되어 있다.
　　② 보온 및 도장작업이 필요한 경우 별도 계상한다.
　　③ 건설기계운전조는 작업조건 및 설치물량 등을 감안하여 편성한다.

2. 사용장비

| 장 비 명 | 규 격 | 단 위 | 수 량 |
|---|---|---|---|
| 지 게 차 | 5톤 | 대 | 1 |
| 크 레 인 | 70톤 | 대 | 1 |
| 용 접 기 | 15kVA | 대 | 3 |

[주] 본 장비는 활성탄·반응조제 및 소석회 공급설비 조립·설치에 대한 기본
적인 장비를 나열한 것으로 현장여건 및 작업조건 등에 따라 필요한 장비
를 선택하여 적용할 수 있으며, 본 장비 이외에 필요한 장비가 있을 경우
별도 계상한다.

# 13-9. 하수처리 기계설비공사

## 13-9-1. 수중펌프 설치 ('03년 신설)

1. 설치품
(대당)

| 규 격 | 기계설치공 | 배 관 공 | 보통인부 |
|---|---|---|---|
| 7.5kw | 6.1 | 2.4 | 4.1 |
| 15kw | 7.3 | 2.6 | 4.3 |
| 30kw | 9.7 | 3.0 | 4.6 |

[주] 본 품은 자동탈착식 수중펌프설치로서 앙카볼트, 펌프고정장치, 가이드바,
수중펌프 인양케이블설치와 시험·소운반이 포함되어 있다.

2. 사용장비
(대당)

| 장 비 명 | 규 격 | 사용시간 (hr) | | |
|---|---|---|---|---|
| | | 7.5kw | 15kw | 30kw |
| 크 레 인 | 30톤 | 4 | 4 | 4 |
| 지 게 차 | 3.5톤 | 4 | 4 | 4 |
| 용 접 기 | 15kVA | 32 | 35 | 40 |

[주] 본 장비는 펌프설치시 기본적인 장비이므로 현장여건, 작업조건 등에 따라
필요한 장비를 별도 계상한다.

## 13-9-2. 모노레일 설치 ('03년 신설)

1. 설치품

(ton당)

| 측량사 | 비계공 | 기계설치공 | 용접공 | 특별인부 | 계장공 |
|--------|--------|-----------|--------|----------|--------|
| 0.5 | 1.3 | 3.5 | 2.6 | 3.4 | 0.8 |

**[주]** ① 본 품은 레일고정판, 레일, Trolley Bar, 2차측 전선관(전기배선 포함) 설치기준으로 시운전·소운반이 포함되어 있다.

② 본 품의 설치중량은 레일고정판, 레일, Trolley Bar, Bracket류, Support류의 중량으로 한다.

③ 전동기, 철골빔, 1차측 전선관(전기배선 포함) 설치품과 도장작업은 별도 계상한다.

2. 사용장비

(ton당)

| 장 비 명 | 규 격 | 사용시간(hr) |
|----------|-------|--------------|
| 트 럭 탑 재 형 크 레 인 | 5톤 | 1.3 |
| 용 접 기 | 15kVA | 7.6 |

**[주]** 본 장비는 모노레일 설치시 기본적인 장비이므로 현장여건, 작업조건 등에 따라 필요한 장비를 별도 계상한다.

## 13-9-3. 산기장치 설치 ('04년 신설)

1. 설치품

| 구 분 | 단 위 | 배관공 | 용접공 | 보통인부 |
|-------|-------|--------|--------|----------|
| 산기 분기관 제작 | 인/개 | 0.036 | 0.036 | 0.036 |
| 분기관 및 산기장치 설치 | 인/개 | 0.036 | 0.036 | 0.036 |

**[주]** ① 산기 분기관 제작은 배관을 가공하여 제작하는 것으로 소운반이 포함되어 있다.

② 분기관 및 산기장치 설치는 산기 분기관(주배관 제외)을 설치하고, 설치된 산기분기관에 산기장치를 설치하는 것으로 앙카, 배관지지대, 수

평레벨작업이 포함된 것이다.
③ 본 품은 시험 및 조정이 포함된 것이다.
④ 경장비 손료는 별도 계상한다.

2. 사용장비

| 장 비 명 | 규 격 | 단위 | 사용시간(hr) | |
|---|---|---|---|---|
| | | | 산기 분기관 제작 | 산기장치 설치 |
| 알 곤 용 접 기 | 300Amp | 대/개 | 0.285 | 0.285 |
| 프라즈마 절단기 | 100Amp | 대/개 | 0.143 | 0.143 |
| 크 레 인 | 5톤 | 대/개 | - | 0.048 |

[주] 본 장비는 산기 분기관 제작 및 산기장치 설치시 일반적인 장비이므로 현
장여건, 작업조건 등에 따라 필요한 장비를 별도 계상한다.

### 13-9-4. 오수처리 시설 설치 ('04년 신설)

1. 설치품

| 구 분 | 규격 | 단 위 | 위생공 | 보통인부 | 계장공 |
|---|---|---|---|---|---|
| 오수처리시설 | 20톤/일 | 인/조 | 4.13 | 4.13 | - |
| 제 어 함 | - | 인/개 | - | - | 3.75 |

[주] ① 본 품은 생물화학적 산소요구량(BOD) 20ppm을 기준으로 소운반이 포함
되어 있다
② 본 품은 FRP로 제작된 오수처리조를 설치하는 것으로 공기주입배관,
배기배관, 수중펌프 등 부속설비 설치품이 포함되어 있다.
③ 본 품은 제어함(contril box)내에 설치되는 전기, 공기펌프 등 부속설
비 설치품이 포함되어 있다.
④ 본 품은 물채우기, 물푸기, 시험 및 조정이 포함된 것이다.
⑤ 유입 및 배수배관 설치공사와 터파기, 기초공사, 뒷채우기, 보호공사
(조적 및 콘크리트 공사)는 별도 계상한다.

2. 사용장비

| 장 비 명 | 규 격 | 단 위 | 사용시간(hr) |
|---|---|---|---|
| 크 레 인 | 5톤 | 대/조 | 8 |
| 살 수 차 | 5,500ℓ | 대/조 | 12 |

[주] 본 품은 오수처리시설 설치시 일반적인 장비이므로 현장여건, 작업조건 등에 따라 필요한 장비를 별도 계상한다.

# 13-10. 운반기계설비

## 13-10-1. Open Belt Conveyor 설치 ('92년 보완)

Belt 폭과 길이에 따른 Belt Conveyor 설치품은 아래의 산출식에 의한다.

1. Belt Conveyor 길이 300m까지

   - 품(인)={0.6+(Belt폭-12")× 0.025}× 길이(m)+10.5

   (단, Blet 폭 단위는 Inch)

2. Belt Conveyor 길이 300m초과 600m까지

   - 품(인)={0.4+(Belt폭-12")× 0.025}× 길이(m)+70.5

3. Belt Conveyor 길이 600m초과

   - 품(인)={0.3+(Belt폭-12")× 0.025}× 길이(m)+130.5

[주] ① 본 품은 Open Belt 표준형을 설치하는 품이다.

② 공종별 품 배분표

| 공종 | 플랜트기계설치공 | 비계공 | 철골공 | 용접공 | 특별인부 | 계 |
|---|---|---|---|---|---|---|
| 비율(%) | 37.5 | 12.5 | 12.5 | 12.5 | 25 | 100 |

③ 본 품은 Roller 고정, Roller Frame 품이 포함되고 Support Structure 등의 설치품은 별도 계상한다.

④ Head, Tail Pulley 설치품 포함되어 있다.

⑤ Guide Roller, Return Roller, Carrier Roller, Idle Roll 등의 설치품 포함되어 있다.

⑥ 본 품에는 Belt Endless 작업이 포함되어 있다.

⑦ Belt Cover의 제작 및 설치 경우는 별도 계상한다.

⑧ Motor, 구동장치, Tension장치(Weight 제외), 평량기, Chute, Skirt, Liner, 진동장치 등의 설치품은 별도 계상한다.

⑨ Plummer block, Coupling, Pulley를 현장에서 조립할 경우 별도 계상한다.

⑩ Portable Belt conveyor의 설치 경우는 본 품의 50%까지 적용한다.

⑪ 5m 미만은 5m의 품을 적용한다.

⑫ Belt Conveyor의 길이는 Tail Pulley Center에서 Head Pulley Center 간의 연 길이를 말한다.

⑬ Belt Endless 작업만이 필요한 경우에는 다음 품을 적용한다.

㉮ 일반내열재

(개소당)

| 공종<br>Belt폭(inch) | Belt<br>Conveyor<br>설치공 | 기 계<br>설치공 | 비계공 | 특별인부 | 저압<br>케이블<br>전공 | 계 |
|---|---|---|---|---|---|---|
| 18″ 이하 | 3.78 | 1.51 | 3.02 | 0.75 | 0.75 | 9.81 |
| 26″ | 4.27 | 1.70 | 3.41 | 0.85 | 0.85 | 11.08 |
| 36″ | 4.43 | 1.77 | 3.55 | 0.88 | 0.88 | 11.51 |
| 48″ | 4.59 | 1.83 | 3.67 | 0.91 | 0.91 | 11.91 |
| 56″ | 5.07 | 2.03 | 4.06 | 1.01 | 1.01 | 13.18 |
| 70″ | 5.64 | 2.25 | 4.51 | 1.12 | 1.12 | 14.64 |
| 72″ | 6.68 | 2.67 | 5.34 | 1.33 | 1.33 | 17.35 |

㉯ Steel재

(개소당)

| 공종<br>Belt폭(inch) | Belt<br>Conveyor<br>설치공 | 기 계<br>설치공 | 비계공 | 특별인부 | 저압<br>케이블<br>전 공 | 계 |
|---|---|---|---|---|---|---|
| 36″ 이하 | 8.85(인) | 2.21(인) | 4.42(인) | 2.21(인) | 1.10(인) | 18.79(인) |
| 48″ | 9.12 | 2.28 | 4.56 | 2.28 | 1.14 | 19.38 |
| 56″ | 10.25 | 2.56 | 5.12 | 2.58 | 1.28 | 21.77 |
| 70″ | 12.02 | 3.00 | 6.01 | 3.00 | 1.50 | 25.53 |
| 72″ | 14.17 | 3.55 | 7.08 | 3.54 | 1.77 | 30.11 |

## 13-10-2. Over Head Crane 설치

### 1. 직종별 설치품

(ton당)

| 직                종 | 수      량(인) |
|---|---|
| 기  계  산  업  기  사 | 0.50 |
| 비                계                공 | 2.499 |
| 플  랜  트  기  계  설  치  공 | 2.478 |
| 특          별          인          부 | 2.555 |
| 측                량                사 | 0.250 |
| 용                접                공 | 0.297 |
| 시      험      및      조      정 | 0.807 |

### 2. 공정별 설치품

(ton당)

| 공      정      별 | 직                종 | 수량(인) |
|---|---|---|
| 기      술      관      리 | 기  계  산  업  기  사 | 0.500 |
| 소  운  반  및  조  정 | 비                계                공 | 0.833 |
|  | 플  랜  트  기  계  설  치  공 | 0.500 |
|  | 특          별          인          부 | 0.666 |
| 조      립      준      비 | 비                계                공 | 0.833 |
|  | 플  랜  트  기  계  설  치  공 | 0.500 |
|  | 특          별          인          부 | 0.666 |
| 조  립  취  부  및  조  정 | 비                계                공 | 0.833 |
|  | 플  랜  트  기  계  설  치  공 | 1.165 |
|  | 측                량                사 | 0.250 |
|  | 특          별          인          부 | 1.000 |
| 현      장      가      공 | 용                접                공 | 0.297 |
|  | 플  랜  트  기  계  설  치  공 | 0.313 |
| (용접, 절단, 구멍뚫기) | 특          별          인          부 | 0.223 |
| 검      사      시      험 |  | 0.807 |
| (기술관리를 제외한 품의 10%) |  |  |

[주] ① 본 품에는 부품의 교정, 파손부분의 수리품이 포함되었다.

② 본 품에는 제청, 제유 및 도장이 포함되어 있지 않다.

③ 본 품에는 전원 배선 및 전기기기 설치 품은 제외되어 있다.

〈참고〉

| 장 비 명 | 규 격 | 단 위 | 수 량 | 비 고 |
|---|---|---|---|---|
| Truck Crane | 20ton | 대 | 1 | |
| Trailer | 20ton | 〃 | 1 | |
| Truck | 4ton | 〃 | 1 | |
| Compressor | 5.9, ㎥/min | 〃 | 1 | |
| 전기용접기 | 30kVA | 〃 | 2 | |
| Guy Derrick | 5ton× 7.46kW | 〃 | 1 | Bolt tightening용 |
| Winch | 5ton× 7.46kW | 〃 | 1 | |
| Portable Drilling M | 0.37kW | 〃 | 1 | |
| Portable Electric G | 0.37kW | 〃 | 2 | |
| Angle Grinder | 0.75kW | 〃 | 1 | |
| Transit | | 〃 | 1 | |

〈참고〉　소모자재

(ton당)

| 품 명 | 규 격 | 단 위 | 수 량 |
|---|---|---|---|
| 산 소 | 6,000ℓ 입 | 병 | 0.2 |
| 아 세 틸 렌 | 4,500ℓ 입 | 〃 | 0.13 |
| 전 기 용 접 봉 | ø 4㎜× ℓ350 | kg | 3.5 |
| 걸 레 | | 〃 | 2 |
| 세 유 | | ℓ | 2 |
| Grease | | kg | 0.2 |
| Machine Oil | | ℓ | 0.7 |

※ 산소량 규격은 대기압상태를 기준하며, 단위 '병' 은 35℃에서 150기압으로 압축
용기에 넣어 사용하는 것을 기준한다.

## 13-10-3. Gantry Crane 설치

### 1. 직종별 설치품

(ton당)

| 직                종 | 수 량 (인) |
|---|---|
| 기 계 산 업 기 사 | 0.50 |
| 비             공 | 2.383 |
| 플 랜 트 기 계 설 치 공 | 1.554 |
| 특       별       인       부 | 1.309 |
| 제           관           공 | 1.502 |
| 용       접       공 | 1.311 |
| 측       량       사 | 0.250 |
| 도       장       공 | 0.525 |
| 시   험   및   조   정 | 0.830 |
| 계 | 10.164 |

### 2. 공정별 설치공량

(ton당)

| 공       정       별 | 직                종 | 수 량) |
|---|---|---|
| 기   술   관   리 | 기 계 산 업 기 사 | 0.50 |
| 운   반   조   작 | 비             공 | 0.635 |
|  | 플 랜 트 기 계 설 치 공 | 0.182 |
|  | 특       별       인       부 | 0.182 |
| 조 립 준 비 및 수 정 교 정 | 비             공 | 0.626 |
|  | 제           관           공 | 0.626 |
|  | 플 랜 트 기 계 설 치 공 | 0.25 |
|  | 용       접       공 | 0.25 |
|  | 특       별       인       부 | 0.25 |
| 조   립   조   정 | 비             공 | 1.122 |
|  | 제           관           공 | 0.876 |

| 공    정    별 | 직    종 | 수    량 |
|---|---|---|
| 조    립    조    정 | 플 랜 트 기 계 설 치 공 | 1.122 |
|  | 측            량            사 | 0.250 |
|  | 특    별    인    부 | 0.627 |
| 용    접    절    단 | 용        접        공 | 1.061 |
|  | 특    별    인    부 | 0.250 |
| 검사시험(기술관리를 제외한 전 품의 10%) |  | 0.830 |

[주] ① 본 품에는 제청, 제유 및 페인팅 품이 포함되어 있지 않다.
② 본 품에는 전원배선 및 전기 기기설치 품은 제외되었다.

〈참고〉  사용장비

| 장    비    명 | 규    격 | 단    위 | 수    량 |
|---|---|---|---|
| Truck Crane | 20ton | 대 | 1 |
| 〃 | 30ton | 〃 | 1 |
| 〃 | 40ton | 〃 | 1 |
| Trailer | 30ton | 〃 | 2 |
| Truck | 4ton | 〃 | 1 |
| Compressor | 5.9㎥/min | 〃 | 1 |
| Fork Lift | 2.7ton | 〃 | 1 |
| 전 기 용 접 기 | 30kVA | 〃 | 4 |
| 산 소 절 단 기 | 중형 | 조 | 4 |
| 산 소 용 접 기 | 〃 | 〃 | 3 |
| Guy derrick | 10ton | 대 | 1 |
| Winch | 5ton | 〃 | 2 |
| Portable Drill | 0.37kW | 〃 | 2 |
| Portable Grinder | 〃 | 〃 | 2 |

〈참고〉 소모자재

(ton당)

| 품 명 | 규 격 | 단 위 | 수 량 |
|---|---|---|---|
| 산 소 | 6,000 ℓ 입 | 병 | 0.68 |
| 아 세 틸 렌 | 4,500 ℓ 입 | 〃 | 0.58 |
| 용 접 봉 | ø 4mm × ℓ 350 | kg | 14.2 |
| 광 명 단 | | ℓ | 2.2 |
| 페 인 트 | 유 성 | 〃 | 4.4 |

※ 산소량 규격은 대기압상태를 기준하며, 단위 '병'은 35℃에서 150기압으로 압축
용기에 넣어 사용하는 것을 기준한다.

## 13-10-4. 천정크레인 레일설치

(한쪽길이 m당)

| 구 분 | 단 위 | 수 량 | 비 고 |
|---|---|---|---|
| ① 소요재료 | | | |
| 레 일 | m | 1 | |
| 레일체결구 | 식 | 1 | |
| ② 소모품 | | | |
| 준비작업 : 궤 도 공 | 인 | 0.014 | |
| : 목 도 | 〃 | 0.007 | |
| : 보통인부 | 〃 | 0.012 | |
| 본작업 : 궤 도 공 | 〃 | 0.013 | |
| : 목 도 | 〃 | 0.007 | |
| : 보통인부 | 〃 | 0.002 | |
| 뒷정리 : 궤 도 공 | 〃 | 0.026 | |
| : 목 도 | 〃 | 0.006 | |
| : 보통인부 | 〃 | 0.013 | |

[주] ① 구멍뚫기 또는 용접은 별도 계상한다.

② 레일운반용 장비 및 운반비는 별도 계상한다.

③ 레일교환(50kg/m, ℓ =20m)에 준하여 산출된 것이다.

# 13-11. 기타 기계설비

## 13-11-1. 일반기기 설치

(ton당)

| 직 종 | 수 량 |
|---|---|
| 기 계 산 업 기 사 | 0.50 |
| 기 계 설 비 공 | 7.24 |
| 기 비 용 계 공 | 2.86 |
| 접 공 | 0.95 |
| 용 특 별 인 부 | 3.90 |
| 검 사 및 교 정 | 기술관리를 제외한 본 품의 10% |
| 비 고 | - 본 품은 조립된 기기를 설치하는 품으로 부분조립작업이 필요할 시는 본 품의 50%를 가산한다. <br> - 설치 중량이 0.5ton 미만은 20% 가산한다. <br> 0.5ton ~ 1ton 미만은 10% 가산한다. <br> 1ton ~ 5ton 미만은 0% 가산한다. <br> 5ton 이상은 15% 감한다. |

**[주]** ① 일반기기란 본 품셈에 별도로 명시되어 있지 않은 기계류를 말한다.

② 본 품에는 기초 Check, Chipping, Grouting이 포함되어 있다.

③ 본 품에는 시운전 및 교정작업이 포함되어 있다.

## 13-11-2. Cooling Tower 설치

(기당)

| 공 정 별 | 직 종 | 단 위 | 수 량 |
|---|---|---|---|
| 기술관리 : 공사기간중 | 기 계 산 업 기 사 | 인/일 | 1.0 |
| 기초 Check : 기초 Check | 기 계 설 비 공 | 인/m² | 0.41 |
| Chipping 및 Grouting | 특 별 인 부 | 〃 | 0.595 |
| 표면손질 : Eliminator 및 구동부 | 특 별 인 부 | 인/m² | 0.2 |
| 본체설치 : Distribution Box, | 철 골 공 | 인/ton | 4.18 |
| Distributor, Louver Post | 비 계 공 | 〃 | 3.0 |
| 등의 조립설치 | 특 별 인 부 | 〃 | 0.3 |
| Drift-Eliminator 설치 : 판재로 된 | 건 축 목 공 | 인/m² | 3.1 |
| Eliminator를 조립 설치함. | 보 통 인 부 | 〃 | 0.698 |
| 스레이트 잇기 : Louver | 슬 레 이 트 공 | 인/m² | 0.05 |
| sidc에 스레이트 잇기 | 보 통 인 부 | 〃 | 0.04 |
| 충진물충진 : 충진물을 규격별 순서로 충진 작업함 | 보 통 인 부 | 인/m² | 0.6 |
| 검사 및 교정 | 기술관리를 제외한 전 품의 10% | | |

**[주]** ① 본 품은 강재공냉식 Cooling Tower를 기초 Tank 위에 조립 설치하는 품이다.

② Drift-Eliminator 설치는 가공된 목재 Eliminator를 설치하는 품으로 가공품은 제외되었다.

## 13-11-3. Batcher Plant 설치

### 1. 직종별 설치품

(ton당)

| 직 종 | 수 량 | 직 종 | 수 량 |
|---|---|---|---|
| 기 계 산 업 기 사 | 0.50 | 용 접 공 | 0.882 |
| 비 계 공 | 1.255 | 기 계 설 비 공 | 0.882 |
| 특 별 인 부 | 5.270 | 측 량 사 | 0.167 |
| 제 관 공 | 1.470 | 검 사 시 험 | 0.975 |

### 2. 공정별 설치품

(ton당)

| 공 정 별 | 직 종 | 수 량(인) |
|---|---|---|
| 기 술 관 리 | 기 계 산 업 기 사 | 0.500 |
| 소 운 반 조 직 | 비 계 공 | 0.667 |
| | 특 별 인 부 | 0.333 |
| 표 면 손 질 | 특 별 인 부 | 3.3 |
| 현 장 가 공 | 제 관 공 | 0.588 |
| | 용 접 공 | 0.588 |
| | 특 별 인 부 | 0.588 |
| 조 립 설 치 | 기 계 설 비 공 | 0.882 |
| | 제 관 공 | 0.882 |
| | 비 계 공 | 0.588 |
| | 용 접 공 | 0.294 |
| | 특 별 인 부 | 0.882 |
| | 측 량 사 | 0.167 |
| 뒷 정 리 | 특 별 인 부 | 0.167 |
| 검 사 시 험 | | 0.975 |
| (기술관리 및 뒷정리를 제외한 전 품의 10%) | | |

### 3. 직종별 제관수리품
(ton당)

| 직　　　　종 | | 수 량 |
|---|---|---|
| 제　　　도　　　　공 | | 0.785 |
| 기　계　설　비　공 | | 1.830 |
| 특　　별　　인　　부 | | 2.041 |
| 용　　　접　　　공 | | 4.972 |
| 검　사　및　시　험 | | 0.962 |
| 계 | | 10.590 |

### 4. 공정별 제관 수리품
(ton당)

| 공　　정　　별 | 직　　　종 | 수 량(인) |
|---|---|---|
| 사 도 및 현 도 서 | 제　　관　　공 | 0.785 |
| | 기　계　설　비　공 | 1.830 |
| 패 | 특　별　인　부 | 0.549 |
| 절　　　　　단 | 용　　접　　공 | 1.067 |
| | 특　별　인　부 | 0.320 |
| 용　　　　　접 | 용　　접　　공 | 3.905 |
| | 특　별　인　부 | 1.172 |
| 검 사 시 험 및 교 정<br>( 모 든 품 의 1 0 % ) | | 0.962 |

[주] ① 본 품은 Batcher Plant 설치시 파손 및 마모부분의 제작 설치에만 적용한다.
　　② 본 품에는 소재의 소운반이 포함되어 있지 않으므로 소재의 운반품은
　　　Batcher Plant 설치품에서 발췌 적용한다.
　　③ 본 품에는 전기 배관, 배선 및 도장품은 포함되어 있지 않다.

〈참고〉 사용장비

| 장 비 명 | 규 격 | 단 위 | 수 량 |
|---|---|---|---|
| Truck Crane | 15ton | 대 | 1 |
| Trailer | 30ton | 대 | 1 |
| A.C.Welder | 30kVA | 대 | 1 |
| 산 소 용 접 기 | 중 형 | 조 | 1 |
| 산 소 절 단 기 | 〃 | 조 | 2 |
| Sand Paper | | 매 | 3.282 |
| 빠 데 | | kg | 0.985 |
| 광 명 단 | | ℓ | 6.583 |
| 페 인 트 | 유 성 | ℓ | 0.386 |
| 개 소 린 | | ℓ | 1.386 |
| 걸 레 | | kg | 1.164 |
| 용 접 봉 | | kg | 6.742 |
| 산 소 | 6,000ℓ입 | 병 | 0.195 |
| 아 세 틸 렌 | 4,500ℓ입 | 병 | 0.167 |
| Wire Brush | | 개 | 1.741 |
| Grease | | kg | 0.289 |

※ 산소량 규격은 대기압상태를 기준하며, 단위 '병'은 35℃에서 150기압으로 압축
  용기에 넣어 사용하는 것을 기준한다.

## 13-11-4. 가설자재 손료율

| 번 호 | 구 분 | 손 료 율(%/월) | 비 고 |
|---|---|---|---|
| 1 | Iron Wire Rope | 4.2 | 내용년수 2년 |
| 2 | Manila Rope | 5.6 | 1.5년 |
| 3 | Rubbre Hose | 8.3 | 1년 |
| 4 | 침 묵(육송) | 3.0 | 2.7년 |
| 5 | 천 막 | 5.6 | 1.5년 |
| 6 | 공 사 용 가 설 전 원 | | |
| | 가. 1차측(변압기포함) | 3.0 | 2.7년 |
| | 나. 2차측 | 5.6 | 1.5년 |

[주] 동일 공사장에서 내용년수 경과후는 손료를 계상하지 않는다.

## 13-11-5. 공사별 설치 소모자재[참고]

(ton당)

| 품     명 | 단 위 | 기 기 | 철 골 | 배 관 | Belt & Conyeyor | Heater & Tank | Pump & Fan | Crane류 |
|---|---|---|---|---|---|---|---|---|
| 산     소 | 병 | 0.109 | 1.5 | (용접식) 5.0 | 1.5 | 0.10 | 0.10 | 0.44 |
| 아 세 틸 렌 | 병 | 0.084 | 1.25 | (용접식) 3.7 | 1.25 | 0.08 | 0.08 | 0.355 |
| 용   접   봉 (전     기) | kg | 0.365 | 2.25 | (용접식) 30.0 | 2.25 | 0.36 | 0.36 | 0.85 |
| 용   접   봉 (산     소) | kg | 0.146 | 0.22 | 3.0 | 0.22 | 0.15 | 0.14 | 0.15 |
| 세     유 | ℓ | 0.73 | 0.07 | 0.07 | 0.20 | 0.05 | 0.73 | 2.00 |
| M/C Oil | ℓ | 0.365 | 0.04 | (나사식) 4.6 | 0.10 | 0.02 | 0.36 | 0.70 |
| Wire Brush | EA | 0.292 | 0.15 | 0.05 | 0.10 | 0.10 | 0.30 | 0.10 |
| Grinder Wheel | 매 | 0.022 | 0.05 | 0.05 | 0.05 | 0.05 | 0.02 | 0.05 |
| Oil Stone | 개 | 0.055 | 0.02 | 0.05 | 0.02 | 0.02 | 0.15 | 0.02 |
| File | 개 | 0.218 | 0.20 | 0.10 | 0.10 | 0.10 | 0.20 | 0.10 |
| 아연도철선 | kg | 0.73 | 0.73 | 0.40 | 0.20 | 0.20 | 0.73 | 0.20 |
| Drill | 개 | 0.018 | 0.04 | 0.02 | 0.02 | 0.02 | 0.02 | 0.02 |
| Grease | kg | 0.175 | 0.05 | 0.02 | 0.05 | 0.05 | 0.20 | 0.20 |
| 샌트페이퍼 | 매 | 0.110 | 0.05 | 0.05 | 0.05 | 0.01 | 0.11 | 0.05 |
| 걸     레 | kg | 0.730 | 0.10 | 0.20 | 0.30 | 0.10 | 0.73 | 0.73 |
| 비 닐 시 트 | m² | 0.037 | 0.02 | 0.02 | 0.02 | 0.02 | 0.04 | 0.20 |
| 시     너 | ℓ | 0.138 | 0.1 | 0.05 | 0.05 | 0.05 | 0.38 | 0.05 |
| 용 접 장 갑 | 족 | 0.05 | 0.10 | 0.05 | 0.05 | 0.05 | 0.03 | 0.05 |
| Compound | kg | 0.073 | 0.05 | 0.07 | 0.05 | 0.05 | 0.073 | 0.05 |
| 3-Bond | kg | 0.007 | 0.05 | 0.07 | 0.05 | 0.05 | 0.07 | 0.05 |
| Seal Tape | 통 | 0.10 | 0.10 | 0.87 | 0.10 | 0.10 | 0.10 | 0.10 |
| 백     묵 | 통 | 0.10 | 0.20 | 0.10 | 0.15 | 0.15 | 0.15 | 0.15 |

| 품 명 | 단위 | 기기 | 철골 | 배관 | Belt & Conyeyor | Heater & Tank | Pump & Fan | Crane류 |
|---|---|---|---|---|---|---|---|---|
| 석 필 | 통 | 0.20 | 0.30 | 0.20 | 0.20 | 0.20 | 0.20 | 0.20 |
| 함 석 | 매 | 0.05 | 0.07 | 0.05 | 0.05 | 0.05 | 0.05 | 0.07 |
| 흑 Welder Glass | 연 | 0.01 | 0.05 | 0.01 | 0.01 | 0.01 | 0.01 | 0.01 |
| 백 〃 | 연 | 0.10 | 0.20 | 0.10 | 0.20 | 0.20 | 0.10 | 0.20 |
| 오 스 터 날 | set | 0.05 | 0.05 | 0.30 | 0.05 | 0.05 | 0.05 | 0.05 |
| 탭 | 〃 | 0.05 | 0.05 | 0.05 | 0.05 | 0.05 | 0.05 | 0.05 |
| 다 이 스 | 개 | 0.05 | 0.05 | 0.05 | 0.05 | 0.05 | 0.05 | 0.05 |
| 정 | 개 | 0.10 | 0.20 | 0.05 | 0.05 | 0.05 | 0.10 | 0.05 |
| 용 접 면 | 개 | 0.01 | 0.02 | 0.02 | 0.02 | 0.02 | 0.01 | 0.02 |
| 용 접 홀 다 | 개 | 0.01 | 0.02 | 0.02 | 0.02 | 0.02 | 0.01 | 0.02 |
| 용 접 앞 치 마 | 개 | 0.01 | 0.05 | 0.02 | 0.05 | 0.05 | 0.01 | 0.05 |
| Center Punch | 개 | 0.02 | 0.02 | 0.02 | 0.02 | 0.02 | 0.02 | 0.02 |
| 서 비 스 볼 트 | 본 | 1.0 | 2.0 | 1.0 | 1.0 | 1.0 | 1.0 | 1.0 |
| 대 강 | kg | 0.02 | 0.10 | 0.02 | 0.10 | 0.10 | 0.02 | 0.10 |
| 유 지 | ℓ | 0.07 | 0.10 | 0.07 | 0.07 | 0.07 | 0.07 | 0.07 |
| Washer | 매 | 0.30 | 0.50 | 0.30 | 0.30 | 0.30 | 0.30 | 0.30 |
| 페 인 트 (표 기 용) | ℓ | 0.069 | 0.10 | 0.5 | 0.1 | 0.10 | 0.07 | 0.10 |
| 페 인 트 붓 (표 기 용) | 개 | 0.05 | 0.05 | 0.05 | 0.05 | 0.05 | 0.05 | 0.05 |

※ 산소량 규격은 대기압상태를 기준하며, 단위 '병'은 35℃에서 150기압으로 압축용기에 넣어 사용하는 것을 기준한다.

# 제14장  유지보수공사

## 14-1. 일반기계설비

### 14-1-1. 기계설비 철거 및 이설 ('93년 보완)

(단위%)

| 구분 | 철거 | | 동일구내 (인접장소) 이설 |
|---|---|---|---|
| | 재사용율 고려할 경우 | 재사용율 고려 안할 경우 | |
| 1. 기        기        류 | 80 | 60 | 160 |
| 2. 철        물        류 | 70 | 50 | 150 |
| 3. 배        관        류 | 60 | 40 | 140 |
| 4. HBELT CONVEYOR류 | 80 | 60 | 160 |
| 5. 보        온        재 | 60 | 40 | 140 |
| 6. HEATER & TANK 류 | 70 | 50 | 150 |
| 7. PUMP & FAN     류 | 60 | 40 | 140 |
| 8. C R A N E     류 | 70 | 50 | 150 |

[주] ① 상기류 외의 품목은 유사항목에 적용한다.

② 공구손료 및 소모재료는 별도 계상한다.

③ 상기의 율은 설치를 100%로 볼 때이다.

④ 특수기기에 대하여는 별도 계상할 수 있다.

⑤ 철거한 설비를 동일구내 또한 인접한 장소가 아닌 곳에 재 설치할 경우에는 설치품+철거품(재사용을 고려할 경우)으로 계상한다.

⑥ 다음 항목의 철거는 신설의 재사용을 50%( 고려치 않을 경우)로 계상한다.

| | |
|---|---|
| | 1-4-1 주철관 기계식 접합 및 배관 |
| | 4-2-1 송풍기 설치 |
| | 5-1-1 일반밸브 및 콕류 설치 |
| | 5-1-2 감압밸브장치 설치 |
| | 5-2-1 스팀트랩 장치 설치 |
| | 5-3-1 익스팬션조인트 설치 |
| | 5-3-2 플랙시블커넥터 설치 |
| | 8-1-2 냉동기 설치 |
| | 8-1-3 냉각탑 설치 |
| 항목 | 8-2-1 공기가열기, 공기냉각기, 공기여과기 설치 |
| | 8-2-3 공기조화기(Air Handling Unit) 설치 |
| | 8-3-6 방열기 설치 |
| | 10-1-1 옥내소화전함설치 |
| | 10-1-2 소화용구 격납상자설치 |
| | 10-3-1 지하식설치 |
| | 10-3-2 지상식설치 |
| | 10-4-1 일반송수구설치 |
| | 10-4-2 방수구설치 |

## 14-1-2. 유량계 교체

1. 보호통·뚜껑철거 및 재설치가 요구되는 경우에는 '[기계설비부문] 6-1-1 직독식 설치' 보호통 품에 보통인부 0.02인을 가산한다.

2. 유량계 교체 시(해체 후 재부착)에는 '[기계설비부문] 6-1-1 직독식 설치' 유량계 품에 배관공은 33%, 보통인부는 19%를 가산한다.

3. 동일장소에서 수도미터, 온수미터 병행교체 시(해체후 재부착)에는 '[기계설비부문] 6-1-1 직독식 설치' 보호통 품에 배관공은 95%, 보통인부는 49%를 가산한다.

## 14-1-3. 관갱생공

(m당)

| 규격(mm) | 규사(kg) | 에폭시도료<br>(kg) | 배관공<br>(인) | 특별인부<br>(인) | 장비사용시간<br>(시간) |
|---|---|---|---|---|---|
| ø 15 | 0.520 | 0.060 | 0.072 | 0.036 | 0.053 |
| 20 | 0.590 | 0.107 | 0.072 | 0.036 | 0.05. |
| 25 | 0.707 | 0.127 | 0.072 | 0.036 | 0.053 |
| 32 | 0.880 | 0.173 | 0.072 | 0.036 | 0.053 |
| 40 | 1.083 | 0.203 | 0.072 | 0.036 | 0.053 |
| 50 | 1.343 | 0.260 | 0.072 | 0.036 | 0.053 |
| 65 | 1.687 | 0.330 | 0.081 | 0.039 | 0.064 |
| 80 | 2.083 | 0.387 | 0.081 | 0.039 | 0.064 |
| 100 | 2.580 | 0.513 | 0.081 | 0.039 | 0.064 |
| 125 | 3.177 | 0.647 | 0.101 | 0.050 | 0.080 |
| 150 | 3.977 | 0.777 | 0.101 | 0.050 | 0.080 |
| 200 | 5.030 | 1.027 | 0.101 | 0.050 | 0.080 |
| 250 | 6.297 | 1.277 | 0.111 | 0.056 | 0.089 |
| 300 | 7.610 | 1.650 | 0.111 | 0.056 | 0.089 |

[주] ① 본 품은 에어샌드공법을 기준한 것이다.

② 도장두께는 0.3~1mm일 때를 기준한 것이다.

③ 본 품에는 강관 갱생을 위한 관내부 세척, 열풍건조, 관내부 피복코
팅 및 소운반품이 포함되어 있다.

④ 입상관의 경우는 본 품에 30%를 가산한다.

⑤ 검사구 설치, 밸브 및 보온 해체 복구, 가설급수 배관 및 해체에
대한 비용은 별도 계상한다.

⑥ 관세척 공사시 발생되는 폐기물을 폐기물관리법 등의 규정에 따라
적정하게 처리하는데 소요되는 비용은 별도 계상한다.

⑦ 사용장비중 공기압축기는 규격 25.5㎥/min를 기준한 것이며,
라이닝기(1set)에 대한 기계경비는 별도 계상한다.

⑧ 장비조합은 다음을 기준한다.

| 규격(mm) | ø 15~100 | ø 65~100 | ø 125~200 | ø 250~300 |
|---|---|---|---|---|
| 라이닝기 | 1set | 1set | 1set | 1set |
| 공기압축기 | 1대 | 2 | 5대 | 6대 |

# 14-2. 자동제어설비

## 14-2-1 철거 및 이설

| 항목 | |
|---|---|
| 항목 | 12-1-1 계기반 설치 |
| | 12-1-2 플랜트계기 설치 |
| | 12-2-2 계량기 설치 |
| | 12-2-3 도압배관 |
| | 12-2-4 Control Air 배관 |
| | 12-2-5 압축공기 발생장치 및 공기관 배관 |
| 적용내용 | - 철거는 본품의 40%(재사용)를 계상한다. |
| | - 이설은 본품의 140%를 계상한다 |

# 기계설비공사 품셈 참고자료

# 기호 일람표

| 공간과 시간 | | 역학 | |
|---|---|---|---|
| $\alpha, \beta, \gamma$ | 각 | $m$ | 질량 |
| $\Omega$ | 입체각 | $p$ | 밀도 |
| $b, B$ | 독 | $F$ | 힘 |
| $d, D$ | 직경(대각선의) | $f, \sigma$ | 수직응력 |
| $h, H$ | 높이 | $q, \tau$ | 전단응력 |
| $l, L$ | 길이 | $p$ | 압력 |
| $p$ | 피치 | $\epsilon$ | 신장률, 왜곡 |
| $r, R$ | 반경 | $E$ | 탄성계수(영률) |
| $s$ | 거리, 둘레길이 | $G$ | 횡탄성계수(전단계수) |
| $t$ | 두께 | $M$ | 휨모멘트 |
| $u, U$ | 주위 | $T$ | 비틀림모멘트, 토크 |
| $A$ | 면적, 단면 | $Z$ | 단면계수 |
| $A_m$ | 측면적 | $Q$ | 전단력, 전단하중 |
| $A_o$ | 표(겉)면적 | $V$ | 연직방향의 반력 |
| $V$ | 체적 | $W$ | 중량, 하중, 일, 에너지 |
| $t$ | 시간 | $w$ | 균일분포하중 |
| $v$ | 선속도 | $I$ | 광성모멘트, 단면2차모멘트 |
| $w$ | 각속도 | $I_p$ | 극관성모멘트 |
| $a$ | 선가속도 | $J$ | 비틀림상수 |
| $\alpha$ | 각가속도 | $\mu$ | 미끄럼마찰계수 |
| $g$ | 중력의 가속도 | $\mu_0$ | 정지마찰계수 |
| **주기현상** | | $\mu_q$ | 레이디얼베어링의 마찰계수 |
| $T$ | 주기 | $\mu_l$ | 스러스트베어링의 마찰계수 |
| $f$ | 진동수 | $f$ | 구름마찰계수 |
| $n$ | 회전수 | $\eta$ | (절대) 점성계수(점도) |
| $w$ | 각진동수 | $\nu$ | 운동점성계수(동점도) |
| $\lambda$ | 파장 | $P$ | 동력 |
| $c$ | 광속 | $\eta$ | 효율 |
| $\phi$ | 위상 | | |

| 열 | | | $\delta$ | 공극장, 손실각 |
|---|---|---|---|---|
| | $T$ | 절대온도 | $\alpha$ | 저항의 온도계수 |
| | $t$ | 셀시우스도 | $\gamma$ | 전기전도율 |
| | $\alpha$ | 선팽창계수 | $\rho$ | 비저항 |
| | $\gamma$ | 체적팽창계수 | $\varepsilon$ | 유도율 |
| | $\Phi$ | 열유량 | $\varepsilon_0$ | 비유전율 |
| | $\phi$ | 열유속 | $N$ | 권수 |
| | $Q$ | 열량 | $\mu$ | 유자율 |
| | $c_p$ | 정압비열 | $\mu_0$ | 절대유자율 |
| | $c_v$ | 정용비열 | $\mu_r$ | 비유자율 |
| | $\gamma$ | 비열 $C_P$와 $C_v$의 비 | $p$ | 자극쌍의 수 |
| | $R$ | 가스상수 | $z$ | 도선의 수 |
| | $\lambda$ | 열전도율 | $Q$ | 계수 |
| | $\alpha$ | 열전달계수 | $Z$ | 임피던스 |
| | $\kappa$ | 열전달률 | $X$ | 리액턴스 |
| | $C$ | 방사상수 | $P_s$ | 피상전력 |
| | $v$ | 비용적 | $P_q$ | 무효전력 |
| 전기와 자기 | | | $C_M$ | 모멘트상수 |
| | $I$ | 전류 | 빛과 전자방사 | |
| | $J$ | 전류밀도 | $I_e$ | 방사강도 |
| | $V, U$ | 전압 | $I_V$ | 광도 |
| | $U_q$ | 기전력 | $\Phi_e$ | 방사출력 |
| | $R$ | 저항 | $\Phi_V$ | 광속 |
| | $G$ | 콘덕턴스 | $Q_e$ | 방사선량 |
| | $Q$ | 전기량(전하) | $Q_V$ | 광량 |
| | $C$ | 정전용량 | $E_e$ | 방사발산도 |
| | $D$ | 코일의 평균직경 | $E_V$ | 조도 |
| | $E$ | 전계강도 | $H_e$ | 방사폭로 |
| | $\Phi$ | 자속 | $H_V$ | 노광 |
| | $B$ | 자기유도, 자속밀도 | $L_e$ | 방사도 |
| | $L$ | 인덕턴스 | $L_V$ | 휘도 |
| | $H$ | 자계강도 | $c$ | 광속 |
| | $\Theta$ | 자기포텐셜 | $n$ | 굴절률 |
| | $V$ | 자위 | $f$ | 초점거리 |
| | $R_m$ | 자기저항 | $D$ | 렌즈굴절, 흡수선량 |
| | $\Lambda$ | 자기콘덕턴스 | | |

# 단 위

## 【10의 정수승배를 구성하는 접두어】

| | | | | | |
|---|---|---|---|---|---|
| da = 데카 = $10^1$ | | | d = 디시 = $10^{-1}$ |
| h = 헥토 = $10^2$ | | | c = 센티 = $10^{-2}$ |
| k = 킬로 = $10^3$ | | | m = 밀리 = $10^{-3}$ |
| M = 메가 = $10^6$ | | | μ = 마이크로 = $10^{-6}$ |
| G = 기가 = $10^9$ | | | n = 나노 = $10^{-9}$ |
| T = 테라 = $10^{12}$ | | | p = 피코 = $10^{-12}$ |
| P = 페타 = $10^{15}$ | | | f = 헴트 = $10^{-15}$ |
| E = 엑사 = $10^{18}$ | | | a = 아토 = $10^{-18}$ |

## 【길이의 단위】

| | m | $\mu m$ | mm | cm | dm | km |
|---|---|---|---|---|---|---|
| 1m = | 1 | $10^6$ | $10^3$ | $10^2$ | 10 | $10^{-3}$ |
| $1\mu m$ = | $10^{-6}$ | 1 | $10^{-3}$ | $10^{-4}$ | $10^{-5}$ | $10^{-9}$ |
| 1mm = | $10^{-3}$ | $10^3$ | 1 | $10^{-1}$ | $10^{-2}$ | $10^{-6}$ |
| 1cm = | $10^{-2}$ | $10^4$ | 10 | 1 | $10^{-1}$ | $10^{-5}$ |
| 1dm = | $10^{-1}$ | $10^5$ | $10^2$ | 10 | 1 | $10^{-4}$ |
| 1km = | $10^3$ | $10^9$ | $10^6$ | $10^5$ | $10^4$ | 1 |

| | mm | $\mu m$ | nm | [Å]* | pm | [mÅ]** |
|---|---|---|---|---|---|---|
| 1mm = | 1 | $10^3$ | $10^6$ | $10^7$ | $10^9$ | $10^{10}$ |
| $1\mu m$ = | $10^{-3}$ | 1 | $10^3$ | $10^4$ | $10^6$ | $10^7$ |
| 1nm = | $10^{-6}$ | $10^{-3}$ | 1 | 10 | $10^3$ | $10^4$ |
| [1Å]* = | $10^{-7}$ | $10^{-4}$ | $10^{-1}$ | 1 | $10^2$ | $10^3$ |
| 1pm = | $10^{-9}$ | $10^{-6}$ | $10^{-3}$ | $10^{-2}$ | 1 | 10 |
| [1mÅ]** = | $10^{-10}$ | $10^{-7}$ | $10^{-4}$ | $10^{-3}$ | $10^{-1}$ | 1 |

* Å = 옹스트롬, 1mÅ = 1X선 단위

## 【면적의 단위】

| | $m^2$ | $\mu m^2$ | $mm^2$ | $cm^2$ | $dm^2$ | $km^2$ |
|---|---|---|---|---|---|---|
| $1m^2$ = | 1 | $10^{12}$ | $10^6$ | $10^4$ | $10^2$ | $10^{-6}$ |
| $1\mu m^2$ = | $10^{-12}$ | 1 | $10^{-6}$ | $10^{-8}$ | $10^{-10}$ | $10^{-18}$ |
| $1mm^2$ = | $10^{-6}$ | $10^6$ | 1 | $10^{-2}$ | $10^{-4}$ | $10^{-12}$ |
| $1cm^2$ = | $10^{-4}$ | $10^8$ | $10^2$ | 1 | $10^{-2}$ | $10^{-10}$ |
| $1dm^2$ = | $10^{-2}$ | $10^{10}$ | $10^4$ | $10^2$ | 1 | $10^{-8}$ |
| $1km^2$ = | $10^6$ | $10^{18}$ | $10^{12}$ | $10^{10}$ | $10^8$ | 1 |

## 【체적(부피)의 단위】

|  | m³ | mm³ | cm³ | dm³=L[1] | km³ |
|---|---|---|---|---|---|
| 1m³ = | 1 | $10^9$ | $10^6$ | $10^3$ | $10^{-9}$ |
| 1mm³ = | $10^{-9}$ | 1 | $10^{-3}$ | $10^{-6}$ | $10^{-18}$ |
| 1cm³ = | $10^{-6}$ | $10^3$ | 1 | $10^{-3}$ | $10^{-15}$ |
| 1dm³ = 1L = | $10^{-3}$ | $10^6$ | $10^3$ | 1 | $10^{-12}$ |
| 1km³ = | $10^9$ | $10^{18}$ | $10^{15}$ | $10^{12}$ | 1 |

## 【질량의 단위】

|  | kg | mg | g | dt | t = Mg |
|---|---|---|---|---|---|
| 1kg = | 1 | $10^6$ | $10^3$ | $10^{-2}$ | $10^{-3}$ |
| 1mg = | $10^{-6}$ | 1 | $10^{-3}$ | $10^{-8}$ | $10^{-9}$ |
| 1g = | $10^{-3}$ | $10^3$ | 1 | $10^{-5}$ | $10^{-6}$ |
| 1dt = | $10^2$ | $10^8$ | $10^5$ | 1 | $10^{-1}$ |
| 1t = 1Mg = | $10^3$ | $10^9$ | $10^6$ | 10 | 1 |

## 【시간의 단위】

|  | s | ns | μs | ms | min |
|---|---|---|---|---|---|
| 1s = | 1 | $10^9$ | $10^6$ | $10^3$ | $16.66 \times 10^{-3}$ |
| 1ns = | $10^{-9}$ | 1 | $10^{-3}$ | $10^{-6}$ | $16.66 \times 10^{-12}$ |
| 1μs = | $10^{-6}$ | $10^3$ | 1 | $10^{-3}$ | $16.66 \times 10^{-9}$ |
| 1ms = | $10^{-3}$ | $10^6$ | $10^3$ | 1 | $16.66 \times 10^{-6}$ |
| 1min = | 60 | $60 \times 10^9$ | $60 \times 10^6$ | $60 \times 10^3$ | 1 |
| 1h = | 3600 | $3.6 \times 10^{12}$ | $3.6 \times 10^9$ | $3.6 \times 10^6$ | 60 |
| 1d = | $86.4 \times 10^3$ | $86.4 \times 10^{12}$ | $86.4 \times 10^9$ | $86.4 \times 10^6$ | 1440 |

## 【힘의 단위】

|  | N[2] | kN | MN | [kgf] | [dyn] |
|---|---|---|---|---|---|
| 1N = | 1 | $10^{-3}$ | $10^{-6}$ | 0.102 | $10^5$ |
| 1kN = | $10^3$ | 1 | $10^{-3}$ | $0.102 \times 10^3$ | $10^8$ |
| 1MN = | $10^6$ | $10^3$ | 1 | $0.102 \times 10^6$ | $10^{11}$ |

1) 1dm³ = 1L (또는 ℓ) = 1liter
2) 1N = 1kgm/s²=1뉴튼, 1kgf=1kp=1킬로폰드=9.81N

## 【압력의 단위】

| | Pa = N/m² | N/mm² | bar | [kgf/cm²] | [Torr] |
|---|---|---|---|---|---|
| 1Pa = 1N/m² = | 1 | $10^{-6}$ | $10^{-5}$ | $1.02 \times 10^{-5}$ | 0.0075 |
| 1N/mm² = | $10^6$ | 1 | 10 | 10.2 | $7.5 \times 10^3$ |
| 1bar = | $10^5$ | 0.1 | 1 | 1.02 | 750 |
| [1kgf/cm²=1at] = | 98100 | $9.81 \times 10^{-2}$ | 0.981 | 1 | 736 |
| [1Torr]$^{1)}$ = | 133 | $0.133 \times 10^{-3}$ | $1.33 \times 10^{-3}$ | $1.36 \times 10^{-3}$ | 1 |

## 【일의 단위】

| | J | kWh | [kgf m] | [kcal] | [PSh] |
|---|---|---|---|---|---|
| 1J$^{2)}$ = | 1 | $0.278 \times 10^{-6}$ | 0.102 | $0.239 \times 10^{-3}$ | $0.378 \times 10^{-6}$ |
| 1kWh = | $3.60 \times 10^6$ | 1 | $367 \times 10^3$ | 860 | 1.36 |
| [1kgf m] = | 9.81 | $2.72 \times 10^{-6}$ | 1 | $2.345 \times 10^{-3}$ | $3.70 \times 10^{-6}$ |
| [1kcal] = | 4186.8 | $1.16 \times 10^{-3}$ | 426.9 | 1 | $1.58 \times 10^{-3}$ |
| [1PSh] = | $2.65 \times 10^6$ | 0.736 | $0.27 \times 10^6$ | 632 | 1 |

## 【동력의 단위】

| | W | kW | [kgf m/s] | [kcal/h] | [PS] |
|---|---|---|---|---|---|
| 1W$^{3)}$ = | 1 | $10^{-3}$ | 0.102 | 0.860 | $1.36 \times 10^{-3}$ |
| 1kW = | 1000 | 1 | 102 | 860 | 1.36 |
| [1kgf m/s] = | 9.81 | $9.81 \times 10^{-3}$ | 1 | 8.43 | $13.3 \times 10^{-3}$ |
| [1kcal/h] = | 1.16 | $1.16 \times 10^{-3}$ | 0.119 | 1 | $1.58 \times 10^{-3}$ |
| [1PS] = | 736 | 0.736 | 75 | 632 | 1 |

## 【보석질량의 단위】

1미터 carat = 200mg = $0.2 \times 10^{-3}$kg = 1/5000kg

## 【귀금속순도의 단위】$^{4)}$   (‰ 千分率)$^{5)}$

| 24karat=1000.00‰ | 18karat=750.00‰ |
|---|---|
| 14karat=583.33‰ | 8karat=333.33‰ |

## 【온도의 단위】

$$T = (\frac{t}{℃} + 273.15)K = \frac{5}{9} \frac{T_R}{°R} K$$

$$T_R = (\frac{t_F}{°F} + 459.67)°R = \frac{9}{5} \frac{T}{K} °R$$

$$t = \frac{5}{9}(\frac{t_F}{°F} - 32)°C = (\frac{T}{K} - 273.15)°C$$

$$t_F = (\frac{9}{5} \frac{t}{℃} + 32)°F = (\frac{T_R}{°R} - 459.67)°F$$

물의 비등점 (760Torr)

| K | ℃ | °F | °R |
|---|---|---|---|
| 373.15 | 100 | 212 | 671.67 |
| 273.15 | 0 ……… | 32 | 491.67 |

절대영도 0 -273.15 -459.67 0

$T$, $T_R$, $t$ 및 $t_F$는 열역학적온도(켈빈$K$),
랭킹온도(°$R$), 셀시우스온도(℃) 및 화씨온도(°$F$)이다
1) 1 Torr=1/760 atm=1.333 22 mbar = 1mmHG(t=0° C)  2) 1J = 1NM = 1 WS
3) 1 W=1J/s=1 N m/s   4) 약해서 k또는 kt로 쓴다.   5) 1‰ = 1/1000 = 0.1%

## 【미영단위에서 미터단위로의 환산】

■ 길이의 단위

|          | in     | ft                    | yd                    | mm    | m       | km        |
|----------|--------|-----------------------|-----------------------|-------|---------|-----------|
| 1 in =   | 1      | 0.083 33              | 0.027 78              | 25.4  | 0.025 4 | −         |
| 1 ft =   | 12     | 1                     | 0.333 3               | 304.8 | 0.304 8 | −         |
| 1 yd =   | 36     | 3                     | 1                     | 914.4 | 0.914 4 | −         |
| 1 mm =   | 0.039 37 | $3\,281\times10^{-6}$ | $1\,094\times10^{-6}$ | 1     | 0.001   | $10^{-6}$ |
| 1 m =    | 39.37  | 3.281                 | 1.094                 | 1 000 | 1       | 0.001     |
| 1 km =   | 39 370 | 3 281                 | 1 094                 | $10^6$ | 1 000  | 1         |

■ 면적의 단위

|           | sq in  | sq ft                  | sq yd                  | $cm^2$ | $dm^2$  | $m^2$                |
|-----------|--------|------------------------|------------------------|--------|---------|----------------------|
| 1 sq in = | 1      | $6.944\times10^{-3}$   | $0.772\times10^{-3}$   | 6.452  | 0.064 52 | $64.5\times10^{-5}$ |
| 1 sq ft = | 144    | 1                      | 0.111 1                | 929    | 9.29    | 0.092 9              |
| 1 sq yd = | 1 296  | 9                      | 1                      | 8 361  | 83.61   | 0.836 1              |
| 1 $cm^2$ = | 0.155 | $1.076\times10^{-3}$   | $1.197\times10^{-4}$   | 1      | 0.01    | 0.000 1              |
| 1 $dm^2$ = | 15.5  | 0.107 6                | 0.011 96               | 100    | 1       | 0.01                 |
| 1 $m^2$ = | 1 550  | 10.76                  | 1.196                  | 10 000 | 100     | 1                    |

■ 체적의 단위

|           | cu in  | cu ft                  | cu yd                  | $cm^3$ | $dm^3$  | $m^3$                |
|-----------|--------|------------------------|------------------------|--------|---------|----------------------|
| 1 cu in=  | 1      | $5.786\times10^{-4}$   | $2.144\times10^{-5}$   | 16.39  | 0.016 39 | $1.64\times10^{-5}$ |
| 1 cu ft=  | 1 728  | 1                      | 0.037                  | 28 316 | 28.32   | 0.028 3              |
| 1 cu yd=  | 46 656 | 27                     | 1                      | 764 555 | 764.55 | 0.764 6              |
| 1 $cm^3$ = | 0.061 002 | $3\,532\times10^{-8}$ | $1.31\times10^{-6}$ | 1     | 0.001   | $10^{-6}$            |
| 1 $dm^3$ = | 61.02 | 0.035 32               | 0.001 31               | 1 000  | 1       | 0.001                |
| 1 $m^3$ = | 61 023 | 35.32                  | 1.307                  | $10^6$ | 1 000   | 1                    |

■ 질량의 단위

|          | dram              | oz       | lb        | g     | kg       | Mg                  |
|----------|-------------------|----------|-----------|-------|----------|---------------------|
| 1 dram = | 1                 | 0.062 5  | 0.003 906 | 1.772 | 0.001 77 | $1.77\times10^{-6}$ |
| 1 oz =   | 16                | 1        | 0.062 5   | 28.35 | 0.028 32 | $28.3\times10^{-6}$ |
| 1 lb =   | 256               | 16       | 1         | 453.6 | 0.453 6  | $4.53\times10^{-4}$ |
| 1 g =    | 0.564 3           | 0.035 27 | 0.002 205 | 1     | 0.001    | $10^{-6}$           |
| 1 kg =   | 564.3             | 35.27    | 2.205     | 1 000 | 1        | 0.001               |
| 1 Mg =   | $564.4\times10^3$ | 35 270   | 2 205     | $10^6$ | 1 000   | 1                   |

1  1 pound (lb) = 0.453 59kg

■ 일의 단위

|  | ft lbf | kgf m | J=Ws | kW h | kcal | BTU |
|---|---|---|---|---|---|---|
| 1 ft lbf= | 1 | 0.138 3 | 1.356 | $376.8 \times 10^{-9}$ | $324 \times 10^{-6}$ | $1.286 \times 10^{-3}$ |
| 1 kgf m= | 7.233 | 1 | 9.807 | $2.725 \times 10^{-6}$ | $2.344 \times 10^{-3}$ | $9.301 \times 10^{-3}$ |
| 1 J=Ws= | 0.737 6 | 0.102 | 1 | $277.8 \times 10^{-9}$ | $239 \times 10^{-6}$ | $948.4 \times 10^{-6}$ |
| 1 kW h= | $2.655 \times 10^{6}$ | $367.1 \times 10^{3}$ | $3.6 \times 10^{6}$ | 1 | 860 | 3 413 |
| 1 kcal= | $3.087 \times 10^{3}$ | 426.9 | 4 187 | $1.163 \times 10^{-3}$ | 1 | 3.968 |
| 1 BTU= | 778.6 | 107.6 | 1 055 | $293 \times 10^{-6}$ | 0.252 | 1 |

■ 동력의 단위

|  | hp | kgf m/s | J/s=W | kW | kcal/s | BTU/s |
|---|---|---|---|---|---|---|
| 1 hp = | 1 | 76.04 | 745.7 | 0.745 7 | 0.178 2 | 0.707 3 |
| 1 kgf m/s= | $13.15 \times 10^{-3}$ | 1 | 9.807 | $9.807 \times 10^{-3}$ | $2.344 \times 10^{-3}$ | $9.296 \times 10^{-3}$ |
| 1 J/s=W= | $1.341 \times 10^{-3}$ | 0.102 | 1 | $10^{-3}$ | $239 \times 10^{-6}$ | $948.4 \times 10^{-6}$ |
| 1 kW= | 1.341 | 102 | 1 000 | 1 | 0.239 | 0.948 4 |
| 1 kcal/s= | 5.614 | 426.9 | 4 187 | 4.187 | 1 | 3.968 |
| 1 BTU/s= | 1.415 | 107.6 | 1 055 | 1.055 | 0.252 | 1 |

■ 기타의 단위

| | | |
|---|---|---|
| 1 mil=$10^{-3}$ in | = | 25.40 $\mu$m |
| 1 mil$^2$=$10^{-6}$ in$^2$ | = | 645.2$\mu$m$^2$ |
| 1 yard= 3 ft | = | 0.914 m |
| 1 mile(영) =5 280 ft | = | 1 609 m |
| 1 n mile(영) =6 080 ft | = | 1 852m |
| 1 지리 mile | = | 7 420m |
| 1 ton (영, long ton)=2 240 lb | = | 1.016 0Mg |
| 1 ton (미, short ton)=2 000lb | = | 0.907 2 Mg |
| 1 ton중 (영) = 2 240 lbf | = | 9.96 MN |
| 1 ton중 (미) = 2 000 lbf | = | 9.00 MN |
| 1 gallon (영) = 1.20 gallon (미) | = | 4.546 dm$^3$ |
| 1 gallon (미) =231 in$^3$ | = | 3.785 dm$^3$ |
| 1 BTU / ft$^3$ =9.547 kcal /m$^3$ | = | 39.964 kJ /kg |
| 1 BTU / lb =0.556 kcal /kg | = | 2.327 kJ /kg |
| 1 lbf /ft$^2$ =4.882 kgf /m$^2$ | = | 47.892 4 N /m$^2$ |
| 1 lbf /in$^2$ =1 psi= 0.070 3kgf / cm$^2$ | = | 0.689 6 N /cm$^2$ |
| 1 chain = 22 yard=100 link | = | 20.11 m |
| 1 hunderdweight (영, cwt) = 112 lbf | = | 498 kN |
| 1 quarter (영) = 28 lbf | = | 124.5 kN |
| 1 STONE (영) =14 lbf | = | 62.3 kN |

# 평면도형

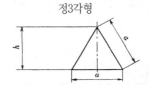

정3각형

$$A = \frac{a^2}{4}\sqrt{3}$$
$$h = \frac{a}{2}\sqrt{3}$$

---

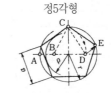

정5각형

$$A = \frac{5}{8}r^2\sqrt{10 + 2\sqrt{5}}$$
$$a = \frac{1}{2}r\sqrt{10 - 2\sqrt{5}}$$
$$p = \frac{1}{4}r\sqrt{6 + 2\sqrt{5}}$$

作図 :
$\overline{AB} = 0.5r, \overline{BC} = \overline{BD}, \overline{CD} = \overline{CE}$

---

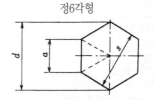

정6각형

$$A = \frac{3}{2}a^2\sqrt{3}$$
$$d = 2a$$
$$= \frac{2}{\sqrt{3}}s \fallingdotseq 1.155\,s$$
$$s = \frac{\sqrt{3}}{2}d \fallingdotseq 0.866\,d$$

---

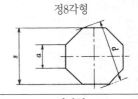

정8각형

$$A = 2as \fallingdotseq 0.866\,s^2$$
$$= 2s\sqrt{d^2 - s^2}$$
$$a = s \times \tan 22.5° \fallingdotseq 0.415\,s$$
$$s = d \times \cos 22.5° \fallingdotseq 0.924\,d$$
$$d = \frac{s}{\cos 22.5°} \fallingdotseq 1.083\,s$$

---

다각형

$$A = A_1 + A_2 + A_3$$
$$= \frac{ah_1 + bh_2 + bh_3}{2}$$

# 평면도형

$A = \dfrac{\pi}{4}d^2 = \pi\gamma^2$

$\quad \fallingdotseq 0.785\,d^2$

$U = 2\,\pi\gamma = \pi d$

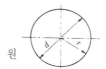

원

---

$A = \dfrac{\pi}{4}(D^2 - d^2)$

$\quad \pi(d+b)b$

$b = \dfrac{D-d}{2}$

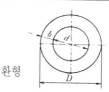

환형

---

$A = \dfrac{\pi}{360°}r^2\alpha = \dfrac{\widehat{\alpha}}{2}r^2$

$\quad = \dfrac{br}{2}$

$b = \dfrac{\pi}{180°}r\alpha$

$\widehat{\alpha} = \dfrac{\pi}{180°}\alpha = \alpha$의 호도 $(rad)$

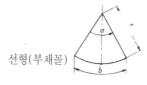

선형(부채꼴)

---

$s = 2r\,\sin\dfrac{\alpha}{2}$

$A = \dfrac{h}{6^s}(3h^2 + 4s^2) = \dfrac{r^2}{2}(\widehat{\alpha} - \sin\alpha)$

$r = \dfrac{h}{2} + \dfrac{s^2}{8h}$

$h = r(1 - \cos\dfrac{\alpha}{2}) = \dfrac{s}{2}\tan\dfrac{\alpha}{4}$

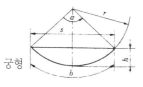

궁형

---

$A = \dfrac{\pi}{4}Dd = \pi ab$

$U \fallingdotseq \pi\dfrac{D+d}{2}$

$\quad = \pi(a+b)[1 + \dfrac{1}{4}\lambda^2 + \dfrac{1}{64}\lambda^4 + \dfrac{1}{256}\lambda^6 +$

$\quad\quad \dfrac{25}{16384}\lambda^8 + ...] \qquad \lambda = \dfrac{a-b}{a+b}$

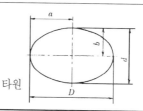

타원

# 입 체

입방체

$V = A^3$
$A_0 = 6a^2$
$d = \sqrt{3}a$

직방체(직6면체)

$V = abc$
$a_0 = 2(ab + ac + bc)$
$d = \sqrt{a^2 + b^2 + c^2}$

평행6면체

$V = A_1 h$
(카바레리의 원리)

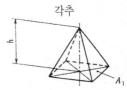

각추

$V = \dfrac{A_1 h}{3}$

머리를 자른 각추

$V = \dfrac{h}{3}(A_1 + A_2 + \sqrt{A_1 A_2}$
$\fallingdotseq h\dfrac{A_1 + A_2}{2} \quad (A_1 \fallingdotseq A_2 \text{일 때})$

# 입 체

$V = \dfrac{\pi}{4} d^2 h$

$A_m = 2\pi r h$

$A_0 = 2\pi r h (r + h)$

원주

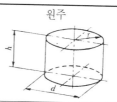

$V \dfrac{\pi}{4} h (D^2 - d^2)$

중공원주

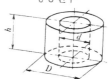

$V = \dfrac{\pi}{3} r^2 h$

$A_m = \pi r m$

$A_0 = \pi r (r + m)$

$m = \sqrt{h^2 + r^2}$

$A_2 : A_1 = x^2 : h^2$

원추

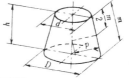

$V = \dfrac{\pi}{12} h (D^2 + Dd + d^2)$

$A_m = \dfrac{\pi}{2} m (D + d) = 2\ \pi p m$

$m = \sqrt{(\dfrac{D - d}{2})^2 + h^2}$

머리를 가른 원추

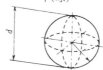

$V = \dfrac{4}{3} \pi r^3 = \dfrac{1}{6} \pi d^3$

$\quad \fallingdotseq 4 \cdot 189 r^3$

$A^0 = 4\pi r^2 = \pi d^2$

구(球)

# 입 체

구대(球帶)

$$V = \frac{\pi}{6} h (3a^2 + 3b^2 + h^2)$$

$$A_m = 2\pi r h$$

$$A_0 = \pi (2rh + a^2 + b^2)$$

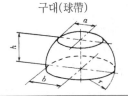

구관(球冠)

$$V = \frac{\pi}{6} h \left( \frac{3}{4} a^2 + h^2 \right)$$

$$= \pi h^2 \left( r - \frac{h}{3} \right)$$

$$A_m = 2\pi r h$$

$$= \frac{\pi}{4} (s^2 + 4h^2)$$

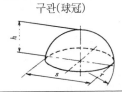

구분(球分)

$$V = \frac{2}{3} \pi r^2 h$$

$$A_0 = \frac{\pi}{2} r (4h + s)$$

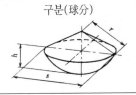

원주공동이 있는 구

$$V = \frac{\pi}{6} h^3$$

$$A_0 = 2\pi h (R + r)$$

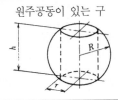

원추공동이 있는 구

$$V = \frac{2}{3} \pi r^2 h$$

$$A_0 = 2\pi r \left( h + \sqrt{r^2 - \frac{h^2}{4}} \right)$$

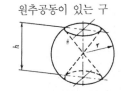

# 입　체

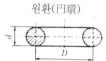

원환(円環)

$$V = \frac{\pi^2}{4} Dd^2$$

$$A_0 = \pi^2 Dd$$

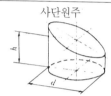

사단원주

$$V = \frac{\pi}{4} d^2 h$$

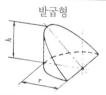

발굽형

$$V = \frac{2}{3} r^2 h$$

$$A_m = 2rh$$

$$A_0 = A_m + \frac{\pi}{2} r^2 + \frac{\pi}{2} r \sqrt{r^2 + h^2}$$

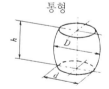

통형

$$V \fallingdotseq \frac{\pi}{12} h(2 \ D^2 + d^2)$$

각추대

$$V = \frac{\pi}{6}(A_1 + A_2 + 4A)$$

이 식은 p425~427과 구 및 구의
일부의 체적계산에 사용할 수 있다.

# 전기공학(일반용어)

【가장 중요한 전기적 양과 그 단위 기본적인 상수】

■ 기호로 사용하는 대문자, 소문자에 관한 주의
시간에 독립적인 양은 주로 대문자로 표시된다. 시간과 함께 변하는 양은 소문자로 표시되거나, 또는 t를 붙인 대문자로 표시된다.
예 : ☞ p430(■전기량, 전하Q의 식), p432(■인덕턴스 L의 식) 참고
예외 : $f$, $w$, $\hat{\imath}$, $\hat{u}$, $p_{Fe10}$

■ 전기적인 일 $W$
전기적인 일 W는 $M_1$ 쪽에서 설명한 기계적인 일 W와 등가이다. 그러나, 에너지변환은 손실이 따른다.
단위 : J ; We(와트·초) ; kWh ; MWh      1Ws = 1줄 = 1J = 1Nm
p429와 p430에서 설명한 양을 사용하면, 다시 다음 관계가 성립된다.

$$W = IVt = \frac{V^2}{R}t = I^2Rt$$

■ 전력 $P$
전력 P는, $M_1$쪽에서 설명한 바와 같이, 전력 P와 등가이다. 그러나 에너지 변환은 손실이 따른다.
단위 : W(와트) ; kW ; MW      $1W = 1\dfrac{J}{s} = 1\dfrac{Nm}{s}$
p429와 p430에서 설명되는 양을 사용하면, 다시 다음 관계가 성립된다.

$$P = VI = \frac{V^2}{R} = I^2R$$

■ 주파수(진동수) $f$
조화진동 또는 정현운동의 진동수라는 것은 사이클수와 소요시간(주기의 정수배)와이 비이다.

$f = \dfrac{\text{진동 사이클 수}}{\text{소요 시간}}$      단위 : Hz(헬쯔) = 1/s = c/s; 1/min

■ 주기 $T$
주기는 완전한 1사이클이 소요되는 시간이다. 이 진동수 $f$ 의 역수와 같다.
$T = \dfrac{1}{f}$   단위 : s ; min ; h

# 전기공학(일반용어)

■ 전류 $I$

이것은 기본단위이다. 단위 : A(암페어) ; mA ; kA

전류 1" A는 전기가 흐르는 2개의 평행선이 서로 끌어당기는 힘에 의해 정의된다.

■ 전류밀도 $J$

$$J = \frac{I}{A}$$

이 식은 전류 $I$ 가 횡단면 $A$ 에 대해 균일분포일 경우에만 적용된다.

단위 : A/㎡ ; A/㎟

■ 전위차 $V$

$$V \frac{P}{I}$$

단위 : V(볼트) ; mV ; kV

도선에 흐르는 1A의 직류전류가 1W의 에너지 변환을 할 때, 이 도선의 인가전압이 1V이다.

$$1V = \frac{W}{A} = 1\frac{J}{sA} = 1A\Omega = 1\frac{Nm}{sA}$$

■ 저항 R

$$R = \frac{V}{I} \quad (옴의 법칙)$$

단위 : Ω (옴) ; kΩ ; MΩ

1V의 인가전압이 1A의 전류를 일으킬 때, 그 도선의 저항은 1Ω이다.

$$1\Omega = \frac{1V}{1A} = 1\frac{W}{A^2} = 1\frac{W}{sA^2} = 1\frac{Nm}{sA^2}$$

■ 콘덕턴스 G

콘덕턴스G는 저항R의 역수이다.

$$G = 1/R$$

단위 : 1/Ω

1/Ω=[1 Mho (モー)]

■ 전기량, 전하 Q

$$q = \int idt \quad$$ ☞p429(■기호로 사용하는 대문자, 소문자 관한 주의) 참고

# 전기공학(일반용어)

직류에 대해 : $Q = It$
단위 : C(쿨롱)
1 C = 1 As

■ 정전용량 C
콘덴서의 정전용량 C는 콘덴서에 저장된 전기량Q과 인가전압V과의 비이다.

$$C = \frac{Q}{V}$$

단위 : F( 패럿) ; μF ; nF ; pF
콘덴서가 전압을 1V 올리는데 1C의 전하가 필요할 때, 그 정전 용량은 1F이다.

$$1F = 1\frac{C}{V} = 1\frac{As}{V} = 1\frac{A^2s}{W} \, 1\frac{A^2s^2}{J} = 1\frac{A^2s^2}{Nm}$$

■ 자속∅

$$\Phi = \frac{1}{N}\int v dt \quad \text{☞}429(\text{■기호로 사용하는 대문자, 소문자에 관한 주의}) \text{ 참고}$$

이 경우, $N$은 코일의 권수이고, $v$는 코일의 자속 ∅ 가시간과 함께 변화할 때의 유기전압이다
단위 : Wb(웨버) = Vs = $10^8$M(맥스웰)
단일권의 회로에서, 1Wb의 자속이 단위시간(1s)에 고른 비율로 영까지 감속할 때, 1V의 전압을 유기하는 자속을 1Wb로 한다.

■ 자기유도(자속밀도)
횡단면 $A$의 자기유도는

$$B = \frac{\Phi}{A}$$

이 경우, A는 균일한 ∅를 수직방향으로 가로지르는 단면적이다.
단위 : T(테슬라) ; μT ; nT ; Vs/㎡ ; G(가우스)

$$1T = 1\frac{Vs}{m^2} = 10^{-4}\frac{Vs}{cm^2} = \left[10^4 G = 10^4\frac{M}{cm^2}\right]$$

1Wb의 균일한 자속과 수직방향으로 1㎡의 면적을 가로지를 때, 그 자기 유도는 1T이다.

# 전기공학(일반용어)

■ 인덕턴스 $L$

$$L = N\frac{\Phi}{I} = N\frac{\Phi_t}{i}$$ ☞p429(■기호로 사용하는 대문자, 소문자에 관한 주의) 참고

이 경우 $I$는 권수 $N$의 코일을 흐르는 전류이고, $\emptyset$는 이 코일에 발생하는 자속이다.

단위 : H(헨리) ; mH

1H는 단일권의 폐루프의 인덕턴스이고 진공 속에 놓여진 이폐루프에 1A의 전류가 흐르고 있을 때, 폐루프는 1Wb의 자속을 둘러싼다.

$$1H = \frac{Wb}{A} = 1\frac{Vs}{A}$$

■ 자계의 강도 $H$

$$H = \frac{B}{\mu_0 \mu_r}$$

단위 : A/m ; A/cm ; A/mm ; (암페아 횟수)

■ 기자력 $F$

$$F = NI$$

단위 : A ; kA ; mA ; (암페아 횟수)

■ 자기력 $F_i$ (자기회로의 $i$번째 부분의) :

$$F_i = H_i l_i$$

이 경우, $l_i$는 이 부분의 길이이다.

$$\sum_{i=1}^{n} F_i = F$$

자기저항S(자기회로의 균일한 부분의)는

$$S = \frac{F}{\Phi}$$ (자기회로에서의 옴의 법칙)

단위 : 1/H ; A/Vs ; (암페아 횟수)

# 전기공학(교류)

## [단상교류의 기초식]

임피던스

애드미턴스 $\qquad Y = 1/Z$

임피던스에 걸리는 전압 $\qquad V = IZ$

임피던스에 흐르는 전류 $\qquad I = V/Z$

리액턴스 $\qquad X = Z\sin\phi$

유효전력 $\qquad P = VI\cos\phi = I^2 R$

무효전력 $\qquad P_q = VI\cos\phi = I^2 X$

피상전력 $\qquad P_s = VI = \sqrt{P^2 + P_q^2} = I^2 Z$

역률 $\qquad \cos\phi = \dfrac{P}{VI} = \dfrac{P}{P_s}$

코일의 교번자속 $\qquad \widehat{\phi} = \dfrac{V_L}{4.44Nf}$

p432에서 사용하는 기호

$\mu_0$ : 절대투자율 ($\mu_0 = 4\pi \times 10^{-7} \mathrm{Vs/Am}$)

$\mu r$ : 비투자율, 진공, 기체, 액체, 및 대부분의 고체에 관해서는 자성체에 관해서는 p445 참고

$a$ : 권수를 통과하는 평행경로의 수

$l$ : 자기 회로의 길이

$N$ : 코일의 권수

$P$ : 자극쌍의 수

$z$ : 도선의 수

($R_R$, $R_P$)는 쵸크의 (직렬, 병렬) 등가 회로의 저항이다.

($L_R$, $L_P$)는 쵸크의 (직렬, 병렬) 등가 회로의 인덕턴스이다.

# 표(고체의 성질)

## [참고조건]

밀도 $P$ (t=20℃에서의 수치)

융점 $t$ : 괄호내의 수치는 승화온도(고체상태에서 고체상태로 직접 상태 변화를 하는 온도)

열전도율 $\lambda$ (t=20℃에서의 수치)

비열 $C$ : 0<t<100℃의 온도범위에 대한 수치

| 물 질 | 밀도 $P$ kg/dm³ | 융점 $t$ ℃ | 비점 $t$ ℃ | 열전도율 $\lambda$ W/(m K)[1] | 비열 $C$ kJ/(kg K)[2] |
|---|---|---|---|---|---|
| Achat | ~2, 6 | ~1600 | ~2600 | 11, 20 | 0.80 |
| Aluminium, geg. | 2, 6 | 658 | ~2200 | 204 | 0,879 |
| 〃    gewalzt | 2, 7 | 658 | ~2200 | 204 | 0,879 |
| 〃    -Bronze | 7, 7 | 1040 | ~2300 | 128 | 0,435 |
| Antimon | 6, 67 | 630 | 1635 | 22, 5 | 0,209 |
| Arsen | 5,72 | · | (613) | · | 0,348 |
| Asbest | ~2,5 | ~1300 | · | · | 0,846 |
| Barium | 3,59 | 704 | 1700 | · | 0,29 |
| Basait | 2,7..3,2 | · | · | 1,67 | 0,86 |
| Bernstein | ~1, 0 | ~300 | · | · | · |
| Beryllium | 1,85 | 1280 | 2970 | 165 | 1,02 |
| Beton | ~2,0 | · | · | ~1,0 | 0,88 |
| Blei | 11,3 | 327,4 | 1740 | 34,7 | 0,130 |
| Borax | 1,72 | 740 | · | · | 0,996 |
| Bronze(Cu sn 6) | 8,83 | 910 | 2300 | 64 | 0,37 |
| Chrom | 7,1 | 1800 | 2700 | 69 | 0,452 |
| Chromoxid | 5,21 | 2300 | · | 0,42 | 0,75 |
| Deltametall | 8,6 | 950 | · | 104,7 | 0,384 |
| Diamant | 3,5 | · | (3540) | · | 0,52 |
| Eis | 0,92 | 0 | 100 | 2,33[3] | 2,09[3] |
| Eisenoxid | 5,1 | 1570 | · | 0,58 | 0,67 |
| Eisen, rein | 7,86 | 1530 | 3070 | 81 | 0,456 |
| Gips | 2,3 | 1200 | · | 0,45 | 1,1 |
| Glas, Fenster- | ~2,5 | ~700 | · | 0,81 | 0,84 |
| Glaswolle | ~0,15 | · | · | ~0,04 | 0,84 |
| Glimmer | ~2,8 | · | · | 0,35 | 0,87 |
| Gold | 19,29 | 1063 | 2700 | 310 | 0,130 |

[1] 1 W/(m K) = 0,8598 kcal/(h m K)    [3] bei $t$ = -20℃…0℃
[2] 1 kJ/(kg K) = 0,2388 kcal/(kg K)

## 표(고체의 성질)

| 물 질 | 밀도 $P$ | 융점 $t$ | 비점 $t$ | 열전도율 $\lambda$ | 비열 $C$ |
|---|---|---|---|---|---|
| | kg/dm³ | ℃ | ℃ | W/(m K)[1] | kJ/(kg K)[2] |
| Graphit | 2,24 | ~3800 | ~4200 | 168 | 0,71 |
| Graugu β | 7,25 | 1200 | 2500 | 58 | 0,532 |
| Hartgummi | ~1,4 | · | · | 0.17 | 1,42 |
| Hartmetall | 14,8 | 2000 | ~4000 | 81 | 0,80 |
| Hartschaum | 0,015 | · | · | 0.04 | · |
| Holz, Ahorn | ~0,75 | · | · | 0.16 | 1.6 |
| " , Birke | ~0,65 | · | · | 0.142 | 1.9 |
| " , Buche | ~0,72 | · | · | 0.17 | 2.1 |
| " , Eiche | ~0,85 | · | · | 0.17 | 2.4 |
| " , Erle | ~0,55 | · | · | 0.17 | 1.4 |
| " , Esche | ~0.75 | · | · | 0,16 | 1,6 |
| " , Fichte | ~0.45 | · | · | 0,i14 | 2,1 |
| " , Kiefer | ~0.75 | · | · | 0,14 | 1,4 |
| " , Lärche | ~0.75 | · | · | 0,12 | 1,4 |
| " , Papple | ~0.50 | · | · | 0,12 | 1,4 |
| Holzkohle | ~0,4 | · | · | 0,084 | 0,84 |
| Iridium | 22,5 | 2450 | 4800 | 59,3 | 0,134 |
| Jod | 4,95 | 113,5 | 184 | 0,44 | 0,218 |
| Kadmium | 8,64 | 321 | 765 | 92,1 | 0,234 |
| Kalium | 0,86 | 63,6 | 760 | 110 | 0,80 |
| Kalkstein | 2,6 | · | · | 2,2 | 0,909 |
| Kalzium | 1,55 | 850 | 1439 | · | 0,63 |
| Kautschuk, roh | 0,95 | 125 | · | 0,20 | · |
| Kesselstein | ~2,5 | ~1200 | ~2800 | 1,2…3 | 0,80 |
| Kobalt | 8,8 | 1490 | ~3100 | 69,4 | 0,435 |
| Kochsalz | 2,15 | 802 | 1440 | · | 0,92 |
| Kohlenstoff | 3,51 | (3540) | (3540) | 8,9 | 0,854 |
| Kolophonium | 1,07 | 100..300 | · | 0,317 | 1,30 |
| Konstantan | 8,89 | 1600 | 2400 | 23,3 | 0,410 |
| Kork | 0,2..0,3 | · | · | ~0,05 | ~2,0 |
| Kreide | 1,8..2,6 | · | · | 0,92 | 0,84 |
| Kupfer, gegossen | 8,8 | 1083 | ~2500 | 384 | 0,394 |
| " , gewalzt | 8,9 | 1083 | ~2500 | 384 | 0,394 |
| " , rein | 8,93 | 1083 | ~2500 | 384 | 0,394 |
| Leder, trocken | 0,9..1,0 | · | · | 0,15 | ~1,5 |

[1] 1 W/(m K) = 0,8598 kcal/(h m K)
[2] 1 kJ/(kg K) = 0,2388 kcal/(kg K)

## 표(고체의 성질)

| 물 질 | 밀도 P | 융점 t | 비점 t | 열전도율 λ | 비열 C |
|---|---|---|---|---|---|
| | kg/dm³ | ℃ | ℃ | W/(m K)[1] | kJ/(kg K)[2] |
| Lithium | 0,53 | 179 | 1372 | 301.2 | 0,36 |
| Magnesium | 1,74 | 657 | 1110 | 157 | 1,05 |
| Mangan | 7,43 | 1221 | 2150 | · | 0,46 |
| Marmor | 2,6..2,8 | · | · | 2,8 | 0,84 |
| Mennige, Blei- | 8,6..9,1 | · | · | 0,7 | 0,092 |
| Messing, gegossen | 8,4 | 900 | ~1100 | 113 | 0,385 |
| "   , gewalzt | 8,5 | 900 | ~1100 | 113 | 0,385 |
| Molybdän | 10,2 | 2600 | 5500 | 145 | 0,27 |
| Monelmetall | 8,8 | ~1300 | · | 19,7 | 0,43 |
| Natrium | 0,98 | 91,5 | 880 | 126 | 1,26 |
| Neusilber | 8,7 | 1020 | · | 48 | 0,398 |
| Nickel | 8,9 | 1452 | 2730 | 59 | 0,46 |
| Osmium | 22,5 | 2500 | 5300 | · | 0,13 |
| Palladium | 12,0 | 1552 | 2930 | 70,9 | 0,24 |
| Papier | 0,7..1,1 | · | · | 0,14 | 1,336 |
| Paraffin | 0,9 | 52 | 300 | 0,26 | 3,26 |
| Pech | 1,25 | · | · | 0,13 | · |
| Phosphor | 1,82 | 44 | 280 | · | 0,80 |
| "    bronze | 8,8 | 900 | · | 110 | 0,36 |
| Platin | 21,5 | 1770 | 4400 | 70 | 0,13 |
| Polyamid | 1,1 | · | · | 0,31 | · |
| Polyvinylchlorid | 1,4 | · | · | 0,16 | · |
| Porzellan | 2,2..2,5 | ~1650 | · | ~1 | ~1 |
| Quarz | ~2,5 | ~1500 | 2230 | 9,9 | 0,80 |
| Radium | 5 | 960 | 1140 | · | · |
| Rhenium | 21 | 3175 | ~5500 | 71 | 0,14 |
| Rhodium | 12,3 | 1960 | 2500 | 88 | 0,24 |
| Roheisen | 7,0..7,8 | 1560 | 2500 | 52 | 0,54 |
| Rotguβ | 8,8 | 950 | 2300 | 127,9 | 0,381 |
| Rubidium | 1,52 | 39 | 700 | 58 | 0,33 |
| Ruβ | 1,6..1,7 | · | · | 0,07 | 0,84 |
| Sand, trocken | 1,4..1,6 | ~1550 | 2230 | 0,58 | 0,80 |
| Sandstein | 2,1..2,5 | ~1500 | · | 2,3 | 0,71 |
| Schamotte | 1,8..2,3 | ~2000 | · | ~1,2 | 0,80 |
| Schiefer | 2,6..2,7 | ~2000 | · | ~0,5 | 0,76 |

[1] 1 W/(m K) = 0,8598 kcal/(h m K)

[2] 1 kJ/(kg K) = 0,2388 kcal/(kg K)

# 표(고체의 성질)

| 물 질 | 밀도 $P$ kg/dm³ | 융점 $t$ ℃ | 비점 $t$ ℃ | 열전도율 $\lambda$ W/(m K)[1] | 비열 $C$ kJ/(kg K)[2] |
|---|---|---|---|---|---|
| Schmirgel | 4 | 2200 | 3000 | 11,6 | 0,96 |
| Schnee | 0,1 | 0 | 100 | · | 4,187 |
| Schwefel, krist. | 2,0 | 115 | 445 | 0,20 | 0,70 |
| Selen | 4,4 | 220 | 688 | 0,20 | 0,33 |
| Silber | 10,5 | 960 | 2170 | 407 | 0,234 |
| Silizium | 2,33 | 1420 | 2600 | 83 | 0,75 |
| " - karbid | 3,12 | · | · | 15,2 | 0,67 |
| Stahl, unlegiert | 7,9 | 1460 | 2500 | 47...58 | 0,49 |
| " rostbeständig | 7,9 | 1450 | · | 14 | 0,51 |
| Steatit | 2,6..2,7 | ~1600 | · | ~2 | 0,83 |
| Steinkohle | 1,35 | · | · | 0,24 | 1,02 |
| Strontium | 2,54 | 797 | 1366 | · | 0,23 |
| Talg, Rinder- | 0,9..1,0 | 40...50 | ~350 | · | 0,88 |
| Tantal | 16,6 | 2990 | 4100 | 54 | 0,138 |
| Tellur | 6,25 | 455 | 1300 | 4,9 | 0,201 |
| Thorium | 11,7 | ~1800 | ~4000 | 38 | 0,14 |
| Titan | 4,5 | 1670 | 3200 | 15,5 | 0,47 |
| Tombak | 8,65 | 1000 | ~1300 | 159 | 0,381 |
| Ton, trocken | 1,8..2,1 | ~1600 | · | ~1 | 0,88 |
| Torfmull, trocken | 0,2 | · | · | 0,08 | 1,9 |
| Uran | 19,1 | 1133 | ~3800 | 28 | 0,117 |
| Vanadium | 6,1 | 1890 | ~3300 | 31,4 | 0,50 |
| Vulkanfiber | 1,28 | · | · | 0,21 | 1,26 |
| Wachs | 0,96 | 60 | · | 0,084 | 3,34 |
| Weichgummi | 1,08 | · | · | 0,14...0,24 | · |
| Wismut | 9,8 | 271 | 1560 | 8,1 | 0,13 |
| Wolfram | 19,2 | 3410 | 5900 | 130 | 0,13 |
| Zement, abgeb. | 2..2,2 | · | · | 0,9...1,2 | 1,13 |
| Ziegelmauerwerk | ~1,8 | · | · | 1,0 | 0,92 |
| Zink, gegossen | 6,86 | 419 | 906 | 110 | 0,38 |
| " , gewalzt | 7,15 | 419 | 906 | 113 | 0,40 |
| " , spritzgeg. | 6,8 | 393 | ~1000 | 140 | 0,38 |
| Zinn, gegossen | 7,2 | 232 | 2500 | 64 | 0,24 |
| " , gewalzt | 7,28 | 232 | 2500 | 65 | 0,24 |
| Zirkonium | 6,5 | 1850 | ~3600 | 22 | 0,29 |

[1] $1\,W/(m\,K) = 0{,}8598\,kcal/(h\,m\,K)$
[2] $1\,kJ/(kg\,K) = 0{,}2388\,kcal/(kg\,K)$

## 표 (액 체 의 성 질)

[참고조건]

밀도 $P$ ( t = 20℃에서 $P$ = 1.0132×10⁵ Pa )

융점과 비점 $t$ : ( $P$ = 1.0132×10⁵ Pa )

열전도율 λ : t = 20℃

비열 $C$ : 온도범위 0 < t < 100℃

| 물 질 | 밀도 $P$ | 융점 $t$ | 비점 $t$ | 열전도율 λ | 비열 $C$ |
|---|---|---|---|---|---|
| | kg/dm³ | ℃ | ℃ | W/(mK)[1] | kJ/(kgK)[2] |
| Äthyläther | 0,713 | -116 | 35 | 0,13 | 2,28 |
| Äthylalkohol | 0,79 | -110 | 78,4 | . | 2,38 |
| Azeton | 0,791 | -95 | 56 | 0,16 | 2,22 |
| Benzin | ~0,73 | -30...-50 | 25..210 | 0,13 | 2,02 |
| Benzol | 0,879 | 5,5 | 80 | 0,15 | 1,70 |
| Chloroform | 1,490 | -70 | 61 | . | . |
| Dieselkraftstoff | ~0,83 | -30 | 150...300 | 0,15 | 2,05 |
| Essigsäure | 1,04 | 16,8 | 118 | . | . |
| Fluβsäure | 0,987 | -92,5 | 19,5 | . | . |
| Glyzerin | 1,260 | 19 | 290 | 0,29 | 2,37 |
| Heizöl EL | ~0,83 | -10 | >175 | 0,14 | 2,07 |
| Leinöl | 0,93 | -15 | 316 | 0,17 | 1,88 |
| Methylalkohol | 0,8 | -98 | 66 | . | 2,51 |
| Perchloräthylen | 1,62 | -20 | 119 | . | 0,904 |
| Petroläther | 0,66 | -160 | >40 | 0,14 | 1,76 |
| Petroleum | 0,81 | -70 | >150 | 0,13 | 2,16 |
| Quecksilber | 13,55 | -38,9 | 357 | 10 | 0,138 |
| Rüböl | 0,91 | 0 | 300 | 0,17 | 1,97 |
| Salpeters. konz. | 1,51 | -41 | 84 | 0,26 | 1,72 |
| Salzsäure, 40% | 1,20 | . | . | . | . |
| Schmieröl | 0,91 | -20 | >360 | 0,13 | 2,09 |
| Schwefels. konz. | 1,83 | ~10 | 338 | 0,47 | 1,42 |
| "  " , 50% | 1,40 | . | . | . | . |
| Trafoöl | 0,88 | -30 | 170 | 0,13 | 1,88 |
| Trichloräthylen | 1,463 | -86 | 87 | 0,12 | 0,93 |
| Toluol | 0,867 | -95 | 110 | 0,14 | 1,67 |
| Wasser | 0,998 | 0 | 100 | 0,60 | 4,187 |

[1] 1 W/(mK) = 0,8598 kcal/(hmK)

[2] 1kJ/(kgK) = 0,2388 kcal/(kgK)

# 표(기체의 성질)

## [참고조건]

밀도 $P$ (t =0℃에서 $P= 1.0132 \times 10^5$ Pa)와 전기체의 밀도 $P$는, 이 이외의 압력과 온도에 대해 다음과 같이 계산된다 : $P= P/(RT)$.

융점과 비점 $t$ : $P= 1.0132 \times 10^5$ Pa

열전도율 $\lambda$ : t =0℃와 $P= 1.0132 \times 10^5$ Pa

비열 $C_P$와 $C_V$ : t =0℃와 $P= 1.0132 \times 10^5$ Pa. 다른 온도의 $C_P$는 p441 참고.

| 물 질 | 밀도 $\varrho$ kg/dm$^3$ | 융점 $t$ ℃ | 비점 $t$ ℃ | 열전도율 $\lambda$ W/(m K)[1] | 비열 $C_P$ kJ/(kg K)[3] | 비열 $C_V$ |
|---|---|---|---|---|---|---|
| Äthylen | 1,26 | −169,5 | −103,7 | 0,017 | 1,47 | 1,173 |
| Ammoniak | 0,77 | −77,9 | −33,4 | 0,022 | 2,056 | 1,568 |
| Argon | 1,78 | −189,3 | −185,9 | 0,016 | 0,52 | 0,312 |
| Azethylen | 1,17 | −83 | −81 | 0,018 | 1,616 | 1,300 |
| Butan, n- | 2,70 | −135 | 1 | · | · | · |
| Butan, iso- | 2,67 | −145 | −10 | · | · | · |
| Chlor | 3,17 | −100,5 | −34,0 | 0,0081 | 0,473 | 0,36 |
| Chlorwasserstoff | 1,63 | −111,2 | −84,8 | 0,013 | 0,795 | 0,567 |
| Gichtgas | 1,28 | −210 | −170 | 0,02 | 1,05 | 0,75 |
| Helium | 0,18 | −270,7 | −268,9 | 0,143 | 5,20 | 3,121 |
| Kohlendioxid | 1,97 | −78,2 | −56,6 | 0,015 | 0,816 | 0,627 |
| Kohlenmonoxid | 1,25 | −205,0 | −191,6 | 0,023 | 1,038 | 0,741 |
| Krypton | 3,74 | −157,2 | −153,2 | 0,0088 | 0,25 | 0,151 |
| Leuchtgas | ~0,58 | −230 | −210 | | 2,14 | 1,59 |
| Luft, trocken | 1,293 | −213 | −192,3 | 0,02454 | 1,005 | 0,718 |
| Methan | 0,72 | −182,5 | −161,5 | 0,030 | 2,19 | 1,672 |
| Neon | 0,90 | −248,6 | −246,1 | 0,046 | 1,03 | 0,618 |
| Ozon | 2,14 | −251 | −112 | · | · | · |
| Propan | 2,01 | −187,7 | −42,1 | 0,015 | 1,549 | 1,360 |
| Sauerstoff | 1,43 | −218,8 | −182,9 | 0,024 | 0,909 | 0,649 |
| Schwef.kohl.st. | 3,40 | −111,5 | 46,3 | 0,0069 | 0,582 | 0,473 |
| "   "   dioxid | 2,92 | −75,5 | −10,0 | 0,0086 | 0,586 | 0,456 |
| "   "   was.st | 1,54 | −85,6 | −60,4 | 0,013 | 0,992 | 0,748 |
| Stickstoff | 1,25 | −210,5 | −195,7 | 0,024 | 1,038 | 0,741 |
| Wasserdampf[2] | 0,77 | 0,00 | 100,00 | 0,016 | 1,842 | 1,381 |
| Wasserstoff | 0,09 | −259,2 | −252,8 | 0,171 | 14,05 | 9,934 |
| Xenon | 5,86 | −111,9 | −108,0 | 0,0051 | 0,16 | 0,097 |

[1] 1 W/(m K) = 0,8598 kcal/(h m K)  [2] bei $t$ = 100℃

[3] 1 kJ/(kg K) = 0,2388 kcal/(kg K)

# 표(마찰계수)

## [미끄럼의 동마찰계수와 정지마찰계수]

| 재료 | 미끄럼면 재료 | 동마찰계수 | | | 정지마찰계수 | | |
|---|---|---|---|---|---|---|---|
| | | 건조 | 물기 있음 | 윤활유 사용 | 건조 | 물기 있음 | 윤활유 사용 |
| Bronze | Bronze | 0,20 | 0,10 | 0,06 | | | 0,11 |
| | Grauguß β | 0,18 | | 0,08 | | | |
| | Stahl | 0,18 | | 0,07 | 0,19 | | 0,10 |
| Eiche | Eiche ∥ | 0,20...0,40 | 0,10 | 0,05...0,15 | 0,40...0,60 | | 0,18 |
| | Eiche ✝ | 0,15...0,35 | 0,08 | 0,04...0,12 | 0,50 | | |
| Grauguß β | Grauguß β | | 0,31 | 0,10 | | | 0,16 |
| | Stahl | 0,17...0,24 | | 0,02...0,05 | 0,18...0,24 | | 0,10 |
| Gummi | Asphalt | 0,50 | 0,30 | 0,20 | | | |
| | Beton | 0,60 | 0,50 | 0,30 | | | |
| Hanfseil | Holz | | | | 0,50 | | |
| Leder-riemen | Eiche | 0,40 | | | 0,50 | | |
| | Grauguß β | | 0,40 | | 0,40 | 0,50 | 0,12 |
| Stahl | Eiche | 0,20...0,50 | 0,26 | 0,02...0,10 | 0,50...0,60 | | 0,11 |
| | Eis | 0,014 | | | 0,027 | | |
| | Stahl | 0,10...0,30 | | 0,02...0,08 | 0,15...0,30 | | 0,10 |
| | PE-W [1] | 0,40...0,50 | | | | | |
| | PTFE [2] | 0,03...0,05 | | | | | |
| | PA66 [3] | 0,30...0,50 | | 0,10 | | | |
| | POM [4] | 0,35...0,45 | | | | | |
| PE-W [1] | PE-W [1] | 0,50...0,70 | | | | | |
| PTFE [2] | PTFE [2] | 0,035...0,055 | | | | | |
| POM [4] | POM [4] | 0,40...0,50 | | | | | |

## [미끄럼마찰]

| 주름동체/미끄럼마찰면 | 미끄럼마찰의 암의 길이(mm) |
|---|---|
| Gummi auf Asphalt | 0,10 |
| Gummi auf Beton | 0,15 |
| Pockholz auf Pockholz | 0,50 |
| Stahl auf Stahl (hart: Wälzlager) | 0,005...0,01 |
| Stahl auf Stahl (weich) | 0,05 |
| Ulmenholz auf Pockholz | 0,8 |

1) 서로의 나무결에 평행방향으로 미끄러질 때
2) 재료가 미끄럼면의 나무결과 직각방향으로 미끄러질 때

# 표(열가(熱價))

## [각종 기체의 온도함수로 한 평균비열 $C_{pm}|_0^t$]

(단위 kJ/(kgK))

| t ℃ | CO | CO₂ | H₂ | H₂O* | N₂ 순수 | N₂** | O₂ | SO₂ | 공기 |
|---|---|---|---|---|---|---|---|---|---|
| 0 | 1,039 | 0,8205 | 14,38 | 1,858 | 1,039 | 1,026 | 0,9084 | 0,607 | 1,004 |
| 100 | 1,041 | 0,8689 | 14,40 | 1,874 | 1,041 | 1,031 | 0,9218 | 0,637 | 1,007 |
| 200 | 1,046 | 0,9122 | 14,42 | 1,894 | 1,044 | 1,035 | 0,9355 | 0,663 | 1,013 |
| 300 | 1,054 | 0,9510 | 14,45 | 1,918 | 1,049 | 1,041 | 0,9500 | 0,687 | 1,020 |
| 400 | 1,064 | 0,9852 | 14,48 | 1,946 | 1,057 | 1,048 | 0,9646 | 0,707 | 1,029 |
| 500 | 1,075 | 1,016 | 14,51 | 1,976 | 1,066 | 1,057 | 0,9791 | 0,721 | 1,039 |
| 600 | 1,087 | 1,043 | 14,55 | 2,008 | 1,076 | 1,067 | 0,9926 | 0,740 | 1,050 |
| 700 | 1,099 | 1,067 | 14,59 | 2,041 | 1,087 | 1,078 | 1,005 | 0,754 | 1,061 |
| 800 | 1,110 | 1,089 | 14,64 | 2,074 | 1,098 | 1,088 | 1,016 | 0,765 | 1,072 |
| 900 | 1,121 | 1,109 | 14,71 | 2,108 | 1,108 | 1,099 | 1,026 | 0,776 | 1,082 |
| 1000 | 1,131 | 1,126 | 14,78 | 2,142 | 1,118 | 1,108 | 1,035 | 0,784 | 1,092 |
| 1100 | 1,141 | 1,143 | 14,85 | 2,175 | 1,128 | 1,117 | 1,043 | 0,791 | 1,100 |
| 1200 | 1,150 | 1,157 | 14,94 | 2,208 | 1,137 | 1,126 | 1,051 | 0,798 | 1,109 |
| 1300 | 1,158 | 1,170 | 15,03 | 2,240 | 1,145 | 1,134 | 1,058 | 0,804 | 1,117 |
| 1400 | 1,166 | 1,183 | 15,12 | 2,271 | 1,153 | 1,142 | 1,065 | 0,810 | 1,124 |
| 1500 | 1,173 | 1,195 | 15,21 | 2,302 | 1,160 | 1,150 | 1,071 | 0,815 | 1,132 |
| 1600 | 1,180 | 1,206 | 15,30 | 2,331 | 1,168 | 1,157 | 1,077 | 0,820 | 1,138 |
| 1700 | 1,186 | 1,216 | 15,39 | 2,359 | 1,174 | 1,163 | 1,083 | 0,824 | 1,145 |
| 1800 | 1,193 | 1,225 | 15,48 | 2,386 | 1,181 | 1,169 | 1,089 | 0,829 | 1,151 |
| 1900 | 1,198 | 1,233 | 15,56 | 2,412 | 1,186 | 1,175 | 1,094 | 0,834 | 1,156 |
| 2000 | 1,204 | 1,241 | 15,65 | 2,437 | 1,192 | 1,180 | 1,099 | 0,837 | 1,162 |
| 2100 | 1,209 | 1,249 | 15,74 | 2,461 | 1,197 | 1,186 | 1,104 | | 1,167 |
| 2200 | 1,214 | 1,256 | 15,82 | 2,485 | 1,202 | 1,191 | 1,109 | | 1,172 |
| 2300 | 1,218 | 1,263 | 15,91 | 2,508 | 1,207 | 1,195 | 1,114 | | 1,176 |
| 2400 | 1,222 | 1,269 | 15,99 | 2,530 | 1,211 | 1,200 | 1,118 | | 1,181 |
| 2500 | 1,226 | 1,275 | 16,07 | 2,552 | 1,215 | 1,204 | 1,123 | | 1,185 |
| 2600 | 1,230 | 1,281 | 16,14 | 2,573 | 1,219 | 1,207 | 1,127 | | 1,189 |
| 2700 | 1,234 | 1,286 | 16,22 | 2,594 | 1,223 | 1,211 | 1,131 | | 1,193 |
| 2800 | 1,237 | 1,292 | 16,28 | 2,614 | 1,227 | 1,215 | 1,135 | | 1,196 |
| 2900 | 1,240 | 1,296 | 16,35 | 2,633 | 1,230 | 1,218 | 1,139 | | 1,200 |
| 3000 | 1,243 | 1,301 | 16,42 | 2,652 | 1,233 | 1,221 | 1,143 | | 1,203 |

* 저압에서의 H₂O의 평균비열
** 공기에서 구한 N₂의 평균비열
이 표는 E. Schmidt : Einfürung in die Technische Technische Thermodynamilk, 제11판 (1975), Berlin/Geidelberg : Springer사의 도표에서 계산하였다.

# 표(강도, 단위 N/㎟)

## [허용접촉압력 $p_b$]

■ 결합볼트의 면압 $p_b$(빌딩건축 DIN 규격 1050)

(단위 N/㎟)

| 재료 | St 37(STKM12CW) | St 52-3(SM53) |
|---|---|---|
| 주하중 | 206 | 304 |
| 주하중과부가하중 | 235 | 343 |

■ 저널베어링의 저널과 베어링 축받이판
  혼합윤활, 축은 담금질, 연삭가공 [1][2]

| | 재료 | $\dfrac{V}{\text{m/s}}$ | $p_b$ | 재료 | $\dfrac{V}{\text{m/s}}$ | $p_b$ |
|---|---|---|---|---|---|---|
| 주철 | 주철GG | | 5 | 주조주석청동CuSn8P | < 0.03 | 4~12 |
| | 납 | | 8~12 | 그리스윤활 | <1 | 60 |
| | CuSn7ZnPb | 1 | 20 [3] | 고급베어링 | | |
| | 주석청동 CuPb15Sn | 0.3 ~ 1 | 15 [3] | 폴리아미드PA66 | → 0 | 15 |
| | | | | 동상(건조) [5] | 1 | 0.09 |
| 소결철 | | < 1 | 6 | 동상(그리스 윤활) [5] | 1 | |
| | | 3 | 1 | 고분자폴리에틸렌 HDPE | → 0 | 2 ~ 4 |
| 함동소결철 | | < 1 | 8 | | 1 | 0.02 |
| | | 3 | 3 | | | |
| 소결청동 | | < 1 | 12 | 폴리테트라불화에틸렌 중합체 PTEE | → 0 | 30 |
| | | 3 | 6 | | 1 | 0.06 |
| | | 5 | 4 | | | |
| 주석청동흑연 (데바메탈) | | < 1 | 20 ∫ 90 [4] | 폴리테트라불화에틸렌 PTEE+납+청동(그레이 시아DU 메탈) | < 0.005 | 80~140 [4] |
| | | | | | 0.5~5 | 1 |

■ 일발비습동면

최대치로서 재료의 압축강복응력까지 가능하다($\sigma_{dF} \fallingdotseq R_e$). 그러나 $p_b$의 적당
한 표준치는 다소 낮게 한다.

| 재료 | 이하의 조건하에서의 표준치 $p_v$(N/㎟) | | |
|---|---|---|---|
| | 정하중 | 동하중 | 충격하중 |
| 청동 | 30~40 | 20~30 | 10~15 |
| 주철 | 70~80 | 45~55 | 20~30 |
| 포금 | 25~35 | 15~25 | 8~12 |
| 가단주철 | 50~80 | 30~55 | 20~30 |
| 강 | 80~150 | 60~100 | 30~50 |

1) $(p \times v)_{\text{perm}}$의 값은 방열, 하중, 베어링압력, 윤활류의 종류의 밀접한 관계가 있다.
2) 때로는 유체 동력학적 윤활보다도 훨씬 높은 부하용량도 3) 마모부 가능하다.

## 표(스트레인에너지 W와 강복강동 $K_f$)

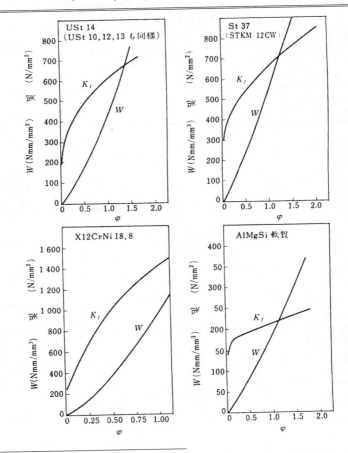

$\phi$ : 로그변형

$K_f$ : 강복점

$W$ : 단위체적당의 스트레인에너지

VDI출판사의 허가로 VDI 규격 3200을 전재하였다. 다른 재료에 대해서는 VDI규격 3200을 참조하라.

## 표(전기에 관한 상수)

### [20℃에서의 전기 양도체의 전기비저항 $p$와 그 역수]

| 재료 | $p$ $\dfrac{\Omega\,mm^2}{m}$ | $\gamma$ $\dfrac{m}{\Omega\,mm^2}$ | 재료 | $p$ $\dfrac{\Omega\,mm^2}{m}$ | $\gamma$ $\dfrac{m}{\Omega\,mm^2}$ |
|---|---|---|---|---|---|
| 알루미늄 | 0.0278 | 36 | 순철 | 0.10 | 10 |
| 안티몬 | 0.417 | 2.4 | 납 | 0.208 | 4.8 |
| 황동 -58%동 | 0.059 | 17 | 마그네슘 | 0.0435 | 23 |
| 황동 -63%동 | 0.071 | 14 | 망간 | 0.423 | 2.37 |
| 카드뮴 | 0.076 | 13.1 | 수은 | 0.941 | 1.063 |
| 탄소 | 40 | 0.025 | 연강 | 0.13 | 7.7 |
| 주철 | 1 | 1 | 니켈 | 0.087 | 11.5 |
| 크롬 니켈 철 | 0.10 | 10 | 니켈린 | 0.5 | 2.0 |
| 콘스탄탄 | 0.48 | 2.08 | 백금 | 0.111 | 9 |
| 동 | 0.0172 | 58 | 은 | 0.016 | 62.5 |
| 양은 | 0.369 | 2.71 | 주석 | 0.12 | 8.3 |
| 금 | 0.0222 | 45 | 텅스텐 | 0.059 | 17 |
| 흑연 | 8.00 | 0.125 | 아연 | 0.061 | 16.5 |

### [20℃에서의 전기 양도체의 전기비저항 $p$와 그 역수]

| 재료 | $\rho$ $\Omega\,cm$ | 재료 | $\rho$ $\Omega\,cm$ |
|---|---|---|---|
| 베이클라이트 | $10^{14}$ | 플렉스유리 | $10^{15}$ |
| 유리 | $10^{15}$ | 폴리스텔린 | $10^{18}$ |
| 대리석 | $10^{10}$ | 자기 | $10^{14}$ |
| 운모 | $10^{17}$ | 압축호박 | $10^{18}$ |
| 파라핀유 | $10^{18}$ | 연화고무(에보나이트) | $10^{16}$ |
| 순수파라핀왁스 | $10^{18}$ | 증류수 | $10^{7}$ |

### [전기저항이 온도계수 $\alpha_{20}$ (20℃)]

| 재료 | $\alpha_{20}$ 1/K, 1/℃ | 재료 | $\alpha_{20}$ 1/K, 1/℃ |
|---|---|---|---|
| 알루미늄 | +0.00390 | 수은 | +0.00090 |
| 황동 | +0.00150 | 연강 | +0.00660 |
| 탄소 | -0.00030 | 니켈 | +0.00400 |
| 콘스탄탄 | -0.00003 | 니켈린 | +0.00023 |
| 동 | +0.00380 | 백금 | +0.00390 |
| 양은 | +0.00070 | 은 | +0.00377 |
| 흑연 | -0.00020 | 주석 | +0.00420 |
| 망간 | ± 0.00001 | 아연 | +0.00370 |

# 표(자기에 관한 상수)

## [자속밀도 $B$의 함수로 표시되는 자계강도 H와 비투자율]

| 자속밀도 $B$ | | 주 철 | | 주강과 발전기용의 박판강 $P1,0 = 3,6\frac{W}{kg}$ | | 발전기용의 박판합금강 $P1,0 = 1,3\frac{W}{kg}$ | |
|---|---|---|---|---|---|---|---|
| | | $H$ | $\mu_r$ | $H$ | $\mu_r$ | $H$ | $\mu_r$ |
| $T = \frac{V_s}{m^2}$ 테슬러 | $\begin{bmatrix} G \\ 가우스 \end{bmatrix}$ | A/m | – | A/m | – | A/m | – |
| 0,1 | 1000 | 440 | 181 | 30 | 2650 | 8.5 | 9390 |
| 0,2 | 2000 | 740 | 215 | 60 | 2650 | 25 | 6350 |
| 0,3 | 3000 | 980 | 243 | 80 | 2980 | 40 | 5970 |
| 0,4 | 4000 | 1250 | 254 | 100 | 4180 | 65 | 4900 |
| 0,5 | 5000 | 1650 | 241 | 120 | 3310 | 90 | 4420 |
| 0,6 | 6000 | 2100 | 227 | 140 | 3410 | 125 | 3810 |
| 0,7 | 7000 | 3600 | 154 | 170 | 3280 | 170 | 3280 |
| 0,8 | 8000 | 5300 | 120 | 190 | 3350 | 220 | 2900 |
| 0,9 | 9000 | 7400 | 97 | 230 | 3110 | 280 | 2550 |
| 1,0 | 10000 | 10300 | 77 | 295 | 2690 | 355 | 2240 |
| 1,1 | 11000 | 14000 | 63 | 370 | 2360 | 460 | 1900 |
| 1,2 | 12000 | 19000 | 49 | 520 | 1830 | 660 | 1445 |
| 1,3 | 13000 | 29000 | 36 | 750 | 1380 | 820 | 1260 |
| 1,4 | 14000 | 42000 | 29 | 1250 | 890 | 2250 | 495 |
| 1,5 | 15000 | 65000 | 18 | 2000 | 600 | 4500 | 265 |
| 1,6 | 16000 | | | 3500 | 363 | 8500 | 150 |
| 1,7 | 17000 | | | 7900 | 171 | 13100 | 103 |
| 1,8 | 18000 | | | 12000 | 119 | 21500 | 67 |
| 1,9 | 19000 | | | 19100 | 796 | 39000 | 39 |
| 2,0 | 20000 | | | 30500 | 52 | 115000 | 14 |
| 2,1 | 21000 | | | 50700 | 33 | | |
| 2,2 | 22000 | | | 130000 | 13 | | |
| 2,3 | 23000 | | | 218000 | 4 | | |

——— 는 실용한계치를 나타낸다.

## 표(자기에 관한 상수)

### [발전기용박판에 관한 상수]

| 종 류 | | 박판연강 | 박판합금강 | | | |
|---|---|---|---|---|---|---|
| | | | 저급 | 중급 | 고급 | |
| 박판의 분류 | | 3.6 | 3.0 | 2.3 | 1.5 | 1.3 |
| 두께 mm | | 0.5 | | | | 0.35 |
| 밀도 kg/dm³ | | 7.8 | 7.75 | 7.65 | 7.6 | |
| 단위질량당의 철심손실의 최대치 ($f$ = 50Hz) W/kg | $P\,1.0$ | 3.6 | 3.0 | 2.3 | 1.5 | 1.3 |
| | $P\,1.5$ | 8.6 | 7.2 | 5.6 | 3.7 | 3.3 |
| 자속밀도 (최소치) | $B_{25}$ Vs/m² [Gauss] | 1.53 [15300] | 1.50 [15000] | 1.47 [14700] | 1.43 [14300] | |
| | $B_{50}$ Vs/m² [Gauss] | 1.63 [16300] | 1.60 [16000] | 1.57 [15700] | 1.55 [15500] | |
| | $B_{100}$ Vs/m² [Gauss] | 1.73 [17300] | 1.71 [17100] | 1.69 [16900] | 1.65 [16500] | |
| | $B_{300}$ Vs/m² [Gauss] | 1.98 [19800] | 1.95 [19500] | 1.93 [19300] | 1.85 [18500] | |

■ 설 명

표의 $B_{25}$=1.53Vs/m²는 25A/cm의 자계에 의해 1.53Vs/m²[즉 15300G]의 최소자속
밀도가 생긴다는 것을 나타낸다. 이같이, 예컨대 5cm의 자속길이는 5× 25A =
125A의 전류가 흐르는 것을 필요로 한다.

| $\dfrac{P\,1.0}{P\,1.5}$ | 자속밀도와 $f$ =50Hz이며, 단위질량당의 철심손실을 나타낸다. | $\dfrac{1.0\text{Vs/m}^2 = [10000G]}{1.5\text{Vs/m}^2 = [15000G]}$ |
|---|---|---|

# 표(빛에 관한 상수)

## [바람직한 조도]

(단위 1x=1m/m²)

| 설치장소와 밝기 | | 일반조명 | 일반 및 특수조명 | |
|---|---|---|---|---|
| | | | 일 반 | 탁 상 |
| Arbeits- stätten bei Arbeitsart | grob | 100 | 50 | 200 |
| | mittelfein | 200 | 100 | 500 |
| | fein | 300 | 200 | 1000 |
| | sehrfein | 500 | 300 | 1500 |
| Büros | Normal- | 500 | | |
| | Groβraum- | 750 | | |
| Wohnräume Beleuchtung | mittel | 200 | | |
| | stark | 500 | | |
| Straβen und Plätze mit Verkehr | schwach | 20 | | |
| | mittel | 50 | | |
| | stark | 100 | | |
| Fabrikhöfe mit Verkehr | schwach | 20 | | |
| | stark | 50 | | |

## [조명효율]

| 조명방법 | 조명이 되는 면의 색 | | |
|---|---|---|---|
| | 밝다 | 보통 | 어둡다 |
| direkt | 0,60 | 0,45 | 0,30 |
| indirekt | 0,35 | 0,25 | 0,15 |
| Straβen- und Platzbeleuchtung | Tief- | Breit- strahler | Hoch- |
| | 0,45 | 0,40 | 0,35 |

## [전등의 광속 $\varnothing_V$]

| Normal-Glühlampen mit Einfachwendel (Werte bei Betriebsspannung 220V) | $P_{el}$ | W | 15 | 25 | 40 | 60 | 75 | 100 |
|---|---|---|---|---|---|---|---|---|
| | $\Phi_V$ | klm | 0,12 | 0,23 | 0,43 | 0,73 | 0,96 | 1,39 |
| | $P_{el}$ | W | 150 | 200 | 300 | 500 | 1000 | 2000 |
| | $\Phi_V$ | klm | 2,22 | 3,15 | 5 | 8,4 | 18,8 | 40,0 |
| Leuchtstoff- lampen, Werte für Lichtfarben "Warmton", "Hellton" | Rohrform-Ø 26mm | | | | | | | |
| | $P_{el}$ | W | | 18 | 36 | 58 | | |
| | $\Phi_V$ | klm | | 1,45 | 3,47 | 5,4 | | |
| | 38mm $P_{el}$ | W | 15 | 20 | 40 | 65 | | |
| | $\Phi_V$ | klm | 0,59 | 1,20 | 3,1 | 5,0 | | |
| Hochdrucklampen mit Leuchtstoff(HQL) | $P_{el}$ | W | 125 | 250 | 400 | 700 | 1000 | 2000 |
| | $\Phi_V$ | klm | 6,5 | 14 | 24 | 42 | 60 | 125 |

# 부록
## 기계설비공사 품셈 부록

# 1. 국가를 당사자로 하는 계약에 관한 법률 시행규칙

| | | | |
|---|---|---|---|
| 2003. 12. 12 | 재정경제부령 | 제335호 |
| 2005. 9. 8 | 재정경제부령 | 제460호 |
| 2006. 7. 5 | 재정경제부령 | 제512호 |
| 2007. 10. 10 | 재정경제부령 | 제578호 |
| 2009. 3. 5 | 기획재정부령 | 제 58호 |
| 2010. 7. 21 | 기획재정부령 | 제161호 |
| 2012. 5. 18 | 기획재정부령 | 제284호 |
| 2013. 3. 23 | 기획재정부령 | 제342호 |
| 2013. 6. 19 | 기획재정부령 | 제252호 |
| 2013. 6. 28 | 기획재정부령 | 제355호 |
| 2013. 9. 17 | 기획재정부령 | 제360호 |
| 2014. 11. 04 | 기획재정부령 | 제443호 |
| 2014. 11. 19 | 기획재정부령 | 제444호 |
| 2015. 6. 30 | 기획재정부령 | 제487호 |
| 2016. 2. 1 | 기획재정부령 | 제533호 |
| 2016. 9. 23 | 기획재정부령 | 제573호 |
| 2017. 12. 28 | 기획재정부령 | 제644호 |
| 2018. 12. 4 | 기획재정부령 | 제699호 |
| 2019. 9. 17 | 기획재정부령 | 제751호 |

## 제1장 총 칙

**제1조(목적)** 이 규칙은 「국가를 당사자로 하는 계약에 관한 법률」 및 동법 시행령에서 위임된 사항과 그 시행에 관하여 필요한 사항을 규정함을 목적으로 한다. <개정 2005.9.8.>

**제2조(정의)** 이 규칙에서 사용하는 용어의 정의는 다음과 같다. <개정 2003.12.12., 2005.9.8., 2006.5.25.>

1. "계약담당공무원"이라 함은 세입의 원인이 되는 계약에 관한 사무를 각 중앙관서의 장으로부터 위임 받은 공무원, 「국고금관리법」 제22조의 규정에 의한 재무관(대리재무관·분임재무관 및 대리분임재무관을 포함한다. 이하 같다), 「국가를 당사자로 하는 계약에 관한 법률」(이하 "법"이라 한다) 제6조제1항의 규정에 의한 계약관(대리계약관·분임계약관 및 대리분임계약관을 포함한다. 이하 같다) 및 「국고금관리법」 제24조의 규정에 의하여 지출관으로부터 자금을 교부받아 지급원인행위를 할 수 있는 관서운영경비출납공무원(대리관서운영경비출납공무원·분임관서운영경비출납공무원 및 대리분임관서운영경비출납공무원을 포함한다. 이하 같다)과 기타 법령에 의하여 세입세출외의 자금 또는 기금의 출납의 원인이 되는 계약을 담당하는 공무원을 말한다.

2. "추정금액"이라 함은 공사에 있어서 「국가를 당사자로 하는 계약에 관한 법률 시행령」(이하 "영"이라 한다) 제2조제1호에 따른 추정가격에 「부가가치세법」에 따른 부가가치세와 관급재료로 공급될 부분의 가격을 합한 금액을 말한다.

**제3조(적용범위)** 각 중앙관서의 장 또는 계약담당공무원은 계약에 관한 사무를 처리함에 있어서 다른 법령에 특별한 규정이 있는 경우를 제외하고는 이 규칙이 정하는 바에 의한다.

# 제2장 예정가격

**제4조(예정가격조서의 작성)** 각 중앙관서의 장 또는 계약담당공무원은 영 제9조의 규정에 의하여 예정가격을 결정하고자 할 때에는 미리 예정가격조서를 작성하여야 한다.

**제5조(거래실례가격 및 표준시장단가에 따른 예정가격의 결정)** ①영 제9조제1항제1호에 따른 거래실례가격으로 예정가격을 결정함에 있어서는 다음 각 호의 어느 하나에 해당하는 가격으로 하되, 해당거래실례가격에 제6조제1항제4호 및 제5호에 따른 일반관리비 및 이윤을 따로 가산하여서는 아니된다. <개정 1999.9.9., 2009.3.5.>

1. 조달청장이 조사하여 통보한 가격
2. 기획재정부장관이 정하는 기준에 적합한 전문가격조사기관으로서 기획재정부

장관에게 등록한 기관이 조사하여 공표한 가격

3. 각 중앙관서의 장 또는 계약담당공무원이 2이상의 사업자에 대하여 당해 물품의 거래실례를 직접 조사하여 확인한 가격

②영 제9조제1항제3호에 따른 표준시장단가에 따라 예정가격을 결정할 때에 이미 수행한 공사의 종류별 계약단가, 입찰단가와 시공단가 등을 토대로 시장상황과 시공상황을 고려하여 산정하되, 이와 관련하여 필요한 사항은 기획재정부장관이 정한다. <개정 1999.9.9., 2009.3.5., 2014.11.4.>

[제목개정 2014.11.4.]

**제6조(원가계산에 의한 예정가격의 결정)** ① 공사・제조・구매(수입물품의 구매는 제외한다) 및 용역의 경우 영 제9조제1항제2호에 따라 원가계산에 의한 가격으로 예정가격을 결정함에 있어서는 그 예정가격에 다음 각 호의 비목을 포함시켜야 한다. <개정 1999.9.9, 2009.3.5>

1. 재료비

   계약목적물의 제조・시공 또는 용역등에 소요되는 규격별 재료량에 그 단위당 가격을 곱한 금액

2. 노무비

   계약목적물의 제조・시공 또는 용역등에 소요되는 공종별 노무량에 그 노임단가를 곱한 금액

3. 경비

   계약목적물의 제조・시공 또는 용역등에 소요되는 비목별 경비의 합계액

4. 일반관리비

   재료비・노무비 및 경비의 합계액에 제8조제1항(제10호를 제외한다)의 규정에 의한 일반관리비율을 곱한 금액

5. 이윤

   노무비・경비(기획재정부장관이 정하는 비목은 제외한다) 및 일반관리비의 합계액에 제8조제2항(제3호는 제외한다)에 따른 이윤율을 곱한 금액

②수입물품을 구매하는 경우 원가계산에 의한 가격으로 예정가격을 결정함에 있어

서는 그 예정가격에 다음 각호의 비목을 포함시켜야 한다.

1. 수입물품의 외화표시원가

2. 통관료

3. 보세창고료

4. 하역료

5. 국내운반비

6. 신용장개설수수료

7. 일반관리비

   제1호 내지 제6호의 합계액에 제8조제1항제10호의 규정에 의한 일반관리비율을 곱한 금액

8. 이윤

   제2호 내지 제7호의 합계액에 제8조제2항제3호의 규정에 의한 이윤율을 곱한 금액

③각 중앙관서의 장 또는 계약담당공무원은 제1항 또는 제2항의 규정에 의하여 예정가격을 결정함에 있어서는 예정가격조서에 제1항 각호 또는 제2항 각호의 사항을 명백히 하여야 한다.

④재료비 · 노무비 및 경비의 비목은 기획재정부장관이 따로 정한다.<개정 1999.9.9, 2009.3.5>

**제7조(원가계산을 할 때 단위당 가격의 기준)** ①제6조제1항에 따른 원가계산을 할 때 단위당 가격은 다음 각 호의 어느 하나에 해당하는 가격을 말하며, 그 적용순서는 다음 각 호의 순서에 의한다. <개정 1998.2.23., 1999.9.9., 2005.9.8., 2009.3.5.>

1. 거래실례가격 또는 「통계법」 제15조에 따른 지정기관이 조사하여 공표한 가격. 다만, 기획재정부장관이 단위당 가격을 별도로 정한 경우 또는 각 중앙관서의 장이 별도로 기획재정부장관과 협의하여 단위당 가격을 조사 · 공표한 경우에는 해당 가격

2. 제10조제1호 내지 제3호의 1의 규정에 의한 가격

②각 중앙관서의 장 또는 계약담당공무원은 제1항제1호에 따른 가격을 적용함에

있어 다음 각 호의 어느 하나에 해당하는 경우에는 해당 노임단가에 그 노임단가의 100분의 15 이하에 해당하는 금액을 가산할 수 있다. <개정 1999.9.9., 2005.9.8., 2007.10.10., 2009.3.5., 2010.7.21.>

1. 「국가기술자격법」 제10조에 따른 국가기술자격 검정에 합격한 자로서 기능계 기술자격을 취득한 자를 특별히 사용하고자 하는 경우

2. 도서지역(제주특별자치도를 포함한다)에서 이루어지는 공사인 경우

**제8조(원가계산에 의한 예정가격 결정시의 일반관리비율 및 이윤율)** ①원가계산에 의한 가격으로 예정가격을 결정함에 있어서 일반관리비의 비율은 다음 각 호의 구분에 따른 비율을 초과하지 못한다. <개정 2015.6.30.>

1. 공사 : 100분의 6
2. 음·식료품의 제조·구매 : 100분의 14
3. 섬유·의복·가죽제품의 제조·구매 : 100분의 8
4. 나무·나무제품의 제조·구매 : 100분의 9
5. 종이·종이제품·인쇄출판물의 제조·구매 : 100분의 14
6. 화학·석유·석탄·고무·플라스틱 제품의 제조·구매 : 100분의 8
7. 비금속광물제품의 제조·구매 : 100분의 12
8. 제1차 금속제품의 제조·구매 : 100분의 6
9. 조립금속제품·기계·장비의 제조·구매 : 100분의 7
10. 수입물품의 구매 : 100분의 8
11. 기타 물품의 제조·구매 : 100분의 11
12. 폐기물 처리·재활용 용역: 100분의 10
13. 시설물 관리·경비 및 청소 용역: 100분의 9
14. 행사관리 및 그 밖의 사업지원 용역: 100분의 8
15. 여행, 숙박, 운송 및 보험 용역: 100분의 5
16. 장비 유지·보수 용역: 100분의 10
17. 기타 용역: 100분의 6

②원가계산에 의한 가격으로 예정가격을 결정할 때 이윤율은 다음 각 호의 어느 하

나에 해당하는 율을 초과하지 못한다. 다만, 각 중앙관서의 장은 다음 각 호의 이 윤율의 적용으로는 계약의 목적달성이 곤란하다고 인정되는 특별한 사유가 있는 경우에는 기획재정부장관과 협의하여 그 이윤율을 초과하여 정할 수 있다. <개정 1999.9.9., 2007.10.10., 2009.3.5.>

1. 공사 : 100분의 15
2. 제조·구매(「소프트웨어산업 진흥법」 제22조제1항에 따라 고시된 소프트웨어사업의 대가기준에 따른 소프트웨어개발을 포함한다) : 100분의 25
3. 수입물품의 구매 : 100분의 10
4. 용역(「소프트웨어산업 진흥법」 제22조제1항에 따라 고시된 소프트웨어사업의 대가기준에 따른 소프트웨어개발을 제외한다) : 100분의 10

**제9조(원가계산서의 작성등)** ①원가계산에 의한 가격으로 예정가격을 결정함에 있어서는 원가계산서를 작성하여야 한다. 다만, 각 중앙관서의 장 또는 계약담당공무원이 직접 원가계산 방법에 의하여 예정가격조서를 작성하는 경우에는 원가계산서를 따로 작성하지 아니할 수 있다.

②각 중앙관서의 장 또는 계약담당공무원은 계약목적물의 내용·성질 등이 특수하여 스스로 원가계산을 하기 곤란한 경우에는 다음 각 호의 어느 하나에 해당하는 기관(이하 "원가계산용역기관"이라 한다)에 원가계산을 의뢰할 수 있다. <개정 1999.9.9., 2005.9.8., 2009.3.5. 2018.12.4.>

1. 정부 및 「공공기관의 운영에 관한 법률」에 따른 공공기관이 자산의 100분의 50 이상을 출자 또는 출연한 연구기관
2. 「고등교육법」 제2조 각호의 규정에 의한 학교의 연구소
3. 「산업교육진흥 및 산학연협력촉진에 관한 법률」 제25조에 따른 산학협력단
4. 「민법」 기타 다른 법령의 규정에 의하여 주무관청의 허가등을 받아 설립된 법인
5. 「공인회계사법」 제23조의 규정에 의하여 설립된 회계법인

③원가계산용역기관은 다음 각 호의 요건을 모두 갖추어야 한다. <신설 2018. 12. 4.>

1. 정관 또는 학칙의 설립목적에 원가계산 업무가 명시되어 있을 것
2. 원가계산 전문인력 10명 이상을 상시 고용하고 있을 것

3. 기본재산이 2억원(제2항제2호 및 제3호의 경우에는 1억원) 이상일것

④제3항에 따른 원가계산용역기관의 세부 요건은 기획재정부장관이 정한다. <신설 2018. 12. 4.>

⑤ 각 중앙관서의 장 또는 계약담당공무원은 제2항에 따라 원가계산을 의뢰한 경우 원가계산용역기관으로 하여금 이 규칙 및 기획재정부장관이 정하는 바에 의하여 원가계산서를 작성하게 하여야 한다. <개정 1999.9.9., 2009.3.5. 2018.12.4.>

[시행일 : 2019.3.5.]

**제10조(감정가격등에 의한 예정가격의 결정)** 영 제9조제1항제4호의 규정에 의한 감정가격, 유사한 거래실례가격 또는 견적가격은 다음 각호의 1의 가격을 말하며, 그 적용순서는 다음 각호의 순서에 의한다. <개정 2005.9.8., 2013.6.28.>

1. 감정가격: 「부동산가격공시 및 감정평가에 관한 법률」에 의한 감정평가법인 또는 감정평가사(「부가가치세법」 제8조에 따라 평가업무에 관한 사업자등록증을 교부받은 자에 한한다)가 감정평가한 가격

2. 유사한 거래실례가격: 기능과 용도가 유사한 물품의 거래실례가격

3. 견적가격: 계약상대자 또는 제3자로부터 직접 제출받은 가격

**제11조(예정가격결정시의 세액합산등)** ①예정가격에는 다음 각 호의 세액을 포함시켜야 한다. <개정 2005.9.8., 2009.3.5.>

1. 「부가가치세법」에 의한 부가가치세

2. 「개별소비세법」에 따른 개별소비세

3. 「교육세법」에 의한 교육세

4. 「관세법」에 의한 관세

5. 「농어촌특별세법」에 의한 농어촌특별세

②제1항의 규정을 적용함에 있어서 원가계산에 의한 가격으로 예정가격을 결정하는 경우 그 예정가격은 제6조제1항 또는 제2항의 규정에 의하여 계산한 금액에 제1항 각호의 세액을 합하여 이를 계산한다. 이 경우 원가계산의 비목별 원재료의 단위당 가격은 제1항 각호의 세액을 감한 공급가액으로 하며, 제1항제1호의 부가가치세는 당해계약목적물의 공급가액에 부가가치세율을 곱하여 산출한다.

③제2항의 규정을 적용함에 있어서 「부가가치세법」 제26조제1항 또는 「조세특례제한법」 제106조제1항의 규정에 의하여 부가가치세가 면제되는 재화 또는 용역을 공급하는 자와 계약을 체결하기 위하여 예정가격을 결정하는 경우에는 당해 계약상대자가 부담할 비목별 원재료의 부가가치세 매입세액해당액을 제6조제1항의 규정에 의하여 계산한 금액에 합산한다. <개정 1999.9.9., 2005.9.8., 2013.6.28.>

**제12조(희망수량경쟁입찰시 예정가격의 결정)** ①영 제17조의 규정에 의한 희망수량경쟁입찰에 있어서의 예정가격은 당해 물품의 단가로 이를 정하여야 한다.

②제1항의 경우 국고의 부담이 되는 물품의 제조 또는 구매에 관한 입찰인 때에는 그 입찰에 부치고자 하는 물품의 총수량을 기준으로 한 예정가격조서에 의하여 당해물품의 단가를 정하여야 한다.

**제13조(예정가격의 변경)** 각 중앙관서의 장 또는 계약담당공무원은 영 제20조제2항의 규정에 의한 재공고입찰에 있어서도 입찰자 또는 낙찰자가 없는 경우로서 당초의 예정가격으로는 영 제27조제1항의 규정에 의한 수의계약을 체결할 수 없는 때에는 당초의 예정가격을 변경하여 새로운 절차에 의한 경쟁입찰에 부칠 수 있다.

# 제3장 계약의 방법

**제14조(입찰참가자격요건의 증명)** ①영 제12조제1항제4호에서 "기획재정부령이 정하는 요건"이란 「소득세법」 제168조·「법인세법」 제111조 또는 「부가가치세법」 제8조에 따라 해당사업에 관한 사업자등록증을 교부받거나 고유번호를 부여받은 경우를 말한다. <개정 1999.9.9., 2000.12.30., 2005.9.8., 2006.5.25., 2006.12.29., 2007.10.10., 2009.3.5., 2013.6.28.>

②각 중앙관서의 장 또는 계약담당공무원은 경쟁입찰에 참가하고자 하는 자로 하여금 제1항에 따른 요건은 사업자등록증 또는 고유번호를 확인하는 서류의 사본에 의하여, 영 제12조제1항제2호 및 제3호에 따른 요건은 관계기관(법령에 의하여 설립된 관련협회등 단체를 포함한다)에서 발행한 문서에 의하여 각각 이를 증명하게 하여야 한다. <개정 1998.2.23., 1999.9.9., 2006.5.25., 2007.10.10.>

③제15조의 규정에 의하여 경쟁입찰참가자격등록을 한 자는 등록된 종목 또는 품목에 한하여 교부받은 경쟁입찰참가자격등록증에 의하여 제2항의 규정에 의한 자격을 증명할 수 있다. <개정 2002.8.24.>

**제15조(입찰참가자격의 등록)** ①각 중앙관서의 장 또는 계약담당공무원은 경쟁입찰업무를 효율적으로 집행하기 위하여 미리 경쟁입찰참가자격의 등록을 하게 할 수 있다. 등록된 사항이 변경된 때에도 또한 같다.

②제1항에 따라 경쟁입찰참가자격의 등록을 하려는 자는 다음 각 호의 구분에 따른 서류를 제출하여야 한다. <개정 2006.5.25., 2007.10.10., 2009.3.5., 2010.7.21., 2013.9.17.,2015.6.30.,2016.9.23>

1. 공사등록의 경우에는 다음 각 목의 서류

 가. 등록신청서

 나. 관련되는 허가·인가·면허·등록·신고 등을 증명하는 서류(필요한 경우에 한한다)

 다. 삭제 <2006.7.5.>

 라. 삭제 <2006.7.5.>

 마. 인감증명서 또는 「본인서명사실 확인 등에 관한 법률」제2조제3호에 따른 본인서명사실확인서(이하 "본인서명사실확인서"라 한다)

2. 물품제조·구매등록의 경우에는 다음 각 목의 서류

 가. 등록신청서

 나. 관련되는 허가·인가·면허·등록·신고 등을 증명하는 서류(필요한 경우에 한한다)

 다. 삭제 <2006.7.5.>

 라. 삭제 <2006.7.5.>

 마. 제조의 경우에는 「산업집적활성화 및 공장설립에 관한 법률 시행규칙」 제12조의3에 따른 공장등록대장 등본 또는 「중소기업진흥 및 제품구매촉진에 관한 법률」 제2조제8호에 따른 공공기관의 장이 직접 생산을 확인하여 증명하는 서류(공공기관의 장이 직접 생산을 확인하지 아니한 경우에는 조달청장이

직접 생산을 확인하여 증명하는 서류)

바. 인감증명서 또는 본인서명사실확인서

3. 용역등록의 경우에는 다음 각 목의 서류

가. 등록신청서

나. 관련되는 허가·인가·면허·등록·신고 등을 증명하는 서류(필요한 경우에 한한다)

다. 삭제 <2006.7.5.>

라. 삭제 <2006.7.5.>

마. 인감증명서 또는 본인서명사실확인서

③제2항에 따라 입찰참가자격의 등록신청을 받은 각 중앙관서의 장 또는 계약담당공무원은 「전자정부법」 제36조제1항에 따른 행정정보의 공동이용을 통하여 법인등기사항증명서, 공장등록증명서(제조등록의 경우에만 해당한다) 및 다음 각 호의 서류를 확인하여야 한다. 다만, 경쟁입찰참가자격의 등록을 신청하려는 자가 다음 각 호의 서류 확인에 동의하지 아니하는 경우에는 그 서류(사업자등록증의 경우에는 그 사본을 말한다)를 첨부하도록 하여야 한다. <신설 2006.7.5., 2007.10.10., 2010.7.21., 2012.5.18.>

1. 사업자등록증, 고유번호를 확인하는 서류 또는 사업자등록증명원

2. 주민등록표 등본(개인의 경우만 해당한다)

3. 삭제 <2012.5.18.>

④각 중앙관서의 장 또는 계약담당공무원은 제1항의 규정에 의하여 입찰참가자격을 등록한 자에게 별지 제1호서식의 경쟁입찰참가자격등록증을 교부하여야 한다. <개정 2006.7.5.>

⑤각 중앙관서의 장 또는 계약담당공무원은 제1항에 따라 등록을 받은 경우에는 「전자조달의 이용 및 촉진에 관한 법률」 제2조제4호에 따른 국가종합전자조달시스템(이하 "전자조달시스템"이라 한다)에 게재하여야 한다. 이 경우 전자조달시스템에 게재된 등록사항은 다른 중앙관서의 장 또는 계약담당공무원에게도 등록한 것으로 본다. <개정 2006.5.25., 2006.7.5., 2007.10.10., 2013.9.17., 2015.6.30.>

⑥각 중앙관서의 장 또는 계약담당공무원은 당해 관서의 경쟁입찰업무에만 활용하기 위하여 경쟁입찰참가자격의 등록을 하게 할 수 있다. 이 경우 제5항은 적용하지 아니한다. <개정 2006.7.5.>

⑦각 중앙관서의 장 또는 계약담당공무원은 경쟁입찰참가자격의 등록과 관련된 다음 각호의 사항을 전자조달시스템에 게재하여야 한다. <개정 2006.7.5., 2013.9.17.>

1. 경쟁입찰참가자격을 미리 등록할 수 있다는 뜻

2. 등록에 필요한 서류

3. 경쟁입찰참가자격 등록사항에 변동이 있는 경우에는 입찰참가전에 미리 변경등록하여야 한다는 뜻

⑧조달청장은 제5항에 따라 전자조달시스템에 게재된 등록사항에 대하여 별도의 유효기간을 둘 수 있다. <신설 2007.10.10., 2013.9.17., 2015.6.30.>

[전문개정 2002.8.24.]

**제16조(입찰참가자격에 관한 서류의 확인등)** ①각 중앙관서의 장 또는 계약담당공무원은 입찰참가자에 대하여 입찰참가자격의 유무 및 영 제76조의 규정에 의한 입찰참가자격제한의 여부를 확인하여야 한다.

②각 중앙관서의 장 또는 계약담당공무원은 제1항의 규정에 의하여 확인을 한 결과 자격서류의 내용이 사실과 다른 때에는 그 사실을 당해서류의 제출자에게 통지하고 서류보완등에 필요한 적절한 조치를 하여야 한다.

**제17조(입찰참가자격의 부당한 제한금지)** 각 중앙관서의 장 또는 계약담당공무원은 영, 이 규칙 및 다른 법령에 특별한 규정이 있는 경우외에는 영 제12조의 규정에 의한 경쟁입찰참가자격외의 요건을 정하여 입찰참가를 제한하여서는 아니된다.

**제18조(입찰참가자격요건 등록등의 배제)** 다음 각 호의 어느 하나에 해당하는 경우에는 제14조부터 제16조까지의 규정을 적용하지 아니한다. 다만, 영 제76조에 따른 입찰참가자격제한의 여부에 관한 확인은 그러하지 아니하다. <개정 2009.3.5.>

1. 국가·지방자치단체 또는 「공공기관의 운영에 관한 법률」에 따른 공공기관이 경쟁입찰에 참가하려는 경우

2. 세입의 원인이 되는 계약을 하는 경우

**제19조(희망수량경쟁입찰의 대상범위)** 영 제17조의 규정에 의하여 희망수량경쟁입찰의 방법에 의할 수 있는 경우는 다음 각호의 1과 같다.

1. 1인의 능력이나 생산시설로는 그 공급이 불가능하거나 곤란하다고 인정되는 다량의 동일물품을 제조하게 하거나 구매할 경우

2. 1인의 능력으로는 그 매수가 불가능하거나 곤란하다고 인정되는 다량의 동일물품을 매각할 경우

3. 수인의 공급자 또는 매수자와 분할계약하는 것이 가격·품질 기타 조건에 있어서 국가에 유리하다고 인정되는 다량의 동일물품을 제조·구매 또는 매각할 경우

**제20조(희망수량경쟁입찰의 입찰공고)** 희망수량경쟁입찰에 의하는 경우의 입찰공고에는 다음 각호의 사항을 명시하여야 한다.

1. 희망수량에 의한 일반경쟁입찰이라는 사항

2. 영 제36조 각호의 사항

3. 제47조제2항의 규정에 의한 입찰수량과 낙찰수량의 조정에 관한 사항

4. 기타 희망수량경쟁입찰에 관하여 필요한 사항

**제21조(2종이상의 물품에 대한 희망수량경쟁입찰)** 각 중앙관서의 장 또는 계약담당공무원은 2종이상의 물품에 대하여 희망수량경쟁입찰에 부치고자 하는 경우에는 물품의 종류별로 단가 및 수량에 대하여 입찰을 하게 하여야 한다.

**제22조(경매)** ①각 중앙관서의 장 또는 계약담당공무원은 영 제10조제2항의 규정에 의한 경매에 있어서는 예정가격을 제시하여 입찰하게 하고 최고입찰액을 발표한 후 다른 응찰자가 없을 때까지 다시 입찰하게 하여 최고가격의 입찰자를 낙찰자로 결정하여야 한다.

② 제1항의 규정에 의한 입찰의 경우 입찰보증금은 예정가격의 100분의 5 이상으로 하여야 한다.

**제23조(계약이행의 성실도 평가 시 고려요소)** 각 중앙관서의 장 또는 계약담당공무원이 영 제13조제2항에 따라 계약이행의 성실도를 평가할 때에는 법 제5조의2제1항에 따른 청렴계약 준수정도, 「건설기술진흥법」 제53조에 따른 부실벌점, 같은 법 제50조에 따른 평가결과 등을 고려하여야 한다. <개정 2013.6.19., 2016.2.1>

[전문개정 2010.7.21.]

**제23조의2(입찰참가자격 사전심사 절차)** ① 영 제13조제4항 각 호 외의 부분 본문에 따른 열람 및 교부 기간은 입찰공고일부터 입찰참가자격 사전심사 신청 마감일까지로 한다.

② 제1항에 따른 입찰참가자격 사전심사 신청은 입찰공고일부터 7일 이상이 지난 날부터 하도록 하여야 하며, 신청기간은 10일 이상으로 하되, 입찰공고 시 그 신청기간을 명시하여야 한다.

③ 각 중앙관서의 장 또는 계약담당공무원은 입찰참가자격 사전심사 신청 서류의 내용이 불명확하거나 누락된 서류가 있는 경우에는 3일 이내의 기간을 정하여 보완을 요구할 수 있다.

④ 각 중앙관서의 장 또는 계약담당공무원은 제2항에 따른 신청기간 또는 제3항에 따른 보완기간이 끝난 날부터 10일 이내에 입찰참가자격을 사전심사하여 그 결과를 전자조달시스템에 게재하여야 한다. <개정 2013.9.17.>

⑤ 입찰참가자격 사전심사를 신청한 자가 제4항에 따른 사전심사 결과에 이의가 있는 경우에는 영 제14조의2에 따른 현장설명일 3일 전까지 각 중앙관서의 장 또는 계약담당공무원에게 재심사를 요청할 수 있다. 이 경우 요청을 받은 날부터 3일 이내에 그 재심사 결과를 통지하여야 한다.

[본조신설 2010.7.21.]

[종전 제23조의2는 제23조의3으로 이동 <2010.7.21.>]

**제23조의3(단순한 노무에 의한 용역)** 영 제18조제1항 및 제3항, 제64조제8항 및 제66조제2항에서 "기획재정부령이 정하는 용역"이란 다음 각 호의 어느 하나에 해당하는 용역을 말한다. <개정 2009.3.5., 개정 2018.12.4.>

1. 청소용역

2. 검침(檢針)용역

3. 경비시스템 등에 의하지 아니하는 단순경비 또는 관리용역

4. 행사보조 등 인력지원용역

5. 그 밖에 제1호부터 제4호까지와 유사한 용역으로서 기획재정부장관이 정하는

용역

[본조신설 2006.5.25.]

[제목개정 2018.12.4.]

[제23조의2에서 이동 <2010.7.21.>],

**제24조(제한경쟁입찰의 대상)** ① 영 제21조제1항제1호에서 "기획재정부령이 정하는 금액의 공사계약"이란 추정가격이 다음 각 호의 금액 이상인 공사계약을 말한다. <개정 2005.9.8., 2009.3.5.>

1. 「건설산업기본법」에 의한 건설공사(전문공사를 제외한다) : 30억원

2. 「건설산업기본법」에 의한 전문공사 그 밖의 공사관련 법령에 의한 공사 : 3억원

②영 제21조제1항제6호에서 "기획재정부령으로 정하는 금액"이란 다음 각 호의 금액을 말한다. <개정 1996.12.31., 1998.2.23., 1999.9.9., 2003.12.12., 2005.9.8., 2009.3.5., 2018.12.4>

1. 공사의 경우에는 다음 각 목의 금액

 가. 「건설산업기본법」에 따른 건설공사(전문공사는 제외한다): 법 제4조제1항 각 호 외의 부분 본문에 따라 고시된 금액(이하 "고시금액"이라 한다)

 나. 「건설산업기본법」에 따른 전문공사와 그 밖에 공사 관련 법령에 따른 공사: 10억원

2. 물품의 제조·구매, 용역, 그 밖의 경우에는 고시금액

**제25조(제한경쟁입찰의 제한기준)** ①각 중앙관서의 장 또는 계약담당공무원은 영 제21조제1항에 따라 제한경쟁입찰에 참가할 자의 자격을 제한하는 경우 이행의 난이도, 규모의 대소, 수급상황 등을 적정하게 고려해야 한다. <개정 2019. 9. 17.>

②각 중앙관서의 장 또는 계약담당공무원이 영 제21조제1항제1호부터 제3호까지 및 제5호에 따라 공사·제조 또는 용역 등의 실적, 시공능력으로 제한경쟁입찰에 참가할 자의 자격을 제한하는 경우 그 실적, 시공능력은 다음 각 호의 기준에 따라야 한다.<개정 1996. 12. 31., 1998. 2. 23., 1999. 9. 9., 2005. 9. 8., 2006. 5. 25., 2017. 12.28., 2019. 9. 17.>

1. 공사ㆍ제조 또는 용역 등의 경우에는 다음 각 목의 실적. 다만, 계약목적의 달성
   에 지장이 있는 경우를 제외하고는 가목의 실적을 우선적으로 적용하여야 한다.
   가. 공사ㆍ제조 또는 용역 등의 실적의 규모 또는 양에 따르는 경우(제조 또는 용
       역의 경우에는 추정가격이 고시금액 이상인 계약에 한정한다)에는 해당 계약
       목적물의 규모 또는 양의 1배 이내
   나. 공사ㆍ제조 또는 용역 등의 실적의 금액에 따르는 경우(제조 또는 용역의 경
       우에는 추정가격이 고시금액 이상인 계약에 한정한다)에는 해당 계약목적물
       의 추정가격(「건설산업기본법」 등 다른 법령에서 시공능력 적용시 관급자재
       비를 포함하고 있는 경우에는 추정금액을 말한다. 이하 이 항에서 같다)의 1
       배 이내
2. 시공능력의 경우에는 해당 추정가격의 1배 이내
③ 영 제21조제1항제6호에 따라 법인등기부상 본점소재지(개인사업자인 경우에는
사업자등록증 또는 관련 법령에 따른 허가ㆍ인가ㆍ면허ㆍ등록ㆍ신고 등에 관련된
서류에 기재된 사업장의 소재지를 말한다. 이하 같다)를 기준으로 제한경쟁입찰에
참가할 자의 자격을 제한하는 경우에는 법인등기부상 본점소재지가 해당 공사 등
의 현장ㆍ납품지 등이 소재하는 특별시ㆍ광역시ㆍ특별자치시ㆍ도 또는 특별자치
도(이하 이 항에서 "시ㆍ도"라 한다)의 관할구역(「공공기관 지방이전에 따른 혁
신도시 건설 및 지원에 관한 특별법」 제31조에 따른 공동혁신도시의 경우에는 해
당공동혁신도시 건설 공동 주체의 관할구역 전체를 말하며, 이하 이 항에서 같다)
안에 있는 자로 제한해야 한다. 다만, 다음 각 호의 어느 하나에 해당하는 경우에
는 해당 공사 등의 현장ㆍ납품지 등이 있는 시ㆍ도에 인접한 시ㆍ도(이하 이 항에
서 "인접 시ㆍ도"라 한다)의 관할구역 안에 있는 자를 포함해 제한할 수 있다.<개
정 2019. 9. 17.>
1. 공사 등의 현장ㆍ납품지 등이 인접 시ㆍ도에 걸쳐 있는 경우
2. 공사 등의 현장ㆍ납품지 등이 있는 시ㆍ도에 사업 이행에 필요한 자격을 갖춘
자가 10인 미만인 경우
④광역시ㆍ특별자치시 또는 도의 관할구역내에서 특별시ㆍ광역시 또는 특별자치

시가 신설(편입된 경우를 제외한다)되는 경우에는 그 신설된 날부터 3년간은 종전의 광역시·특별자치시 또는 도의 관할구역과 신설된 특별시·광역시 또는 특별자치시의 관할구역은 이를 분리하지 아니한 것으로 보아 제3항의 규정을 적용한다. <개정 2012.5.18.>

⑤각 중앙관서의 장 또는 계약담당공무원은 영 제21조제1항에 따라 제한경쟁입찰에 참가할 자의 자격을 제한함에 있어서 같은 항 각 호 또는 각 호 내의 사항을 중복적으로 제한하여서는 아니된다. 다만, 영 제21조제1항제6호의 사항에 따라 제한하는 경우에는 같은 항 제2호의 사항과 중복하여 제한할 수 있으며, 영 제21조제1항제8호 또는 제10호의 사항에 따라 제한하는 경우에는 같은 항 각 호의 사항과 중복하여 제한할 수 있다. <개정 1996.12.31., 2009.3.5., 2018.12.4>

⑥각 중앙관서의 장 또는 계약담당공무원은 영 제22조의 규정에 의하여 공사를 성질별·규모별로 유형화하여 제한기준을 정하는 경우에는 제2항의 규정에 의한 제한기준에 의하지 아니할 수 있다.

**제26조(제한경쟁입찰 참가자격통지)** ①각 중앙관서의 장 또는 계약담당공무원은 영 제21조제3항 또는 영 제22조제2항의 규정에 의하여 입찰참가적격자에게 입찰참가통지를 하는 경우에는 별지 제2호서식의 경쟁입찰참가통지서에 의하여야 한다.

②제1항의 규정에 의한 입찰참가통지는 현장설명일 7일전(현장설명을 하지 아니하는 경우에는 입찰서 제출마감일 7일전)까지 하여야 한다. 다만, 긴급을 요하는 경우에는 입찰서 제출마감일 5일전까지 통지할 수 있다. <개정 1996.12.31.>

**제27조(지명경쟁입찰의 지명기준)** 각 중앙관서의 장 또는 계약담당공무원은 영 제23조제1항제1호 내지 제3호·제6호 또는 제9호에 따라 지명경쟁입찰에 참가할 자를 지명하는 경우에는 다음 각 호의 기준에 의하여 지명하되, 경쟁원리가 적정하게 이루어지도록 하여야 한다. <개정 1998.2.23., 1999.9.9., 2005.9.8., 2006.5.25.>

1. 공사

　가. 시공능력을 기준으로 지명하는 경우에는 제25조제2항제2호의 규정을 준용하여 지명할 것

　나. 신용과 실적 및 경영상태를 기준으로 업체를 지명하되 특수한 기술의 보유가

　　필요한 경우에는 이를 보유한 자를 지명할 것

　다. 삭제 <1999.9.9.>

　2. 물품의 제조・구매, 수리・가공 등

　　계약의 성질 또는 목적에 비추어 특수한 기술, 기계・기구, 생산설비 등을 보유
　　하고 있는 자로 하여금 행하게 할 필요가 있는 경우에는 그 기술, 기계・기구,
　　생산설비등을 보유한 자를 지명할 것

**제28조** 삭제 <1999.9.9>

**제29조(지명경쟁계약의 보고서류등)** ①계약담당공무원은 영 제23조제2항에 따라 지명경
쟁입찰에 의한 계약(이하 "지명경쟁계약"이라 한다)을 보고하고자 할 때에는 제49
조제1항 또는 제3항에 따른 계약서(해당계약서에 첨부하여야 하는 서류를 포함한
다. 이하 이 조에서 같다)의 사본과 다음 각 호의 사항을 명백히 한 서류를 그 소속
중앙관서의 장에게 제출하여야 한다. <개정 1998.2.23., 2006.5.25.>

　1. 계약의 목적

　2. 예산과목

　3. 적용법령조문 및 구체적인 적용사유

　4. 삭제 <2006.5.25.>

　5. 삭제 <2006.5.25.>

　6. 기타 참고사항

②각 중앙관서의 장은 영 제23조제2항에 따라 감사원에 지명경쟁계약의 내용을 통
지하는 때에는 제1항에 따른 계약서의 사본 및 서류를 함께 제출하여야 한다. <개
정 2006.5.25.>

③각 중앙관서의 장 또는 계약담당공무원은 지명경쟁입찰참가자로 지명된 자로부
터 제27조의 규정에 의한 지명기준에 적합함을 증명하는 서류를 제출받아 이를 비
치하여야 한다.

[제목개정 1998.2.23.]

**제30조(지명경쟁입찰 참가자격통지)** 제26조의 규정은 지명경쟁입찰의 참가적격자에 대
한 입찰참가통지에 관하여 이를 준용한다.

**제31조** 삭제 <2010.7.21>

**제32조(재공고입찰등에 의한 수의 계약시 계약상대자 결정)** 각 중앙관서의 장 또는 계약
담당공무원은 영 제27조제1항제2호의 규정에 의하여 수의 계약을 체결하고자 할
때에는 국가에 가장 유리한 가격을 제시한 자를 계약상대자로 결정하여야 한다.
<개정 1998.2.23.>

**제33조(견적에 의한 가격결정 등)** ①영 제30조제2항 단서에서 "전자조달시스템에 의한
견적서제출이 곤란한 경우로서 기획재정부령이 정하는 경우"란 다음 각 호의 어느
하나에 해당하는 경우를 말한다. <신설 2006.12.29., 2009.3.5., 2013.9.17.>

1. 전문적인 학술연구용역의 경우

2. 농·수산물 및 음식물(그 재료를 포함한다)의 구입 등 신선도와 품질을 우선적
으로 고려하여야 하는 경우

3. 그 밖에 계약의 목적이나 특성상 전자조달시스템에 의한 견적서제출이 곤란한
경우로서 기획재정부장관이 정하는 경우

②각 중앙관서의 장 또는 계약담당공무원이 영 제30조제4항에 따라 법인등기부상
본점소재지를 기준으로 견적서제출을 제한하는 경우에는 법인등기부상 본점소재
지가 해당공사의 현장, 물품의 납품지 등이 소재하는 특별시·광역시·특별자치시
·도 또는 특별자치도의 관할구역 안에 있는 자로 제한하여야 한다. 다만, 공사의
현장, 물품의 납품지 등이 소재하는 시(행정시를 포함한다. 이하 이 항에서 같다)
·군(도의 관할구역 안에 있는 군을 말한다. 이하 이 항에서 같다)에 해당계약의
이행에 필요한 자격을 갖춘 자가 5인 이상인 경우에는 그 시·군의 관할구역 안에
있는 자로 제한할 수 있다. <신설 2006.12.29., 2012.5.18.,2016.9.23>

③영 제30조제7항에서 "기획재정부령이 정하는 경우"란 다음 각 호의 경우를 말한
다. <개정 1999.9.9., 2000.12.30., 2005.9.8., 2006.12.29., 2009.3.5.>

1. 전기·가스·수도등의 공급계약

2. 추정가격이 100만원 미만인 물품의 제조·구매·임차 및 용역계약

[제목개정 2006.12.29.]

**제34조(희망수량경쟁입찰과 수의계약)** 각 중앙관서의 장 또는 계약담당공무원은 희망수
량경쟁입찰에 있어서 낙찰자중 계약을 체결하지 아니한 자가 있는 경우에 영 제28

조의 규정에 의하여 수의계약에 의할 때에는 물품의 제조나 구매에 있어서는 당해 낙찰자의 낙찰단가 이하로서, 물품의 매각에 있어서는 당해 낙찰자의 낙찰단가 이상으로 계약을 체결하여야 한다.

**제35조(수의계약의 보고서류등)** ①계약담당공무원은 영 제26조제5항에 따라 수의계약을 보고하고자 할 때에는 제49조제1항 또는 제3항에 따른 계약서(해당계약서에 첨부하여야 하는 서류를 포함한다. 이하 이 조에서 같다)의 사본과 다음 각 호의 사항을 명백히 한 서류를 그 소속 중앙관서의 장에게 제출하여야 한다. <개정 1998.2.23., 2006.5.25., 2010.7.21.>

1. 계약의 목적

2. 예산과목

3. 적용법령조문 및 구체적인 적용사유

4. 삭제 <2006.5.25.>

5. 삭제 <2006.5.25.>

6. 삭제 <2006.5.25.>

7. 기타 참고사항

②각 중앙관서의 장은 영 제26조제5항에 따라 감사원에 수의계약의 내용을 통지하는 때에는 제1항에 따른 계약서의 사본 및 서류를 함께 제출하여야 한다. <개정 2006.5.25., 2010.7.21.>

[제목개정 1998.2.23.]

**제36조(수의계약 적용사유에 대한 근거서류)** 각 중앙관서의 장 또는 계약담당공무원은 영 제26조제1항제1호가목·다목, 제2호, 제3호가목부터 마목까지, 제4호가목부터 라목까지 또는 제5호다목·라목에 따라 수의계약을 체결하려는 경우에는 그 적용사유에 해당되는지의 여부를 입증할 근거서류를 비치하여야 한다.

[전문개정 2010.7.21.]

**제37조(경쟁계약에 관한 규정의 준용)** 제14조제1항 및 제2항은 수의계약의 경우에 준용한다.

[전문개정 2009.3.5]

# 제4장 입찰 및 낙찰절차

**제38조** 삭제 <2002.8.24>

**제39조(입찰참가의 통지등)** 각 중앙관서의 장 또는 계약담당공무원은 영 제13조 또는 영 제34조의 규정에 의하여 당해입찰참가적격자에게 입찰참가통지를 하는 때에는 별지 제2호서식의 경쟁입찰참가통지서에 의한다.

**제40조(입찰 참가신청)** ①각 중앙관서의 장 또는 계약담당공무원은 경쟁 입찰에 부치고자 할 때에는 입찰참가신청인으로 하여금 다음 각호의 서류를 제출하게 하여야 한다. 다만, 제15조의 규정에 의하여 자격등록을 한 자에 대하여는 입찰 보증금의 납부로써 다음 각호의 서류의 제출에 갈음하게 할 수 있다.

1. 별지 제3호서식의 입찰참가신청서
2. 입찰참가자격을 증명하는 서류
3. 기타 입찰공고 또는 지명통지에서 요구한 서류

②각 중앙관서의 장 또는 계약담당공무원은 입찰참가신청인이 제1항 각호의 서류를 제출한 때에는 그 서류의 내용을 검토하여 이를 접수하고 필요한 사항에 대하여 사실조사를 할 수 있다.

③각 중앙관서의 장 또는 계약담당공무원은 입찰참가신청서류를 접수한 때에는 별지 제4호서식의 입찰참가신청증을 교부하여야 한다. 다만, 우편입찰의 경우 기타 필요하지 아니하다고 인정되는 경우에는 이를 생략할 수 있다.

④제1항 본문의 규정에 의하여 제출하는 입찰참가신청서류의 접수마감일은 입찰서 제출마감일 전일로 한다. <개정 1996.12.31.>

**제41조(입찰에 관한 서류의 작성)** ①영 제14조제1항제3호에서 "기획재정부령으로 정하는 서류"란 다음 각 호의 서류를 말한다. <개정 1999.9.9., 2006.5.25., 2009.3.5., 2010.7.21.>

1. 입찰공고문 또는 입찰참가통지서
2. 입찰유의서
3. 입찰참가신청서 · 입찰서 및 계약서 서식

4. 계약일반조건 및 계약특수조건

4의2. 삭제 <2010.7.21.>

5. 영 제42조제5항·제6항에 따른 낙찰자 결정관련 심사기준(세부심사기준을 포함한다)

6. 영 제6장 및 제8장을 적용받는 공사의 경우 입찰안내서

7. 기타 참고사항을 기재한 서류

② 영 제16조제1항 본문에서 "기획재정부령으로 정하는 입찰에 관한 서류"란 다음 각 호의 서류를 말한다. <개정 2010.7.21.>

1. 제1항제1호부터 제4호까지의 서류

2. 영 제43조제7항에 따른 계약체결기준(세부기준을 포함한다)

3. 용역계약의 경우 과업지시서

4. 제1호부터 제3호까지의 서류 외에 참고사항을 적은 서류

[전문개정 1996.12.31.]

[제목개정 2010.7.21.]

**제41조의2** 삭제 <2019. 9. 17.>

**제42조(입찰방법)** ①각 중앙관서의 장 또는 계약담당공무원은 경쟁입찰에 참가하고자 하는 자로 하여금 별지 제5호서식(입찰 및 낙찰자 결정을 전산처리에 의하여 하고자 하는 경우에는 별지 제6호서식)의 입찰서를 제출하게 하여야 한다.

②제1항의 규정에 의하여 제출하는 입찰서는 1인 1통으로 한다.

③각 중앙관서의 장 또는 계약담당공무원은 입찰에 참가하고자 하는 자가 별지 제3호서식의 입찰참가신청서를 제출하는 때부터 입찰 개시시각전까지 입찰대리인을 지정하거나 지정된 입찰대리인을 변경하는 경우에는 그 대리인을 당해입찰에 참가하게 할 수 있다. <개정 1999.9.9.>

④각 중앙관서의 장 또는 계약담당공무원은 입찰서를 접수한 때에는 당해입찰서에 확인인을 날인하고 개찰시까지 개봉하지 아니하고 보관하여야 한다.

⑤제1항에 따라 제출하는 입찰서에 사용되는 인감(서명을 포함한다. 이하 이 항에서 같다)은 입찰참가신청서 제출시 신고한 인감과 같아야 한다.

<개정 1996.12.31.,2016.9.23>

⑥각 중앙관서의 장 또는 계약담당공무원은 영 제44조제1항의 규정에 의하여 물품의 제조 또는 구매계약을 체결하고자 하는 때에는 입찰시에 입찰자로 하여금 입찰서와 함께 당해 물품의 품질·성능·효율등이 표시된 품질등의 표시서(이하 "품질등 표시서"라 한다)를 제출하게 하여야 한다. <개정 1999.9.9., 2000.12.30.>

**제43조(입찰보증금의 납부)** ①각 중앙관서의 장 또는 계약담당공무원은 입찰참가자로 하여금 입찰신청마감일까지 별지 제3호서식의 입찰참가신청서와 함께 소정절차에 따라 영 제37조에 따른 입찰보증금을 납부하게 하여야 한다. 다만, 영 제37조제2항 제4호에 따른 보증서 중 1회계연도내의 모든 입찰(공사의 경우로 한정한다)에 대한 입찰보증금으로 납부할 수 있는 보증서의 경우에는 기획재정부장관이 정하는 바에 의하여 매 회계연도초에 이를 제출하게 할 수 있다. <개정 1999.9.9., 2009.3.5.>

②영 제37조제4항의 규정에 의한 입찰보증금에 해당하는 금액의 지급을 확약하는 내용의 문서는 별지 제3호서식의 입찰참가신청서에 따라 입찰참가신청을 하거나 입찰서를 제출하는 때에 이를 제출하여야 한다. <신설 1999.9.9., 2012.5.18.>

**제44조(입찰무효)** 영 제39조제4항에 따라 무효로 하는 입찰은 다음과 같다.

<개정 1996.12.31., 1999.9.9., 2002.3.25., 2002.8.24., 2006.5.25., 2006.12.29., 2009.3.5., 2012.5.18., 2013.9.17., 2016.2.1.,2016.9.23>

1. 입찰참가자격이 없는 자가 한 입찰

1의2. 영 제76조제5항에 따라 입찰참가자격 제한기간 내에 있는 대표자를 통한 입찰

2. 입찰보증금의 납부일시까지 소정의 입찰보증금을 납부하지 아니하고 한 입찰

3. 입찰서가 그 도착일시까지 소정의 입찰장소에 도착하지 아니한 입찰

4. 동일사항에 동일인(1인이 수개의 법인의 대표자인 경우 해당수개의 법인을 동일인으로 본다)이 2통 이상의 입찰서를 제출한 입찰

5. 삭제 <2006.5.25.>

6. 영 제14조제6항에 따른 입찰로서 입찰서와 함께 산출내역서를 제출하지 아니

한 입찰 및 입찰서상의 금액과 산출내역서상의 금액이 일치하지 아니한 입찰과 그 밖에 기획재정부장관이 정하는 입찰무효사유에 해당하는 입찰

6의2. 삭제 <2010.7.21.>

6의3. 제15조제1항에 따라 등록된 사항중 다음 각 목의 어느 하나에 해당하는 등록사항을 변경등록하지 아니하고 입찰서를 제출한 입찰

가. 상호 또는 법인의 명칭

나. 대표자(수인의 대표자가 있는 경우에는 대표자 전원)의 성명

다. 삭제 <2006.12.29.>

라. 삭제 <2006.12.29.>

7. 삭제 <2009.3.5.>

7의2. 영 제39조제1항에 따라 전자조달시스템 또는 각 중앙관서의 장이 지정·고시한 정보처리장치를 이용하여 입찰서를 제출하는 경우 해당 규정에 따른 방식에 의하지 아니하고 입찰서를 제출한 입찰

7의3. 삭제<2019. 9. 17.>

8. 영 제44조제1항의 규정에 의한 입찰로서 제42조제6항의 규정에 의하여 입찰서와 함께 제출하여야 하는 품질등 표시서를 제출하지 아니한 입찰

9. 영 제72조제3항 또는 제4항에 따른 공동계약의 방법에 위반한 입찰

10. 영 제79조에 따른 대안입찰의 경우 원안을 설계한 자 또는 원안을 감리한 자가 공동으로 참여한 입찰

10의2. 영 제98조제2호에 따른 실시설계 기술제안입찰 또는 같은 조 제3호에 따른 기본설계 기술제안입찰의 경우 원안을 설계한 자 또는 원안을 감리한 자가 공동으로 참여한 입찰

11. 제1호부터 제10호까지 외에 기획재정부장관이 정하는 입찰유의서에 위반된 입

② 제1항에도 불구하고 영 제72조에 따라 공동수급체를 구성한 입찰자의 대표자 외의 구성원이 제1항 각 호의 사유에 해당하는 경우에는 해당 구성원에 대해서만 입찰을 무효로 한다.<신설 2016.9.23>

**제45조(입찰무효의 이유표시)** 각 중앙관서의 장 또는 계약담당공무원은 입찰을 무효로

하는 경우에는 무효여부를 확인하는데 장시간이 소요되는 등 부득이한 사유가 없는 한 개찰장소에서 개찰에 참가한 입찰자에게 이유를 명시하고 그 뜻을 알려야 한다. 다만, 영 제39조제1항에 따라 전자조달시스템 또는 각 중앙관서의 장이 지정·고시한 정보처리장치를 이용하여 입찰서를 제출하게 하는 경우에는 입찰공고에 표시한 절차와 방법으로 입찰자에게 입찰무효의 이유를 명시하고 그 뜻을 알려야 한다. <개정 2000.12.30., 2002.8.24., 2012.5.18., 2013.9.17.>

**제46조(특정물품의 제조 또는 구매시의 품질등에 의한 낙찰자 결정)** 각 중앙관서의 장 또는 계약담당공무원은 영 제44조제1항의 규정에 의하여 낙찰자를 결정함에 있어서는 제42조제6항의 규정에 의하여 입찰서와 함께 제출된 품질등 표시서를 영 제44조제2항의 규정에 의한 평가기준에 따라 평가하고 특별한 사유가 없는 한 입찰일 또는 개찰일부터 10일 이내에 낙찰자를 결정하여야 한다.

**제47조(희망수량경쟁입찰의 낙찰자 결정)** ①각 중앙관서의 장 또는 계약담당공무원은 영 제45조 또는 영 제46조의 규정에 의한 희망수량경쟁입찰의 낙찰자 결정에 있어서 낙찰자가 될 동가의 입찰자가 2인이상 있을 때에는 입찰수량이 많은 자를 우선순위의 낙찰자로 하며, 입찰수량이 동일한 때에는 영 제47조의 규정에 준하여 추첨으로 낙찰자를 결정한다.

②제1항의 규정에 의하여 낙찰자를 결정함에 있어서 최후순위의 낙찰자의 수량이 다른 낙찰자의 수량과 합산하여 수요량 또는 매각량을 초과하는 경우에는 그 초과하는 수량은 이를 낙찰되지 아니한 것으로 본다.

**제48조(개찰 및 낙찰선언)** ①각 중앙관서의 장 또는 계약담당공무원은 지정된 시간까지 입찰서를 접수한 때에는 입찰서의 접수마감을 선언하고, 입찰자의 참석하에 입찰서를 개봉하여야 한다. 다만, 영 제39조제1항에 따라 전자조달시스템 또는 각 중앙관서의 장이 지정·고시한 정보처리장치를 이용하여 입찰서를 제출하게 하는 경우에는 입찰공고에 표시한 절차와 방법으로 입찰서의 접수를 마감하고 입찰서를 개봉하여야 한다. <개정 2000.12.30., 2002.8.24., 2012.5.18., 2013.9.17.>

②각 중앙관서의 장 또는 계약담당공무원은 영 제18조제3항에 따라 규격과 가격 또는 기술과 가격입찰을 동시에 실시하는 경우에는 영 제11조의 규정에 의하여 2인이

상의 유효한 입찰로 성립한 규격입찰 또는 기술입찰의 개찰결과 규격적격자 또는 기술적격자로 확정된 자가 1인인 경우에도 가격입찰서를 개봉할 수 있다. <개정 2010.7.21.>

③ 삭제 <2000.12.30.>

# 제5장 계약의 체결 및 이행

**제49조(계약서의 작성)** ①각 중앙관서의 장 또는 계약담당공무원은 계약상대자를 결정한 때에는 지체없이 별지 제7호서식, 별지 제8호서식 또는 별지 제9호서식의 표준계약서에 의하여 계약을 체결하여야 한다.

②각 중앙관서의 장 또는 계약담당공무원은 제1항의 규정에 의한 표준계약서에 기재된 계약일반사항외에 당해계약에 필요한 특약사항을 명시하여 계약을 체결할 수 있다.

③각 중앙관서의 장 또는 계약담당공무원은 제1항의 규정에 의한 서식에 의하기가 곤란하다고 인정될 때에는 따로 이와 다른 양식에 의한 계약서에 의하여 계약을 체결할 수 있다.

④각 중앙관서의 장 또는 계약담당공무원은 영 제50조제6항제1호 내지 제3호 및 제5호의 규정에 의하여 계약보증금의 전부 또는 일부의 납부를 면제하는 경우에는 계약서에 그 사유 및 면제금액을 기재하고 계약보증금지급각서를 제출하게 하여 이를 첨부하여야 한다. <개정 1996.12.31., 2003.12.12.>

**제50조(계약서의 작성을 생략하는 경우)** 각 중앙관서의 장 또는 계약담당공무원은 영 제49조에 따라 계약서의 작성을 생략하는 경우에는 계약상대자로부터 청구서·각서·협정서·승낙사항등 계약성립의 증거가 될 수 있는 서류를 제출받아 비치하여야 한다. 다만, 기획재정부장관이 따로 정하는 회계경리에 관한 서식에 의한 경우에는 그러하지 아니하다. <개정 1999.9.9., 2009.3.5.>

**제51조(계약보증금 납부)** ①각 중앙관서의 장 또는 계약담당공무원은 계약을 체결하고자 할 때에는 낙찰자 또는 계약상대자로 하여금 계약체결전까지 별지 제10호서식

의 계약보증금납부서와 함께 소정절차에 따라 영 제50조의 규정에 의한 계약보증금을 납부하게 하여야 한다.

②각 중앙관서의 장 또는 계약담당공무원은 계약상대자가 제43조의 규정에 의하여 납부한 입찰보증금을 별지 제11호서식의 입찰보증금의 계약보증금 대체납부신청서에 의하여 계약보증금으로 대체할 것을 요청한 때에는 계약보증금으로 이를 대체정리하여야 한다.

**제52조(하자보수보증금의 납부)** 각 중앙관서의 장 또는 계약담당공무원은 공사의 준공검사를 마친 때에는 그 공사대가의 최종지출시까지 별지 제12호서식의 하자보수보증금 납부서와 함께 영 제62조의 규정에 의한 하자보수보증금을 납부하게 하여야 한다.

**제53조(현금에 의한 보증금 납부)** 각 중앙관서의 장 또는 계약담당공무원은 입찰참가자 또는 계약상대자가 제43조·제51조 및 제52조의 규정에 의한 보증금을 현금으로 납부할 때에는 세입세출외 현금출납공무원으로 하여금 정부보관금취급규칙에 의하여 수령하게 하여야 한다.

**제54조(증권에 의한 보증금 납부)** ①각 중앙관서의 장 또는 계약담당공무원은 입찰참가자 또는 계약상대자가 제43조·제51조 및 제52조에 따른 보증금을 영 제37조제2항제2호에 따른 증권으로 납부할 때에는 유가증권취급공무원으로 하여금 정부유가증권취급규정에 의하여 수령하게 하여야 한다. <개정 2009.3.5.>

②각 중앙관서의 장 또는 계약담당공무원은 계약상대자가 제43조·제51조 및 제52조의 규정에 의한 보증금을 국채중 등록국채로 납부하는 때에는 국채등록필통지서와 함께 별지 제13호서식의 질권설정동의서를 제출하게 하여야 하며 유가증권취급공무원으로 하여금 정부유가증권취급규정에 의하여 보관하게 하여야 한다.

③유가증권취급공무원은 제2항의 규정에 의하여 국채등록필통지서와 질권설정동의서를 제출받은 때에는 부득이한 사유가 없는 한 지체없이 자신을 질권자로 하는 질권설정조치를 하여야 한다.

[제목개정 2009. 3. 5.]

**제55조(보증보험증권등에 의한 보증금 납부)** ①각 중앙관서의 장 또는 계약담당공무원은 입찰참가자 또는 계약상대자가 제43조·제51조 및 제52조의 규정에 의한 보증금을

영 제37조제2항제1호·제3호 또는 제4호의 규정에 의한 지급보증서·보증보험증권 또는 보증서(이하 "보증보험증권등"이라 한다)로 납부하고자 할 때에는 다음 각 호의 요건이 충족된 것으로 유가증권취급공무원에게 제출하게 하여야 한다. <개정 1996.12.31., 2005.9.8., 2006.12.29.>

1. 피보증인의 명의가 대한민국정부일 것
2. 보증금액이 납부하여야 할 보증금액이상일 것
3. 보증기간은 보증금에 따라 다음 각목의 어느 하나에 해당할 것
 가. 입찰보증금
  (1) 보증기간의 초일 : 입찰서 제출마감일 이전일 것
  (2) 보증기간의 만료일 : 입찰서 제출마감일 다음날부터 30일 이후일 것. 다만, 영 제78조의 규정에 의한 공사입찰의 경우에는 입찰서 제출마감일 다음날부터 90일 이후이어야 한다.
 나. 계약보증금
  (1) 보증기간의 초일 : 계약기간 개시일
  (2) 보증기간의 만료일 : 계약기간의 종료일 이후일 것
 다. 하자보수보증금
  (1) 보증기간의 초일 : 목적물을 인수한 날과 준공검사를 완료한 날 중에서 먼저 도래한 날
  (2) 보증기간의 만료일 : 하자담보책임기간 종료일 이후일 것
4. 보증보험증권등에 기재된 보증내용이 입찰참가자 또는 계약상대자의 의무이행과 동일한 내용을 보증하는 것일것
5. 보증보험증권인 경우에는 보증보험보통보험약관에 규정된 면책사유에 불구하고 국고에 귀속시켜야 할 금액을 보증하는 특약조항이 있을 것

②유가증권취급공무원은 보증보험증권등의 제출이 있는 때에는 제1항 각호의 규정에 의한 사항등 기타 필요한 사항을 확인한 후 이를 정부유가증권취급규정에 의하여 보관하여야 한다.

[제목개정 2009.3.5.]

**제56조(정기예금증서등에 의한 보증금 납부)** ①각 중앙관서의 장 또는 계약담당공무원은
입찰참가자 또는 계약상대자가 제43조·제51조 및 제52조의 규정에 의한 보증금을
영 제37조제2항제5호 내지 제7호의 규정에 의한 정기예금증서 또는 수익증권(이하
"정기예금증서등"이라 한다)으로 납부하고자 하는 경우에는 유가증권취급공무원
으로 하여금 정부유가증권취급규정에 의하여 수령하게 하여야 한다.

②제54조제2항 및 제3항의 규정중 질권설정동의서의 제출, 등록국채의 보관, 질권
의 설정에 관한 규정은 제1항의 규정에 의하여 정기예금증서등으로 보증금을 납부
하는 경우에 이를 준용한다.

**제57조(주식에 의한 보증금 납부)** ①각 중앙관서의 장 또는 계약담당공무원은 입찰참가
자 또는 계약상대자가 보증금을 주식(「자본시장과 금융투자업에 관한 법률」 제
171조제4항에 따른 예탁증명서로 갈음하는 경우에는 예탁증명서를 말한다)으로 납
부하고자 할 때에는 미리 「정부유가증권 취급규정」에 의한 유가증권취급점(이하
"유가증권취급점"이라 한다)에 납입하게 하여 「한국은행 정부유가증권 취급규
정」에 의하여 발행한 정부보관유가증권납입필통지서와 함께 해당주식에 대한 양
도증서 및 별지 제14호서식의 각서를 유가증권취급공무원에게 제출하게 하여야 한
다. <개정 1999.9.9., 2005.9.8., 2009.3.5.,2016.2.1>

②유가증권취급점은 제1항에 따라 정부보관유가증권납입서와 주식을 제출받은 때
에는 주식의 종류·권면액·기호·번호·장수등과 상장증권인지의 여부를 확인하
고 「한국은행 정부유가증권 취급규정」에 의하여 발행하는 정부보관유가증권납
입필통지서의 비고란에 해당 주식의 소유자(기명식 주식의 경우에는 최후의 양수
인)의 성명을 주식별로 기재하고 해당주식을 제출한 자에게 교부하여야 한다. <개
정 1999.9.9., 2005.9.8., 2009.3.5.,2016.2.1>

**제58조(주식양도증서)** 제57조의 규정에 의하여 제출하는 주식의 양도증서는 다음 각호
의 규정에 의하여 작성된 것이어야 한다.

1. 양수인의 성명과 양도일자를 기재하지 아니한 것일 것
2. 양도인의 인감에 대하여 당해주식발행회사의 대조확인필인이 있을 것
3. 발행회사가 서로 다른 여러 종류의 주식을 제출한 때에는 주식발행회사별 주식

양도증서일 것

**제59조(보증금의 납부확인)** 세입세출외 현금출납공무원 또는 유가증권취급공무원은 제43조·제51조 및 제52조의 규정에 의한 보증금을 소정절차에 따라 납부받은 때에는 그 보증금 납부서에 납부확인인을 찍어 이를 지체없이 소속 중앙관서의 장 또는 계약담당공무원에게 송부하여야 한다.

**제60조(보증기간중 의무)** 각 중앙관서의 장 또는 계약담당공무원은 보증기간중 당해보증보험계약등의 약관·특약 또는 「상법」에 의하여 피보험자에게 주어진 다음 각호의 의무를 성실히 이행하여야 한다. <개정 2005.9.8.>

1. 「상법」 제652조의 규정에 의한 위험의 변경 또는 증가의 통지의무
2. 「상법」 제657조의 규정에 의한 보험사고발생의 통지의무
3. 「상법」 제680조의 규정에 의한 손해방지의 의무
4. 약관의 규정에 의한 조사승낙의 의무
5. 기타 약관 또는 특약에서 정한 의무

**제61조(보증보험증권등의 보증기간의 연장)** 각 중앙관서의 장 또는 계약담당공무원은 계약의 체결일을 연기하거나 계약의 이행기간 또는 하자담보책임기간을 연장하고자 할 때에는 계약상대자로 하여금 당초의 보증기간내에 그 연장하고자 하는 기간을 가산한 기간을 보증기간으로 하여 제55조의 규정에 적합하게 보증보험증권등을 유가증권취급공무원에게 제출하게 하여야 한다.

**제62조(계약금액변경시의 보증금의 조정 및 추가납부등)** 각 중앙관서의 장 또는 계약담당공무원은 영 제64조 내지 제66조의 규정에 의하여 계약금액이 조정된 때에는 이에 상응하는 금액의 보증금을 추가로 납부하게 하거나 계약상대자의 요청에 의하여 이를 반환하여야 한다.

**제63조(보증금의 반환)** ①각 중앙관서의 장 또는 계약담당공무원은 영 제37조·제50조 및 제62조의 규정에 의하여 납부된 보증금의 보증목적이 달성된 때에는 계약상대자의 요청에 의하여 즉시 이를 반환하도록 하여야 한다.

②하자담보책임기간이 서로 다른 공종이 복합된 건설공사에 있어서는 제70조의 규정에 의한 공종별 하자담보책임기간이 만료되어 보증목적이 달성된 공종의 하자보

수보증금은 계약상대자의 요청이 있을 때에는 즉시 이를 반환하여야 한다.

**제64조(보증금등의 국고귀속)** ①각 중앙관서의 장 또는 계약담당공무원은 영 제38조제1항의 규정에 의하여 제43조·제51조 및 제52조의 규정에 따라 납부된 보증금을 국고에 귀속하여야 할 사유가 발생한 경우에는 다음 각호의 방법에 의하여 당해보증금을 처리하여야 한다. <개정 2003.12.12.>

1. 현금의 경우에는 세입세출외현금출납공무원과 관계수입징수관에게 그 뜻을 통지하여 수입금으로 징수하도록 요청하여야 한다.

2. 유가증권인 경우에는 유가증권취급공무원에게 그 뜻을 통지하여 정부유가증권취급규정에 의하여 정부소유유가증권으로 처리하도록 요청하여야 한다. 이 경우 등록국채에 있어서는 그 뜻을 유가증권취급점과 유가증권취급공무원에게 통지하여야 한다.

3. 보증보험증권등인 경우에는 관계수입징수관·유가증권취급공무원 및 관계보증기관에 그 뜻을 통지하고 당해보증금을 수입금으로 징수함에 있어서 필요한 조치를 하게 하여야 한다.

4. 정기예금증서등인 경우에는 관계수입징수관·유가증권취급공무원 및 당해금융기관에 그 뜻을 통지하고 당해보증금을 수입으로 징수함에 필요한 조치를 하게 하여야 한다.

② 삭제 <2010.7.21.>

**제65조(희망수량경쟁입찰의 입찰보증금 국고귀속)** 최후순위의 낙찰자가 그 의무를 이행하지 아니하여 입찰보증금을 국고에 귀속시키는 경우 당해 낙찰자의 낙찰수량에 대하여 제47조제2항의 규정이 적용된 때에는 그 낙찰된 수량에 비례한 입찰보증금만을 국고에 귀속시켜야 한다.

**제66조(공사계약에 있어서의 이행보증** ① 삭제 <2010.7.21.>

②각 중앙관서의 장 또는 계약담당공무원은 영 제52조의 규정에 의하여 공사이행보증서를 제출한 경우로서 계약상대자가 계약상의 의무를 이행하지 아니하는 경우에는 지체없이 공사이행보증서 발급기관에 그 의무를 이행할 것을 청구하여야 한다. <개정 1996.12.31., 2010.7.21.>

③각 중앙관서의 장 또는 계약담당공무원은 제2항의 규정에 의한 청구에 의하여 공사이행보증서 발급기관이 지정한 업체(이하 "보증이행업체"라 한다)가 그 의무를 이행한 경우에는 계약금액중 보증이행업체가 이행한 부분에 상당하는 금액을 공사이행보증서 발급기관에 지급할 수 있도록 계약을 체결할 때에 미리 필요한 조치를 하여야 한다. <개정 1996.12.31., 2010.7.21.>

④각 중앙관서의 장 또는 계약담당공무원은 제1항 및 제3항의 규정에 의하여 보증이행업체로 된 자가 부적격하다고 인정되는 경우에는 계약상대자 또는 공사이행보증서 발급기관에 보증이행업체의 변경을 청구할 수 있다. <개정 1996.12.31., 2010.7.21.>

⑤제1항 내지 제4항의 규정은 용역계약의 경우에 이를 준용할 수 있다. <개정 1996.12.31.>

⑥ 삭제 <1996.12.31.>

[제목개정 1996.12.31.]

**제67조(감독 및 검사)** 법 제13조 및 법 제14조의 규정에 의하여 감독 또는 검사를 한 자는 감독 또는 검사의 결과 계약이행의 내용이 당초의 계약내용에 적합하지 아니한 때에는 그 사실 및 조치에 관한 의견을 감독조서 또는 검사조서에 기재하여 소속 중앙관서의 장 또는 계약담당공무원에게 제출하여야 한다.

**제68조(감독 및 검사의 실시에 관한 세부사항)** 각 중앙관서의 장은 필요하다고 인정할 때에는 감독 또는 검사에 관한 세부요령을 정할 수 있다.

**제69조(감독 및 검사를 위탁한 경우의 확인)** 각 중앙관서의 장 또는 계약담당공무원은 법 제13조제1항 단서 및 법 제14조제1항 단서의 규정에 의하여 감독 또는 검사를 전문기관으로 하여금 수행하게 하는 경우에는 그 결과를 문서로 통보받아 이를 확인하여야 한다.

**제70조(하자담보책임기간)** ①각 중앙관서의 장 또는 계약담당공무원은 영 제60조제1항 본문에 따라 공사계약을 체결할 때에 다음 각 호의 구분에 따른 공사의 종류별 구분에 따라 하자담보책임기간을 정하여야 한다. 다만, 제7호를 제외한 각 공사의 종류 간의 하자책임을 구분할 수 없는 복합공사인 경우에는 주된 공사의 종류를 기준

으로 하여 하자담보책임기간을 정하여야 한다. <개정 1999.9.9., 2014.11.4., 2019. 9. 17.>>

1. 「건설산업기본법」에 따른 건설공사(제2호의 공사는 제외한다): 「건설산업기본법 시행령」 제30조 및 [별표 4]에 따른 기간

2. 「건설산업기본법」에 따른 건설공사 중 자갈도상 철도공사(궤도공사 부분으로 한정한다): 1년

3. 「주택법」에 따른 주택건설공사: 「주택법 시행령」 제59조제1항, [별표 6] 및 [별표 7]에 따른 기간

4. 「전기공사업법」에 따른 전기공사: 「전기공사업법 시행령」 제11조의2 및 [별표 3의2]에 따른 기간

5. 「정보통신공사업법」에 따른 정보통신공사: 「정보통신공사업법 시행령」 제37조에 따른 기간

6. 「소방시설공사업법」에 따른 소방시설공사: 「소방시설공사업법 시행령」 제6조에 따른 기간

7. 「문화재수리 등에 관한 법률」에 따른 문화재 수리공사: 「문화재수리 등에 관한 법률 시행령」 제19조 및 [별표 9]에 따른 기간

8. 「지하수법」에 따른 지하수개발・이용시설공사나 그 밖의 공사와 관련한 법령에 따른 공사: 1년

②영 제60조제1항 단서의 규정에 의하여 하자담보책임기간을 정하지 아니하는 경우는 제72조제2항 각호의 공사로 한다. <개정 1999.9.9.>

**제71조(하자검사)** ①영 제61조의 규정에 의하여 하자검사를 하는 자는 제70조의 규정에 의한 하자담보책임기간중 연 2회이상 정기적으로 하자검사를 하여야 하며, 하자담보책임기간이 만료되는 때에는 지체없이 따로 검사를 하여야 한다.

②각 중앙관서의 장 또는 계약담당공무원은 영 제61조제2항의 규정에 의하여 하자검사를 전문기관에 의뢰하는 경우에는 그 결과를 문서로 통보받아 이를 확인하여야 한다.

③각 중앙관서의 장 또는 계약담당공무원은 제1항 및 제2항의 규정에 의한 하자검사결과 하자가 발견된 때에는 지체없이 필요한 조치를 하여야 한다.

④각 중앙관서의 장 또는 계약담당공무원은 하자검사를 하는 때에는 당해공사에 대한 하자보수관리부를 비치하고 다음 각호의 사항을 기록 ·유지하여야 한다.

1. 공사명 및 계약금액

2. 계약상대자

3. 준공연월일

4. 하자발생내용 및 처리사항

5. 기타 참고사항

**제72조(하자보수보증금률)** ①각 중앙관서의 장 또는 계약담당공무원은 공사계약을 체결할 때에 영 제62조제1항 본문의 규정에 의하여 다음 각호의 공종(각 공종간의 하자책임을 구분할 수 없는 복합공사인 경우에는 주된 공종을 말한다)구분에 의하여 계약금액에 대한 하자보수보증금률을 정하여야 한다.

1. 철도·댐·터널·철강교설치·발전설비·교량·상하수도구조물등 중요구조물 공사 및 조경공사: 100분의 5

2. 공항·항만·삭도설치·방파제·사방·간척등 공사: 100분의 4

3. 관개수로·도로(포장공사를 포함한다)·매립·상하수도관로·하천·일반건축 등 공사: 100분의 3

4. 제1호 내지 제3호외의 공사: 100분의 2

②영 제62조제1항 단서에 따라 하자보수보증금을 납부하지 아니하게 할 수 있는 경우는 다음 각 호의 어느 하나의 공사로 한다. <개정 1998.2.23., 2005.9.8., 2013.6.19., 2014.11.4.>

1. 「건설산업기본법 시행령」 별표 1에 따른 건설업종의 업무내용 중 구조물 등을 해체하는 공사

2. 단순암반절취공사, 모래·자갈채취공사등 그 공사의 성질상 객관적으로 하자보수가 필요하지 아니한 공사

3. 계약금액이 3천만원을 초과하지 아니하는 공사(조경공사를 제외한다)

**제73조(하자보수보증금의 직접사용)** ①각 중앙관서의 장 또는 계약담당공무원은 영 제63조의 규정에 의하여 하자보수보증금을 직접 사용하고자 할 때에는 세입세출외 현금출납공무원 또는 유가증권취급공무원에게 그 뜻을 통지하고 당해하자보수에 필요한 조치를 하여야 한다.

②하자보수보증금을 영 제37조제2항의 규정에 의한 보증보험증권등으로 제출하게 한 때에는 제1항의 규정에 의한 통지와 동시에 당해보증기관에 대하여 보증한 금액을 납부할 것을 통지하여야 한다.

③제1항에 따라 통지를 받은 유가증권취급공무원은 그가 보관하고 있는 유가증권 등에 관하여 다음 각 호의 조치를 하여야 한다. <개정 1999.9.9., 2009.3.5.>

1. 하자보수보증금을 영 제37조제2항의 규정에 의한 보증보험증권등으로 보관하고 있는 경우에는 즉시 당해보증기관에 그 보증채무의 이행을 청구하여야 한다.

2. 하자보수보증금을 상장증권인 주식으로 보관하고 있는 경우에는 국유재산에 관한 법령에서 정하는 바에 의하여 매각하여야 하며, 그 매각수수료는 매각대금 중에서 지급한다. 다만, 해당 상장증권의 매각대금이 하자보수보증금상당액에 미달할 것으로 판단되는 경우에는 이를 매각할 수 없다.

3. 하자보수보증금을 상장증권인 국채, 지방채, 국가가 지급보증을 한 채권 또는 사채등 원리금의 상환기일이 확정되어 있는 채권으로 보관하고 있는 경우에는 국유재산에 관한 법령에서 정하는 바에 의하여 매각하여야 하며, 그 매각수수료는 매각대금 중에서 지급한다. 다만, 해당 상장증권의 매각대금이 하자보수보증금상당액에 미달할 것으로 판단되는 경우 또는 해당 상장증권의 최종원리금 상환기일이 매각하고자 하는 날부터 30일이내에 도래하는 경우에는 이를 매각할 수 없다.

4. 하자보수보증금을 영 제37조제2항제5호의 규정에 의한 정기예금증서로 보관하고 있는 경우에는 즉시 당해 금융기관에 현금지급을 청구하여야 한다.

④유가증권취급공무원은 보관하고 있는 유가증권등을 제3항의 규정에 의하여 매각하거나 당해보증채무의 이행을 받은 때에는 보증기관등으로 하여금 그 대금을 직접 세입세출외현금출납공무원에게 납입하도록 하여야 한다.

⑤각 중앙관서의 장 또는 계약담당공무원은 하자보수보증금의 직접사용을 위하여 지출원인행위를 한 때에는 그 지출원인행위의 관계서류를 세입세출외현금출납공무원에게 송부하되, 하자보수보증금으로 제출된 상장유가증권이 제3항제2호 또는 제3호의 규정에 의한 방법에 의하여 매각되지 아니한 때에는 지출원인행위를 할 수 없다.

⑥세입세출외현금출납공무원은 제5항의 규정에 의하여 지출원인행위 관계서류를 송부받은 때에는 당해하자보수보증금중에서 그 하자보수의 대가를 지급하여야 한다.

⑦각 중앙관서의 장 또는 계약담당공무원은 제70조제1항의 규정에 의한 하자담보 책임기간동안 제6항의 규정에 의한 대가를 지급하고도 잔액이 있는 때에는 제64조 제1항의 규정에 의하여 처리하여야 한다. <개정 2000. 12. 30.>

**제74조(물가변동으로 인한 계약금액의 조정)** ①영 제64조제1항제1호의 규정에 의한 품목 조정률과 이에 관련된 등락폭 및 등락률 산정은 다음 각호의 산식에 의한다. 이 경우 품목 또는 비목 및 계약금액등은 조정기준일이후에 이행될 부분을 그 대상으로 하며, "계약단가"라 함은 영 제65조제3항제1호에 규정한 각 품목 또는 비목의 계약 단가를, "물가변동당시가격"이라 함은 물가변동당시 산정한 각 품목 또는 비목의 가격을, "입찰당시가격"이라 함은 입찰서 제출마감일 당시 산정한 각 품목 또는 비목의 가격을 말한다. <개정 2005. 9. 8.>

1. 품목조정률 $= \dfrac{\text{각 품목 또는 비목의 수량에 등락폭을 곱하여 산출한 금액의 합계액}}{\text{계 약 금 액}}$

2. 등 락 폭 $=$ 계약단가 $\times$ 등락률

3. 등 락 률 $= \dfrac{\text{물가변동당시가격} - \text{입찰당시가격}}{\text{입찰당시가격}}$

②영 제9조제1항제2호의 규정의 의한 예정가격을 기준으로 계약한 경우에는 제1항 제1호 산식중 각 품목 또는 비목의 수량에 등락폭을 곱하여 산출한 금액의 합계액 에는 동합계액에 비례하여 증감되는 일반관리비 및 이윤등을 포함하여야 한다.

③제1항제1호의 등락폭을 산정함에 있어서는 다음 각호의 기준에 의한다. <개정

2005.9.8.>

1. 물가변동당시가격이 계약단가보다 높고 동 계약단가가 입찰당시가격보다 높을 경우의 등락폭은 물가변동당시가격에서 계약단가를 뺀 금액으로 한다.

2. 물가변동당시가격이 입찰당시가격보다 높고 계약단가보다 낮을 경우의 등락폭은 영으로 한다.

④영 제64조제1항제2호에 따른 지수조정률은 계약금액(조정기준일 이후에 이행될 부분을 그 대상으로 한다)의 산출내역을 구성하는 비목군 및 다음 각 호의 지수 등의 변동률에 따라 산출한다. <개정 1999.9.9., 2009.3.5.>

1. 한국은행이 조사하여 공표하는 생산자물가기본분류지수 또는 수입물가지수

2. 정부·지방자치단체 또는 「공공기관의 운영에 관한 법률」에 따른 공공기관이 결정·허가 또는 인가하는 노임·가격 또는 요금의 평균지수

3. 제7조제1항제1호의 규정에 의하여 조사·공표된 가격의 평균지수

4. 그 밖에 제1호부터 제3호까지와 유사한 지수로서 기획재정부장관이 정하는 지수

⑤영 제64조제1항의 규정에 의하여 계약금액을 조정함에 있어서 그 조정금액은 계약금액중 조정기준일 이후에 이행되는 부분의 대가(이하 "물가변동적용대가"라 한다)에 품목조정률 또는 지수조정률을 곱하여 산출하되, 계약상 조정기준일전에 이행이 완료되어야 할 부분은 이를 물가변동적용대가에서 제외한다. 다만, 정부에 책임이 있는 사유 또는 천재·지변등 불가항력의 사유로 이행이 지연된 경우에는 물가변동적용대가에 이를 포함한다.

⑥영 제64조제3항의 규정에 의하여 선금을 지급한 경우의 공제금액의 산출은 다음 산식에 의한다. 이 경우 영 제69조제2항·제3항 또는 제5항의 규정에 의한 장기계속공사계약·장기물품제조계약 또는 계속비예산에 의한 계약등에 있어서의 물가변동적용대가는 당해연도 계약체결분 또는 당해연도 이행금액을 기준으로 한다.

공제금액=물가변동적용대가×(품목조정률 또는 지수조정률)×선금급률

⑦제1항에 따른 물가변동당시가격을 산정하는 경우에는 입찰당시가격을 산정한 때에 적용한 기준과 방법을 동일하게 적용하여야 한다. 다만, 천재·지변 또는 원자재 가격급등 등 불가피한 사유가 있는 경우에는 입찰당시가격을 산정한 때에 적용

한 방법을 달리할 수 있다. <개정 1999.9.9., 2005.9.8., 2009.3.5.>

⑧제1항에 따라 등락률을 산정함에 있어 제23조의3 각 호에 따른 용역계약(2006년 5월 25일 이전에 입찰공고되어 체결된 계약에 한한다)의 노무비의 등락률은 「최저임금법」에 따른 최저임금을 적용하여 산정한다. <신설 2006.12.29., 2010.7.21.>

⑨각 중앙관서의 장 또는 계약담당공무원이 제1항 내지 제7항의 규정에 의하여 계약금액을 증액하여 조정하고자 하는 경우에는 계약상대자로부터 계약금액의 조정을 청구받은 날부터 30일 이내에 계약금액을 조정하여야 한다. 이 경우 예산배정의 지연등 불가피한 사유가 있는 때에는 계약상대자와 협의하여 조정기한을 연장할 수 있으며, 계약금액을 증액할 수 있는 예산이 없는 때에는 공사량 또는 제조량 등을 조정하여 그 대가를 지급할 수 있다. <신설 1999.9.9., 2005.9.8.>

⑩기획재정부장관은 제4항에 따른 지수조정률의 산출 요령 등 물가변동으로 인한 계약금액의 조정에 관하여 필요한 세부사항을 정할 수 있다. <신설 1999.9.9., 2009.3.5.>

**제74조의2(설계변경으로 인한 계약금액의 조정)** ①영 제65조의 규정에 의한 설계변경은 그 설계변경이 필요한 부분의 시공전에 완료하여야 한다. 다만, 각 중앙관서의 장 또는 계약담당공무원은 공정이행의 지연으로 품질저하가 우려되는 등 긴급하게 공사를 수행하게 할 필요가 있는 때에는 계약상대자와 협의하여 설계변경의 시기 등을 명확히 정하고, 설계변경을 완료하기 전에 우선 시공을 하게 할 수 있다.

②제74조제9항 및 제10항의 규정은 제1항의 규정에 의한 계약금액의 조정에 관하여 이를 준용한다.

[본조신설 1999.9.9.]

**제74조의3(기타 계약내용의 변경으로 인한 계약금액의 조정)** ①영 제66조의 규정에 의한 공사기간, 운반거리의 변경 등 계약내용의 변경은 그 계약의 이행에 착수하기 전에 완료하여야 한다. 다만, 각 중앙관서의 장 또는 계약담당공무원은 계약이행의 지연으로 품질저하가 우려되는 등 긴급하게 계약을 이행하게 할 필요가 있는 때에는 계약상대자와 협의하여 계약내용 변경의 시기 등을 명확히 정하고, 계약내용을 변경하기 전에 우선 이행하게 할 수 있다.

②제74조제9항 및 제10항의 규정은 제1항의 규정에 의한 계약금액의 조정에 관하여 이를 준용한다.

[본조신설 1999.9.9.]

**제75조(지체상금률)** 영 제74조제1항에 따른 지체상금률은 다음 각호와 같다. <개정 1996.12.31., 2005.9.8., 2010.7.21., 2014.11.4., 2017.12.28.>

1. 공사: 1천분의 0.5

2. 물품의 제조·구매(영 제16조제3항에 따라 소프트웨어사업시 물품과 용역을 일괄하여 입찰에 부치는 경우를 포함한다. 이하 이 호에서 같다): 1천분의 0.75. 다만, 계약 이후 설계와 제조가 일괄하여 이루어지고, 그 설계에 대하여 발주한 중앙관서의 장의 승인이 필요한 물품의 제조·구매의 경우에는 1천분의 0.5로 한다.

3. 물품의 수리·가공·대여, 용역(영 제16조제3항에 따라 소프트웨어사업시 물품과 용역을 일괄하여 입찰에 부치는 경우의 그 용역을 제외한다) 및 기타: 1천분의 1.25

4. 군용 음·식료품 제조·구매: 1천분의 1.5

5. 운송·보관 및 양곡가공: 1천분의 2.5

**제75조의2(부정당업자의 입찰참가자격 제한)** 영 제76조제1항제1호나목 단서에서 "입찰서상 금액과 산출내역서상 금액이 일치하지 않은 입찰 등 기획재정부령으로 정하는 입찰무효사유에 해당하는 입찰"이란 제44조제1항제6호 및 제6호의3에 따른 입찰을 말한다.

[본조신설 2019. 9. 17.]

**제76조(부정당업자의 입찰참가자격 제한기준등)** 영 제76조제3항에 따른 부정당업자의 입찰참가자격 제한의 세부기준은 별표 2와 같다. <개정 2006.5.25.,2016.9.23>

**제77조(입찰참가자격제한에 관한 게재 등)** ①계약담당공무원은 법 제27조제1항에 따른 부정당업자에 해당된다고 인정하는 자가 있을 때에는 지체없이 그 소속 중앙관서의 장에게 보고하여야 한다. <개정 2016.9.23>

② 삭제 <1999.9.9.>

③영 제76조제9항에 따른 게재는 별지 제15호서식의 부정당업자제재확인서를 전자조달시스템에 게재하는 방법으로 한다. <개정 2006.5.25., 2013.9.17.,2016.9.23>

④각 중앙관서의 장은 전자조달시스템을 이용하여 입찰참가자의 입찰참가자격이 제한되고 있는 지 여부를 확인하여야 한다.<개정 2002. 8. 24., 2013. 9. 17.>

⑤ 영 제76조제10항에 따른 공개는 별지 제15호서식의 부정당업자제재확인서(영 제76조10항 각 호의 사항만 기재한다)를 입찰참가자격제한 기간 동안 전자조달시스템에 공개하는 방법으로 한다.<신설 2016. 9. 23.>

[제목개정 1999.9.9, 2006.5.25]

**제77조2(과징금 부과의 세부적인 대상과 기준)** ① 법 제27조의2제1항과 영 제76조의2에 따라 과징금을 부과하는 위반행위의 종류와 위반 정도 등에 따른 과징금 부과율은 다음 각 호의 구분에 따른 별표 3 및 별표 4와 같다.

1. 법 제27조의2제1항제1호 및 영 제76조의2제1항에 따른 부정당업자의 책임이 경미한 경우의 과징금 부과기준: 별표 3

2. 법 제27조의2제1항제2호 및 영 제76조의2제2항에 따른 입찰참가자격 제한으로 유효한 경쟁입찰이 명백히 성립되지 아니하는 경우의 과징금 부과기준: 별표 4

② 각 중앙관서의 장은 위반행위의 동기·내용과 횟수 등을 고려하여 제1항에 따른 과징금 금액의 2분의 1의 범위에서 이를 감경할 수 있다.

[본조신설 2013.6.19.]

# 제6장 대형공사계약

**제78조(대형공사 및 특정공사의 집행기본계획서의 제출)** ①각 중앙관서의 장은 대형공사 및 특정공사에 대하여는 매년 영 제80조제2항에 따라 다음 각 호의 사항이 포함된 집행기본계획서를 작성하여 해당연도의 1월 15일까지 국토교통부장관에게 제출하여야 한다. 다만, 공사의 미확정 등 그 기한 내에 제출할 수 없는 특별한 사유가 있는 경우에는 그 사유가 없어진 후 지체 없이 집행기본계획서를 작성하여 국토교통부장관에게 제출하여야 한다. <개정 1996.12.31., 1998.2.23., 2006.5.25., 2007.10.10., 2009.3.5., 2013.3.23.>

1. 공사명

2. 공사의 개요

3. 공사추정금액

4. 공사기간

5. 공사장의 위치

6. 입찰예정시기

7. 입찰방법(대안입찰의 경우에는 대안입찰에 부칠 사항 또는 범위) 및 제안이유

8. 삭제 <2006.5.25.>

9. 사업효과

10. 기타 참고사항

②각 중앙관서의 장은 영 제80조제2항제1호에 따라 기본설계서를 작성하기 전에 일괄입찰로 발주할 공사와 일괄입찰로 발주하지 아니할 공사(이하 "기타공사"라 한다)로 구분하여 집행기본계획서를 작성하여야 하며, 영 제80조제3항에 따라 기타공사로 심의된 공사 중 실시설계서를 작성한 후 대안입찰로 발주할 필요가 인정되는 공사에 대하여는 제1항에 따른 심의의뢰를 위하여 집행기본계획서를 작성하여야 한다. <개정 2007.10.10.>

③국방부장관은 제1항에도 불구하고 국방부에 「건설기술진흥법」 제5조제2항에 따른 특별건설기술심의위원회가 설치되어 있는 경우에는 집행기본계획서를 국토교통부장관에게 제출하지 아니할 수 있다. <신설 2006.5.25., 2007.10.10., 2009.3.5., 2013.3.23., 2016.2.1.>

[제목개정 1996.12.31., 2007.10.10.]

**제79조(중앙건설기술심의위원회의 심의)** ①국토교통부장관은 제78조제1항에 따라 집행기본계획서를 제출받은 때에는 「건설기술진흥법」 제5조제2항에 따른 중앙건설기술심의위원회로 하여금 집행기본계획서에 포함된 공사의 입찰방법에 관하여 심의하게 하여야 한다. 다만, 기타공사의 경우에는 심의를 생략하게 할 수 있다. <개정 2007.10.10., 2009.3.5., 2013.3.23., 2016.2.1.>

②국토교통부장관은 중앙건설기술심의위원회의 심의가 완료된 경우에는 다음 각호의 구분에 따라 해당중앙관서의 장에게 공사별로 심의결과를 통보하여야 한다.

<개정 2007.10.10., 2009.3.5., 2013.3.23.>

1. 매년 1월 15일까지 제출된 집행기본계획서의 경우 : 매년 2월 20일까지

2. 매년 1월 16일 이후에 제출된 집행기본계획서의 경우 : 심의를 완료한 후 10일 이내

③각 중앙관서의 장은 특별한 사유가 없는 한 제2항에 따라 통보된 심의결과에 따라 집행기본계획서를 조정하여야 한다. <개정 2007.10.10.>

[전문개정 2006.5.25.]

**제79조의2(특별건설기술심의위원회의 심의)** 국방부장관은 제79조제1항에 불구하고 국방부에 「건설기술진흥법」 제5조제2항에 따른 특별건설기술심의위원회가 설치되어 있는 경우에는 특별건설기술심의위원회로 하여금 집행기본계획서에 명시된 모든 공사의 입찰방법에 관하여 심의하게 하여야 한다. <개정 2007.10.10., 2016.2.1.>

[본조신설 2006.5.25.]

**제80조** 삭제 <2006.5.25>

**제81조(대안입찰 및 일괄입찰 대상공사의 공고)** 국토교통부장관 또는 국방부장관은 제79조제1항 또는 제79조의2에 따라 중앙건설기술심의위원회 또는 특별건설기술심의위원회의 심의를 완료한 때에는 대안입찰 및 일괄입찰의 방법으로 집행할 공사를 신문 또는 전자조달시스템에 공고하여야 한다. <개정 2009.3.5., 2013.3.23., 2013.9.17.>

[전문개정 2006.5.25.]

**제81조의2(실시설계 기술제안입찰등의 입찰방법 심의 등)** 영 제99조제1항에 따른 실시설계 기술제안입찰등의 입찰방법 심의 등에 관하여는 제78조, 제79조, 제79조의2 및 제81조를 준용한다.

[전문개정 2010.7.21]

# 제7장 계약정보의 공개 등〈개정 2005.9.8〉

**제82조(계약정보의 공개)** 영 제92조의2제1항 본문에서 "기획재정부령으로 정하는 사항
"이란 다음 각 호의 사항을 말한다. 〈개정 2009.3.5., 2010.7.21., 2016.2.1.,
2016.9.23〉

1. 당해 연도에 경쟁입찰 또는 수의계약에 의하여 계약을 체결하고자 하는 물품·
   공사·용역 등에 대한 분기별 발주계획
   가. 계약의 목적
   나. 계약 물량 또는 규모
   다. 예산액
2. 입찰에 부칠 계약목적물의 규격에 관한 사항
   가. 물품 제조·구매계약: 성능, 재질 및 제원 등 계약목적물에 요구되는 조건
   나. 용역계약: 과업 내용 등 계약상대자가 이행할 용역의 세부사항
3. 계약체결에 관한 사항
   가. 계약의 목적
   나. 입찰일 및 계약체결일
   다. 추정가격 또는 예정가격
   라. 계약체결방법(일반경쟁·제한경쟁·지명경쟁·수의계약, 지역제한 여부,
   영 제72조제3항 적용 여부)
   마. 계약상대자의 성명(법인인 경우에는 법인명)
   바. 계약 물량 또는 규모
   사. 계약금액(장기계속공사의 경우 총공사금액을 말한다. 이하 같다)
   아. 지명경쟁 또는 수의계약의 경우에는 그 사유
   자. 영 제42조제4항에 따라 낙찰자를 결정한 공사의 경우에는 입찰자별 입찰금액
4. 계약변경에 관한 사항
   가. 계약의 목적
   나. 계약변경 전의 계약내용(계약 물량 또는 규모, 계약금액)

　다. 계약의 변경내용

　라. 계약변경의 사유

　5. 계약이행에 관한 사항

　가. 검사 및 검수 결과

　나. 계약이행 완료일[본조신설 2005.9.8]

**제82조의2(계약실적보고)** 영 제93조 본문에서 "기획재정부령이 정하는 사항"이란 제82조제2호 및 제3호의 사항을 말한다. <개정 2009.3.5.>

　[본조신설 2005.9.8.]

**제83조(건설공사에 대한 자재의 관급)** ①각 중앙관서의 장은 공사를 발주하는 경우 다음 각 호의 어느 하나에 해당하는 경우에는 그 공사에 필요한 자재를 직접 공급할 수 있다. <개정 2005.9.8.>

　1. 자재의 품질·수급상황·공사현장 등을 종합적으로 참작하여 효율적이라고 판단되는 경우

　2. 주무부장관(주무부장관으로부터 위임받은 자를 포함한다)이 인정 또는 지정하는 신기술 인증제품으로서 다른 공사부분과 하자책임구분이 용이하고 공정관리에 지장이 없는 경우

　②제1항에 따라 각 중앙관서의 장이 직접 공급하는 자재의 운용 및 관리에 관하여 필요한 사항은 기획재정부장관이 정하는 바에 의한다. <개정 1999.9.9., 2002.8.24., 2009.3.5.>

　[제목개정 2002.8.24.]

**제84조(소프트웨어사업에 대한 소프트웨어의 관급)** ① 각 중앙관서의 장 또는 계약담당공무원은 「소프트웨어산업 진흥법」 제2조제3호에 따른 소프트웨어사업을 발주하는 경우 주무부장관이 고시하는 소프트웨어 제품을 직접 구매하여 공급하여야 한다.

　② 제1항에도 불구하고 각 중앙관서의 장 또는 계약담당공무원은 다음 각 호의 어느 하나에 해당하는 때에는 소프트웨어 제품을 직접 구매하여 공급하지 아니할 수 있다.

1. 소프트웨어 제품이 기존 정보시스템이나 새롭게 구축하는 정보시스템과 통합이 불가능하거나 현저한 비용상승이 초래되는 경우
2. 소프트웨어 제품을 직접 공급하게 되면 해당 사업이 사업기간 내에 완성될 수 없을 정도로 현저하게 지연될 우려가 있는 경우
3. 그 밖에 분리발주로 인한 행정업무 증가 외에 소프트웨어 제품을 직접 구매하여 공급하는 것이 현저하게 비효율적이라고 판단되는 경우

③ 제2항에 따라 소프트웨어를 직접 구매하여 공급하지 아니하는 경우에는 그 사유를 발주계획서 및 입찰공고문에 명시하여야 한다.

[전문개정 2009.3.5.]

# 제8장 이의신청과 국가계약분쟁조정위원회

## 〈신설 2013.6.19〉

**제85조** 〈삭제 2016.9.23〉

**제86조 (심사·조정 관련 비용 부담의 범위와 정산)** ① 영 제115조에 따라 심사·조정의 청구인이 부담할 비용의 범위는 다음 각 호와 같다.

1. 감정·진단과 시험에 드는 비용
2. 증인과 증거 채택에 드는 비용
3. 검사와 조사에 드는 비용
4. 녹음·속기록과 통역 등 그 밖의 심사·조정에 드는 비용

② 위원회는 필요하다고 인정하는 경우에는 청구인으로 하여금 제1항에 따른 심사·조정 관련 비용을 미리 내게 할 수 있다.

③ 위원회는 제2항에 따라 심사·조정 관련 비용을 미리 받은 경우에는 심사·조정안이 당사자에게 제시된 날부터 30일 이내에 미리 받은 금액과 비용에 대한 정산서를 청구인에게 통지하여야 한다. 다만, 청구인과 해당 중앙관서의 장 간에 약정이 있는 경우에는 그 약정에 따라 정산서를 통지한다.

[본조신설 2013.6.19.]

**제87조 (위원회의 운영 등)** 이 규칙에 규정한 것 외에 위원회의 운영과 조정 절차에 관하여 필요한 사항은 위원회의 의결을 거쳐 위원장이 정한다.

[본조신설 2013.6.19.]

## 부 칙 〈제751호, 2019. 9. 17.〉

**제1조(시행일)** 이 규칙은 공포한 날부터 시행한다. 다만, 제25조제2항·제3항, 제41조의2 및 제44조제1항의 개정규정은 공포 후 3개월이 경과한 날부터 시행한다.

**제2조(제한경쟁입찰의 대상에 관한 적용례)** 제25조제3항의 개정규정은 부칙 제1조 단서에 따른 시행일 이후 입찰공고하는 경우부터 적용한다.

**제3조(제한경쟁입찰의 제한기준 등에 관한 경과조치)** 부칙 제1조 단서에 따른 시행일 전에 입찰공고한 경우에는 제25조제2항제2호 및 제44조제1항제7호의3의 개정규정에도 불구하고 종전의 규정에 따른다.

**제4조(입찰참가자격 제한에 관한 경과조치)** 이 규칙 시행 전의 위반행위에 대한 행정처분에 대해서는 별표 2, 별표 3 및 별표 4의 개정규정에도 불구하고 종전의 규정에 따른다.

【별표 1】 <삭제 2014.11.4>

【별표 2】 <개정 2000.12.30, 2002.8.24, 2003.12.12, 2005.9.8, 2007.10.10, 2009.8.31, 2010.7.21, 2013.6.19 , 2014.11.4, 2019. 9. 17.>

## 부정당업자의 입찰참가자격 제한기준(제76조 관련)

### 1. 일반기준

가. 각 중앙관서의 장은 입찰참가자격의 제한을 받은 자에게 그 처분일부터 입찰참가자격 제한기간 종료 후 6개월이 경과하는 날까지의 기간 중 다시 부정당업자에 해당하는 사유가 발생한 경우에는 그 위반행위의 동기·내용 및 횟수 등을 고려하여 제2호에 따른 해당 제재기간의 2분의 1의 범위에서 자격제한기간을 늘릴 수 있다. 이 경우 가 중한 기간을 합산한 기간은 2년을 넘을 수 없다.

나. 각 중앙관서의 장은 부정당업자가 위반한 여러 개의 행위에 대하여 같은 시기에 입찰 참가자격 제한을 하는 경우 입찰참가자격 제한기간은 제2호에 규정된 해당 위반행위 에 대한 제한기준 중 제한기간을 가장 길게 규정한 제한기준에 따른다.

다. 각 중앙관서의 장은 부정당업자에 대한 입찰참가자격을 제한하는 경우 자격제한 기간 을 그 위반행위의 동기·내용 및 횟수 등을 고려해 제2호에서 정한 기간의 2분의 1의 범위에서 줄일 수 있으며, 이 경우 감경 후의 제한기간은 1개월 이상이어야 한다. 다 만, 법 제27조제1항제7호에 해당하는 자에 대해서는 입찰참가자격 제한기간을 줄여서 는 안 된다.

## 2. 개별기준

| 입찰참가자격 제한사유 | 제재기간 |
|---|---|
| 1. 법 제27조제1항제1호에 해당하는 자 중 부실시공 또는 부실설계·감리를 한 자 | |
| 　가. 부실벌점이 150점 이상인 자 | 2년 |
| 　나. 부실벌점이 100점 이상 150점 미만인 자 | 1년 |
| 　다. 부실벌점이 75점 이상 100점 미만인 자 | 8개월 |
| 　라. 부실벌점이 50점 이상 75점 미만인 자 | 6개월 |
| 　마. 부실벌점이 35점 이상 50점 미만인 자 | 4개월 |
| 　바. 부실벌점이 20점 이상 35점 미만인 자 | 2개월 |
| 2. 법 제27조제1항제1호에 해당하는 자 중 계약의 이행을 조잡하게 한 자 | |
| 　가. 공사 | |
| 　　1) 하자비율이 100분의 500 이상인 자 | 2년 |
| 　　2) 하자비율이 100분의 300 이상 100분의 500 미만인 자 | 1년 |
| 　　3) 하자비율이 100분의 200 이상 100분의 300 미만인 자 | 8개월 |
| 　　4) 하자비율이 100분의 100 이상 100분의 200 미만인 자 | 3개월 |
| 　나. 물품 | |
| 　　1) 보수비율이 100분의 25 이상인 자 | 2년 |
| 　　2) 보수비율이 100분의 15 이상 100분의 25 미만인 자 | 1년 |
| 　　3) 보수비율이 100분의 10 이상 100분의 15 미만인 자 | 8개월 |
| 　　4) 보수비율이 100분의 6 이상 100분의 10 미만인 자 | 3개월 |
| 3. 법 제27조제1항제1호에 해당하는 자 중 계약의 이행을 부당하게 하거나 계약을 이행할 때에 부정한 행위를 한 자 | |
| 　가. 설계서(물품제조의 경우에는 규격서를 말한다. 이하 같다)와 달리 구조물 내구성 연한의 단축, 안전도의 위해를 가져오는 등 부당한 시공(물품의 경우에는 제조를 말한다. 이하 같다)을 한 자 | 1년 |
| 　나. 설계서상의 기준규격보다 낮은 다른 자재를 쓰는 등 부정한 시공을 한 자 | 6개월 |
| 　다. 가목의 부당한 시공과 나목의 부정한 시공에 대하여 각각 감리 | 3개월 |

업무를 성실하게 수행하지 아니한 자

4. 법 제27조제1항제2호에 해당하는 자
   가. 담합을 주도하여 낙찰을 받은 자 … 2년
   나. 담합을 주도한 자 … 1년
   다. 입찰자 또는 계약상대자 간에 서로 상의하여 미리 입찰가격, … 6개월
   수주 물량 또는 계약의 내용 등을 협정하거나 특정인의 낙찰 또
   는 납품대상자 선정을 위하여 담합한 자

5. 법 제27조제1항제3호에 해당하는 자
   가. 전부 또는 주요부분의 대부분을 1인에게 하도급한 자 … 1년
   나. 전부 또는 주요부분의 대부분을 2인 이상에게 하도급한 자 … 8개월
   다. 면허·등록 등 관련 자격이 없는 자에게 하도급한 자 … 8개월
   라. 발주기관의 승인 없이 하도급한 자 … 6개월
   마. 재하도급금지 규정에 위반하여 하도급한 자 … 4개월
   바. 하도급조건을 하도급자에게 불리하게 변경한 자 … 4개월

6. 법 제27조제1항제4호에 해당하는 자(사기, 그 밖의 부정한 행위로
   입찰·낙찰 또는 계약의 체결·이행 과정에서 국가에 손해를 끼친
   자)
   가. 국가에 10억원 이상의 손해를 끼친 자 … 2년
   나. 국가에 10억원 미만의 손해를 끼친 자 … 1년

7. 법 제27조제1항제5호 또는 제6호에 따라 공정거래위원회 또는 중
   소기업청장으로부터 입찰참가자격제한 요청이 있는 자
   가. 이 제한기준에서 정한 사유로 입찰참가자격제한 요청이 있는 … 해당 각 호의
   자 … 기준에 의함
   나. 이 제한기준에 해당하는 사항이 없는 경우로서 입찰참가자격제 … 6개월
   한 요청이 있는 자

8. 법 제27조제1항제7호에 해당하는 자
   가. 2억원 이상의 뇌물을 준 자 … 2년
   나. 1억원 이상 2억원 미만의 뇌물을 준 자 … 1년
   다. 1천만원 이상 1억원 미만의 뇌물을 준 자 … 6개월
   라. 1천만원 미만의 뇌물을 준 자 … 3개월

9. 영 제76조제1항제1호가목에 해당하는 자
   가. 입찰에 관한 서류(제15조제2항에 따른 입찰참가자격 등록에 관 … 1년
   한 서류를 포함한다)를 위조·변조하거나 부정하게 행사하여 낙
   찰을 받은 자 또는 허위서류를 제출하여 낙찰을 받은 자
   나. 입찰 또는 계약에 관한 서류(제15조제2항에 따른 입찰참가자격 … 6개월

| | |
|---|---|
| 등록에 관한 서류를 포함한다)를 위조·변조하거나 부정하게 행사한 자 또는 허위서류를 제출한 자 | |
| 10. 영 제76조제1항제1호나목에 해당하는 자(고의로 무효의 입찰을 한 자) | 6개월 |
| 11. 삭제 <2019. 9. 17.> | |
| 12. 영 제76조제1항제1호라목에 해당하는 자(입찰참가를 방해하거나 낙찰자의 계약체결 또는 그 이행을 방해한 자) | 3개월 |
| 13. 삭제 <2019. 9. 17.> | |
| 14. 삭제 <2019. 9. 17.> | |
| 15. 삭제 <2019. 9. 17.> | |
| 16. 영 제76조제1항제2호가목에 해당하는 자 | |
| 가. 계약을 체결 또는 이행(하자보수의무의 이행을 포함한다)하지 아니한 자 | 6개월 |
| 나. 공동계약에서 정한 구성원 간의 출자비율 또는 분담내용에 따라 시공하지 아니한 자 | |
| 1) 시공에 참여하지 아니한 자 | 3개월 |
| 2) 시공에는 참여하였으나 출자비율 또는 분담내용에 따라 시공하지 아니한 자 | 1개월 |
| 다. 계약상의 주요조건을 위반한 자 | 3개월 |
| 라. 영 제52조제1항 단서에 따라 공사이행보증서를 제출하여야 하는 자로서 해당 공사이행보증서 제출의무를 이행하지 아니한 자 | 1개월 |
| 마. 영 제42조제5항에 따른 계약이행능력심사를 위하여 제출한 사항을 지키지 아니한 자 | |
| 1) 외주근로자 근로조건 이행계획에 관한 사항을 지키지 아니한 자 | 3개월 |
| 2) 하도급관리계획에 관한 사항을 지키지 아니한 자 | 1개월 |
| 17. 영 제76조제1항제2호나목 또는 다목에 해당하는 자 | |
| 가. 고의에 의한 경우 | 6개월 |
| 나. 중대한 과실에 의한 경우 | 3개월 |
| 18. 영 제76조제1항제2호라목에 해당하는 자(감독 또는 검사에 있어서 그 직무의 수행을 방해한 자) | 3개월 |
| 19. 영 제76조제1항제2호마목에 해당하는 자(시공 단계의 건설사업관리 용역계약 시 「건설기술 진흥법 시행령」 제60조 및 계약서 등에 따른 건설사업관리기술자 교체 사유 및 절차에 따르지 아니하고 건 | 8개월 |

| | |
|---|---|
| 설사업관리기술자를 교체한 자) | |
| 20. 영 제76조제1항제3호가목에 해당하는 자 | |
| 가. 안전대책을 소홀히 하여 사업장 근로자 외의 공중에게 생명·신체상의 위해를 가한 자 | 1년 |
| 나. 안전대책을 소홀히 하여 사업장 근로자 외의 공중에게 재산상의 위해를 가한 자 | 6개월 |
| 다. 사업장에서 「산업안전보건법」에 따른 안전·보건조치를 소홀히 하여 근로자가 사망하는 재해를 발생시킨 자 | |
| 1) 동시에 사망한 근로자수가 10명 이상 | 2년 |
| 2) 동시에 사망한 근로자수가 6명 이상 10명 미만 | 1년 6개월 |
| 3) 동시에 사망한 근로자수가 2명 이상 6명 미만 | 1년 |
| 21. 영 제76조제1항제3호나목에 해당하는 자(「전자정부법」 제2조제13호에 따른 정보시스템의 구축 및 유지·보수 계약의 이행과정에서 알게 된 정보 중 각 중앙관서의 장 또는 계약담당공무원이 누출될 경우 국가에 피해가 발생할 것으로 판단하여 사전에 누출금지정보로 지정하고 계약서에 명시한 정보를 무단으로 누출한 자) | |
| 가. 정보 누출 횟수가 2회 이상인 경우 | 3개월 |
| 나. 정보 누출 횟수가 1회인 경우 | 1개월 |
| 22. 영 제76조제1항제3호다목에 해당하는 자(「전자정부법」 제2조제10호에 따른 정보통신망 또는 같은 조 제13호에 따른 정보시스템(이하 이 호에서 "정보시스템등"이라 한다)의 구축 및 유지·보수 등 해당 계약의 이행과정에서 정보시스템등에 허가 없이 접속하거나 무단으로 정보를 수집할 수 있는 비인가 프로그램을 설치하거나 그러한 행위에 악용될 수 있는 정보시스템 등의 약점을 고의로 생성 또는 방치한 자) | 2년 |

비고
1. 위 표에서 "부실벌점"이란 「건설기술진흥법」 제53조제1항 각 호 외의 부분에 따른 벌점을 말한다.
2. 위 표에서 "하자비율"이란 하자담보책임기간 중 하자검사결과 하자보수보증금에 대한 하자발생 누계금액비율을 말한다.
3. 위 표에서 "보수비율"이란 물품보증기간 중 계약금액에 대한 보수비용발생 누계금액비율을 말한다.

【별표 3】 <개정 2019. 9. 17.>

## 부정당업자의 책임이 경미한 경우의 과징금 부과기준
### (제77조의2제1항제1호 관련)

| 과징금 부과사유 | 과징금 부과율 |
|---|---|
| 1. 법 제27조제1항제1호에 해당하는 자 중 부실시공 또는 부실설계·감리를 한 자 | |
| 　가. 부실벌점이 150점 이상인 자 | 10% |
| 　나. 부실벌점이 100점 이상 150점 미만인 자 | 5% |
| 　다. 부실벌점이 75점 이상 100점 미만인 자 | 4% |
| 　라. 부실벌점이 50점 이상 75점 미만인 자 | 3% |
| 　마. 부실벌점이 35점 이상 50점 미만인 자 | 2% |
| 　바. 부실벌점이 20점 이상 35점 미만인 자 | 1% |
| 2. 법 제27조제1항제1호에 해당하는 자 중 계약의 이행을 조잡하게 한 자 | |
| 　가. 공사 | |
| 　　1) 하자비율이 100분의 500 이상인 자 | 10% |
| 　　2) 하자비율이 100분의 300 이상 100분의 500 미만인 자 | 5% |
| 　　3) 하자비율이 100분의 200 이상 100분의 300 미만인 자 | 4% |
| 　　4) 하자비율이 100분의 100 이상 100분의 200 미만인 자 | 1.5% |
| 　나. 물품 | |
| 　　1) 보수비율이 100분의 25 이상인 자 | 10% |
| 　　2) 보수비율이 100분의 15 이상 100분의 25 미만인 자 | 5% |
| 　　3) 보수비율이 100분의 10 이상 100분의 15 미만인 자 | 4% |
| 　　4) 보수비율이 100분의 6 이상 100분의 10 미만인 자 | 1.5% |
| 3. 법 제27조제1항제1호에 해당하는 자 중 계약 이행을 부당하게 하거나 계약을 이행할 때에 부정한 행위를 한 자 | |
| 　가. 설계서(물품제조의 경우에는 규격서를 말한다. 이하 같다)와 달리 구조물 내구성 연한의 단축, 안전도의 위해를 가져오는 등 부당한 시공(물품의 경우에는 제조를 말한다. 이하 같다)을 한 자 | 5% |
| 　나. 설계서상의 기준규격보다 낮은 다른 자재를 쓰는 등 부정한 시공을 한 자 | 3% |
| 　다. 가목의 부당한 시공과 나목의 부정한 시공에 대하여 각각 감리 업무를 성실하게 수행하지 아니한 자 | 1.5% |
| 4. 법 제27조제1항제3호에 해당하는 자 | |

| | |
|---|---|
| 가. 전부 또는 주요부분의 대부분을 1인에게 하도급한 자 | 5% |
| 나. 전부 또는 주요부분의 대부분을 2인 이상에게 하도급한 자 | 4% |
| 다. 면허·등록 등 관련 자격이 없는 자에게 하도급한 자 | 4% |
| 라. 발주기관의 승인 없이 하도급한 자 | 3% |
| 마. 재하도급금지 규정에 위반하여 하도급한 자 | 2% |
| 바. 하도급조건을 하도급자에게 불리하게 변경한 자 | 2% |

5. 삭제 <2019. 9. 17.>
6. 삭제 <2019. 9. 17.>
7. 삭제 <2019. 9. 17.>
8. 삭제 <2019. 9. 17.>

9. 영 제76조제1항제2호가목에 해당하는 자

| | |
|---|---|
| 가. 계약을 체결 또는 이행(하자보수의무의 이행을 포함한다)하지 아니한 자 | 3% |
| 나. 공동계약에서 정한 구성원 간의 출자비율 또는 분담내용에 따라 시공하지 아니한 자 | |
|   1) 시공에 참여하지 아니한 자 | 1.5% |
|   2) 시공에는 참여하였으나 출자비율 또는 분담내용에 따라 시공하지 아니한 자 | 0.5% |
| 다. 계약상의 주요조건을 위반한 자 | 1.5% |
| 라. 영 제52조제1항 단서에 따라 공사이행보증서를 제출하여야 하는 자로서 동 공사이행보증서 제출의무를 이행하지 아니한 자 | 0.5% |
| 마. 영 제42조제5항에 따른 계약이행능력심사를 위하여 제출한 사항을 지키지 아니한 자 | |
|   1) 외주근로자 근로조건 이행계획에 관한 사항을 지키지 아니한 자 | 1.5% |
|   2) 하도급관리계획에 관한 사항을 지키지 아니한 자 | 0.5% |

9의2. 영 제76조제1항제2호라목에 해당하는 자(감독 또는 검사에 있어서 그 직무의 수행을 방해한 자) — 1.5%

10. 영 제76조제1항제2호마목에 해당하는 자(시공 단계의 건설사업관리 용역계약 시 「건설기술 진흥법 시행령」 제60조 및 계약서 등에 따른 건설사업관리기술자 교체 사유 및 절차에 따르지 아니하고 건설사업관리기술자를 교체한 자) — 4%

11. 영 제76조제1항제3호가목에 해당하는 자

| | |
|---|---|
| 가. 안전대책을 소홀히 하여 사업장 근로자 외의 공중에게 생명·신체상의 위해를 가한 자 | 5% |
| 나. 안전대책을 소홀히 하여 사업장 근로자 외의 공중에게 재산상의 위해를 가한 자 | 3% |

| | |
|---|---|
| 다. 사업장에서 「산업안전보건법」에 따른 안전·보건조치를 소홀히 하여 근로자가 사망하는 재해를 발생시킨 자 | |
| 　1) 동시에 사망한 근로자수가 10명 이상 | 10% |
| 　2) 동시에 사망한 근로자수가 6명 이상 10명 미만 | 7.5% |
| 　3) 동시에 사망한 근로자수가 2명 이상 6명 미만 | 5% |
| 12. 영 제76조제1항제3호나목에 해당하는 자(「전자정부법」 제2조제13호에 따른 정보시스템의 구축 및 유지·보수 계약의 이행과정에서 알게 된 정보 중 각 중앙관서의 장 또는 계약담당공무원이 누출될 경우 국가에 피해가 발생할 것으로 판단하여 사전에 누출금지정보로 지정하고 계약서에 명시한 정보를 무단으로 누출한 자) | |
| 　가. 정보 누출 횟수가 2회 이상이 경우 | 1.5% |
| 　나. 정보 누출 횟수가 1회인 경우 | 0.5% |
| 13. 영 제76조제1항제3호다목에 해당하는 자[「전자정부법」 제2조제10호에 따른 정보통신망 또는 같은 조 제13호에 따른 정보시스템(이하 이 호에서 "정보시스템등"이라 한다)의 구축 및 유지·보수 등 해당 계약의 이행과정에서 정보시스템등에 허가 없이 접속하거나 무단으로 정보를 수집할 수 있는 비인가 프로그램을 설치하거나 그러한 행위에 악용될 수 있는 정보시스템등의 약점을 고의로 생성 또는 방치한 자] | 10% |

비고

1. 위 표에서 "부실벌점"이란 「건설기술진흥법」 제53조제1항 각 호 외의 부분에 따른 벌점을 말한다.
2. 위 표에서 "하자비율"이란 하자담보책임기간 중 하자검사결과 하자보수보증금에 대한 하자발생 누계금액비율을 말한다.
3. 위 표에서 "보수비율"이란 물품보증기간 중 계약금액에 대한 보수비용발생 누계금액비율을 말한다.

【별표 4】 <신설 2013.6.19> <개정 2019. 9. 17..>

## 입찰참가자격 제한으로 유효한 경쟁입찰이 명백히 성립되지 아니하는 경우 과징금 부과기준(제77조의2제1항제2호 관련)

| 과징금 부과사유 | 과징금 부과율 |
|---|---|
| 1. 법 제27조제1항제1호에 해당하는 자 중 부실시공 또는 부실설계·감리를 한 자 | |
|   가. 부실벌점이 150점 이상인 자 | 30% |
|   나. 부실벌점이 100점 이상 150점 미만인 자 | 15% |
|   다. 부실벌점이 75점 이상 100점 미만인 자 | 12% |
|   라. 부실벌점이 50점 이상 75점 미만인 자 | 9% |
|   마. 부실벌점이 35점 이상 50점 미만인 자 | 6% |
|   바. 부실벌점이 20점 이상 35점 미만인 자 | 3% |
| 2. 법 제27조제1항제1호에 해당하는 자 중 계약의 이행을 조잡하게 한 자 | |
|   가. 공사 | |
|     1) 하자비율이 100분의 500 이상인 자 | 30% |
|     2) 하자비율이 100분의 300 이상 100분의 500 미만인 자 | 15% |
|     3) 하자비율이 100분의 200 이상 100분의 300 미만인 자 | 12% |
|     4) 하자비율이 100분의 100 이상 100분의 200 미만인 자 | 4.5% |
|   나. 물품 | |
|     1) 보수비율이 100분의 25 이상인 자 | 30% |
|     2) 보수비율이 100분의 15 이상 100분의 25 미만인 자 | 15% |
|     3) 보수비율이 100분의 10 이상 100분의 15 미만인 자 | 12% |
|     4) 보수비율이 100분의 6 이상 100분의 10 미만인 자 | 4.5% |
| 3. 법 제27조제1항제1호에 해당하는 자 중 계약 이행을 부당하게 하거나 계약을 이행할 때에 부정한 행위를 한 자 | |
|   가. 설계서(물품제조의 경우에는 규격서를 말한다. 이하 같다)와 달리 구조물 내구성 연한의 단축, 안전도의 위해를 가져오는 등 부당한 시공(물품의 경우에는 제조를 말한다. 이하 같다)을 한 자 | 15% |
|   나. 설계서상의 기준규격보다 낮은 다른 자재를 쓰는 등 부정한 시공을 한 자 | 9% |
|   다. 가목의 부당한 시공 또는 나목의 부정한 시공에 대하여 감리업무를 성실하게 수행하지 아니한 자 | 4.5% |

| | |
|---|---|
| 4. 법 제27조제1항제2호에 해당하는 자 | |
| 가. 담합을 주도하여 낙찰을 받은 자 | 30% |
| 나. 담합을 주도한 자 | 15% |
| 다. 입찰자 또는 계약상대자 간에 서로 상의하여 미리 입찰가격, 수주 물량 또는 계약의 내용 등을 협정하거나 특정인의 낙찰 또는 납품대상자 선정을 위하여 담합한 자 | 9% |
| 5. 법 제27조제1항제3호에 해당하는 자 | |
| 가. 전부 또는 주요부분의 대부분을 1명에게 하도급한 자 | 15% |
| 나. 전부 또는 주요부분의 대부분을 2명 이상에게 하도급한 자 | 12% |
| 다. 면허·등록 등 관련 자격이 없는 자에게 하도급한 자 | 12% |
| 라. 발주기관의 승인 없이 하도급한 자 | 9% |
| 마. 재하도급금지 규정에 위반하여 하도급한 자 | 6% |
| 바. 하도급조건을 하도급자에게 불리하게 변경한 자 | 6% |
| 6. 법 제27조제1항제4호에 해당하는 자(사기, 그 밖의 부정한 행위로 입찰·낙찰 또는 계약의 체결·이행 과정에서 국가에 손해를 끼친 자) | |
| 가. 국가에 10억원 이상의 손해를 끼친 자 | 30% |
| 나. 국가에 10억원 미만의 손해를 끼친 자 | 15% |
| 7. 법 제27조제1항제5호 또는 제6호에 따라 공정거래위원회 또는 중소기업청장으로부터 입찰참가자격제한 요청이 있는 자 | |
| 가. 이 제한기준에서 정한 사유로 입찰참가자격제한 요청이 있는 자 | 해당 각 호의 기준에 의함 |
| 나. 이 제한기준에 해당하는 사항이 없는 경우로서 입찰참가자격제한 요청이 있는 자 | 9% |
| 8. 법 제27조제1항제7호에 해당하는 자 | |
| 가. 2억원 이상의 뇌물을 준 자 | 30% |
| 나. 1억원 이상 2억원 미만의 뇌물을 준 자 | 15% |
| 다. 1천만원 이상 1억원 미만의 뇌물을 준 자 | 9% |
| 라. 1천만원 미만의 뇌물을 준 자 | 4.5% |
| 9. 영 제76조제1항제1호가목에 해당하는 자 | |
| 가. 입찰에 관한 서류(제15조제2항에 따른 입찰참가자격 등록에 관한 서류를 포함한다)를 위조·변조하거나 부정하게 행사한 자 또는 허위서류를 제출하여 낙찰을 받은 자 | 15% |
| 나. 입찰 또는 계약에 관한 서류(제15조제2항에 따른 입찰참가자격 등록에 관한 서류를 포함한다)를 위조·변조하거나 부정하게 행 | 9% |

사한 자 또는 허위서류를 제출한 자

| | |
|---|---|
| 10. 영 제76조제1항제1호나목에 해당하는 자(고의로 무효의 입찰을 한 자) | 9% |
| 11. 삭제 <2019. 9. 17.> | |
| 12. 영 제76조제1항제1호라목에 해당하는 자(입찰참가를 방해하거나 낙찰자의 계약체결 또는 그 이행을 방해한 자) | 4.5% |
| 13. 삭제 <2019. 9. 17.> | |
| 14. 삭제 <2019. 9. 17.> | |
| 15. 삭제 <2019. 9. 17.> | |
| 16. 영 제76조제1항제2호가목에 해당하는 자 | |
| 가. 계약을 체결 또는 이행(하자보수의무의 이행을 포함한다)하지 아니한 자 | 9% |
| 나. 공동계약에서 정한 구성원 간의 출자비율 또는 분담내용에 따라 시공하지 아니한 자 | |
| 1) 시공에 참여하지 아니한 자 | 4.5% |
| 2) 시공에는 참여하였으나 출자비율 또는 분담내용에 따라 시공하지 아니한 자 | 1.5% |
| 다. 계약상의 주요조건을 위반한 자 | 4.5% |
| 라. 영 제52조제1항 단서에 따라 공사이행보증서를 제출하여야 하는 자로서 해당 공사이행보증서 제출의무를 이행하지 아니한 자 | 1.5% |
| 마. 영 제42조제5항에 따른 계약이행능력심사를 위하여 제출한 사항을 지키지 아니한 자 | |
| 1) 외주근로자 근로조건 이행계획에 관한 사항을 지키지 아니한 자 | 4.5% |
| 2) 하도급관리계획에 관한 사항을 지키지 아니한 | 1.5% |
| 17. 영 제76조제1항제2호나목 또는 다목에 해당하는 자 | |
| 가. 고의에 의한 경우 | 9% |
| 나. 중대한 과실에 의한 경우 | 9% |
| 18. 영 제76조제1항제2호라목에 해당하는 자(감독 또는 검사에 있어서 그 직무의 수행을 방해한 자) | 4.5% |
| 19. 영 제76조제1항제2호마목에 해당하는 자(시공 단계의 건설사업관리 용역계약 시 「건설기술 진흥법 시행령」 제60조 및 계약서 등에 따른 건설사업관리기술자 교체 사유 및 절차에 따르지 아니하고 건설사업관리기술자를 교체한 자) | 12% |

| | |
|---|---|
| 20. 영 제76조제1항제3호가목에 해당하는 자 | |
| 가. 안전대책을 소홀히 하여 사업장 근로자 외의 공중에게 생명·신체상의 위해를 가한 자 | 15% |
| 나. 안전대책을 소홀히 하여 사업장 근로자 외의 공중에게 재산상의 위해를 가한 자 | 9% |
| 다. 사업장에서 「산업안전보건법」에 따른 안전·보건조치를 소홀히 하여 근로자가 사망하는 재해를 발생시킨 자 | |
|   1) 동시에 사망한 근로자수가 10명 이상 | 30% |
|   2) 동시에 사망한 근로자수가 6명 이상 10명 미만 | 22.5% |
|   3) 동시에 사망한 근로자수가 2명 이상 6명 미만 | 15% |
| 21. 영 제76조제1항제3호나목에 해당하는 자(「전자정부법」 제2조제13호에 따른 정보시스템의 구축 및 유지·보수 계약의 이행과정에서 알게 된 정보 중 각 중앙관서의 장 또는 계약담당공무원이 누출될 경우 국가에 피해가 발생할 것으로 판단하여 사전에 누출금지정보로 지정하고 계약서에 명시한 정보를 무단으로 누출한 자) | |
| 가. 정보 누출 횟수가 2회 이상인 경우 | 4.5% |
| 나. 정보 누출 횟수가 1회인 경우 | 1.5% |
| 22. 영 제76조제1항제3호다목에 해당하는 자(「전자정부법」 제2조제10호에 따른 정보통신망 또는 같은 조 제13호에 따른 정보시스템(이하 이 호에서 "정보시스템등"이라 한다)의 구축 및 유지·보수 등 해당 계약의 이행과정에서 정보시스템등에 허가 없이 접속하거나 무단으로 정보를 수집할 수 있는 비인가 프로그램을 설치하거나 그러한 행위에 악용될 수 있는 정보시스템 등의 약점을 고의로 생성 또는 방치한 자) | 30% |

비고

1. 위 표에서 "부실벌점"이란 「건설기술진흥법」 제53조제1항 각 호 외의 부분에 따른 벌점을 말한다.

2. 위 표에서 "하자비율"이란 하자담보책임기간 중 하자검사결과 하자보수보증금에 대한 하자발생 누계금액비율을 말한다.

3. 위 표에서 "보수비율"이란 물품보증기간 중 계약금액에 대한 보수비용발생 누계금액비율을 말한다.

【별지 제1호서식】

| 경쟁입찰참가자격등록증 | | | 처리기간 | |
|---|---|---|---|---|
| | | | 즉    시 | |
| 신청인 | 상 호 또 는 법 인 명 칭 | | 법 인 등 록 번 호 | |
| | 주           소 | | 전  화  번  호 | |
| | 대     표     자 | | 주 민 등 록 번 호 | |
| 등록사항 | 등   록   관   서 | | 등  록  일  자 | .    .    . |
| | 유   효   기   간 | .    .    .부터 | | .    .    .까지 |
| | 등록종목 ( 세부품목 ) | | | |

상기인은 「국가를 당사자로 하는 계약에 관한 법률 시행규칙」 제15조의 규정에 의하여 경쟁입찰 유자격자로 귀부(처·청)에 등록되었음을 증명하여 주시기 바랍니다.

신청인        (인)

_____ 귀하

위의 사실이 틀림없음을 증명합니다.

.    .    .

중앙관서의 장        (인)

| 구비서류 : 없음 | 수수료 |
|---|---|
| | 없  음 |

※ 주의사항
1. 이 증서는 해당 등록종목(세부품목)에 대한 입찰에 관하여 교부관서 및 다른 중앙관서에서 통용됩니다.
2. 이 증서내용의 변경은 교부관서의 정정인이 없는 경우에는 무효입니다.
3. 기재사항중 추가 또는 정정을 필요로 할 때에는 교부관서에 신청하여야 합니다.

22221-20111일
'95.6.30 승인

210㎜× 297㎜
(신문용지 54g/㎡)

【별지 제2호서식】

<table>
<tr><td colspan="5" align="center">( 일 반<br>제 한<br>지 명 ) 경쟁입찰참가통지서</td></tr>
<tr>
<td rowspan="3">입<br>찰<br>참<br>가<br>자</td>
<td>상 호 또 는 법 인 명 칭</td>
<td></td>
<td>법인등록번호</td>
<td></td>
</tr>
<tr>
<td>주　　　　　소</td>
<td></td>
<td>전 화 번 호</td>
<td></td>
</tr>
<tr>
<td>대　　표　　자</td>
<td></td>
<td>주민등록번호</td>
<td></td>
</tr>
<tr>
<td rowspan="5">입<br>찰<br>내<br>용</td>
<td>입　찰　건　명</td>
<td colspan="3"></td>
</tr>
<tr>
<td>현　장　설　명</td>
<td colspan="3">일시:　　　　　　　　　　　　　　　장소:</td>
</tr>
<tr>
<td>입　　　　　찰</td>
<td colspan="3">일시:　　　　　　　　　　　　　　　장소:</td>
</tr>
<tr>
<td>입 찰 등 록 마 감 일 시</td>
<td colspan="3">년　　　　　　　월　　　일　　시 까지</td>
</tr>
<tr>
<td>서　류　제　출　처</td>
<td colspan="3">(전화번호:　　　)</td>
</tr>
<tr>
<td colspan="5">　　우리부(처·청)에서 집행하는 위 입찰에 귀사를 입찰참가적격자로 선정하여 통보하오니 소정<br>의 절차를 마친 후 입찰에 참가하시기 바랍니다.<br><br><br><br><br><br>　　　　　　　　　　　　○　○　관　서<br><br><br>　　　　　　　　　　중앙관서의 장 또는　　　　성명　　　　　　⑪<br>　　　　　　　　　　계약담당공무원<br><br><br>＿＿＿＿＿＿　귀하</td></tr>
</table>

22221-20211일<br>'95. 6. 30 승인

210㎜× 297㎜<br>(신문용지 54g/㎡)

【별지 제3호서식】

| 입찰참가신청서 | | | 처리기간 | |
|---|---|---|---|---|
| · 아래사항중 해당되는 경우에만 기재하시기 바랍니다. | | | 즉　시 | |

| 신청인 | 상 호 또는 법 인 명 칭 | | 법인등록번호 | |
|---|---|---|---|---|
| | 주　　　　　소 | | 전 화 번 호 | |
| | 대　　표　　자 | | 주민등록번호 | |

| 입찰개요 | 입 찰 공 고<br>( 지 명 ) 번 호 | | 입 찰 일 자 | ． |
|---|---|---|---|---|
| | 입 찰 건 명 | | | |

| 입찰보증금 | 납　　　　　부 | · 보증금율 :　　　　　　　‰<br>· 보 증 액 : 금　　　　　원정(₩　　　　　) <br>· 보증금납부방법 | | |
|---|---|---|---|---|
| | 납 부 면 제 및<br>지 급 확 약 | · 사유 :<br>· 본인은 낙찰 후 계약 미체결시 귀부(처·청)에 낙찰금액에 해당하는 소정<br>　의 입찰보증금을 현금으로 납부할 것을 확약합니다. | | |

| 대리인·사용인감 | 본입찰에 관한 일체의 권한을 다음의 자에게<br>위임합니다.<br><br>성명　　　　　주민등록번호 | 본 입찰에 사용할 인감을 다음과 같이<br>신고합니다.<br><br>사용인감　　　　　㊞ |
|---|---|---|

　　본인은 위의 번호로 공고(지명통지)한 귀부(처·청)의 일반(제한·지명)경쟁입찰에 참가하고자 정부에서 정한 공사(물품구매·기술용역)입찰유의서 및 입찰공고사항을 모두 승낙하고 별첨서류를 첨부하여 입찰참가신청을 합니다.

붙임서류: 1. 입찰참가자격을 증명하는 서류 사본 1통
　　　　　 2. 인감증명서 1통
　　　　　 3. 기타 공고로써 정한 서류

　　　　　　　　　　　　　　　　　　　　　　　　　신청인　　　　㊞

_____ 귀하

| 세입세출외현금출납공무원　성명:　　　　　㊞ | |
|---|---|
| 유가증권취급급공무원　　　성명:　　　　　㊞ | |

22221-20311일
'95. 6. 30 승인

210㎜× 297㎜
(신문용지 54g/㎡)

【별지 제4호서식】

| | | | | | | |
|---|---|---|---|---|---|---|
| | | | | 처리기간 | | |
| | **입찰참가신청증** | | | 즉 시 | | |
| 입찰개요 | 입찰공고(지명)번호 | | | 입 찰 일 자 | . . . | |
| | 입 찰 건 명 | | | | | |
| 신청인 | 상호 또는 법인명칭 | | | 법인등록번호 | | |
| | 주 소 | | | 전 화 번 호 | | |
| | 대 표 자 | | | 주민등록번호 | | |

　귀하는 이번에 위의 번호로 공고(지명통지)한 우리 부(처 · 청)의 일반(제한 · 지명)경쟁입찰에 참가
신청을 마친 자임을 증명합니다.

. . .

○ ○ 관 서

중앙관서의 장 또는
계약담당공무원　성명　㊞

_____ 귀하

22221-20411일
'95. 6. 30 승인

210mm× 297mm
(신문용지 54g/㎡)

【별지 제5호서식】

<table>
<tr><td colspan="6" align="center">입 찰 서</td></tr>
<tr>
<td rowspan="3">입<br>찰<br>내<br>용</td>
<td>공 고 번 호</td>
<td>제 호</td>
<td>입 찰 일 자</td>
<td colspan="2">. . .</td>
</tr>
<tr>
<td>건 명</td>
<td colspan="4"></td>
</tr>
<tr>
<td>금 액</td>
<td colspan="4">금 원정(₩ )</td>
</tr>
<tr>
<td></td>
<td>준 공 (납 품) 연 월<br>일</td>
<td colspan="4"></td>
</tr>
<tr>
<td rowspan="3">입<br>찰<br>자</td>
<td>상 호 또는 법인 명칭</td>
<td></td>
<td>법인등록번호</td>
<td></td>
</tr>
<tr>
<td>주 소</td>
<td></td>
<td>전 화 번 호</td>
<td></td>
</tr>
<tr>
<td>대 표 자</td>
<td></td>
<td>주민등록번호</td>
<td></td>
</tr>
</table>

　　본인은「국가를 당사자로 하는 계약에 관한 법률 시행규칙」에 의한 공사(물품구매·기술용역)입찰유의서에 따라 응찰하여 이 입찰이 귀 기관에 의하여 수락되면 공사(물품구매·기술용역)계약일반조건·계약특수조건·설계서(물품규격서) 및 현장설명사항에 따라 위의 입찰금액으로 준공(납품·용역수행)기한 내에 공사(물품·용역)를 완성(제조·납품)할 것을 확약하며 입찰서를 제출합니다.

붙임 : 산출내역서(100억원 이상 공사의 경우) 1부

입찰자 ㊞

＿＿＿＿＿＿ 귀하

22221-20511일
'95. 6. 30 승인

210㎜× 297㎜
(신문용지 54g/㎡)

[별지 제6호서식] <개정 2016. 9. 23.>

## 입 찰 서

1. 공고번호 : 제        호
2. 입찰건명 :
3. 준공(납품)연월일 :

본인은 「국가를 당사자로 하는 계약에 관한 법률 시행규칙」에 의한 공사(물품구매(제조)·용역)입찰유의서에 따라 응찰하여 이 입찰이 귀 기관에 의하여 수락되면 공사(물품구매(제조)·용역)계약일반조건·계약특수조건·설계서(물품규격서) 및 현장설명사항에 따라 우측에 표시된 입찰금액으로 준공(납품·용역수행)기한 내에 공사(물품·용역)을 완공(제조·납품)할 것을 확약하며 입찰서를 제출합니다.

첨부 : 산출내역서(100억원 이상 공사의 경우) 1부

상호 또는 법인명칭 :
주 소 :                    전화번호 :
대 표 자 :                    (인)
주민(법인)등록번호 :

| 입찰번호 | | | 입 찰 금 액 | | | | | | | | | |
|---|---|---|---|---|---|---|---|---|---|---|---|---|
| 백 | 십 | 일 | 천억 | 백억 | 십억 | 억 | 천만 | 백만 | 십만 | 만 | 천 | 백 | 십 | 일 |
| ⓪①②③④⑤⑥⑦⑧⑨ | ⓪①②③④⑤⑥⑦⑧⑨ | ⓪①②③④⑤⑥⑦⑧⑨ | ⓪①②③④⑤⑥⑦⑧⑨ | ⓪①②③④⑤⑥⑦⑧⑨ | ⓪①②③④⑤⑥⑦⑧⑨ | ⓪①②③④⑤⑥⑦⑧⑨ | ⓪①②③④⑤⑥⑦⑧⑨ | ⓪①②③④⑤⑥⑦⑧⑨ | ⓪①②③④⑤⑥⑦⑧⑨ | ⓪①②③④⑤⑥⑦⑧⑨ | ⓪①②③④⑤⑥⑦⑧⑨ | ⓪①②③④⑤⑥⑦⑧⑨ |

작성시 유의사항
1. 사용할기구 : 컴퓨터용 수성싸인펜만을 사용합니다.
2. 정확하게 표기합니다.
   -바르게 표기한 것 : ●
   -틀리게 표기한 것 : ○◑①⊖⊗
3. "입찰번호"란에는 입찰참가신청시 부여된 번호를 기입합니다.
4. 매 금액단위란에는 1개소만 표시합니다(공란으로 두거나 2개소 이상 표시하지 아니합니다).

297mm×210mm
(백상지 80g/㎡)

22221-20611일
95.6.30 승인

【별지 제7호서식】

<table>
<tr>
<td colspan="3" rowspan="2" style="text-align:center">공사도급표준계약서</td>
<td>계약번호 제</td>
<td>호</td>
</tr>
<tr>
<td>공고번호 제</td>
<td>호</td>
</tr>
<tr>
<td rowspan="3">계약자</td>
<td colspan="2">발　　주　　처</td>
<td colspan="2">○○부(처, 청)중앙관서의 장 또는 계약담당공무원 성명</td>
</tr>
<tr>
<td colspan="2">계　약　상　대　자</td>
<td colspan="2">· 상호 또는 법인명칭　　　　　· 법인등록번호<br>· 주소　　　　　　　　　　　　· 전화번호<br>· 대표자</td>
</tr>
<tr>
<td colspan="2">연　대　보　증　인</td>
<td colspan="2">· 상호 또는 법인명칭　　　　　· 법인등록번호<br>· 주소　　　　　　　　　　　　· 전화번호<br>· 대표자</td>
</tr>
<tr>
<td rowspan="9">계약내용</td>
<td colspan="2">공　　사　　명</td>
<td colspan="2"></td>
</tr>
<tr>
<td colspan="2">계　약　금　액</td>
<td colspan="2">금　　　　　　　　　　원정(₩　　　　　　　)</td>
</tr>
<tr>
<td colspan="2">총 공 사 부 기 금 액</td>
<td colspan="2">금　　　　　　　　　　원정(₩　　　　　　　)</td>
</tr>
<tr>
<td colspan="2">계　약　보　증　금</td>
<td colspan="2">금　　　　　　　　　　원정(₩　　　　　　　)</td>
</tr>
<tr>
<td colspan="2">현　　　　장</td>
<td colspan="2"></td>
</tr>
<tr>
<td colspan="2">지　체　상　금　율</td>
<td colspan="2">　　　　　　　　　　　%</td>
</tr>
<tr>
<td colspan="2">물가변동계약금액조정방법</td>
<td colspan="2"></td>
</tr>
<tr>
<td colspan="2">착　공　연　월　일</td>
<td colspan="2">　　　　　·　　　　·</td>
</tr>
<tr>
<td colspan="2">준　공　연　월　일</td>
<td colspan="2">　　　　　·　　　　·</td>
</tr>
<tr>
<td colspan="4">기　　타　　사　　항</td>
<td></td>
</tr>
<tr>
<td colspan="5" style="text-align:center">하자담보책임(복합공종의 경우 공종별 구분 기재)</td>
</tr>
<tr>
<td>공　　　　종</td>
<td>공종별 계약금액</td>
<td colspan="2">하자보수 보증금율(%) 및 금액</td>
<td>하자담보책임기간</td>
</tr>
<tr>
<td rowspan="2"></td>
<td rowspan="2"></td>
<td colspan="2">(　　)% 금　　　　원정</td>
<td rowspan="2"></td>
</tr>
<tr>
<td colspan="2">(　　)% 금　　　　원정</td>
</tr>
</table>

　　중앙관서의 장(계약담당공무원)과 계약상대자는 상호 대등한 입장에서 붙임의 계약문서에 의하여
위의 공사에 대한 도급계약을 체결하고 신의에 따라 성실히 계약상의 의무를 이행할 것을 확약하며,
연대보증인은 계약자와 연대하여 계약상의 의무를 이행할 것을 확약한다. 이 계약의 증거로서 계약서
를 작성하여 당사자가 기명날인한 후 각각 1통씩 보관한다.

붙임서류 : 1. 공사입찰유의서 1부
　　　　　 2. 공사계약일반조건 1부
　　　　　 3. 공사계약특수조건 1부
　　　　　 4. 설계서 1부
　　　　　 5. 산출내역서 1부

중앙관서의 장 또는<br>
계약담당공무원　　　㊞<br><br>
계　약　상　대　자　　㊞<br>
연　대　보　증　인　　㊞

【별지 제8호서식】

| 물품구매표준계약서 | | 계약번호 제 | 호 |
| --- | --- | --- | --- |
| | | 공고번호 제 | 호 |

<table>
<tr><td rowspan="2">계약자</td><td>발　　　주　　　처</td><td colspan="3">○○부(처, 청) 중앙관사의 장 또는 계약담당공무원 성명</td></tr>
<tr><td>계　약　상　대　자</td><td colspan="3">·상호 또는 법인명칭　　　　　　　　　·법인등록번호<br>·주소　　　　　　　　　　　　　　　·전화번호<br>·대표자</td></tr>
<tr><td rowspan="9">계약내용</td><td>물　　　　품　　　　명</td><td colspan="3"></td></tr>
<tr><td>계　약　금　액</td><td>금</td><td colspan="2">원정(₩　　　　　　　　)</td></tr>
<tr><td>총 제 조 부 기 금 액</td><td>금</td><td colspan="2">원정(₩　　　　　　　　)</td></tr>
<tr><td>계　약　보　증　금</td><td>금</td><td colspan="2">원정(₩　　　　　　　　)</td></tr>
<tr><td>지　체　상　금　율</td><td colspan="3">‰</td></tr>
<tr><td>물가변동계약금제조정방법</td><td colspan="3"></td></tr>
<tr><td>납　　　품　　　일　　　자</td><td colspan="3">·　　　·　　　·　～　·　　　·</td></tr>
<tr><td>납　　　품　　　장　　　소</td><td colspan="3"></td></tr>
<tr><td>기　　　타　　　사　　　항</td><td colspan="3"></td></tr>
</table>

　중앙관서의 장(계약담당공무원)과 계약상대자는 붙임의 계약문서에 의하여 위 물품에 대한 구매계약 을 체결하고 신의에 따라 성실히 계약상의 의무를 이행할 것을 확약하며, 이 계약의 증거로서 계약서를 작성하여 당사자가 기명날인한 후 각자 1통씩 보관한다.

붙임서류: 1. 물품구매입찰유의서 1부
　　　　　2. 물품구매계약일반조건 1부
　　　　　3. 물품구매계약특수조건 1부
　　　　　4. 규격 및 내용서 1부
　　　　　5. 산출내역서 1부

　　　　　　　　　　　　　　　　중앙관서의 장 또는
　　　　　　　　　　　　　　　　계약담당공무원　　　　　　㊞
　　　　　　　　　　　　　　　　계　약　상　대　자　　　　　㊞

## 물 품 내 역 서

| 품　명 | 규　격 | 단　위 | 수　량 | 단　가 | 금　액 |
| --- | --- | --- | --- | --- | --- |
| | | | | | |

22221-20811보
'95. 6. 30 승인

257㎜× 297㎜
(신문 54g/㎡)

【별지 제9호서식】

(앞쪽)

| 기술용역표준계약서 | 계약번호 제 호 |
| | 공고번호 제 호 |

| 계약자 | 발　주　처 | ○○부(처, 청) 중앙관서의 장 또는 계약담당공무원 성명 | |
| | 계 약 상 대 자 | ·상호 또는 법인명칭 | ·법인등록번호 |
| | | ·주소 | ·전화번호 |
| | | ·대표자 | |

| 계약내용 | 용　　역　　명 | | |
| | 계　약　금　액 | 금 | 원정(₩　　　　） |
| | 총 용역부 기금액 | 금 | 원정(₩　　　　） |
| | 계　약　보　증　금 | 금 | 원정(₩　　　　） |
| | 지　체　상　금　율 | ％ | |
| | 계　약　기　간 | ．　　．　　．　～　　．　　．　　． | |
| | 위　　　　치 | | |
| | 기　타　사　항 | | |

중앙관서의 장(계약담당공무원)과 계약상대자는 상호 대등한 입장에서 붙임의 계약문서에 의하여 위기 술용역에 대한 도급계약을 체결하고 신의에 따라 성실히 계약상의 의무를 이행할 것을 확약하며, 이 계약의 증거로서 계약서를 작성하여 당사자가 기명날인한 후 각각 1통씩 보관한다.

붙임서류 : 1. 기술용역입찰유의서 1부
　　　　　 2. 기술용역계약일반조건 1부
　　　　　 3. 기술용역계약특수조건 1부
　　　　　 4. 과업내용서 1부
　　　　　 5. 산출내역서 1부

중앙관서의 장 또는　　㊞
계약담당공무원
계 약 상 대 자　　㊞

22221-20921보
'95. 6. 30 승인

210㎜× 297㎜
(신문용지 54g/㎡)

(뒤쪽)

| 용 역 내 역 서 | | |
| 용　역　명 | 규격·단위 또는 세부사항 | 금　액 |
| | | |

22221-20922일
'95. 6. 30 승인

210㎜× 297㎜
(신문용지 54g/㎡)

【별지 제10호서식】

## 계약보증금납부서

| 입 찰 번 호 | 제              호 | 입 찰 연 월 일 | .        .        . |
|---|---|---|---|
| 계 약 건 명 | | | |
| 계 약 번 호 | 제              호 | 계약(예정)연월일 | .        .        . |
| 계 약 금 액 | 금 | 원정(₩            ) | |
| 계약보증금액 | 금 | 원정(₩            ) | |
| 보증금납부방법 | | | |
| 계약이행기간 | 년        월        일부터        년        월        일까지(      년 개월) | | |

위의 금액을 계약보증금으로 납부합니다.




상호 또는 법인명칭 :              전화번호 :
주          소 :
대    표    자 :              ㊞
주민(법인)등록번호 :

_____귀하

세입세출외현금출납공무원 성명 :              ㊞
유가증권취급공무원      성명 :              ㊞

22221-21011일
'95. 6. 30 승인

210mm× 297mm

(신문용지 54g/㎡)

【별지 제11호서식】

## 입찰보증금의 계약보증금대체납부신청서

| 입 찰 번 호 | 제          호 | 입 찰 연 월 일 | .     .     . |
|---|---|---|---|
| 계 약 건 명 | | | |
| 계 약 번 호 | 제          호 | 계약(예정)연월일 | .     .     . |
| 계 약 금 액 | 금 | 원정(₩          ) | |
| 계약보증금액 | 금 | 원정(₩          ) | |
| 보증금납부방법 | | | |
| 계 약 이 행 기 간 | 년      월      일부터      년      월      일까지(    년 개월) | | |

위의 금액을 계약보증금으로 납부합니다.


상호 또는 법인명칭 :                      전화번호 :
주           소 :
대    표    자 :                          ㊞
주민(법인)등록번호 :


_____ 귀하


세입세출외현금출납공무원 성명 :                          ㊞
유가증권취급공무원     성명 :                          ㊞

【별지 제12호서식】

## 하자보수보증금납부서

| 입 찰 번 호 | 제           호 | 입 찰 연 월 일 | .        .        . |
|---|---|---|---|
| 계 약 건 명 | | | |
| 계 약 번 호 | 제           호 | 준 공 연 월 일 | .        .        . |
| 계 약 금 액 | 금 | 원정(₩                             ) | |

| 하자보수보증금 납부내역 | | | |
|---|---|---|---|
| 공          종 | 공종별계약금액 | 하자보수보증금율(%) 및 금액 | 하자담보책임기간 |
| | 원정 | (    )% 금           원정 | .    .    . ~ .    .    . |
| | 원정 | (    )% 금           원정 | .    .    . ~ .    .    . |
| | 원정 | (    )% 금           원정 | .    .    . ~ .    .    . |
| 보증금납부방법 | | | |

위의 금액을 하자보수보증금으로 납부합니다.

```
상호 또는 법인명칭 :                      전화번호:
주          소 :
대      표    자 :                        ㊞
주민(법인)등록번호 :
_____ 귀하
```

```
세입세출외현금출납공무원 성명:                    ㊞
유가증권취급공무원     성명:                    ㊞
```

22221-21211일
'95. 6. 30 승인

210mm× 297mm
(신문용지 54g/㎡)

【별지 제13호서식】

## 질권설정동의서

[ □ 입    찰
  □ 계    약   보증금으로 납부한
  □ 하자보수 ]

[ □ 등 록 국 채
  □ 정기예금증서   를(을) 국가를 당사
  □ 수 익 증 권 ]

자로하는계약에관한법률시행규칙 제54조제3항의 규정에 의하여 유가증권취급공무원이 질권을 설정
하는 데에 동의합니다.

| 구    분
(등록국채등) | 증 서 번 호
(기 번 호) | 액 면 금 액
(좌 수 등) | 보 증 금 명 | 보 증 금 액 |
|---|---|---|---|---|
|  |  |  |  |  |

구비서류: 1. 해당 금융기관의 질권설정신청서 서식 1부
        2. 유가증권취급공무원을 대리인으로 하는 위임장 1부
        3. 인감증명서(질권설정용) 1부

상호 또는 법인명칭 :                        전화번호:
주        소 :
대    표    자 :                              ㉮
주민(법인)등록번호 :

_____ (유가증권취급공무원) 귀하

【별지 제14호서식】

# 각          서

「국가를당사자로하는계약에관한법률시행규칙」 제57조제1항의 규정에 의하여 보증금으로 정부보관 유가증권 불입필통지서에 기재된 주식을 제출함에 있어 당해 주식이 위조가 아니며 만일 당해 주식의 진위에 관하여 앞으로 문제가 발생할 때에는 그에 관한 모든 책임을 본인이 지겠습니다.


상호 또는 법인명칭 :                    전화번호 :
주         소 :
대    표    자 :                        ㉑
주민(법인)등록번호 :

기관명 : _____

유가증권취급공무원 귀하

**기계설비공사 품셈** 2021년

【별지 제15호서식】

<table>
<tr><td colspan="5" align="center">기　　관　　명</td></tr>
<tr><td colspan="5">우편번호, 주소 :　　　　　　　　　　　(전화번호)　　　　　　담당자 :</td></tr>
<tr><td colspan="5">문 서 번 호 :<br>발 신 일 :　　.　.　.<br>수　　　　신 :<br>참　　　　조 :<br>제　　　　목 : 부정당업자제재확인서</td></tr>
<tr>
<td rowspan="6">부<br>정<br>당<br>업<br>자</td>
<td>상 호 또 는<br>법 인 명 칭</td>
<td></td>
<td>사업자등록번호</td>
<td></td>
</tr>
<tr>
<td rowspan="2"></td>
<td></td>
<td>법인등록번호</td>
<td></td>
</tr>
<tr>
<td>주　　　　소</td>
<td colspan="2"></td>
</tr>
<tr>
<td>대 표 자</td>
<td></td>
<td>주민등록번호</td>
<td></td>
</tr>
<tr>
<td>주　　　　소</td>
<td colspan="3"></td>
</tr>
<tr>
<td>영 업 종 목<br>(세부 품목)</td>
<td></td>
<td>면허 · 등록번호등</td>
<td></td>
</tr>
<tr>
<td rowspan="4">제<br>재<br>내<br>용</td>
<td>제 재 근 거</td>
<td colspan="3"></td>
</tr>
<tr>
<td>해약연월일</td>
<td colspan="3"></td>
</tr>
<tr>
<td>제재연월일</td>
<td></td>
<td>만 료 연 월 일</td>
<td></td>
</tr>
<tr>
<td>제 재 기 간</td>
<td colspan="3">　　.　　　.　　　.　～　　.　　.　　.</td>
</tr>
<tr><td colspan="5">(재재에 대한 구체적인 사유 및 보증금의 처리결과)<br>(기타 참고사항)</td></tr>
<tr><td colspan="5" align="center">중앙관서의 장　　　　㊞</td></tr>
</table>

22221-21511일<br>'95. 6. 30 승인

210㎜× 297㎜<br>(신문용지 54g/㎡)

【별지 제16호 서식】 삭제 <96.12.31>

# 2. 건설업 산업안전보건관리비 계상 및 사용기준

제정 1988.  2. 15  고시  제88  –  13호
개정 1991.  9. 27  고시  제91  –  57호
개정 1994. 10. 21  고시  제94  –  45호
개정 1995.  2. 23  고시  제95  –   6호
개정 1996. 10. 22  고시  제96  –  36호
개정 1997. 12. 23  고시  제97  –  42호
개정 1998. 12. 18  고시  제98  –  68호
개정 1999.  6.  3  고시  제99  –  11호
개정 2000.  5. 22  고시  제2000 –  17호
개정 2001.  2. 16  고시  제2001 –  22호
개정 2002.  7. 22  고시  제2002 –  15호
개정 2005.  3. 17  고시  제2005 –   6호
개정 2005. 12.  5  고시  제2005 –  32호
개정 2007.  2. 21  고시  제2007 –   4호
개정 2008. 10. 22  고시  제2008 –  67호
개정 2010.  8.  9  고시  제2010 –  10호
개정 2012.  2.  8  고시  제2012 –  23호
개정 2012. 11. 23  고시  제2012 – 126호
개정 2013. 10. 14  고시  제2013 –  47호
개정 2014. 10. 22  고시  제2014 –  37호
개정 2017. 02. 07  고시  제2017 –  08호
개정 2018. 10. 05  고시  제2018 –  72호
개정 2018. 12. 31  고시  제2018 –  94호
개정 2019. 12. 13  고시  제2019 –  64호
개정 2020.  1. 23  고시  제2020 –  63호

## 제1장   총 칙

**제1조(목적)** 이 고시는 「산업안전보건법」 제72조, 같은 법 시행령 제59조 및 제60조와 같은 법 시행규칙 제89조에 따라 건설업의 산업안전보건관리비 계상 및 사용기준을

정함을 목적으로 한다.

**제2조(정의)** ① 이 고시에서 사용하는 용어의 뜻은 다음과 같다.

1. "건설업 산업안전보건관리비"(이하"안전관리비"라 한다)란 건설사업장과 제7조제4항에서 정하는 본사 안전전담부서에서 산업재해의 예방을 위하여 법령에 규정된 사항의 이행에 필요한 비용을 말한다.

2. "안전관리비 대상액"(이하 "대상액")이라 한다)이란 「예정가격 작성기준」(기획재정부 계약예규) 및 「지방자치단체 입찰 및 계약집행기준」(행정자치부 예규) 등 관련 규정에서 정하는 공사원가계산서 구성항목 중 직접재료비, 간접재료비와 직접노무비를 합한 금액(발주자가 재료를 제공할 경우에는 해당 재료비를 포함한다)을 말한다.

3. "근로자"란 건설사업장 소속근로자 및 본사 안전전담부서 소속근로자를 말한다.

② 그 밖에 이 고시에서 사용하는 용어의 정의는 이 고시에 특별한 규정이 없으면 「산업안전보건법」(이하"법"이라 한다)·같은 법 시행령(이하 "영"이라 한다) 같은 법 시행규칙(이하"규칙"이라 한다)·예산회계법령 및 건설관계법령에서 정하는 바에 따른다.

**제3조(적용범위)** 이 고시는 「산업재해보상보험법」제6조에 따라 「산업재해보상보험법」의 적용을 받는 공사 중 총공사금액 2천만원 이상인 공사에 적용한다. 다만, 다음 각 호의 어느 하나에 해당되는 공사 중 단가계약에 의하여 행하는 공사에 대하여는 총계약금액을 기준으로 적용한다.

1. 「전기공사업법」 제2조에 따른 전기공사로서 저압·고압 또는 특별고압 작업으로 이루어지는 공사

2. 「정보통신공사업법」제2조에 따른 정보통신공사

# 제2장  안전관리비의 계상 및 사용

**제4조(계상기준)** ① 건설공사발주자(이하 "발주자"라 한다)와 건설공사의 시

공을 주도하여 총괄·관리하는자(이하 "자기공사자"라 한다)는 안전보건 관리비를 다음 각 호와 같이 계상하여야 한다. 다만, 발주자가 재료를 제공 하거나 물품이 완제품의 형태로 제작 또는 납품되어 설치되는 경우에 해당 재료비 또는 완제품의 가액을 대상액에 포함시킬 경우의 안전보건관리비는 해당 재료비 또는 완제품의 가액을 포함시키지 않은 대상액을 기준으로 계 상한 안전보건관리비의 1.2배를 초과할 수 없다.

1. 대상액이 5억원 미만 또는 50억원 이상일 경우에는 대상액에 별표 1에서 정한 비율을 곱한 금액

2. 대상액이 5억원 이상 50억원 미만일 때에는 대상액에 별표 1에서 정한 비율을 곱한 금액에 기초액을 합한 금액

② 별표 1의 공사의 종류는 별표 5의 건설공사의 종류 예시표에 따른다. 다 만, 하나의 사업장 내에 건설공사 종류가 둘 이상인 경우(분리발주한 경우 를 제외한다)에는 공사금액이 가장 큰 공사종류를 적용한다.

③ 발주자 또는 자기공사자는 설계변경 등으로 대상액의 변동이 있는 경우 에 지체 없이 별표 1의3에 따라 안전보건관리비를 조정 계상하여야 한다.

**제5조(계상방법 및 계상시기 등)** ① 발주자는 원가계산에 의한 예정가격 작성시 제4조에 따라 안전관리비를 계상하여야 한다.

② 자기공사자는 원가계산에 의한 예정가격을 작성하거나 자체 사업계획을 수립하 는 경우에 제4조에 따라 안전보건관리비를 계상하여야 한다.

③ 대상액이 구분되어 있지 않은 공사는 도급계약 또는 자체사업계획 상의 총공사금 액의 70퍼센트를 대상액으로 하여 제4조에 따라 안전보건관리비를 계상하여야 한다.

④ 발주자는 제1항 또는 제3항에 따라 계상한 안전보건관리비를 입찰공고 등을 통해 입찰에 참가하고자 하는 자에게 알려야 한다.

⑤ 발주자와 수급인("건설공사발주자로부터 해당 건설공사를 최초로 도급받은 자" 이하 같다)은 공사계약을 체결할 경우 제1항 또는 제3항에 따라 계상된 안전보 건관리비를 공사도급계약서에 별도로 표시하여야 한다.

**제6조(수급인등의 의무)** < 삭제 >

**제7조(사용기준)** ① 수급인 또는 자기공사자는 안전보건관리비를 다음 각 호의 항목별 사용기준에 따라 건설사업장에서 근무하는 근로자의 산업재해 및 건강장해 예방을 위한 목적으로만 사용하여야 한다.

1. 안전관리자 등의 인건비 및 각종 업무 수당 등

　가. 전담 안전 · 보건관리자의 인건비, 업무수행 출장비(지방고용노동관서에 선임 보고한 날 이후 발생한 비용에 한정한다) 및 건설용리프트의 운전자 인건비. 다만, 유해 · 위험방지계획서 대상으로 공사금액이 50억원 이상 120억원 미만(「건설산업기본법 시행령」 별표 1에 따른 토목공사업에 속하는 공사의 경우 150억원 미만)인 공사현장에 선임된 안전관리자가 겸직하는 경우 해당 안전관리자 인건비의 50퍼센트를 초과하지 않는 범위 내에서 사용 가능

　나. 공사장 내에서 양중기 · 건설기계 등의 움직임으로 인한 위험으로부터 주변 작업자를 보호하기 위한 유도자 또는 신호자의 인건비나 비계 설치 또는 해체, 고소작업대 작업 시 낙하물 위험예방을 위한 하부통제, 화기작업 시 화재 감시 등 공사현장의 특성에 따라 근로자 보호만을 목적으로 배치된 유도자 및 신호자 또는 감시자의 인건비

　다. 별표 1의2에 해당하는 작업을 직접 지휘·감독하는 직 · 조 · 반장 등 관리감독자의 직위에 있는 자가 영 제15조제1항에서 정하는 업무를 수행하는 경우에 지급하는 업무수당(월 급여액의 10퍼센트 이내)

2. 안전시설비 등: 법 · 영 · 규칙 및 고시에서 규정하거나 그에 준하여 필요로 하는 각종 안전표지 · 경보 및 유도시설, 감시 시설, 방호장치, 안전 · 보건시설 및 그 설치비용(시설의 설치 · 보수 · 해체 시 발생하는 인건비 등 경비를 포함한다)

3. 개인보호구 및 안전장구 구입비 등: 각종 개인 보호장구의 구입 · 수리 · 관리 등에 소요되는 비용, 안전보건 관계자 식별용 의복 및 제1호의 안전 · 보건관리자 및 안전보건보조원 전용 업무용 기기에 소요되는 비용(근로자가 작업에 필요한 안전화 · 안전대 · 안전모를 직접 구입 · 사용하는 경우 지급하는 보상금을 포함한다)

4. 사업장의 안전 · 보건진단비 등: 법 · 영 · 규칙 및 고시에서 규정하거나 자율적으

로 외부전문가 또는 전문기관을 활용하여 실시하는 각종 진단, 검사, 심사, 시험, 자문, 작업환경측정, 유해 · 위험방지계획서의 작성 · 심사 · 확인에 소요되는 비용, 자체적으로 실시하기 위한 작업환경 측정장비 등의 구입 · 수리 · 관리 등에 소요되는 비용과 전담 안전 · 보건관리자용 안전순찰차량의 유류비 · 수리비 · 보험료 등의 비용

5. 안전보건교육비 및 행사비 등: 법 · 영 · 규칙 및 고시에서 규정하거나 그에 준하여 필요로 하는 각종 안전보건교육에 소요되는 비용(현장내 교육장 설치비용을 포함한다), 안전보건관계자의 교육비, 자료 수집비 및 안전기원제 · 안전보건행사에 소요되는 비용(기초안전보건교육에 소요되는 교육비 · 출장비 · 수당을 포함한다. 단, 수당은 교육에 소요되는 시간의 임금을 초과할 수 없다)

6. 근로자의 건강관리비 등: 법 · 영 · 규칙 및 고시에서 규정하거나 그에 준하여 필요로 하는 각종 근로자의 건강관리에 소요되는 비용(중대재해 목격에 따른 심리치료 비용을 포함한다) 및 작업의 특성에 따라 근로자 건강보호를 위해 소요되는 비용

7. 기술지도비: 재해예방전문지도기관에 지급하는 기술지도 비용

8. 본사 사용비: 안전만을 전담으로 하는 별도 조직(이하 "안전전담부서" 라 한다)을 갖춘 건설업체의 본사에서 사용하는 제1호부터 제7호까지의 사용항목과 본사 안전전담부서의 안전전담직원 인건비 · 업무수행 출장비(계상된 안전보건관리비의 5퍼센트를 초과할 수 없다)

② 제1항에도 불구하고 사용하고자 하는 항목이 다음 각 호의 어느 하나에 해당하거나 별표 2의 사용불가 내역에 해당하는 경우에는 사용할 수 없다.

1. 공사 도급내역서 상에 반영되어 있는 경우

2. 다른 법령에서 의무사항으로 규정하고 있는 경우. 다만, 「화재예방, 소방시설, 설치 · 유지 및 안전관리에 관한 법률」 에 따른 소화기 구매에 소요되는 비용은 사용할 수 있다

3. 작업방법 변경, 시설 설치 등이 근로자의 안전 · 보건을 일부 향상시킬 수 있는 경우라도 시공이나 작업을 용이하게 하기 위한 목적이 포함된 경우

4. 환경관리, 민원 또는 수방대비 등 다른 목적이 포함된 경우

5. 근로자의 근무여건 개선, 복리·후생 증진, 사기진작 등의 목적이 포함된 경우

③ 수급인 또는 자기공사자는 별표 3에서 정하는 기준에 따라 안전보건관리비를 사용하되, 발주자 또는 감리원은 해당 공사의 특성 등을 고려하여 사용기준을 달리 정할 수 있다.

④ 제1항제8호에 따른 안전전담부서는 영 제17조에 따른 안전관리자의 자격을 갖춘 사람(영 별표4 제8호와 제9호에 해당하는 사람을 제외한다) 1명 이상을 포함하여 3명 이상의 안전전담직원으로 구성된 안전만을 전담하는 과 또는 팀 이상의 별도조직을 말하며, 본사에서 안전보건관리비를 사용하는 경우 1년간(1.1 ~ 12.31) 본사 안전보건관리비 실행예산과 사용금액은 전년도 미사용금액을 합하여 5억원을 초과할 수 없다.

⑤ 수급인 또는 자기공사자는 사업의 일부를 타인에게 도급한 경우 그의 관계수급인이 제1항의 기준에 따라 사용한 비용을 산업안전보건관리비 범위에서 적정하게 지급할 수 있다.

**제8조(목적 외 사용금액에 대한 감액 등)** 발주자는 수급인이 법 제72조제2항에 위반하여 다른 목적으로 사용하거나 사용하지 않은 안전보건관리비에 대하여 이를 계약금액에서 감액조정하거나 반환을 요구할 수 있다.

**제9조(확인)** ① 수급인 또는 자기공사자는 안전보건관리비 사용내역에 대하여 공사 시작 후 6개월마다 1회 이상 발주자 또는 감리원의 확인을 받아야 한다. 다만, 6개월 이내에 공사가 종료되는 경우에는 종료시 확인을 받아야 한다.

② 제1항에도 불구하고 발주자 또는 고용노동부의 관계 공무원은 안전보건관리비 사용내역을 수시 확인할 수 있으며, 수급인 또는 자기공사자는 이에 따라야 한다.

③ 발주자 또는 감리원은 제1항에 따른 안전보건관리비 사용내역 확인 시 기술지도 계약 체결여부, 기술지도 실시 및 개선여부 등을 확인하여야 한다.

**제10조(안전보건관리비 실행예산의 작성과 집행 및 서류관리 등)** ① 수급인 또는 자기공사자는 공사실행예산을 작성하는 경우에 해당 공사에 사용하여야 할 안전보건관리비의 실행예산을 계상된 안전보건관리비 총액 이상으로 별도 편성해야 하며, 이에 따라 안전보건관

리비를 사용하고 별지 제1호서식의 안전보건관리비 사용내역서를 작성하여 해당 공사현장
에 갖추어 두어야 한다.

② 사업주는 제1항에 따른 안전보건관리비 실행예산을 작성하고 집행하는 경우에 법 제17
조와 영 제16조에 따라 선임된 해당 사업장의 안전관리자가 참여하도록 하여야 한다.

③ 제7조에 따라 안전보건관리비를 본사에서 사용하는 수급인 또는 자기공사자는 별지 제2
호서식의 본사 안전보건관리비 사용내역서와 안전전담부서의 직원이 안전관리업무를 전담
하고 있음을 증명할 수 있는 인사명령서, 업무일지 등 관계서류를 본사에 갖추어 두어야
한다.

# 제 3 장   재해예방 기술지도 등

**제11조(기술지도 횟수 등)** ① 기술지도는 공사기간 중 월 2회 이상 실시하여야 한다.
 ② 건설재해예방 기술지도비가 제5조에 따라 계상된 안전보건관리비 총액의 20퍼센
트를 초과하는 경우에는 그 이내에서 기술지도 횟수를 조정할 수 있다.

**제12조(재검토기한)** 고용노동부 장관은 이 고시에 대하여 2020년 1월 1일 기준으로 매
3년이 되는 시점(매 3년째의 12월 31일까지를 말한다)마다 그 타당성을 검토하여 개
선 등의 조치를 하여야 한다.

# 부     칙 (' 20. 1. 23)

**제1조 (시행일)** 이 고시는 발령한 날부터 시행한다.

【별표 1】

## 공사종류별 규모별 안전관리비 계상기준표

(단위 : 원)

| 구 분<br>공사종류 | 대상액<br>5억원<br>미만인<br>경우<br>적용<br>비율(%) | 대상액 5억원 이상<br>50억원 미만 | | 대상액<br>50억원<br>이상인 경우<br>적용 비율(%) | 영 별표5에<br>따른<br>보건관리자<br>선임 대상<br>건설공사의<br>적용비율(%) |
|---|---|---|---|---|---|
| | | 적용<br>비율<br>(%) | 기초액(원) | | |
| 일반건설공사 ( 갑 ) | 2.93 | 1.86 | 5,349,000 | 1.97 | 2.15 |
| 일반건설공사 ( 을 ) | 3.09 | 1.99 | 5,499,000 | 2.10 | 2.29 |
| 중 건 설 공 사 | 3.43 | 2.35 | 5,400,000 | 2.44 | 2.66 |
| 철도·궤도신설공사 | 2.45 | 1.57 | 4,411,000 | 1.66 | 1.81 |
| 특수및기타건설공사 | 1.85 | 1.20 | 3,250,000 | 1.27 | 1.38 |

【별표 1의 2】

## 관리감독자 안전보건업무 수행시 수당지급 작업

1. 건설용 리프트·곤돌라를 이용한 작업

2. 콘크리트 파쇄기를 사용하여 행하는 파쇄작업 (2미터 이상인 구축물 파쇄에 한정한다)

3. 굴착 깊이가 2미터 이상인 지반의 굴착작업

4. 흙막이지보공의 보강, 동바리 설치 또는 해체작업

5. 터널 안에서의 굴착작업, 터널거푸집의 조립 또는 콘크리트 작업

6. 굴착면의 깊이가 2미터 이상인 암석 굴착 작업

7. 거푸집지보공의 조립 또는 해체작업

8. 비계의 조립, 해체 또는 변경작업

9. 건축물의 골조, 교량의 상부구조 또는 탑의 금속제의 부재에 의하여 구성되는 것(5미터 이상에 한정한다)의 조립, 해체 또는 변경작업

10. 콘크리트 공작물(높이 2미터 이상에 한정한다)의 해체 또는 파괴 작업

11. 전압이 75볼트 이상인 정전 및 활선작업

12. 맨홀작업, 산소결핍장소에서의 작업

13. 도로에 인접하여 관로, 케이블 등을 매설하거나 철거하는 작업

14. 전주 또는 통신주에서의 케이블 공중가설작업

15. 삭제

【별표 1의 3】(신설, 2018.10.5.)

## 설계변경 시 안전관리비 조정·계상 방법

1. 설계변경에 따른 안전관리비는 다음 계산식에 따라 산정한다.
   ○ 설계변경에 따른 안전관리비 = 설계변경 전의 안전관리비 + 설계변경으로 인한 안전관리비 증감액

2. 제1호의 계산식에서 설계변경으로 인한 안전관리비 증감액은 다음 계산식에 따라 산정한다.
   ○ 설계변경으로 인한 안전관리비 증감액 = 설계변경 전의 안전관리비 × 대상액의 증감 비율

3. 제2호의 계산식에서 대상액의 증감 비율은 다음 계산식에 따라 산정한다. 이 경우, 대상액은 예정가격 작성시의 대상액이 아닌 설계변경 전·후의 도급계약서상의 대상액을 말한다.
   ○ 대상액의 증감 비율 = [(설계변경후 대상액 - 설계변경 전 대상액)/ 설계변경 전 대상액] × 100%

【별표 2】

## 안전관리비의 항목별 사용 불가내역

| 항        목 | 사  용  불  가  내  역 |
|---|---|
| 1. 안전관리<br>자 등의<br>인건비 및<br>각종 업무<br>수당 등<br>(제7조제<br>1항제1호<br>관련) | 가. 안전·보건관리자의 인건비 등<br>  1) 안전·보건관리자의 업무를 전담하지 않는 경우(영 별표3 제46호<br>    에 따라 유해·위험방지계획서 제출 대상 건설공사에 배치하는<br>    안전관리자가 다른 업무와 겸직하는 경우의 인건비는 제외한다)<br>  2) 지방고용노동관서에 선임 신고하지 아니한 경우<br>  3) 영 제17조의 자격을 갖추지 아니한 경우<br>  ※ 선임의무가 없는 경우에도 실제 선임·신고한 경우에는 사용할 수<br>    있음(법상 의무 선임자 수를 초과하여 선임·신고한 경우, 도급인이 선<br>    임하였으나 하도급 업체에서 추가 선임·신고한 경우, 재해예방전문기<br>    관의 기술지도를 받고 있으면서 추가 선임·신고한 경우를 포함한다)<br>나. 유도자 또는 신호자의 인건비<br>  1) 시공, 민원, 교통, 환경관리 등 다른 목적을 포함하는 등 아래 세목의<br>    인건비<br>  가) 공사 도급내역서에 유도자 또는 신호자 인건비가 반영된 경우<br>  나) 타워크레인 등 양중기를 사용할 경우 유도·신호업무만을 전담하지<br>    않은 경우<br>  다) 원활한 공사수행을 위하여 사업장 주변 교통정리, 민원 및 환경 관리<br>    등의 목적이 포함되어 있는 경우<br>    ※ 도로 확·포장 공사 등에서 차량의 원활한 흐름을 위한 유도자 또는<br>    신호자, 공사현장 진·출입로 등에서 차량의 원활한 흐름 또는 교통 통<br>    제를 위한 교통정리 신호수 등<br>다. 안전·보건보조원의 인건비<br>  1) 전담 안전·보건관리자가 선임되지 아니한 현장의 경우<br>  2) 보조원이 안전·보건관리업무 외의 업무를 겸임하는 경우<br>  3) 경비원, 청소원, 폐자재 처리원 등 산업안전·보건과 무관하거나 사무<br>    보조원(안전보건관리자의 사무를 보조하는 경우를 포함한다)의 인건비 |

| 항      목 | 사  용  불  가  내  역 |
|---|---|
| 2.안전시설비 등<br>(제7조제1항제2<br>호 관련) | 원활한 공사수행을 위해 공사현장에 설치하는 시설물, 장치, 자재, 안내·주의·경고 표지 등과 공사 수행 도구·시설이 안전장치와 일체형인 경우 등에 해당하는 경우 그에 소요되는 구입·수리 및 설치·해체 비용 등<br>가. 원활한 공사수행을 위한 가설시설, 장치, 도구, 자재 등<br> 1) 외부인 출입금지, 공사장 경계표시를 위한 가설울타리<br> 2) 각종 비계, 작업발판, 가설계단·통로, 사다리 등<br>  ※ 안전발판, 안전통로, 안전계단 등과 같이 명칭에 관계없이 공사 수행에 필요한 가시설들은 사용 불가<br>   – 다만, 비계·통로·계단에 추가 설치하는 추락방지용 안전난간, 사다리 전도방지장치, 틀비계에 별도로 설치하는 안전난간·사다리, 통로의 낙하물방호선반 등은 사용 가능함<br> 3) 절토부 및 성토부 등의 토사유실 방지를 위한 설비<br> 4) 작업장 간 상호 연락, 작업 상황 파악 등 통신수단으로 활용되는 통신시설·설비<br> 5) 공사 목적물의 품질 확보 또는 건설장비 자체의 운행 감시, 공사 진척상황 확인, 방법 등의 목적을 가진 CCTV 등 감시용 장비<br>  ※ 다만 근로자의 재해예방을 위한 목적으로만 사용하는 CCTV에 소요되는 비용은 사용 가능함<br>나. 소음·환경관련 민원예방, 교통통제 등을 위한 각종 시설물, 표지<br> 1) 건설현장 소음방지를 위한 방음시설, 분진망 등 먼지·분진 비산 방지시설 등<br> 2) 도로 확·포장공사, 관로공사, 도심지 공사 등에서 공사차량 외의 차량유도, 안내·주의·경고 등을 목적으로 하는 교통안전시설물<br>  ※ 공사안내·경고 표지판, 차량유도등·점멸등, 라바콘, 현장경계휀스, PE드럼 등<br>다. 기계·기구 등과 일체형 안전장치의 구입비용<br>  ※ 기성제품에 부착된 안전장치 고장 시 수리 및 교체비용은 사용 가능. |

| 항    목 | 사 용 불 가 내 역 |
|---|---|
| | 1) 기성제품에 부착된 안전장치<br>　※ 톱날과 일체식으로 제작된 목재가공용 둥근톱의 톱날접촉예방장<br>　치, 플러그와 접지 시설이 일체식으로 제작된 접지형플러그 등<br>2) 공사수행용 시설과 일체형인 안전시설<br>라. 동일 시공업체 소속의 타 현장에서 사용한 안전시설물을 전용하<br>여 사용할 때의 자재비(운반비는 안전관리비로 사용할 수 있다) |
| 3. 개인보호구 및 안<br>전장구 구입비 등<br>(제7조제1항제3<br>호 관련) | 근로자 재해나 건강장해 예방 목적이 아닌 근로자 식별, 복리·후생<br>적 근무여건 개선·향상, 사기 진작, 원활한 공사수행을 목적으로 하<br>는 다음 장구의 구입·수리·관리 등에 소요되는 비용<br>가. 안전·보건관리자가 선임되지 않은 현장에서 안전·보건업무를 담당<br>하는 현장관계자용 무전기, 카메라, 컴퓨터, 프린터 등 업무용 기기<br>나. 근로자 보호 목적으로 보기 어려운 피복, 장구, 용품 등<br>　1) 작업복, 방한복, 방한장갑, 코팅장갑 등<br>　※ 다만, 근로자의 건강장해 예방을 위해 사용하는 미세먼지 마스크,<br>　쿨토시, 아이스조끼, 핫팩, 발열조끼 등은 사용 가능함<br>　2) 감리원이나 외부에서 방문하는 인사에게 지급하는 보호구 |
| 4. 사업장의<br>안전진단비(제7<br>조제1항제4호<br>관련) | 다른 법 적용사항이거나 건축물 등의 구조안전, 품질관리 등을 목적<br>으로 하는 등의 다음과 같은 점검 등에 소요되는 비용<br>가. 「건설기술진흥법」, 「건설기계관리법」 등 다른 법령에 따른<br>가설구조물 등의 구조검토, 안전점검 및 검사, 차량계 건설기계<br>의 신규등록·정기·구조변경·수시·확인검사 등<br>나. 「전기사업법」에 따른 전기안전대행 등<br>다. 「환경법」에 따른 외부 환경 소음 및 분진 측정 등<br>라. 민원 처리 목적의 소음 및 분진 측정 등 소요비용<br>마. 매설물 탐지, 계측, 지하수 개발, 지질조사, 구조안전검토 비용 등<br>공사 수행 또는 건축물 등의 안전 등을 주된 목적으로 하는 경우<br>바. 공사도급내역서에 포함된 진단비용<br>사. 안전순찰차량(자전거, 오토바이를 포함한다) 구입·임차 비용<br>　※ 안전·보건관리자를 선임·신고하지 않은 사업장에서 사용하는<br>　안전순찰차량의 유류비, 수리비, 보험료 또한 사용할 수 없음 |

| 항    목 | 사  용  불  가  내  역 |
|---------|----------------------|
| 5. 안전보건교육비 및 행사비 등<br>(제7조제1항 제5호 관련) | 산업안전보건법령에 따른 안전보건교육, 안전의식 고취를 위한 행사와 무관한 다음과 같은 항목에 소요되는 비용<br>가. 해당 현장과 별개 지역의 장소에 설치하는 교육장의 설치·해체·운영비용<br>　※ 다만, 교육장소 부족, 교육환경 열악 등의 부득이한 사유로 해당 현장 내에 교육장 설치 등이 곤란하여 현장 인근지역의 교육장 설치 등에 소요되는 비용은 사용 가능<br>나. 교육장 대지 구입비용<br>다. 교육장 운영과 관련이 없는 태극기, 회사기, 전화기, 냉장고 등 비품 구입비<br>라. 안전관리 활동 기여도와 관계없이 지급하는 다음과 같은 포상금(품)<br>　1) 일정 인원에 대한 할당 또는 순번제 방식으로 지급하는 경우<br>　2) 단순히 근로자가 일정기간 사고를 당하지 아니하였다는 이유로 지급하는 경우<br>　3) 무재해 달성만을 이유로 전 근로자에게 일률적으로 지급하는 경우<br>　4) 안전관리 활동 기여도와 무관하게 관리사원 등 특정 근로자, 직원에게만 지급하는 경우<br>마. 근로자 재해예방 등과 직접 관련이 없는 안전정보 교류 및 자료수집 등에 소요되는 비용<br>　1) 신문 구독 비용<br>　※ 다만, 안전보건 등 산업재해 예방에 관한 전문적, 기술적 정보를 60% 이상 제공하는 간행물 구독에 소요되는 비용은 사용 가능<br>　2) 안전관리 활동을 홍보하기 위한 광고비용<br>　3) 정보교류를 위한 모임의 참가회비가 적립의 성격을 가지는 경우<br>바. 사회통념에 맞지 않는 안전보건 행사비, 안전기원제 행사비<br>　1) 현장 외부에서 진행하는 안전기원제<br>　2) 사회통념상 과도하게 지급되는 의식 행사비(기도비용 등을 말한다)<br>　3) 준공식 등 무재해 기원과 관계없는 행사<br>　4) 산업안전보건의식 고취와 무관한 회식비<br>사. 「산업안전보건법」에 따른 안전보건교육 강사 자격을 갖추지 않은 자가 실시한 산업안전보건 교육비용 |

| 항　　목 | 사　용　불　가　내　역 |
|---|---|
| 6. 근로자의 건강 관리비 등 (제7조 제1항제6호 관련) | 근무여건 개선, 복리·후생 증진 등의 목적을 가지는 다음과 같은 항목에 소요되는 비용<br>가. 복리후생 등 목적의 시설·기구·약품 등<br>　1) 간식·중식 등 휴식 시간에 사용하는 휴게시설, 탈의실, 이동식 화장실, 세면·샤워시설<br>　　※ 분진·유해물질사용·석면해체제거 작업장에 설치하는 탈의실, 세면·샤워시설 설치비용은 사용 가능<br>　2) 근로자를 위한 급수시설, 정수기·제빙기, 자외선차단용품(로션, 토시 등을 말한다)<br>　　※ 작업장 방역 및 소독비, 방충비 및 근로자 탈수방지를 위한 소금정제 비, 6~10월에 사용하는 제빙기 임대비용은 사용 가능<br>　3) 혹서·혹한기에 근로자 건강 증진을 위한 보양식·보약 구입비용<br>　　※ 작업 중 혹한·혹서 등으로부터 근로자를 보호하기 위한 간이 휴게시설 설치·해체·유지비용은 사용 가능<br>　4) 체력단련을 위한 시설 및 운동 기구 등<br>　5) 병·의원 등에 지불하는 진료비, 암 검사비, 국민건강보험 제공비용 등<br>　　※ 다만, 해열제, 소화제 등 구급약품 및 구급용구 등의 구입비용은 사용 가능<br>나. 파상풍, 독감 등 예방을 위한 접종 및 약품(신종플루 예방접종 비용을 포함한다)<br>다. 기숙사 또는 현장사무실 내의 휴게시설 설치·해체·유지비, 기숙사 방역 및 소독·방충비용<br>라. 다른 법에 따라 의무적으로 실시해야하는 건강검진 비용 등 |
| 7. 건설재해예방 기술지도비 | |
| 8. 본사 사용비 (제7조제1항 제6호 관련) | 가. 본사에 제7조제4항의 기준에 따른 안전보건관리만을 전담하는 부서가 조직되어 있지 않은 경우<br>나. 전담부서에 소속된 직원이 안전보건관리 외의 다른 업무를 병행하는 경우 |

【별표 3】

## 공사진척에 따른 안전관리비 사용기준

| 공정율 | 50퍼센트 이상<br>70퍼센트 미만 | 70퍼센트 이상<br>90퍼센트 미만 | 90퍼센트 이상 |
|---|---|---|---|
| 사용기준 | 50퍼센트 이상 | 70퍼센트 이상 | 90퍼센트 이상 |

※ 공정율은 기성공정율을 기준으로 한다.

【별표 4】 <삭제>

【별표 5】

## 건설공사의 종류 예시표

| 공사종류 | 내      용      예      시 |
|---|---|
| 1. 일반건설<br>　공사(갑) | □ 중건설공사, 철도 또는 궤도건설공사, 기계장치공사 이외의 건축건설, 도로신설 등 공사와 이에 부대하여 해당 공사를 현장 내에서 행하는 공사<br><br>　가. 건축물 등의 건설공사<br><br>　(1) 건축건설공사와 이에 부대하여 해당 공사현장 내에서 행하여지는 공사<br><br>　(2) 목조, 연와조, 블록조, 석조, 철근콘크리트조 등의 건물 건설공사<br><br>　- 건축물의 신설공사와 그의 보수 및 파괴공사 또는 이에 부대하여 행하여지는 건설공사<br><br>　(3) 주택, 축사, 가건물, 창고, 학교, 강당, 체육관, 사무소, 백화점, 점포, 공장, 발전소, 특수공장, 연구소, 병원, 기념탑, 기념건물, 역사 등을 신축, 개축, 보수, 파괴, 해체하는 건설공사<br><br>　(4) 철골, 철근 및 철근콘크리트조 가옥을 이축(移築)하는 공사<br><br>　(5) 구입한 철파이프를 절단, 벤딩(구부림), 조립하여 축사 등을 건설하는 공사 |

| 공사종류 | 내　용　예　시 |
|---|---|
| | (6)건축물 설비공사<br>(가) 해당 건축물 내외에서 행하는 설비 또는 부대공사<br>　1) 해당 건축물 내외의 전기, 전등, 전신기 등의 설비공사<br>　2) 해당 건축물 내외의 송배전선로, 전기배선, 전화선로, 네온장<br>　　치 등의 부설공사<br>　3) 해당 건축물 내외의 급수 및 급탕 등의 설비공사<br>　4) 해당 건축물 내외의 안전 및 소화 등의 설비공사<br>　5) 해당 건축물 내외의 난방, 냉방, 환기, 건조, 온습도 조절 등<br>　　의 설비공사<br>　6) 해당 건축물의 도장공사 및 시멘트 취부 방수 공사<br>　7) 해당 건축물의 설비를 위한 석축, 타일, 기와, 슬레이트 등을<br>　　부설하는 건설공사<br>　8) 해당 건축물 내의 냉동기의 부설에 일관하여 행하여지는 난방<br>　　및 냉동 등의 시설에 관한 공사<br>　9) 건축물 내의 아이스스케이팅 설비에 관한 공사<br>　10) 그 밖의 건축물의 설비공사<br><br>(나) 내장, 유리 등의 기타 전문 제공사<br><br>(7) 교량건설공사<br><br>(가) 일반교량의 신설공사와 이에 부대하여 해당 공사장 내에서 행<br>　　하는 건설공사<br><br>(나) 기설교량의 보수와 개수에 관한 공사, 교량에 교각, 교대 등<br>　　의 기초건설공사, 기타 교량의 보수 공사<br><br>(다) 선창의 건설공사 |

| 공사종류 | 내　용　예　시 |
|---|---|
| | 나. 도로신설공사<br><br>(1) 도로신설에 관한 공사와 이에 부대하여 행하여지는 공사<br><br>　(가) 도로 또는 광장의 신설공사<br><br>　(나) 기설도로의 변경, 굴곡의 제거 및 확장공사<br><br>　(다) 도로 및 광장의 포장공사(사리살포공사 포함한다)<br><br><br>다. 기타 건설공사<br><br>(1) 중건설공사, 철도 또는 궤도신설공사 (다만, 철도 또는 궤도의 신설공사에 단순히 노무용역과 건설기술만을 제공하는 사업은 제외한다), 건축건설공사, 도로신설공사, 기계장치공사 이외의 기타 건설공사와 이에 부대하여 해당 공사현장 내에서 행하는 건설공사<br><br>　(가) 수력발전시설 및 댐시설 이외의 제방건설공사<br><br>　(나) 기설터널의 보수 및 복구공사<br><br>　(다) 기설의 도로 등의 개수, 복구 또는 유지관리의 공사<br><br>　(라) 구내에서 인입선공사, 증선공사 등<br><br>　(마) 옹벽축조의 건설공사<br><br>　(바) 기설도로 또는 플랫홈 등의 포장공사(사리살포, 잔디붙이기 공사 등은 포함한다)<br><br>　(사) 공작물의 해체, 이동, 제거 또는 철거의 공사<br><br>　(아) 철골조, 철근조, 철근콘크리트조 등의 고가철도의 신설공사와 이에 부대하여 해당 공사 현장 내에서 행하는 건설공사 |

| 공사종류 | 내 용 예 시 |
|---|---|
| | (자) 지반으로부터 10m 이내의 지하에 복개식으로 시공하는 지하도, 지하철도, 지하상가 또는 통신선로 등의 인입통신구의 신설공사와 이에 부대하여 해당 공사현장 내에서 행하는 건설공사 |
| | (차) 하천의 연제(언제: 제방도로), 제방수문, 통문, 갑문 등의 신설개수에 관한 공사 |
| | (카) 관개용수로, 그 밖의 각종 수로의 신설개수, 유지에 관한 공사 |
| | (타) 운하 및 수로 또는 이의 부속건물의 건설공사 |
| | (파) 저수지, 광독침전지 수영장 등의 건설공사 |
| | (하) 사방설비의 건설공사 |
| | (거) 해안 또는 항만의 방파제, 안벽 등의 건설공사(중건설공사의 고제방(댐) 등 신설공사 이외의 공사를 말한다) |
| | (너) 호반, 하천 또는 해면의 준설, 간척 또는 매립 등의 공사 |
| | (더) 비행장, 골프장, 경마장 또는 경기장의 조성에 관한 공사 |
| | (러) 개간, 경지정리, 부지 또는 광장의 조성공사 |
| | (머) 지하에 구축하는 각종 물탱크의 건설공사(기초공사를 포함한다) |
| | (버) 철관, 콘크리트관, 케이블류, 가스관, 흄관, 지중선, 동재 등의 매설공사 |
| | (서) 침몰된 공작물의 인양공사 |
| | (어) 수중오물 수거작업공사 |
| | (저) 그 밖의 각종 건설공사(건설공사를 위한 시추공사를 포함하나 광업시추 및 시굴공사는 제외한다) |
| | (처) 각종 운동장 스탠드 건설공사 |

| 공사종류 | 내　용　예　시 |
|---|---|
|  | (커) 체토사(쌓여서 막힌 흙과 모래)의 붕괴 및 낙석 등의 방지벽 건설 공사와 이와 부대하여 해당 공사장 내에서 행하는 각종 공사<br><br>(터) 과선교(구름다리)의 건설공사<br><br>(퍼) 철탑, 연돌(굴뚝), 풍동 등의 건설공사<br><br>(허) 광고탑, 탱크 등의 건설공사<br><br>(고) 문, 담장, 축대, 정원 등의 건설공사<br><br>(노) 용광로의 건설공사<br><br>(도) 전차궤도의 송전가선의 건설공사와 그 보수공사<br><br>(로) 송전선로, 통신선로 또는 철관의 건설공사 및 기계장치의 산세정 공사<br><br>(모) 신호기의 건설공사<br><br>(보) 하수도관 세척공사<br><br>(소) 무대셋트 제작, 조립, 도색, 도배, 철거공사<br><br>(오) 그 밖의 각종 건설공사<br><br>(조) 일반 경상보수의 용역사업은 이에 분류<br><br><br>(2) 일반건설공사(을), 중건설공사, 철도·궤도신설공사, 특수 및 기타 건설공사의 사업에 직접적으로 관련하여 행하지 않는다고 인정되는 건 설공사로서 다른 것에 분류하지 아니한 건설공사 |

| 공사종류 | 내　용　예　시 |
|---|---|
| 2.일반건설<br>공사(을) | □ 각종의 기계·기구장치 등을 설치하는 공사<br><br>가. 기계장치공사<br>　(1) 각종 기계·기구장치를 위한 조립 및 부설공사와 이에 부대하여 행하<br>　　　여지는 건설공사<br>　　(가) 각종의 기계 및 기구장치를 위한 기초처리 공사<br>　　(나) 기계 및 기구장치를 위한 기계대 건설공사<br>　　(다) 보일러, 기중기, 양중기 등의 조립 및 부설공사<br>　　(라) 전기수진기, 공기압축기, 건조기, 각종 운반기 등의 조립 및<br>　　　　부설공사<br>　　(마) 석유정제장치, 펌프제조장치 등과 같은 기계·기구의 조립 또는 부<br>　　　　설공사<br>　　(바) 삭도 건설공사<br>　　(사) 화력 및 원자력발전시설의 설치공사<br>　　(아) 변전소 설치 및 수리공사<br>　　(자) 그 밖의 각종 기계 및 기구의 설치공사 또는 해체공사<br>　　(차) 기계장치의 수리공사<br>　　(카) 승강기 및 에스컬레이터의 설치공사<br>　　(타) 화력, 원자력 및 수력발전소의 수리공사(다만 산세정공사는 제외<br>　　　　한다)<br>　　(파) 공해방지시설 및 폐수처리시설 공사<br>　　(하) 도시가스제조 및 공급설비공사<br>　　(거) 통신장비(컴퓨터 통신장비를 포함한다)의 설치, 이전, 철거공사 |

| 공사종류 | 내　용　예　시 |
|---|---|
| 3.중건설공사 | □ 고제방(댐), 수력발전시설, 터널 등을 신설하는 공사<br><br>가. 고제방(댐) 등 신설공사<br><br>(1) 제방의 기초지반(터파기 밑나비가 10m 이상인 경우에는 그 최심부: 기초지반의 최심부는 말뚝선단의 위치임. 다만, 잔교식공법의 경우는 제외한다)에서 그 정상까지의 높이가 20m 이상되는 제방 및 해안 또는 항만의 방파제, 안벽 등의 신설에 관한 공사와 이에 부대하여 해당 공사장 내에서 행하여지는 건설공사<br><br>(가) 제방의 신설에 관한 가설공사 또는 기초공사<br><br>(나) 제방의 신설 공사장 내에서 시공하는 제방체, 배사구(쌓인 모래를 내보내는 출구를 말한다), 가제방, 골재채취, 송전선로, 철탑, 발전소, 변전소 등의 시설공사<br><br>(다) 제방공사용 자재의 운반을 하기 위한 도로, 철도 또는 궤도의 건설공사<br><br>(라) 제방의 신설에 따른 취수구, 배수로, 가배수로, 여수로, 하수구의 복개, 물탱크 등의 취수시설에 관한 공사<br><br>(마) 제방의 신설에 따른 수력발전시설용의 터널 또는 토석제방 등의 신설에 관한 공사<br><br>(바) 제방의 신설에 따른 기설의 수력발전소의 수로를 이용하여 유수량의 조절 등을 목적으로 시공하는 저수지의 신설공사<br><br>(사) 제방의 신설에 따른 수력발전시설의 신설공사용의 각종 기계의 철관의 조립 또는 그 부설공사 |

| 공사종류 | 내 용 예 시 |
|---|---|
| | (아) 제방의 신설에 따른 홍수조절 관계용수로 또는 발전 등의 사업에 이용하기 위한 다목적댐 건설공사 |
| | (자) 제방의 신설공사를 건설하기 위하여 해당 건설업자의 사무소, 종업원의 숙사, 취사장 등을 건설하는 공사 |
| | (차) 해안 또는 항만의 방파제, 안벽 등의 건설공사와 이에 부대하여 해당 공사장에서 시행하는 건설공사 |
| | 나. 수력발전시설 설비공사 |
| | (1) 이 분야에서 수력발전시설 신설공사, 고제방(댐) 신설공사 및 터널신설공사 등과 이 공사에 부대하여 해당 공사 현장에서 행하여지는 공사 |
| | (가) 수력발전시설의 신설공사에 관한 가설공사 또는 기초공사 |
| | (나) 수력발전시설의 신설공사장에서 시공하는 제방체, 배사구, 가제방, 골재채취, 송전선로, 철탑, 발전소, 변전소 등의 건설공사 |
| | (다) 수력발전시설의 신설공사용 자재의 운반을 하기 위한 도로, 철도 또는 궤도의 건설공사 |
| | (라) 수력발전시설의 신설에 따른 취수구, 배수로, 가배수로, 여수로, 하수구의 복개, 물탱크 등의 취수시설에 관한 공사 |
| | (마) 수력발전시설용의 터널 또는 토목제방 등의 신설에 관한 공사 |
| | (바) 기설의 수력발전소의 수로를 이용하여 유출량의 조절 등을 목적으로 시공되는 수력발전조절지(저수지)의 신설공사 |

| 공사종류 | 내　용　예　시 |
|---|---|
| | (사) 수력발전시설의 신설공사용 배치플랜트, 시멘트 사이로, 골재 운반용의 벨트, 컨베이어 등의 기계와 철관의 조립 또는 부설공사 |
| | (아) 수력발전시설에 따른 홍수조절관개용수 보급 또는 발전 등의 사업에 이용하기 위한 다목적댐 시설 공사 |
| | (자) 수력발전의 신설공사를 위하여 해당 건설업자의 사무소, 종업원의 숙사, 취사장 등을 건설하는 공사 |
| | (차) 그 밖의 삭도건설공사 |
| | 다. 터널신설공사 |
| | (1) 터널 신설에 관한 건설공사와 이에 부대하여 행하는 내면설비공사 |
| | (가) 터널신설공사 현장에서 시공하는 가설공사, 갱도굴착공사, 토사 및 암괴지(바위지역을 말한다)의 운반처리공사, 배수시설공사 또는 터널내면설비공사 |
| | (나) 터널신설공사 현장에서 시공하는 노면포장, 사리의 살포, 궤도의 신설, 건축물의 건설, 전선의 가설, 전등 및 전화의 가설 등의 건설공사 |
| | (2) 지반에서 10m 이상의 지하까지 복개식으로 시공하는 지하철도, 지하도, 지하상가 및 통신선로 등의 인입통신구 신설공사와 이에 부대하여 해당 사업장에서 행하는 건설공사 |
| | (3) 굴착식으로 시공하는 지하철도 및 지하도신설 공사와 이에 부대하여 해당 공사장에서 행하는 건설공사 |

| 공사종류 | 내　용　예　시 |
|---|---|
| 4. 철도 또는 궤도신설공사 | □ 철도 또는 궤도 등을 신설하는 공사<br><br>가. 철도 또는 궤도 신설공사<br>　(1) 철도 또는 궤도 신설에 관한 공사와 이에 부대하여 행하는 공사<br>　　　(기설 노반 또는 구조물에서 행하는 철도·궤도 신설공사에 한정<br>　　　한다)<br>　(가) 철도 및 궤도의 건설용 기계의 조립 또는 부설공사<br>　(나) 철도 및 궤도 신설공사에 따른 역사과선교, 송전선로 등의 건<br>　　　설공사<br>　　※ 이 공사에서 신설이란 신설선의 건설, 단선을 복선으로 하는<br>　　　경우 등 신설형태로 시공되는 것을 말한다. |
| 5. 특수 및 기타건설공사 | □ 다른 공사와 분리 발주되어 시간·장소적으로 독립하여 행하는 다음<br>의 공사(다른 공사와 병행하여 행하는 경우에는 일반건설공사(갑)<br>으로 분류한다)<br>　(1) 건설산업기본법에 의한 준설공사, 조경공사, 택지조성공사(경지<br>　　　정리공사를 포함한다), 포장공사<br>　(2) 전기공사업법에 의한 전기공사<br>　(3) 정보통신공사업법에 의한 정보통신공사 |

【별지 제1호서식】 (앞쪽)

## 산업안전보건관리비 사용내역서

| 건설업체명 | | 공 사 명 | |
|---|---|---|---|
| 소 재 지 | | 대 표 자 | |
| 공사금액 | 원 | 공사기간 | ~ |
| 발 주 자 | | 누계공정율 | % |
| 계 상 된 안전관리비 | | | 원 |

| 사 용 금 액 | | |
|---|---|---|
| 항 목 | ( )월 사용금액 | 누계사용금액 |
| 계 | | |
| 1. 안전관리자 등 인건비 및 각종 업무수당 등 | | |
| 2. 안전시설비 등 | | |
| 3. 개인보호구 및 안전장구 구입비 등 | | |
| 4. 안전진단비 등 | | |
| 5. 안전보건교육비 및 행사비 등 | | |
| 6. 근로자 건강관리비 등 | | |
| 7. 건설재해예방 기술지도비 | | |
| 8. 본사사용비 | | |

「건설업 산업안전보건관리비 계상 및 사용기준」 제10조제1항에 따라 위와 같이 사용내역서를 작성하였습니다.

년 월 일

작 성 자    직책    성명    (서명 또는 인)
확 인 자    직책    성명    (서명 또는 인)

210㎜ × 297㎜(일반용지 60g/㎡(재활용품))

(뒤쪽)

## 항 목 별 사 용 내 역

| 항                           목 | 사용일자 | 사 용 내 역 | 금       액 |
|---|---|---|---|
| 1. 안전관리자 등<br>   인건비 및 각종 업무수당 등 | | | |
| 2. 안전시설비 등 | | | |
| 3. 개인보호구 및<br>   안전장구 구입비 등 | | | |
| 4. 안전진단비 등 | | | |
| 5. 안전보건교육비<br>   및 행사비 등 | | | |
| 6. 근로자 건강관리비 등 | | | |
| 7. 건설재해예방<br>   기술지도비 | | | |
| 8. 본사사용비 | | | |

※ 주 : 사용내역은 항목별 사용일자가 빠른 순서로 작성

**【별지 제2호 서식】** (앞쪽)

## 본사 안전관리비 사용내역서

| 건설업체명 | |
|---|---|
| 소 재 지 | |
| 대 표 자 | |

| 구　　　분 | 전전연도 | 전 연 도 | 해당연도 |
|---|---|---|---|
| 본사 안전관리비 실행예산 | | | |
| 본사 안전관리비 사용실적 | | | |

| 사　　용　　금　　액 | | | | |
|---|---|---|---|---|
| 항　　목 | 금　　　　액 | | | |
| | 금 월 분 | | 해당연도 누계 | |
| 소　　　계 | 사 업 장 | 본 사 | 사 업 장 | 본 사 |
| 1. 안전관리자 등 인건비 및 각종 업무수당 등 | | – | | – |
| 2. 안전시설비 등 | | | | |
| 3. 개인보호구 및 안전장구 구입비 등 | | | | |
| 4. 안전진단비 등 | | | | |
| 5. 안전보건교육비 및 행사비 등 | | | | |
| 6. 근로자 건강진단비 등 | | | | |
| 7. 건설재해예방 기술지도비 | | | | |
| 8. 본사 사용비 | – | | | |

건설업 산업안전보건관리비 계상 및 사용기준 제10조제3항에 따라 위와 같이 사용내역서를 작성하였습니다.

년　　월　　일

작성자　소속　　　　직책　　　　성명　　　　（서명 또는 인）
확인자　소속　　　　직책　　　　성명　　　　（서명 또는 인）
　　　　　　　　　　　　　　　　대표이사　　（서명 또는 인）

(뒤쪽)

## 항목별 사용내역 및 안전관리비 산출내역

□ 항목별 사용내역

| 항 목 | 사용일자 | 사 용 내 역 | 금 액 |
|---|---|---|---|
| 1. 안전관리자 등 인건비 및 각종 업무수당 등 | | | |
| 2. 안전시설비 등 | | | |
| 3. 개인보호구 및 안전장구 구입비 등 | | | |
| 4. 안전진단비 등 | | | |
| 5. 안전보건교육비 및 행사비 등 | | | |
| 6. 근로자 건강진단비 등 | | | |
| 7. 건설재해예방 기술지도비 | | | |
| 8. 본사 사용비 | | | |

□ 안전관리비 산출내역

| 공 사 명 | 공사기간 | 총공사비 | 안전관리비 | 본사사용분 | 기 타 |
|---|---|---|---|---|---|
| 계 | | | | | |
| | | | | | |
| | | | | | |
| | | | | | |

※ 붙임 : 본사조직규정, 인사명령서, 업무일지, 사용영수증

# 3. 엔지니어링사업대가의 기준

과학기술부 공고 제93-31호(1993. 6. 1) 개정공고
과학기술부 공고 제94-8호(1994. 1. 31) 개정공고
과학기술부 공고 제94-33호(1994. 4. 23) 개정공고
과학기술부 공고 제94-70호(1994. 12. 20) 개정공고
과학기술부 공고 제97-28호(1997. 7. 31) 개정공고
과학기술부 공고 제99-19호(1999. 3. 5) 개정공고
과학기술부 공고 제99-79호(1999. 12. 31) 개정공고
과학기술부 공고 제2001-116호(2001. 12. 31) 개정공고
과학기술부 공고 제2004-123호(2004. 12. 30) 개정공고
과학기술부 공고 제2007-211호(2007. 12. 24) 개정공고
과학기술부 공고 제2008-109호(2008. 6. 3) 개정공고
지식경제부 고시 제2011-77호(2011. 4. 27) 개정공고
지식경제부 고시 제2012-190호(2012. 8. 8) 개정공고
산업통상자원부 고시 제2014-166호(2014.10 .13) 개정공고
산업통상자원부 고시 제2018-226호(2018.12 .13) 타법개정
산업통상자원부 고시 제2019-20호(2019.1 .28) 일부개정

## 제1장  총  칙

**제1조(목적)** 이 기준은 「엔지니어링산업 진흥법」 제31조제2항에 따라 엔지니어링사업의 대가의 기준을 정함을 목적으로 한다.

**제2조(적용)** ① 「엔지니어링산업 진흥법」(이하 "법"이라 한다) 제2조제4호에 따른 엔지니어링사업자(이하 "엔지니어링사업자"라 한다)가 같은 법 제2조제7호 각 목 및 시행령 제5조의 각 호의 자(이하 "발주청"이라 한다)로부터 엔지니어링사업을 수탁할 경우에는 이 기준에 따라 엔지니어링사업대가(이하 "대가"라 한다)를 산출한다.
② 제1항에도 불구하고 엔지니어링사업자가 건설업자 또는 주택건설등록 업자로부터 위탁받아 작성하는 시공상세도의 경우에는 제21조 이하의 규정에 따라 대가를 산출한다.

**제3조(정의)** 이 기준에서 사용하는 용어의 뜻은 다음과 같다.

1. "실비정액가산방식"이란 직접인건비, 직접경비, 제경비, 기술료와 부가가치세를 합산하여 대가를 산출하는 방식을 말한다.
2. "공사비요율에 의한 방식"이란 공사비에 일정요율을 곱하여 산 출한 금액에 제17조에 따른 추가업무비용과 부가가치세를 합산하여 대가를 산출하는 방식을 말한다.
3. "공사비"란 발주청의 공사비 총 예정금액(자재대 포함) 중 용지비, 보상비, 법률수속비 및 부가가치세를 제외한 일체의 금액을 말한다.
4. "시공상세도작성비"란 관련법령에 따라 당해 목적물의 시공을 위하여 도면, 시방서 및 작업계획 등에 따른 시공상세도를 작성하는데 소요되는 비용을 말한다.
5. "품셈"이란 발주청에서 대가를 산정하기 위한 기준으로 단위작업에 소요되는 인력수, 재료량, 장비량을 말한다.
6. "표준품셈"이란 표준품셈 관리기관이 제30조에 따라 공표한 품셈을 말한다.
7. "표준품셈 관리기관"이란 품셈의 제정, 개정, 연구, 조사, 해석, 보급 등 품셈에 대한 전반적인 업무를 효율적으로 운영하기 위한 기관으로서 제26조에 따라 산업통상자원부장관이 지정한 기관을 말한다.

**제4조(대가산출의 기본원칙)** ① 대가의 산출은 실비정액가산방식을 적용함을 원칙으로 한다. 다만, 발주청이 엔지니어링사업의 특성을 고려하여 실비정액가산방식을 적용함이 적절하지 아니하다고 판단하는 경우 공사비요율에 의한 방식을 적용할 수 있다
② 제1항의 단서에도 불구하고 다음 각호의 사유에 해당하는 경우 실비정액가산방식을 적용하여야 한다.

1. 최근 3년간 발주청의 관할구역 및 인접 시·군·구에 당해 사업과 유사한 사업에 대하여 실비정액가산방식을 적용한 사업이 있는 경우
2. 엔지니어링사업자가 실비정액가산방식 적용에 필요한 견적서 등을 발주청에 제공하여 거래 실례가격을 추산할 수 있는 경우

③ 실비정액가산방식 또는 공사비요율에 의한 방식으로 대가의 산출이 불가능한 구매, 조달, 노-하우의 전수 등의 엔지니어링사업에 대한 대가는 계약당사자가 합의하여 정한다
④ 부가가치세는 「부가가치세법」에서 정하는 바에 따라 계상한다.

**제5조(대가의 조정)** ① 다음 각 호의 어느 하나에 해당하는 경우에는 대가를 조정한다.

 1. 계약을 체결한 날부터 90일 이상 경과하고 물가의 변동으로 입찰일을 기준으로
한 당초의 대가에 비하여 100분의 3이상 증감되었다고 인정될 경우. 다만, 천재·지
변 또는 원자재 가격 급등으로 당해 기간 내에 계약 금액을 조정하지 아니하고는
계약 이행이 곤란한 시 계약을 체결한 날 또는 직전 조정기준일로부터 90일 이내
에도 계약금액을 조정할 수 있다.

 2. 발주청의 요구에 따른 업무 변경이 있는 경우

 3. 엔지니어링사업 계약에 있어 사업기간, 사업규모 변경 등 계약의 내용이 변경된
경우

 4. 계약당사자 간에 합의하여 특별히 정한 경우

 ② 제1항에서 규정된 사항에 대해서는 「국가를 당사자로 하는 계약에 관한 법률」,
「지방자치단체를 당사자로 하는 계약에 관한 법률」의 금액 조정에 관한 규정을
준용한다.

**제6조(대가의 준용)** 전력시설물의 설계 및 감리, 농어촌정비사업의 측량·설계 및 공사감
리의 위탁, 소프트웨어 개발용역, 측량용역 등 다른 법령에서 그 대가기준(원가계산
기준)을 규정하고 있는 경우에는 그 법령이 정하는 기준에 따른다.

# 제2장 실비정액가산방식

**제7조(직접인건비)** 직접인건비란 해당 엔지니어링사업의 업무에 직접 종사하는 엔지니
어링기술자의 인건비로서 투입된 인원수에 엔지니어링기술자의 기술등급별 노임단
가를 곱하여 계산한다. 이 경우 엔지니어링기술자의 투입인원수 및 기술등급별 노임
단가의 산출은 다음 각 호를 적용한다.

 1. 투입인원수를 산출하는 경우에는산업통상자원부장관이 인가한 표준품셈을 우선
적용한다. 다만 인가된 표준품셈이 존재하지 않거나 업무의 특성상 필요한 경우에
는 견적 등 적절한 산출방식을 적용할 수 있다.

 2. 노임단가를 산출하는 경우에는 기본급·퇴직급여충당금·회사가 부담하는 산업재

해보상보험료, 국민연금, 건강보험료, 고용보험료, 퇴직연금급여 등이 포함된 한국엔지니어링협회가 「통계법」에 따라 조사·공표한 임금 실태조사보고서에 따른다. 다만, 건설상주감리의 경우에는 계약당사자가 협의하여 한국건설감리협회가 「통계법」에 따라 조사·공표한 노임단가를 적용할 수 있다.

**제8조(직접경비)** 직접경비란 당해 업무 수행과 관련이 있는 경비로서 여비(발주청 관계자 여비는 제외함), 특수자료비(특허, 노하우 등의 사용료), 제출 도서의 인쇄 및 청사진비, 측량비, 토질 및 재료비 등의 시험비 또는 조사비, 모형제작비, 다른 전문기술자에 대한 자문비 또는 위탁비와 현장운영 경비(직접인건비에 포함되지 아니한 보조원의 급여와 현장사무실의 운영비를 말한다) 등을 포함하며, 그 실제 소요비용을 말한다. 다만, 공사감리 또는 현장에 상주해야 하는 엔지니어링사업의 경우 주재비는 상주 직접인건비의 30%로 하고 국내 출장여비는 비상주 직접인건비의 10%로 한다.

**제9조(제경비)** ① 제경비란 직접비(직접인건비와 직접경비)에 포함되지 아니하고 엔지니어링사업자의 행정운영을 위한 기획, 경영, 총무 분야 등에서 발생하는 간접 경비로서 임원·서무·경리직원 등의 급여, 사무실비, 사무용 소모품비, 비품비, 기계기구의 수선 및 상각비, 통신운반비, 회의비, 공과금, 운영활동 비용 등을 포함하며 직접인건비의 110~120%로 계산한다. 다만, 관련법령에 따라 계약 상대자의 과실로 인하여 발생한 손해에 대한 손해배상보험료 또는 손해배상공제료는 별도로 계산한다.

② 제1항의 경비 중에서도 해당 엔지니어링사업의 수행을 위하여 직접적인 필요에 따라 발생한 비목에 관하여는 직접경비로 계산한다.

**제10조(기술료)** 기술료란 엔지니어링사업자가 개발·보유한 기술의 사용 및 기술축적을 위한 대가로서 조사연구비, 기술개발비, 기술훈련비 및 이윤 등을 포함하며 직접인건비에 제경비(단 제9조제1항 단서에 따른 손해배상보험료 또는 손해배상공제료는 제외함)를 합한 금액의 20~40%로 계산한다.

**제11조(엔지니어링기술자의 기술등급 및 자격기준)** 엔지니어링기술자의 기술등급 및 자격기준은 법 제2조제6호 및 시행령 제4조에 따른 별표 2와 같다.

**제12조(엔지니어링기술자 노임단가의 적용기준)** ① 엔지니어링기술자 노임단가의 적용기준은 1일 8시간으로 하며, 1개월의 일수는 「근로기준법」 및 「통계법」에 따라 한국엔지니어링협회가 조사·공표하는 임금실태 조사 보고서에 따른다. 다만, 토요 휴무제

를 시행하는 경우와 1일 8시간을 초과하는 경우에는 「근로기준법」을 적용한다.

② 출장일수는 근무일수에 가산하며, 이 경우 수탁자의 사업소를 출발한 날로부터 귀사한 날까지를 계산한다.

③ 엔지니어링사업 수행기간 중 「민방위기본법」 또는 「향토예비군설치법」에 따른 훈련기간과 「국가기술자격법」 등에 따른 교육기간은 해당 엔지니어링사업을 수행한 일수에 산입한다.

## 제3장 공사비요율에 의한 방식

**제13조(요율)** ① 공사비요율에 의한 방식을 적용할 경우 건설부문의 요율은 별표 1과 같고, 통신부문의 요율은 별표 2와 같으며, 산업플랜트부문의 요율은 별표 3과 같고, 기본설계·실시설계 및 공사감리 업무단위별로 구분하여 적용한다.

② 제1항에도 불구하고 업무단계별로 구분하여 발주하지 않는 기본설계와 실시설계 요율은 다음 각 호와 같다.

1. 기본설계와 실시설계를 동시에 발주하는 경우에는 다음 각목에 따라 적용한다.

   가. 건설부문의 경우 해당 실시설계요율의 1.45배

   나. 통신부문의 경우 해당 실시설계요율의 1.27배

   다. 산업플랜트부문의 경우 해당 실시설계요율의 1.31배

2. 타당성조사와 기본설계를 동시에 발주하는 경우에는 다음 각 목에 따라 적용한다.

   가. 건설부문의 경우 해당 기본설계 요율의 1.35배

   나. 통신부문의 경우 해당 기본설계 요율의 1.18배

   다. 산업플랜트부문의 경우 해당 기본설계 요율의 1.22배

3. 기본설계를 시행하지 않은 실시설계를 발주하는 경우에는 다음 각 목에 따라 적용한다.

   가. 건설부문의 경우 해당 실시설계 요율의 1.35배

   나. 통신부문의 경우 해당 실시설계 요율의 1.18배

   다. 산업플랜트부문의 경우 해당 실시설계 요율의 1.22배

4. 타당성 조사를 시행하지 않은 기본설계를 발주하는 경우에는 다음 각 목에 따라 적용한다.

가. 건설부문의 경우 해당 기본설계 요율의 1.24배

나. 통신부문의 경우 해당 기본설계 요율의 1.09배

다. 산업플랜트부문의 경우 해당 기본설계 요율의 1.12배

**제14조(업무범위)** 공사비요율에 의한 방식을 적용하는 기본설계·실시설계 및 공사감리의 업무범위는 다음 각 호와 같다. 다만 공사감리란 비상주감리를 말한다.

1. 기본설계

가. 설계개요 및 법령 등 각종 기준 검토

나. 예비타당성조사, 타당성 조사 및 기본계획 결과의 검토

다. 설계요강의 결정 및 설계지침의 작성

라. 기본적인 구조물 형식의 비교·검토

마. 구조물 형식별 적용공법의 비교·검토

바. 기술적 대안 비교·검토

사. 대안별 시설물의 규모, 경제성 및 현장 적용 타당성 검토

아. 시설물의 기능별 배치 검토

자. 개략공사비 및 기본공정표 작성

차. 주요 자재·장비 사용성 검토

카. 설계도서 및 개략 공사시방서 작성

타. 설계설명서 및 계략계산서 작성

파. 기본설계와 관련된 보고서, 복사비 및 인쇄비

2. 실시설계

가. 설계 개요 및 법령 등 각종 기준 검토

나. 기본설계 결과의 검토

다. 설계요강의 결정 및 설계지침의 작성

라. 구조물 형식 결정 및 설계

마. 구조물별 적용 공법 결정 및 설계

바. 시설물의 기능별 배치 결정

사. 공사비 및 공사기간 산정

    아. 상세공정표의 작성

    자. 시방서, 물량내역서, 단가규정 및 구조 및 수리계산서의 작성

    차. 실시설계와 관련된 보고서, 복사비 및 인쇄비

  3. 공사감리

    가. 시공계획 및 공정표 검토

    나. 시공도 검토

    다. 시공자가 제시하는 시험성과표 검토

    라. 공정 및 기성고 사정

    마. 시공자가 제시하는 내역서, 구조 및 수리계산서 검토

    바. 기성도 및 준공도 검토

**제15조(요율조정)** 요율은 다음 각 호의 사항을 참고하여 10%의 범위에 대한 증액 또는 감액을 할 수 있으나, 발주청은 사업대가의 삭감으로 인하여 부실한 설계 및 감리 등이 발생하지 않도록 적정한 대가를 지급하기 위하여 노력하여야 한다.

  1. 기획 및 설계의 난이도

  2. 비교설계의 유무

  3. 도면 기타 자료 작성의 복잡성

  4. 제출 자료의 수량 등

**제16조(대가조정의 제한)** 발주청은 엔지니어링사업자가 엔지니어링사업을 수행함에 있어 새로운 기술개발 또는 도입된 기술의 소화 개량으로 공사비를 절감한 경우에는 이를 이유로 대가를 감액조정할 수 없다.

**제17조(추가업무비용)** ① 제14조의 업무범위에 포함되지 않는 업무로서 다음 각 호의 어느 하나에 해당하는 경우를 추가업무로 본다. 이 경우 해당 추가업무에 대하여는 별도로 그 대가를 지급하여야 한다.

  1. 발주청의 요구에 의한 추가업무

  2. 엔지니어링사업자의 책임에 귀속되지 아니하는 사유로 인한 추가업무

  3. 그 밖에 발주청의 승인을 얻어 수행한 추가업무

② 제1항에 따른 추가업무의 종류는 다음 각 호와 같다.

  1. 각종 측량

2. 각종 조사, 시험 및 검사

3. 공사감리를 위하여 현장에 근무하는 기술자의 제비용

4. 주민의견 수렴 및 각종 인·허가에 필요한 서류 작성

5. 입목축적조사서 등 각종 조사서 작성

6. 사전재해영향검토, 자연경관영향검토, 생태환경조사 등 사전환경성 검토

7. 문화재 지표조사

8. 전파환경 분석 및 보고서 작성

9. 운영계획 등 각종 계획서 작성

10. 통신장비의 운용 및 인터페이스 등 통신소프트웨어 분석

11. 수리모형실험 및 수치모델 실험 및 시뮬레이션

12. LEED, IBS, TAB 및 EMP 등 각종 공인인증을 위한 업무

13. BIM설계업무(추가 성과품을 제공하는 경우에 한한다.)

14. 모형제작, 투시도 또는 조감도 작성

15. 제14조 업무범위에 해당하지 않는 보고서 작성, 복사비 및 인쇄비

16. 용지도 작성비 및 보상물 작성비(용지비 및 보상물 감정업무 제외)

17. 항공사진 촬영(원격조정무인헬기 포함)

18. 특수자료비(특허, 노하우 등의 사용료)

19. 홍보영상 제작

20. 관련 법령에 따라 계약상대자의 과실로 인하여 발생한 손해에 대한 손해배상보험료 또는 손해배상공제료

21. 그 밖에 위 각 호에 준하는 추가업무

③ 제2항제2호부터 13호까지의 비용은 실비정액가산방식에 따라 비용을 산출하며, 같은 항 제14호부터 제20호까지의 비용은 실제 소요된 비용만을 지급한다. 제21호의 비용은 업무의 성격에 따라 각 호의 비용산출에 준하여 정한다.

**제18조(요율적용의 특례)** 여러 부문의 기술이 복합된 엔지니어링사업은 실비정액가산 방식에 따라 산출한다.

**제19조(공사비가 중간에 있을 때의 요율)** 공사비가 요율표의 각 단위 중간에 있을 때의 요율은 직선보간법에 따라 다음과 같이 산정한다.

<직선보간법 산정식>

$$y = y_1 - \frac{(x - x_2)(y_1 - y_2)}{(x_1 - x_2)}$$

※ $x$ : 당해금액, $x_1$ : 큰금액, $x_2$ : 작은금액
　$y$ : 당해공사비요율, $y_1$ : 작은금액요율, $y_2$ : 큰금액요율

**제20조(공사비가 5,000억원 초과 시 적용요율)** 공사비가 5,000억원을 초과할 경우의 적용요율은 별표 1, 별표 2, 별표 3과 같다.

# 제4장　시공상세도작성비

**제21조(요율)** 시공상세도작성비는 별표4의 요율을 적용하여 산출한다.

**제22조(업무범위)** 시공상세도는 공사시방서에서 건설공사의 진행단계별로 작성하도록 명시된 시공상세도면의 작성 목록에 따라 작성한다.

**제23조(예정수량 산출)** 시공상세도면의 작성 예정수량은 별표 4의 요율에 따라 구한 시공상세도작성비를 별표 5에 따라 산출한 시공상세도 1장당 단가로 나누어 구한다.

**제24조(사후정산)** 시공상세도면의 수량은 현장여건에 따라 확정되므로 사전에 작성될 도면의 예정수량을 정하고, 현장 시공시 시공상세도면의 작성 목록에 따라 작성한 후 당초 예정수량보다 실제 작성된 수량에 증감이 있는 경우 발주청의 승인을 받은 수량에 따라 사후에 정산하여야 한다.

**제25조(시공상세도면의 난이도)** 시공상세도면의 작성에 요구되는 난이도는 별표 6에 따라 구분한다.

# 제5장　표준품셈의 관리

**제26조(관리기관 지정 등)** ①산업통상자원부장관은 제7조에 따른 표준품셈의 인가, 관리 등을 위해 법 제33조에 따라 설립된 협회 등 엔지니어링관련 기관 및 단체 중 다음 각 호의 요건을 갖춘 자를 엔지니어링 표준품셈 관리기관(이하 '관리

기관'이라 한다)으로 지정할 수 있다.

1. 다음 어느 하나에 해당하는 전담인력 3명 이상을 보유할 것

　가. 과학기술 분야의 박사학위를 소지한 사람

　나. 과학기술 분야의 석사학위 소지자로서 연구기관 또는「고등교육법」제2조
　　에 따른 대학에서 연구원 또는 전임강사 이상의 직(職)에 6년 이상 종사
　　한 경력이 있는 사람

　다. 과학기술 분야의 학사학위 소지자로서 「엔지니어링산업진흥법 시행령」
　　제4조에 따른 고급기술자 이상인 사람

　라. 학사학위 소자자로서 엔지니어링산업 관련 법인이나 단체에서 엔지니어링
　　기술에 관한 업무에 9년 이상 종사한 경력이 있는 자

2. 엔지니어링품셈 관련 전담 조직을 갖추고 있을 것

　가. 엔지니어링산업과 관련된 업무를 주된 업무로 하며, 영리 목적이 아닌 사
　　업을 목적으로 할 것

　나. 표준품셈 관리 외의 업무를 함으로써 품셈관리 업무가 불공정하게 수행될
　　우려가 없을 것

　다. 통계법 제15조에 따라 통계작성지정기관으로 지정된 기관일 것

② 관리기관의 장은 표준품셈의 제정 및 개정, 연구, 조사, 해석 및 보급 등 표
준 품셈에 대한 전반적인 업무를 효율적으로 운영하기 위한 운영지침을 마련하
여 산업통상자원부장관의 승인을 받아야 한다.

③ 산업통상자원부장관은 관리기관이 고의로 인한 업무태만 또는 공신력에 있어
물의를 야기하는 등 지속적인 업무수행이 부적절하다고 인정될 때에는 관리기관
의 지정을 철회하거나 취소할 수 있다.

**제27조(표준품셈의 제·개정 계획보고 등)** ① 관리기관의 장은 관계기관의 의견을 수
렴하여 다음 각호의 사항이 포함된 품셈의 제·개정 등에 대한 추진계획을 수립
하여 매년 3월말까지 산업통상자원부장관에게 제출하여야 한다.

1. 표준품셈의 제·개정 등을 위한 추진일정

2. 표준품셈 제·개정 항목 선정 및 조사방법

3. 표준품셈 심의위원회 구성 및 운영방법

4. 기타 표준품셈의 제·개정 등에 필요한 사항

② 관리기관의 장은 제1항의 규정에 따라 제출한 추진계획이 변경 된 경우 변경된 내용을 지체없이 산업통상자원부장관에게 보고하여야 한다.

③ 산업통상자원부장관은 제1항의 규정에 의거 제출된 사항을 검토하여 변경이 필요한 경우에는 관리기관의 장에게 이를 요구할 수 있다. 이 경우 관리기관의 장은 특별한 사유가 없는 한 이를 반영하여야 한다.

**제28조(심의위원회 구성 및 운영 등)** ① 산업통상자원부는 품셈의 심의를 위하여 표준품셈심의위원회(이하 "위원회"라 한다)를 둔다.

② 위원회의 위원장은 산업통상자원부장관이 지정하는 자로 한다.

③ 위원회의 위원은 관련부처 담당 공무원 및 전문적인 지식을 보유한 다음 각 호의 사람으로 구성한다.

1. 「엔지니어링산업 진흥법」 제2조에 따른 발주청 및 엔지니어링기술 관련 기관에 소속되어 있는 자로서 해당 분야에 전문 지식이 있는 자
2. 엔지니어링분야의 관련 업체, 학계 및 단체에서 재직중인 전문가
3. 위원장이 해당 전문분야의 전문가로 인정하여 지정하는 자

④ 관리기관의 장은 위원회에 산정할 안건을 마련하기 위하여 별도의 부문위원회를 운영할 수 있다.

**제29조(위원회 심의 등)** ① 위원회는 다음 각 호를 심의한다.

1. 표준품셈 제·개정 대상 항목의 선정
2. 표준품셈 제·개정 결과에 대한 심의
3. 그 밖에 표준품셈 업무에 관한 사항

② 위원회는 위원장이 소집하며, 출석위원 3분의2이상의 찬성으로 의결한다.

**제30조(품셈의 확정)** ① 제29조에 따라 위원회가 심의·의결한 품셈은 관리기관의 장이 산업통상자원부 장관에게 보고 후 공표함으로써 산업통상자원부장관이 인가한 표준품셈으로 본다.

② 제1항에 따라 인가된 표준품셈은 다음연도 1월 1일부터 시행함을 원칙으로 한다. 다만, 적용의 시급성 등 필요에 따라 그 시행일을 달리할 수 있다.

**제31조(사업비의 지원)** 산업통상자원부장관은 관리기관의 품셈의 제정, 개정, 연구, 조사, 해석, 보급 및 위원회 운영 등 품셈 업무의 원활한 운영관리를 위하여 사

업비를 지원할 수 있다.

**제32조(재검토기한)** 산업통상자원부장관은 「훈령·예규 등의 발령 및 관리에 관한 규정」에 따라 이 고시에 대하여 2019년 1월 1일 기준으로 매 3년이 되는 시점 (매 3년째의 12월 31일까지를 말한다)마다 그 타당성을 검토하여 개선 등의 조치를 하여야 한다.

## 부 칙 <제2019-20호, 2019. 1. 28.>

**제1조(시행일)** 이 기준은 고시하는 날로부터 시행한다.

**제2조(기 공표된 표준품셈의 관리)** 표준품셈 관리기관은 관련 기관에서 기 공표한 표준 품셈을 조사하여, 표준품셈심의위원회를 통해서 이를 확정·공표한다. 다만, 개정이 필요한 품셈의 경우 개정여부를 정하여 산업통상자원부장관에게 보고하고 차년도 수립계획에 반영하여야 한다.

**【별표 1】** 건설부문의 요율

가. 기본설계

| 공사비 | 업 무 별 요 율(%) | | | |
|---|---|---|---|---|
| | 도로 | 철도 | 항만 | 상수도 |
| 10억원 이하 | 3.78 | 2.93 | 4.15 | 3.45 |
| 20억원 이하 | 3.33 | 2.69 | 3.64 | 3.07 |
| 30억원 이하 | 3.10 | 2.55 | 3.37 | 2.86 |
| 50억원 이하 | 2.82 | 2.39 | 3.06 | 2.63 |
| 100억원 이하 | 2.49 | 2.19 | 2.68 | 2.34 |
| 200억원 이하 | 2.20 | 2.01 | 2.35 | 2.08 |
| 300억원 이하 | 2.04 | 1.90 | 2.18 | 1.94 |
| 500억원 이하 | 1.86 | 1.78 | 1.98 | 1.78 |
| 1,000억원 이하 | 1.64 | 1.63 | 1.74 | 1.58 |
| 2,000억원 이하 | 1.45 | 1.50 | 1.52 | 1.41 |
| 3,000억원 이하 | 1.35 | 1.42 | 1.41 | 1.32 |
| 5,000억원 이하 | 1.23 | 1.33 | 1.28 | 1.21 |
| 5,000억원 초과 | $0.0573 \times^{-0.181}$ | $0.0393 \times^{-0.127}$ | $0.0641 \times^{-0.189}$ | $0.0509 \times^{-0.169}$ |

나. 실시설계

| 공사비 | 업 무 별 요 율(%) | | | | |
|---|---|---|---|---|---|
| | 도로 | 철도 | 항만 | 상수도 | 하천 |
| 10억원 이하 | 6.16 | 4.10 | 7.65 | 8.27 | 5.37 |
| 20억원 이하 | 5.47 | 3.88 | 6.74 | 7.28 | 4.71 |
| 30억원 이하 | 5.10 | 3.76 | 6.25 | 6.75 | 4.36 |
| 50억원 이하 | 4.67 | 3.62 | 5.69 | 6.15 | 3.96 |
| 100억원 이하 | 4.15 | 3.43 | 5.01 | 5.41 | 3.47 |
| 200억원 이하 | 3.68 | 3.25 | 4.41 | 4.76 | 3.04 |
| 300억원 이하 | 3.43 | 3.15 | 4.09 | 4.42 | 2.81 |
| 500억원 이하 | 3.15 | 3.03 | 3.73 | 4.03 | 2.55 |
| 1,000억원 이하 | 2.79 | 2.87 | 3.28 | 3.54 | 2.24 |
| 2,000억원 이하 | 2.48 | 2.72 | 2.89 | 3.12 | 1.96 |
| 3,000억원 이하 | 2.31 | 2.64 | 2.68 | 2.89 | 1.82 |
| 5,000억원 이하 | 2.12 | 2.54 | 2.44 | 2.64 | 1.65 |
| 5,000억원 초과 | $0.0916 \times^{-0.175}$ | $0.0489 \times^{-0.077}$ | $0.1169 \times^{-0.184}$ | $0.1263 \times^{-0.184}$ | $0.0832 \times^{-0.19}$ |

다. 공사감리

| 공사비 | 요율(%) | 공사비 | 요율(%) |
|---|---|---|---|
| 5천만원 이하 | 3.02 | 100억원 이하 | 1.41 |
| 1억원 이하 | 2.85 | 200억원 이하 | 1.37 |
| 2억원 이하 | 2.26 | 300억원 이하 | 1.35 |
| 3억원 이하 | 2.06 | 500억원 이하 | 1.33 |
| 5억원 이하 | 1.89 | 1,000억원 이하 | 1.30 |
| 10억원 이하 | 1.66 | 2,000억원 이하 | 1.28 |
| 20억원 이하 | 1.53 | 3,000억원 이하 | 1.25 |
| 30억원 이하 | 1.48 | 5,000억원 이하 | 1.23 |
| 50억원 이하 | 1.45 | 5,000억원 초과 | $3.4816 \times^{-0.0386} - 0.00084$ |

비고

1. "건설부문"이란 「엔지니어링산업 진흥법 시행령」 별표 1에 따른 엔지니어링 기술 중에서 건설부문(농어업토목분야 및 상하수도 중 정수 및 하수, 폐수 처리 시설 등 환경플랜트를 제외한다.)과 설비부문을 말한다.

2. "공사감리"란 비상주 감리를 말한다.

3. 5,000억원 초과의 경우 공식에 의해 산출된 요율은 소수점 셋째자리에서 반올림 한다.

4. 기본설계, 실시설계 및 공사감리의 업무범위는 제14조와 같다.

5. 요율표가 작성되지 않은 다른 분야는 도로분야의 요율을 적용한다.

**【별표 2】** 통신부문의 요율

| 공사비 | 업 무 별 요 율(%) | | | | | | | | 공사 감리 |
|---|---|---|---|---|---|---|---|---|---|
| | 기본설계 | | | | 실시설계 | | | | |
| | 그룹 1 | 그룹 2 | 그룹 3 | 그룹 4 | 그룹 1 | 그룹 2 | 그룹 3 | 그룹 4 | |
| 5천만원 이하 | 2.27 | 4.15 | 5.02 | 5.63 | 6.82 | 12.46 | 15.07 | 16.89 | 2.70 |
| 1억원 이하 | 2.13 | 3.89 | 4.71 | 5.28 | 6.41 | 11.72 | 14.18 | 15.89 | 2.53 |
| 2억원 이하 | 1.70 | 3.10 | 3.76 | 4.21 | 5.10 | 9.31 | 11.27 | 12.63 | 2.02 |
| 3억원 이하 | 1.55 | 2.83 | 3.42 | 3.84 | 4.65 | 8.50 | 10.29 | 11.53 | 1.84 |
| 5억원 이하 | 1.41 | 2.58 | 3.12 | 3.49 | 4.21 | 7.70 | 9.32 | 10.44 | 1.68 |
| 10억원 이하 | 1.24 | 2.27 | 2.75 | 3.08 | 3.73 | 6.81 | 8.24 | 9.23 | 1.48 |
| 20억원 이하 | 1.15 | 2.10 | 2.54 | 2.85 | 3.42 | 6.25 | 7.56 | 8.47 | 1.36 |
| 30억원 이하 | 1.10 | 2.02 | 2.44 | 2.74 | 3.30 | 6.04 | 7.30 | 8.18 | 1.31 |
| 50억원 이하 | 1.08 | 1.98 | 2.39 | 2.68 | 3.25 | 5.93 | 7.18 | 8.05 | 1.29 |
| 100억원 이하 | 1.05 | 1.92 | 2.32 | 2.60 | 3.16 | 5.78 | 7.00 | 7.84 | 1.25 |
| 200억원 이하 | 1.02 | 1.87 | 2.26 | 2.53 | 3.07 | 5.61 | 6.79 | 7.61 | 1.22 |
| 300억원 이하 | 1.01 | 1.85 | 2.23 | 2.50 | 3.05 | 5.57 | 6.74 | 7.55 | 1.21 |
| 500억원 이하 | 1.00 | 1.83 | 2.21 | 2.48 | 2.98 | 5.45 | 6.59 | 7.39 | 1.18 |
| 1,000억원 이하 | 0.98 | 1.79 | 2.16 | 2.42 | 2.94 | 5.38 | 6.50 | 7.29 | 1.16 |
| 2,000억원 이하 | 0.97 | 1.76 | 2.14 | 2.39 | 2.89 | 5.27 | 6.38 | 7.15 | 1.14 |
| 3,000억원 이하 | 0.95 | 1.74 | 2.11 | 2.37 | 2.84 | 5.18 | 6.27 | 7.03 | 1.13 |
| 5,000억원 이하 | 0.94 | 1.72 | 2.09 | 2.34 | 2.80 | 5.12 | 6.20 | 6.95 | 1.11 |
| 5,000억원 초과 | $1.732 \times^{-0.088}$ | $3.167 \times^{-0.088}$ | $3.8294 \times^{-0.088}$ | $4.2933 \times^{-0.088}$ | $5.2029 \times^{-0.089}$ | $9.509 \times^{-0.089}$ | $11.506 \times^{-0.089}$ | $12.891 \times^{-0.089}$ | $2.3088 \times^{-0.0271}$ $- 0.0292$ |

비고

1. "통신부문"이란 「엔지니어링산업 진흥법 시행령」 별표 1의 기술부문 및 전문부야 구분표의 정보통신부문과 산업부문의 소방·방재 분야를 말한다.

2. "공사감리"란 비상주 감리를 말한다.

3. 5,000억원 초과의 경우 공식에 의해 산출된 요율은 소수점 셋째자리에서 반올림 한다.

4. 기본설계, 실시설계 및 공사감리의 업무범위는 제14조와 같다.

5. 그룹별 분류는 다음과 같다. 다만, 산업부문의 소방·방재 분야는 그룹 2를 적용한다.

| 구 분 | 대분류 | 세부공사 |
|---|---|---|
| 그룹 1 | 방송설비 | • 방송국설비공사 |
| 그룹 2 | 통신설비 | • 교환설비공사<br>• 전송설비공사<br>• 구내설비공사<br>• 고정무선통신설비공사 |
| 그룹 3 | 통신설비 | • 선로설비공사<br>• 별정통신설비공사 |
| | 방송설비 | • 방송전송, 선로설비공사 |
| | 정보설비 | • 정보매체설비공사 |
| | 기타설비 | • 정보통신전용 전기시설설비공사 |
| 그룹 4 | 통신설비 | • 이동통신설비공사<br>• 위성통신설비공사 |
| | 정보설비 | • 정보제어, 보안설비공사<br>• 정보망설비공사<br>• 철도통신, 신호설비공사<br>• 항공(항행,보안,전산) 및 |
| | 유시티설비공사 | • 항만통신설비공사 |

【별표 3】산업플랜트부문의 요율

| 요율\공사비 | 업무별 요율(%) | | | |
|---|---|---|---|---|
| | 기본설계 | 실시설계 | 공사감리 | 계 |
| 5천만원 이하 | 3.12 | 8.01 | 4.20 | 15.33 |
| 1억원 이하 | 2.91 | 7.46 | 3.96 | 14.33 |
| 2억원 이하 | 2.76 | 7.06 | 3.55 | 13.37 |
| 3억원 이하 | 2.60 | 6.66 | 3.14 | 12.40 |
| 5억원 이하 | 2.47 | 6.32 | 2.94 | 11.73 |
| 10억원 이하 | 2.30 | 5.89 | 2.66 | 10.85 |
| 20억원 이하 | 2.18 | 5.58 | 2.52 | 10.28 |
| 30억원 이하 | 2.05 | 5.26 | 2.38 | 9.69 |
| 50억원 이하 | 1.95 | 4.99 | 2.29 | 9.23 |
| 100억원 이하 | 1.81 | 4.65 | 2.18 | 8.64 |
| 200억원 이하 | 1.72 | 4.41 | 2.10 | 8.23 |
| 300억원 이하 | 1.62 | 4.16 | 2.02 | 7.80 |
| 500억원 이하 | 1.54 | 3.94 | 1.95 | 7.43 |
| 1,000억원 이하 | 1.43 | 3.67 | 1.86 | 6.96 |
| 2,000억원 이하 | 1.36 | 3.48 | 1.79 | 6.63 |
| 3,000억원 이하 | 1.28 | 3.28 | 1.72 | 6.28 |
| 5,000억원 이하 | 1.21 | 3.11 | 1.66 | 5.98 |
| 5,000억원 초과 | 기본설계요율 = $19.2151 \times (공사비)^{-0.1025}$<br>실시설계요율 = $49.2703 \times (공사비)^{-0.1025}$<br>공사감리요율 = $3.3306 \times (공사비)^{-0.0984}$ | | | |

비고

1. "산업플랜트"란 전기전자공장, 식품공장 등 일반산업플랜트와 유기화학공장, 고분자제품공장 등 화학플랜트, LNG, LPG 등 가스플랜트, 수력, 화력 등 발전플랜트, 정수 및 하수, 폐수 처리시설, 폐기물 소각장 등 환경플랜트 등을 말한다.
2. 화학플랜트와 가스플랜트는 동 요율의 1.250을 곱하여 산출할 수 있고, 이 경우 각각 소수점 셋째자리에서 반올림한다.
3. 부대시설요율은 동요율의 0.813을 곱하여 산출할 수 있고, 이 경우 각각 소수점 셋째자리에서 반올림한다.
4. 5,000억원 초과의 경우 공식에 의해 산출된 요율은 소수점 셋째자리에서 반올림한다.
5. 기본설계, 실시설계의 업무범위는 제14조와 같다.

【별표 4】시공상세도작성비의 요율

| 요율<br>공사비 | 시설물 난이도별 요율(%) | | |
|---|---|---|---|
| | 단순 | 보통 | 복잡 |
| 1억원 이하 | 1.31 | 1.46 | 1.61 |
| 2억원 이하 | 1.15 | 1.28 | 1.41 |
| 3억원 이하 | 1.06 | 1.18 | 1.30 |
| 5억원 이하 | 0.96 | 1.07 | 1.18 |
| 10억원 이하 | 0.85 | 0.94 | 1.03 |
| 20억원 이하 | 0.74 | 0.82 | 0.90 |
| 30억원 이하 | 0.68 | 0.76 | 0.84 |
| 50억원 이하 | 0.62 | 0.69 | 0.76 |
| 100억원 이하 | 0.54 | 0.60 | 0.66 |
| 200억원 이하 | 0.48 | 0.53 | 0.58 |
| 300억원 이하 | 0.44 | 0.49 | 0.54 |
| 500억원 이하 | 0.40 | 0.44 | 0.48 |
| 1,000억원 이하 | 0.35 | 0.39 | 0.43 |
| 2,000억원 이하 | 0.31 | 0.34 | 0.37 |
| 3,000억원 이하 | 0.28 | 0.31 | 0.34 |
| 5,000억원 이하 | 0.25 | 0.28 | 0.31 |
| 5,000억원 초과 | 단순공종요율<br> $= 45.5535 \times (공사비)^{-0.1924}$<br>보통공종요율<br> $= 50.6135 \times (공사비)^{-0.1924}$<br>복잡공종요율<br> $= 55.6734 \times (공사비)^{-0.1924}$ | | |

비고. 5,000억원 초과의 경우 공식에 의해 산출된 요율은 소수점 셋째자리에서 반올림한다.

【별표 5】 시공상세도 1장당 단가 산출근거

| 작성 난이도 | 1장당 단가 산출근거 |
|---|---|
| 단 순 | {(0.24 × 초급기술자 노임단가) + (0.49 × 중급기능자 노임단가)} |
| 보 통 | {(0.34 × 중급기술자 노임단가) + (0.70 × 중급기능자 노임단가)} |
| 복 잡 | {(0.20 × 고급기술자 노임단가) + (0.44 × 중급기술자 노임단가) + (0.91 × 중급기능사 노임단가)} |

【별표 6】 공종별 시공상세도면의 작성 난이도

| 공 종 | 세 부 사 항 | 난이도 |
|---|---|---|
| 철근공 | 가. 부재별 철근 배근 전개도<br>나. 겹이음 위치 및 길이, 기계적 연결 또는 용접이음의 위치<br>① 배근상세도 검토 후 길이별 반입철근 계획수립 (8, 10, 12m)<br>② 구조상 안전위치 선정, 겹이음 위치와 길이 등을 고려 자투리 철근 최소화(구조물, 암거표준도, 옹벽표준도의 이음부 확인 후 결정)<br>③ 정·부철근의 유효간격 및 철근피복두께 유지용 스페이서 및 고임대의 위치, 설치방법 및 가공을 위한 상세도면<br>④ 특수 구조물의 수직철근 조립방법 및 작업 중 전도방지 계획도<br>⑤ 철근 구부리기 상세, 철근재료표 (철근개수, 형상과 규격, 길이, 중량포함), 철근의 위치 | 복 잡 |
| 토공 | 가. 흙깎기 (절토)<br>① 소단폭원, 절취고 및 구배 (절토부 개소당 대표단면)<br>② 소단, 산마루, 측구, 도수로 위치 | 단 순 |
| | 나. 흙쌓기 (성토)<br>① 흙쌓기 최종 마무리면별 길어깨<br>② 본선 및 중분대 표준횡단계획도(성토부 개소당 대표단면)<br>③ 토사 측구 설치 계획도 | 단 순 |
| | 다. 다 짐<br>① 노체 노상의 토사 다짐 흙쌓기 두께 및 종류<br>② 토사 다짐순서도 | 단 순 |
| 불량토 치환공 | 가. 지층조사<br>① 확인심도, 확인계획도(종단, 횡단방향)<br> - 심도별, 이정별 연결도 | 복 잡 |

| 공 종 | 세 부 사 항 | 난이도 |
|---|---|---|
| 지반<br>개량공 | 가. 지층조사<br>① 확인심도 확인계획도(종단, 횡단방향): 심도별, 이정별 연결도 | 복 잡 |
| | 나. PE, PET 매트<br>① 성토 폭원을 고려한 위치별 매트의 공장제작 계획도<br>② 현장 및 공장 봉합방법 | 복 잡 |
| | 다. 연약지반상 배수구조물 기초 치환<br>① 치환폭, 깊이 | 복 잡 |
| | 라. 모래말뚝 및 Pack drain<br>① 배수계획도 | 복 잡 |
| | 마. 계측 기기<br>① 설치위치 평면도　　　② 설치방법<br>③ 설치위치 변경 및 깊이(길이) ④ 계측 기기 보호시설 | 복 잡 |
| | 바. 지반보강 계획도<br>① 사용재료, 주입범위, 깊이 | 복 잡 |
| 구조물공<br>(공통사항) | 가. 일반 구조물<br>① 단면변화부<br>② 시공순서도(콘크리트 타설순서도 포함)<br>③ H-파일 매몰부 보강<br>④ 구조물 개구부 보강(후속공정을 고려한 개구부 위치)<br>⑤ 콘크리트 타설이음 (시공이음)　　⑥ 콘크리트 타설계획서<br>⑦ 각종 콘크리트 배합설계서<br>⑧ 강연선 인장장비 배치, 순서, 방법<br>⑨ 콘크리트투입구 위치, 개소수, 규격　⑩ 지수판 상세도 | 복 잡 |
| | 나. 거푸집<br>① 모따기 위치<br>② 문양거푸집 등의 사용시 설치계획도 및 철근 피복두께 표시도<br>③ 시공 이음부 처리도　④ 동바리 설치도 | 보 통 |
| 배수공 | 가. 공통 사항<br>① 타 시설물과의 연결부 및 연장 끝부분 처리도<br>나. L형 측구<br>① 형식변경부 접속처리와 문양거푸집 사용시 설치계획도<br>다. U형 측구(용수로포함)<br>① 배수종단도<br>라. V형 측구<br>① 배수종단도 ② 선형 ③ L형측구 또는 U형측구와 접속연결부 처리<br>마. 산마루 측구<br>① 선형<br>② L형측구 또는 U형측구와 접속연결부 처리 | 단 순 |

| 공 종 | 세 부 사 항 | 난이도 |
|---|---|---|
| 배수공 | 바. 암거 및 배수관(문)<br>① 확장공사시 가시설 설치도<br>② 지형여건을 고려한 연장, 규격, 스큐 (Skew),피토고, 구배<br>③ 설계 E.L이 암거 중심 기준이므로 암거길이 방향으로 최대 피토<br> 고위치에서의 단면검토와 시공시 암거상면이 포장층 내에 위치할<br> 경우 보강슬래브 또는 접속슬래브 설치도<br>④ 통로암거 특수거푸집 설치계획도(피복두께 확보방안 포함)<br>⑤ 인접한 암거, 배수관, 측구용 배수로간 날개벽 연결부 처리도<br>⑥ 분할 시공시 시공이음부 처리도<br>⑦ 날개벽과 도수로 연결상세도 | 복 잡 |
| 배수공 | 사. 옹벽<br>① 배수구멍 위치도 및 잡석채움 시공도<br>② 문양거푸집 설치도<br>③ 조립 철근 설치상세도<br>④ 시공이음 위치 및 상세도(Water Stop etc..)<br>아. 밸브 박스<br>① 배관구 설치상세도<br>② 출입구 뚜껑 및 그라이팅(Grating) 설치상세도 | 복 잡 |
| 배수공 | 자. 기 타<br>① 맹암거 설치계획도<br>② 절·성토 경사면 녹화계획도<br>③ IC 및 정션 구간 내 녹지대 배수계획도<br>④ 절·성토 경사면보호를 위한 소단 및 사면배수(도수)계획도 | 단 순 |
| 포장공 | 가. 시멘트 콘크리트 및 아스팔트 콘크리트포장<br>① 센서라인 설치계획도(위치, 간격)<br>② 교량 접속슬래브의 종단구배, 편구배를 고려한 세부계획도 | 보 통 |
| 교량공 | 가. 기 초<br>① 가시설이 필요한 터파기 에서의 가시설도 | 복 잡 |
| 교량공 | 나. 교대, 교각<br>① 시공이음부 처리도<br>② 교좌면 : 받침(shoe)별 교좌면 시공계획도(E.L표기)<br>③ 대기온도, 건조수축 크리이프 등을 고려한 받침(Shoe)의 유간 설<br> 치 계산서<br>④ 확장공사 시 가시설 설치도<br>⑤ 교량받침 교체위한 잭(Jack)설치도<br>⑥ 슬래브 배수처리 위한 교대주변 배수 처리도<br>⑦ 교대배면 뒷채움 처리도 | 보 통 |

| 공 종 | 세 부 사 항 | 난이도 |
|---|---|---|
| 교량공 | **다. 교량받침**<br>① 교량받침 설치계획도<br>② 최소 연단거리 고려 앵커 설치도(코핑 철근에 고정 또는 후시공 시 블럭아웃 규격, 재료, 깊이 등을 명기)<br>③ 솔플레이트와 윗 받침 연결도(용접, 볼트이음, 쐐기형 처리 등) | 단 순 |
| | **라. 신축이음장치**<br>① 신축이음장치 설치도 (슬래브 철근 조립전 제출)<br>- 선정제품의 폭 , 두께와 상부형식에 따른 신축이음장치 설치부의 교량슬래브 단부조정 등을 명기<br>- 신축이음장치 설치규격에 상응한 블럭아웃(Block out)폭, 두께<br>- 앵커철근 용접 시 대기온도에 따른 신축이음장치 설치폭 계산서<br>② 슬래브 양측난간 누수방지를 위한 물막이 처리도 | 보 통 |
| | **마. 강 교**<br>① 강교 제작계획서(각 부재의 절단 가공, 용접 검사 현도)<br>② 가설계획도 (가벤트 설치도, 부재 체결순서도, 투입장비 배치도, 볼트체결 순서도)<br>③ 데크 플레이트 설치도(재질, 규격, 형상, 부착방법)<br>④ 강교부재 운반계획서(중량, 폭, 길이, 높이검토)<br>⑤ 공장 및 현장 도장 계획서 | 복 잡 |
| | **바. P.S.C BEAM교**<br>① P.S.C BEAM 구조도 (표준도 사용)<br>② 강제 거푸집 상세도 (표준도 사용)<br>③ 스큐(Skew) 종단, 편구배구간 설치계획도<br>④ 전도방지 시설도<br>⑤ 제작장 평면계획(Beam 배치) 및 바닥 조성(다짐, 배수)계획 | 보 통 |
| | **사. 바닥판**<br>① 배수구 설치계획도<br>(특히 거더교의 경우 보 및 가로보 위치에 배수구명 설치가 곤란하므로 적정한 간격 및 위치조정이 필요하며 교량하부 조건에 따른 배수관 길이 및 접수구 설치위치)<br>② 배수구명 주변 철근보강<br>③ 물 끊기 위치 및 재료, 규격<br>④ 슬래브 콘크리트 타설 데크피니셔 설치도<br>⑤ 가로등 설치구간 및 광통신 라인 설치구간 세부계획도<br>⑥ 난간 방호벽 광통신 파이프 배치 및 철근 배근도 | 보 통 |

| 공 종 | 세 부 사 항 | 난이도 |
|---|---|---|
| 터널공 | 가. 굴 착<br>① 굴착순서 및 단면도<br>② 발파계획도(천공깊이, 방향 및 위치)<br>③ 터널 입·출구부 절취 계획도<br>④ 시·종점부의 중심좌표 및 E.L 확인<br>⑤ 천공패턴<br>⑥ 천공배열도 및 기폭배열도<br>⑦ 발파용 매트나 덮개 표준도 | 보 통 |
| | 나. 계 측<br>① 계측 기기 설치위치도<br>② 계측 기기 보호시설도 | 단 순 |
| | 다. 배수구 및 공동구<br>① 시공 중 배수처리 계획도<br>② 공동구와 집수정과의 배수관 연결<br>③ 포장 E.L과 비교 공동구 상단 E.L | 보 통 |
| | 라. 라 이 닝<br>① 거푸집 도면(콘크리트 투입구 및 검사구, 단부마감)<br>② 수축 및 팽창줄눈 설치도<br>③ 라이닝과 개구부 철근연결 및 시공이음부 처리도<br>④ 철제 동바리 | 복 잡 |
| | 마. 타 일<br>① 배치도, 수축 및 팽창줄눈 설치도 | 보 통 |
| 부대공 | 가. 방 음 벽<br>① 신축이음장치 설치부 처리도(지주간격, 방음판, 길이)<br>② 방음벽용 옹벽과 교량부 방호난간, 가드레일 또는 L형 측구, V형<br>　측구 등과의 접속부 처리도<br>③ 종단구배가 급한 곳의 방음벽 옹벽 처리도<br>④ 방음벽 출입시설 설치 위치도 및 상세도 | 보 통 |
| | 나. 중앙분리대<br>① 토공부와 교량부의 접속부 처리도 (교량 신축이음부)<br>② 기초 및 구체 기계 시공시 센서라인 설치계획도 | 보 통 |
| | 다. 울타리<br>① 기둥과의 접속부 처리도<br>② Y형 앵글 설치계획도<br>③ 울타리 설치계획도 | 단 순 |
| | 라. 기 타<br>① 영업소 시설 상세도<br>② 노면 표지 상세도<br>③ 안전시설 상세도 | 보 통 |

| 공종 | 세 부 사 항 | 난이도 |
|---|---|---|
| 가시설공 | **가. 흙막이 가시설공**<br>① H-파일, Sheet-파일 : 위치별 규격 및 근입길이, 간격, 이음부 연결상세(필요시), 횡토압 지지방법 (H-파일 또는 어스앵커 사용 등)<br>② 흙막이 공법 표기<br>③ 토류판 : 재질, 폭, 두께, 길이<br>④ 지장물로 인한 가시설 변경시<br>⑤ 어스앵커 : 근입길이, 종, 횡방향 간격, 정착 헤드 크기 및 방법, 그라우팅 제원 및 상세<br>⑥ 형태별 단면도<br>⑦ 가시설 상세도, 시공순서도, 수직 피스 제작, 코너 피스 제작<br><br>- 주형보 받침 및 연결<br>- 보강재(Stiffener) 설치<br>- 띠장 우각부 연결<br>- 띠장 연결<br>- 파일 연결<br>- 버팀보 보강용 브레이싱<br>- 중간파일 보강용 브레이싱 및 ㄷ형강 설치<br>- 주형보 브레이싱<br>- 피스 브라켓 제작<br>- 토류용 앵글설치<br>- 버팀보 제작<br>- 띠장 설치<br>- 잭(Jack) 설치<br>- 수직 피스제작<br>- 제작 복공 설치도<br>- 장비통로 및 작업구 버팀보 보강<br>- 작업구 안전 울타리<br>- 주형보 X-브레이싱<br>- 보조파일<br>- 사보강재<br>- 화타쐐기<br>- 중간말뚝 방수처리<br>- H-파일 개구부 마감<br>- 보걸이<br>- 진입부 상세<br>- U볼트<br>- 작업계단 및 점검통로<br>- 버팀보 연결 | 복 잡 |
| | **나. 가 교**<br>① 연장, 폭원, 통과높이, H-파일의 근입 깊이, 강재 규격, 난간설치 방법, 포장단면, 연결가도 테이퍼 및 연장, 기타사항<br>② 이음부 용접 및 볼트 체결도 | 보 통 |
| | **다. 가 시 설**<br>① 안전 시설, 안전 도색<br>② 가설건물 배치현황 | 단 순 |
| | **라. 가도 및 가물막이**<br>① 연장, 폭원<br>② 접속처리도(본선, 가교 접속부, 테이퍼 등)<br>③ 배수시설도 | 보 통 |
| | **마. 기 타**<br>① 구조물(암거, 교량, 배수관) 시공 전 가배수 시설<br>② 가도, 가교 및 가시설 설치에 따른 길어깨 안전 시설<br>③ 상판가설장비(MSS, FSM, FCM) 설치계획도, 가설장비 재료, 규격, 형상, 가설장비 운영(작동) | 보 통 |

| 공종 | 세 부 사 항 | 난이도 |
|---|---|---|
| 상하수도공 | 가. 공통사항<br>① 타시설물과의 연결부 접속처리도, 계획평면도 | 단 순 |
| | 나. 관접합부설<br>① 밸브실 및 유량계실 설치위치도 및 배관상세도<br>② 수평, 수직곡관 위치도<br>③ 지형여건을 고려한 관로 연장, 규격, 토피, 경사 | 보 통 |
| | 다. 기타<br>① 곡관보호공 상세도 | 단 순 |
| 옹벽 및 기타 | 가. 옹 벽<br>① 구간별 전개도(시공이음, 개구부 위치)<br>② 날개벽과의 연결부 처리도(교량 및 암거, 배수관)<br>③ 배수구멍 위치도<br>④ 옹벽 위 표지판 등 설치구간 단면 보강도<br>⑤ 집수정과의 연결도<br>⑥ 다이크와 연결부 처리도<br>⑦ 조립 철근 상세도 | 복 잡 |
| | 나. 기 타<br>① 양생, 보온 세부사항<br>② I.L.M, P.S.M, F.C.M, 사장교 등 특수교량의 경우 시방 및 특수성에 기인한 부위별 시공상세도<br>③ 각 교량별 유지관리 점검시설의 필요한 부분 상세도 | 보 통 |
| 교통안전시설 | 가. 표지판<br>① 표지판 설치계획도 (종·횡단상 위치, 매설 깊이)<br>② 지주 또는 트러스와 결속부 처리도<br>③ 앙카볼트 시공계획 | 단 순 |
| | 나. 교통처리계획<br>① 단계별 교통처리계획<br>② 차선변경에 따른 단계별 복공계획 | 보 통 |
| 기타 | ① 기타 규격, 치수, 연장 등이 불명확하여 시공에 어려움이 예상되는 부위의 각종 상세도면<br>② 공사용진입로 및 유지관리도로 위치, 연장, 폭원 | 보 통 |

비고 1. 다만, 공장에서 제작하고 별도의 전문감리를 시행중인 강교 시공상세도는 작성 대상에서 제외한다.

    2. 상기에 표시되지 않은 특수공종 및 기타 시공상세도면에 대한 작성 난이도는 발주자와 상의하여 정한다.

# 4. 예정가격 작성기준

회계예규 2200.04-105-7, 2001.02.10

회계예규 2200.04-105-8, 2003.12.26

회계예규 2200.04-105-9, 2005.06.17

회계예규 2200.04-160, 2005.12.30

회계예규 2200.04-160-1, 2006.05.25

회계예규 2200.04-160-2, 2006.07.13

회계예규 2200.04-160-4, 2007.10.12

회계예규 2200.04-160-6, 2009.09.21

회계예규 2200.04-160-8, 2010.10.22

회계계약예규 제157호, 2014.01.10 일부개정

기획재정부계약예규 제1213호, 2015.01.01 일부개정

기획재정부계약예규 제242호, 2015.09.21 일부개정

기획재정부계약예규 제281호, 2016.01.01. 일부개정

기획재정부계약예규 제319호, 2016.12.30. 일부개정

기획재정부계약예규 제354호, 2017.12.28. 일부개정

기획재정부계약예규 제405호, 2018.12.31. 일부개정

기획재정부계약예규 제444호, 2019.06.01. 일부개정

기획재정부계약예규 제464호, 2019.12.18. 일부개정

기획재정부계약예규 제503호, 2020.06.19. 일부개정

기획재정부계약예규 제534호, 2020.12.28. 일부개정

# 제1장  총  칙

**제1조(목적)** 이 예규는 「국가를 당사자로 하는 계약에 관한 법률 시행령」(이하 "시행령"이라 한다) 제9조제1항제2호 및 「국가를 당사자로 하는 계약에 관한 법률 시행규칙」(이하 "시행규칙"이라 한다) 제6조에 의한 원가계산에 의한 예정가격 작성, 시행령 제9조제1항제3호 및 시행규칙 제5조제2항에 의한 표준시장단가에 의한 예정가격 작성 및 시행규칙 제5조에 의한 전문가격조사기관(이하 "조사기관"이라 한다.)의 등록 등에 있어 적용하여

야 할 기준을 정함을 목적으로 한다. <개정 2015.3.1.>

**제2조(계약담당공무원의 주의사항)** ①계약담당공무원(각 중앙관서의 장이 계약에 관한 사무를 그 소속공무원에게 위임하지 아니하고 직접 처리하는 경우에는 이를 계약담당 공무원으로 본다. 이하 같다)은 예정가격 작성등과 관련하여 이 예규에 정한 사항에 따라 업무를 처리한다.

②계약담당공무원은 이 예규에 따라 예정가격 작성시에 표준품셈에 정해진 물량, 관련 법령에 따른 기준가격 및 비용 등을 부당하게 감액하거나 과잉 계상되지 않도록 하여야 하며, 불가피한 사유로 가격을 조정한 경우에는 조정사유를 예정가격조서에 명시하여야 한다. <개정 2014.1.10, 2015.9.21.>

③계약담당공무원은 「부가가치세법」 에 따른 면세사업자와 수의계약을 체결하려는 경우에는 부가가치세를 제외하고 예정가격을 작성할 수 있으며, 이 경우 예정가격 조서에 그 사유를 명시하여야 한다.

④계약담당공무원은 공사원가계산에 있어서 공종의 단가를 세부내역별로 분류하여 작성하기 어려운 경우 이외에는 총계방식(이하 "1식단가"라 한다)으로 특정공종의 예정가격을 작성하여서는 아니된다. <신설 2019. 12. 18.>


# 제2장 원가계산에 의한 예정가격 작성

## 제1절 총 칙

**제3조(원가계산의 구분)** 원가계산은 제조원가계산과 공사원가계산 및 용역원가계산으로 구분하되, 용역원가계산에 관하여는 제4절 및 제5절에 의한다.

**제4조(원가계산의 비목)** 원가는 재료비, 노무비, 경비, 일반관리비 및 이윤으로 구분하여 작성한다.

**제5조(비목별 가격결정의 원칙)** ①재료비, 노무비, 경비는 각각 아래에서 정한 산식에 따른다. <개정 2020. 6. 19.>

ㅇ 재료비 = 재료량 × 단위당가격

ㅇ 노무비 = 노무량 × 단위당가격

ㅇ 경  비 = 소요(소비)량 × 단위당 가격

②재료비, 노무비, 경비의 각 세비목별 단위당가격은 시행규칙 제7조에 따라 계산한다.

③계약담당공무원은 재료비, 노무비, 경비의 각 세비목 및 그 물량(재료량, 노무량, 소요량) 산출은 계약목적물에 대한 규격서, 설계서 등에 의하거나 제34조에 의한 원가계산자료를 근거로 하여 산정하여야 하며, 일정률로 계상하는 일반관리비, 간접노무비 등에 대해서는 사전 공고한 공사원가 제비율을 준수하여야 한다.
<개정 2014. 1. 10.>

④계약담당공무원은 제3항의 각 세비목 및 그 물량산출은 계약목적물의 내용 및 특성 등을 고려하여 그 완성에 적합하다고 인정되는 합리적인 방법으로 작성하여야 한다.

⑤ 공사계약의 원가계산에 있어 기 체결한 물품제조·구매계약(국가기관·지방자치단체·공공기관이 발주한 계약을 말한다. 이하 이조에서 같다.)의 내역을 재료비의 단위당 가격으로 활용하려는 경우에는 해당물품의 예정가격 또는 계약예규 「예정가격작성기준」 제44조의3에 따른 기초가격을 재료비의 단위당 가격으로 적용하며, 물품제조·구매계약의 계약금액은 시행규칙 제7조에 따른 거래실례가격으로 보지 아니한다. <신설 2020. 6. 19.>

**제6조(원가계산에 의한 예정가격 작성시 주의사항)** ①계약담당공무원은 원가계산방법으로 예정가격을 작성할 때에는 계약수량, 이행의 전망, 이행기간, 수급상황, 계약조건 기타 제반여건을 고려하여야 한다.

②계약담당공무원은 표준품셈을 이용하여 원가계산을 하는 경우에는 가장 최근의 표준품셈을 이용하여야 한다. <신설 2012.4.2.>

③ 계약담당공무원은 원가계산의 단위당 가격을 산정함에 있어 소요물량·거래조건 등 제반사정을 고려하여 객관적으로 단가를 산정하여야 한다.

## 제2절 제조원가계산

**제7조(제조원가)** 제조원가라 함은 제조과정에서 발생한 재료비, 노무비, 경비의 합계액

을 말한다.

**제8조(작성방법)** 계약담당공무원은 제조원가를 계산 하고자 할 때에는 별표1의 제조원가 계산서를 작성하고 비목별 산출근거를 명시한 기초계산서를 첨부하여야 한다. 이 경우에 재료비, 노무비, 경비 중 일부를 별표1의 제조원가계산서상 일반관리비 또는 이윤 다음 비목으로 계상하여서는 아니된다.

**제9조(재료비)** 재료비는 제조원가를 구성하는 다음 내용의 직접재료비, 간접재료비로 한다.

① 직접재료비는 계약목적물의 실체를 형성하는 물품의 가치로서 다음 각호를 말한다. <개정 2015.9.21.>

1. 주요재료비

계약목적물의 기본적 구성형태를 이루는 물품의 가치

2. 부분품비

계약목적물에 원형대로 부착되어 그 조성부분이 되는 매입부품·수입부품·외장재료 및 제11조제3항제13호 규정에 의한 경비로 계상되는 것을 제외한 외주품의 가치

②간접재료비는 계약목적물의 실체를 형성하지는 않으나 제조에 보조적으로 소비되는 물품의 가치로서 다음 각호를 말한다.

1. 소모재료비

기계오일, 접착제, 용접가스, 장갑, 연마재등 소모성 물품의 가치

2. 소모공구·기구·비품비

내용년수 1년미만으로서 구입단가가 「법인세법」 또는 「소득세법」 규정에 의한 상당금액이하인 감가상각대상에서 제외되는 소모성 공구·기구·비품의 가치

3. 포장재료비

제품포장에 소요되는 재료의 가치

③재료의 구입과정에서 해당재료에 직접 관련되어 발생하는 운임, 보험료, 보관비 등의 부대비용은 재료비에 계상한다. 다만, 재료구입 후 발생되는 부대비용은 경비의 각 비목으로 계상한다.

④계약목적물의 제조 중에 발생되는 작업설, 부산품, 연산품 등은 그 매각액 또는 이

용가치를 추산하여 재료비에서 공제하여야 한다.

**제10조(노무비)** 노무비는 제조원가를 구성하는 다음 내용의 직접노무비, 간접노무비를 말한다.

①직접노무비는 제조현장에서 계약목적물을 완성하기 위하여 직접작업에 종사하는 종업원 및 노무자에 의하여 제공되는 노동력의 대가로서 다음 각호의 합계액으로 한다. 다만, 상여금은 기본급의 년 400%, 제수당, 퇴직급여충당금은 「근로기준법」상 인정되는 범위를 초과하여 계상할 수 없다.

1. 기본급(「통계법」 제15조의 규정에 의한 지정기관이 조사·공표한 단위당가격 또는 기획재정부장관이 결정·고시하는 단위당가격으로서 동단가에는 기본급의 성격을 갖는 정근수당·가족수당·위험수당 등이 포함된다)

2. 제수당(기본급의 성격을 가지지 않는 시간외 수당·야간수당·휴일수당 등 작업상 통상적으로 지급되는 금액을 말한다) <개정 2015.9.21.>

3. 상여금

4. 퇴직급여충당금

②간접노무비는 직접 제조작업에 종사하지는 않으나, 작업현장에서 보조작업에 종사하는 노무자, 종업원과 현장감독자 등의 기본급과 제수당, 상여금, 퇴직급여충당금의 합계액으로 한다. 이 경우에는 제1항 각호 및 단서를 준용한다.

③제1항의 직접노무비는 제조공정별로 작업인원, 작업시간, 제조수량을 기준으로 계약목적물의 제조에 소요되는 노무량을 산정하고 노무비 단가를 곱하여 계산한다.

④제2항의 간접노무비는 제34조에 의한 원가계산자료를 활용하여 직접노무비에 대하여 간접노무비율(간접노무비/직접노무비)을 곱하여 계산한다.

⑤제4항의 간접노무비는 제3항의 직접노무비를 초과하여 계상할 수 없다. 다만, 작업현장의 기계화, 자동화 등으로 인하여 불가피하게 간접노무비가 직접노무비를 초과하는 경우에는 증빙자료에 의하여 초과 계상할 수 있다.

**제11조(경비)** ①경비는 제품의 제조를 위하여 소비된 제조원가중 재료비, 노무비를 제외한 원가를 말하며 기업의 유지를 위한 관리활동부문에서 발생하는 일반관리비와 구분된다.

②경비는 해당 계약목적물 제조기간의 소요(소비)량을 측정하거나 제34조에 의한 원가계산자료나 계약서, 영수증 등을 근거로 하여 산출하여야 한다. <개정 2015.9.21.>

③경비의 세비목은 다음 각호의 것으로 한다.

1. 전력비, 수도광열비는 계약목적물을 제조하는데 직접 소요되는 해당 비용을 말한다. <개정 2015. 9. 21.>

2. 운반비는 재료비에 포함되지 않는 운반비로서 원재료 또는 완제품의 운송비, 하역비, 상하차비, 조작비등을 말한다.

3. 감가상각비는 제품생산에 직접 사용되는 건물, 기계장치 등 유형고정자산에 대하여 세법에서 정한 감가상각방식에 따라 계산한다. 다만, 세법에서 정한 내용년수의 적용이 불합리하다고 인정된 때에는 해당 계약목적물에 직접 사용되는 전용기기에 한하여 그 내용년수를 별도로 정하거나 특별상각할 수 있다.

4. 수리수선비는 계약목적물을 제조하는데 직접 사용되거나 제공되고 있는 건물, 기계장치, 구축물, 선박차량 등 운반구, 내구성공구, 기구제품의 수리수선비로서 해당 목적물의 제조과정에서 그 원인이 발생될 것으로 예견되는 것에 한한다. 다만, 자본적 지출에 해당하는 대수리 수선비는 제외한다.

5. 특허권사용료는 계약목적물이 특허품이거나 또는 그 제조과정의 일부가 특허의 대상이 되어 특허권 사용계약에 의하여 제조하고 있는 경우의 사용료로서 그 사용비례에 따라 계산한다.

6. 기술료는 해당 계약목적물을 제조하는데 직접 필요한 노하우(Know-how) 및 동 부대비용으로서 외부에 지급하는 비용을 말하며 「법인세법」상의 시험연구비 등에서 정한 바에 따라 계상하여 사업년도로부터 이연상각하되 그 적용비례를 기준하여 배분 계산한다.

7. 연구개발비는 해당 계약목적물을 제조하는데 직접 필요한 기술개발 및 연구비로서 시험 및 시범제작에 소요된 비용 또는 연구기관에 의뢰한 기술개발용역비와 법령에 의한 기술개발촉진비 및 직업훈련비를 말하며

「법인세법」상의 시험연구비 등에서 정한 바에 따라 이연상각하되 그 생산수량에 비례하여 배분 계산한다. 다만, 연구개발비중 장래 계속생산으로의 연결이 불확실하여 미래수익의 증가와 관련이 없는 비용은 특별상각할 수 있다.

8. 시험검사비는 해당 계약의 이행을 위한 직접적인 시험검사비로서 외부에 이를 의뢰하는 경우의 비용을 말한다. 다만, 자체시험검사비는 법령이나 계약조건에 의하여 내부검사가 요구되는 경우에 계상할 수 있다.

9. 지급임차료는 계약목적물을 제조하는데 직접 사용되거나 제공되는 토지, 건물, 기술, 기구 등의 사용료로서 해당 계약 물품의 생산기간에 따라 계산한다.

10. 보험료는 산업재해보험, 고용보험, 국민건강보험 및 국민연금보험 등 법령이나 계약조건에 의하여 의무적으로 가입이 요구되는 보험의 보험료를 말하며 재료비에 계상되는 것은 제외한다.

11. 복리후생비는 계약목적물의 제조작업에 종사하고 있는 노무자, 종업원 등의 의료 위생약품대, 공상치료비, 지급피복비, 건강진단비, 급식비("중식 및 간식제공을 위한 비용을 말한다."이하 같다)등 작업조건유지에 직접 관련되는 복리후생비를 말한다.

12. 보관비는 계약목적물의 제조에 소요되는 재료, 기자재 등의 창고 사용료로서 외부에 지급되는 경우의 비용만을 계상하여야 하며 이중에서 재료비에 계상되는 것은 제외한다.

13. 외주가공비는 재료를 외부에 가공시키는 실가공비용을 말하며 부분품의 가치로서 재료비에 계상되는 것은 제외한다.

14. 산업안전보건관리비는 작업현장에서 산업재해 및 건강장해예방을 위하여 법령에 따라 요구되는 비용을 말한다.

15. 소모품비는 작업현장에서 발생되는 문방구, 장부대 등 소모품 구입비용을 말하며 보조재료로서 재료비에 계상되는 것은 제외한다.

16. 여비·교통비·통신비는 작업현장에서 직접 소요되는 여비 및 차량유

지비와 전신전화사용료, 우편료를 말한다.

17. 세금과 공과는 해당 제조와 직접 관련되어 부담하여야 할 재산세, 차량 세 등의 세금 및 공공단체에 납부하는 공과금을 말한다.

18. 폐기물처리비는 계약목적물의 제조 관련하여 발생되는 오물, 잔재 물, 폐유, 폐알칼리, 폐고무, 폐합성수지등 공해유발물질을 법령에 따 라 처리하기 위하여 소요되는 비용을 말한다.

19. 도서인쇄비는 계약목적물의 제조를 위한 참고서적구입비, 각종 인쇄 비, 사진제작비(VTR제작비를 포함한다)등을 말한다

20. 지급수수료는 법령에 규정되어 있거나 의무지워진 수수료에 한하며, 다른 비목에 계상되지 않는 수수료를 말한다.

21. 법정부담금은 관련법령에 따라 해당 제조와 직접 관련하여 의무적으로 부담하여야 할 부담금을 말한다. <신설 2019. 12. 18.>

22. 기타 법정경비는 위에서 열거한 이외의 것으로서 법령에 규정되어 있거 나 의무지워진 경비를 말한다.

**제12조(일반관리비의 내용)** 일반관리비는 기업의 유지를 위한 관리활동부문에서 발생 하는 제비용으로서 제조원가에 속하지 아니하는 모든 영업비용중 판매비 등을 제외 한 다음의 비용, 즉, 임원급료, 사무실직원의 급료, 제수당, 퇴직급여충당금, 복리 후생비, 여비, 교통·통신비, 수도광열비, 세금과 공과, 지급임차료, 감가상각비, 운반비, 차량비, 경상시험연구개발비, 보험료 등을 말하며 기업손익계산서를 기준 하여 산정한다.

**제13조(일반관리비의 계상방법)** 제12조에 의한 일반관리비는 제조원가에 별표3에서 정한 일반관리비율(일반관리비가 매출원가에서 차지하는 비율)을 초과하여 계상할 수 없다.

**제14조(이윤)** 이윤은 영업이익(비영리법인의 경우에는 목적사업이외의 수익사업에서 발생 하는 이익을 말한다. 이하 같다.)을 말하며 제조원가중 노무비, 경비와 일반관리비의 합 계액(이 경우에 기술료 및 외주가공비는 제외한다)의 25%를 초과하여 계상할 수 없다. <개정 2008. 12. 29.>

## 제3절 공사원가계산

**제15조(공사원가)** 공사원가라 함은 공사시공과정에서 발생한 재료비, 노무비, 경비의 합계액을 말한다.

**제16조(작성방법)** 계약담당공무원은 공사원가계산을 하고자 할 때에는 별표2의 공사원가계산서를 작성하고 비목별 산출근거를 명시한 기초계산서를 첨부하여야 한다. 이 경우에 재료비, 노무비, 경비 중 일부를 별표2의 공사원가계산서상 일반관리비 또는 이윤 다음 비목으로 계상하여서는 아니된다.

**제17조(재료비)** 재료비는 공사원가를 구성하는 다음 내용의 직접재료비 및 간접재료비로 한다. ①직접재료비는 공사목적물의 실체를 형성하는 물품의 가치로서 다음 각호를 말한다.

 1. 주요재료비

    공사목적물의 기본적 구성형태를 이루는 물품의 가치

 2. 부분품비

    공사목적물에 원형대로 부착되어 그 조성부분이 되는 매입부품, 수입부품, 외장재료 및 제19조제3항제13호에 의해 경비로 계상되는 것을 제외한 외주품의 가치

 ②간접재료비는 공사목적물의 실체를 형성하지는 않으나 공사에 보조적으로 소비되는 물품의 가치로서 다음 각호를 말한다.

 1. 소모재료비

    기계오일·접착제·용접가스·장갑등 소모성물품의 가치

 2. 소모공구·기구·비품비

    내용년수 1년미만으로서 구입단가가 「법인세법」 또는 「소득세법」 규정에 의한 상당금액이하인 감가상각대상에서 제외되는 소모성 공구·기구·비품의 가치

 3. 가설재료비

    비계, 거푸집, 동바리 등 공사목적물의 실체를 형성하는 것은 아니나 동 시공을 위하여 필요한 가설재의 가치

 ③재료의 구입과정에서 해당재료에 직접 관련되어 발생하는 운임, 보험료, 보관비등

의 부대비용은 재료비에 계상한다. 다만 재료구입 후 발생되는 부대비용은 경비의 각 비목으로 계상한다.

④계약목적물의 시공중에 발생하는 작업설, 부산물 등은 그 매각액 또는 이용가치를 추산하여 재료비에서 공제하여야 한다.

**제18조(노무비)** 노무비의 내용 및 산정방식은 제5조와 제10조를 준용하며, 간접노무비의 구체적 계산방법 등에 대하여는 별표2-1을 참고하여 계산한다.

**제19조(경비)** ①경비는 공사의 시공을 위하여 소요되는 공사원가중 재료비, 노무비를 제외한 원가를 말하며, 기업의 유지를 위한 관리활동부문에서 발생하는 일반관리비 와 구분된다.

②경비는 해당 계약목적물 시공기간의 소요(소비)량을 측정하거나 제34조에 의한 원가계산 자료나 계약서, 영수증 등을 근거로 산정하여야 한다.

③경비의 세비목은 다음 각호의 것으로 한다.

1. 전력비, 수도광열비는 계약목적물을 시공하는데 소요되는 해당 비용을 말한다.

2. 운반비는 재료비에 포함되지 않은 운반비로서 원재료, 반재료 또는 기계기구의 운송비, 하역비, 상하차비, 조작비등을 말한다.

3. 기계경비는 각 중앙관서의 장 또는 그가 지정하는 단체에서 제정한 "표준품셈상 의 건설기계의 경비산정기준에 의한 비용을 말한다.

4. 특허권사용료는 타인 소유의 특허권을 사용한 경우에 지급되는 사용료로서 그 사용비례에 따라 계산한다.

5. 기술료는 해당 계약목적물을 시공하는데 직접 필요한 노하우(Know-how) 및 동 부대비용으로서 외부에 지급되는 비용을 말하며 「법인세법」상의 시험연구비 등에서 정한 바에 따라 계상하여 사업초년도부터 이연상각하되 그 사용비례를 기준으로 배분계산한다.

6. 연구개발비는 해당 계약목적물을 시공하는데 직접 필요한 기술개발 및 연구비 로서 시험 및 시범제작에 소요된 비용 또는 연구기관에 의뢰한 기술개발 용역비 와 법령에 의한 기술개발촉진비 및 직업훈련비를 말하며 「법인세법」상의 시 험연구비 등에서 정한 바에 따라 이연상각하되 그 사용비례를 기준하여 배분계

산한다. 다만, 연구개발비중 장래 계속시공으로서의 연결이 불확실하여 미래
수익의 증가와 관련이 없는 비용은 특별상각할 수 있다.

7. 품질관리비는 해당 계약목적물의 품질관리를 위하여 관련법령 및 계약조건에
의하여 요구되는 비용(품질시험 인건비를 포함한다)을 말하며, 간접노무비에
계상(시험관리인)되는 것은 제외한다.

8. 가설비는 공사목적물의 실체를 형성하는 것은 아니나 현장사무소, 창고, 식당,
숙사, 화장실 등 동 시공을 위하여 필요한 가설물의 설치에 소요되는 비용(노무
비, 재료비를 포함한다)을 말한다.

9. 지급임차료는 계약목적물을 시공하는데 직접 사용되거나 제공되는 토지, 건물,
기계기구(건설기계를 제외한다)의 사용료를 말한다.

10. 보험료는 산업재해보험, 고용보험, 국민건강보험 및 국민연금보험 등 법령이나
계약조건 에 의하여 의무적으로 가입이 요구되는 보험의 보험료를 말하고, 동
보험료는 「건설산업기본법」 제22조제7항 등 관련법령에 정한 바에 따라 계상
하며, 재료비에 계상되는 보험료는 제외한다. 다만 공사손해보험료는 제22조에
서 정한 바에 따라 별도로 계상된다. <개정 2015.9.21.>

11. 복리후생비는 계약목적물을 시공하는데 종사하는 노무자·종업원·현장사무소
직원 등의 의료위생약품대, 공상치료비, 지급피복비, 건강진단비, 급식비등 작
업조건 유지에 직접 관련되는 복리후생비를 말한다.

12. 보관비는 계약목적물의 시공에 소요되는 재료, 기자재 등의 창고사용료로서 외
부에 지급되는 비용만을 계상하여야 하며 이중에서 재료비에 계상되는 것은 제
외한다.

13. 외주가공비는 재료를 외부에 가공시키는 실가공비용을 말하며 외주가공품의 가
치로서 재료비에 계상되는 것은 제외한다.

14. 산업안전보건관리비는 작업현장에서 산업재해 및 건강장해예방을 위하여 법령
에 따라 요구되는 비용을 말한다.

15. 소모품비는 작업현장에서 발생되는 문방구, 장부대등 소모용품 구입비용을 말
하며, 보조재료로서 재료비에 계상되는 것은 제외한다.

16. 여비·교통비·통신비는 시공현장에서 직접 소요되는 여비 및 차량유지비와 전신전화사용료, 우편료를 말한다.

17. 세금과 공과는 시공현장에서 해당공사와 직접 관련되어 부담하여야 할 재산세, 차량세, 사업소세 등의 세금 및 공공단체에 납부하는 공과금을 말한다.

18. 폐기물처리비는 계약목적물의 시공과 관련하여 발생되는 오물, 잔재물, 폐유, 폐알칼리, 폐고무, 폐합성수지등 공해유발물질을 법령에 의거 처리하기 위하여 소요되는 비용을 말한다.

19. 도서인쇄비는 계약목적물의 시공을 위한 참고서적구입비, 각종 인쇄비, 사진제작비(VTR제작비를 포함한다) 및 공사시공기록책자 제작비등을 말한다.

20. 지급수수료는 시행령 제52조제1항 단서에 의한 공사이행보증서 발급수수료, 「건설산업기본법」 제34조 및 「하도급거래 공정화에 관한 법률」 제13조의2의 규정에 의한 건설하도급대금 지급보증서 발급수수료, 「건설산업기본법」 제68조의3에 의한 건설기계 대여대금 지급보증 수수료 등 법령으로서 지급이 의무화된 수수료를 말한다. 이경우 보증서 발급수수료는 보증서 발급기관이 최고 등급업체에 대해 적용하는 보증요율중 최저요율을 적용하여 계상한다. <개정 2015.9.21.>

21. 환경보전비는 계약목적물의 시공을 위한 제반환경오염 방지시설을 위한 것으로서, 관련법령에 의하여 규정되어 있거나 의무 지워진 비용을 말한다.

22. 보상비는 해당 공사로 인해 공사현장에 인접한 도로 하천·기타 재산에 훼손을 가하거나 지장물을 철거함에 따라 발생하는 보상·보수비를 말한다. 다만, 해당공사를 위한 용지보상비는 제외한다.

23. 안전관리비는 건설공사의 안전관리를 위하여 관계법령에 의하여 요구되는 비용을 말한다.

24. 건설근로자퇴직공제부금비는 「건설근로자의 고용개선 등에 관한 법률」에 의하여 건설근로자퇴직공제에 가입하는데 소요되는 비용을 말한다. 다만, 제10조제1항제4호 및 제18조에 의하여 퇴직급여충당금을 산정하여 계상한 경우에는 동 금액을 제외한다.

25. 관급자재 관리비는 공사현장에서 사용될 관급자재에 대한 보관 및 관리 등에 소요되는 비용을 말한다. <신설 2015.1.1.>

26. 법정부담금은 관련법령에 따라 해당 공사와 직접 관련하여 의무적으로 부담하여야 할 부담금을 말한다. <신설 2019. 12. 18.>

27. 기타 법정경비는 위에서 열거한 이외의 것으로서 법령에 규정되어 있거나 의무 지워진 경비를 말한다.

**제20조(일반관리비)** 일반관리비의 내용은 제12조와 같고 별표3에서 정한 일반관리비율을 초과하여 계상할 수 없으며, 아래와 같이 공사규모별로 체감 적용한다.
<개정 2011.5.13, 2015.9.21.>

| 종 합 공 사 | | 전문 · 전기 · 정보통신 · 소방공사 및 기타공사 | |
|---|---|---|---|
| 공사원가 | 일반관리비율(%) | 공사원가 | 일반관리비율(%) |
| 50억원미만 | 6.0 | 5억원미만 | 6.0 |
| 50억원~300억원미만 | 5.5 | 5억원~30억원미만 | 5.5 |
| 300억원이상 | 5.0 | 30억원이상 | 5.0 |

**제21조(이윤)** 이윤은 영업이익을 말하며 공사원가중 노무비, 경비와 일반관리비의 합계액(이 경우에 기술료 및 외주가공비는 제외한다)의 15%를 초과하여 계상할 수 없다.
<개정 2008.12.29.>

**제22조(공사손해보험료)** ①공사손해보험료는 계약예규 「공사계약일반조건」 제10조에 의하여 공사손해보험에 가입할 때에 지급하는 보험료를 말하며, 보험가입대상 공사부분의 총공사원가(재료비, 노무비, 경비, 일반관리비 및 이윤의 합계액을 말한다. 이하 같다)에 공사손해 보험료율을 곱하여 계상한다.

②발주기관이 지급하는 관급자재가 있을 경우에는 보험가입 대상 공사부분의 총공사원가와 관급자재를 합한 금액에 공사손해보험료율을 곱하여 계상한다.

③제1항에 의한 공사손해보험료를 계상하기 위한 공사손해보험료율은 계약담당공무원이 설계서와 보험개발원, 손해보험회사 등으로부터 제공받은 자료를 기초로 하여 정한다.

### 제4절 학술연구용역 원가계산

**제23조(용어의 정의)** 이 절에서 사용하는 용어의 정의는 다음 각호와 같다.

1. "학술연구용역"이라 함은 "학문분야의 기초과학과 응용과학에 관한 연구용역 및 이에 준하는 용역"을 말하며, 그 이행방식에 따라 다음 각목과 같이 구분할 수 있다.

   가. 위탁형 용역 : 용역계약을 체결한 계약상대자가 자기책임하에 연구를 수행하여 연구결과물을 용역결과보고서 형태로 제출하는 방식

   나. 공동연구형 용역 : 용역계약을 체결한 계약상대자와 발주기관이 공동으로 연구를 수행하는 방식

   다. 자문형 용역 : 용역계약을 체결한 계약상대자가 발주기관의 특정 현안에 대한 의견을 서면으로 제시하는 방식

2. "책임연구원"이라 함은 해당 용역수행을 지휘·감독하며 결론을 도출하는 역할을 수행하는 자를 말하며, 대학 부교수 수준의 기능을 보유하고 있어야 한다. 이 경우에 책임연구원은 1인을 원칙으로 하되, 해당 용역의 성격상 다수의 책임자가 필요한 경우에는 그러하지 아니하다.

3. "연구원"이라 함은 책임연구원을 보조하는 자로서 대학 조교수 수준의 기능을 보유하고 있어야 한다.

4. "연구보조원"이라 함은 통계처리·번역 등의 역할을 수행하는 자로서 해당 연구분야에 대해 조교정도의 전문지식을 가진 자를 말한다.

5. "보조원"이라 함은 타자, 계산, 원고정리등 단순한 업무처리를 수행하는 자를 말한다. <신설 2015.9.21.>

**제24조(원가계산비목)** 원가계산은 노무비(이하 "인건비"라 한다), 경비, 일반관리비등으로 구분하여 작성한다. 다만, 제23조제1호나목 및 다목에 의한 공동연구형 용역 및 자문형 용역의 경우에는 경비항목 중 최소한의 필요항목만 계상하고 일반관리비는 계상하지 아니한다. <개정 2015.9.21.>

**제25조(작성방법)** 학술연구용역에 대한 원가계산을 하고자 할 때에는 별표4에서 정한 학술연구용역원가계산서를 작성하고 비목별 산출근거를 명시한 기초계산서를 첨부하여

야 한다.

**제26조(인건비)** ①인건비는 해당 계약목적에 직접 종사하는 연구요원의 급료를 말하며, 별표5에서 정한 기준단가에 의하되, 「근로기준법」에서 규정하고 있는 상여금, 퇴직급여충당금의 합계액으로 한다. 다만, 상여금은 기준단가의 연 400%를 초과하여 계상할 수 없다.<개정 2018. 12. 31.>

②이 예규 시행일이 속하는 년도의 다음 년도부터는 매년 전년도 소비자물가 상승률만큼 인상한 단가를 기준으로 한다.

**제27조(경비)** 경비는 계약목적을 달성하기 위하여 필요한 다음 내용의 여비, 유인물비, 전산처리비, 시약 및 연구용 재료비, 회의비, 임차료, 교통통신비 및 감가상각비를 말한다.

1. 여비는 다음 각호의 기준에 따라 계상한다.

  가. 여비는 「공무원여비규정」에 의한 국내여비와 국외여비로 구분하여 계상하되 이를 인정하지 아니하고는 계약목적을 달성하기 곤란한 경우에 한하며 관계공무원의 여비는 계상할 수 없다.

  나. 국내여비는 시외여비만을 계상하되 연구상 필요불가피한 경우외에는 월15일을 초과할 수 없으며, 책임연구원은 「공무원여비규정」 제3조관련 별표1(여비지급구분표) 제1호등급, 연구원, 연구보조원 및 보조원은 동표 제2호등급을 기준으로 한다. <개정 2008.12.29, 2015.9.21.>

2. 유인물비는 계약목적을 위하여 직접 소요되는 프린트, 인쇄, 문헌복사비(지대포함)를 말한다.

3. 전산처리비는 해당 연구내용과 관련된 자료처리를 위한 컴퓨터사용료 및 그 부대비용을 말한다.

4. 시약 및 연구용 재료비는 실험실습에 필요한 해당 비용을 말한다.

5. 회의비는 해당 연구내용과 관련하여 자문회의, 토론회, 공청회 등을 위해 소요되는 경비를 말하며, 참석자의 수당은 해당 연도 예산안 작성 세부지침상 위원회 참석비를 기준으로 한다. <개정 2010.4.15. 2016.12.30.>

6. 임차료는 연구내용에 따라 특수실험실습기구를 외부로부터 임차하거나 혹은 공

청회 등을 위한 회의장사용을 하지 아니하고는 계약목적을 달성할 수 없는 경우에 한하여 계상할 수 있다.

7. 교통통신비는 해당 연구내용과 직접 관련된 시내교통비, 전신전화사용료, 우편료를 말한다.

8. 감가상각비는 해당 연구내용과 직접 관련된 특수실험 실습기구 · 기계장치에 대하여 제11조제3항제3호의 규정을 준용하여 계산한다. 단 임차료에 계상되는 것은 제외한다.

**제28조(일반관리비 등)** ①일반관리비는 시행규칙 제8조에 규정된 일반관리비율을 초과하여 계상할 수 없다. <개정 2015.9.21.>

②이윤은 영업이익을 말하며, 인건비, 경비 및 일반관리비의 합계액에 시행규칙 제8조에서 정한 이윤율을 초과하여 계상할 수 없다. <개정 2008.12.29.>

**제29조(회계직공무원의 주의의무)** ①계약담당공무원은 학술연구용역 의뢰시에는 해당 연구에 대한 전문기관 또는 전문가를 엄선하여 연구목적을 달성할 수 있도록 그 주의의무를 다하여야 한다.

②각 중앙관서의 장은 학술연구용역을 수의계약으로 체결하고자 할 경우에는 해당 계약상대자의 최근년도 원가계산자료(급여명세서, 손익계산서등)을 활용하여 제26조의 상여금, 퇴직금 및 제28조제1항의 일반관리비 산정시 과다 계상되지 않도록 주의하여야 한다. <개정 2008.12.29.>


## 제5절 기타용역의 원가계산


**제30조(기타용역의 원가계산)** ① 엔지니어링사업, 측량용역, 소프트웨어 개발용역 등 다른 법령에서 그 대가기준(원가계산기준)을 규정하고 있는 경우에는 해당 법령이 정하는 기준에 따라 원가계산을 할 수 있다.

②원가계산기준이 정해지지 않은 기타의 용역에 대하여는 제1항 및 제23조 내지 제29조에 규정된 원가계산기준에 준하여 원가계산할 수 있다. 이 경우 시행규칙 제23조의3 각호의 용역계약에 대한 인건비의 기준단가는 다음 각호의 어느하나에 따른 노임에 의하되,

「근로기준법」에서 정하고 있는 제수당, 상여금(기준단가의 연 400%를 초과하여 계상할 수 없다), 퇴직급여충당금의 합계액으로 한다. <개정 2015.9.21., 2017.12.28.>

1. 시설물관리용역: 「통계법」 제17조의 규정에 따라 중소기업중앙회가 발표하는 '중소제조업 직종별 임금조사 보고서'(최저임금 상승 효과 등 적용시점의 임금 상승 예측치를 반영한 통계가 있을 경우 동 통계를 적용한다. 이하 이 조에서 '임금조사 보고서'라 한다)의 단순노무종사원 노임(다만, 임금조사 보고서상 해당직종의 노임이 있는 종사원에 대하여는 해당직종의 노임을 적용한다) <신설 2017.12.28.> <개정 2018.12.31.>

2. 그 밖의 용역: 임금조사 보고서의 단순노무종사원 노임 <신설 2017.12.28.>

## 제6절 원가계산용역기관

**제31조(원가계산용역기관의 요건)** ①시행규칙 제9조제3항제2호의 "전문인력 10명 이상"은 다음의 요건을 갖춘 인원을 말한다. <개정 2018. 12. 31.>

1. 국가공인 원가분석사 자격증 소지자 6인 또는 원가계산업무에 종사(연구기간 포함)한 경력이 3년 이상인자 4인, 5년 이상인자 2인 <신설 2018. 12. 31.>

2. 이공계대학 학위소지자 또는 「국가기술자격법」에 의한 기술·기능분야의 기사 이상인 자 2인 <신설 2018. 12. 31.>

3. 상경대학 학위소지자 2인 <신설 2018. 12. 31.>

②시행규칙 제9조제2항제2호 및 제3호의 기관의 경우에는 제1항 각호의 인원이 대학(교) 직원 또는 대학(교) 부설연구소 직원이어야 하며, 각 분야별 상시고용인원 중에 교수(부교수, 조교수, 전임강사 포함)는 1인 이하로 하여야 한다. <신설 2018. 12. 31.>

③계약담당공무원은 시행규칙 제9조제3항제3호의 기본재산 요건 구비 여부를 판단함에 있어 자본금은 최근연도 결산재무제표(또는 결산재무상태표)상의 자산총액에서 부채총액을 차감한 금액을 적용하여야 한다. <신설 2018. 12. 31.>

④용역기관은 본부 외에 별도로 지사·지부 또는 출장소, 연락사무소 등을 설치하

여 원가계산용역업무를 수행할 수 없다. <제2항에서 이동 2018. 12. 31.>

**제31조의2(용역기관에 대한 제재)** 계약담당공무원은 원가계산용역기관이 자격요건 심사시에 허위서류를 제출하는 등 관련 규정을 위반하거나 원가계산용역을 부실하게 한 경우에는 국가기관의 원가계산용역업무를 수행할 수 없도록 해당 용역기관의 주무관청 등 감독기관에 요청할 수 있다. <신설 2010.4.15.>

**제32조(원가계산용역 의뢰시 주의사항)** ①계약담당공무원은 제31조의 요건을 갖춘 기관에 한하여 원가계산내용에 따른 전문성이 있는 기관에 용역의뢰를 하여야 한다. 다만, 제31조의 요건을 갖춘 용역기관들의 단체로서 「민법」 제32조의 규정에 의하여 설립된 법인이 동 요건 충족여부를 확인한 경우에는 별도의 요건심사를 면제할 수 있다.

②계약담당공무원은 용역의뢰시에 제1항 단서에서 규정한 용역기관들의 단체에게 용역기관의 자격요건 심사를 의뢰하여 그 충족여부를 확인하여야 한다. (제1항 단서에 따라 심사가 면제된 용역기관은 제외) <신설 2010.4.15. 개정 2015.9.21.>

③계약담당공무원은 제1항의 경우에 해당 용역기관의 장과 다음 각호의 사항을 명백히 한 계약서를 작성하여야 한다. 다만, 시행령 제49조에 의한 계약서 작성을 생략할 경우에도 다음 각호의 사항을 준용하여 각서 등을 징구하여야 한다. <제2항에서 이동 2010.4.15.>

1. 부실원가계산시 그 책임에 관한 사항

2. 계약의 해제 또는 해지에 관한 사항

3. 원가계산내용의 보안유지에 관한 사항

4. 기타 원가계산 수행에 필요하다고 인정되는 사항

④계약담당공무원은 최종원가계산서에 해당 용역기관의 장[대학(교) 연구소의 경우에는 연구소장] 및 책임연구원이 직접 확인·서명하였음을 확인하여야 한다. <제3항에서 이동 2010.4.15.>

⑤계약담당공무원은 용역기관에서 제출된 최종원가계산서의 내용이 「국가를 당사자로 하는 계약에 관한 법률」, 동법 시행령, 시행규칙, 이 예규 및 계약서 등의 용역조건에 부합되는지 여부를 검토하여 해당 원가계산의

적정을 기하여야 한다. 이 경우에 원가계산의 적정성을 기하기 위해 필요하다고 판단되는 때에는 해당 원가계산서를 작성하지 아니한 다른 용역기관에 검토를 의뢰할 수 있다. <제2항에서 이동 2010.4.15. 개정 2010.10.22. 2016.12.30>

⑥계약담당공무원은 제1항에 따라 원가계산용역기관에 용역의뢰를 하려는 경우 시행규칙 제9조제2항부터 제4항까지의 요건을 확인하기 위해 원가계산용역기관으로 하여금 다음 각 호의 서류를 제출하게 하여야 한다. <신설 2018. 12. 31.>

1. 정관(학교의 연구소 또는 산학협력단의 경우 학칙이나 연구소 규정)
2. 삭제 <2020. 12. 28.>
3. 설립허가서 등 시행규칙 제9조제2항각호의 기관임을 증명하는 서류
4. 제1항 각호의 인력에 대한 학위, 자격증명서, 재직증명서 등 자격 및 재직여부를 증명하는 서류
5. 재무제표 등 시행규칙 제9조제3항제3호에 따른 기본재산을 증명할 수 있는 서류
6. 기타 자격요건 등 확인을 위해 필요하다고 인정되는 서류

⑦ 계약담당공무원은 제6항의 요건을 확인하는 경우 「전자정부법」 제36조제1항에 따른 행정정보의 공동이용을 통하여 원가계산용역기관의 법인등기부 등본 서류를 확인하여야 한다. <신설 2020. 12. 28.>

## 제7절 보 칙

**제33조(특례설정 등)** ①각 중앙관서의 장은 특수한 사유로 인하여 동 기준에 따른 원가계산이 곤란하다고 인정될 때에는 특례를 설정할 수 있다. <개정 2015.9.21.>

②각 중앙관서의 장은 반복적 또는 계속적으로 발주되는 공사에 있어서는 최근의 발주된 동종의 공사에 대한 원가계산서에 따라 예정가격을 작성할 수 있다.

**제34조(원가계산자료의 비치 및 활용)** ①계약담당공무원은 원가계산에 의한 예정가격을 작성함에 있어서 계약상대방으로 적당하다고 예상되는 2개 업체 이상의 최근년도

원가계산자료에 의거하여 계약목적물에 관계되는 수치를 활용하거나(수의계약대상 업체에 대하여는 해당업체의 최근년도 원가계산자료), 동 업체의 제조(공정)확인 결과를 활용하여 제7조, 제15조의 비목별 가격결정 및 제12조, 제20조의 일반관리 비 계상을 위한 기초자료로 활용할 수 있다.

②계약담당공무원은 공사원가계산을 위하여 각 중앙관서의 장 또는 그가 지정하는 단체에서 제정한 "표준품셈"에 따라 제15조의 비목별 가격을 산출할 수 있으며, 동 품셈적용대상공사가 아닌 경우와 동 품셈적용을 할 수 없는 비목계상의 경우에는 제 1항을 준용한다.

**제35조(외국통화로 표시된 재료비의 환율적용)** 예정가격을 산출함에 있어서 외국통화로 표시된 재료비는 원가계산시 외국환거래법에 의한 기준환율 또는 재정환율을 적용하 여 환산한다.

**제36조(세부시행기준)** 이 예규를 운용함에 있어 필요한 세부사항에 관하여는 기획재정부 장관이 그 기준을 정할 수 있다.

# 제 3 장 표준시장단가에 의한 예정가격작성

**제37조(표준시장단가에 의한 예정가격의 산정)** ① 표준시장단가에 의한 예정가격은 직접 공사비, 간접공사비, 일반관리비, 이윤, 공사손해보험료 및 부가가치세의 합계액으 로 한다. <개정 2015.3.1.>

② 시행령 제42조제1항에 따라 낙찰자를 결정하는 경우로서 추정가격이 100억원 미만 인 공사에는 표준시장단가를 적용하지 아니한다. <신설 2015.3.1.>

**제38조(직접공사비)** ① 직접공사비란 계약목적물의 시공에 직접적으로 소요되는 비용을 말하며, 계약목적물을 세부 공종(계약예규 「정부 입찰·계약 집행기준」 제19조 등 관련 규정에 따른 수량산출기준에 따라 공사를 작업단계별로 구분한 것을 말한다)별 로 구분하여 공종별 단가에 수량(계약목적물의 설계서 등에 의해 그 완성에 적합하다 고 인정되는 합리적인 단위와 방법으로 산출된 공사량을 말한다)을 곱하여 산정한다.

②직접공사비는 다음 각호의 비용을 포함한다.

1. 재료비

   재료비는 계약목적물의 실체를 형성하거나 보조적으로 소비되는 물품의 가치를 말한다.

2. 직접노무비

   공사현장에서 계약목적물을 완성하기 위하여 직접작업에 종사하는 종업원과 노무자의 기본급과 제수당, 상여금 및 퇴직급여충당금의 합계액으로 한다.

3. 직접공사경비

   공사의 시공을 위하여 소요되는 기계경비, 운반비, 전력비, 가설비, 지급임차료, 보관비, 외주가공비, 특허권 사용료, 기술료, 보상비, 연구개발비, 품질관리비, 폐기물처리비 및 안전관리비를 말하며, 비용에 대한 구체적인 정의는 제19조를 준용한다.

③제1항의 공종별 단가를 산정함에 있어 재료비 또는 직접공사경비중의 일부를 제외할 수 있다. 이 경우에는 해당 계약목적물 시공 기간의 소요(소비)량을 측정하거나 계약서, 영수증 등을 근거로 금액을 산정하여야 한다.

④각 중앙관서의 장 또는 각 중앙관서의 장이 지정하는 기관은 직접공사비를 공종별로 직접조사·집계하여 산정할 수 있다.

**제39조(간접공사비)** ①간접공사비란 공사의 시공을 위하여 공통적으로 소요되는 법정경비 및 기타 부수적인 비용을 말하며, 직접공사비 총액에 비용별로 일정요율을 곱하여 산정한다.

②간접공사비는 다음 각호의 비용을 포함하며, 비용에 대한 구체적인 정의는 제10조 제2항 및 제19조를 준용한다.

1. 간접노무비
2. 산재보험료
3. 고용보험료
4. 국민건강보험료
5. 국민연금보험료

6. 건설근로자퇴직공제부금비

7. 산업안전보건관리비

8. 환경보전비

9. 기타 관련법령에 규정되어 있거나 의무지워진 경비로서 공사원가계산에 반영토록 명시된 법정경비

10. 기타간접공사경비(수도광열비, 복리후생비, 소모품비, 여비, 교통비, 통신비, 세금과 공과, 도서인쇄비 및 지급수수료를 말한다.)

③제1항의 일정요율이란 관련법령에 의해 각 중앙관서의 장이 정하는 법정요율을 말한다. 다만 법정요율이 없는 경우에는 다수기업의 평균치를 나타내는 공신력이 있는 기관의 통계자료를 토대로 각 중앙관서의 장 또는 계약담당공무원이 정한다.

④제38조에 따라 산정되지 아니한 공종에 대하여도 간접공사비 산정은 제1항 내지 제3항을 적용한다.

**제40조(일반관리비)** ①일반관리비는 기업의 유지를 위한 관리활동부문에서 발생하는 제비용으로서, 비용에 대한 구체적인 정의와 종류에 대하여는 제12조의 규정을 준용한다.

②일반관리비는 직접공사비와 간접공사비의 합계액에 일반관리비율을 곱하여 계산한다. 다만, 일반관리비율은 공사규모별로 아래에서 정한 비율을 초과할 수 없다.

<개정 2011.5.13, 2015.9.21.>

| 종합공사 | | 전문·전기·정보통신·소방공사 및 기타공사 | |
|---|---|---|---|
| 직접공사비+간접공사비 | 일반관리비율(%) | 직접공사비+간접공사비 | 일반관리비율(%) |
| 50억원미만 | 6.0 | 5억원미만 | 6.0 |
| 50억원~300억원미만 | 5.5 | 5억원~30억원미만 | 5.5 |
| 300억원이상 | 5.0 | 30억원이상 | 5.0 |

**제41조(이윤)** 이윤은 영업이익을 말하며 직접공사비, 간접공사비 및 일반관리비의 합계액에 이윤율을 곱하여 계산한다. 이윤율은 시행규칙에서 정한 기준에 따른다.

**제42조(공사손해보험료)** 계약예규 「정부 입찰·계약 집행기준」 제12장에 따른 공사손해보험가입 비용을 말한다.

**제43조(총괄집계표의 작성)** 계약담당공무원이 표준시장단가에 따라 예정가격을 작성하는 경우, 예정가격을 직접공사비, 간접공사비, 일반관리비, 이윤, 공사손해보험료 및

부가가치세로 구분하여 별표6의 총괄집계표를 작성하여야 한다. <개정 2015.3.1.>

**제44조(세부시행기준)** 계약담당공무원은 이 장을 운용함에 있어 필요한 세부사항을 정할 수 있다.


# 제4장 복수예비가격에 의한 예정가격의 결정


**제44조의2(복수예비가격 방식에 의한 예정가격의 결정)** 각 중앙관서의 장 또는 계약담당공무원은 예정가격의 유출이 우려되는 등 필요하다고 인정되는 경우 복수예비가격 방식에 의해 예정가격을 결정할 수 있으며, 이 경우에는 이 장에서 정한 절차와 기준을 따라야 한다.

[본조신설 2018. 12. 31.]

**제44조의3(예정가격 결정 절차)** ① 계약담당공무원은 입찰서 제출 마감일 5일 전까지 기초금액(계약담당공무원이 시행령 제9조제1항의 방식으로 조사한 가격으로서 예정가격으로 확정되기 전 단계의 가격을 말하며, 「출판문화산업 진흥법」 제22조에 해당하는 간행물을 구매하는 경우에는 간행물의 정가를 말한다)을 작성하여야 한다.

② 계약담당공무원은 제1항에 따라 작성된 기초금액의 ±2% 금액 범위 내에서 서로 다른 15개의 가격(이하 "복수예비가격"이라 한다)을 작성하고 밀봉하여 보관하여야 한다.

③ 계약담당공무원은 입찰을 실시한 후 참가자 중에서 4인(우편입찰 등으로 인하여 개찰장소에 출석한 입찰자가 없는 때에는 입찰사무에 관계없는 자 2인)을 선정하여 복수예비가격 중에서 4개를 추첨토록 한 후 이들의 산술평균가격을 예정가격으로 결정한다.

④ 유찰 등으로 재공고 입찰에 부치려는 경우에는 복수예비가격을 다시 작성하여야 한다.

[본조신설 2018. 12. 31.]

**제44조의4(세부기준·절차의 작성)** ①각 중앙관서의 장은 이 장에서 정하지 아니한 사항으로서 복수예비가격에 의한 예정가격의 작성과 관련하여 필요한 사항에 대하여는 세부기준 및 절차를 정하여 운용할 수 있다.

② 제44조의3의 규정에도 불구하고 「전자조달의 이용 및 촉진에 관한 법률」 제2조제4호에 따른 국가종합전자조달시스템 또는 동법 제14조에 따른 자체전자조달시스템을 통해 전자입찰을 실시하는 경우에는 제44의3의 규정 을 적용하지 아니하고 해당 기관이 정하는 기준에 따라 예정가격을 결정할 수 있다.

[본조신설 2018. 12. 31.]


# 제5장 전문가격조사기관의 등록 및 조사업무

**제45조(전문가격조사기관 등록)** 이 장은 시행규칙 제5조제1항제2호에 의한 전문가격조사기관의 등록에 관하여 필요한 사항을 정함으로써, 공신력 있는 조사기관에 의한 조사가격의 객관성과 신뢰성을 확보하여 예정가격의 합리적 결정과 이에 따른 예산의 효율적 집행을 도모함을 목적으로 한다. <개정 2016. 12. 30.>

**제46조(등록자격요건)** 전문가격조사기관으로 등록하고자하는 자는 다음 각호의 자격요건을 갖추어야 한다.
 1. 정관상 사업목적에 가격조사업무가 포함되어있는 비영리법인
 2. 별첨 "표준가격조사요령"에 의하여 조사한 가격의 정보에 관한 정기간행물을 월1회이상 발행한 실적이 있는 자

**제47조(등록신청)** 제46조의 자격요건을 갖춘 자가 전문가격조사기관으로 등록하고자 할 경우에는 별표7의 등록 신청서에 다음 각호의 서류를 첨부하여 기획재정부장관에게 제출하여야 한다.
 1. 비영리법인의 설립허가서, 등기부등본 및 정관사본 1부
 2. 제46조제2호에 규정한 사항을 증명할 수 있는 자료 1부

3. 조사요원 재직증명서 1부

4. 「국가기술자격법 시행규칙」 제4조관련 별표5(기술·기능분야)에 의한 기계, 전기, 통신, 토목, 건축 직무분야 중 3개이상 직무분야의 산업기사 이상인 자의 재직증명서 1부

**제48조(등록증의 교부)** 기획재정부장관은 제47조에 의한 전문가격조사기관등록신청자가 제46조의 자격요건을 갖춘 경우에는 조사기관등록대장에 등재하고, 그 신청인에게 별표 8의 전문가격조사기관등록증을 교부한다.

**제49조(가격정보에 관한 간행물)** ①전문가격조사기관으로 등록한 기관은 매월 1회이상 별첨 표준가격조사요령에 의하여 조사한 가격의 정보에 관한 정기간행물을 발행하여야 한다.

②제1항에 의한 가격의 정보에 관한 정기간행물에는 조사기관의 등록번호와 등록년월일을 기재하여야 한다.

**제50조(등록사항의 변경신청)** ①전문가격조사기관으로 등록한 자가 제46조의 등록요건과 법인명, 대표자, 주소 등이 변경된 때에는 별표 9의 등록사항변경신고서를 작성하여 기획재정부장관에게 60일이내에 신고하여야 한다.

②기획재정부장관은 제1항의 등록사항 변경신고서의 내용에 따라 조사기관등록증을 재발급한다. 단, 등록번호 및 등록년월일은 변경하지 아니한다

**제51조(등록의 취소)** 기획재정부장관은 다음 각호의 어느 하나에 해당될 경우에는 전문가격조사기관의 등록을 취소할 수 있다.

1. 제46조에 의한 자격요건에 미달될 때

2. 정당한 조사방법에 의하지 아니하고 담합 등 허위로 가격을 게재하는 경우

3. 기획재정부장관의 자료제출의 요구를 받고도 정당한 사유 없이 이를 제출하지 아니하는 경우

4. 기획재정부장관에 의한 3회이상 시정조치를 받고도 이에 응하지 않은 경우

5. 조사원이 윤리강령 등에 위배되는 행동으로 인하여 사회적 물의를 야기한 경우

**제52조(등록기관의 지도감독)** ① 기획재정부장관은 제45조에 규정한 목적을 달성하기

위하여 필요하다고 인정될 때에는 조사기관에 대하여 가격조사에 관한 필요한 지시 및 시정조치를 명할 수 있다.

②기획재정부장관은 년 1회이상 조사기관에 대하여 감사를 할 수 있다.

# 제6장 보칙

**제53조(재검토기한)** 「훈령·예규 등의 발령 및 관리에 관한 규정」에 따라 이 예규에 대하여 2016년 1월 1일 기준으로 매3년이 되는 시점(매 3년째의 12월 31일까지를 말한다)마다 그 타당성을 검토하여 개선 등의 조치를 하여야 한다. <개정 2015. 9. 21.>

# 부 칙 〈제503호, 2021. 6. 19.〉

**제1조(시행일)** 이 계약예규는 2020년 12월 19일부터 시행한다.

**제2조(적용례)** 이 계약예규는 시행일 이후 예정가격 또는 제44조의3에 따른 기초금액을 작성하려는 경우부터 적용한다.

# 부 칙 〈제534호, 2020.12. 28.〉

**제1조(시행일)** 이 계약예규는 2021년 3월 28일부터 시행한다.

**제2조(적용례)** 이 계약예규는 부칙 제1조에 따른 시행일 이후 예정가격을 작성하는 경우부터 적용한다.

[별첨]

# 표준가격조사요령 (제4장 관련)

**제1조(조사대상가격)** 조사기관이 조사할 가격은 정부가 기업 등의 대량수요자가 생산자
또는 도매상으로부터 구입하는 가격(이하 "대량수요자 도매가격"이라 한다)을 원칙
으로 하되 필요에 따라 그 외의 가격으로 할 수 있다.

**제2조(가격의 구분)** ①가격은 그 형성되는 유형에 따라 시장거래가격, 생산자공표가격,
행정지도가격으로 구분한다.

1. "시장거래가격"이라함은 수요와 공급의 원리에 의한 시장의 가격조절기능을 통하
   여 형성되는 가격을 말한다.

2. "생산자공표가격"이라 함은 상품의 성능·시방 등이 표준화되어있지 않거나 독과
   점으로 인하여 시장거래가격의 조사가 곤란한 경우에 생산자가 대외적으로 공표한
   판매희망가격을 말한다.

3. "행정지도가격"이라 함은 국민경제의 안정을 위하여 필요하다고 인정되는 상품에
   대하여 정부가 그 거래가격의 상한선을 지정·고시하는 가격을 말한다.

②가격은 그 유통단계에 따라 생산자가격, 도매가격, 대리점가격 또는 소매가격으로
구분한다.

1. "생산자가격"이라함은 생산자로부터 수요자에게 인도되는 가격을 말한다.

2. "대리점가격"이라함은 대리점으로부터 수요자에게 인도되는 가격을 말한다.

3. "소매가격"이라함은 소매상으로부터 수요자에게 인도되는 가격을 말한다.

③가격에는 판매방법, 거래량, 결제조건, 기타 부가가치세 등 국세의 포함 여부 등
거래조건에 의한 구분이 명백하게 표시되어져야한다.

1. "판매방법"이라함은 생산자등이 상품을 수요자에게 인도하는 장소 또는 방법을 말
   한다.

2. "거래량"이라함은 통상적인 거래기준량 즉 거래수량하한선을 말한다.

3. "결제조건"은 현금에 의한 결제를 원칙으로 한다.

4. 기타부가가치세, 특별소비세, 교육세, 관세 등의 포함여부를 구분한다.

**제3조(조사대상상품)** ①조사기관이 조사대상상품을 선정할 경우 해당상품의 유통성 · 장래성 및 다른 상품에의 영향 등을 고려하여 단위 품조별로 1,000개이상으로 한다.

②제1항에 의한 조사대상상품이 동일한 경우라 하더라도 생산자에 따라 그 상품의 성능 · 시방 등에 차이가 있을 경우에는 생산자를 구분한다.( 이하 "생산자 구분품목"이라한다.)

③제1항 및 제2항에 의한 조사대상상품에 대하여는 별표 10에 의한 조사표를 작성 · 비치하여야한다.

**제4조(조사처)** ①조사처는 제5조에 의한 조사대상도시에 있어 해당상품의 취급량이 많고 신뢰도가 높은 생산자를 대상으로 하여 3개업체 이상으로 한다.

②제1항에 의한 조사처에 대하여는 별표 11 및 별표 12에 의한 조사대장 및 품목별 조사처 대장을 작성 · 비치하여야한다.

**제5조(조사대상도시)** ①조사대상도시는 인구 · 산업 · 교육문화 · 행정 · 도로교통사정 · 자연지리조건 등을 고려하여 구분하되 서울지역, 경기지역, 강원지역, 충청지역, 전라지역, 경상지역 및 제주지역으로 한다.

**제6조(조사방법)** ①가격조사는 제4조에 의한 조사처를 대상으로 매월 일정한 기간내에 동일한 기준과 조건으로 면접에 의한 직접조사를 원칙으로 하되, 증빙서류 등에 의한 간접조사를 병행할 수 있으며, 자재의 품귀, 2중가격 형성 등으로 조사처에 대한 조사만으로 적정한 가격을 파악하기 곤란한 경우에는 수요자를 대상으로 하는 보충조사에 의할 수 있다.

②제1항에 의한 조사를 하고자 할 때에는 조사처(면접자포함), 대상 품종, 조사자, 조사일시, 조사지역, 조사가격 및 거래조건 등이 기재된 조사 조서를 작성 · 비치하여야 한다.

③제3조 및 제4조에 의한 조사대상 상품, 조사처 등은 정당한 사유 없이 이를 변경할 수 없다.

**제7조(공표가격의 결정)** 조사기관이 조사하여 공표할 가격은 최빈치가격으로 한다. 다만 이것이 없을 경우에는 조사처의 거래비중을 고려한 가중평균가격으로 할 수 있다.

**제8조(수시조사)** 계약담당공무원이 가격조사를 의뢰하는 수시조사의 경우에는 제1조 내

지 제7조를 준용한다.

**제9조(조사요원 등)** ①조사기관의 가격조사에 종사하는 조사요원(이하 "조사요원"이라 한다.)은 전임제로 한다.

②조사요원은 30인이상으로 한다. 이 경우 제5조에 의한 조사지역별 각 1인이상을 포함한다.

③조사기관은 조사요원에 대한 자격요건 및 윤리강령을 제정·운용하여야하고 기타 적정한 조사가 이루어 질수 있도록 그 자질을 유지할 수 있는 교육 등 필요한 조치를 하여야한다.」

④조사요원은 소정의 조사증표를 휴대하여야하고, 면접자가 이의 제시를 요구할 경우에는 그에 응해야 한다.

⑤제2항에 의한 조사요원 외에 제47조제4호에 의한 자가 그 직무분야별로 1인 이상이어야 한다.

**제10조(보고)** 조사기관은 제3조 ,제4조 및 제9조에 의한 조사상품 기본조사표, 조사처 대장, 조사요원의 자격, 윤리강령, 조사증표 등을 기획재정부장관에게 보고하여야 한다.

**제11조(보존기한)** 조사기간은 제3조에 의한 조사상품기본조사표는 5년, 제4조 및 제6조에 의한 조사처 대장 및 조사조서 등은 3년이상 보관한다.

## 부    칙

**제1조(시행일)** 이 계약예규는 2015년 1월 1일부터 시행한다.

**제2조(적용례)** 이 예규 시행일 이후 입찰공고를 한 분부터 적용한다.

[별표1] 제조원가계산서

품명:                          생산량:
규격:                          단 위:                          제조기간:

| 비목 | | 구분 | 금 액 | 구성비 | 비 고 |
|---|---|---|---|---|---|
| 제 조 원 가 | 재 료 비 | 직 접 재 료 비 | | | |
| | | 간 접 재 료 비 | | | |
| | | 작 업 설 부 산 물 등 ( △ ) | | | |
| | | 소        계 | | | |
| | 노 무 비 | 직 접 노 무 비 | | | |
| | | 간 접 노 무 비 | | | |
| | | 소        계 | | | |
| | 경 비 | 전        력        비 | | | |
| | | 수 도 광 열 비 | | | |
| | | 운        반        비 | | | |
| | | 감 가 상 각 비 | | | |
| | | 수 리 수 선 비 | | | |
| | | 특 허 권 사 용 료 | | | |
| | | 기        술        료 | | | |
| | | 연 구 개 발 비 | | | |
| | | 시 험 검 사 비 | | | |
| | | 지 급 임 차 료 | | | |
| | | 보        험        료 | | | |
| | | 복 리 후 생 비 | | | |
| | | 보        관        비 | | | |
| | | 외 주 가 공 비 | | | |
| | | 산 업 안 전 보 건 관 리 비 | | | |
| | | 소        모        품        비 | | | |
| | | 여 비 · 교 통 비 · 통 신 비 | | | |
| | | 세 금 과 공 과 | | | |
| | | 폐 기 물 처 리 비 | | | |
| | | 도 서 인 쇄 비 | | | |
| | | 지 급 수 수 료 | | | |
| | | 기 타 법 정 경 비 | | | |
| | | 소        계 | | | |
| 일 반 관 리 비 (        ) % | | | | | |
| 이        윤 (        ) % | | | | | |
| 총        원        가 | | | | | |

[별표2] 공사원가계산서

공사명 :                                     공사기간 :

| 비 목 | | 구 분 | 금 액 | 구성비 | 비 고 |
|---|---|---|---|---|---|
| 순 공 사 원 가 | 재 료 비 | 직 접 재 료 비 | | | |
| | | 간 접 재 료 비 | | | |
| | | 작 업 설 · 부 산 물 등 ( △ ) | | | |
| | | 소 계 | | | |
| | 노 무 비 | 직 접 노 무 비 | | | |
| | | 간 접 노 무 비 | | | |
| | | 소 계 | | | |
| | 경 비 | 전 력 비 | | | |
| | | 수 도 광 열 비 | | | |
| | | 운 반 비 | | | |
| | | 기 계 경 비 | | | |
| | | 특 허 권 사 용 료 | | | |
| | | 기 술 료 | | | |
| | | 연 구 개 발 비 | | | |
| | | 품 질 관 리 비 | | | |
| | | 가 설 비 | | | |
| | | 지 급 임 차 료 | | | |
| | | 보 험 료 | | | |
| | | 복 리 후 생 비 | | | |
| | | 보 관 비 | | | |
| | | 외 주 가 공 비 | | | |
| | | 산 업 안 전 보 건 관 리 비 | | | |
| | | 소 모 품 비 | | | |
| | | 여 비 · 교 통 비 · 통 신 비 | | | |
| | | 세 금 과 공 과 | | | |
| | | 폐 기 물 처 리 비 | | | |
| | | 도 서 인 쇄 비 | | | |
| | | 지 급 수 수 료 | | | |
| | | 환 경 보 전 비 | | | |
| | | 보 상 비 | | | |
| | | 안 전 관 리 비 | | | |
| | | 건 설 근 로 자 퇴 직 공 제 부 금 비 | | | |
| | | 기 타 법 정 경 비 | | | |
| | | 소 계 | | | |
| 일 반 관 리 비 [ ( 재 료 비 + 노 무 비 + 경 비 ) x ( )% ] | | | | | |
| 이 윤 [ ( 노 무 비 + 경 비 + 일 반 관 리 비 ) x ( )% ] | | | | | |
| 총 원 가 | | | | | |
| 공사손해보험료 [ 보 험 가 입 대 상 공 사 부 분 의 총 원 가 x ( )% ] | | | | | |

[별표2-1] 공사원가계산시 간접노무비 계산방법

1. 직접계상방법

　가. 계상기준

발주목적물의 노무량을 예정하고 노무비단가를 적용하여 계산함.

```
─────────────── < 공 식 > ───────────────
          간접노무비 = 노무량 × 노무비단가
```

　나. 계상방법

　（가）노무비단가는「통계법」제4조의 규정에 의한 지정기관이 조사·공표한 시중노임단가를 기준으로 하며 제수당, 상여금, 퇴직급여충당금은「근로기준법」에 의거 일정기간이상 근로하는 상시근로자에 대하여 계상한다.

　（나）노무량은 표준품셈에 따라 계상되는 노무량을 제외한 현장시공과 관련하여 현장관리사무소에 종사하는 자의 노무량을 계상한다.

　（다）간접노무비(현장관리인건비)의 대상으로 볼 수 있는 배치인원은 현장소장, 현장사무원(총무, 경리, 급사 등), 기획·설계부문종사자, 노무관리원, 자재·구매관리원, 공구담당원, 시험관리원, 교육·산재담당원, 복지후생부문종사자, 경비원, 청소원 등을 들 수 있음.

　（라）노무량은 공사의 규모·내용·공종·기간 등을 고려하여 설계서(설계도면, 시방서, 현장설명서 등) 상의 특성에 따라 적정인원을 설계반영 처리한다.

2. 비율분석방법

　가. 계상기준

발주목적물에 대한 직접노무비를 표준품셈에 따라 계상함.

```
─────────────── < 공 식 > ───────────────
       간접노무비 = 직접노무비 × 간접노무비율
```

　나. 계상방법

　（가）발주목적물의 특성 등(규모·내용·공종·기간 등)을 고려하여 이와 유사한 실적이 있는 업체의 원가계산자료, 즉 개별(현장별) 공사원가명세서,

노무비명세서(임금대장) 또는 직·간접노무비 명세서를 확보한다.

(나) 노무비 명세서(임금대장)를 이용하는 방법

① 개별(현장별) 공사원가명세서에 대한 임금대장을 확보한다.

② 확보된 임금대장상의 직·간접노무비를 구분하되, 구분할 자료가 많은 경우에는 간접노무비율을 객관성있게 산정할 수 있는 기간에 해당하는 자료를 분석한다.

③ 동 임금대장에서 표준품셈에 따라 계상되는 노무량을 제외한 현장시공과 관련하여 현장관리사무소에 종사하는 자의 노무비(간접노무비)를 계상한다.

④ 계상된 간접노무비를 직접노무비로 나누어서 간접노무비율을 계산한다.

(다) 업체로부터 직·간접노무비가 구분된 「직·간접노무비 명세서」를 확보한 경우에는 위 임금대장을 이용하는 방법에 의하여 자료 및 내용을 검토하여 간접노무비율을 계산한다.

3. 기타 보완적 계상방법

직접계산방법 또는 비율분석방법에 의하여 간접노무비를 계산하는 것을 원칙으로 하되, 계약목적물의 내용·특성 등으로 인하여 원가계산자료를 확보하기가 곤란하거나, 확보된 자료가 신빙성이 없어 원가계산자료로서 활용하기 곤란한 경우에는 아래의 원가계산자료(공사종류 등에 따른 간접노무비율)를 참고로 동비율을 당해 계약목적물의 규모·내용·공종·기간등의 특성에 따라 활용하여 간접노무비(품셈에 의한 직접노무비× 간접노무비율)를 계상할 수 있다.

| 구 분 | 공사종류별 | 간접노무비율 |
|---|---|---|
| 공사 종류별 | 건 축 공 사 | 14.5 |
| | 토 목 공 사 | 15 |
| | 특수공사(포장, 준설 등) | 15.5 |
| | 기타(전문, 전기, 통신 등) | 15 |
| 공사 규모별 | 50억원 미만 | 14 |
| | 50~300억원 미만 | 15 |
| | 300억원 이상 | 16 |
| 공사 기간별 | 6개월 미만 | 13 |
| | 6~12개월 미만 | 15 |
| | 12개월 이상 | 17 |

\* 공사규모가 10억원이고 공사기간이 15개월인 건축공사의 경우 예시

– 간접노무비율 = (15%+17%+14.5%)/3 = 15.5%

[별표3] 일반관리비율

| 업           종 | 일반관리비율(%) |
|---|---|
| ㅇ 제조업 | |
| 음·식료품의 제조·구매 | 14 |
| 섬유·의복·가죽제품의 제조·구매 | 8 |
| 나무·나무제품의 제조·구매 | 9 |
| 종이·종이제품·인쇄출판물의 제조·구매 | 14 |
| 화학·석유·석탄·고무·플라스틱제품의 제조·구매 | 8 |
| 비금속광물제품의 제조·구매 | 12 |
| 제1차 금속제품의 제조·구매 | 6 |
| 조립금속제품·기계·장비의 제조·구매 | 7 |
| 기타물품의 제조·구매 | 11 |
| ㅇ 시설공사업 | |
| | 6 |

주1) 업종분류 : 한국표준산업분류에 의함.

[별표4] 학술연구용역원가계산서

| 비목＼구분 | 금액 | 구성비 | 비고 |
|---|---|---|---|
| 인           건           비 | | | |
| 책  임  연  구  원 | | | |
| 연           구           원 | | | |
| 연  구  보  조  원 | | | |
| 보           조           원 | | | |
| 경                            비 | | | |
| 여                            비 | | | |
| 유    인    물    비 | | | |
| 전  산  처  리  비 | | | |
| 시약및연구용역재료비 | | | |
| 회           의           비 | | | |
| 임              차              료 | | | |
| 교  통  통  신  비 | | | |
| 감  가  상  각  비 | | | |
| 일 반 관 리 비 (    )% | | | |
| 이   윤  (          )% | | | |
| 총           원           가 | | | |

[별표 5] 학술연구용역인건비기준단가 ('20년)

| 등　　　급 | 월 임 금 |
|---|---|
| 책　　임　　연　　구　　원 | 월 3,229,730원 |
| 연　　　　구　　　　원 | 월 2,476,514원 |
| 연　　구　　보　　조　　원 | 월 1,655,466원 |
| 보　　　　조　　　　원 | 월 1,241,642원 |

주1) 본 인건비 기준단가는 1개월을 22일로 하여 용역 참여율 50%로 산정한 것이며, 용역 참여율을 달리하는 경우에는 기준단가를 증감시킬 수 있다.

　※ 상기단가는 2020년도 기준단가로 계약예규 「예정가격 작성기준」 제26조 제2항에 따라 소비자물가 상승률(2019년 0.4%)을 반영한 단가이며, 소수점 첫째자리에서 반올림한 금액임

[별표 6] 총괄집계표

공사명 :　　　　　　　　공사기간 :

| 구　　분 | 금 액 | 구 성 비 | 비 고 |
|---|---|---|---|
| 직　　접　　공　　사　　비 | | | |
| 간접공사비 · 간　접　노　무　비 | | | |
| 산　재　보　험　료 | | | |
| 고　용　보　험　료 | | | |
| 안　전　관　리　비 | | | |
| 환　경　보　전　비 | | | |
| 퇴　직　공　제　부　금　비 | | | |
| 수　도　광　렬　비 | | | |
| 복　리　후　생　비 | | | |
| 소　　모　　품　　비 | | | |
| 여 비·교 통 비·통 신 비 | | | |
| 세　금　과　공　과 | | | |
| 도　서　인　쇄　비 | | | |
| 지　급　수　수　료 | | | |
| 기　타　법　정　경　비 | | | |
| 일　　반　　관　　리　　비 | | | |
| 이　　　　　　　　윤 | | | |
| 공　사　손　해　보　험　료 | | | |
| 부　　가　　가　　치　　세 | | | |
| 합　　　　　　　　계 | | | |

[별표 7]

### 전문가격조사기관 등록신청서

| 전문가격조사기관 등록신청서 | |
|---|---|
| ① 법 인 명 | |
| ② 대표자성명 | |
| ③ 주    소 | |
| ④ 법인설립허가관청 | |

예정가격 작성기준 제47조의 규정에 의하여 위와 같이 신청합니다.

년   월   일

신청인          (인)

(전화 :          )

기획재정부장관 귀하

구비서류 1. 비영리법인의 설립허가서, 등기부등본 및 정관사본 1부.

　　　　2. 예정가격 작성기준 제46조제2항에 규정한 사항을 증명할 수 있는 자료 1부.

　　　　3. 조사요원재직증명서 1부.

　　　　4. 품셈분야별 기술자재직증명서 1부.

22451-01511일 　　　　　　　　　　　　　　　　201mm× 297mm
93.5.18 승인 　　　　　　　　　　　　　　　인쇄용지(특급) 70g/㎡

[별표 8]

전문가격조사기관 등록증

---

전문가격조사기관등록증

등록번호 제 호( 년 월 일)

1. 법 인 명 :

2. 대표자성명 :

3. 주     소 :

예정가격 작성기준 제48조의 규정에 의하여 위와 같이 등록하였음을 증명함.

년     월     일

기 획 재 정 부 장 관

---

22451-01511일

93.5.18 승인

201mm× 297mm

인쇄용지(특급) 70g/㎡

[별표 9]

전문가격조사기관 등록사항 변경신고서

| 전문가격조사기관 등록사항 변경신고서 | | |
|---|---|---|
| ① 등록번호 | 제 호( 년 월 일) | |
| ② 법인명 | | |
| ③ 대표자성명 | | |
| ④ 주소 | | |
| 변경내용 | 변경전의 사항 | 변경후의 사항 |
| | | |

예정가격 작성기준 제50조의 규정에 의하여 위와 같이 등록사항중
변경내용을 신고합니다.


            년 월 일


           신청인 (인)




       기획재정부장관 귀하

22451-01611일
93.5.18 승인

201mm× 297mm
인쇄용지(특급) 70g/㎡

[별표 10]

## 조사상품기본조사표

| ①상 품 명 | ②통상명칭 | ③코 드 번 호 | ④수록단위 품 종 명 |
|---|---|---|---|

**상 품 내 용**

| | 단 위 품 목 수 | 생산자별취급구분 | |
|---|---|---|---|
| ⑤주요용도 | ⑪단위품목 구분기준 | ⑭생산자별 구분여부 | ⑰기단위 |
| ⑥주 재 질 | ⑫규격품목 유통단위 | ⑮총생산자수 | ⑱표준단위 맞그수량 |
| ⑦상품형상 | ⑬규격품목 거래비중 | ⑯조사대상 생산자(수) | ⑲거래단위 |
| ⑧공인규격 유효번호 | | | |
| ⑨공인형식 또는 성능 | | | |
| ⑩규격유별 유통비중 | | | |

**조사가격의종류**

| 조사조건별 | 연도별 | 단 | *1 수급사정(수급 또는 금예) | | *2 원가구성내용(구성비 :%) | |
|---|---|---|---|---|---|---|
| | | | 수급구분 | 연도별 | 단 | 연도별 | 단 |
| ㉑가 격 성 격 | | 단 | 품목 | ㉓년간능력 | | ㉖재 료 비 | |
| ㉒조 사 지 역 | | | | ㉔생 산 | | ㉖-1 재료비 | |
| ㉓조 사 단 계 | | | | ㉕수 요 | | 내 역 기 | |
| 단위거래량의 구분여부 | | | 수요 | ㉔년간능력 | | ㉗노 무 비 | |
| | | | | ㉘판 매 수 | | ㉘경 비 | |
| | | | | ㉙수 출 | | ㉙일 반 관 리 비 및 이윤 | |
| ㉚계 | | | ㉚계 | | | ㉚전 가 | |
| 참 고 사 항 | | | 단 계 성 격 단 계 (기관명) 관 련 부 서 및 담 당 자 | 전 화 번 호 | | 성 명 | 소 속 직 위 | 전 화 번 호 |
| | | | 종 목 별 단 계 | | | | |
| | | | 연 구 단 계 | | | | |
| | | | 경 부 기 관 | | | | |

22451-01811 일
93.5.18 승인

297mm×54kg/㎡
신문용지 54kg/㎡

조사상품기본조사표의 기재요령(별표 10서식)

(1) 상품학상의 상품명으로서 공인된 정식명칭

(2) 공식명칭이외에 시중거래에서 일반적으로 통용되는 상품명칭

(3) 코오드번호 부여 후에 기입

(4) 수록단위품종 편성 후에 기입

(5) 용도를 기입하되, 용도가 다양할 시에는 용도비중 60%내의 그용도

(6) 성분35%이상시는 ①, 성분 35%미만시는 60%내중 다성분②

(7) 상품의 외관상의 형태, 형상

(8) 공진청에서 공인된 KS규격 또는 국제규격의 종류

(9) 형식승인된 공인된 시험성능

(10) 규격품과 비규격품의 유통비중

(11) 단위품목을 구분하는 기준의 종류

(12) 규격상에 있는 총 품목수와 시중에서 유통되는 품목수

(13) 단위품목중 시중거래비중이 가장높은 품목과 그거래비중

(14) 품질, 규격, 형식, 성능 등에서 생산자간의 차이로 구분취급의 필요성 유무

(15) 총생산자수

(16) 총생산자중 그 생산량이 상위 60%이내에 드는 생산자수

(17) 상품의 수량을 계산하는 기초단위

(18) 상품의 포장단위와 포장단위의 수량

(19) 시중에 유통되는 거래단위

(20) 가격이 형성되는 유형에 따라 시장거래, 생산자공표, 행정지도로 구분

(21) 조사대상도시수에 따라 서울(전국), 2대도시, 5대도시, 9대도시등

(22) 유통단계 중 조사대상 단계를 표시하되, 필요시에는 2개단계도 표시

(23) 동일조사단계에서도 단위거래량의 과다에 따라 가격의 차이에 따른 구분여부 표시

(24) 국산과 수입을 합한 연간공급능력을 합산표시

(25) ~ (26) 생략

(27) 내수와 수출을 합한 연간수요능력을 합산표시

(28) ~ (29) 생략

(30) 상품수급에 있어서 계절적인변화시기를 성수기와 비수기간을 표시

(31) 기업회계상 각상품의 생산비에서 재료비가 차지하는 비중을 100분율로 표시

(32) 기업회계상 각 상품의 생산비에서 노무비가 차지하는 비중을 100분율로 표시

(33) 기업회계상 각 상품의 생산비에서 경비가 차지하는 비중을 100분율로 표시

(34) 기업회계상 각상품의 생산비이외에 판매비, 일반관리비 및 이윤이 차지하는 비율

(35) 조사상품에 관계가 있는 단체등에서 자문을 구할 기관

(36) 조사상품에 관해 업계, 학계의 전문자중 자문을 구할 수 있는 자

[별표 11]

조사처 대장

## 1. 업체개요

| 상　호 | 대 표 자 | 형　태 |
|---|---|---|
|  |  |  |
| 소재지 | 창립년월일 | 취급품목 |
|  |  |  |
| 소속업종별단체 | 경쟁업체수 |  |
|  |  |  |

## 2. 면접담당자

| 위촉년월일 | 성　명 | 부서, 직위 | 전화 |
|---|---|---|---|
|  |  |  |  |
|  |  |  |  |
|  |  |  |  |
|  |  |  |  |
|  |  |  |  |
|  |  |  |  |
|  |  |  |  |
|  |  |  |  |

22451-01911일
93.5.18 승인

201mm× 297mm
인쇄용지(특급)70

[별표 12]

## 품목별조사처대장

| 조사품목 | | 조사처 | | | 면접담당자 | | | 등록 | |
|---|---|---|---|---|---|---|---|---|---|
| 코오드<br>번호 | 품종별 | 업체별 | 업태 | 소재지 | 성명 | 부서·<br>직위 | 직통<br>전화 | 접수 | 말소 |
| | | | | | | | | | |
| | | | | | | | | | |
| | | | | | | | | | |
| | | | | | | | | | |
| | | | | | | | | | |
| | | | | | | | | | |
| | | | | | | | | | |
| | | | | | | | | | |
| | | | | | | | | | |
| | | | | | | | | | |
| | | | | | | | | | |
| | | | | | | | | | |
| | | | | | | | | | |
| | | | | | | | | | |

22451-02011일
93.5.18 승인

201mm× 297mm
인쇄용지(특급) 70g/㎡

# 5. 2021년 상반기 적용 건설업 임금실태 조사 보고서 (시중노임 단가)

## 1. 조 사 개 요

1. 조사목적 : 건설부문 시중임금 자료 제공
2. 법적근거 : 통계법 제17조에 의한 지정통계(승인번호 제365004호)
3. 조사연혁
    - 1990.11 통계작성승인 제329-21-04호
    - 1993.11 통계작성 승인번호 변경(승인번호 제36504호)
    - 1994. 9 표본수 조정(945개 → 1,300개 현장)
    - 1998. 5 조사 직종수 조정(173개 → 142개 직종)
    - 1998.10 조사 직종수 조정(142개 → 145개 직종)
    - 1999.12 지정통계로 변경승인(승인번호 제36504호)
    - 2005. 5 표본수 조정(1,300개 → 1,700개 현장)
    - 2009. 7 조사 직종수(145개 → 117개 직종) 및 표본수(1,700 → 2,000개 현장) 조정
    - 2017. 7 조사 직종수 조정(117개 → 123개 직종)
    - 2020. 5 조사 직종수 조정(123개 → 127개 직종)
4. 조사기준
    가. 조사 기준기간 : 2020. 9. 1 ~ 9. 30
    나. 조사 실시기간 : 2020. 10. 1 ~ 10. 31
    다. 조사범위 : 전국의 2,000개 건설현장
    1) 공사직종 : 건설공사업(종합 또는 전문) 등록업체의 현장
    2) 전기직종 : 전기공사업 등록업체의 현장
    3) 정보통신직종 : 정보통신공사업 등록업체의 현장
    4) 문화재직종 : 문화재 보수 시공업체의 현장

 5) 원자력직종 : 원자력공사 시공업체의 현장

5. 조사방법

자계식 우편조사·인터넷 조사와 타계식 현장실사 병행실시

6. 직종별 임금산출 방법

$$직종별임금 = \frac{직종별 \ 조사된 \ 총임금}{직종별 \ 조사된 \ 총인원}$$

- 이상치 처리방법 : 이상치에 대한 가중치 감소 방법 적용

· 사분위편차*를 활용하여 이상치를 판단하고 이상치에 대한 가중치를 조정하여 영향력을 감소시키는 방법적용

* 관측값을 순서대로 정렬했을 때 25%에 위치한 값을 1사분위수(Q1), 75%에 위치한 값을 3분위수(Q3)라 하며, 사분위편차(IQR)란 3분위 수와 1분위수의 차이를 의미함. 사분위편차를 이용한 이상치 판단방법에서의 이상치는 1.5× IQR 벗어나는 값임

7. 이용상의 주의사항

가. 통계전반에 걸쳐 사용한 「-」의 기호는 조사되지 않았거나, 비교불능을 나타냄.

나. 직종번호 앞의 「*」 표시는 조사 현장수가 5개 미만인 직종, 「**」 표시는 조사되지 않은 직종이므로 유의하여 적용 (Ⅱ.임금적용 요령 참조)

다. 본 조사임금은 1일 8시간 기준(단, 잠수부는 6시간 기준) 금액임.

$$8시간환산임금 \ = \ \frac{총임금}{8 + (총작업시간 - 8 - 점심시간 - 간식시간) \times 1.5} \times 8$$

## 8. 평균임금현황

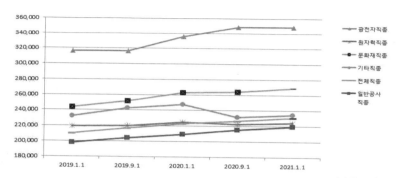

(단위 : 원)

| 구 분 | 2019.1.1 | 2019.9.1 | 2020.1.1 | 2020.9.1 | 2021.1.1 |
|---|---|---|---|---|---|
| | (2018년 9월) | (2019년 5월) | (2019년 9월) | (2020년 5월) | (2020년 9월) |
| 전체직종(127) | | | | 226,947 | 230,798 |
| 전체직종(123) | 210,195 | 216,770 | 222,803 | | |
| 일반공사 직종 | 197,897 | 203,891 | 209,168 | 215,178 | 219,213 |
| 광전자직종 | 316,642 | 330,433 | 335,522 | 348,564 | 348,470 |
| 문화재직종(18) | 244,131 | 252,022 | 262,914 | 264,191 | 268,825 |
| 원자력직종 | 219,314 | 220,229 | 224,686 | 222,691 | 224,194 |
| 기타직종(11) | | | | 231,739 | 234,726 |
| 기타직종(7) | 231,976 | 242,858 | 247,534 | | |

[주] 1. 2020.9.1 공표 임금부터는 신설된 4개 직종을 포함한 127개 직종으로 조사됨

　　 2. 2018.1.1 공표 임금부터는 신설된 6개 직종을 포함한 123개 직종으로 조사됨

　　 3. 2010.1.1 공표 당시 직종 및 직종수가 조정(145→117개)되어 이전 공표된 평균임금
　　　 과 차이가 있음

　　 4. 따라서, 물가변동으로 인한 계약금액 조정시 다음의 평균임금을 참고하시기 바람

| 공표일 (조사기준) | 전체직종 | 일반공사 직 종 | 광 전 자 직 종 | 문 화 재 직 종 | 원 자 력 직 종 | 기 타 직 종 |
|---|---|---|---|---|---|---|
| 2021. 1. 1 (2020년 9월) | (127)230,798 (123)231,779 | 219,213 | 348,470 | 268,825 | 224,194 | (127)234,726 (123)254,205 |
| 2020. 9. 1 (2020년 5월) | (127)226,947 (123)227,923 | 215,178 | 348,564 | 264,191 | 222,691 | (127)231,739 (123)251,635 |
| 2020. 1. 1 (2019년 9월) | 222,803 | 209,168 | 335,522 | 262,914 | 224,686 | 247,534 |
| 2019. 9. 1 (2019년 5월) | 216,770 | 203,891 | 330,433 | 252,022 | 220,229 | 242,858 |
| 2019. 1. 1 (2018년 9월) | 210,195 | 197,897 | 316,642 | 244,131 | 219,314 | 231,976 |
| 2018. 9. 1 (2018년 5월) | (123)203,332 (117)201,386 | 190,702 | 305,604 | (123)237,460 (117)235,551 | 224,152 | 224,043 |
| 2018. 1. 1 (2017년 9월) | (123)193,770 (117)191,599 | 181,134 | 282,575 | (123)230,322 (117)227,439 | 222,895 | 209,344 |
| 2017. 9. 1 (2017년 5월) | 186,026 | 175,804 | 273,471 | 221,051 | 222,305 | 200,653 |
| 2017. 1. 1 (2016년 9월) | 179,690 | 169,999 | 262,656 | 213,706 | 214,801 | 191,745 |
| 2016. 9. 1 (2016년 5월) | 175,071 | 165,389 | 254,913 | 208,944 | 216,386 | 185,041 |
| 2016. 1. 1 (2015년 9월) | 168,571 | 159,184 | 240,606 | 204,251 | 209,359 | 175,270 |
| 2015. 9. 1 (2015년 5월) | 163,339 | 154,343 | 228,408 | 197,308 | 211,249 | 166,795 |
| 2015. 1. 1 (2014년 9월) | 158,590 | 149,959 | 225,312 | 190,064 | 202,459 | 163,185 |
| 2014. 9. 1 (2014년 5월) | 155,796 | 147,352 | 220,954 | 184,513 | 205,402 | 160,079 |
| 2014. 1. 1 (2013년 9월) | 150,664 | 142,586 | 213,715 | 176,705 | 206,068 | 152,362 |
| 2013. 9. 1 (2013년 5월) | 148,380 | 140,833 | 211,106 | 172,081 | 198,225 | 150,490 |
| 2013. 1. 1 (2012년 9월) | 141,724 | 134,901 | 206,053 | 162,750 | 179,988 | 144,950 |
| 2012. 9. 1 (2012년 5월) | 138,571 | 132,168 | 204,110 | 156,713 | 175,792 | 141,355 |
| 2012. 1. 1 (2011년 9월) | 132,576 | 126,684 | 191,119 | 149,495 | 165,930 | 136,032 |
| 2011. 9. 1 (2011년 5월) | 129,029 | 123,735 | 185,429 | 144,563 | 159,211 | 129,806 |
| 2011. 1. 1 (2010년 9월) | 124,746 | 120,031 | 176,985 | 138,912 | 151,994 | 123,801 |
| 2010. 9. 1 (2010년 5월) | 123,031 | 118,090 | 174,848 | 138,670 | 152,852 | 121,205 |
| 2010. 1. 1 (2009년 9월) | 119,717 | 114,847 | 165,652 | 137,030 | 147,659 | 117,682 |

※ 2009.9.1 이전 공표 평균임금의 변동율은 협회 홈페이지(cak.or.kr, 건설업무> 건설적산 기준> 건설임금)를 참고 바람

5.

| 일반공사직종 : 직종번호 1001~1091번 | 광전자직종 : 직종번호 2001~2003번 |
|---|---|
| 문화재직종 : 직종번호 3001~3018번 | 원자력직종 : 직종번호 4001~4004번 |
| 기 타 직 종 : 직종번호 5001~5007번 | |

* 직종번호는 「III. 개별직종 임금단가」표 참조

9. 참고사항

　○ 자료위치 : 대한건설협회(www.cak.or.kr)-건설정보-건설적산기준-건설임금

　○ 문의사항 : 대한건설협회 정보관리실 02-3485-8314, 8340

# Ⅱ. 임 금 적 용 요 령

## 1. 시중임금 적용 근거

○「국가를 당사자로 하는 계약에 관한 법률 시행규칙」제7조

> 제7조(원가계산을 할 때 단위당 가격의 기준) ①제6조제1항의 규정에 의한 원가계산을 할 때 단위당 가격은 다음 각 호의 어느 하나에 해당하는 가격을 말하며, 그 적용순서는 다음 각 호의 순서에 의한다.
> 1. 거래실례가격 또는 **「통계법」제15조의 규정에 의한 지정기관이 조사하여 공표한 가격**. 다만, 기획재정부장관이 단위당 가격을 별도로 정한 경우 또는 각 중앙관서의 장이 별도로 기획재정부장관과 협의하여 단위당 가격을 조사·공표한 경우에는 당해 가격
> 2. 제10조제1호 내지 제3호의 1의 규정에 의한 가격
> ②각 중앙관서의 장 또는 계약담당공무원은 제1항제1호에 따른 가격을 적용함에 있어 <u>다음</u> 각 호의 어느 하나에 해당하는 경우에는 당해 노임단가에 동 노임단가의 100분의 15 이하에 해당하는 금액을 가산할 수 있다.
> 1. 「국가기술자격법」제10조에 따른 국가기술자격 검정에 합격한 자로서 기능계 기술자격을 취득한 자를 특별히 사용하고자 하는 경우
> 2. 도서지역(제주도를 포함한다)에서 이루어지는 공사인 경우

○「지방자치단체를 당사자로 하는 계약에 관한 법률 시행규칙」제7조

> 제7조(원가계산을 할 때 단위당 가격의 기준) ①제6조제1항의 규정에 의한 원가계산을 할 때 단위당 가격은 다음 각 호의 어느 하나의 가격을 말하며, 그 적용순서는 다음 각 호의 순서에 의한다.
> 1. 거래실례가격 또는 **「통계법」제15조의 규정에 의한 지정기관이 조사하여 공표한 가격**. 다만, 행정안전부장관이 단위당 가격을 별도로 정한 경우 또는 지방자치단체의 장이 별도로 행정안전부장관과 협의하여 단위당 가격을 조사·공표한 경우에는 당해 가격을 말한다.
> 2. 제10조제1호 내지 제3호의 어느 하나의 규정에 의한 가격
> ②지방자치단체의 장 또는 계약담당자는 제1항 제1호의 규정에 의한 가격을 적용함에 있어 다음 각 호의 어느 하나에 해당하는 경우에는 당해 노임단가에 동 노임단가의 100분의 15이하에 해당하는 금액을 가산할 수 있다.
> 1. 「국가기술자격법」제10조의 규정에 의한 국가기술자격검정에 합격한 자로서 기능계 기술자격을 취득한 자를 특별히 사용하고자 하는 경우
> 2. 도서지역(제주도를 포함한다)에서 이루어지는 공사인 경우

2. 노무비지수 정의

　　○ 조사공표된 해당직종의 평균치

　　※ 기획재정부 회계예규 "정부입찰·계약집행기준" 제68조(지수조정율 및 용어의 정의) 제3호 및 행정안전부 예규 "물가변동 조정률 산출요령" 제3조(지수조정률 및 용어의 정의) 제3호

3. 임금 적용 시점

　○ 2021. 1. 1

　　※ 차기 임금공표 예정일 : 2021.9.1.

4. 참고사항

---

□ **원가계산에 의한 예정가격 작성 시 시중임금단가 적용에 참고할 사항**
　　<재경원 문서번호 회계 45101-45(1995.1.13) 발췌>

가. 공표된 시중노임단가는 1일 8시간을 기준으로 한 것이며, 다만 산업안전보건법 제46조 및 동법 시행령 제32조의8에 규정된 작업에 종사하는 직종(잠수부)은 1일 6시간을 기준으로 한 것임.

나. 공표된 시중노임단가는 사용자가 근로의 대가로 노동자에게 일급으로 지급하는 기본급여액임. 따라서 근로기준법에서 규정하고 있는 제수당, 상여금 및 퇴직급여충당금은 시중노임단가를 기준으로 하여 회계예규인 "원가계산에 의한 예정가격작성준칙"(현 "예정가격작성기준")의 정한 바에 따라 계상하여야 함.

다. 조사기관이 조사공표하지 않은 직종은 조사기관이 조사공표한 유사한 직종의 시중노임단가에 준하여 적용할 수 있음.

라. 조사기관이 조사공표한 당해직종의 시중노임단가가 없는 년도(또는 시기)의 경우에는 전후년도(또는 시기)의 당해직종의 시중노임단가에 그간의 전체 평균시중노임단가 증가율을 적용하여 해당년도(또는 시기)의 당해직종의 노임단가를 산정할 수 있음.

□ **2010년 하반기 임금 공표시 직종 통합·폐지 등에 따른 「품목조정률에 의한 계약금액 조정시 물가변동 당시 노임단가산정방법」**
　　<기획재정부 문서번호 회계제도과-542(2010.4.5) 발췌>

가. 통합후 존속하는 19개 직종의 물가변동 당시 노임단가는 " '10.1.1 이후 당

---

해직종 노임단가" 적용

나. 통합후 소멸되는 25개 직종의 물가변동 당시 노임단가는 "입찰당시(또는 직전조정일당시)의 당해직종 노임단가 × (1 + '10.1.1 이전 당해직종 노임 증감률 + '10.1.1 이후 당해 직종부문 전기대비 평균노임 증감률)" 적용

다. 폐지되는 10개 직종의 물가변동 당시 노임단가는 "입찰당시(또는 직전조정일당시)의 당해직종 노임단가 × (1 + '10.1.1 이전 당해직종 노임 증감률 + '10.1.1 이후 당해 직종부문 전기대비 평균노임 증감률)" 적용

라. 명칭이 변경된 13개 직종의 물가변동 당시 노임단가는 "'10.1.1 이후 명칭이 변경된 당해직종 노임단가" 적용

 - 다만, 노임조사기준도 함께 변경된 시험관련기사, 산업기사, 기능사의 경우는 "입찰당시(또는 직전조정일당시)의 당해직종 노임단가 × (1 + '10.1.1 이전 당해직종 노임 증감률 + '10.1.1 이후 당해 직종부문 전기대비 평균노임 증감률)" 적용

마. 참고사항

 ① "당해직종 노임단가"란 「건설업 임금실태조사 보고서」상의 '개별직종 노임단가'를 말함

 ② "당해 직종부문 평균노임"이란 「건설업 임금실태조사 보고서」상의 일반공사, 광전자, 문화재, 원자력, 기타부문에 대한 각각의 평균노임을 말함

 ③ 건설직종 명칭·직종수 조정내역

  - 통합후 존속하는 직종(19개 직종) :
   보통인부, 특별인부, 조력공, 비계공, 형틀목공, 철근공, 철공, 철판공, 철골공, 용접공(변경전 : 용접공(일반)), 콘크리트공, 준설선기관사, 조적공, 덕트공, 플랜트배관공, 플랜트제관공, 광케이블설치사, H/W시험사, S/W시험사

  - 통합후 소멸되는 직종(25개 직종) :
   선부, 갱부, 조림인부, 특수비계공, 동발공(터널), 절단공, 용접공(철도), 노즐공, 준설선기관장, 준설선전기사, 보통선원, 고급선원, 치장벽돌공, 함석공, 창호목공, 샷시공, 기계공, 기계설치공, 원자력배관공, 원자력제관공, 특급원자력비파괴시험공, 고급원자력비파괴시험공, 광통신설치사, H/W설치사, CPU시험사

※ 통합 및 명칭변경 직종

○통합직종

| 연번 | 당 초 | 통합직종 | 연번 | 당 초 | 통합직종 |
|------|-------|----------|------|-------|----------|
| 1 | 수작업반장+작업반장 | 작업반장 | 19 | 계령공+모래분사공 +도장공 | 도장공 |
| 2 | 선부+검조부+양생공+보통인부 | 보통인부 | 20 | 기와공+슬레이트공 | 지붕잇기공 |
| 3 | 갱부+특별인부 | 특별인부 | 21 | 함석공+덕트공 | 덕트공 |
| 4 | 조림인부+조력공 | 조력공 | 22 | 철도궤도공 + 궤도공 | 궤도공 |
| 5 | 특수비계공+비계공 | 비계공 | 23 | 기계설치공+기계공 | 기계설비공 |
| 6 | 동발공(터널)+형틀목공 | 형틀목공 | 24 | 준설선기관사+준설선기관장+준설선전기사 | 준설선기관사 |
| 7 | 철근공+절단공 | 철근공 | 25 | 보통선원+고급선원 | 선원 |
| 8 | 철공+절단공 | 철공 | 26 | 플랜트배관공+원자력배관공 | 플랜트배관공 |
| 9 | 철판공+절단공 | 철판공 | 27 | 플랜트제관공+원자력제관공 | 플랜트제관공 |
| 10 | 절단공+리벳공+철골공 | 철골공 | 28 | 플랜트특별인부+원자력특별인부 | 플랜트특별인부 |
| 11 | 용접공(일반)+용접공(철도) | 용접공 | 29 | 플랜트케이블전공+원자력케이블전공 | 플랜트케이블전공 |
| 12 | 노즐공+바이브레타공+콘크리트공 | 콘크리트공 | 30 | 플랜트계장공+원자력계장공 | 플랜트계장공 |
| 13 | 우물공 + 보링공 | 보링공 | 31 | 플랜트덕트공+원자력덕트공 | 플랜트덕트공 |
| 14 | 치장벽돌공+연돌공+조적공 | 조적공 | 32 | 플랜트보온공+원자력보온공 | 플랜트보온공 |
| 15 | 창호목공+샷시공+셔터공 | 창호공 | 33 | 특급원자력비파괴시험공+고급원자력비파괴시험공 | 비파괴시험공 |
| 16 | 미장공 + 온돌공 | 미장공 | 34 | 광케이블설치사+광통신설치사 | 광케이블설치사 |
| 17 | 루핑공 + 방수공 | 방수공 | 35 | H/W설치사+H/W시험사 | H/W시험사 |
| 18 | 아스타일공 + 타일공 | 타일공 | 36 | S/W시험사+CPU시험사 | S/W시험사 |
| ※ 밑줄된 직종은 '10.1.1공표부터 통합된 직종임 | | | | | |

○ 직종명칭 변경('10.1.1 공표부터)

| 연번 | 당 초 | 변경 명칭 | 연번 | 당 초 | 변경 명칭 |
|---|---|---|---|---|---|
| 1 | 보링공(지질조사) | 보 링 공 | 8 | 원 자 력 계 장 공 | 플 랜 트 계 장 공 |
| 2 | 목 도 | 인 력 운 반 공 | 9 | 원 자 력 덕 트 공 | 플 랜 트 덕 트 공 |
| 3 | 건설기계운전기사 | 건 설 기 계 운 전 사 | 10 | 원 자 력 보 온 공 | 플 랜 트 보 온 공 |
| 4 | 운전사(운반차) | 화 물 차 운 전 사 | 11 | 시 험 관 련 기 사 | 특급품질관리원 |
| 5 | 운 전 사 ( 기 계 ) | 일 반 기 계 운 전 사 | 12 | 시험관련산업기사 | 고급품질관리원 |
| 6 | 원자력특별인부 | 플 랜 트 특 별 인 부 | 13 | 시험관련기능사 | 초급품질관리원 |
| 7 | 원자력케이블전공 | 플랜트케이블전공 | - | | |

○ 신설직종('18.1.1 공표부터)

| 직종번호 | 직 종 명 | 직종번호 | 직 종 명 |
|---|---|---|---|
| 3013 | 드잡이공편수 | 3016 | 한식단청공편수 |
| 3014 | 한식미장공편수 | 3017 | 한식석공조공 |
| 3015 | 한식와공편수 | 3018 | 한식미장공조공 |

○ 신설직종(' 20.9.1 공표부터)

| 직종번호 | 직 종 명 | 직종번호 | 직 종 명 |
|---|---|---|---|
| 5008 | 특급품질관리기술인 | 5010 | 중급품질관리기술인 |
| 5009 | 고급품질관리기술인 | 5011 | 초급품질관리기술인 |

# Ⅲ. 개 별 직 종 노 임 단 가

(단위 : 원)

| 번 호 | 직 종 명 | 2021.1.1 | 2020.9.1 | 2020.1.1 | 2019.9.1 |
|---|---|---|---|---|---|
| 1001 | 작 업 반 장 | 180,013 | 174,074 | 175,081 | 159,003 |
| 1002 | 보 통 인 부 | 141,096 | 138,989 | 138,290 | 130,264 |
| 1003 | 특 별 인 부 | 179,203 | 167,926 | 166,063 | 155,599 |
| 1004 | 조 력 공 | 152,740 | 144,651 | 140,722 | 140,220 |
| 1005 | 제 도 사 | 186,251 | 178,602 | 171,952 | 167,434 |
| 1006 | 비 계 공 | 247,977 | 236,858 | 234,297 | 228,462 |
| 1007 | 형 틀 목 공 | 226,280 | 220,808 | 215,964 | 207,239 |
| 1008 | 철 근 공 | 228,896 | 225,461 | 219,392 | 212,935 |
| 1009 | 철 공 | 200,155 | 194,315 | 192,968 | 184,100 |
| 1010 | 철 판 공 | 181,604 | 186,880 | 183,489 | 178,010 |
| 1011 | 철 골 공 | 205,246 | 204,375 | 203,456 | 198,829 |
| 1012 | 용 접 공 | 225,966 | 224,357 | 223,094 | 209,394 |
| 1013 | 콘 크 리 트 공 | 215,145 | 211,203 | 216,409 | 208,492 |
| 1014 | 보 링 공 | 191,340 | 180,135 | 174,955 | 169,406 |
| *1015 | 착 암 공 | 173,250 | 164,614 | 156,731 | 150,052 |
| 1016 | 화 약 취 급 공 | 206,294 | 189,117 | 184,533 | 177,500 |
| 1017 | 할 석 공 | 189,028 | 189,535 | 182,443 | 176,436 |
| *1018 | 포 설 공 | 172,935 | 161,580 | 158,482 | 151,602 |
| 1019 | 포 장 공 | 212,761 | 196,174 | 194,484 | 185,736 |
| *1020 | 잠 수 부 | 285,645 | 285,436 | 255,749 | 275,382 |
| 1021 | 조 적 공 | 217,664 | 210,537 | 209,720 | 192,633 |
| 1022 | 견 출 공 | 199,735 | 203,611 | 199,140 | 187,174 |
| 1023 | 건 축 목 공 | 224,657 | 217,895 | 210,176 | 203,532 |
| 1024 | 창 호 공 | 217,409 | 205,617 | 199,185 | 195,972 |
| 1025 | 유 리 공 | 205,044 | 197,685 | 193,212 | 190,247 |
| 1026 | 방 수 공 | 174,334 | 165,332 | 158,594 | 153,086 |
| 1027 | 미 장 공 | 228,423 | 217,740 | 216,528 | 214,502 |
| 1028 | 타 일 공 | 230,160 | 214,930 | 210,086 | 206,065 |
| 1029 | 도 장 공 | 213,676 | 200,386 | 198,613 | 188,854 |
| 1030 | 내 장 공 | 206,253 | 206,710 | 203,246 | 192,305 |
| 1031 | 도 배 공 | 185,814 | 179,138 | 174,513 | 169,575 |

| 번 호 | 직 종 명 | 공표일 2021.1.1 | 2020.9.1 | 2020.1.1 | 2019.9.1 |
|---|---|---|---|---|---|
| **1032 | 연　　　마　　　공 | – | 164,445 | – | 153,200 |
| 1033 | 석　　　　　　　공 | 212,629 | 218,442 | 209,932 | 204,974 |
| 1034 | 줄　　　눈　　　공 | 169,920 | 161,213 | 156,858 | 150,525 |
| 1035 | 판　넬　조　립　공 | 186,646 | 191,294 | 183,762 | 176,700 |
| *1036 | 지　붕　잇　기　공 | 181,305 | 185,074 | 177,964 | 169,590 |
| *1037 | 벌　　　목　　　부 | 200,000 | 185,580 | 188,584 | 174,278 |
| 1038 | 조　　　경　　　공 | 181,378 | 183,149 | 179,178 | 175,057 |
| 1039 | 배　　　관　　　공 | 201,852 | 189,198 | 189,003 | 186,665 |
| 1040 | 배　관　공　(　수　도　) | 205,381 | 197,689 | 182,347 | 180,219 |
| *1041 | 보　　일　　러　　공 | 190,000 | 193,985 | 182,298 | 178,567 |
| 1042 | 위　　　생　　　공 | 193,773 | 188,808 | 179,133 | 173,148 |
| 1043 | 덕　　　트　　　공 | 181,676 | 177,520 | 168,742 | 164,907 |
| 1044 | 보　　　온　　　공 | 184,244 | 188,789 | 180,707 | 174,352 |
| 1045 | 인　력　운　반　공 | 152,601 | 151,659 | 154,522 | 146,205 |
| *1046 | 궤　　　도　　　공 | 163,911 | 167,430 | 172,081 | 159,726 |
| *1047 | 건　설　기　계　조　장 | 162,226 | 160,000 | 160,039 | 150,469 |
| 1048 | 건　설　기　계　운　전　사 | 212,637 | 203,878 | 202,885 | 190,235 |
| 1049 | 화　물　차　운　전　사 | 173,879 | 176,975 | 176,227 | 166,752 |
| *1050 | 일　반　기　계　운　전　사 | 137,143 | 137,974 | 138,956 | 131,528 |
| 1051 | 기　계　설　비　공 | 190,522 | 191,587 | 185,702 | 175,669 |
| **1052 | 준　설　선　선　장 | – | 191,388 | – | 153,960 |
| **1053 | 준　설　선　기　관　사 | – | 168,421 | – | 140,829 |
| **1054 | 준　설　선　운　전　사 | – | 164,411 | – | 139,161 |
| **1055 | 선　　　　　원 | – | 148,607 | 142,201 | 137,972 |
| 1056 | 플　랜　트　배　관　공 | 266,618 | 263,753 | 252,529 | 249,688 |
| *1057 | 플　랜　트　제　관　공 | 208,513 | 218,683 | 215,389 | 210,021 |
| 1058 | 플　랜　트　용　접　공 | 238,423 | 237,886 | 229,620 | 221,110 |
| *1059 | 플　랜　트　특　수　용　접　공 | 285,714 | 274,337 | 242,150 | – |
| 1060 | 플　랜　트　기　계　설　치　공 | 217,415 | 223,207 | 204,705 | 219,705 |
| 1061 | 플　랜　트　특　별　인　부 | 176,704 | 176,096 | 170,378 | 161,468 |
| 1062 | 플　랜　트　케　이　블　전　공 | 274,707 | 265,163 | 266,554 | 246,036 |

| 번호 | 직종명 | 공표일 2021.1.1 | 2020.9.1 | 2020.1.1 | 2019.9.1 |
|---|---|---|---|---|---|
| *1063 | 플 랜 트 계 장 공 | 196,381 | 188,726 | 179,826 | 189,623 |
| *1064 | 플 랜 트 덕 트 공 | 183,708 | 178,111 | 168,365 | 160,300 |
| 1065 | 플 랜 트 보 온 공 | 219,868 | 222,011 | 229,121 | 237,525 |
| *1066 | 제 철 축 로 공 | 260,000 | 260,000 | 260,000 | 260,000 |
| 1067 | 비 파 괴 시 험 공 | 227,625 | 210,048 | 211,907 | 258,161 |
| *1068 | 특 급 품 질 관 리 원 | 182,441 | 179,942 | 175,338 | 166,727 |
| *1069 | 고 급 품 질 관 리 원 | 175,386 | 172,710 | 171,650 | 159,454 |
| *1070 | 중 급 품 질 관 리 원 | 160,900 | 159,277 | 157,863 | 146,887 |
| *1071 | 초 급 품 질 관 리 원 | 136,668 | 134,483 | 132,897 | 124,000 |
| 1072 | 지 적 기 사 | 248,325 | 244,812 | 243,896 | 235,826 |
| 1073 | 지 적 산 업 기 사 | 211,956 | 214,803 | 210,073 | 204,511 |
| 1074 | 지 적 기 능 사 | 172,575 | 174,004 | 176,698 | 171,936 |
| 1075 | 내 선 전 공 | 242,731 | 239,171 | 239,716 | 233,369 |
| 1076 | 특 고 압 케 이 블 전 공 | 371,737 | 367,852 | 354,829 | 343,650 |
| 1077 | 고 압 케 이 블 전 공 | 313,970 | 304,797 | 300,453 | 288,852 |
| 1078 | 저 압 케 이 블 전 공 | 254,661 | 250,394 | 237,385 | 237,221 |
| 1079 | 송 전 전 공 | 458,124 | 435,947 | 436,350 | 425,796 |
| 1080 | 송 전 활 선 전 공 | 501,102 | 492,927 | 465,125 | 451,971 |
| 1081 | 배 전 전 공 | 361,209 | 354,231 | 334,072 | 350,233 |
| 1082 | 배 전 활 선 전 공 | 472,721 | 457,321 | 440,180 | 439,018 |
| 1083 | 플 랜 트 전 공 | 216,250 | 215,110 | 216,865 | 206,738 |
| 1084 | 계 장 공 | 245,687 | 230,782 | 223,793 | 218,322 |
| 1085 | 철 도 신 호 공 | 254,765 | 265,376 | 259,555 | 243,070 |
| 1086 | 통 신 내 선 공 | 224,251 | 225,032 | 219,422 | 214,857 |
| 1087 | 통 신 설 비 공 | 245,619 | 248,060 | 245,030 | 233,636 |
| 1088 | 통 신 외 선 공 | 319,849 | 321,822 | 315,405 | 302,821 |
| 1089 | 통 신 케 이 블 공 | 339,623 | 343,333 | 332,485 | 326,966 |
| 1090 | 무 선 안 테 나 공 | 273,520 | 273,124 | 268,208 | 254,636 |
| *1091 | 석 면 해 체 공 | 184,615 | 175,708 | 186,578 | 178,514 |
| 2001 | 광 케 이 블 설 치 사 | 360,206 | 360,798 | 339,533 | 340,232 |
| 2002 | H / W 시 험 사 | 330,411 | 329,985 | 322,434 | 316,006 |
| 2003 | S / W 시 험 사 | 354,793 | 354,908 | 344,600 | 335,062 |

| 번 호 | 직 종 명 | 2021.1.1 | 2020.9.1 | 2020.1.1 | 2019.9.1 |
|---|---|---|---|---|---|
| *3001 | 도      편      수 | 421,053 | – | 369,417 | 350,394 |
| **3002 | 드   잡   이   공 | – | | 285,258 | 275,200 |
| 3003 | 한   식   목   공 | 246,346 | 261,656 | 263,480 | 250,387 |
| *3004 | 한 식 목 공 조 공 | 202,105 | 210,502 | 210,126 | 197,677 |
| 3005 | 한   식   석   공 | 324,939 | 333,973 | 334,710 | 323,048 |
| *3006 | 한 식 미 장 공 | 246,667 | 249,672 | 249,945 | 235,833 |
| *3007 | 한   식   와   공 | 290,026 | 284,919 | 289,703 | 275,649 |
| *3008 | 한 식 와 공 조 공 | 227,495 | 216,217 | 206,937 | 201,885 |
| *3009 | 목   조   각   공 | 245,000 | 253,883 | 235,873 | 222,398 |
| **3010 | 석   조   각   공 | – | | 233,755 | |
| **3011 | 특   수   화   공 | (※238,720) | – | – | – |
| **3012 | 화            공 | – | 242,423 | 210,526 | – |
| **3013 | 드 잡 이 공 편 수 | – | | 284,800 | |
| *3014 | 한 식 미 장 공 편 수 | 261,429 | 256,667 | 285,813 | 271,307 |
| *3015 | 한 식 와 공 편 수 | 365,113 | | 316,204 | 306,667 |
| *3016 | 한 식 단 청 공 편 수 | 247,727 | | 257,143 | |
| *3017 | 한 식 석 공 조 공 | 256,000 | 246,892 | 241,942 | 231,071 |
| *3018 | 한 식 미 장 공 조 공 | 220,000 | 213,333 | 218,105 | 207,538 |
| 4001 | 원 자 력 플 랜 트 전 공 | 219,796 | 218,784 | 223,119 | 197,852 |
| 4002 | 원 자 력 용 접 공 | 201,040 | 190,809 | 193,853 | 195,389 |
| 4003 | 원 자 력 기 계 설 치 공 | 214,418 | 213,079 | 215,382 | 213,022 |
| 4004 | 원 자 력 품 질 관 리 사 | 261,522 | 268,091 | 266,390 | 274,651 |
| 5001 | 통 신 관 련 기 사 | 257,342 | 260,229 | 254,887 | 260,736 |
| 5002 | 통 신 관 련 산 업 기 사 | 254,403 | 256,656 | 252,472 | 250,535 |
| 5003 | 통 신 관 련 기 능 사 | 206,555 | 206,278 | 205,859 | 199,056 |
| 5004 | 전 기 공 사 기 사 | 263,081 | 267,522 | 263,992 | 261,628 |
| 5005 | 전 기 공 사 산 업 기 사 | 241,167 | 240,324 | 237,693 | 231,347 |
| 5006 | 변   전   전   공 | 369,045 | 348,736 | 338,501 | 320,009 |
| 5007 | 코         킹   공 | 187,843 | 181,699 | 179,334 | 176,693 |
| 5008 | 특 급 품 질 관 리 기 술 인 | 265,082 | 257,972 | – | – |
| 5009 | 고 급 품 질 관 리 기 술 인 | 206,730 | 207,449 | – | – |
| 5010 | 중 급 품 질 관 리 기 술 인 | 180,381 | 176,238 | – | – |
| 5011 | 초 급 품 질 관 리 기 술 인 | 150,360 | 146,028 | – | – |

주) 「*」표시 직종은 조사현장수가 5개미만 직종임
　　「**」표시 직종은 조사되지 않은 직종이므로 그 적용은 앞의 '이용 상의 주의사항'을 참고하시기 바람
　　「※」표시된 노임단가(3011. 특수화공)는 최근 조사에서 조사되지 않은 직종으로, 가장 최근의 조사결
과('17.9.1 적용)값을 표기하오니 이용상 주의하시기 바람

## Ⅳ. 직 종 해 설

| 직종<br>번호 | 직 종 명 | 해 설 |
|---|---|---|
| 1001 | 작 업 반 장 | 각 공종별로 인부를 통솔하여 작업을 지휘하는 사람(십장) |
| 1002 | 보 통 인 부 | 기능을 요하지 않는 경작업인 일반잡역에 종사하면서 단순육체노동을 하는 사람 |
| 1003 | 특 별 인 부 | 보통 인부보다 다소 높은 기능정도를 요하며, 특수한 작업조건하에서 작업하는 사람 |
| 1004 | 조 력 공 | 숙련공을 도와서 그의 지시를 받아 작업에 협력하는 사람 |
| 1005 | 제 도 사 | 고안된 설계도면에 따라 도면을 깨끗하게 제도하거나 컴퓨터 프로그램으로<br>도면을 그리는(작업하는)사람 |
| 1006 | 비 계 공 | 비계, 운반대, 작업대, 보호망 등의 설치 및 해체작업에 종사하는 사람 |
| 1007 | 형 틀 목 공 | 콘크리트 타설을 위하여 형틀 및 동바리를 제작, 조립, 설치, 해체작업을 하는 목수 |
| 1008 | 철 근 공 | 철근의 절단, 가공, 조립, 해체 등의 작업에 종사하는 사람 |
| 1009 | 철 공 | 철재의 절단, 가공, 조립, 설치 등의 작업에 종사하는 사람 |
| 1010 | 철 판 공 | 철판을 주자재로 하여 제작, 가공, 조립 및 해체를 하는 사람 |
| 1011 | 철 골 공 | H빔 BOX빔 등 철골의 절단, 가공, 조립 및 해체 등의 작업에 종사하는 사람 |
| 1012 | 용 접 공 | 일반철재, 일반기기 또는 일반배관 등의 용접을 하는 사람 (난이도 일반수준) |
| 1013 | 콘 크 리 트 공 | 소정의 중량화 및 용적화의 콘크리트를 만들기 위해 시멘트, 모래, 자갈, 물 비비<br>기와 부어넣기 및 바이브레타를 사용하여 다지거나 숏크리트를 분사하는 사람 |
| 1014 | 보 링 공 | 지하수 개발 또는 지질조사나 구조물기초설계를 위한 보링을 전문으로 하는 사람 |
| 1015 | 착 암 공 | 착암기를 사용하여 암반의 천공작업을 하는 사람 |
| 1016 | 화 약 취 급 공 | 화약의 저장관리 및 장진 발파작업을 전문으로 하는 사람 |
| 1017 | 할 석 공 | 큰 돌을 소정의 규격에 맞도록 깨는 사람 |
| 1018 | 포 설 공 | 골재를 포설하는 사람 |
| 1019 | 포 장 공 | 도로포장 등 공사에 있어서 표면처리를 하는 사람 |
| 1020 | 잠 수 부 | 수중에서 잠수작업을 하는 사람 |
| 1021 | 조 적 공 | 벽돌, 치장벽돌 및 블록을 쌓기 및 해체하는 사람 |
| 1022 | 견 출 공 | 콘크리트 면을 매끈하게 마감공사를 하는 사람 |
| 1023 | 건 축 목 공 | 건축물의 축조 및 실내 목구조물의 제작, 설치 또는 해체작업에 종사하는 목수 |
| 1024 | 창 호 공 | 건물 등에서 목재, 철재, 샷시 등으로 된 창 및 문짝을 제작 또는 설치하는 사람 |
| 1025 | 유 리 공 | 유리를 규격에 맞게 재단하거나 끼우게 하는 사람 |
| 1026 | 방 수 공 | 구조물의 바닥, 벽체, 지붕 등의 누수방지작업을 하는 사람 |
| 1027 | 미 장 공 | 시멘트, 모르타르나 회반죽, 석고 프라스타 및 기타 미장재료를 이용하여<br>구조물의 내외표면에 바름 작업을 하는 사람 |
| 1028 | 타 일 공 | 타일 또는 아스타일 등 타일류를 구조물의 표면에 부착시키는 사람 |
| 1029 | 도 장 공 | 도장을 위한 바탕처리작업 및 페인트류 및 기타 도료를 구조물 등에 칠하는 사람 |
| 1030 | 내 장 공 | 건물의 내부에 수장재를 사용하여 마무리하는 사람 |

| 직종<br>번호 | 직종명 | 해 설 |
|---|---|---|
| 1031 | 도 배 공 | 실내의 벽체, 천정, 바닥, 창호 등 실내표면에 종이나 장판지 등 도배재료를 부착시키는 사람 |
| 1032 | 연 마 공 | 인조석 및 테라조의 표면을 인력이나 기계로 물갈기 하여 광택작업을 하는 사람 |
| 1033 | 석 공 | 대할 및 소할 된 석재를 가공하여 형성된 마름돌과 석재를 설치 또는 붙이거나 일반 쌓기를 하여 구조물을 축조하는 사람 |
| 1034 | 줄 눈 공 | 석축 및 조적조에 줄눈을 장치하는 사람 |
| 1035 | 판넬조립공 | P.C판넬이나 샌드위치 판넬 등에 보온재를 채우거나 자르는 등 가공하여 조립 부착하는 사람 |
| 1036 | 지붕잇기공 | 기와 잇기 및 슬레이트를 절단·가공하여 지붕, 벽체, 천정 등에 부착작업을 하는 사람 |
| 1037 | 벌 목 부 | 나무를 베는 사람 |
| 1038 | 조 경 공 | 수목 식재 및 조경작업을 하는 사람 |
| 1039 | 배 관 공 | 설계압력 5kg/㎠미만의 배관을 시공 및 보수하는 사람 |
| 1040 | 배관공(수도) | 옥외(건물외부)에서 상·하수도, 공업용수로 등의 배관을 시공 및 보수하는 사람 |
| 1041 | 보 일 러 공 | 보일러 조립·설치 및 정비를 하는 사람 |
| 1042 | 위 생 공 | 위생도기의 설치 및 부대작업을 하는 사람 |
| 1043 | 덕 트 공 | 금속박판을 가공하여 덕트 등을 가공, 제작, 조립, 설치작업에 종사하는 사람 |
| 1044 | 보 온 공 | 기기 및 배관류의 보온시공을 하는 사람 |
| 1045 | 인력운반공 | 2인 이상이 1조가 되어 인력으로 중량물을 운반하는 작업에 종사하는 사람(**목도 포함**) |
| 1046 | 궤 도 공 | 철도의 궤도부설작업 또는 일반 공사장(사업장)내의 운반수단으로 임시 간이궤도를 부설, 해체, 유지 보수하는 작업에 종사하는 사람 |
| 1047 | 건설기계조장 | 건설기계 조종원을 통솔, 지휘하는 사람 |
| 1048 | 건설기계운전사 | 각종 건설기계의 운전과 조작을 하는 운전사(12t이상 트럭 포함) |
| 1049 | 화물차운전사 | 운반을 목적으로 하는 화물자동차의 운전사 |
| 1050 | 일반기계운전사 | 발동기, 발전기, 양수기, 윈치 등 경기계 조종원 |
| 1051 | 기계설비공 | 일반기계설비 및 기계의 조립설치, 조정, 검사 및 유지보수를 하는 사람 |
| 1052 | 준설선선장 | 준설기를 장치한 선박의 선장 |
| 1053 | 준설선기관사 | 준설기를 장치한 선박의 기관사 (**준설선기관장, 준설선전기기사 포함**) |
| 1054 | 준설선운전사 | 준설기를 장치한 준설기계 운전사 |
| 1055 | 선 원 | 선박의 운항을 위한 각 부서의 선원 |

| 직종<br>번호 | 직 종 명 | 해 설 |
|---|---|---|
| 1056 | 플랜트배관공 | 유해가스 이송관, 플랜트(철강, 석유, 제지, 화학, 원자력 및 발전 등의 에너지시설)배관 또는 설계압력 5kg/㎠이상의 배관을 시공 및 보수하는 사람(**원자력배관공 포함**) |
| 1057 | 플랜트제관공 | 플랜트(철강, 석유, 제지, 화학, 원자력 및 발전 등의 에너지시설) 시설에서 다른 건설공사보다 엄격한 규격 및 품질보증 요구조건에 따라 강재구조물과 압력용기의 가공, 제작시공 및 보수를 하는 사람 (**원자력 포함**) |
| 1058 | 플랜트용접공 | 유해가스 이송관 및 유해가스 용기를 용접하거나, 플랜트 기기 및 플랜트 배관을 용접하거나, 철재·강관(합금강제외)을 TIG, MIG 등 용접하거나, 각각의 설계압력이 5kg/㎠이상인 기기 또는 배관의 용접을 하는 사람(난이도 중고급수준) |
| 1059 | 플랜트특수<br>용 접 공 | 각각의 사용압력이 100kg/㎠이상인 배관 또는 압력용기를 용접하거나, 합금강을 용접 하거나, 합금강을 TIG, MIG 등 용접을 하는 사람 (난이도 특급수준) |
| 1060 | 플랜트기계<br>설 치 공 | 정밀을 요하는 플랜트 기계설비의 조립, 설치, 조정, 검사 및 보수를 하는 사람 |
| 1061 | 플 랜 트<br>특별인부 | 플랜트(철강, 석유, 제지, 화학, 원자력 및 발전 등의 에너지시설) 시설에서 다른 건설공사보다 엄격한 규격 및 품질보증 요구조건에 따라 전문작업을 보조해주는 사람(**원자력 포함**) |
| 1062 | 플 랜 트<br>케이블전공 | 플랜트(철강, 석유, 제지, 화학, 원자력 및 발전 등의 에너지시설) 시설에서 다른 건설공사보다 엄격한 규격 및 품질보증 요구조건에 따라 케이블시공 및 보수작업을 하는 사람(**원자력 포함**) |
| 1063 | 플 랜 트<br>계 장 공 | 플랜트(철강, 석유, 제지, 화학, 원자력 및 발전 등의 에너지시설) 시설에서 다른 건설공사보다 엄격한 규격 및 품질보증 요구조건에 따라 계장작업을 하는 사람(**원자력 포함**) |
| 1064 | 플 랜 트<br>덕 트 공 | 플랜트(철강, 석유, 제지, 화학, 원자력 및 발전 등의 에너지시설) 시설에서 다른 건설공사보다 엄격한 규격 및 품질보증 요구조건에 따라 덕트의 제작·설치작업을 하는 사람(**원자력 포함**) |
| 1065 | 플 랜 트<br>보 온 공 | 플랜트(철강, 석유, 제지, 화학, 원자력 및 발전 등의 에너지시설) 시설에서 다른 건설공사보다 엄격한 규격 및 품질보증 요구조건에 따라 기기 및 배관류 등의 보온시공을 하는 사람(**원자력 포함**) |
| 1066 | 제철축로공 | 제철용 각종로(1,000°C~1,400°C) 내화물시공(R오차 ±1mm이내) 및 보수를 하는 사람 |
| 1067 | 비 파 괴<br>시 험 공 | 일반 또는 플랜트(철강, 석유, 제지, 화학, 원자력 및 발전 등의 에너지시설) 등 시설물의 기기 및 배관 등의 용접부위 또는 구조물 주요부위의 비파괴검사를 실시하는 사람(검사자) |
| 1068 | 특 급 품 질<br>관 리 원 | 건설기술진흥법 시행규칙 별표5에 해당하는 특급품질관리자격을 가진 자로서 건설현장에 배치되어 각종 건설자재의 품질시험, 검사, 분석, 검토, 확인 등을 실시하는 시험인력 |

| 직종<br>번호 | 직 종 명 | 해 설 |
|---|---|---|
| 1069 | 고급품질<br>관 리 원 | 건설현장에 배치되어 품질관리 업무를 수행하는 건설기술인을 보조하는 기능공으로서, 국토교통부 고시 '건설공사 품질관리 업무지침'에 따른 고급 시험인력 |
| 1070 | 중급품질<br>관 리 원 | 건설현장에 배치되어 품질관리 업무를 수행하는 건설기술인을 보조하는 기능공으로서, 국토교통부 고시 '건설공사 품질관리 업무지침'에 따른 중급 시험인력 |
| 1071 | 초급품질<br>관 리 원 | 건설현장에 배치되어 품질관리 업무를 수행하는 건설기술인을 보조하는 기능공으로서, 국토교통부 고시 '건설공사 품질관리 업무지침'에 따른 초급 시험인력 |
| 1072 | 지 적 기 사 | 지적산업기사가 하는 업무와 지적측량의 종합적 계획수립에 종사하는 사람 |
| 1073 | 지적산업기사 | 지적기능사가 하는 업무와 지적측량에 종사하는 사람 |
| 1074 | 지적기능사 | 지적측량의 보조 또는 도면의 정리와 등사, 면적측정 및 도면작성에 종사하는 사람 |
| 1075 | 내 선 전 공 | 옥내전선관, 배선 및 등기구류 설비의 시공 및 보수에 종사하는 사람 |
| 1076 | 특고압케이<br>블 전 공 | 특별고압케이블 설비의 시공 및 보수에 종사하는 사람(7,000V 초과) |
| 1077 | 고압케이블<br>전 공 | 고압케이블 설비의 시공 및 보수에 종사하는 사람 (교류 600V초과, 직류 750V초과 7,000V 이하) |
| 1078 | 저압케이블<br>전 공 | 저압케이블 및 제어용 케이블 설비의 시공 및 보수에 종사하는 사람 (교류 600V이하, 직류 750V이하) |
| 1079 | 송 전 전 공 | 발전소와 변전소 사이의 송전전의 철탑 및 송전설비의 시공 및 보수에 종사하는 사람 |
| 1080 | 송전활선<br>전 공 | 소정의 활선작업교육을 이수한 숙련 송전전공으로서 전기가 흐르는 상태에서 필수 활선장비를 사용하여 송전설비에 종사하는 사람 |
| 1081 | 배 전 전 공 | 22.9kv이하의 배전설비의 시공 및 보수에 종사하는 사람으로서 전주를 세우고 완금, 애자 등의 부품과 기계류(변압기, 개폐기 등)를 설치하고 무거운 전선을 가설하는 등의 작업을 하는 사람 |
| 1082 | 배전활선<br>전 공 | 소정의 활선작업교육을 이수한 숙련배전전공으로서 전기가 흐르는 상태에서 필수 활선장비를 사용하여 배전설비에 종사하는 사람 |
| 1083 | 플랜트전공 | 발전소 중공업설비·플랜트설비의 시공 및 보수에 종사하는 사람 |
| 1084 | 계 장 공 | 기계, 급배수, 전기, 가스, 위생, 냉난방 및 기타공사에 있어서 계기(공업제어장치, 공업계측 및 컴퓨터, 자동제어장치 등)를 전문으로 설치, 부착 및 점검하는 사람 |

| 직종<br>번호 | 직종 명 | 해 설 |
|---|---|---|
| 1085 | 철도신호공 | 철도신호기를 설치 등 신호보안 설비공사 및 보수에 종사하는 사람 |
| 1086 | 통신내선공 | 구내에 통신용 합성수지관 및 배선을 시공 또는 유지보수 등의 업무에 종사하는 사람 |
| 1087 | 통신설비공 | 무선기기, 반송기기, 영상·음향·정보·제어설비 등의 시공 및 유지보수 업무에 종사하는 사람 |
| 1088 | 통신외선공 | 전주, PE내관(전선관)포설, 조가선, 나선로 등의 시공 및 보수 업무에 종사하는 사람 |
| 1089 | 통 신<br>케 이 블 공 | 각종 동선케이블의 가설, 포설, 접속, 연공, 시험 및 유지보수 등의 업무에 종사하는 사람 |
| 1090 | 무 선<br>안 테 나 공 | 철탑, 항공, 항만, 선박통신, 철도신호의 각종 안테나설비 설치 및 도색 등 유지보수에 업무에 종사하는 사람 |
| 1091 | 석 면<br>해 체 공 | 건축물, 시설물, 설비 등에서 석면이 함유된 자재를 해체 또는 철거하는 작업에 종사하는 사람 |
| 2001 | 광케이블설<br>치 사 | 광케이블 및 전송장치(단말장치, 중계기 포함)의 설치, 각종시험, 교정 및 유지보수 등의 업무에 종사하는 사람 |
| 2002 | H/W시험사 | 전자교환기, 기지국, 컴퓨터시스템의 기계설비(하드웨어 포함)의 설치, 시험, 분석, 운영 시공지도, 유지보수 등의 업무에 종사하는 사람 |
| 2003 | S/W시험사 | 전자교환기, 기지국, 컴퓨터시스템(CPU 등 포함)의 소프트웨어 및 프로그램 설계, 작성, 입력, 시험, 분석, 설치, 유지보수 등의 업무에 종사하는 사람 |
| 3001 | 도 편 수 | 전통한식 건조물의 신축 또는 보수 시 설계도를 해독하고 한식목공, 한식석공 등을 총괄, 지휘하며 여러 전문 직종의 우두머리가 되는 사람(도석수 포함) |
| 3002 | 드 잡 이 공 | 내려앉거나 기울어진 목조건조물, 석조건조물을 바로잡는 일을 하는 사람 |
| 3003 | 한 식 목 공 | 도편수의 지휘아래 전통한식 기법으로 목재마름질 등 목조건조물의 나무를 치목하여 깎고 다듬어서 기물이나 건물을 짜세우는 일을 전문으로 하는 사람 |
| 3004 | 한식목공조공 | 전통한식 건조물의 치목, 조립을 하는 사람으로 한식목공을 보조하는 사람 |
| 3005 | 한 식 석 공 | 도편수(도석수)의 지휘아래 전통한식 기법으로 흑두기 등 석재를 마름질하여 기단, 성곽, 석축 등 석조물 조립·해체를 전문으로 하는 사람 |
| 3006 | 한 식<br>미 장 공 | 미장 바름재(진흙, 회삼물, 강회 등)를 사용하여 한식벽체·양벽·온돌·외역기 등을 전통기법대로 시공하는 사람 |

| 직종<br>번호 | 직 종 명 | 해 설 |
|---|---|---|
| 3007 | 한 식 와 공 | 전통한식 건조물의 지붕을 옛 기법대로 기와를 잇거나 보수하는 사람으로 연와공사를 총괄 지휘하는 사람 |
| 3008 | 한식와공조공 | 한식와공의 지도를 받아 전통한식 건조물의 기와를 잇는 사람으로 한식와공을 보조하는 사람 |
| 3009 | 목 조 각 공 | 목조불상, 한식건축물의 장식물인 포부재, 화반, 대공 등의 조각을 담당하여 새김질을 하는 사람 |
| 3010 | 석 조 각 공 | 석조불상, 기단우석, 전통석탑 등 석조건조물의 조각을 하는 사람 |
| 3011 | 특 수 화 공 | 고유단청을 현장에서 시공하는 사람으로서 안료배합 및 초를 낼 수 있고 벽화를 시공할 수 있는 기능을 가진 사람 |
| 3012 | 화 공 | 고유단청을 현장에서 시공하는 사람으로서 타분, 채색 및 색긋기, 먹긋기, 가칠 등을 전문으로 하는 사람 |
| 3013 | 드 잡 이<br>공 편 수 | 전통한식 건조물의 신축 또는 보수 시 설계도를 해독하고 드잡이공을 총괄, 지휘하는 사람 |
| 3014 | 한 식 미 장<br>공 편 수 | 전통한식 건조물의 신축 또는 보수 시 설계도를 해독하고 한식미장공을 총괄, 지휘하는 사람 |
| 3015 | 한 식 와<br>공 편 수 | 전통한식 건조물의 신축 또는 보수 시 설계도를 해독하고 한식와공을 총괄, 지휘하는 사람 |
| 3016 | 한 식 단 청<br>공 편 수 | 전통한식 건조물의 신축 또는 보수 시 설계도를 해독하고 화공 및 특수화공을 총괄, 지휘하는 사람 |
| 3017 | 한 식 석<br>공 조 공 | 기단, 성곽, 석축 등 석조물의 치석과 해체, 조립을 하는 사람으로 한식석공을 보조하는 사람 |
| 3018 | 한 식 미 장<br>공 조 공 | 전통한식 건조물의 미장을 하는 사람으로 한식미장공을 보조하는 사람 |
| 4001 | 원자력플랜트 전공 | 원자력발전소 건설·보수 시 원전의 안정성 및 신뢰성 확보를 위하여 다른 건설공사에 비해 엄격한 원자력관련 제규정, 규격 및 품질보증 요구조건에 따라 발·변전설비의 시공 및 보수작업을 하는 사람 |
| 4002 | 원자력용접공 | 원자력발전소 건설·보수 시 원전의 안정성 및 신뢰성 확보를 위하여 다른 건설공사에 비해 엄격한 원자력관련 제규정, 규격 및 품질보증 요구조건에 따라 1차계통의 용접작업을 하는 사람 |
| 4003 | 원자력기계설 치 공 | 원자력발전소 건설·보수 시 원전의 안정성 및 신뢰성 확보를 위하여 다른 건설공사에 비해 엄격한 원자력 관련 제규정, 규격 및 품질보증 요구조건에 따라 1차계통의 기계조립, 설치 및 정비를 전문으로 하는 사람 |
| 4004 | 원자력품질관 리 사 | 원자력 품질관리규정(10 CFR 50 APP.B)의 요건에 따라 소정의 교육을 이수 후 관리사자격을 취득하고 원자력관련 제규정 및 규격에 관한 지식을 보유하고 동 규정에 따라 품질보증 업무를 하는 사람 |

| | | |
|---|---|---|
| 5001 | 통 신 관 련<br>기　　사 | 정보통신공사업법상의 통신기술 자격자(기사)로서 전기통신 설비의<br>시험·측정·조정·유지보수 등에서 종사하는 사람(광단말장치 및 광<br>중계장치 제외) |
| 5002 | 통 신 관 련<br>산 업 기 사 | 정보통신공사업법상의 통신기술 자격자(산업기사)로서 전기통신 설비<br>의 시험·측정·조정·유지보수 등에서 종사하는 사람(광단말장치 및<br>광중계장치 제외) |
| 5003 | 통 신 관 련<br>기 　 능 　 사 | 정보통신공사업법상의 통신기술 자격자(기능사)로서 전기통신 설비의<br>유지보수 및 엔지니어링 업무 보조자로 종사하는 사람 |
| 5004 | 전 기 공 사<br>기　　사 | 전기공사업법상의 전기기술 자격자(기사)로 전기설비의 설치 및 유지<br>보수에 종사하는 사람 |
| 5005 | 전 기 공 사<br>산 업 기 사 | 전기공사업법상의 전기기술 자격자(산업기사)로 전기설비의 설치 및<br>유지보수에 종사하는 사람 |
| 5006 | 변 　 　 전<br>전 　 　 공 | 변전소 설비의 시공 및 보수에 종사하는 사람 |
| 5007 | 코 　 킹 　 공 | 창틀, 욕조 등의 방수나 고정을 위하여 코킹작업을 하는 사람 |
| 5008 | 특 급 품 질<br>관리기술인 | 건설현장에 배치되어 품질관리 업무를 수행하는 건설기술인으로서,<br>국토교통부 고시 '건설기술인 등급인정 및 교육훈련등에 관한 기<br>준' 에 따른 기술등급이 특급인 자 |
| 5009 | 고 급 품 질<br>관리기술인 | 건설현장에 배치되어 품질관리 업무를 수행하는 건설기술인으로서,<br>국토교통부 고시 '건설기술인 등급인정 및 교육훈련등에 관한 기<br>준' 에 따른 기술등급이 고급인 자 |
| 5010 | 중 급 품 질<br>관리기술인 | 건설현장에 배치되어 품질관리 업무를 수행하는 건설기술인으로서,<br>국토교통부 고시 '건설기술인 등급인정 및 교육훈련등에 관한 기<br>준' 에 따른 기술등급이 중급인 자 |
| 5011 | 초 급 품 질<br>관리기술인 | 건설현장에 배치되어 품질관리 업무를 수행하는 건설기술인으로서,<br>국토교통부 고시 '건설기술인 등급인정 및 교육훈련등에 관한 기<br>준' 에 따른 기술등급이 초급인 자 |

## 2021 · 최신 개정판

# 標準 機械設備工事　품셈

| | | | |
|---|---|---|---|
| 1982年 | 1月 | 15日 | 초판 발행 |
| 1991年 | 1月 | 5日 | 10판 발행 |
| 2001年 | 1月 | 20日 | 개정 20판 발행 |
| 2002年 | 1月 | 20日 | 개정 21판 발행 |
| 2003年 | 2月 | 10日 | 개정 22판 발행 |
| 2004年 | 1月 | 10日 | 최신 개정 23판 발행 |
| 2005年 | 2月 | 11日 | 최신 개정 24판 발행 |
| 2006年 | 2月 | 25日 | 최신 개정 25판 발행 |
| 2007年 | 1月 | 20日 | 최신 개정 26판 발행 |
| 2008年 | 1月 | 15日 | 최신 개정 27판 발행 |
| 2009年 | 1月 | 20日 | 최신 개정 28판 인쇄 |
| 2010年 | 1月 | 15日 | 최신 개정 29판 발행 |
| 2011年 | 1月 | 25日 | 최신 개정 30판 발행 |
| 2012年 | 2月 | 15日 | 최신 개정 31판 발행 |
| 2013年 | 1月 | 30日 | 최신 개정 32판 발행 |
| 2014年 | 2月 | 17日 | 최신 개정 33판 발행 |
| 2015年 | 1月 | 30日 | 최신 개정 34판 발행 |
| 2016年 | 1月 | 30日 | 최신 개정 35판 발행 |
| 2017年 | 1月 | 30日 | 최신 개정 36판 발행 |
| 2018年 | 1月 | 30日 | 최신 개정 37판 발행 |
| 2019年 | 2月 | 15日 | 최신 개정 38판 발행 |
| 2020年 | 2月 | 15日 | 최신 개정 39판 발행 |
| 2021年 | 2月 | 15日 | 최신 개정 40판 발행 |

편　저 : 편집부

발행처 :　도서출판 높은오름　(株)圖書出版 技多利

서울특별시 성동구 성수이로 7길 7, 512호
(성수동2가, 서울숲한라시그마밸리 2차)
T E L : (02)497-1322~4
F A X : (02)497-1326
등록 : 1994년 12월 19일 No. 제4-270호

ISBN 978-89-86228-96-0 (93550)　정가 : 40,000원